Rolf Kindmann, Jörg Frickel

Elastische und plastische Querschnittstragfähigkeit

Grundlagen, Methoden, Berechnungsverfahren, Beispiele

Ernst & Sohn
A Wiley Company

Rolf Kindmann, Jörg Frickel

Elastische und plastische Querschnittstragfähigkeit

Grundlagen, Methoden,
Berechnungsverfahren, Beispiele

Ernst & Sohn
A Wiley Company

Univ.-Prof. Dr.-Ing. Rolf Kindmann
Dipl.-Ing. Jörg Frickel

Ruhr-Universität Bochum
Lehrstuhl für Stahl- und Verbundbau
Universitätsstraße 150
D-44801 Bochum

Dieses Buch enthält 376 Abbildungen und 126 Tabellen

Die Deutsche Bibliothek – CIP-Einheitsaufnahme
Ein Titeldatensatz für diese Publikation ist bei
Der Deutschen Bibliothek erhältlich

ISBN 3-433-02842-7

Druck: Strauss Offsetdruck GmbH, Mörlenbach
Bindung: Großbuchbinderei J. Schäffer GmbH & Co. KG, Grünstadt

Printed in Germany

Vorwort

Die Bemessung von Tragwerken erfordert stets die Ermittlung von **Querschnitts-kennwerten** und den Nachweis ausreichender **Querschnittstragfähigkeit**. Neue Entwicklungen und die Einführung der neuen Bemessungsnormen haben dazu geführt, dass neben der **Elastizitätstheorie** die **Plastizitätstheorie** immer mehr in den Vordergrund rückt, da man aus wirtschaftlichen Gründen verstärkt die plastischen Reserven der Querschnitte ausnutzen möchte. Hinzu kommt, dass vielfältige Anwendungsbereiche und zahlreiche Ausführungsvarianten die Berücksichtigung verschiedener Einflüsse und unterschiedliche Lösungsmethoden erfordern. Es ist daher sinnvoll, die Thematik „Querschnitte" in einem Buch zusammenzufassen.

Der Inhalt des Buches ist wie folgt gegliedert: Grundlagen der Stabtheorie, Berechnung von Querschnittskennwerten, Tragfähigkeit baustatischer Systeme, Ermittlung von Spannungen nach der Elastizitätstheorie, Querschnittskennwerte und Spannungen – Berechnungsbeispiele, Nachweise nach DIN 18800, Nachweise nach Eurocode 3, Grenztragfähigkeit rechteckiger Teilquerschnitte, Grenztragfähigkeit von Querschnitten nach der Plastizitätstheorie, Verbundquerschnitte, Querschnitte mit breiten Gurten, beulgefährdete Querschnitte. Natürlich werden die bewährten, klassischen Methoden ausführlich behandelt. Dabei sind beliebige Beanspruchungen ebenso selbstverständlich wie eine Vielzahl unterschiedlicher Querschnittsformen.

Ein weiterer Schwerpunkt liegt bei neuen Verfahren, die in erster Linie die Anwendung der Plastizitätstheorie betreffen. In dieser Hinsicht ist das vorliegende Buch sicherlich zur Zeit einzigartig. U.a. erschließt es die plastischen Reserven bei Anwendungsfällen, die bisher noch nicht praxisgerecht bestimmt werden konnten. Hinzu kommt die Erfassung wichtiger Einflüsse und Effekte sowie grundsätzlich die Ausrichtung auf computerorientierte Anwendungen. Da die Bandbreite der möglichen Querschnittsformen sehr groß ist, werden, ausgehend von einer verallgemeinerten Betrachtungsweise, die gängigen Querschnitte des Stahl- und Verbundbaus im Detail behandelt. Sinngemäß können viele Methoden und Verfahren auch bei Querschnitten aus anderen Materialien verwendet werden.

Das vorliegende Buch wendet sich an 3 Zielgruppen:

- Studierende an Universitäten, Technischen Hochschulen und Fachhochschulen
- Ingenieure in der Baupraxis, die mit dem Entwurf und der Bemessung von Tragwerken befasst sind
- Wissenschaftliche Mitarbeiter an Hochschulen

Die Auswahl und Vertiefung der Themen des Buches orientiert sich stark an den beruflichen Tätigkeiten des Erstverfassers als Statiker, Projektleiter, Leiter technischer Büros, Hochschullehrer, beratender Ingenieur und Prüfingenieur für Baustatik. Es zeigt sich immer wieder, dass man anspruchsvolle Aufgaben nur schnell und sicher lösen kann, wenn man die Grundlagen, Methoden und Verfahren beherrscht. Zusätzlich ist die Kenntnis der Zusammenhänge und ein guter Überblick von Vorteil. Das Buch ist daher in diesem Sinne konzipiert und stellt das ingenieurmäßige Verständnis sowie anschauliche Lösungsmethoden in den Vordergrund. Darüber hinaus werden die erforderlichen Berechnungsformeln systematisch hergeleitet und Berechnungsalgorithmen übersichtlich in Tabellen zusammengestellt.

Zur Wahrung der Allgemeingültigkeit werden Normen und Vorschriften erst relativ spät einbezogen. Damit soll das normenunabhängige Grundwissen vermittelt werden, was dem Leser Sicherheit für die Lösung von Bemessungsaufgaben gibt und ihn von späteren Normenänderungen weitgehend unabhängig macht. Natürlich wird danach auch ausführlich auf normenkonforme Tragsicherheitsnachweise mit leichtem und hohem Schwierigkeitsgrad eingegangen. Anhand zahlreicher Beispiele wird gezeigt, wie die Berechnungen durchzuführen sind. Als Ergänzung dazu dient die **beigefügte CD-ROM**

RUBSTAHL – Lehr- und Lernprogramme für Studium und Weiterbildung.

Mit den Programmen können die zahlreichen **Berechnungsbeispiele** und die Lösungsverfahren unmittelbar nachvollzogen werden. Außerdem ermöglichen sie eigene Berechnungen zur Festigung des vermittelten Stoffes und die Lösung anderer Aufgabenstellungen.

Die Verfasser danken Frau K. Habel und Frau A. Aulinger für die druckfertige Herstellung des Manuskriptes und Herrn P. Steinbach für die Anfertigung der Zeichnungen. Zum Gelingen des Buches haben auch die Kollegen am Lehrstuhl für Stahl- und Verbundbau der Ruhr-Universität Bochum mit wertvollen Anregungen und Hinweisen sowie eingehenden Kontrollen beigetragen. Außerdem haben sie sich tatkräftig an der Erstellung der EDV-Programme auf der RUBSTAHL-CD beteiligt. Die Verfasser möchten daher folgenden Herren herzlich danken:

Dipl.-Ing. H. Grote, Dr.-Ing. M. Krahwinkel,
Dipl.-Ing. M. Kraus, Dipl.-Ing. J. Laumann, Dipl.-Ing. R. Muszkiewicz,
Dipl.-Ing. Ch. Wolf, Dipl.-Ing. A. Wöllhardt

Darüber hinaus danken die Verfasser Herrn Dipl.-Ing. H.-J. Niebuhr, Prüfingenieur für Baustatik und Gesellschafter der Ingenieursozietät Schürmann-Kindmann und Partner, für die wertvollen Hinweise und Anregungen.

Bochum, Januar 2002   Rolf Kindmann, Jörg Frickel

P.S.: Aktuelle Hinweise zum Buch werden im Internet unter **www.kindmann.de** veröffentlicht.

Inhaltsverzeichnis

1 Übersicht

1.1 Einleitung

Tragwerke bestehen überwiegend aus Stäben und Stabwerken. Grundlage für die durchzuführenden Berechnungen ist daher die Stabtheorie. Von zentraler Bedeutung für die Bemessung der Tragwerke sind die Nachweise hinsichtlich der

Tragsicherheit und Gebrauchstauglichkeit.

Zur Durchführung der Nachweise werden Querschnittskennwerte, Schnittgrößen, Spannungen und Verformungen benötigt. Die unterschiedlichen Aufgabenstellungen bei statischen Berechnungen sind in Bild 1.1 grob skizziert.

baustatisches System: Querschnitt:

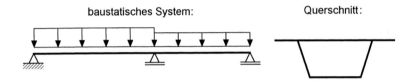

① Ermittlung der Querschnittskennwerte (Schwerpunkt, Trägheitsmomente, Schubmittelpunkt usw.)
② Berechnung der Schnittgrößen und Verformungen im baustatischen System
③ Nachweis ausreichender Tragsicherheit in den maßgebenden Querschnitten (mit Schnittgrößen oder Spannungen)
④ Gebrauchstauglichkeitsnachweise, wie. z.B. Beschränkung von Durchbiegungen oder Schwingungen

Bild 1.1   Aufgabenstellungen bei statischen Berechnungen

In dem vorliegenden Buch stehen die Untersuchungen im Zusammenhang mit den **Querschnitten** im Vordergrund der Betrachtungen (Punkt ① und ③). Es werden daher die theoretischen Grundlagen, Methoden und Verfahren zur Berechnung von Querschnittskennwerten und Spannungen vermittelt. Darüber hinaus wird auf die Durchführung von Tragsicherheitsnachweisen mit Spannungen und Schnittgrößen auf Grundlage der Elastizitätstheorie und der Plastizitätstheorie im Detail eingegangen.

Da das Thema „Querschnitte" den Schwerpunkt des Buches bildet, wird in der Regel davon ausgegangen, dass die Systemberechnungen gemäß Punkt ② in Bild 1.1 bereits durchgeführt worden und die Schnittgrößen bekannt sind. Andererseits ist es für das Verständnis erforderlich, alle Berechnungen im Gesamtzusammenhang vollständig zu zeigen. Aus diesem Grunde wird in Kapitel 4 die Tragfähigkeit baustatischer Systeme behandelt und dabei auch die Anwendung der unterschiedlichen Nachweisverfahren diskutiert.

1.2 Einteilung der Querschnitte

Wenn man die **Tragfähigkeit** von Querschnitten beurteilen möchte, ist eine Einteilung in unterschiedliche Gruppen zweckmäßig. Der Eurocode 3 (EC 3, [10]) spricht
diesbezüglich von Querschnittsklassen, DIN 18800 [4] teilt in verschiedene Nachweisverfahren ein. Die Zuordnung erfolgt aufgrund der vorhandenen Querschnitts-
eigenschaften und Beanspruchungen, die die Tragfähigkeit beeinflussen. Konkreter
ausgedrückt, verbinden sich damit die folgenden Stichworte: Durchplastizieren,
Rotationskapazität, Beulen, mittragende Gurtbreite und Ermüdungsfestigkeit. Bild 1.2
gibt dazu eine prinzipielle Übersicht.

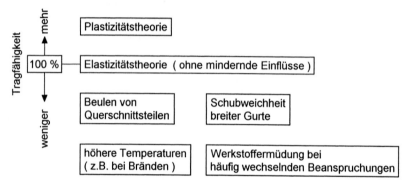

Bild 1.2   Verschiedene Theorien und Einflüsse bei der Tragfähigkeitsermittlung von
                 Querschnitten

Fall 1:   Die Breiten-/Dickenverhältnisse (b/t-Verhältnisse) der Querschnittsteile
                sind so klein, dass der Querschnitt vollständig durchplastizieren kann und
                ausreichendes Rotationsvermögen für die Verdrehungen im Bereich von
                Fließgelenken vorhanden ist. Derartige Querschnitte werden gemäß EC 3
                der Querschnittsklasse 1 zugeordnet. Bei Anwendung der DIN 18800
                dürfen die Nachweise mit dem Verfahren Plastisch-Plastisch geführt
                werden. Die in Bild 1.3 dargestellte Spannungsverteilung führt zum voll-
                plastischen Biegemoment $M_{pl,y}$.

Fall 2:   Auch in diesem Fall plastiziert der Querschnitt voll durch. Die b/t-Ver-
                hältnisse dürfen jedoch etwas größer sein, da an das Rotationsvermögen
                geringere Anforderungen gestellt werden.

                EC 3: Querschnittsklasse 2
                DIN 18800: Nachweisverfahren Elastisch-Plastisch

Fall 3:   Die b/t-Verhältnisse sind etwas größer als für Fall 2. Sie sind jedoch noch
                so klein, dass kein Beulen der gedrückten Querschnittsteile auftritt. Die
                Spannungen werden nach der Elastizitätstheorie ermittelt. Da nur in der am
                stärksten beanspruchten Randfaser die Streckgrenze erreicht werden darf,

führt die in Bild 1.3 dargestellte Spannungsverteilung zum elastischen Grenzbiegemoment $M_{el,y}$.
EC 3: Querschnittsklasse 3
DIN 18800: Nachweisverfahren Elastisch-Elastisch

Fall 4:   Die b/t-Verhältnisse sind so groß, dass der Einfluss des Beulens berücksichtigt werden muss. Im Vergleich zu Fall 3 sind nun geringere Spannungen zulässig und das maximale Biegemoment M_y ist ebenfalls geringer.

EC 3: Querschnittsklasse 4 (Ansatz wirksamer Breiten)
DIN 18800: Nachweisverfahren Elastisch-Elastisch unter Berücksichtigung von DIN 18800 Teil 3 (Beulen), siehe auch Abschnitt 7 im Teil 2 und DASt-Ri 016 [14]

„Beulgefährdete Querschnitte" werden in Kapitel 13 behandelt.

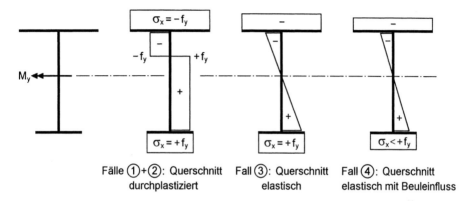

Fälle ①+②: Querschnitt   Fall ③: Querschnitt   Fall ④: Querschnitt
durchplastiziert   elastisch   elastisch mit Beuleinfluss

Bild 1.3   Verschiedene Spannungsverteilungen infolge Biegemoment M_y für einen einfachsymmetrischen Querschnitt

Querschnitte mit breiten Gurten

Bei Querschnitten mit breiten Gurten kann die in Bild 1.3 dargestellte konstante Spannungsverteilung in den Gurten nicht erreicht werden, da sie sich aufgrund ihrer Nachgiebigkeit der Spannungsaufnahme entziehen. Die Skizze in Bild 1.4 zeigt einen realistischen Verlauf der Normalspannungen $\sigma_x = f(y)$ im Obergurt. Da man nach wie vor die Stabtheorie anwenden möchte, wird die tatsächlich vorhandene Gurtbreite durch eine sogenannte **mittragende Gurtbreite** b_m ersetzt, in der rechnerisch konstante Normalspannungen σ_x auftreten.

Querschnitte mit breiten Gurten treten vor allem im Brückenbau auf. DIN 18809 [6] enthält im Abschnitt 3 Angaben zur Ermittlung der mittragenden Gurtbreiten für stählerne Straßen- und Wegbrücken. Sie werden in Abhängigkeit vom Momentenbild und dem Abstand der Momentennullpunkte bestimmt. Als Anwendungsbeispiel zeigt Bild 1.5 den Querschnitt der *Levensauer* Hochbrücke über dem Nord-Ostsee-Kanal in *Kiel*.

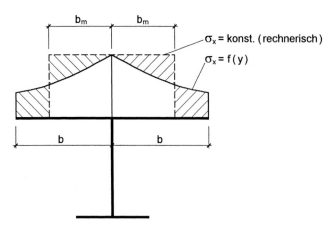

Bild 1.4   Spannungsverlauf bei breiten Gurten und mittragende Breite b_m

Das Haupttragwerk ist ein Dreifeldträger mit konstanter Bauhöhe und Stützweiten von 91,25 m, 182,50 m und 91,25 m. Aus der Geometrie des Querschnitts ergeben sich insbesondere im Bereich der Stützmomente (Pfeiler) nennenswerte Reduktionen für die Ober- und Untergurtbreiten.

Das Thema „Querschnitte mit breiten Gurten" wird in Kapitel 12 behandelt. Es soll hier noch angemerkt werden, dass für den Brückenquerschnitt in Bild 1.5 umfangreiche Beulnachweise geführt werden müssen.

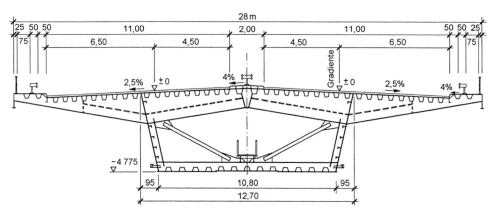

Bild 1.5   Querschnitt der *Levensauer* Hochbrücke in *Kiel*

Verbundquerschnitte

Verbundquerschnitte bestehen aus unterschiedlichen Materialien. Als Beispiel zeigt Bild 1.6 einen Verbundträger aus einer Stahlbetonplatte und einem Stahlträger. Der Verbund wird durch Kopfbolzendübel hergestellt, die den Schub in der Verbundfuge übertragen.

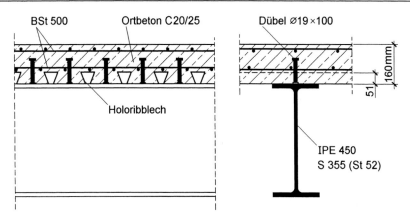

Bild 1.6 Typischer Verbundträger für den Hochbau

Die gemeinsame Wirkung von Stahl und Beton wird in Kapitel 11 untersucht. Als weiteres Beispiel ist in Bild 1.7 der Querschnitt der Weserbrücke *Vennebeck* dargestellt. Neben der Verbundwirkung muss der Einfluss breiter Gurte (Betonfahrbahnplatte) und das Beulen (Stege, Untergurte) im Stützbereich untersucht werden.

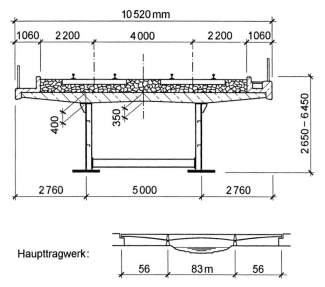

Bild 1.7 Verbundbrücke über die Weser bei *Vennebeck*

Werkstoffermüdung/Betriebsfestigkeit

Bei den bisherigen Betrachtungen wurde stillschweigend von zeitlich gleichbleibenden Beanspruchungen ausgegangen. Im Fachjargon spricht man von Tragwerken mit vorwiegend ruhender Belastung. Zeitlich veränderliche, häufig wiederholte Beanspruchungen führen zur Materialermüdung, d.h. die Grenzspannungen für statische Beanspruchungen werden mehr oder minder stark reduziert. Bild 1.8 zeigt beispielhaft Kerbgruppen für ausgewählte Konstruktionsdetails nach Abschnitt 9 des EC 3. Die Kerbgruppen kennzeichnen zulässige Doppelamplituden $\Delta\sigma$ in N/mm^2 für $2 \cdot 10^6$ Lastwechsel. So bedeutet z.B. die Kerbgruppe 112, dass bei **reiner Wechselbeanspruchung** maximal eine Normalspannung σ_x von $112/2 = 56\ N/mm^2$ aufnehmbar ist.

Bei Tragwerken mit nicht vorwiegend ruhender Belastung, wie z.B. bei Eisenbahnbrücken (siehe auch Bild 1.7), muss die Werkstoffermüdung im Rahmen von Betriebsfestigkeitsnachweisen berücksichtigt werden. Auf diese Thematik wird im vorliegenden Buch nicht eingegangen.

Kerbgruppe	Konstruktionsdetail	Kerbgruppe	Konstruktionsdetail
160	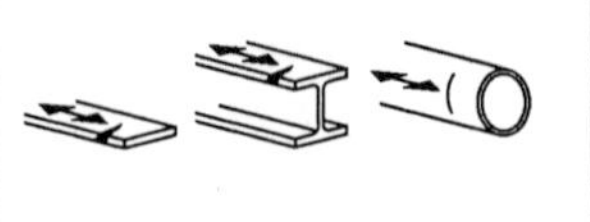	71	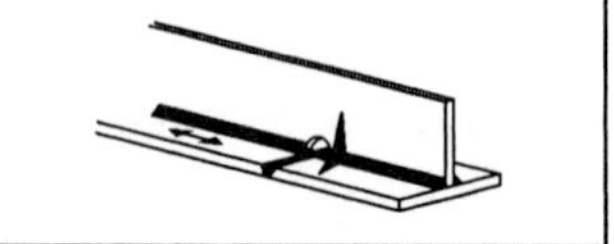
112	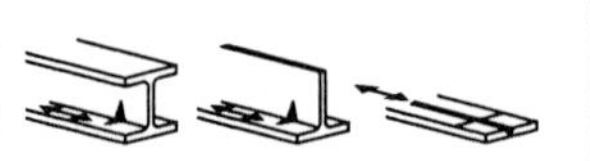	80 t ≤ 12 mm 71 t > 12 mm	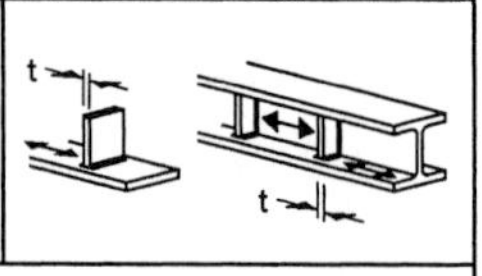
112	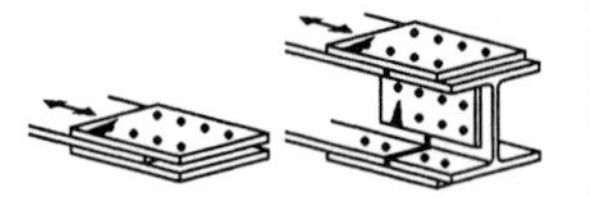	36	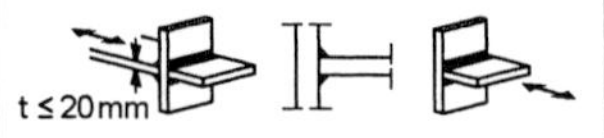
90	Nähte nicht geschliffen 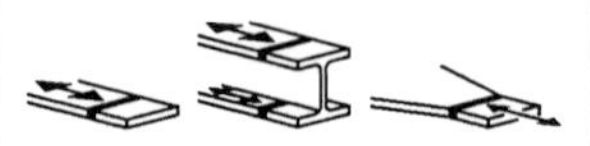	36	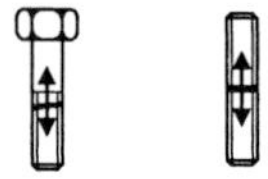

Bild 1.8 Ermüdungsfestigkeit ausgewählter Konstruktionsdetails nach EC 3

Reduzierte Tragfähigkeit bei hohen Temperaturen / Brandreduzierte Querschnitte

Beim Auftreten hoher Temperaturen verändern sich die Materialeigenschaften. Bild 1.9 zeigt die Reduktion der Streckgrenze und des Elastizitätsmoduls in Abhängigkeit von der Stahltemperatur nach EC 3-1-2. Die Kurven sind eine wichtige Grundlage für die Ermittlung der Querschnittstragfähigkeit. Sie werden im EC 3-1-2 für die „Warmbemessung" (Lastfall Brand) von Bauteilen verwendet.

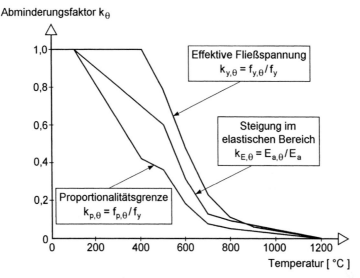

Bild 1.9   Abminderungsfaktoren für die Fließspannung und den Elastizitätsmodul von Stahl unter erhöhten Temperaturen

Als Beispiel ist in Bild 1.10 ein kammerbetonierter Verbundträger wiedergegeben. Zur Erfassung der Temperaturentwicklung werden die Streckgrenzen mit Hilfe von Reduktionsfaktoren abgemindert und eine Dickenreduzierung der Betondicke vorgenommen. Damit kann dann die Querschnittstragfähigkeit für den Lastfall Brand ermittelt werden, wobei die Methodik der Vorgehensweise bei normaler Temperatur entspricht. Das Thema „Temperatureinfluss" wird daher im vorliegenden Buch nicht weiter behandelt.

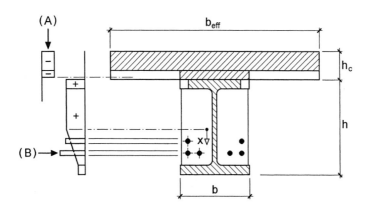

Bild 1.10   Momententragfähigkeit von Verbundträgern mit Kammerbeton

(A) Beispiel für die Spannungsverteilung im Beton

(B) Beispiel für die Spannungsverteilung im Stahl

1.3 Hinweise zum Gebrauch des Buches

Grundsätzliches

- Die **x-Achse** des x-y-z-Koordinatensystems ist stets die **Längsachse** des Stabes (= Stabachse durch den Schwerpunkt S), siehe Bild 1.11.

- Die Koordinaten **y und z sind Hauptachsen** des Querschnitts. Alle Querschnittskennwerte, Schnittgrößen und Lastgrößen, die durch die Indices y und z gekennzeichnet sind, beziehen sich auf die Hauptachsenrichtungen. Dies bedeutet, dass z.B. das Flächenmoment 2. Grades $I_{yz} = 0$ ist. In der Literatur findet man gelegentlich $I_{yz} \neq 0$, wobei y und z dann aber nicht die Hauptachsen sind.

- Alle Größen im Querschnitt werden auf den **Schwerpunkt S oder den Schubmittelpunkt M** bezogen, deren Lage sich durch Berechnungen auf Grundlage der **Elastizitätstheorie** ergibt.

- Bei Anwendung der **Plastizitätstheorie** werden ebenfalls die Bezugspunkte S und M verwendet, dies gilt insbesondere für die Schnittgrößen. In Abschnitt 2.12.1 wird gezeigt, dass beliebige Bezugspunkte gewählt werden können.

- Sofern nichts Anderes angegeben ist, wird bei der Plastizitätstheorie stets die **bilineare σ-ε-Beziehung** gemäß Bild 2.27 verwendet.

- Es wird vorausgesetzt, dass die **Querschnittsform** bei Belastung und Verformung eines Stabes **erhalten bleibt**.

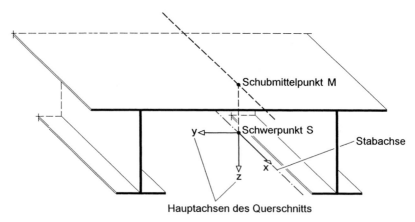

Bild 1.11   x-y-z-Koordinatensystem und Bezugspunkte S und M bei Stäben

Orientierung

Die folgende Zusammenstellung soll dem Leser eine schnelle Orientierung ermöglichen. Es wird kurz der Inhalt der Kapitel angesprochen und Wissenswertes hervorgehoben. Vorab zur Reihenfolge: Die Vorschriften für die Bemessung werden erst relativ spät in den Kapiteln 7 (DIN 18800) und 8 (EC 3) behandelt. Damit soll dokumentiert werden, dass die Berechnungen im Rahmen der Stabtheorie (Querschnittskennwerte, Verformungen, Schnittgrößen, Spannungen) von den Vorschriften weitgehend unabhängig sind. Erst ab Kapitel 9 haben Regelungen der Vorschriften einen relativ großen Einfluss (Plastizitätstheorie, Verbund, breite Gurte, Beulen).

Kapitel 2 - Grundlagen der Stabtheorie

Das Kapitel beinhaltet alle wesentlichen Grundlagen der Stabtheorie. Besondere Bedeutung hat das Gleichgewicht in Stäben, formuliert mit Hilfe der virtuellen Arbeit und der Zusammenhang mit den Differentialgleichungen. Wichtig sind auch die Prinzipien zur Ermittlung von Spannungen und Querschnittskennwerten in Abschnitt 2.12. Für spätere Anwendungen ist darüber hinaus das Gleichgewicht zwischen Schnittgrößen und Teilschnittgrößen von großem Interesse.

Kapitel 3 - Berechnung von Querschnittskennwerten

Ein zentrales Kapitel, in dem praktisch alle Methoden und Verfahren zur Berechnung von Querschnittskennwerten behandelt werden. Die Methoden werden systematisch für die praktische Anwendung aufbereitet und durch entsprechende Erläuterungen das Verständnis für die Zusammenhänge geweckt. Da es in der Regel Schwierigkeiten bereitet die Lage des Schubmittelpunktes zu ermitteln, wird dieses Thema in Abschnitt 3.7 ausführlich behandelt.

Kapitel 4 - Tragfähigkeit baustatischer Systeme

Gedanklich stehen aus Kapitel 3 die Querschnittskennwerte zur Verfügung und man kann nun Systemberechnungen durchführen. Auch wenn die Vorschriften und die Methoden zur Tragfähigkeitsermittlung erst später behandelt werden, wird vorab gezeigt, was das eigentliche Ziel ist. Dazu wird mit 9 Berechnungsbeispielen, die exemplarischen Charakter haben, die Vorgehensweise vorgestellt und Wissenswertes erläutert. Im Anschluss an die Beispiele werden die verschiedenen Nachweisverfahren und Auswirkungen auf die Grenztragfähigkeit diskutiert. Die Abschnitte 4.6 und 4.7 sind für die Durchführung der Tragsicherheitsnachweise von besonderer Bedeutung.

Kapitel 5 - Ermittlung von Spannungen nach der Elastizitätstheorie

In diesem Kapitel wird die Spannungsermittlung für beliebige Schnittgrößen behandelt. Abgesehen von einzelnen Vollquerschnitten liegt der Schwerpunkt bei beliebigen offenen und geschlossenen Querschnitten.

Kapitel 6 - Querschnittskennwerte und Spannungen – Berechnungsbeispiele

Anhand von 8 praxisrelevanten Querschnitten, „von leicht bis schwierig", wird die Anwendung der Kapitel 3 und 5 im Zusammenhang demonstriert.

Kapitel 7 - Nachweise nach DIN 18800

Hier wird zusammengestellt, was im Hinblick auf das Thema „Querschnitte" von Bedeutung ist. Das Kapitel enthält eine Übersicht zu den wichtigsten Bemessungsregelungen.

Kapitel 8 - Nachweise nach Eurocode 3

Kapitel 8 stellt, analog zu Kapitel 7, die im Rahmen dieses Buches bedeutsamen Regelungen des Eurocodes 3 (EC 3) vor. Darüber hinaus wird mit DIN 18800 verglichen.

Kapitel 9 - Grenztragfähigkeit rechteckiger Teilquerschnitte

Das Thema ist im Grunde genommen Kapitel 10 (Plastizitätstheorie) zuzuordnen. Wegen der grundsätzlichen Bedeutung und aus Gründen der Übersichtlichkeit werden rechteckige Teilquerschnitte vorab behandelt. Die Methoden und Modelle in Kapitel 9 bilden generell eine wichtige Grundlage für Tragfähigkeitsuntersuchungen von Querschnitten.

Kapitel 10 - Grenztragfähigkeit von Querschnitten nach der Plastizitätstheorie

Dies ist ein zentrales Kapitel des Buches. Es werden verschiedene Methoden und Berechnungsverfahren erläutert und angewendet. Die systematische Aufbereitung des Stoffes ermöglicht dem Leser eine unmittelbare Umsetzung. Aufgrund von bis zu 8 Schnittgrößen und vielen möglichen Querschnittsformen erfordert die Thematik natürlich eine gewisse Einarbeitung. Andererseits bietet dieses Kapitel Lösungsmöglichkeiten, für außergewöhnlich viele Fälle, die man sonst kaum bzw. nicht findet.

Kapitel 11 - Verbundquerschnitte

Es werden Verbundträger und Verbundstützen aus Stahl und Beton untersucht. Im Vordergrund steht die Ermittlung von Querschnittskennwerten und der Grenztragfähigkeit.

Kapitel 12 - Querschnitte mit breiten Gurten

Im Mittelpunkt des Interesses steht der Einfluss der Schubverzerrungen auf die Spannungsverteilung in breiten Gurten. Diese Thematik ist vornehmlich für den Brückenbau und Konstruktionen des Stahlwasserbaus von Bedeutung.

Kapitel 13 - Beulgefährdete Querschnitte

Es wird in gestraffter Form auf verschiedene Methoden eingegangen: Beulnachweis mit b/t-Verhältnissen, allgemeiner Beulnachweis, Methode der wirksamen Querschnitte, Zugfeldmethode. Es zeigt sich, dass zwischen DIN 18800 Teil 3 und dem EC 3 relativ große Unterschiede bestehen.

1.4 Bezeichnungen

Grundlage für die Bezeichnungen sind DIN 1080 und DIN 18800. Bezeichnungen der Eurocodes werden nur in den Kapiteln 8, 11, 12 und 13 verwendet. In der folgenden Zusammenstellung wird auf der rechten Seite der exemplarische Bezug zu erläuternden Bildern, Tabellen, Gleichungen und Abschnitten hergestellt.

Koordinaten, Ordinaten und Bezugspunkte

x	Stablängsrichtung	Bild 2.1
y, z	Hauptachsen in der Querschnittsebene	Bild 1.11
ω	normierte Wölbordinate	Abschnitt 3.6
s	Profilordinate	Bild 2.2
S	Schwerpunkt	Bild 3.2
M	Schubmittelpunkt	Bild 3.3

Verschiebungsgrößen

u	Verschiebung in x-Richtung	Tabelle 2.1
v	Verschiebung in y-Richtung	Abschnitt 2.4
w	Verschiebung in z-Richtung	Bild 2.11
v'	Verdrehung um die z-Achse	Bild 2.3
w'	Verdrehung um die y-Achse	Bild 2.18
ϑ	Verdrehung um die x-Achse	Bild 2.44
ϑ'	Verdrillung	Gl. (3.92)

Einwirkungen, Lastgrößen

q_x, q_y, q_z	Streckenlasten	Bild 2.32
F_x, F_y, F_z	Einzellasten	Bild 2.30
m_x	Streckentorsionsmoment	Bild 2.7
M_{xL}	Lasttorsionsmoment	Bild 2.5
M_{yL}, M_{zL}	Lastbiegemomente	Bild 2.8
$M_{\omega L}$	Lastwölbbimoment	Bild 2.9

Schnittgrößen

N	Längskraft, Normalkraft	Bild 2.4b
V_y, V_z	Querkräfte	Abschnitt 2.10
M_y, M_z	Biegemomente	Tabelle 2.3
M_x	Torsionsmoment	Gl. (5.41)
M_{xp}, M_{xs}	primäres und sekundäres Torsionsmoment	Bild 3.52
M_ω	Wölbbimoment	Abschnitt 5.4.4
Index el:	Grenzschnittgrößen nach der Elastizitätstheorie	Abschnitt 9.2.5

Index pl: Grenzschnittgrößen nach der Plastizitätstheorie   Bild 10.13
Index d: Bemessungswert (**d**esign)   Bild 2.27
Index k: charakteristischer Wert   Bild 2.27

Spannungen

$\sigma_x, \sigma_y, \sigma_z$ Normalspannungen   Bild 2.4a
$\tau_{xy}, \tau_{xz}, \tau_{yz}$ Schubspannungen   Bild 2.20
σ_v Vergleichsspannung   Abschnitt 2.8.3

Dehnungen, Gleitungen, Verzerrungen

$\varepsilon_x, \varepsilon_y, \varepsilon_z$ Dehnungen   Abschnitt 2.7
$\gamma_{xy}, \gamma_{xz}, \gamma_{yz}$ Gleitungen   Bild 2.26
$\varepsilon_{xx}, \varepsilon_{xy}$, usw.   Verzerrungen   Gl. (2.42)

Werkstoffkennwerte

E   Elastizitätsmodul   Abschnitt 2.8
G   Schubmodul   Abschnitt 8.2
ν Querkontraktion, *Poissonsche* Zahl   Bild 2.25
f_y Streckgrenze   Bild 2.27
f_u Zugfestigkeit   Bild 7.1
ε_u Bruchdehnung   Bild 2.24

Teilsicherheitsbeiwerte

γ_M Beiwert für die Widerstandsgrößen (**material**)   Abschnitt 7.1.2
γ_F Beiwert für die Einwirkungen (**force**)   Abschnitt 7.1.3

Querschnittskennwerte

A   Fläche   Gl. (2.72)
I_y, I_z Hauptträgheitsmomente   Tabelle 3.3
I_ω Wölbwiderstand   Tabelle 3.18
I_T Torsionsträgheitsmoment   Abschnitt 3.9
W_y, W_z Widerstandsmomente   Tabelle 3.1
S_y, S_z statische Momente   Gl. (3.117)

Weitere Bezeichnungen

i_M, r_y, r_z, r_ω Größen für Th. II. Ordnung und Stabilität   Abschnitt 3.10
$u' = du/dx$ Ableitung von u nach x   Gl. (2.89)
$\partial\phi/\partial y$ partielle Ableitung nach y   Abschnitt 5.4.7
$\oint$ Ringintegral, Umlaufintegral   Gl. (5.54)

1.5 EDV-Programme auf der RUBSTAHL-CD

Zeitgemäße statische Berechnungen werden heutzutage in wesentlichen Teilen mit Hilfe von EDV-Programmen erstellt. Aus didaktischen Gründen und um den Lehrstoff komprimiert vermitteln zu können, werden vom Lehrstuhl für Stahl- und Verbundbau der Ruhr-Universität Bochum EDV-Programme gezielt in der Lehre eingesetzt. Sie befinden sich auf der beigefügten CD-ROM

RUBSTAHL - Lehr- und Lernprogramme für Studium und Weiterbildung

In Tabelle 1.1 wird eine Kurzübersicht zu den Programmen gegeben. Wie der Titel schon ausdrückt, handelt es sich um Programme für Lehre und Lernen, also nicht um kommerzielle Programme. Sie sollen die oft mühsame Zahlenrechnung, die Anwendung moderner Nachweisverfahren und das Verständnis von computerorientierten Berechnungsmethoden erleichtern. Die Programme sind soweit wie möglich „offen" gehalten worden. Dadurch bieten sie dem Anwender die Möglichkeiten für eigene Ergänzungen und bilden somit den Ausgangspunkt für kreative Anwendungen und Weiterentwicklungen.

In der Liesmich-Datei finden Sie

- Hinweise zur Installation, Anwendung und den Zielen

- Erläuterungen zu den Programmen

- Tipps im Umgang mit MS-Excel

Es sei hier noch angemerkt, dass sich auf der CD das Programm KSTAB2002 befindet. Die Berechnungen in Kapitel 4 wurden mit der Vorgängerversion KSTAB2000 durchgeführt. Die Abkürzungen in den Programmnamen (siehe Tabelle 1.1) bedeuten: QSW → **Q**uerschnitts**w**erte, QST → **Q**uerschnitts**t**ragfähigkeit, BK → **B**iege**k**nicken und BDK → **B**iege**d**rill**k**nicken.

Die CD-ROM enthält 2 Hauptordner. Im Ordner RUBSTAHL befinden sich die Programme gemäß Tabelle 1.1 (ohne Eingabewerte) und der Ordner RUBSTAHL-TAFELN, der die Dateien mit Querschnittskennwerten für Walzprofile und andere vorgefertigte Querschnitte enthält (siehe auch Anhang). Berechnungsbeispiele des Buches finden sich im Ordner BEISPIELE BUCH, wobei die EDV-Programme dort **mit** den Eingabewerten enthalten sind. In der Regel kennzeichnet der Dateiname den betreffenden Abschnitt, teilweise aber auch eine Tabelle oder ein Bild.

Tabelle 1.1   Kurzübersicht zu den Programmen auf der RUBSTAHL-CD

Programm	Erläuterungen	Bezug
KSTAB2002	leistungsfähiges FEM-Programm: gerade Stäbe, Theorie I. und II. Ordnung, Verzweigungslasten, Eigenformen, Tragsicherheitsnachweise	Kapitel 4
PROFILE	Walzprofile: Querschnittskennwerte aus den Dateien der RUBSTAHL-TAFELN	Anhang
QSW-3BLECH	Drei- und Zweiblechquerschnitte: Querschnittskennwerte, einfaches Programm	Abschn. 3.4.6 Abschn. 3.7.4
QSW-BLECHE	beliebige dünnwandige Querschnitte: Querschnittskennwerte	Kapitel 3
QSW-SYM-Z	wie QSW-BLECHE, Querschnitte symmetrisch zur z-Achse	Kapitel 3
QSW-OFFEN	offene dünnwandige Querschnitte: Querschnittskennwerte, Spannungsverteilungen, komfortables Programm	Kapitel 3
QSW-TABELLE	einfachsymmetrische Querschnitte: Tabellarische Ermittlung der Querschnittswerte	Abschn. 3.4.7
QS-3D-GRAFIK	Grafische Darstellung: Verwölbung, Normalspannungen, Schubspannungen	Kapitel 3, 5 und 6
QSW-POLYNOM	Querschnitte mit polygonalem Umriss: Querschnittskennwerte	Abschn. 3.4.9
QST-TSV-2-3	Grenztragfähigkeit von Drei- und Zweiblechquerschnitten, beliebige Schnittgrößen	Abschn. 10.4 und 10.7
QST-ROHR	Grenztragfähigkeit von kreisförmigen Hohlprofilen	Abschn. 10.5
QST-KASTEN	Grenztragfähigkeit von rechteckigen Hohlprofilen	Abschn. 10.6
QST-VERBUNDTRÄGER	Grenztragfähigkeit von Verbundträger-Querschnitten, Querschnittskennwerte	Abschn. 11.4
QST-VERBUNDSTÜTZE	Grenztragfähigkeit von Verbundstützen-Querschnitten	Abschn. 11.5
DIN-NACHWEISE	Nachweise nach DIN 18800: Querschnittstragfähigkeit, Biegeknicken, Biegedrillknicken	Kapitel 7 Kapitel 4
BK-SPEZIAL	Biegeknicken von Stäben: Verzweigungslasten, Knickbiegelinien, einfaches Programm	Kapitel 4
BDK-SPEZIAL	Biegedrillknicken: M_{Ki} und Eigenformen, beidseitig gabelgelagerter Träger	Kapitel 4
BEULEN	Beulen ausgesteifter und unausgesteifter Rechteckplatten, FEM-Programm	Kapitel 13

2 Grundlagen der Stabtheorie

2.1 Vorbemerkungen

In Kapitel 2 werden die Grundgleichungen der Stabtheorie hergeleitet und Methoden, Prinzipien und Vorgehensweisen erläutert. Da sich die Thematik des vorliegenden Buches auf **Querschnitte** konzentriert, werden die Grundgleichungen für Tragwerke nur soweit behandelt, wie es für das Gesamtverständnis und die Berechnungen auf Querschnittsebene erforderlich ist.

Die Herleitungen können fast ausschließlich auf die **lineare Stabtheorie** beschränkt werden, da bezüglich der Ermittlung von Querschnittskennwerten und Spannungen gegenüber der nichtlinearen Stabtheorie keine Unterschiede bestehen. Bei der Spannungsermittlung ist lediglich zu beachten, dass die Schnittgrößen auf Grundlage der nichtlinearen Stabtheorie berechnet werden müssen. Dies betrifft aber nur die Durchführung der Systemberechnungen. Einzelheiten dazu enthält der Abschnitt 2.14 „Stabilität und Theorie II. Ordnung".

2.2 Prinzipielle Vorgehensweise bei den Berechnungen

Koordinatensystem und Bezugspunkte

Stäbe sind bekanntlich wesentlich länger als breit und hoch. Zur Beschreibung der Stabgeometrie wird ein x-y-z-Koordinatensystem verwendet, Bild 2.1. In der Regel wird die x-Achse in Längsrichtung des Stabes angeordnet, so dass die Querschnitte in der y-z-Ebene liegen. Der Ursprung des y-z-Koordinatensystems ist der Flächen-

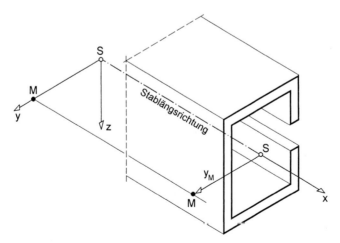

Bild 2.1   Zur Anordnung des x-y-z-Koordinatensystems bei Stäben

schwerpunkt S des Querschnitts, y und z sind die sogenannten **Hauptachsen** des Querschnitts. Darüber hinaus wird der Schubmittelpunkt M des Querschnitts benötigt, der die Lage einer Stabachse kennzeichnet, die parallel zur x-Achse durch den Punkt M mit den Koordinaten y_M und z_M verläuft.

In Bild 2.1 ist ein Stababschnitt mit einem C-förmigen Querschnitt dargestellt. Da der Querschnitt zur y-Achse symmetrisch ist, liegt der Schubmittelpunkt auf der y-Achse, d.h. in diesem Beispiel ist $z_M = 0$.

Profilmittellinie s und Wölbordinate ω

Stabquerschnitte des Stahlbaus sind in der Regel dünnwandig und können daher durch ihre Profilmittellinie dargestellt werden. Entlang dieser Linie wird, wie in Bild 2.2 skizziert, eine Profilordinate s eingeführt. Sie wird für die Ermittlung von Schubspannungen und der Wölbordinate ω benötigt. Die Wölbordinate ω, vergleichbar mit y und z, wird auch Einheitsverwölbung genannt (zu $\vartheta' = -1$) und dient zur Beschreibung der Verschiebungen u (in Stablängsrichtung), die von einer ebenen Fläche abweichen. Bild 2.2 zeigt den Verlauf der Wölbordinate für den Querschnitt in Bild 2.1, Abschnitt 3.7 enthält die Einzelheiten für die Berechnung.

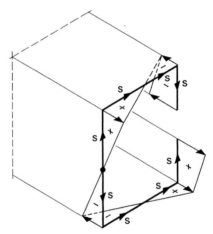

Bild 2.2   Profilordinate s und Wölbordinate ω (Beispiel)

Querschnittskennwerte

Für die Berechnung von Verformungen und Spannungen werden folgende Querschnittskennwerte benötigt:

- Querschnittsfläche $\qquad A = \int\limits_A dA$

- Hauptträgheitsmoment $\quad I_y = \int\limits_A z^2 \cdot dA; \qquad I_z = \int\limits_A y^2 \cdot dA$

- Wölbwiderstand $\qquad\quad I_\omega = \int\limits_A \omega^2 \cdot dA$

Die Ermittlung dieser Werte, der Hauptachsen y und z sowie der normierten Wölbordinate ω erfolgt in Kapitel 3.

Verschiebungsgrößen

Die Verschiebungen u, v und w korrespondieren mit den Richtungen von x, y und z. In Bild 2.3 ist der allgemeine Fall mit y_M und $z_M \neq 0$ dargestellt. Aus Gründen der Übersichtlichkeit wurde kein Querschnitt eingezeichnet. Bild 2.3 kennzeichnet die positive Richtung der Verschiebungen u, v und w sowie die positive Drehrichtung der Verdrehungen. Bei Stäben wird in der Regel angenommen, dass sich die **Querschnittsform** bei Belastung und Verformung **nicht verändert**. Der Querschnitt verdreht sich in der Querschnittsebene wie eine starre Scheibe. Mit dieser Annahme können die Verschiebungen u, v und w eines beliebigen Punktes auf dem Querschnitt

- unter Verwendung der Ordinaten y, z und ω durch

- die Verschiebungen des Schwer- bzw. des Schubmittelpunktes u_S, v_M und w_M

- und die Verdrehung ϑ

beschrieben werden. Aufgrund der Verwendung normierter Ordinaten und Querschnittskennwerte werden die Längsverschiebung u_S auf den Schwerpunkt und die transversalen Verschiebungen v_M und w_M auf den Schubmittelpunkt bezogen, siehe auch Abschnitt 2.12.1.

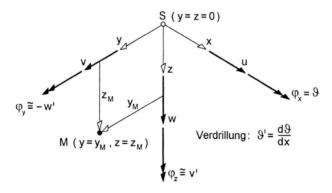

Bild 2.3   Verschiebungsgrößen und Bezugspunkte S und M

Spannungen und Schnittgrößen

In den Querschnitten von Stäben können Normalspannungen σ_x und Schubspannungen τ_{xy} sowie τ_{xz} auftreten (Bild 2.4). Sie werden aus den Schnittgrößen berechnet und müssen, umgekehrt betrachtet, bei Integration über den Querschnitt wiederum die Schnittgrößen ergeben. Bei Stäben können maximal 8 verschiedene Schnittgrößen auftreten. Aus den 6 Gleichgewichtsbedingungen

$$\sum F_x = 0, \sum F_y = 0, \sum F_z = 0, \sum M_x = 0, \sum M_y = 0 \text{ und } \sum M_z = 0$$

erhält man die Schnittgrößen

N, V_y, V_z, M_x, M_y und M_z.

Das Torsionsmoment M_x besteht aufgrund unterschiedlicher Tragwirkungen aus einem primären und einem sekundären Torsionsmoment, d.h. es ist

$$M_x = M_{xp} + M_{xs} \tag{2.1}$$

Als weitere Schnittgröße wird zur zutreffenden Erfassung der Torsion das Wölb-bimoment M_ω benötigt. Es korrespondiert zum sekundären Torsionsmoment M_{xs} in vergleichbarer Weise wie ein Biegemoment M_y zur Querkraft V_z. Vertiefende Erläuterungen zum Wölbbimoment enthalten die Abschnitte 2.12.2 und 5.4.4. Die Schnittgrößen N, M_y und M_z wirken im Schwerpunkt – V_y, V_z, M_x und M_ω im Schubmittelpunkt.

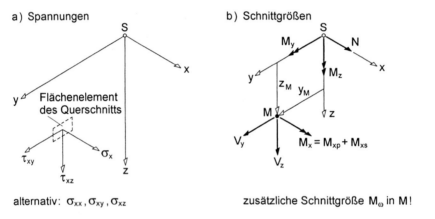

Bild 2.4   Spannungen und Schnittgrößen am positiven Schnittufer eines Stabquerschnitts (Schnittfläche x = konstant)

Lastgrößen

Die Richtung positiver Lastgrößen und ihre Angriffspunkte korrespondieren mit denen der Schnittgrößen gemäß Bild 2.4b. In Bild 2.5 sind

- Streckenlasten q_x, q_y und q_z
- Einzellasten F_x, F_y und F_z
- Einzellastmomente M_{xL}, M_{yL} und M_{zL}
- sowie Torsionsstreckenlasten m_x

eingetragen.

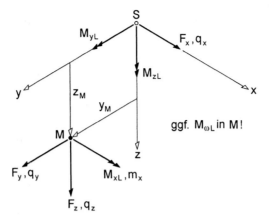

Bild 2.5   Positive Wirkungsrichtungen und Angriffspunkte der Lastgrößen

Sofern Lastgrößen nicht in S bzw. M angreifen oder ihre Wirkungsrichtungen nicht mit den Richtungen der Hauptachsen übereinstimmen, müssen sie transformiert werden. Die Bilder 2.6 und 2.7 zeigen anschaulich die erforderlichen Transformationsbeziehungen für Streckenlasten q_y und q_z. Sie gelten in analoger Weise für Einzellasten (F_y und F_z) und Einzelmomente (M_{yL} und M_{zL}).

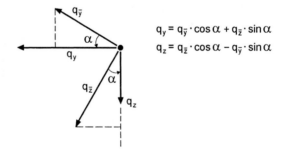

$$q_y = q_{\bar{y}} \cdot \cos\alpha + q_{\bar{z}} \cdot \sin\alpha$$
$$q_z = q_{\bar{z}} \cdot \cos\alpha - q_{\bar{y}} \cdot \sin\alpha$$

Bild 2.6   Zur Zerlegung von $q_{\bar{y}}$ und $q_{\bar{z}}$ in Richtung der Hauptachsen

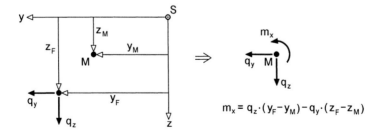

$$m_x = q_z \cdot (y_F - y_M) - q_y \cdot (z_F - z_M)$$

Bild 2.7   Transformation von q_y und q_z in den Schubmittelpunkt M ($\Rightarrow m_x$)

Beim Lastangriff von Einzellasten F_x ist zu beachten, dass ggf. Lastwölbbimomente $M_{\omega L}$ zu berücksichtigen sind. Dies ist immer dann der Fall, wenn die Wölbordinate ω im Lastangriffspunkt ungleich Null ist. Bild 2.8 zeigt dazu die entsprechenden Transformationsbeziehungen.

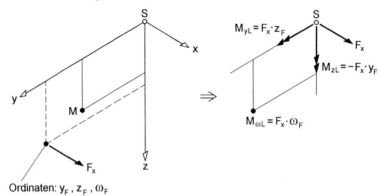

Bild 2.8   Zur Transformation einer außermittigen Einzellast F_x in den Schwerpunkt

Zur Verdeutlichung des Sachverhaltes werden 2 konkrete Fälle betrachtet, Bild 2.9. Bei **doppeltsymmetrischen I-Querschnitten** gilt für die Wölbordinate $\omega = -y \cdot z$. Wenn F_x mit zweiachsiger Außermittigkeit angreift, bedeutet dies, dass neben M_{yL} und M_{zL} auch ein Last-Wölbbimoment

$$M_{\omega L} = F_x \cdot \omega_F = -F_x \cdot y_F \cdot z_F \qquad (2.2)$$

auftritt.

Bei einem Z-Querschnitt ist die Wölbordinate im Schwerpunkt ungleich Null (Bild 2.9b). Wenn nun F_x wirklich konzentriert im Schwerpunkt angreift, ergibt sich daraus ein Last-Wölbbimoment $M_{\omega L} = F_x \cdot \omega_s$. Sofern jedoch F_x gleichmäßig in die gesamte Querschnittsfläche eingeleitet wird, gilt $M_{\omega L} = 0$. Dies bedeutet, dass die Art der Lasteinleitung das Auftreten und die Größe von $M_{\omega L}$ beeinflusst. Es sei in diesem Zusammenhang darauf hingewiesen, dass z.B. Kopfplatten als Wölbfedern wirken und daher Wölbbimomente aufnehmen können.

Bezugspunkte bei Berechnungen auf Grundlage der Plastizitätstheorie

Die vorstehenden Ausführungen zeigen, dass alle Größen auf den Schwerpunkt oder den Schubmittelpunkt bezogen werden. Die Wahl dieser Bezugspunkte ist nicht zwingend erforderlich, jedoch zweckmäßig und üblich, da sich damit die entkoppelten Teilprobleme

„Zweiachsige Biegung, Normalkraft und Torsion"

ergeben. In Abschnitt 2.12.1 wird die Entkopplung anhand der Normalspannung σ_x gezeigt. Grundlage dabei ist die Anwendung der **Elastizitätstheorie**.

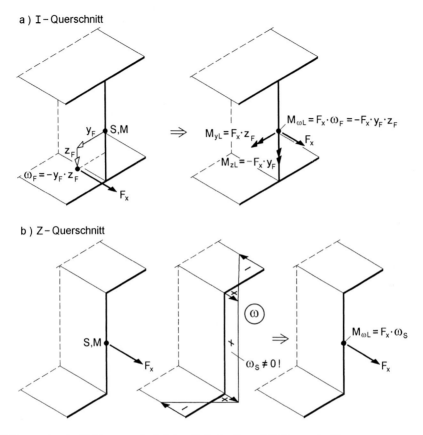

a) I – Querschnitt

b) Z – Querschnitt

Bild 2.9   Lastwölbbimomente infolge F_x beim I- und Z-Querschnitt

Die Berechnung und Bemessung von Stäben und Stabwerken kann natürlich auch auf Grundlage der **Plastizitätstheorie** erfolgen. In der Regel verwendet man dann die **Fließgelenktheorie**, d.h. plastische Zonen, die sich in Stablängsrichtung ausdehnen, werden örtlich konzentriert in diskreten Punkten angenommen. Dies bedeutet, dass das Tragwerk mit Ausnahme der Fließgelenke elastisch bleibt, siehe Bild 2.10. Es ist daher sinnvoll, die Punkte S und M bei Berechnungen nach der Plastizitätstheorie als Bezugspunkte im Querschnitt beizubehalten.

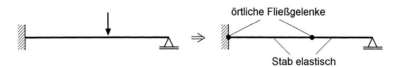

örtliche Fließgelenke

Stab elastisch

Bild 2.10   Örtliche Fließgelenke in einem Stab

2.3 Grundgleichungen für die lineare Stabtheorie (Theorie I. Ordnung)

Wenn aufgrund der vorhandenen Lastgrößen im baustatischen System alle 8 Schnittgrößen auftreten, spricht man von **zweiachsiger Biegung mit Normalkraft und Wölbkrafttorsion**. Man unterteilt also in 4 verschiedene Beanspruchungsarten. Durch den Bezug auf die Punkte S und M sowie die Verwendung von Hauptachsen (y, z) und der normierten Wölbordinate ω wird eine Entkopplung in 4 Teilprobleme erreicht, die jedoch nicht zwingend erforderlich ist. Näheres dazu siehe Abschnitte 2.9, 2.12.2 und 10.10. Tabelle 2.1 enthält eine Zusammenstellung, die nicht nur Verformungen und Schnittgrößen, sondern auch Angaben zum Gleichgewicht am Stabelement, zur Ermittlung von σ_x und zu den zugehörigen Differentialgleichungen enthält. Mit Tabelle 2.1 sollen die prinzipiellen Zusammenhänge vermittelt werden. Grundlage der angegebenen Gleichungen ist die Elastizitätstheorie und die Theorie I. Ordnung, d.h. Gleichgewicht am unverformten System. Die Gleichungen in Tabelle 2.1 ergeben sich aufgrund der Herleitungen in den folgenden Abschnitten.

Tabelle 2.1 Zur zweiachsigen Biegung mit Normalkraft und Wölbkrafttorsion

	„Normalkraft"	„Biegung um die z-Achse"	„Biegung um die y-Achse"	„Torsion"
Lastgrößen	q_x; F_x	q_y; F_y; M_{zL}	q_z; F_z; M_{yL}	m_x; M_{xL}; $M_{\omega L}$
Verformungen	$u = u_S$	$v = v_M$ $u = -y \cdot v_M'$	$w = w_M$ $u = -z \cdot w_M'$	ϑ $u = -\omega \cdot \vartheta'$ $v = -(z - z_M) \cdot \vartheta$ $w = (y - y_M) \cdot \vartheta$
Schnittgrößen	N	M_z V_y	M_y V_z	M_ω $M_x = M_{xp} + M_{xs}$
Gleichgewicht	$N' = -q_x$	$M_z' = -V_y$ $V_y' = -q_y$	$M_y' = V_z$ $V_z' = -q_z$	$M_\omega' = M_{xs}$ $M_x' = -m_x$
$\sigma_x =$	$\dfrac{N}{A}$ $= E \cdot u_S'$	$-\dfrac{M_z}{I_z} \cdot y$ $= -E \cdot y \cdot v_M''$	$\dfrac{M_y}{I_y} \cdot z$ $= -E \cdot z \cdot w_M''$	$\dfrac{M_\omega}{I_\omega} \cdot \omega$ $= -E \cdot \omega \cdot \vartheta''$
Differentialgleichungen	$N = EA \cdot u_S'$ $(EA \cdot u_S')' = -q_x$	$M_z = EI_z \cdot v_M''$ $V_y = -(EI_z \cdot v_M'')'$ $(EI_z \cdot v_M'')'' = q_y$	$M_y = -EI_y \cdot w_M''$ $V_z = -(EI_y \cdot w_M'')'$ $(EI_y \cdot w_M'')'' = q_z$	$M_\omega = -EI_\omega \cdot \vartheta''$ $M_{xs} = -(EI_\omega \cdot \vartheta'')'$ $M_{xp} = GI_T \cdot \vartheta'$ $(EI_\omega \cdot \vartheta'')''$ $-(GI_T \cdot \vartheta')' = m_x$
mit: Elastizitätsmodul E, Schubmodul G, Querschnittsfläche A, Hauptträgheitsmomente I_y und I_z, minimaler Wölbwiderstand I_ω, Torsionsträgheitsmoment I_T				

2.4 Verschiebungsgrößen

2.4.1 Verschiebungen v und w

Bei Stäben werden die Verschiebungen v und w eines beliebigen Querschnittspunktes durch die Verschiebungen v_M und w_M des Schubmittelpunktes und die Querschnittsverdrehung ϑ beschrieben (Bild 2.11). Als wichtige Annahme wird dabei vorausgesetzt:

Bei Verformung eines Stabes bleibt die Querschnittsform erhalten.

Die Querschnitte verdrehen sich also als Starrkörper um den Winkel ϑ. Bild 2.11 zeigt einen C-förmigen Querschnitt in der Referenz-Lage und nach Auftreten der Verformungen in der Momentan-Lage. Ziel ist es, die Verschiebungen v und w eines beliebigen Querschnittspunktes P(y,z) zu beschreiben. Die Herleitungen sollen jedoch nicht mit Bild 2.11, sondern mit Bild 2.12 erfolgen.

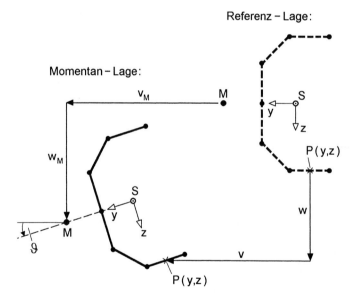

Bild 2.11   Verschiebungen v und w eines Punktes P auf der Profilmittellinie

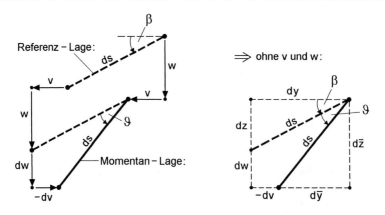

Bild 2.12   Verschiebungszustand eines differentiellen Abschnittes der Profilmittellinie ds

In Bild 2.12 wird ein beliebiger Abschnitt der Profilmittellinie mit der Länge ds betrachtet. Er könnte z.B. dem oberen, schräg liegenden Querschnittsteil in Bild 2.11 entnommen sein. Aus dem rechten Teil von Bild 2.12 können folgende Beziehungen abgelesen werden:

$$dv = d\overline{y} - dy \qquad\qquad dw = d\overline{z} - dz \qquad\qquad (2.3a,b)$$

$$dy = ds \cdot \cos\beta \qquad\qquad dz = ds \cdot \sin\beta \qquad\qquad (2.4a,b)$$

$$d\overline{y} = ds \cdot \cos(\beta + \vartheta) \qquad\qquad d\overline{z} = ds \cdot \sin(\beta + \vartheta) \qquad\qquad (2.5a,b)$$

Daraus ergeben sich

$$dv = ds \cdot [\cos(\beta + \vartheta) - \cos\beta] \quad \text{und} \quad dw = ds \cdot [\sin(\beta + \vartheta) - \sin\beta] \qquad (2.6a, b)$$

Unter Verwendung der Beziehungen

$$\cos(\beta + \vartheta) = \cos\beta \cdot \cos\vartheta - \sin\beta \cdot \sin\vartheta \qquad\qquad (2.7a)$$

$$\sin(\beta + \vartheta) = \sin\beta \cdot \cos\vartheta + \cos\beta \cdot \sin\vartheta \qquad\qquad (2.7b)$$

zwischen den trigonometrischen Funktionen erhält man:

$$\begin{aligned} dv &= -ds \cdot [\sin\beta \cdot \sin\vartheta + \cos\beta \cdot (1 - \cos\vartheta)] \\ &= -dz \cdot \sin\vartheta - dy \cdot (1 - \cos\vartheta) \end{aligned} \qquad (2.8a)$$

$$\begin{aligned} dw &= ds \cdot [\cos\beta \cdot \sin\vartheta - \sin\beta \cdot (1 - \cos\vartheta)] \\ &= dy \cdot \sin\vartheta - dz \cdot (1 - \cos\vartheta) \end{aligned} \qquad (2.8b)$$

Der Winkel ϑ ist nicht von y und z abhängig (Erhaltung der Querschnittsform). v und w können daher durch Integration problemlos bestimmt werden. Wie im Zusammenhang mit Bild 2.11 erläutert, wird der Schubmittelpunkt M als Bezugspunkt gewählt. Es könnte jedoch auch ein beliebiger anderer Punkt gewählt werden. Man erhält:

$$\int_{v_M}^{v} dv \quad = -\sin\vartheta \cdot \int_{z_M}^{z} dz - (1-\cos\vartheta) \cdot \int_{y_M}^{y} dy$$

$$\Rightarrow v \quad = v_M - (z-z_M)\cdot\sin\vartheta - (y-y_M)\cdot(1-\cos\vartheta) \tag{2.9a}$$

$$\int_{w_M}^{w} dw = \sin\vartheta \cdot \int_{y_M}^{y} dy - (1-\cos\vartheta) \cdot \int_{z_M}^{z} dz$$

$$\Rightarrow w \quad = w_M + (y-y_M)\cdot\sin\vartheta - (z-z_M)\cdot(1-\cos\vartheta) \tag{2.9b}$$

Für die trigonometrischen Funktionen können die Reihenentwicklungen

$$\sin\vartheta = \vartheta - \frac{1}{3!}\cdot\vartheta^3 + \frac{1}{5!}\cdot\vartheta^5 - \dots \tag{2.10a}$$

$$\cos\vartheta = 1 - \frac{1}{2!}\cdot\vartheta^2 + \frac{1}{4!}\cdot\vartheta^4 - \dots \tag{2.10b}$$

verwendet werden. Bei Berücksichtigung von 2 Reihengliedern erhält man folgende Näherungen:

$$v \quad \cong v_M - (z-z_M)\cdot\vartheta - \frac{1}{2}(y-y_M)\cdot\vartheta^2 + \frac{1}{6}(z-z_M)\cdot\vartheta^3 \tag{2.11a}$$

$$w \quad \cong w_M + (y-y_M)\cdot\vartheta - \frac{1}{2}(z-z_M)\cdot\vartheta^2 - \frac{1}{6}(y-y_M)\cdot\vartheta^3 \tag{2.11b}$$

Im Rahmen der linearen Theorie werden die Anteile mit ϑ^2 und ϑ^3 vernachlässigt (sehr kleine Winkel ϑ). In den Näherungen

$$v \quad \cong v_M - (z-z_M)\cdot\vartheta \tag{2.12a}$$

$$w \quad \cong w_M + (y-y_M)\cdot\vartheta \tag{2.12b}$$

treten die Verschiebungsgrößen nur linear auf.

Anmerkung: Man kann die Verschiebungen v und w natürlich auch auf die Verschiebungen des Schwerpunktes beziehen

$$v \cong v_S - z\cdot\vartheta - \frac{1}{2}y\cdot\vartheta^2 + \frac{1}{6}z\cdot\vartheta^3 \tag{2.13a}$$

$$w \cong w_S + y\cdot\vartheta - \frac{1}{2}z\cdot\vartheta^2 - \frac{1}{6}y\cdot\vartheta^3 \tag{2.13b}$$

Zur Entkopplung in die 4 Teilprobleme gemäß Tabelle 2.1 ist jedoch der Bezug auf den Schubmittelpunkt erforderlich.

2.4.2 Verschiebungen in Stablängsrichtung

Die Ermittlung der Verschiebung u ist für die Stabtheorie von zentraler Bedeutung, da damit Dehnungen ε_x und Spannungen σ_x bestimmt werden. Im Rahmen der linearen Stabtheorie ist

$$\varepsilon_x = du/dx\,, \tag{2.14}$$

so dass sich mit dem *Hookeschen* Gesetz

$$\sigma_x = E \cdot \varepsilon_x = E \cdot du/dx \tag{2.15}$$

ergibt.

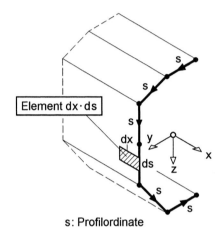

s: Profilordinate

Bild 2.13   Profilordinate s und Element dx·ds

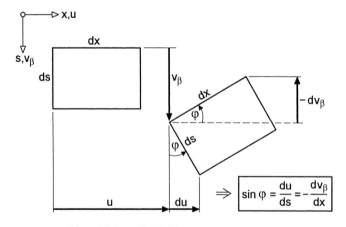

v_β: Verschiebung in Richtung von s

Bild 2.14   Verschiebung und Drehung eines Rechteckelementes dx·ds

Zur Herleitung der Verschiebung u wird ein differentielles Stabelement dx·ds gemäß Bild 2.13 betrachtet und in Bild 2.14 sein Verschiebungszustand untersucht. Dabei wird angenommen, dass sich das Rechteckelement verschiebt und verdreht und dabei näherungsweise die rechteckige Form erhalten bleibt. Aus Bild 2.14 ergibt sich

$$\sin\varphi = \frac{du}{ds} = -\frac{dv_\beta}{dx} \qquad (2.16)$$

Diese Beziehung führt zu

$$du = -\frac{dv_\beta}{dx}\cdot ds \qquad (2.17)$$

Darin ist v_β die Verschiebung in Richtung der Profilordinate s. Der Index „s" wurde hier nicht verwendet, damit Verwechslungen mit dem Schwerpunkt S ausgeschlossen sind. Die Verschiebung in Richtung von s ergibt sich aus Bild 2.15 zu

$$v_\beta = v\cdot\cos\beta + w\cdot\sin\beta \qquad (2.18)$$

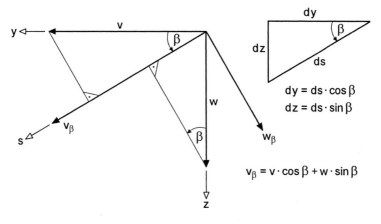

Bild 2.15   Verschiebung v_β in Richtung der Profilordinate

Wenn der Winkel β in Längsrichtung gleichbleibend angenommen wird, ist die 1. Ableitung nach x

$$v'_\beta = v'\cdot\cos\beta + w'\cdot\sin\beta \qquad (2.19)$$

Mit den linearisierten Verschiebungen v und w nach den Gln. (2.12 a, b) erhält man

$$v' = v'_M - (z - z_M)\cdot\vartheta' \qquad (2.20a)$$

$$w' = w'_M + (y - y_M)\cdot\vartheta' \qquad (2.20b)$$

Diese können in Gl. (2.19) eingesetzt werden, so dass sich du mit Gl. (2.17) wie folgt ergibt

$$du = -v'_M \cdot \cos\beta \cdot ds - w'_M \cdot \sin\beta \cdot ds - \left[(y - y_M) \cdot \sin\beta - (z - z_M) \cdot \cos\beta\right] \cdot \vartheta' \cdot ds \quad (2.21)$$

Mit der Abkürzung

$$r_t = (y - y_M) \cdot \sin\beta - (z - z_M) \cdot \cos\beta \qquad (2.22)$$

und $\cos\beta \cdot ds = dy$ sowie $\sin\beta \cdot ds = dz$ nach Bild 2.15 erhält man

$$du = -v'_M \cdot dy - w'_M \cdot dz - r_t \cdot ds \cdot \vartheta' \qquad (2.23)$$

Wie man sieht, setzt sich die differentielle Verschiebung du aus 3 Anteilen zusammen, die von den Verdrehungen und der Verdrillung (siehe auch Bild 2.3) abhängen. r_t ist gemäß Bild 2.16 gleich dem Abstand der Tangente an die Profilmittellinie zum Schubmittelpunkt. Zur Ermittlung der Verschiebung u wird Gl. (2.23) integriert. Dabei wird von einem Integrationsanfangspunkt A (y_A, z_A, s = 0) ausgegangen, der wie in Bild 2.16 skizziert auf der Profilmittellinie liegt.

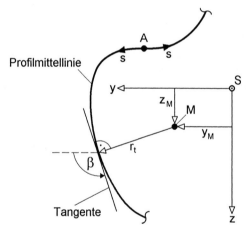

$$r_t = (y - y_M) \cdot \sin\beta - (z - z_M) \cdot \cos\beta$$

Bild 2.16   Hebelarm r_t und Integrationsanfangspunkt A

Die Integration von Gl. (2.23)

$$\int_{u_A}^{u} du = -v'_M \cdot \int_{y_A}^{y} dy - w'_M \cdot \int_{z_A}^{z} dz - \vartheta' \cdot \int_{0}^{s} r_t \cdot ds \qquad (2.24)$$

führt zu

$$u = u_A - (y - y_A) \cdot v'_M - (z - z_A) \cdot w'_M - \omega \cdot \vartheta' \qquad (2.25a)$$

In Gleichung (2.25a) ist

$$\omega = \int_0^s r_t(s) \cdot ds$$

die Wölbordinate oder Einheitsverwölbung (zu $\vartheta' = -1$). Sie gilt für offene Querschnitte und muss wie in Abschnitt (3.6.3) ausgeführt bei Querschnitten mit Hohlzellen entsprechend angepasst werden. Vergleichbar mit den Hauptachsen y und z mit Bezug auf den Schwerpunkt S (y = z = 0), ist ω die normierte Wölbordinate, siehe Abschnitt 3.6. Bezugspunkt für den Hebelarm r_t ist daher der Schubmittelpunkt M und im Integrationsanfangspunkt A, also bei s = 0, ist ω =0.

Mit der Abkürzung

$$u_S = u_A + y_A \cdot v'_M + z_A \cdot w'_M \tag{2.25b}$$

erhält man für die Verschiebung u:

$$u(y, z, \omega) \cong u_S - y \cdot v'_M - z \cdot w'_M - \omega \cdot \vartheta' \tag{2.25c}$$

Die Gleichungen (2.25a-c) enthalten die übliche Linearisierung für kleine Drehwinkel. u_S ist im Rahmen der Elastizitätstheorie die Verschiebung infolge Normalkraft im Schwerpunkt S. Wenn dort $\omega \neq 0$ ist, kann infolge Verdrillung eine zusätzliche Verschiebung auftreten. Wie man an Gl. (2.25c) sieht, wird zur Beschreibung der Längsverschiebung neben y und z die querschnittsabhängige Wölbordinate ω benötigt. Auf die Ermittlung der Wölbordinate wird in Abschnitt 3.6 ausführlich eingegangen.

Anmerkungen: Die Verschiebung u (y, z, ω) nach Gl. (2.25c) setzt sich aus 4 Anteilen zusammen. Die Anteile 1, 2 und 3 entsprechen der ***Bernoulli*-Hypothese vom Ebenbleiben der Querschnitte**. Zur Beschreibung der ebenen Fläche werden die Verschiebung im Schwerpunkt u_S und die beiden Verdrehungen v'_M und w'_M verwenden. Die *Bernoulli*-Hypothese gilt bei zweiachsiger Biegung mit Normalkraft für beliebige Querschnittsformen. In Bild 2.17 sind die Einzelanteile der Verschiebungen am Beispiel des Rechteckquerschnitts skizziert.

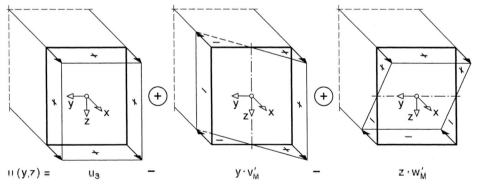

$u(y, z) = \qquad u_S \qquad - \qquad y \cdot v'_M \qquad - \qquad z \cdot w'_M$

Bild 2.17 Verschiebungen u (y, z) für zweiachsige Biegung mit Normalkraft

Der 4. Anteil in Gl. (2.25c) beschreibt die Verwölbung, d.h. die Abweichung von der ebenen Fläche. Dieser Anteil ist von der Ausbildung des Querschnitts abhängig. Bild 2.2 zeigt die Verwölbung beispielhaft für einen dünnwandigen C-Querschnitt und Annahme einer positiven Verdrillung ϑ'. Es ist deutlich zu erkennen, dass die Verwölbung in der abschnittsweise geraden Profilmittellinie geradlinig verläuft. Dies entspricht der sogenannten *Wagner*-Hypothese [46] und ist mit der *Bernoulli*-Hypothese vergleichbar. Beide Hypothesen beinhalten die Vernachlässigung von Schubverformungen $(\Rightarrow \gamma_{xs} = 0!)$, so dass u (y,z,ω) bei offenen Querschnitten ausschließlich durch Normalspannungen σ_x entsteht.

Anmerkungen: Die Herleitung von du nach Gl. (2.17) kann auch ohne Transformation in die s-Richtung erfolgen. Da hier die Änderung der Funktion u (x,y,z) in der Querschnittsebene beschrieben werden soll, lautet das totale Differential

$$du = \frac{\partial u}{\partial y} \cdot dy + \frac{\partial u}{\partial z} \cdot dz$$

Die Vernachlässigung der Schubverformung führt mit $\gamma_{xy} = \gamma_{xz} = 0$ und den Gln. (2.42g, h) zu

$$du = -\frac{\partial v}{\partial x} \cdot dy - \frac{\partial w}{\partial x} \cdot dz$$

Wenn man für die Ableitungen der Verschiebungsgrößen die Gln. (2.20a, b) verwendet, folgt

$$du = -v'_M \cdot dy - w'_M \cdot dz - \left[(y - y_M) \cdot dz - (z - z_M) \cdot dy \right] \cdot \vartheta'$$

Diese Gleichung ist identisch mit Gl. (2.23), da mit den Bildern 2.15 und 2.16 die eckige Klammer gleich $r_t \cdot ds$ ist.

2.4.3 Verdrehungen und Krümmungen

Die Ableitungen der Verschiebungsfunktionen v'_M und w'_M sind Näherungen für die **Verdrehungen** φ_y und φ_z im Schubmittelpunkt M, siehe Bild 2.3. Aus Bild 2.18 folgt:

$$\tan \varphi_{y,M} = -w'_M \tag{2.26}$$

oder

$$\varphi_{y,M} = \arctan(-w'_M) \cong -w'_M + \frac{1}{3} \cdot w'^3_M - \frac{1}{5} \cdot w'^5_M + \ldots \tag{2.27}$$

Wie man sieht ergibt sich

$$\varphi_{y,M} = -w'_M \tag{2.28}$$

als Näherung mit dem 1. Reihenglied der Arkus-Tangens-Funktion.

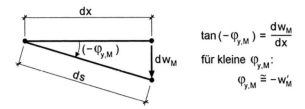

Bild 2.18   Verdrehung $\varphi_{y,M}$

Die **Krümmung** einer Kurve ist gleich der Veränderung des Winkels bezüglich der Bogenlänge (Bild 2.19)

$$\kappa = \frac{d\varphi}{ds} \tag{2.29}$$

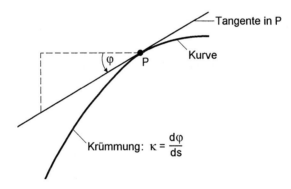

Bild 2.19   Krümmung κ einer Kurve

Für die in Stabslängsrichtung veränderliche Funktion w(x), erhält man

$$\kappa = \frac{d\varphi_{y,M}}{ds} = \frac{d\varphi_{y,M}}{dx} \cdot \frac{dx}{ds} \tag{2.30}$$

Mit $\varphi_{y,M} = -\arctan w'_M$ folgt

$$\frac{d\varphi_{y,M}}{dx} = -\frac{1}{1+w'^2_M} \cdot w''_M \tag{2.31}$$

und aus Bild 2.18

$$ds^2 = dx^2 + dw^2_M \text{ und daher } \frac{ds}{dx} = \sqrt{1+w'^2_M} \tag{2.32}$$

Für die Krümmung erhält man dann:

$$\kappa = -\frac{1}{\left(1 + w_M'^2\right)^{3/2}} \cdot w_M'' \qquad (2.33)$$

Da bei der Stabtheorie nur kleine Winkel auftreten, wird w_M' im Nenner vernachlässigt, so dass sich dann die üblichen Näherungen

$$\kappa_y \cong -w_M'' \quad \text{und} \quad \kappa_z \cong v_M'' \qquad (2.34)$$

ergeben.

2.5 Spannungen / Gleichgewichtsbedingungen

Belastete Tragwerke werden durch Spannungen beansprucht. Die Spannungen in Stabquerschnitten wurden bereits in Bild 2.4a definiert. An dieser Stelle soll kurz auf die allgemeinen Zusammenhänge eingegangen werden. Dazu wird der in Bild 2.20 dargestellte Körper betrachtet, der aus einem belasteten Tragwerk herausgeschnitten wurde. Die 6 Schnitte wurden parallel zur x-y-, x-z- und zur y-z-Ebene geführt. Da die Abmessungen des Körpers sehr klein sein sollen, haben seine Kanten die differentiellen Längen dx, dy und dz. Man spricht von positiven Schnittflächen, wenn ihre Normalen **in** Richtung der Koordinatenachsen zeigen.

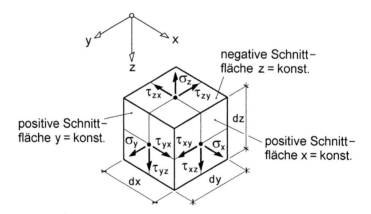

Bild 2.20   Bezeichnungen und Richtungen der Spannungen

Auf jeder Schnittfläche wirkt ein Spannungsvektor, der in 3 Komponenten zerlegt werden kann. Bild 2.20 enthält die Spannungskomponenten in 3 Schnittflächen. Auf den gegenüberliegenden Schnittufern wurden sie aus Gründen der Übersichtlichkeit nicht eingezeichnet. Die Richtungen der Spannungen entsprechen an positiven Schnittflächen den Richtungen von x, y und z. Die Bezeichnungen werden wie folgt vorgenommen:

$$\tau_{xz} \triangleq \sigma_{xz} \tag{2.35}$$

    ⌐—— Spannung **in** Richtung von z
    └——— Schnittfläche **senkrecht** zu x

Der Spannungszustand in einem Punkt eines Tragwerks ist vollständig bestimmt, wenn 9 Zahlenwerte bekannt sind. Die zugehörige Komponentenmatrix des Spannungstensors lautet

$$\underline{\sigma} = \begin{bmatrix} \sigma_x & \tau_{xy} & \tau_{xz} \\ \tau_{yx} & \sigma_y & \tau_{yz} \\ \tau_{zx} & \tau_{zy} & \sigma_z \end{bmatrix} \tag{2.36}$$

Die 9 Spannungskomponenten sind nicht unabhängig voneinander. Sie sind durch Gleichgewichtsbeziehungen miteinander verknüpft. Ein Tragwerk befindet sich im Gleichgewicht, wenn in jedem Punkt des Tragwerks die Gleichgewichtsbedingungen erfüllt sind. Mit den Gleichgewichtsbedingungen

$$\sum F_x = 0, \quad \sum F_y = 0 \quad \text{und} \quad \sum F_z = 0$$

und Betrachtung eines differentiellen Volumenelementes erhält man die folgenden Beziehungen

$$\frac{\partial \sigma_x}{\partial x} + \frac{\partial \tau_{yx}}{\partial y} + \frac{\partial \tau_{zx}}{\partial z} = 0 \tag{2.37a}$$

$$\frac{\partial \tau_{xy}}{\partial x} + \frac{\partial \sigma_y}{\partial y} + \frac{\partial \tau_{zy}}{\partial z} = 0 \tag{2.37b}$$

$$\frac{\partial \tau_{xz}}{\partial x} + \frac{\partial \tau_{yz}}{\partial y} + \frac{\partial \sigma_z}{\partial z} = 0 \tag{2.37c}$$

Ggf. angreifende Belastungen wurden hier vernachlässigt. Auf Einzelheiten der Herleitung wird in Zusammenhang mit Bild 2.21 eingegangen. Die Gleichgewichtsbedingungen

$$\sum M_x = 0, \quad \sum M_y = 0 \quad \text{und} \quad \sum M_z = 0$$

führen zu der Erkenntnis, dass zugeordnete Schubspannungen gleich sind

$$\tau_{yz} = \tau_{zy} \tag{2.38a}$$

$$\tau_{xz} = \tau_{zx} \tag{2.38b}$$

$$\tau_{xy} = \tau_{yx} \tag{2.38c}$$

Wie man sieht ist der Spannungstensor aufgrund dieser Beziehungen symmetrisch und die 6 verbleibenden Spannungskomponenten sind über die 3 Beziehungen (2.37a-c) miteinander verknüpft.

Spannungen in Stäben

Stäbe und Stabwerke des Stahlbaus bestehen sehr häufig aus dünnwandigen Querschnitten. Normalspannungen in Richtung der Blechdicke, also senkrecht zur Profilordinate s, können daher vernachlässigt werden. Für Schubspannungen gilt dies ebenfalls, ausgenommen sind jedoch Schubspannungen, die zur *St. Venantschen* (primären) Torsion gehören.

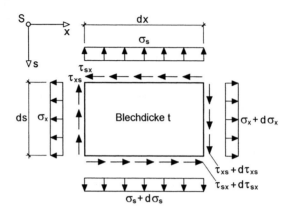

Bild 2.21   Spannungen am differentiellen Element dx·ds

Da dünnwandige Querschnitte durch ihre Profilmittellinie beschrieben werden, ist die Formulierung der Gleichgewichtsbeziehungen mit Bezug auf die Profilordinate s von Interesse. Für das in den Bildern 2.13 und 2.14 skizzierte Element dx·ds und die Spannungen σ_x, σ_s, τ_{xs}, und τ_{sx} gemäß Bild 2.21 erhält man

$$\sum F_x = 0 : \left(\sigma_x + d\sigma_x\right) \cdot t \cdot ds - \sigma_x \cdot t \cdot ds + \left(\tau_{sx} + d\tau_{sx}\right) \cdot t \cdot dx - \tau_{sx} \cdot t \cdot dx = 0 \quad (2.39a)$$

$$\Rightarrow \quad d\sigma_x \cdot ds + d\tau_{sx} \cdot dx = 0$$

$$\sum F_s = 0 : \left(\sigma_s + d\sigma_s\right) \cdot t \cdot dx - \sigma_s \cdot t \cdot dx + \left(\tau_{xs} + d\tau_{xs}\right) \cdot t \cdot ds - \tau_{xs} \cdot t \cdot ds = 0 \quad (2.39b)$$

$$\Rightarrow \quad d\sigma_s \cdot dx + d\tau_{xs} \cdot ds = 0$$

$$\sum M = 0 : \left(\tau_{xs} + d\tau_{xs} - \tau_{xs}\right) \cdot t \cdot ds \cdot dx/2 - \left(\tau_{sx} + d\tau_{sx} - \tau_{sx}\right) \cdot t \cdot ds \cdot dx/2 = 0 \quad (2.39c)$$

$$\Rightarrow \quad d\tau_{xs} - d\tau_{sx} = 0$$

In „mathematischer" Schreibweise (partielle Ableitungen) erhält man als Ergebnis

$$\frac{\partial \sigma_x}{\partial x} + \frac{\partial \tau_{sx}}{\partial s} = 0 \qquad\qquad\qquad\qquad (2.40a)$$

$$\frac{\partial \sigma_s}{\partial s} + \frac{\partial \tau_{xs}}{\partial x} = 0 \qquad\qquad\qquad\qquad (2.40b)$$

$$\tau_{xs} = \tau_{sx} \qquad\qquad\qquad\qquad\qquad (2.40c)$$

Die Gleichungen (2.40a-c) sind für die Stabtheorie von großer Bedeutung. Aus der 1. Gleichung werden nach Herleitung von σ_x die Schubspannungen errechnet. Spannungen σ_s senkrecht zur Längsachse können in der Regel vernachlässigt werden, siehe Abschnitt 2.12.3. Wichtig ist jedoch die Beziehung $\tau_{xs} = \tau_{sx}$. Sie sagt aus, dass Schubspannungen in der Querschnittsebene in gleicher Größe auch in Längsrichtung auftreten. Dieser Zusammenhang wird z.B. für die Bemessung von Schweißnähten und für die Ermittlung von Schubspannungen an Querschnittsverzweigungen benötigt. Da auch die Wirkungsrichtungen von großer Bedeutung sind, werden sie in Bild 2.22 nochmals skizziert.

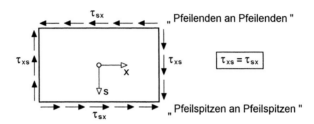

Bild 2.22   Wirkungsrichtungen von τ_{xs} und τ_{sx}

2.6 Eigenspannungen

Spannungen entstehen nicht nur aufgrund planmäßiger Einwirkungen, also infolge Belastung eines Tragwerkes. Bereits bei der Herstellung der Bauteile treten Spannungen auf, die sich als Folge von Zwängungen ergeben. Bei Stahlkonstruktionen sind dies in der Regel **Walzeigenspannungen** oder **Schweißeigenspannungen**. Begleitet werden die Eigenspannungen von entsprechenden Verformungen der Bauteile. Prinzipiell gilt jedoch, dass Eigenspannungen und Verformungen im umgekehrten Verhältnis zu erwarten sind:

„große Eigenspannungen $\Rightarrow$ kleine Verformungen"

„geringe Eigenspannungen $\Rightarrow$ große Verformungen"

Per Definition erfüllen Eigenspannungen die Bedingung, dass keine resultierenden Schnittgrößen auftreten. D.h. es gilt

$$N = M_y = M_z = M_\omega = V_y = V_z = M_x = 0$$

Auf die Tragfähigkeit von Querschnitten haben Eigenspannungen direkt nur dann Einfluss, wenn der Werkstoff spröde ist. Da der Werkstoff Baustahl in der Regel eine hervorragende Duktilität aufweist, haben sie in dieser Hinsicht keinen Einfluss, sie „plastizieren bei Belastung heraus". Bedeutung haben die Eigenspannungen jedoch auch bei duktilen Stahlquerschnitten, wenn Einflüsse infolge Theorie II. Ordnung oder

Stabilität zu berücksichtigen sind. Bei Steigerung der Belastungen führen sie zu frühzeitigen Fließerscheinungen des Baustahls, die eine Reduktion der Trägheitsmomente und daher größere Verformungen bedingen. Diese Effekte werden beim Biegeknicken oder Biegedrillknicken durch entsprechende geometrische Ersatzimperfektionen oder Abminderungsfaktoren κ berücksichtigt, siehe Abschnitt 7.5. Eine explizite Erfassung der Eigenspannungen ist daher nur bei genauen Berechnungen nach der Fließzonentheorie (Abschnitt 4.6) erforderlich. Die Zusammenstellung in Tabelle 2.2 soll einen Eindruck von der Größe und Verteilung von Eigenspannungen vermitteln.

Tabelle 2.2 Zur Größe und Verteilung von Eigenspannungen

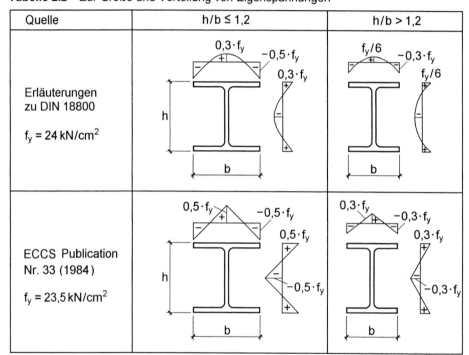

Quelle	$h/b \leq 1{,}2$	$h/b > 1{,}2$
Erläuterungen zu DIN 18800 $f_y = 24\ kN/cm^2$		
ECCS Publication Nr. 33 (1984) $f_y = 23{,}5\ kN/cm^2$		

2.7 Verzerrungen / Verschiebungsgrößen

Die Verzerrungen korrespondieren zu den entsprechenden Spannungen. Auf den Zusammenhang zwischen Spannungen und Verzerrungen wird in Abschnitt 2.8.1 „Hookesches Gesetz" eingegangen. Hier wird der Zusammenhang zwischen Verzerrungen und den Verschiebungen u, v und w behandelt.

Die Komponentenmatrix des Verzerrungstensors lautet

$$\underline{\varepsilon} = \begin{bmatrix} \varepsilon_{xx} & \varepsilon_{xy} & \varepsilon_{xz} \\ \varepsilon_{yx} & \varepsilon_{yy} & \varepsilon_{yz} \\ \varepsilon_{zx} & \varepsilon_{zy} & \varepsilon_{zz} \end{bmatrix} \qquad (2.41)$$

Die Größen auf der Hauptdiagonalen heißen Dehnungen und die übrigen Größen Scherungen bzw. Gleitungen. Wie der Spannungstensor ist auch der Verzerrungstensor symmetrisch, d.h. es sind $\varepsilon_{yx} = \varepsilon_{xy}$, $\varepsilon_{zx} = \varepsilon_{xz}$ und $\varepsilon_{zy} = \varepsilon_{yz}$.

Die Verzerrungen können näherungsweise aus den Ableitungen der Verschiebungsfunktionen u, v und w berechnet werden. Nach [23] lauten die Beziehungen zwischen den Verzerrungen und Verschiebungen für die lineare Stabtheorie

$$\varepsilon_{xx} = \frac{\partial u}{\partial x}, \quad \varepsilon_{yy} = \frac{\partial v}{\partial y}, \quad \varepsilon_{zz} = \frac{\partial w}{\partial z} \qquad (2.42a, b, c)$$

$$\varepsilon_{xy} = \varepsilon_{yx} = \frac{1}{2} \cdot \left(\frac{\partial v}{\partial x} + \frac{\partial u}{\partial y} \right) \qquad (2.42d)$$

$$\varepsilon_{xz} = \varepsilon_{zx} = \frac{1}{2} \cdot \left(\frac{\partial w}{\partial x} + \frac{\partial u}{\partial z} \right) \qquad (2.42°)$$

$$\varepsilon_{yz} = \varepsilon_{zy} = \frac{1}{2} \cdot \left(\frac{\partial w}{\partial y} + \frac{\partial v}{\partial z} \right) \qquad (2.42f)$$

In der Literatur werden auch häufig die Gleitungen

$$\gamma_{xy} = \varepsilon_{xy} + \varepsilon_{yx} = \frac{\partial v}{\partial x} + \frac{\partial u}{\partial y} \qquad (2.42g)$$

$$\gamma_{xz} = \varepsilon_{xz} + \varepsilon_{zx} = \frac{\partial w}{\partial x} + \frac{\partial u}{\partial z} \qquad (2.42h)$$

$$\gamma_{yz} = \varepsilon_{yz} + \varepsilon_{zy} = \frac{\partial w}{\partial y} + \frac{\partial v}{\partial z} \qquad (2.42i)$$

verwendet. Dabei ist zu beachten, dass es sich um die Summe der Winkeländerungen handelt.

Verzerrungen bei Stäben

In Stabquerschnitten treten gemäß Bild 2.4a die Spannungskomponenten σ_x, τ_{xy} und τ_{xz} auf. Mit dem *Hookeschen* Gesetz (Abschnitt 2.8.1) ergibt sich für $\sigma_y = \sigma_z = 0$ folgender Zusammenhang zwischen Verzerrungen und Spannungen

$$\sigma_x = E \cdot \varepsilon_x, \quad \tau_{xy} = 2 \cdot G \cdot \varepsilon_{xy}, \quad \tau_{xz} = 2 \cdot G \cdot \varepsilon_{xz} \qquad (2.43a, b, c)$$

Von Interesse sind bei Stäben also die Verzerrungen ε_x, ε_{xy} und ε_{xz}. Bei dünnwandigen Querschnitten ist es sinnvoll, anstelle von y und z die Profilordinate s zu betrachten, siehe Bild 2.13. Im Rahmen der linearen Stabtheorie kann der Verschiebungszustand mit Hilfe von Bild 2.23 erfasst werden.

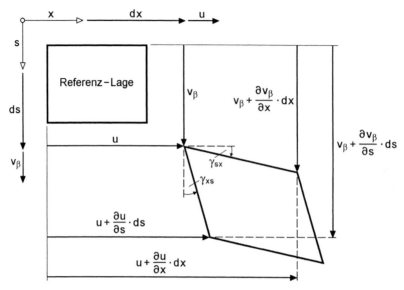

Bild 2.23   Verschiebungszustand eines rechteckigen Elementes dx·ds

Die Dehnung ε_x ist die Längenänderung der waagerechten Kante bezogen auf die Ausgangslänge dx. Man erhält

$$\varepsilon_x = \frac{u + \frac{\partial u}{\partial x} \cdot dx - u}{dx} = \frac{\partial u}{\partial x} = u' \tag{2.44}$$

Für die Winkel (Gleitungen) folgt aus Bild 2.23 für kleine Winkel

$$\gamma_{xs} = \frac{u + \frac{\partial u}{\partial s} \cdot ds - u}{ds\left(1 + \varepsilon_s\right)} + \frac{v_\beta + \frac{\partial v_\beta}{\partial x} \cdot dx - v_\beta}{dx\left(1 + \varepsilon_x\right)} \cong \frac{\partial u}{\partial s} + \frac{\partial v_\beta}{\partial x} \tag{2.45}$$

Die Gleitungen werden zu gemittelten Verzerrungen

$$\varepsilon_{xs} = \varepsilon_{sx} = \frac{1}{2} \cdot \gamma_{xs} = \frac{1}{2} \cdot \left(\frac{\partial u}{\partial s} + \frac{\partial v_\beta}{\partial x} \right) \tag{2.46}$$

zusammengefasst. Für die Schubspannungen folgt dann mit dem *Hookeschen* Gesetz

$$\tau_{xs} = \tau_{sx} = 2 \cdot G \cdot \varepsilon_{xs} = G \cdot \gamma_{xs} \tag{2.47}$$

Die Vernachlässigung der Schubspannungen führt mit $\varepsilon_{xs} = 0$ zu

$$\frac{\partial u}{\partial s} = -\frac{\partial v_\beta}{\partial x} \tag{2.48}$$

Gl. (2.48) stimmt mit Gl. (2.16) überein. Sie bestätigt daher die Herleitungen für die Längsverschiebung u in Abschnitt 2.4.2, wo angenommen wurde, dass sich die Form eines rechteckigen Elementes dx · ds bei Belastung und Verformung nicht ändert.

2.8 Werkstoffverhalten

2.8.1 *Hookesches* Gesetz

Werkstoffgesetze sind Beziehungen zwischen Spannungen und Verzerrungen. Für isotrope, **linearelastische** Werkstoffe gilt das verallgemeinerte *Hookesche* Gesetz siehe z.B. [56], [23]

$$\varepsilon_x = \frac{1}{E} \cdot \left[\sigma_x - v \cdot (\sigma_y + \sigma_z) \right] \tag{2.49a}$$

$$\varepsilon_y = \frac{1}{E} \cdot \left[\sigma_y - v \cdot (\sigma_x + \sigma_z) \right] \tag{2.49b}$$

$$\varepsilon_z = \frac{1}{E} \cdot \left[\sigma_z - v \cdot (\sigma_x + \sigma_y) \right] \tag{2.49c}$$

$$\varepsilon_{xy} = \frac{1}{2 \cdot G} \cdot \tau_{xy} \quad \text{oder} \quad \gamma_{xy} = \tau_{xy}/G \tag{2.49d}$$

$$\varepsilon_{xz} = \frac{1}{2 \cdot G} \cdot \tau_{xz} \quad \text{oder} \quad \gamma_{xz} = \tau_{xz}/G \tag{2.49e}$$

$$\varepsilon_{yz} = \frac{1}{2 \cdot G} \cdot \tau_{yz} \quad \text{oder} \quad \gamma_{yz} = \tau_{yz}/G \tag{2.49f}$$

Die 6 Gleichungen können nach den Spannungen aufgelöst werden. Bei den Schubspannungen ist dies unmittelbar möglich. Für die Normalspannungen erhält man

$$\sigma_x = \frac{E}{1+v} \cdot \left[\varepsilon_x + \frac{v}{1-2v} \cdot (\varepsilon_x + \varepsilon_y + \varepsilon_z) \right] \tag{2.50a}$$

$$\sigma_y = \frac{E}{1+v} \cdot \left[\varepsilon_y + \frac{v}{1-2v} \cdot (\varepsilon_x + \varepsilon_y + \varepsilon_z) \right] \tag{2.50b}$$

$$\sigma_z = \frac{F}{1+v} \cdot \left[\varepsilon_z + \frac{v}{1-2v} \cdot (\varepsilon_x + \varepsilon_y + \varepsilon_z) \right] \tag{2.50c}$$

Zwischen den Werkstoffkonstanten E, G und ν besteht die Beziehung

$$E = 2 \cdot (1 + \nu) \cdot G,$$ (2.51)

so dass nur 2 unabhängige Größen auftreten. Für den Werkstoff Stahl gelten folgende Zahlenwerte

Elastizitätsmodul: $E = 21000 \text{ kN/cm}^2$

Schubmodul: $G = 8100 \text{ kN/cm}^2$

Querkontraktionszahl: $\nu \cong 0,3$

Zugversuch

Ein wichtiges Hilfsmittel zur Identifikation des Werkstoffverhaltens ist der Zugversuch. Wie die Spannungs-Dehnungs-Beziehung für Baustähle in Bild 2.24 zeigt, können wichtige Kennwerte wie z.B. Elastizitätsmodul E, Streckgrenze f_y, Zugfestigkeit f_u und Bruchdehnung ε_u durch Zugversuche bestimmt werden. Für $\sigma \le f_y$ gilt in sehr guter Näherung das *Hookesche* Gesetz.

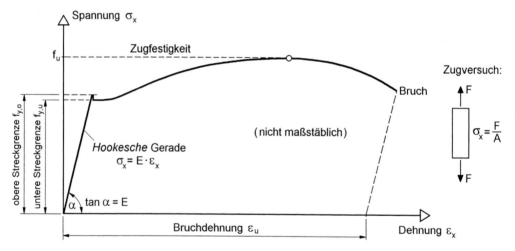

Bild 2.24   Spannungs-Dehnungs-Beziehung für Baustähle aus dem Zugversuch

Hookesches Gesetz bei Stäben

Bei Stäben sind die Normalspannungen σ_y und σ_z gleich Null oder zumindest sehr klein. Man erhält dann mit Gl. (2.49a)

$$\sigma_x = E \cdot \varepsilon_x$$ (2.52)

Gl. (2.52) entspricht der *Hookeschen* Geraden im Zugversuch (Bild 2.24). Der einachsige Spannungszustand mit $\sigma_x \ne 0$ führt zu einem dreiachsigen Verzerrungszustand

$$\varepsilon_x = \frac{1}{E} \cdot \sigma_x \qquad\qquad\qquad\qquad\qquad\qquad (2.53a)$$

$$\varepsilon_y = -\nu \cdot \frac{1}{E} \cdot \sigma_x = -\nu \cdot \varepsilon_x \qquad\qquad\qquad\qquad (2.53b)$$

$$\varepsilon_z = -\nu \cdot \frac{1}{E} \cdot \sigma_x = -\nu \cdot \varepsilon_x \qquad\qquad\qquad\qquad (2.53c)$$

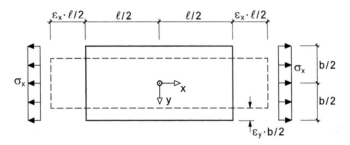

Bild 2.25   Dehnungen ε_x und ε_y für einen Zugstab

Im Rahmen der Stabtheorie wird die Dehnung ε_x zur Ermittlung von $\sigma_x = E \cdot \varepsilon_x$ verwendet. Dabei wird ε_x in Abhängigkeit von den Verschiebungen formuliert, siehe Gl. (2.44). Die Dehnungen ε_y und ε_z führen zu Veränderungen in der Querschnittsebene. Als Beispiel dazu wird in Bild 2.25 ein Zugstab betrachtet. Für eine angenommene Zugspannung von $\sigma_x = 36$ kN/cm^2 (f_y von S 355) erhält man $\varepsilon_y \cong -0{,}05\%$ und $\varepsilon_x = 36/21000 \cong 0{,}17\%$. Die Dehnungen sind so klein, dass sie in Bild 2.25 nur mit starker Maßstabsvergrößerung dargestellt werden können. Die Zusammenziehung in Querrichtung hat wegen $\varepsilon_y \cong -0{,}05\%$ praktisch keinen Einfluss auf die ursprüngliche Querschnittsgeometrie.

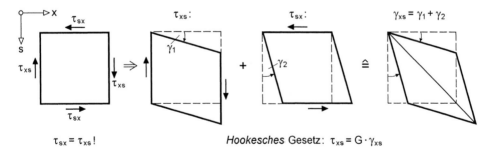

$\tau_{sx} = \tau_{xs}$!   *Hookesches* Gesetz: $\tau_{xs} = G \cdot \gamma_{xs}$

Bild 2.26   Zum *Hookeschen* Gesetz zwischen Schubspannungen und Gleitungen

Zur Erläuterung des *Hookeschen* Gesetzes zwischen Schubspannungen und Gleitungen sind in Bild 2.26 die infolge $\tau_{sx} = \tau_{xs}$ entstehenden Gleitungen $\gamma_{xs} = \gamma_1 + \gamma_2$ skizziert. Wenn bei allgemeiner Betrachtung die Winkel γ_1 und γ_2 unterschiedlich sind, kennzeichnet die Differenz eine Starrkörper-Rotation. In das *Hookesche* Gesetz gehen Starrkörper-Rotationen nicht ein.

2.8.2 Linearelastisches-idealplastisches Werkstoffverhalten

Das tatsächliche Werkstoffverhalten, wie es z.B. Bild 2.24 für den Zugversuch zeigt, wird für die Bemessung von Stahlkonstruktionen in der Regel durch ein linear-elastisches-idealplastisches Verhalten idealisiert. In Bild 2.27 ist dieses Verhalten und der Zusammenhang mit dem Zugversuch skizziert.

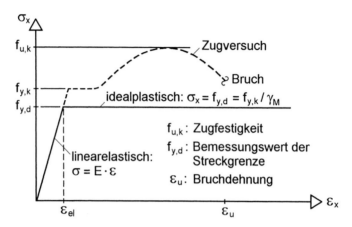

Bild 2.27   Linearelastisches-idealplastisches Werkstoffverhalten für die Bemessung von Stahlkonstruktionen

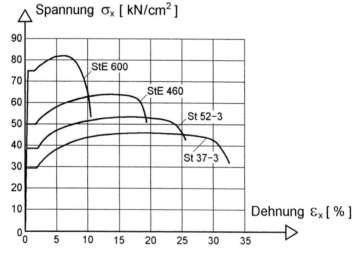

Bild 2.28   σ-ε-Beziehungen für St 37 (S 235), St 52 (S 355), StE 460 und StE 690 im Zugversuch

Darüber hinaus ist auch die Auswirkung von Teilsicherheitsfaktoren γ_M (M: Material) erkennbar. Sofern die Dehnung ε_x nicht größer als $f_{y,d}/E$ ist, ist der Werkstoff elastisch. Größere Dehnungen führen zum Fließen, d.h. der Werkstoff plastiziert. Baustähle weisen eine ausgeprägte Duktilität auf. Bis es zum Bruch kommt, treten sehr große Dehnungen auf. Sie sind eine wichtige Voraussetzung für die Anwendung der Plastizitätstheorie. Bild 2.28 zeigt den Zusammenhang zwischen Festigkeit (Zugfestigkeit, Streckgrenze) und Bruchdehnung: Mit wachsender Festigkeit nimmt die Duktilität, d.h. das Verformungsvermögen, ab.

2.8.3 Vergleichsspannung und Fließbedingung

Wichtigster Kennwert für die Bemessung von Stahlkonstruktionen ist der Bemessungswert der Streckgrenze $f_{y,d}$. Für den Fall, dass ausschließlich Normalspannungen σ_x auftreten, ist gemäß Bild 2.27 die Bedingung

$$\sigma_x \leq f_{y,d} \tag{2.54}$$

einzuhalten. Zur Berücksichtigung weiterer Spannungskomponenten wird eine Festigkeitshypothese benötigt. Gebräuchliche Hypothesen, mit denen Vergleichsspannungen σ_v berechnet werden können, sind:

- die Normalspannungshypothese

- die Schubspannungshypothese

- die Gestaltänderungsarbeitshypothese

Für den Werkstoff Stahl hat sich die Gestaltänderungsarbeitshypothese durchgesetzt, da damit das Werkstoffverhalten mit der größten Realitätsnähe erfasst werden kann. Für den allgemeinen Fall, d.h. den dreiachsigen Spannungszustand nach Bild 2.20, gilt für die Vergleichsspannung

$$\sigma_v = \sqrt{\sigma_x^2 + \sigma_y^2 + \sigma_z^2 - (\sigma_x \cdot \sigma_y + \sigma_y \cdot \sigma_z + \sigma_x \cdot \sigma_z) + 3 \cdot (\tau_{xy}^2 + \tau_{xz}^2 + \tau_{yz}^2)} \tag{2.55}$$

Bei Stäben treten in der Regel nur die Spannungen σ_x, τ_{xy} und τ_{xz} auf. Die Vergleichsspannung reduziert sich dann auf

$$\sigma_v = \sqrt{\sigma_x^2 + 3 \cdot (\tau_{xy}^2 + \tau_{xz}^2)} \tag{2.56}$$

Aufgrund der einzuhaltenden Bedingung

$$\sigma_v \leq f_{y,d} \tag{2.57}$$

ist Gl. (2.57) eine Fließbedingung oder ein Fließkriterium für beliebige Spannungszustände.

2.9 Gleichgewicht in Stäben und Stababschnitten

Wenn Kräfte auf ein Tragwerk einwirken, so verrichten sie aufgrund der auftretenden Verschiebungen Arbeit. Als Reaktion entstehen im Tragwerk Spannungen und Dehnungen, die zu den einwirkenden Kräften und Verschiebungen korrespondieren.

Virtuelle Arbeit

Ein Tragwerk befindet sich im Gleichgewicht, wenn die Summe der virtuellen Arbeiten gleich Null ist. Die Bedingung

$$\delta W = \delta W_{ext} + \delta W_{int} = 0 \tag{2.58}$$

ist daher die allgemeine Forderung, dass Gleichgewicht vorhanden ist. In Gl. (2.58) ist δW_{ext} die virtuelle Arbeit der äußeren eingeprägten Kräfte (ext $\hat{=}$ external) und δW_{int} die virtuelle Arbeit aufgrund der entstehenden Spannungen (int $\hat{=}$ internal). Die innere virtuelle Arbeit ist als Reaktion auf die einwirkenden Kräfte negativ.

Bild 2.29 verdeutlicht die Unterschiede zwischen der Eigenarbeit W, der Verschiebungsarbeit und der virtuellen Arbeit. Auf den Index „ext" wird hier verzichtet. Bei Tragwerken mit linearelastischem Verhalten ist die Verschiebung v_F infolge F proportional zur Kraft. Wenn man eine Kraft F auf einen Träger aufbringt und dann stetig vergrößert, so ergibt sich die **Eigenarbeit** zu $W = 1/2 \cdot F \cdot v_F$.

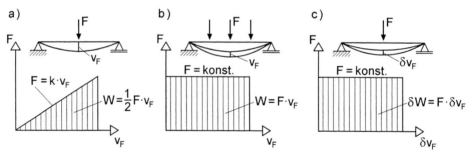

Bild 2.29 a) Eigenarbeit W   b) Verschiebungsarbeit W   c) virtuelle Arbeit δW

Der Träger könnte nun mit weiteren Kräften belastet werden, so dass auch an der Stelle, wo F wirkt zusätzliche Verschiebungswege auftreten. Mit v_F als **zusätzlicher Verschiebung** erhält man wegen F = konst. die **Verschiebungsarbeit** $W = F \cdot v_F$.

Man kann jedoch auch, wie in Bild 2.29c skizziert, den mit F belasteten Träger virtuell verschieben. Diese gedanklich vorgenommene Verschiebung δv_F („virtuelle Verrückung") führt zur **virtuellen Arbeit** $\delta W = F \cdot \delta v_F$.

Äußere virtuelle Arbeit bei Stäben

Es werden nun Einzellasten F_x, F_y und F_z betrachtet, die in der Querschnittsebene angreifen. Gemäß Bild 2.30 wirken sie nicht in S oder M, sondern außermittig. Der Lastangriffspunkt habe die Ordinaten y_F, z_F und ω_F. Wenn dort die virtuellen Verschiebungen δu_F, δv_F und δw_F auftreten, ergibt sich die äußere virtuelle Arbeit zu

$$\delta W_{ext} = F_x \cdot \delta u_F + F_y \cdot \delta v_F + F_z \cdot \delta w_F \tag{2.59}$$

Dabei wird angenommen, dass die **Lasten mit dem Tragwerk fest verbunden** sind, und sich daher um die entsprechenden Wege mit verschieben. Außerdem wird in der Regel vorausgesetzt, dass die **Lasten ihre ursprünglichen Richtungen beibehalten**. Diese Voraussetzung trifft nicht für alle Tragwerke des Bauwesen zu. Vereinzelt wird in gewissen Bauteilen durch die konstruktive Ausbildung eine Richtungsänderung der Lasten erzwungen. Beispiele dafür sind Pylone von Schrägseilbrücken und Pendelstützen in Rahmen.

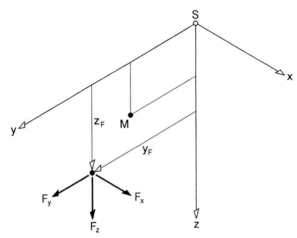

Bild 2.30   Außermittig angreifende Einzellasten F_x, F_y und F_z in der y-z-Querschnitts-ebene

Die virtuellen Verschiebungen in Gl. (2.59) werden nun auf die Punkte S und M bezogen. Bei Anwendung der linearen Stabtheorie erhält man mit den Gln. (2.12a, b), und (2.25)

$$\delta u_F \cong \delta u_S - y_F \cdot \delta v_M' - z_M \cdot \delta w_M' - \omega_F \cdot \delta \vartheta' \tag{2.60a}$$

$$\delta v_F \cong \delta v_M - (z_F - z_M) \cdot \delta \vartheta \tag{2.60b}$$

$$\delta w_F \cong \delta w_M - (y_F - y_M) \cdot \delta \vartheta \tag{2.60c}$$

Damit wird aus Gl. (2.59)

$$\delta W_{ext} = F_x \cdot \delta u_S + F_y \cdot \delta v_M + F_z \cdot \delta w_M$$
$$+ M_{xL} \cdot \delta \vartheta + M_{zL} \cdot \delta v_M' + M_{yL} \cdot (-\delta w_M') + M_{\omega L} \cdot (-\delta \vartheta') \tag{2.61}$$

mit: $M_{xL} = F_z \cdot (y_F - y_M) - F_y \cdot (z_F - z_M)$

$M_{zL} = -F_x \cdot y_F ; \quad M_{yL} = F_x \cdot z_F ; \quad M_{\omega L} = F_x \cdot \omega_F$

Gl. (2.61) zeigt wie aufgrund außermittiger Einzellasten Lasttorsions-, Lastbiege- und Lastwölbbimomente entstehen. Die in Klammern gesetzten Verschiebungsgrößen $(-\delta w'_M)$ und $(-\delta\vartheta')$ kennzeichnen, dass ihre Wirkungsrichtungen entgegengesetzt zu den Lastgrößen sind.

Die äußere virtuelle Arbeit infolge von Streckenlasten kann in analoger Weise ermittelt werden. Hier wird angenommen, dass q_y und q_z im Schubmittelpunkt und q_x im Schwerpunkt angreifen. Wenn man zusätzlich auch ein Streckentorsionsmoment m_x berücksichtigt, lautet die äußere virtuelle Arbeit

$$\delta W_{ext} = \int_x (q_x \cdot \delta u_S + q_y \cdot \delta v_M + q_z \cdot \delta w_M + m_x \cdot \delta\vartheta) \cdot dx \tag{2.62}$$

Die Integration ist dabei jeweils über den Bereich auszuführen, in dem die Streckenlasten in Stablängsrichtung wirken.

Innere virtuelle Arbeit von Stäben

Wenn Tragwerke durch Lastgrößen beansprucht werden, ergeben sich daraus Formänderungen. Die Formänderungsarbeit, die ein Tragwerk bei einem Formänderungsvorgang aufnimmt, wird durch Spannungen und Verzerrungen ausgedrückt. So wie bei der äußeren virtuellen Arbeit Einzellasten und Verschiebungen in Lastrichtung korrespondieren, gilt dies auch für die Spannungen und entsprechenden Verzerrungen. Zur Ermittlung der inneren virtuellen Arbeit ist über das gesamte Volumen zu integrieren. Für linear elastische Tragwerke erhält man

$$\delta W_{int} = -\int_v \underline{\sigma} \cdot \delta\underline{\varepsilon} \cdot dV \tag{2.63}$$

Bei Stäben und Stabwerken kann das Volumenintegral mit $dV = dA \cdot dx$ in Integrale über die Querschnittsfläche und die Stablänge aufgeteilt werden. Da nur die Spannungen σ_x, $\tau_{xy} (= \tau_{yx})$ und $\tau_{xz} (= \tau_{zx})$ auftreten, lautet die innere virtuelle Arbeit für Stäbe

$$\delta W_{int} = -\int_x \int_A (\sigma_x \cdot \delta\varepsilon_x + \tau_{xy} \cdot \delta\gamma_{xy} + \tau_{xz} \cdot \delta\gamma_{xz}) \cdot dA \cdot dx \tag{2.64}$$

Arbeitsanteile infolge von Normalspannungen σ_x

Unter Verwendung der Gln. (2.44) und (2.25c) kann die Dehnung ε_x durch die Verschiebungsgrößen ausgedrückt werden

$$\varepsilon_x = u' = u'_S - y \cdot v''_M - z \cdot w''_M - \omega \cdot \vartheta'' \tag{2.65}$$

Die virtuelle Dehnung ist dann

$$\delta\varepsilon_x = \delta u_S' - y \cdot \delta v_M'' - z \cdot \delta w_M'' - \omega \cdot \delta\vartheta'' \tag{2.66}$$

Mit Gl. (2.65) und dem *Hookeschen* Gesetz nach Gl. (2.52) kann die Normalspannung aus den Verschiebungsgrößen wie folgt berechnet werden

$$\sigma_x = E \cdot \varepsilon_x = E \cdot \left(u_S' - y \cdot v_M'' - z \cdot w_M'' - \omega \cdot \vartheta''\right) \tag{2.67}$$

Für die innere virtuelle Arbeit ergibt sich, wenn man die virtuelle Dehnung in Gl. (2.64) durch Gl. (2.66) ersetzt

$$\delta W_{int}(\sigma_x) = -\int_x \int_A \sigma_x \cdot \delta\varepsilon_x \cdot dA \cdot dx$$

$$= -\int_x \int_A \sigma_x \cdot \left(\delta u_S' - y \cdot \delta v_M'' - z \cdot \delta w_M'' - \omega \cdot \delta\vartheta''\right) \cdot dA \cdot dx$$

$$= -\int_x \left(N \cdot \delta u_S' + M_z \cdot \delta v_M'' - M_y \cdot \delta w_M'' - M_\omega \cdot \delta\vartheta''\right) \cdot dx \tag{2.68}$$

Bei der Integration über die Querschnittsfläche in Gl. (2.68) wurde berücksichtigt, dass die Verschiebungsgrößen nur von der x-Richtung abhängig, d.h. im Querschnitt konstant sind. Darüber hinaus wurden die Integrale über die Fläche wie folgt ersetzt

$$N = \int_A \sigma_x \cdot dA; \quad M_z = -\int_A \sigma_x \cdot y \cdot dA; \quad M_y = \int_A \sigma_x \cdot z \cdot dA; \quad M_\omega = \int_A \sigma_x \cdot \omega \cdot dA \tag{2.69}$$

Dies sind die Schnittgrößendefinitionen, auf die in Abschnitt 2.10 näher eingegangen wird. Die innere virtuelle Arbeit nach Gl. (2.68) zeigt den Zusammenhang zwischen Schnittgrößen und Verschiebungsgrößen.

Bei einer zweiten Formulierung der inneren virtuellen Arbeit wird die Normalspannung σ_x durch Gl. (2.67) ausgedrückt. Als Ergebnis erhält man

$$\delta W_{int}(\sigma_x) = -\int_x \left(\delta u_S' \cdot EA \cdot u_S' + \delta v_M'' \cdot EI_z \cdot v_M'' + \delta w_M'' \cdot EI_y \cdot w_M'' + \delta\vartheta'' \cdot EI_\omega \cdot \vartheta''\right) \cdot dx \tag{2.70}$$

Dabei wurde berücksichtigt, dass y, z und ω die normierten Ordinaten sind, so dass für die Flächenintegrale

$$A_y = A_z = A_\omega = A_{yz} = A_{y\omega} = A_{z\omega} = 0 \tag{2.71}$$

gilt. Die restlichen Flächenintegrale sind definitionsgemäß

$$A = \int_A dA; \quad I_z = A_{yy} = \int_A y^2 \cdot dA; \quad I_y = A_{zz} = \int_A z^2 \cdot dA; \quad I_\omega = A_{\omega\omega} = \int_A \omega^2 \cdot dA \tag{2.72}$$

Die innere virtuelle Arbeit nach Gl. (2.70) stellt den Zusammenhang zwischen Steifigkeiten und Verschiebungsgrößen her. Sie bildet u.a. den Ausgangspunkt für die Grundgleichungen der Finiten-Element-Methode (FEM) für Stäbe.

Arbeitsanteile infolge von Schubspannungen

In die innere virtuelle Arbeit nach Gl. (2.64) gehen neben den Normalspannungen σ_x auch Schubspannungen ein, d.h. es ist

$$\delta W_{int}(\tau) = - \int_x \int_A (\tau_{xy} \cdot \delta\gamma_{xy} + \tau_{xz} \cdot \delta\gamma_{xz}) \cdot dA \cdot dx \tag{2.73}$$

Für die Gleitungen erhält man mit den Gln. (2.42), (2.12) und (2.25)

$$\gamma_{xy} = \frac{\partial v}{\partial x} + \frac{\partial u}{\partial y} = v'_M - (z - z_M) \cdot \vartheta' - v'_M - \frac{\partial\omega}{\partial y} \cdot \vartheta' = \left(-(z - z_M) - \frac{\partial\omega}{\partial y} \right) \cdot \vartheta' \tag{2.74a}$$

$$\gamma_{xz} = \frac{\partial w}{\partial x} + \frac{\partial u}{\partial z} = w'_M + (y - y_M) \cdot \vartheta' - w'_M - \frac{\partial\omega}{\partial z} \cdot \vartheta' = \left((y - y_M) - \frac{\partial\omega}{\partial z} \right) \cdot \vartheta' \tag{2.74b}$$

Damit können in analoger Weise wie bei den Gln. (2.65) und (2.66) die virtuellen Gleitungen bestimmt werden. Das *Hookesche* Gesetz für die Schubspannungen führt mit den Gln. (2.49) und (2.74) zu

$$\tau_{xy} = G \cdot \gamma_{xy} = G \cdot \left(-(z - z_M) - \frac{\partial\omega}{\partial y} \right) \cdot \vartheta' \tag{2.75a}$$

$$\tau_{xz} = G \cdot \gamma_{xz} = G \cdot \left(+(y - y_M) - \frac{\partial\omega}{\partial z} \right) \cdot \vartheta' \tag{2.75b}$$

Bei den Arbeitsanteilen infolge von Schubspannungen ist zu beachten, dass die Verschiebung u in Stablängsrichtung wegen $\gamma_{xy} = \gamma_{xz} = 0$ unter Vernachlässigung der Schubspannungen hergeleitet wurden. Dies gilt im übrigen wegen $\sigma_x = E \cdot \varepsilon_x$ und $\varepsilon_x = u'$ auch für die Normalspannungen σ_x.

Bei der Ermittlung der Schubspannungen bildet das Spannungsgleichgewicht nach Gl. (2.37a) die Grundlage. In Abschnitt 2.12.2 wird gezeigt, dass dabei prinzipiell wie folgt unterschieden wird:

a) Die Gleichgewichtsbedingung (2.37a) kann für $\partial\sigma_x / \partial x = 0$ erfüllt werden. Daraus ergeben sich Schubspannungen, die zur Schnittgröße M_{xp} (primäres Torsions-moment) korrespondieren.

b) Die Schubspannungen infolge von Querkräften V_y und V_z und dem sekundären Torsionsmoment M_{xs} ergeben sich aus der Veränderung von σ_x und dem Gleichgewicht in Längsrichtung.

Da bei b) die Bedingungen $\gamma_{xy} = \gamma_{xz} = 0$ erfüllt werden, ergeben sich aus den Gln. (2.74) und (2.75) Schubspannungen und Gleitungen, die zu Fall a) gehören. **In die virtuelle Arbeit nach Gl. (2.73) gehen also nur Schubspannungen infolge primärer Torsion ein.** Auf eine Kennzeichnung mit dem Index „p" wird hier verzichtet, da der Sachverhalt eindeutig ist. Wenn man in Gl. (2.73) die virtuellen

Gleitungen einsetzt, muss sich vergleichbar mit Gl. (2.68) die virtuelle Arbeit aufgrund des primären Torsionsmomentes M_{xp} ergeben. Man erhält

$$\delta W_{int}(\tau) = -\int_x M_{xp} \cdot \delta\vartheta' \cdot dx \tag{2.76}$$

$$\text{mit}: M_{xp} = \int_A \left(\tau_{xz} \cdot \left(y - y_M - \frac{\partial\omega}{\partial z} \right) - \tau_{xy} \cdot \left(z - z_M + \frac{\partial\omega}{\partial y} \right) \right) \cdot dA \tag{2.77}$$

Andererseits kann M_{xp} rein anschaulich mit Bild 2.31 bestimmt werden. Das Ergebnis lautet nach Tabelle 2.3

$$M_{xp} = \int_A \left(\tau_{xz} \cdot (y - y_M) - \tau_{xy} \cdot (z - z_M) \right) \cdot dA \tag{2.78}$$

Aus dem Vergleich der Gln. (2.77) und (2.78) folgt, dass

$$\int_A \left(\tau_{xz} \cdot \frac{\partial\omega}{\partial z} + \tau_{xy} \cdot \frac{\partial\omega}{\partial y} \right) \cdot dA = 0 \tag{2.79}$$

sein muss.

Die Gln. (2.75a, b) zeigen, dass die Schubspannungen vom Gleitmodul G und der Verdrillung ϑ' abhängen. Zur Verknüpfung mit dem primären Torsionsmoment wird das Torsionsträgheitsmoment I_T eingeführt

$$M_{xp} = G \cdot I_T \cdot \vartheta' \tag{2.80}$$

Wie der Vergleich mit Gl. (2.78) zeigt, ist

$$I_T = \frac{1}{G \cdot \vartheta'} \cdot \int_A \left(\tau_{xz} \cdot (y - y_M) - \tau_{xy} \cdot (z - z_M) \right) \cdot dA \tag{2.81}$$

Zur Berechnung von I_T können τ_{xy} und τ_{xz} durch die Gln. (2.75a, b) ersetzt werden. Dies ist jedoch nicht ohne Einschränkungen möglich, da die Querschnittsform von großer Bedeutung ist. In Gl. (2.81) dürfen nur Schubspannungen berücksichtigt werden, die das Spannungsgleichgewicht **und** die Randbedingungen erfüllen.

Die Berechnung von I_T wird in Abschnitt 3.9 vertieft. Hier wird M_{xp} nach Gl. (2.80) in Gl. (2.76) eingesetzt. Die innere virtuelle Arbeit ergibt sich dann zu

$$\delta W_{int}(\tau) = -\int_x \delta\vartheta' \cdot GI_T \cdot \vartheta' \cdot dx \tag{2.82}$$

Weiterführende Erläuterungen zur Torsion finden sich in den Abschnitten 2.12.2 und 5.4.

2.10 Schnittgrößen als Resultierende der Spannungen

In statischen Berechnungen für Stäbe und Stabwerke werden in der Regel zuerst Systemberechnungen durchgeführt und Schnittgrößen sowie ggf. Verformungen berechnet. Danach werden damit Spannungen ermittelt (Nachweisverfahren Elastisch-Elastisch, siehe Abschnitt 4.2) oder auch direkt mit den Schnittgrößen Nachweise geführt (Nachweisverfahren Elastisch-Plastisch, siehe Abschnitte 4.3 und 4.4). Darüber hinaus gehen die Schnittgrößen bei Berechnungen nach Theorie II. Ordnung als Parameter ein, siehe Abschnitt 2.14.

Bei der linearen Stabtheorie (Theorie I. Ordnung) wird angenommen, dass die Verformungen sehr klein sind und ihre Auswirkungen auf das Gleichgewicht vernachlässigt werden können. Unter dieser Voraussetzung kann das Gleichgewicht am **un**verformten System formuliert werden, was zu linearen Bestimmungsgleichungen führt. Für die Beziehungen zwischen Schnittgrößen und Spannungen bedeutet dies, dass ihre Richtungen auf die unverformte Ausgangs-Lage, d.h. die Referenz-Lage, bezogen werden dürfen. Die Berechnungen können dann auf Grundlage von Bild 2.4 vorgenommen werden. Man sollte jedoch bedenken, dass Schnittgrößen und Spannungen in einem Querschnitt nicht **gleichzeitig** auftreten. Spannungen ersetzen Schnittgrößen oder, anders ausgedrückt, können zu Schnittgrößen zusammengefasst werden. Aus diesem Grunde wurden in Bild 2.31 die beiden Teile von Bild 2.4 so kombiniert, dass die Spannungen am negativen und die Schnittgrößen am positiven Schnittufer eines Querschnittes eingetragen wurden. Für den Abstand zwischen dem positiven und negativen Schnittufer wird angenommen, dass er sehr klein ist (dx → 0). Unter Verwendung der Gleichgewichtsbedingungen und Integration über den gesamten Querschnitt, ergeben sich die Schnittgrößendefinitionen gemäß Tabelle 2.3.

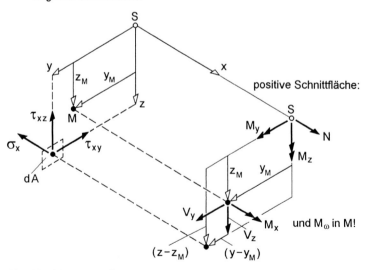

Bild 2.31   Zur Ermittlung von Schnittgrößen als Spannungsresultierende

Tabelle 2.3   Schnittgrößen als „Resultierende der Spannungen"

Bedingung	Schnittgröße	Definition
$\sum F_x \; = 0:$	Normalkraft	$N \; = \int_A \sigma_x \cdot dA$
$\sum V_y \; = 0:$	Querkraft	$V_y \; = \int_A \tau_{xy} \cdot dA$
$\sum V_z \; = 0:$	Querkraft	$V_z \; = \int_A \tau_{xz} \cdot dA$
$\sum M_x \; = 0:$	Torsionsmoment	$M_x \; = \int_A \left[\tau_{xz} \cdot (y - y_M) - \tau_{xy} \cdot (z - z_M) \right] \cdot dA$
		$M_x \; = M_{xp} + M_{xs}$
$\sum M_y \; = 0:$	Biegemoment	$M_y \; = \int_A \sigma_x \cdot z \cdot dA$
$\sum M_z \; = 0:$	Biegemoment	$M_z \; = -\int_A \sigma_x \cdot y \cdot dA$
	Wölbbimoment	$M_\omega \; = \int_A \sigma_x \cdot \omega \cdot dA$

Das in Tabelle 2.3 ebenfalls aufgeführte Wölbbimoment M_ω bedarf einer gesonderten Betrachtung. Zur Herleitung von

$$M_\omega = \int_A \sigma_x \cdot \omega \cdot dA \tag{2.83}$$

wird von der inneren virtuellen Arbeit ausgegangen. Der erforderliche Zusammenhang wurde bereits in Abschnitt 2.9 mit Gl. (2.68) formuliert. Er wird hier wiederholt

$$\delta W_{int} = -\int_x \int_A \delta\varepsilon_x \cdot \sigma_x \cdot dA \cdot dx \tag{2.84}$$

$$= -\int_x \int_A (\delta u_S' - y \cdot \delta v_M'' - z \cdot \delta w_M'' - \omega \cdot \delta\vartheta'') \cdot \sigma_x \cdot dA \cdot dx$$

$$= -\int_x \left(\delta u_S' \cdot \int_A \sigma_x \cdot dA - \delta v_M'' \cdot \int_A \sigma_x \cdot y \cdot dA - \delta w_M'' \cdot \int_A \sigma_x \cdot z \cdot dA - \delta\vartheta'' \cdot \int_A \sigma_x \cdot \omega \cdot dA \right) \cdot dx$$

$$= -\int_x \left(\delta u_S' \cdot N + \delta v_M'' \cdot M_z - \delta w_M'' \cdot M_y - \delta\vartheta'' \cdot M_\omega \right) \cdot dx$$

Das Wölbbimoment M_ω wird also in völlig analoger Weise wie N, M_z und M_y als Schnittgröße definiert. Bei Vernachlässigung von M_ω würde die innere virtuelle Arbeit unvollständig erfasst.

Die Schnittgrößen in Tabelle 2.3 sind nicht unabhängig voneinander. Aufgrund der in Abschnitt 2.5 hergeleiteten Gleichgewichtsbedingung

$$\frac{\partial \sigma_x}{\partial x} + \frac{\partial \tau_{yx}}{\partial y} + \frac{\partial \tau_{zx}}{\partial z} = 0 \tag{2.85}$$

bestehen zwischen „σ-Schnittgrößen" und „τ-Schnittgrößen" Abhängigkeiten, die hier mit Hilfe von Bild 2.32 hergeleitet werden sollen. Das Bild zeigt einen Stababschnitt der Länge dx mit Stabachsen durch den Schwerpunkt S und den Schubmittelpunkt M in der Referenz-Lage (unverformte Ausgangs-Lage). Die Schnittgrößen werden wie in Bild 2.4 auf die Punkte S und M bezogen. Für die Streckenlasten q_x, q_y, q_z und m_x werden hier ebenfalls diese Bezüge angenommen. Unter Verwendung von Bild 2.32 können die folgenden Gleichgewichtsbeziehungen formuliert werden.

$$\sum F_x = 0: \quad N + dN - N + q_x \cdot dx = 0$$
$$\Rightarrow N' = -q_x \tag{2.86a}$$

$$\sum F_y = 0: \quad V_y + dV_y - V_y \cdot dx = 0$$
$$\Rightarrow V'_y = -q_y \tag{2.86b}$$

$$\sum M_z = 0: \quad M_z + dM_z + V_y \cdot dx - q_y \cdot \underset{\text{von höherer Ordnung klein}}{dx \cdot \frac{dx}{2}} = 0$$
$$\Rightarrow M'_z = -V_y \tag{2.86c}$$
$$\text{und } M''_z = q_y \tag{2.86d}$$

$$\sum F_z \ -0: \quad V_z + dV_z - V_z + q_z \cdot dx = 0$$
$$\Rightarrow V'_z = -q_z \tag{2.86e}$$

$$\sum M_y = 0: \quad M_y + dM_y - M_y - V_z \cdot dx + q_z \cdot \underset{\text{von höherer Ordnung klein}}{dx \cdot \frac{dx}{2}} = 0$$
$$\Rightarrow M'_y = V_z \tag{2.86f}$$
$$\text{und } M''_y = -q_z \tag{2.86g}$$

$$\sum M_x = 0: \quad M_x + dM_x - M_x + m_x \cdot dx = 0$$
$$\Rightarrow M'_x = -m_x \tag{2.86h}$$

Das Torsionsmoment in Gl. (2.86h) besteht gemäß Abschnitt 2.12.2 aus dem primären und dem sekundären Torsionsmoment

$$M_x = M_{xp} + M_{xs}$$

Außerdem wird mit den Gln. (2.110) bis (2.114) gezeigt, dass das sekundäre Torsionsmoment gleich der 1. Ableitung des Wölbbimomentes ist:

$$M_{xs} = M'_\omega \tag{2.86i}$$

Damit wird aus Gl. (2.86h)

$$M'_x = M'_{xp} + M'_{xs} = M'_{xp} + M''_\omega = -m_x \tag{2.86j}$$

Zu diesem Ergebnis kann man auch mit Hilfe der virtuellen Arbeit gelangen. Gl. (2.86j) entspricht der Differentialgleichung für die Torsion, vergleiche Gl. (2.92d).

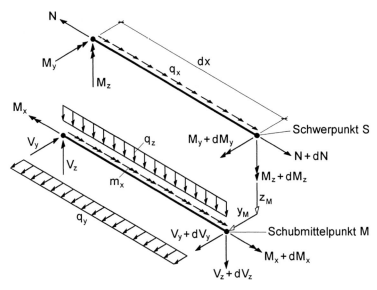

Bild 2.32   Schnitt- und Lastgrößen am Stababschnitt dx (Theorie I. Ordnung)

Die Formulierung der 6 Gleichgewichtsbedingungen (2.86) unter Verwendung von Bild 2.32 ist sehr anschaulich. Sie hat jedoch den Nachteil, dass die Torsion (M_ω, M_{xs}, M_{xp}) nur mit Zusatzüberlegungen erfasst werden kann. Wenn man von der virtuellen Arbeit und der Gleichgewichtsbedingung $\delta W = 0$ ausgeht, können damit **alle** Gleichungen unmittelbar hergeleitet werden. Sie ergeben sich aus den Differential-gleichungen (2.92), den Randbedingungen (2.93) und Gl. (2.91) in Abschnitt 2.11. Hier wurde jedoch der anschaulichen Methode der Vorzug gegeben.

2.11 Differentialgleichungen und Randbedingungen

Beziehungen zwischen Schnittgrößen und Verformungsgrößen

Bei den Schnittgrößen N, M_y, M_z und M_ω in Tabelle 2.3 kann die Normalspannung σ_x durch Gl. (2.67) ersetzt werden. Dabei treten Flächenintegrale auf, die teilweise gleich Null sind, siehe Gl. (2.71). Andere führen zu den in Gl. (2.72) definierten Quer-schnittskennwerten A, I_y, I_z und I_ω. Als Ergebnis erhält man 4 Differentialgleichungen

$$N = EA \cdot u'_S \tag{2.87a}$$

$$M_z = EI_z \cdot v''_M \tag{2.87b}$$

$$M_y = -EI_y \cdot w''_M \tag{2.87c}$$

$$M_\omega = -EI_\omega \cdot \vartheta'' \tag{2.87d}$$

Darüber hinaus folgt mit den Gln. (2.86c), (2.86f) und (2.86i)

$$V_y = -M'_z = -\left(EI_z \cdot v''_M\right)' \tag{2.87°}$$

$$V_z = +M'_y = -\left(EI_y \cdot w''_M\right)' \tag{2.87f}$$

$$M_{xs} = +M'_\omega = -\left(EI_\omega \cdot \vartheta''\right)' \tag{2.87g}$$

Die 8. und letzte Beziehung wurde in Abschnitt 2.9 mit Gl. (2.80) hergeleitet

$$M_{xp} = GI_T \cdot \vartheta' \tag{2.87h}$$

Das gesamte Torsionsmoment ist dann

$$M_x = M_{xp} + M_{xs} = GI_T \cdot \vartheta' - \left(EI_\omega \cdot \vartheta''\right)' \tag{2.87i}$$

Beziehungen zwischen Schnittgrößen und Lastgrößen

Diese Beziehungen wurden bereits in Abschnitt 2.10 mit den Gln. (2.86a), (2.86b), (2.86d), (2.86e), (2.86g) und (2.86h) hergeleitet.

Beziehungen zwischen Verschiebungsgrößen und Lastgrößen

Die allgemeine Forderung, dass sich ein Tragwerk im Gleichgewicht befindet, ist nach Gl. (2.58)

$$\delta W = \delta W_{ext} + \delta W_{int} = 0$$

Die einzelnen Arbeitsanteile wurden in Abschnitt 2.9 ermittelt, so dass sich δW wie folgt ergibt:

$$\delta W = F_x \cdot \delta u_S + F_y \cdot \delta v_M + F_z \cdot \delta w_M + M_{xL} \cdot \delta\vartheta + M_{zL} \cdot \delta v'_M$$

$$- M_{yL} \cdot \delta w'_M - M_{\omega L} \cdot \delta\vartheta' + \int_x \left(q_x \cdot \delta u_s + q_y \cdot \delta v_M + q_z \cdot \delta w_M + m_x \cdot \delta\vartheta\right) \cdot dx$$

$$- \int_x \left(\delta u'_S \cdot EA \cdot u'_S + \delta v''_M \cdot EI_z \cdot v''_M + \delta w''_M \cdot EI_y \cdot w''_M\right.$$

$$\left. + \delta\vartheta'' \cdot EI_\omega \cdot \vartheta'' + \delta\vartheta' \cdot GI_T \cdot \vartheta'\right) \cdot dx = 0 \tag{2.88}$$

In der Gleichgewichtsbedingung (2.88) treten die virtuellen Verschiebungen δu_S, δv_M, δw_M und $\delta\vartheta$ sowie ihre Ableitungen auf. Man kann die virtuelle Arbeit so umformen, dass die **Ableitungen** der virtuellen Verschiebungen in den Integralen entfallen und dort nur die virtuellen Verschiebungen selbst auftreten. Daraus ergeben sich 4 Differentialgleichungen und zugehörige Randbedingungen.

Zur Umformung der Integrale wird die Funktion

$$u(x) \cdot v(x)$$

betrachtet und die Ableitung nach x gebildet

$$\frac{d}{dx}(u \cdot v) = u' \cdot v + u \cdot v' \tag{2.89}$$

Gl. (2.89) kann nach Umstellung der Terme von $x = 0$ bis $x = \ell$ partiell integriert werden.

$$\int_0^\ell u' \cdot v \cdot dx = \left[u \cdot v \right]_0^\ell - \int_0^\ell u \cdot v' \cdot dx \tag{2.90}$$

Mit dieser Rechenvorschrift erhält man für die einzelnen Anteile der **inneren** virtuellen Arbeit

$$-\delta W_{int} = \left[\delta u_S \cdot EA \cdot u_S' \right]_0^\ell - \int_0^\ell \delta u_S \cdot \left(EA \cdot u_S' \right)' \cdot dx$$

$$+ \left[\delta v_M' \cdot EI_z \cdot v_M'' \right]_0^\ell - \left[\delta v_M \cdot \left(EI_z \cdot v_M'' \right)' \right]_0^\ell + \int_0^\ell \delta v_M \cdot \left(EI_z \cdot v_M'' \right)'' \cdot dx$$

$$+ \left[\delta w_M' \cdot EI_y \cdot w_M'' \right]_0^\ell - \left[\delta w_M \cdot \left(EI_y \cdot w_M'' \right)' \right]_0^\ell + \int_0^\ell \delta w_M \cdot \left(EI_y \cdot w_M'' \right)'' \cdot dx$$

$$+ \left[\delta\vartheta' \cdot EI_\omega \cdot \vartheta'' \right]_0^\ell - \left[\delta\vartheta \cdot \left(EI_\omega \cdot \vartheta'' \right)' \right]_0^\ell + \int_0^\ell \delta\vartheta \cdot \left(EI_\omega \cdot \vartheta'' \right)'' \cdot dx$$

$$+ \left[\delta\vartheta \cdot GI_T \cdot \vartheta' \right]_0^\ell - \int_0^\ell \delta\vartheta \cdot \left(G \cdot I_T \cdot \vartheta' \right)' \cdot dx \tag{2.91}$$

Wenn man Gl. (2.91) in Gl. (2.88) einsetzt, hängen die Integrale nur von δu_S, δv_M, δw_M und $\delta\vartheta$ ab. Es ergeben sich 4 Differentialgleichungen und 7 Randbedingungen, die je für sich gleich Null sein müssen, damit $\delta W = 0$ erfüllt ist.

Differentialgleichungen (DGL)

a) Gleichgewicht in Stablängsrichtung $\left(\text{zu } \delta u_S\right)$

$$\left(EA \cdot u'_S\right)' + q_x = 0 \tag{2.92a}$$

b) Gleichgewicht in y-Richtung $\left(\text{zu } \delta v_M\right)$

$$\left(EI_z \cdot v''_M\right)'' - q_y = 0 \tag{2.92b}$$

c) Gleichgewicht in z-Richtung $\left(\text{zu } \delta w_M\right)$

$$\left(EI_y \cdot w''_M\right)'' - q_z = 0 \tag{2.92c}$$

d) Gleichgewicht bezüglich Torsion $\left(\text{zu } \delta\vartheta\right)$

$$\left(EI_\omega \cdot \vartheta''\right)'' - \left(GI_T \cdot \vartheta'\right)' - m_x = 0 \tag{2.92d}$$

Die 4 Gleichungen beschreiben das Gleichgewicht zwischen Verschiebungs- und Lastgrößen. In den Gln. (2.92a-d) können die Terme in den Klammern durch die Schnittgrößen ersetzt werden. Mit den Gln. (2.87a-h) ergeben sich dann erneut die Schnittgrößen-Lastgrößen-Beziehungen der Gln. (2.86a-h).

Randbedingungen

Die Randbedingungen ergeben sich aus der virtuellen Arbeit der Einzellasten nach Gl. (2.88) und den Randtermen (eckige Klammern) in Gl. (2.91). Dabei werden die Randterme mit den Gln. (2.87a-h) in Abhängigkeit von den Randschnittgrößen formuliert.

Zur DGL a)

– Last- und Schnittkräfte in x-Richtung korrespondierend zu δu_S

$$\left[\delta u_S \cdot \left(N - F_x\right)\right]_0^\ell = 0 \tag{2.93a}$$

Zur DGL b)

– Last- und Schnittkräfte in y-Richtung korrespondierend zu δv_M

$$\left[\delta v_M \cdot \left(V_y - F_y\right)\right]_0^\ell = 0 \tag{2.93b}$$

– Last- und Schnittmomente um die z-Achse korrespondierend zu $\delta v'_M$

$$\left[\delta v'_M \cdot \left(M_z - M_{zL}\right)\right]_0^\ell = 0 \tag{2.93c}$$

Zur DGL c)

– Last- und Schnittkräfte in z-Richtung korrespondierend zu δw_M

$$\left[\delta w_M \cdot (V_z - F_z)\right]_0^\ell = 0 \tag{2.93d}$$

– Last- und Schnittmomente um die y-Achse korrespondierend zu $\delta w_M'$

$$\left[(-\delta w_M') \cdot (M_y - M_{yL})\right]_0^\ell = 0 \tag{2.93e}$$

Zur DGL d)

– Last- und Schnittmomente um die x-Achse korrespondierend zu $\delta\vartheta$

$$\left[\delta\vartheta \cdot (M_{xp} + M_{xs} - M_{xL})\right]_0^\ell = 0 \tag{2.93f}$$

– Last- und Schnittwölbbimomente korrespondierend zu $\delta\vartheta'$

$$\left[(-\delta\vartheta') \cdot (M_\omega - M_{\omega L})\right]_0^\ell = 0 \tag{2.93g}$$

Die Randbedingungen sind erfüllt, wenn die virtuellen Verschiebungsgrößen **oder** die Klammern mit den Last- und Schnittgrößen gleich Null sind. Wenn man dazu als Beispiel Gl. (2.93d) betrachtet, muss an den Stabenden

$$\delta w_M = 0 \ \textbf{oder} \ V_z = F_z$$

sein. Das Gleichgewicht zwischen Last- und Schnittgrößen ist nicht nur für Kräfte und Momente einzuhalten, sondern wie Gl. (2.93g) zeigt auch für Wölbbimomente.

2.12 Prinzipien zur Ermittlung von Spannungen und Querschnittskennwerten

2.12.1 Normalspannungen σ_x und Normierung der Querschnitts-kennwerte

In Abschnitt 2.9 wurde die virtuelle Arbeit infolge von Normalspannungen σ_x ermittelt. Für die Spannung ergibt sich dort mit Gl. (2.67)

$$\sigma_x = E \cdot (u_S' - y \cdot v_M'' - z \cdot w_M'' - \omega \cdot \vartheta'') \tag{2.94}$$

Ausgangspunkt war dort das *Hookesche* Gesetz (linear elastischer Werkstoff) nach Abschnitt 2.8.1

$$\sigma_x = E \cdot \varepsilon_x$$

und die Dehnung

$$\varepsilon_x \cong u'_S - y \cdot v''_M - z \cdot w''_M - \omega \cdot \vartheta'' \qquad (2.95)$$

In Gl. (2.94) sind y und z die Hauptachsen des Querschnitts und ω die normierte Wölbordinate (Hauptsystem). Darüber hinaus kennzeichnen S und M die Bezugspunkte Schwerpunkt und Schubmittelpunkt.

Bei beliebigen Querschnittsformen sind diese Bezugspunkte und Ordinaten nicht bekannt und müssen vor Durchführung der Systemberechnung und Spannungsermittlung bestimmt werden. Dazu wird im Querschnitt ein beliebiges Bezugssystem gemäß Bild 2.33 gewählt.

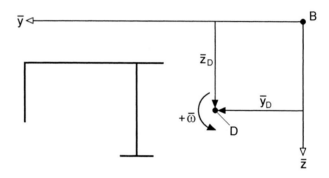

Bild 2.33   Beliebiges Bezugssystem im Querschnitt

Im Vergleich mit Bild 2.4b korrespondieren die Punkte S und B sowie M und D. Die Ordinaten und auch die Schnittgrößen werden im **beliebigen Bezugssystem** mit einem Querstrich gekennzeichnet. Verschiebungen und Normalspannungen müssen im Hauptsystem und im beliebigen Bezugssystem gleich sein. Für die Verschiebungen in Stablängsrichtung erhält man unter Verwendung des beliebigen Bezugssystems

$$u = u_B - \overline{y} \cdot \overline{v}'_D - \overline{z} \cdot \overline{w}'_D - \overline{\omega} \cdot \vartheta' \qquad (2.96)$$

Damit ergibt sich die Normalspannung zu

$$\sigma_x = E \cdot \varepsilon_x = E \cdot u' = E \cdot \left(u'_B - \overline{y} \cdot \overline{v}''_D - \overline{z} \cdot \overline{w}''_D - \overline{\omega} \cdot \vartheta'' \right) \qquad (2.97)$$

Wenn man davon ausgeht, dass die Schnittgrößen aus einer vorangegangenen Systemberechnung bekannt sind, kann man nun die Schnittgrößendefinitionen in Tabelle 2.3 zur Ermittlung der unbekannten Verformungsgrößen verwenden. Daraus ergeben sich die folgenden vier Gleichungen:

$$N = \int_A \sigma_x \cdot dA = E \cdot \left(A \cdot u'_D - A_{\bar{y}} \cdot \overline{v}''_D - A_{\bar{z}} \cdot \overline{w}''_D - A_{\bar{\omega}} \cdot \vartheta'' \right) \tag{2.98a}$$

$$M_{\bar{z}} = -\int_A \sigma_x \cdot \overline{y} \cdot dA = E \cdot \left(-A_{\bar{y}} \cdot u'_D + A_{\overline{yy}} \cdot \overline{v}''_D - A_{\overline{yz}} \cdot \overline{w}''_D - A_{\overline{y\omega}} \cdot \vartheta'' \right) \tag{2.98b}$$

$$M_{\bar{y}} = \int_A \sigma_x \cdot \overline{z} \cdot dA = E \cdot \left(A_{\bar{z}} \cdot u'_D - A_{\overline{zy}} \cdot \overline{v}''_D - A_{\overline{zz}} \cdot \overline{w}''_D - A_{\overline{z\omega}} \cdot \vartheta'' \right) \tag{2.98c}$$

$$M_{\bar{\omega}} = \int_A \sigma_x \cdot \overline{\omega} \cdot dA = E \cdot \left(A_{\bar{\omega}} \cdot u'_D - A_{\overline{\omega y}} \cdot \overline{v}''_D - A_{\overline{\omega z}} \cdot \overline{w}''_D - A_{\overline{\omega\omega}} \cdot \vartheta'' \right) \tag{2.98d}$$

Die Ableitungen der Verschiebungsgrößen sind nur von x, nicht aber von y und z abhängig, so dass sie bei der Integration über die Fläche konstante Größen sind. Die verwendeten Abkürzungen für die Flächenintegrale erklären sich z.B. mit

$$A_{\overline{yz}} = \int_A \overline{y} \cdot \overline{z} \cdot dA \quad \text{oder} \quad A_{\bar{y}} = \int_A \overline{y} \cdot dA \tag{2.99}$$

Zur Verbesserung der Übersichtlichkeit kann für die 4 Gln. (2.98a-d) auch die Matrizenschreibweise verwendet werden:

$$E \cdot \begin{bmatrix} A & -A_{\bar{y}} & -A_{\bar{z}} & -A_{\bar{\omega}} \\ -A_{\bar{y}} & A_{\overline{yy}} & A_{\overline{yz}} & A_{\overline{y\omega}} \\ -A_{\bar{z}} & A_{\overline{zy}} & A_{\overline{zz}} & A_{\overline{z\omega}} \\ -A_{\bar{\omega}} & A_{\overline{\omega y}} & A_{\overline{\omega z}} & A_{\overline{\omega\omega}} \end{bmatrix} \cdot \begin{bmatrix} \overline{u}'_B \\ \overline{v}''_D \\ \overline{w}''_D \\ \vartheta'' \end{bmatrix} = \begin{bmatrix} N \\ M_{\bar{z}} \\ -M_{\bar{y}} \\ -M_{\bar{\omega}} \end{bmatrix} \tag{2.100}$$

Die 4 Unbekannten $u'_B, \overline{v}''_D, \overline{w}''_D$ und ϑ'' könnte man durch Lösen des Gleichungssystems berechnen und damit dann auch die Normalspannung in jedem beliebigen Punkt des Querschnittes ermitteln:

$$\sigma_x = E \cdot \left(u'_B - \overline{y} \cdot \overline{v}''_D - \overline{z} \cdot \overline{w}''_D - \overline{\omega} \cdot \vartheta'' \right) \tag{2.101}$$

Diese Vorgehensweise wird nur bei computerorientierten Berechnungen (siehe Abschnitt 10.10) verwendet. Zwecks Herleitung einer einfachen Handrechenformel für σ_x wird das Gleichungssystem durch gezielte Transformationen verändert. Dabei werden die Größen in Bild 2.33 (mit Querstrich, Bezugspunkte B und D) in die Größen des Bildes 2.4b (ohne Querstrich, Bezugspunkte S und M) transformiert. Die Normalspannung σ_x wird dann mit Gl. (2.97) berechnet und die 4 Gleichungen werden mit den Schnittgrößen im normierten Hauptsystem (ohne Querstrich) aufgestellt. Ziel der Umformungen ist es, ein Gleichungssystem mit einer Matrix zu erzeugen, die nur auf der Hauptdiagonalen besetzt ist. Da alle Nebendiagonalelemente gleich Null sein sollen, müssen die Transformationen die Bedingungen

$$A_y = A_z = A_\omega = A_{yz} = A_{y\omega} = A_{z\omega} = 0 \tag{2.102}$$

erfüllen. Auf die Durchführung der Transformationen (und die Berechnung normierter Querschnittskennwerte) wird in Kapitel 3 ausführlich eingegangen. Da an dieser

Stelle die Methodik zur Ermittlung von σ_x im Vordergrund steht, wird hier nur das Ergebnis mitgeteilt. Nach längerer Zwischenrechnung ergibt sich das folgende Gleichungssystem

$$
E \cdot
\begin{bmatrix}
A & 0 & 0 & 0 \\
0 & I_z & 0 & 0 \\
0 & 0 & I_y & 0 \\
0 & 0 & 0 & I_\omega
\end{bmatrix}
\cdot
\begin{bmatrix}
u'_S \\
v''_M \\
w''_M \\
\vartheta''
\end{bmatrix}
=
\begin{bmatrix}
N \\
M_z \\
-M_y \\
-M_\omega
\end{bmatrix}
\tag{2.103}
$$

I_z und I_y sind die Hauptträgheitsmomente und I_ω der minimale Wölbwiderstand ($I_z = A_{yy}$, $I_y = A_{zz}$, $I_\omega = A_{\omega\omega}$). Man erhält 4 entkoppelte Gleichungen, die die bekannten Differentialgleichungen am Querschnitt sind (siehe auch Abschnitt 2.11).

$$EA \cdot u'_S \quad = N \tag{2.103a}$$

$$EI_z \cdot v''_M \ = M_z \tag{2.103b}$$

$$EI_y \cdot w''_M = -M_y \tag{2.103c}$$

$$EI_\omega \cdot \vartheta'' \quad = -M_\omega \tag{2.103d}$$

Wie man sieht, können die 4 unbekannten Verformungsgrößen direkt bestimmt werden. Nach Einsetzen in Gl. (2.94) erhält man die bekannte Formel zur Berechnung von Normalspannungen σ_x

$$\sigma_x = \frac{N}{A} - \frac{M_z}{I_z} \cdot y + \frac{M_y}{I_y} \cdot z + \frac{M_\omega}{I_\omega} \cdot \omega \tag{2.104}$$

Anmerkung: Wie bereits erwähnt, ist die Normierung nicht zwingend erforderlich. Bei Verwendung des beliebigen Bezugssystems sind jedoch auch **Systemberechnungen** sehr aufwendig, da alle Größen für die zweiachsige Biegung mit Normalkraft und Torsion gekoppelt sind.

2.12.2 Schubspannungen τ

Ausgangspunkt für die Ermittlung der Schubspannungen ist das Schubspannungsgleichgewicht in Abschnitt 2.5. Die Gln. (2.38) und (2.40c) ergaben, dass zugeordnete Schubspannungen gleich sind

$$\tau_{xy} = \tau_{yx}, \quad \tau_{xz} = \tau_{zx}, \quad \tau_{xs} = \tau_{sx}$$

In den Gln. (2.37a) und (2.40a) wird das Gleichgewicht zwischen Normalspannungen σ_x und den Schubspannungen beschrieben. Zur Ermittlung der Schubspannungen werden nun gemäß Bild 2.34 die Fälle a und b unterschieden. Oben steht Gl. (2.37a), in der die Schubspannungen in 2 Anteile aufgeteilt werden. Die Aufteilung wird nach dem Kriterium vorgenommen, ob für das Gleichgewicht Normalspannungen benötigt werden oder nicht. Gemäß Bild 2.34 führt Fall a zu primären Schubspannungen und Fall b zu sekundären Schubspannungen. Dabei kennzeichnet die Bezeichnung „sekundär", dass die Schubspannungen aus dem Gleichgewicht mit den bereits bekannten σ_x-Spannungen berechnet werden.

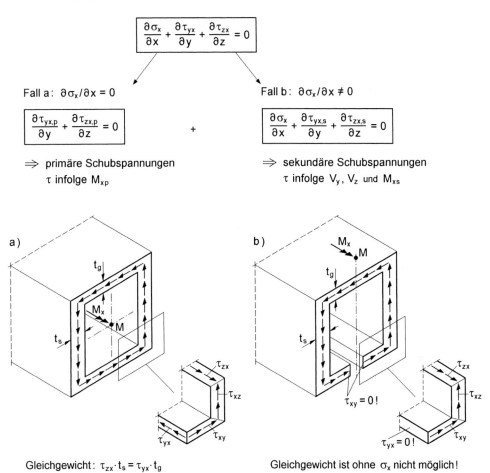

Gleichgewicht: $\tau_{zx} \cdot t_s = \tau_{yx} \cdot t_g$ Gleichgewicht ist ohne σ_x nicht möglich!

Bild 2.34   Fallunterscheidung zur Ermittlung der Schubspannungen

a) geschlossener Kasten

b) offener Kasten

Als Beispiel sind in Bild 2.34 die Schubspannungen infolge Torsionsmoment M_x skizziert. Beim geschlossenen Kasten ist, wie der Ausschnitt zeigt, allein mit den Schubspannungen das Gleichgewicht in Längsrichtung erfüllbar. Dazu gehört das Torsionsmoment $M_x = M_{xp}$, also primäre Torsion. Wie in Abschnitt 5.4.6 gezeigt wird, kann im geschlossenen Kasten auch sekundäre Torsion auftreten, d.h. es entstehen (in der Regel geringe) Schubspannungen infolge M_{xs} und Normalspannungen σ_x infolge M_ω.

Bei Fall b in Bild 2.34 handelt es sich um einen offenen Kasten, da das Bodenblech in Längsrichtung geschlitzt ist. Wie der Ausschnitt zeigt, ist ein Gleichgewicht in Längsrichtung ohne Normalspannungen σ_x nicht möglich. Die Schubspannungen gehören daher zu $M_x = M_{xs}$ und die entsprechenden σ_x-Spannungen zum Wölbbimoment M_ω. Es sei noch angemerkt, dass in Bild 2.34 nur über die Blechdicke konstante Schubspannungen betrachtet werden.

Für **Fall b** kann die Ableitung der Normalspannung mit Gl. (2.104) bestimmt werden

$$\frac{\partial \sigma_x}{\partial x} = \frac{N'}{A} - \frac{M'_z}{I_z} \cdot y + \frac{M'_y}{I_y} \cdot z + \frac{M'_\omega}{I_\omega} \cdot \omega \tag{2.105}$$

Die Ableitungen der Schnittgrößen werden wie folgt ersetzt

$$N' = -q_x, \quad M'_z = -V_y, \quad M'_y = V_z \quad \text{und} \quad M'_\omega = M_{xs} \tag{2.106}$$

Davon wurden die ersten 3 Beziehungen in Abschnitt 2.10 hergeleitet. $M'_\omega = M_{xs}$ wird vorerst rein formal ersetzt. N' wird hier nicht weiter verfolgt, da es sich um ein Lasteinleitungsproblem handelt. Man erhält dann

$$\frac{\partial \sigma_x}{\partial x} = \frac{V_y}{I_z} \cdot y + \frac{V_z}{I_y} \cdot z + \frac{M_{xs}}{I_\omega} \cdot \omega \tag{2.107}$$

Die Gleichgewichtsbedingung in Bild 2.34, Fall b, führt zu

$$\frac{\partial \tau_{yx,s}}{\partial y} + \frac{\partial \tau_{zx,s}}{\partial z} = -\frac{\partial \sigma_x}{\partial x} \tag{2.108}$$

Bei dünnwandigen Querschnitten wird in der Regel anstelle von y und z die Profilordinate s verwendet (vergleiche u.a. Bilder 2.13-16). Mit Gl. (2.40a) erhält man dann

$$\frac{\partial \tau_{sx,s}}{\partial s} = -\frac{\partial \sigma_x}{\partial x} = -\frac{V_y}{I_z} \cdot y - \frac{V_z}{I_y} \cdot z - \frac{M_{xs}}{I_\omega} \cdot \omega \tag{2.109}$$

Üblicherweise wird auf den Index s für Fall b verzichtet. Die Integration von Gl. (2.109) wird in den Abschnitten 5.3 und 5.4 durchgeführt. In Gl. (2.109) sind V_y und V_z die Querkräfte und M_{xs} das sekundäre Torsionsmoment. Der Zusammenhang zwischen Querkräften und Biegemomenten folgt aus Abschnitt 2.10. Für M_{xs} als 1. Ableitung des Wölbbimomentes soll hier das Folgende ergänzt werden. Aus

$$M_\omega = \int_A \sigma_x \cdot \omega \cdot dA \tag{2.110}$$

ergibt sich

$$M_{xs} = M'_\omega = \int_A \frac{\partial \sigma_x}{\partial x} \cdot \omega \cdot dA = -\int_A \frac{\partial \tau_{sx}}{\partial s} \cdot \omega \cdot dA = -\int_s \frac{\partial \tau_{sx}}{\partial s} \cdot \omega \cdot t(s) \cdot ds \qquad (2.111)$$

Wenn man die Blechdicke bereichsweise konstant annimmt, erhält man nach partieller Integration

$$M_{xs} = -\left[\tau_{sx} \cdot \omega \cdot t(s)\right]_{Rand} + \int_s \tau_{sx} \cdot \frac{\partial \omega}{\partial s} \cdot t(s) \cdot ds \qquad (2.112)$$

Der Randterm (eckige Klammer) entfällt, da τ_{sx} auf dem Rand stets gleich Null ist. Für die Ableitung der Wölbordinate nach s kann

$$\frac{\partial \omega}{\partial s} = r_t(s) \qquad (2.113)$$

eingesetzt werden. Dies folgt aus den Gln. (2.22) bis (2.24). Man erhält nun

$$M_{xs} = M'_\omega = \int_s \tau_{sx} \cdot r_t(s) \cdot t(s) \cdot ds = \int_A \tau_{sx} \cdot r_t(s) \cdot dA \qquad (2.114)$$

τ_{sx} sind Schubspannungen, die über die Blechdicke konstant verteilt sind. Da $r_t(s)$ der Hebelarm zum Schubmittelpunkt ist, folgt aus der Integration über die Fläche ein Torsionsmoment, hier das sekundäre Torsionsmoment. Das Produkt $\tau_{sx} \cdot r_t(s)$ ist in Tabelle 5.2 anschaulich erkennbar.

Bei **Fall a** in Bild 2.34 sind laut Voraussetzung keine in Längsrichtung veränderlichen Normalspannungen σ_x vorhanden. In Abschnitt 5.4 wird dazu gezeigt, dass auch für $\sigma_x = 0$ allein mit den Schubspannungen Gleichgewicht möglich ist. Diese Schubspannungen ergeben bei Integration über die Querschnittsfläche das primäre Torsionsmoment M_{xp}. Zum Torsionsmoment M_x in Tabelle 2.3 gehören also Schubspannungen, die gemäß Fall b M_{xs} und gemäß Fall a M_{xp} ergeben.

Anmerkung: Die hier hergeleiteten Differentialgleichungen für Fall b werden in der Praxis häufig im Rahmen einer ingenieurmäßigen Methode verwendet. Als typisches Beispiel dazu wird der in Bild 2.35 (etwas vereinfacht) dargestellte Querschnitt einer Verbundbrücke betrachtet.

Zur Bemessung der Querbewehrung in der Betonplatte werden die Schubkräfte in Längsrichtung benötigt. Dazu werden die Biegemomente $M_{y,a}$ und $M_{y,b}$ in 2 benachbarten Querschnitten verwendet. Mit den Spannungen

$$\sigma_{x,a} = \frac{M_{y,a}}{I_y} \cdot z_g \quad \text{und} \quad \sigma_{x,b} = \frac{M_{y,b}}{I_y} \cdot z_g \qquad (2.115)$$

erhält man die im betrachteten Gurtteil auftretenden Kräfte

$$\Gamma_{x,a} - \sigma_{x,a} \cdot A_g \quad \text{und} \quad \Gamma_{x,b} = \sigma_{x,b} \cdot A_g \qquad (2.116)$$

Im Längsschnitt wirkt aus Gleichgewichtsgründen die Differenzkraft

$$V_{yx} = F_{x,a} - F_{x,b} \qquad (2.117)$$

Die Differenzkraft V_{yx} dient zur Bemessung der Querbewehrung. Dazu wird mit Hilfe eines Fachwerkmodells eine Kraftkomponente in Querrichtung ermittelt, die von der Querbewehrung aufgenommen werden muss. Darüber hinaus werden Differenzkräfte V_{yx} zur Bemessung der Dübel und zum Nachweis der Schubspannungen in der Dübelumrissfläche verwendet.

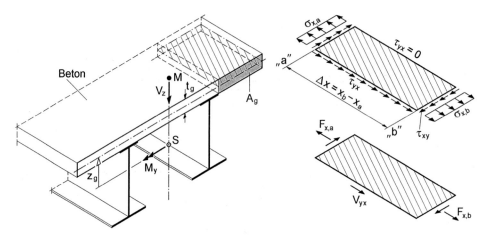

Bild 2.35 Zur Ermittlung der Schubkräfte V_{yx} in der Betonplatte einer Verbundbrücke

Der Bezug zur „Schubspannungsformel" kann für das Beispiel in Bild 2.35 wie folgt hergestellt werden. Wenn die Schubspannung über die Plattendicke und die Abschnittslänge Δx konstant angenommen wird, erhält man

$$\tau_{yx} = \frac{V_{yx}}{t_g \cdot \Delta x} = -\frac{M_{y,b} - M_{y,a}}{\Delta x} \cdot \frac{A_g \cdot z_g}{I_y \cdot t_g} \qquad (2.118)$$

Der Grenzübergang $\Delta x \to 0$ führt zu

$$\frac{M_{y,b} - M_{y,a}}{\Delta x} = M_y' = V_z \qquad (2.119)$$

und mit $S_{y,g} = A_g \cdot z_g$ zu

$$\tau_{yx} = -\frac{V_z \cdot S_{y,g}}{I_y \cdot t_g} \qquad (2.120)$$

2.12.3 Normalspannung σ_s

In den Abschnitten 2.12.1 und 2.12.2 wurden die Prinzipien zur Ermittlung von Normalspannungen σ_x und Schubspannungen in Querschnitten oder Längsschnitten behandelt. Die Gleichgewichtsbedingungen (2.37b, c) sowie (2.40b) in Abschnitt 2.5 zeigen, dass in Stäben auch **Normalspannungen senkrecht zur Stabachse** auftreten können. Dies sind gemäß Bild 2.20 Spannungen σ_y oder σ_z bzw. bei Bezug auf die Profilordinate s Normalspannungen σ_s, siehe auch Bilder 2.13 und 2.21. Die Gleichgewichtsbedingung (2.40b) lautet

$$\frac{\partial \sigma_s}{\partial s} + \frac{\partial \tau_{xs}}{\partial x} = 0 \tag{2.121}$$

Die Gleichung zeigt, dass σ_s von der Veränderung der Schubspannungen in Längsrichtung abhängig ist. Bei der Betrachtung der Schubspannungen in Abschnitt 2.12.2 wurden 2 Fälle unterschieden (Bild 2.34). **Fall b** erfasst die Schubspannungen der primären Torsion ($\sigma_x = 0$). Wenn diese Schubspannungen in Längsrichtung konstant sind, was einem konstanten Torsionsmoment M_{xp} entspricht, ergibt sich aus Gl. (2.121) $\sigma_s = 0$. Es ist jedoch auch bei veränderlichem $M_{xp}(x)$ üblich, die Normalspannungen σ_s zu vernachlässigen.

Für **Fall a** nach Bild 2.34 ergab sich mit Gl. (2.109)

$$\frac{\partial \tau_{sx}}{\partial s} = -\frac{V_y}{I_z} \cdot y - \frac{V_z}{I_y} \cdot z - \frac{M_{xs}}{I_\omega} \cdot \omega \tag{2.122}$$

Die Integration der Gleichung über ds erfolgt in den Abschnitten 5.3 und 5.4, sie ist hier aber ohne Bedeutung, da für Gl. (2.121) $\partial \tau_{xs}/\partial x$ benötigt wird. Mit den Faktoren c_1, c_2 und c_3 folgt für in x-Richtung gleichbleibende Querschnitte

$$\frac{\partial \sigma_s}{\partial s} = -\frac{\partial \tau_{xs}}{\partial x} = -\frac{V'_y}{I_z} \cdot c_1 - \frac{V'_z}{I_y} \cdot c_2 - \frac{M'_{xs}}{I_\omega} \cdot c_3$$

$$= +\frac{q_y}{I_z} \cdot c_1 + \frac{q_z}{I_y} \cdot c_2 + \frac{m_x + M'_{xp}}{I_\omega} \cdot c_3 \tag{2.123}$$

In der letzten Beziehung von Gl. (2.123) wurden V'_y, V'_z und M'_{xs} mit den Gln. (2.86b, e, j) in Abschnitt 2.10 ersetzt. Die Streckenlasten in Gl. (2.123) zeigen, dass es sich um ein Lasteinleitungsproblem handelt. Diese werden aber, sofern von der Größenordnung her erforderlich, stets gesondert untersucht, also nicht durch Berechnungsformeln zur Spannungsermittlung erfasst.

Zusammenfassend kann festgestellt werden, dass Normalspannungen σ_s bei Stäben und Anwendung der Elastizitätstheorie in der Regel keine Bedeutung haben. In Abschnitt 9.4 wird das Thema hinsichtlich der Plastizitätstheorie nochmals angesprochen.

2.13 Gleichgewicht zwischen Gesamtschnittgrößen und Teilschnittgrößen

In Element (801) der DIN 18800 Teil 1 [4] wird bezüglich geschraubter und geschweißter Verbindungen ausgeführt:

„Die Beanspruchung der Verbindungen eines Querschnittsteiles soll aus den

Schnittgrößenanteilen dieses Querschnittsteiles bestimmt werden."
Das Prinzip wird hier mit Bild 2.36 erläutert. Aus den Gesamtschnittgrößen N, M und V werden Teilschnittgrößen N_o, N_s, M_s, V_s und N_u im Obergurt, Steg und Untergurt berechnet, die dann zur Bemessung der geschraubten Verbindungen dienen.

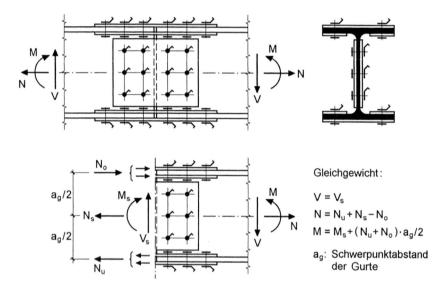

Bild 2.36   Teilschnittgrößen im geschraubten Stoß eines I-Querschnittes

Die Aufteilung der Schnittgrößen in Teilschnittgrößen bietet auch bei der Bemessung von Querschnitten große Vorteile. Ein typisches Beispiel ist der Verbundquerschnitt in Bild 2.37. Aus der angenommenen Spannungsverteilung ergeben sich die Teilschnittgrößen D_b (Betonplatte) und N_a (Stahlträger). Das vollplastische Moment ist dann $M_{pl} = N_a \cdot h$. Bemerkenswert ist hier, dass der gesamte Stahlträger und ein Teil der Betonplatte jeweils als Querschnittsteil aufgefasst werden. Einzelheiten zur Tragfähigkeit von Verbundquerschnitten enthält Kapitel 11. Die Methode „Aufteilung in Teilschnittgrößen" wurde in [84] und [85] systematisiert und zur Entwicklung eines neuen Verfahren für die Berechnung der Grenztragfähigkeit von Stahlquerschnitten verwendet. Das **Teilschnittgrößenverfahrens** wird in Kapitel 10 ausführlich erläutert. Hier werden die allgemeinen Grundlagen hergeleitet, da es nicht nur im Rahmen von Bemessungsverfahren große Bedeutung hat, sondern auch im Hinblick auf das ingenieurmäßige Verständnis bei Anwendung der Elastizitäts- und Plastizitätstheorie.

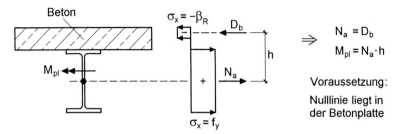

Bild 2.37   Verbundquerschnitt mit den Teilschnittgrößen D_b und N_a zur Ermittlung von M_{pl}

Gleichgewicht zwischen Gesamtschnittgrößen und Teilschnittgrößen

Fast alle Querschnitte, die im Bauwesen vorkommen, sind aus Teilflächen oder Teilquerschnitten zusammengesetzt. So kann z.B. der in Bild 2.38 dargestellte I-Querschnitt in die 3 Teilquerschnitte

Obergurt, Steg und Untergurt

aufgeteilt werden.

Wenn der Querschnitt durch Schnittgrößen beansprucht wird, entstehen in den Teilflächen Spannungen, die zu **Teilschnittgrößen** zusammengefasst werden können. Zwischen den Schnittgrößen und Teilschnittgrößen bestehen Transformationsbeziehungen, die häufig vorteilhaft bei der Bemessung verwendet werden können.

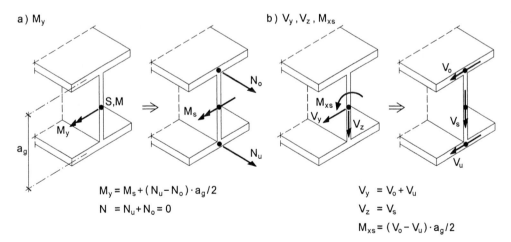

Bild 2.38   Beispiele zur Aufteilung von Schnittgrößen in Teilschnittgrößen

Zur Erläuterung sind in Bild 2.38 zwei Beispiele skizziert. Durch das Biegemoment M_y entstehen die Teilschnittgrößen N_o, N_u und M_s, für deren Bestimmung gemäß Bild 2.38 zwei Gleichungen zur Verfügung stehen. Eine dritte Bedingung ergibt sich aus der Anwendung der Elastizitätstheorie oder der Plastizitätstheorie. Da es sich um ein

Einführungsbeispiel handelt, wird hier auf die Bestimmung der Teilschnittgrößen nicht weiter eingegangen. Mit großer Wahrscheinlichkeit hat jedoch schon jeder Leser die Näherung mit $M_s = 0$ verwendet. Man erhält dann für die Gurtnormalkräfte unmittelbar

$$N_u = -N_o = M_y / a_g \tag{2.124}$$

Diese Näherung wird häufig im Rahmen von Vorbemessungen oder beim Nachweis geschraubter Verbindungen verwendet.

Das Beispiel im Bild 2.38b zeigt, wie durch „Statik am Querschnitt" die Teilschnittgrößen unmittelbar bestimmt werden können. Für die Wirkung von V_y, V_z und M_{xs} erhält man mit Bild 2.38b und den 3 Gleichgewichtsbedingungen unmittelbar

$$V_o = V_y / 2 + M_{xs} / a_g \tag{2.125a}$$

$$V_s = V_z \tag{2.125b}$$

$$V_u = V_y / 2 - M_{xs} / a_g \tag{2.125c}$$

Mit Kenntnis der Teilschnittgrößen kann auf die Spannungen und daher auch auf die Beanspruchungen der Teilflächen geschlossen werden. Die Methode ist (zumindest bei einfachen Querschnittsformen) sehr anschaulich und einfach zu handhaben. Beim Teilschnittgrößenverfahren (TSV, Kapitel 10) wird sie systematisch genutzt. Im allgemeinen Fall wird ein Querschnitt zuerst in n Teilflächen (Teilquerschnitte) unterteilt und anschließend seine Teilschnittgrößen betrachtet. Die Aufteilung ist an sich beliebig, sollte aber so erfolgen, dass die Anzahl der Teilschnittgrößen möglichst gering bleibt und das verfolgte Ziel mit möglichst geringem Aufwand erreicht wird. In den meisten Fällen wird man dünnwandige Rechteckflächen wählen. Das Beispiel in Bild 2.37 zeigt, dass auch ein Walzprofil als Teilquerschnitt in gewissen Anwendungsfällen sinnvoll sein kann.

In jedem Teilquerschnitt „i" wird in seinem Schwerpunkt S_i ein Koordinatensystem angeordnet, Bild 2.39. $y_{(i)}$ und $z_{(i)}$ sind die **Hauptachsen der Teilfläche**. Die Koordinaten des Schwerpunktes S_i im Hauptachsensystem des Gesamtquerschnittes werden mit y_i und z_i bezeichnet. Für die Transformation der Koordinaten gilt

$$y \quad = y_i + y_{(i)} \cdot \cos\beta_i - z_{(i)} \cdot \sin\beta_i \tag{2.126a}$$

$$z \quad = z_i + z_{(i)} \cdot \cos\beta_i + y_{(i)} \cdot \sin\beta_i \tag{2.126b}$$

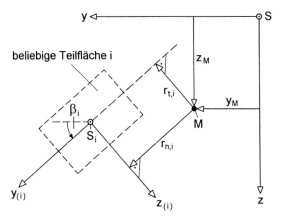

Bild 2.39   Lage der Teilfläche i im y-z-Hauptachsensystem des Gesamtquerschnitts
sowie Hebelarme $r_{t,i}$ und $r_{n,i}$ der Teilfläche i

In den Teilflächen wirken im allgemeinen Fall die in Bild 2.40a definierten Teilschnittgrößen, die für den Sonderfall dünnwandiger Rechtecke auf 4 Teilschnittgrößen
reduziert werden können. Zur Herleitung der Transformationsbeziehungen zwischen
Schnittgrößen und Teilschnittgrößen können die Schnittgrößendefinitionen in Tabelle
2.3 herangezogen werden. Sie gelten natürlich sinngemäß auch für die Teilschnittgrößen, was mit 2 Beispielen gezeigt werden soll

$$V_{y,i} = \int_{A_i} \tau_{xy(i)} \cdot dA_i \; ; \quad M_{y,i} = \int_{A_i} \sigma_x \cdot z_{(i)} \cdot dA_i \tag{2.127a, b}$$

Die Normalspannung σ_x ist von der Lage des Koordinatensystems im Querschnitt
unabhängig. Die Schubspannungen müssen jedoch transformiert werden

$$\tau_{xy} = \tau_{xy(i)} \cdot \cos\beta_i - \tau_{xz(i)} \cdot \sin\beta_i \tag{2.128a}$$

$$\tau_{xz} = \tau_{xz(i)} \cdot \cos\beta_i + \tau_{xy(i)} \cdot \sin\beta_i \tag{2.128b}$$

Als Ergebnis erhält man bei Summenbildung über n Teilquerschnitte die folgenden
Gleichgewichtsbeziehungen:

$$N = \int_A \sigma_x \cdot dA = \sum_{i=1}^{n} N_i \tag{2.129a}$$

$$M_y = \int_A \sigma_x \cdot z \cdot dA = \sum_{i=1}^{n} \left(N_i \cdot z_i - M_{z,i} \cdot \sin\beta_i + M_{y,i} \cdot \cos\beta_i \right) \tag{2.129b}$$

$$M_z = -\int_A \sigma_x \cdot y \cdot dA = \sum_{i=1}^{n} \left(-N_i \cdot y_i + M_{z,i} \cdot \cos\beta_i + M_{y,i} \cdot \sin\beta_i \right) \tag{2.129c}$$

$$V_y = \int_A \tau_{xy} \cdot dA = \sum_{i=1}^n \left(V_{y,i} \cdot \cos\beta_i - V_{z,i} \cdot \sin\beta_i \right) \tag{2.129d}$$

$$V_z = \int_A \tau_{xz} \cdot dA = \sum_{i=1}^n \left(V_{z,i} \cdot \cos\beta_i + V_{y,i} \cdot \sin\beta_i \right) \tag{2.129e}$$

Mit den Hebelarmen

$$r_{t,i} = (y_i - y_M) \cdot \sin\beta_i - (z_i - z_M) \cdot \cos\beta_i \tag{2.130a}$$

und

$$r_{n,i} = (y_i - y_M) \cdot \cos\beta_i + (z_i - z_M) \cdot \sin\beta_i \tag{2.130b}$$

gemäß Bild 2.39 ergibt sich das Torsionsmoment zu

$$M_x = \int_A \left[\tau_{xz}(y - y_M) - \tau_{xy}(z - z_M) \right] \cdot dA$$

$$= \sum_{i=1}^n \left[V_{y,i} \cdot r_{t,i} + V_{z,i} \cdot r_{n,i} + \int_{A_i} \left(\tau_{xz(i)} \cdot y_{(i)} - \tau_{xy(i)} \cdot z_{(i)} \right) \cdot dA_i \right] \tag{2.131}$$

Da das Integral über die Teilfläche zum örtlichen Torsionsmoment $M_{x,i}$ führt, lässt sich M_x auch wie folgt schreiben

$$M_x = \sum_{i=1}^n \left(M_{x,i} + V_{y,i} \cdot r_{t,i} + V_{z,i} \cdot r_{n,i} \right) = M_{xp} + M_{xs} \tag{2.132}$$

Als letzte Schnittgröße fehlt nun noch das Wölbbimoment

$$M_\omega = \int_A \sigma_x \cdot \omega \cdot dA \tag{2.133}$$

Wegen $M_{xs} = M_\omega'$ kann das Wölbbimoment mit folgender Formulierung beschrieben werden

$$M_\omega = \int_A \sigma_x \cdot \omega \cdot dA = \sum_{i=1}^n \left(N_i \cdot \omega_i - M_{z,i} \cdot r_{t,i} + M_{y,i} \cdot r_{n,i} + M_{\omega,i} \right) \tag{2.134}$$

In Gl. (2.134) ist $M_{\omega,i}$ ein Wölbbimoment und ω_i die Wölbordinate im Schwerpunkt der Teilfläche i.

Die Beziehungen zwischen Schnittgrößen und Teilschnittgrößen wurden hier für beliebige Teilquerschnitte hergeleitet. Dabei kann es sich z.B. um rechteckige oder kreisförmige Teilflächen handeln. In einigen Anwendungsfällen kann es auch zweckmäßig sein, komplexere Querschnittsformen, wie z.B. I- oder C-Querschnitte, als Teilquerschnitte zu definieren.

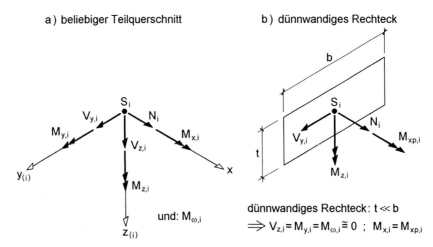

Bild 2.40   Definitionen der Teilschnittgrößen in einem Teilquerschnitt „i"

Sonderfall: Dünnwandige Rechtecke als Teilquerschnitte

Im Stahlbau treten überwiegend dünnwandige rechteckige Teilquerschnitte auf. Gemäß Bild 2.40b können dann einige Teilschnittgrößen vernachlässigt werden

$$V_{z,i} = M_{y,i} = M_{\omega,i} \cong 0 \qquad (2.135)$$

Außerdem ist das Torsionsmoment $M_{x,i}$ (wegen $M_{\omega,i} = 0$) gleich dem primären Torsionsmoment $M_{xp,i}$. Aus Gründen der Schreibvereinfachung wird noch

$$V_{y,i} = V_i \text{ und } M_{z,i} = M_i \qquad (2.136)$$

gesetzt. Damit ergeben sich die in Tabelle 2.4 zusammengestellten Beziehungen zwischen den Schnittgrößen und den Teilschnittgrößen. Die Ordinaten der Profilmittellinie sind

$$y = y_i + y_{(i)} \cdot \cos\beta_i \qquad (2.137a)$$

$$z = z_i + y_{(i)} \cdot \sin\beta_i \qquad (2.137b)$$

$$\omega = \omega_i + r_{t,i} \cdot y_{(i)} \qquad (2.137c)$$

Tabelle 2.4   Beziehungen zwischen Gesamtschnittgrößen und Teilschnittgrößen bei dünnwandigen rechteckigen Teilflächen

$$N = \sum_{i=1}^{n} N_i$$

$$M_y = \sum_{i=1}^{n} \left(N_i \cdot z_i - M_i \cdot \sin\beta_i \right)$$

$$M_z = \sum_{i=1}^{n} \left(-N_i \cdot y_i + M_i \cdot \cos\beta_i \right)$$

$$V_y = \sum_{i=1}^{n} \left(V_i \cdot \cos\beta_i \right)$$

$$V_z = \sum_{i=1}^{n} \left(V_i \cdot \sin\beta_i \right)$$

$$M_x = \sum_{i=1}^{n} M_{xp,i} + \sum_{i=1}^{n} \left(V_i \cdot r_{t,i} \right) = M_{xp} + M_{xs}$$

$$M_\omega = \sum_{i=1}^{n} \left(N_i \cdot \omega_i - M_i \cdot r_{t,i} \right)$$

rechteckiger
dünnwandiger
Teilquerschnitt i:

(y_i, z_i, ω_i)

Gesamtschnittgrößen
in S und M:

$M_x = M_{xp} + M_{xs}$

zusätzlich: M_ω in M

Teilschnittgrößen nach der Elastizitätstheorie

Wenn die Spannungsverteilungen nach der Elastizitätstheorie bekannt sind, können
damit die Teilschnittgrößen in den Einzelteilen direkt berechnet werden. Bild 2.41
enthält die Zusammenstellung der Berechnungsformeln für dünnwandige rechteckige
Teilflächen.

Da σ_x nur linear veränderlich oder gleichbleibend verteilt sein kann, reichen die Span-
nungswerte an den Blechenden zur Ermittlung von N_i und M_i aus. Die örtliche
Querkraft V_i ergibt sich aus Schubspannungen, deren Verlauf einer quadratischen
Parabel oder einer Gerade entspricht. Es werden daher 3 Ordinaten benötigt. Hier
werden die Ordinaten an den Blechenden und in Blechmitte gewählt.
Für das primäre Torsionsmoment $M_{xp,i}$ reicht wegen

$$\max \tau_{p,i} = \frac{M_{xp,i}}{I_{T,i}} \cdot t_i \cong \frac{3 \cdot M_{xp,i}}{t_i^2 \cdot \ell_i} \tag{2.138}$$

eine Ordinate aus.

Die hier zusammengestellten Beziehungen für die Teilschnittgrößen werden in den
Abschnitten 3.7.3 und 10.9 verwendet.

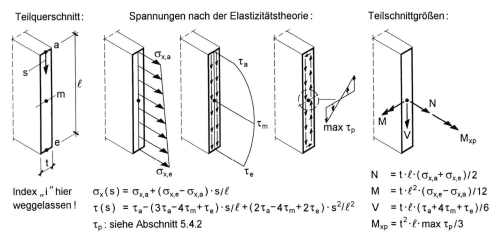

Teilquerschnitt: Spannungen nach der Elastizitätstheorie: Teilschnittgrößen:

Index „i" hier weggelassen!

$\sigma_x(s) = \sigma_{x,a} + (\sigma_{x,e} - \sigma_{x,a}) \cdot s/\ell$

$\tau(s) = \tau_a - (3\tau_a - 4\tau_m + \tau_e) \cdot s/\ell + (2\tau_a - 4\tau_m + 2\tau_e) \cdot s^2/\ell^2$

τ_p: siehe Abschnitt 5.4.2

$N = t \cdot \ell \cdot (\sigma_{x,a} + \sigma_{x,e})/2$

$M = t \cdot \ell^2 \cdot (\sigma_{x,e} - \sigma_{x,a})/12$

$V = t \cdot \ell \cdot (\tau_a + 4\tau_m + \tau_e)/6$

$M_{xp} = t^2 \cdot \ell \cdot \max \tau_p / 3$

Bild 2.41   Teilschnittgrößen in einem dünnwandigen, rechteckigen Teilquerschnitt infolge Spannungen nach der Elastizitätstheorie

2.14 Stabilität und Theorie II. Ordnung

Bei Stäben und Stabwerken können die Stabilitätsfälle **Biegeknicken** und **Biegedrillknicken** auftreten. Verformungen und Imperfektionen müssen dann durch Anwendung der Theorie II. Ordnung berücksichtigt werden. Zur Erfassung dieser Einflüsse sind im Rahmen des vorliegenden Buches folgende Punkte von Bedeutung:

• Querschnittskennwerte

Für Berechnungen zum Biegedrillknicken werden die Querschnittsgrößen i_M, r_y, r_z und r_ω benötigt. Wegen

$$M_x = M_{rr} \cdot \vartheta' \quad \text{und} \quad M_{rr} = N \cdot i_M^2 - M_z \cdot r_y + M_y \cdot r_z + M_\omega \cdot r_\omega \qquad (2.139)$$

werden damit Torsionsmomente infolge von Normalspannungen σ_x nach Theorie II. Ordnung erfasst. Der Zusammenhang kann der virtuellen Arbeit in Tabelle 2.5 entnommen werden. Die Berechnung der Größen erfolgt in Abschnitt 3.10.

• Spannungsermittlung und Querschnittstragfähigkeit

Wenn man die „richtigen" Schnittgrößen verwendet, ändert sich hinsichtlich der Spannungsermittlung und Querschnittstragfähigkeit nichts. Dieser Punkt bedarf jedoch näherer Erläuterungen.

Früher war es üblich von Berechnungen „nach der Spannungstheorie II. Ordnung" zu sprechen. Der Begriff ist irreführend, da sich an der Art der Spannungsberechnung nichts ändert. Was sich ändert, ist die Methode wie die Schnittgrößen berechnet werden. Vielleicht sollte man daher besser von einer „Schnittgrößentheorie II.

Ordnung" sprechen. Dies ist auch deshalb von Bedeutung, weil nicht nur **Spannungs-nachweise** geführt werden, sondern auch unmittelbar mit Schnittgrößen eine aus-reichende Querschnittstragfähigkeit nachgewiesen werden kann.

Die Art der Nachweisführung wird in Kapitel 7 im Hinblick auf die Anwendung von DIN 18800 [4] erläutert. Dabei sind in diesem Zusammenhang die Tabellen 7.2 und 7.3 besonders aufschlussreich. Kapitel 4 enthält zahlreiche Beispiele, in denen die Tragfähigkeit baustatischer Systeme nachgewiesen wird. Von großer Bedeutung ist, ob ein **vereinfachter Tragsicherheitsnachweis** mit den κ-Verfahren in Tabelle 7.9 oder ein **Nachweis mit den Schnittgrößen nach Theorie II. Ordnung unter Ansatz von geometrischen Ersatzimperfektionen** geführt werden soll. Die Beispiele in den Abschnitten 4.5.4 (Biegeknicken einer Stütze) und 4.5.5 (Biegedrillknicken eines Trägers) in Kapitel 4 ermöglichen den unmittelbaren Vergleich.

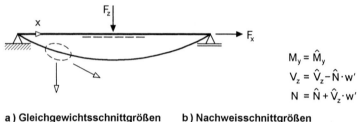

$$M_y = \hat{M}_y$$
$$V_z = \hat{V}_z - \hat{N} \cdot w'$$
$$N = \hat{N} + \hat{V}_z \cdot w'$$

a) **Gleichgewichtsschnittgrößen**   b) **Nachweisschnittgrößen**

   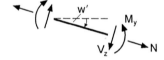

Bild 2.42   Biegeträger mit Zugkraft F_x

a) Gleichgewichtsschnittgrößen

b) Nachweisschnittgrößen

Als prinzipielles Beispiel wird hier ein Biegeträger mit Zugkraft F_x betrachtet (Bild 2.42). Für den Stab können die Schnittgrößen nach Theorie II. Ordnung berechnet und die unter a) und b) skizzierten Schnittgrößen unterschieden werden. Dabei entsprechen die Richtungen der Schnittkräfte dem unverformten Stab in der Ausgangs-Lage bzw. dem verformten Stab nach Belastung (Momentan-Lage). **Alle Nachweise am Querschnitt** (Spannungsnachweise, Querschnittstragfähigkeit mit Schnittgrößen) **müssen mit den unter b) skizzierten Schnittgrößen geführt werden** (Schnitt **senkrecht** zur Stabachse). Die Schnittgrößen unter a) sind zur Formulierung des Gleichgewichts oft hilfreich. In EDV-Programmen werden sie häufig zur Formulierung von Grundgleichungen verwendet (FE-Methode).

Im Beispiel nach Bild 2.42 haben die Unterschiede der beiden Schnittgrößenarten nur geringe Bedeutung, da in der Regel das Biegemoment bemessungsrelevant ist und dabei keine Unterschiede auftreten. Bedeutsamer sind die Unterschiede z.B. wenn

Verdrehungen ϑ auftreten, Bild 2.43. Die vektorielle Aufspaltung von $\hat{M}_y$ führt zu den Nachweisschnittgrößen M_y und M_z. Da M_z den Querschnitt um seine schwache Achse beansprucht, ist dieser Einfluss auch bei kleinen Winkeln von Bedeutung.

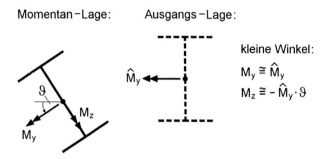

Bild 2.43   Schnittgrößen M_y und M_z infolge $\hat{M}_y$ und Stabverdrehung ϑ

Mit dem Beispiel in Bild 2.44 soll gezeigt werden, dass bei der Theorie II. Ordnung auch die Außermittigkeit von Lastgrößen Einfluss auf die Verformungen und die Schnittgrößen hat. Wie man sofort sieht, führt die Einzellast F_z am Obergurt zu einer größeren Verdrehung als wenn F_z im Schubmittelpunkt angreift. Anders ausgedrückt: Die Biegedrillknickgefahr wird größer, wenn das Produkt $F_z \cdot (z_F - z_M)$ negativ ist.

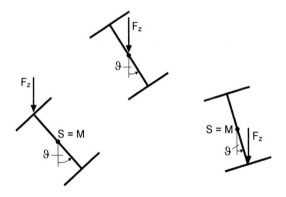

Last oben: ϑ wird größer! Last unten: ϑ wird kleiner!

Bild 2.44   Zum Einfluss des Lastangriffspunktes bei einer Einzellast F_z

Welche Größen Einfluss auf die Stabilität und Theorie II. Ordnung haben, lässt sich am besten aus der virtuellen Arbeit ablesen. Der obere Teil in Tabelle 2.5, d.h. δW für die lineare Stabtheorie, entspricht der Herleitung in Abschnitt 2.9. Die zusätzlichen Arbeitsanteile werden hier ohne weiteren Nachweis aus [138] übernommen. Bei der Berechnung von Verformungen und Schnittgrößen wird in einem ersten Schritt die lineare Stabtheorie angewendet. Dabei werden Schnittgrößen ermittelt, die bei einer zweiten Systemberechnung in den zusätzlichen Arbeitsanteilen berücksichtigt werden.

Damit ergeben sich dann Verformungen und Schnittgrößen nach Theorie II. Ordnung. Weitere Einzelheiten zum Thema „Stabilität und Theorie II. Ordnung" können den Kapiteln 7 und 8 sowie den Berechnungsbeispielen in Kapitel 4 entnommen werden.

Tabelle 2.5   Virtuelle Arbeit $\delta W = \delta W_{ext} + \delta W_{int}$ für einen Stab der Länge ℓ

Lineare Stabtheorie (Theorie I. Ordnung):

$$\int_\ell \left(\delta u_S \cdot q_x + \delta v_M \cdot q_y + \delta w_M \cdot q_z + \delta\vartheta \cdot m_x \right) \cdot dx$$

$$+ \,\delta u_S \cdot F_x + \delta v_M \cdot F_y + \delta w_M \cdot F_z + \delta v'_M \cdot M_{zL} - \delta w'_M \cdot M_{yL} + \delta\vartheta \cdot M_{xL} - \delta\vartheta' \cdot M_{\omega L}$$

$$- \int_\ell \left(\delta u'_S \cdot EA \cdot u'_S + \delta v''_M \cdot EI_z \cdot v''_M + \delta w''_M \cdot EI_y \cdot w''_M + \delta\vartheta'' \cdot EI_\omega \cdot \vartheta'' + \delta\vartheta' \cdot GI_T \cdot \vartheta' \right) \cdot dx$$

$$- \int_\ell \left(\delta v_M \cdot c_v \cdot v_M + \delta w_M \cdot c_w \cdot w_M + \delta\vartheta \cdot c_\vartheta \cdot \vartheta + \delta\vartheta' \cdot c_\omega \cdot \vartheta' \right) \cdot dx$$

c_v, c_w, c_ϑ und c_ω: Streckenfedern

Zusätzliche Arbeitsanteile für die Theorie II. Ordnung und Stabilität:

$$- \int_\ell N \cdot \left(\delta v'_M \cdot v'_M + \delta w'_M \cdot w'_M + \delta v'_M \cdot z_M \cdot \vartheta' + \delta\vartheta' \cdot z_M \cdot v'_M - \delta w'_M \cdot y_M \cdot \vartheta' - \delta\vartheta' \cdot y_M \cdot w'_M \right) \cdot dx$$

$$- \int_\ell \left(\delta v''_M \cdot M_y \cdot \vartheta + \delta\vartheta \cdot M_y \cdot v''_M + \delta w''_M \cdot M_z \cdot \vartheta + \delta\vartheta \cdot M_z \cdot w''_M \right) \cdot dx$$

$$- \int_\ell \left(\delta\vartheta' \cdot M_{rr} \cdot \vartheta' + \delta\vartheta \cdot q_y \cdot (y_q - y_M) \cdot \vartheta + \delta\vartheta \cdot q_z \cdot (z_q - z_M) \cdot \vartheta \right) \cdot dx$$

$$- \left(\delta\vartheta \cdot F_y \cdot (y_F - y_M) \cdot \vartheta + \delta\vartheta \cdot F_z \cdot (z_F - z_M) \cdot \vartheta \right)$$

mit: $M_{rr} = \int_A \sigma_x \cdot \left((z - z_M)^2 + (y - y_M)^2 \right) \cdot dA = N \cdot i_M^2 - M_z \cdot r_y + M_y \cdot r_z + M_\omega \cdot r_\omega$

$i_M^2 = i_p^2 + y_M^2 + z_M^2$ $i_p^2 = \dfrac{I_y + I_z}{A}$

$r_y = \dfrac{1}{I_z} \cdot \int_A y \cdot (y^2 + z^2) \cdot dA - 2 \cdot y_M$ $r_z = \dfrac{1}{I_y} \cdot \int_A z \cdot (y^2 + z^2) \cdot dA - 2 \cdot z_M$

$r_\omega = \dfrac{1}{I_\omega} \cdot \int_A \omega \cdot (y^2 + z^2) \cdot dA$

Anmerkung: In Tabelle 2.5 wird angenommen, dass q_x und F_x im Schwerpunkt angreifen und dass dort die Wölbordinate gleich Null ist, siehe auch Abschnitt 2.9. Darüber hinaus wirken die Streckenwegfedern c_v und c_w im Schubmittelpunkt.

3 Berechnung von Querschnittskennwerten

3.1 Übersicht

Querschnittskennwerte, wie z.B. die Trägheitsmomente I_y und I_z, werden zur Ermittlung von

- Verformungen

- Schnittgrößen in statisch unbestimmten Tragwerken mit veränderlichen Querschnitten und

- Spannungen nach der Elastizitätstheorie

benötigt. Da in der Regel normierte Querschnittskennwerte verwendet werden, müssen die Querschnittsordinaten y, z und ω so festgelegt werden, dass die Bedingungen

$$A_y = A_z = A_\omega = A_{yz} = A_{y\omega} = A_{z\omega} = 0 \qquad (3.1)$$

erfüllt sind. Die Ordinaten y und z sind dann die Hauptachsen des Querschnitts und ω die normierte Wölbordinate. Man spricht auch vom **y-z-Hauptachsensystem** und, wenn darüber hinaus ω eingeschlossen wird, vom **y-z-ω-Hauptsystem**. Die Querschnittskennwerte der o.g. Bedingungen sind wie folgt definiert (Beispiel):

$$A_{y\omega} = \int_A y \cdot \omega \cdot dA \qquad (3.2)$$

Grundlagen und Hintergründe der Normierung werden in Abschnitt 2.12.1 im Zusammenhang mit der Berechnung von Normalspannungen ausführlich erläutert.

Bei der Ermittlung des y-z-ω-Hauptsystems und der Querschnittskennwerte ist es zweckmäßig 2 Teilaufgaben zu unterscheiden:

a) Zweiachsige Biegung mit Normalkraft
Lage des Schwerpunktes S
Richtung der Hauptachsen y und z (Winkel α)
Fläche A
Hauptträgheitsmomente I_y und I_z
Ordinaten y und z im Hauptachsensystem

b) Torsion
Lage des Schubmittelpunktes M
Integrationsanfangspunkt bzw. konstanter Transformationswert für die Wölbordinate
Wölbwiderstand I_ω
normierte Wölbordinate ω
Torsionsträgheitsmoment I_T

Es hängt stets von der Aufgabenstellung ab, welche Größen tatsächlich benötigt werden. Bei Walzprofilen können alle erforderlichen Werte aus Tabellen abgelesen werden, siehe z.B. Tabellen im Anhang. Tabelle 3.1 enthält eine Zusammenstellung weiterer Querschnittskennwerte, die je nach Aufgabenstellung benötigt werden.

Tabelle 3.1   Weitere Querschnittskennwerte

Widerstandsmoment	$W_y = I_y/\max z$ bzw. $I_y/\min z$
Widerstandsmoment	$W_z = I_z/\max y$ bzw. $I_z/\min y$
Trägheitsradius	$i_y = \sqrt{I_y/A}$
Trägheitsradius	$i_z = \sqrt{I_z/A}$
polares Trägheitsmoment	$I_p = I_y + I_z$
polarer Trägheitsradius	$i_p = \sqrt{I_p/A}$
statisches Moment	$S_y(s) = \displaystyle\int_{A(s)} z \cdot dA$
statisches Moment	$S_z(s) = \displaystyle\int_{A(s)} y \cdot dA$
Flächenmoment 1. Grades mit ω	$A_\omega(s) = \displaystyle\int_{A(s)} \omega \cdot dA$

Größen für Theorie II. Ordnung und Stabilität i_M, r_y, r_z, r_ω siehe Abschnitt 3.10

Anmerkungen zu den Bezeichnungen

In der Literatur sind y und z nicht immer die Hauptachsen des Querschnitts. I_y und I_z sind dann auch nicht die Hauptträgheitsmomente und es tritt eine Größe I_{yz} auf. Die Bezeichnungen im vorliegenden Buch sind so gewählt, dass y und z stets Hauptachsen sind. Voraussetzungsgemäß ist dann $I_{yz} = 0$. In beliebigen Bezugssystemen werden die Ordinaten mit $\bar{y}$ und $\bar{z}$ bezeichnet.

Die Flächenintegrale werden in allen Bezugssystemen mit „A" und den entsprechenden Indices bezeichnet, z.B. $A_{y\omega}$. Die Hauptträgheitsmomente sind

$$\mathbf{I_y = A_{zz} \ und \ I_z = A_{yy}}$$

Die hier gewählten Bezeichnungen ermöglichen eine konsequente Darstellung der Zusammenhänge bei der Normierung. Außerdem gelten dann unverändert die Formeln zur Berechnung von Spannungen, wie z.B.

$$\sigma_x = \frac{N}{A} + \frac{M_y}{I_y} \cdot z - \frac{M_z}{I_z} \cdot y + \frac{M_\omega}{I_\omega} \cdot \omega \tag{3.3}$$

und auch alle Beziehungen für Systemberechnungen oder Verformungsberechnungen, die I_y, I_z oder I_ω enthalten.

Beispiel: Für den in Bild 3.1 dargestellten Einfeldträger sollen die Durchbiegung in Feldmitte, die horizontale Verschiebung am rechten Trägerende und die maximale Normalspannung σ_x berechnet werden.

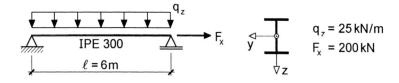

Bild 3.1 Einführungsbeispiel Einfeldträger

$$w_m = \frac{5}{384} \cdot \frac{q_z \cdot \ell^4}{EI_y} \; ; \quad u_{rechts} = \frac{F_x \cdot \ell}{EA} \; ; \quad \sigma_x = \frac{N}{A} + \frac{M_y}{I_y} \cdot z$$

$$N = F_x = 200 \, kN \; ; \quad max \, M_y = q_z \cdot \ell^2/8 = 112{,}50 \, kNm$$

$$E = 21\,000 \, kN/cm^2 \; ; \; A \text{ und } I_y \text{ aus den Tabellen im Anhang:}$$

$$A = 53{,}81 \, cm^2 \; ; \quad I_y = 8\,356 \, cm^4 \; ; \quad max \, z = 15{,}0 \, cm \; ; \quad W_y = 557{,}1 \, cm^3$$

$$w_m = \frac{5}{384} \cdot \frac{0{,}25 \cdot 600^4}{21\,000 \cdot 8\,356} = 2{,}40 \, cm$$

$$u_{rechts} = \frac{200 \cdot 600}{21\,000 \cdot 53{,}81} = 0{,}106 \, cm$$

$$max \, \sigma_x = \frac{200}{53{,}81} + \frac{11\,250}{557{,}1} = 3{,}72 + 20{,}19 = 23{,}91 \, kN/cm^2$$

Die Biegespannung wird hier mit $W_y = I_y/max \, z = 557{,}1 \, cm^3$ (Widerstandsmoment) berechnet. Das gewählte sehr einfache Beispiel soll zeigen, wofür die Querschnitts-kennwerte A, I_y und W_y benötigt werden. Berechnungen sind dafür nicht erforderlich, da die Werte aus Tabellen (z.B. im Anhang) abgelesen werden können.

Tabelle 3.2 Beispiel zur Berechnung von Querschnittskennwerten (Programm QSW-3BLECH)

 Lehrstuhl für Stahl- und Verbundbau
Prof. Dr.-Ing. R. Kindmann
RUBSTAHL-Lehr- und Lernprogramme für Studium und Weiterbildung
Programm QSW-3BLECH erstellt von R. Kindmann (01/2002)

Querschnittswerte von Drei- oder Zweiblechquerschnitten

Kommentar: Unsymmetrischer Dreiblechquerschnitt aus Bild 3.2

Beschreibung des Querschnitts (alle Größen in cm):

Obergurt (horizontal)		Steg (vertikal)		Untergurt (horizontal)	
$t_o=$	1,000	$t_s=$	0,800	$t_u=$	1,000
$b_o=$	30,000	$h_s=$	36,000	$b_u=$	15,000
$y_o=$	0,000			$y_u=$	-7,500
$z_o=$	-18,000	**Hinweise**		$z_u=$	18,000

Bezugs-KOS in Mitte Steg: y (quer !) nach links, z (quer !) nach unten

Skizze, nicht maßstäblich !

Teilflächen:

$A_o=$	30,00	$A_s=$	28,80	$A_u=$	15,00

Ergebnisse nach Normierung und Durchführung der Transformationen:

Querschnittsfläche			$A=$	73,80 cm^2
Schwerpunkt **S** (Bezugs-KOS)	$y_S=$	-1,524	$z_S=$	-3,659 cm
Hauptachsendrehwinkel	$\alpha=$	0,173 Bogenmaß		9,925 Grad
Hauptträgheitsmomente	$I_y=$	17.129	$I_z=$	2.777 cm^4
Ordinaten des Bezugspunktes	$y_D=$	2,132	$z_D=$	3,341 cm

St. Venantscher Torsionswiderstand			$I_T=$	21,14 cm^4
Wölbwiderstand			$I_\omega=$	612.323 cm^6
Transformationskonstante für die Wölbordinate			$\omega_K=$	27,44 cm^2
Schubmittelpunkt **M**	$y_M=$	4,420	$z_M=$	-7,658 cm
Schubmittelpunkt **M** (Bezugs-KOS)	$y_M=$	4,149	$z_M=$	-10,440 cm

	Ordinaten im Bezugsystem:			Ordinaten im Hauptsystem:		
	y	z	ω	y	z	ω
OG/links	15,00	-18,00	270,00	13,81	-16,97	129,54
OG/rechts	-15,00	-18,00	-270,00	-15,75	-11,80	-97,25
Steg/oben	0,00	-18,00	0,00	-0,97	-14,39	16,15
Steg/unten	0,00	18,00	0,00	5,23	21,07	-133,21
UG/links	0,00	18,00	0,00	5,23	21,07	-133,21
UG/rechts	-15,00	18,00	270,00	-9,54	23,66	293,39

Größen für Theorie II. Ordnung/Stabilität	$r_y=$	-12,505 cm
	$r_z=$	20,406 cm
	$r_\omega=$	0,997

Betrachtet man dagegen den in Bild 3.2 skizzierten Querschnitt, der aus 3 Blechen besteht, so wird sofort deutlich, dass entsprechende Berechnungen durchzuführen sind. Die Lagen des Schwerpunktes S, des Schubmittelpunktes M und der Hauptachsen sind unbekannt und müssen ebenso rechnerisch bestimmt werden wie die Querschnittskennwerte. Die Methoden dazu werden in den folgenden Abschnitten vermittelt. An dieser Stelle soll jedoch mit Tabelle 3.2 ein erster Überblick gegeben werden, welche Größen zu berechnen sind.

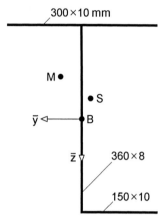

Bild 3.2   Unsymmetrischer Dreiblechquerschnitt

Im ersten Teil von Tabelle 3.2 wird der Querschnitt beschrieben und die Abmessungen und Lage der 3 Bleche eingegeben. Danach sind die Ergebnisse nach Normierung und Durchführung der Transformationen zusammengestellt. Wie man sieht, müssen im allgemeinen Fall relativ viele Werte berechnet werden.

Zur Spannungsermittlung infolge von Schnittgrößen werden die Ordinaten y, z und ω im Hauptsystem benötigt. Die entsprechenden Werte an den Enden der 3 Bleche werden daher vom RUBSTAHL-Programm QSW-3BLECH berechnet und ausgegeben. Am Schluss der Ausgabe finden sich die Größen r_y, r_z und r_ω, die für Berechnungen nach Theorie II. Ordnung und Stabilitätsuntersuchungen benötigt werden. Ihre Bedeutung wird in Abschnitt 3.10 erklärt, siehe auch Tabelle 2.5 in Abschnitt 2.14.

3.2   Ausnutzung von Symmetrieeigenschaften

Viele Querschnitte weisen Symmetrieeigenschaften auf, die zur Vereinfachung und Abkürzung der Berechnungen ausgenutzt werden können.

Schwerpunkt S

Der Schwerpunkt ist der Ursprung des y-z-Hauptachsensystems, d.h. in S gilt y = z = 0. Sofern für ein gewähltes Koordinatensystem die statischen Momente gleich Null sind ($A_y = A_z = 0$), so ist die Lage des Schwerpunktes bekannt.

Aus den Bedingungen ergibt sich, dass der Schwerpunkt auf den Symmetrielinien des Querschnitts liegen muss. Symmetrie bedeutet, dass die Teilflächen symmetrisch angeordnet sein müssen, wie man an einigen der in Bild 3.3 dargestellten grundlegenden Beispiele und der eingezeichneten Symmetrielinien erkennen kann. Wenn der Querschnitt 2 Symmetrielinien hat, liegt der Schwerpunkt in ihrem Schnittpunkt (Bild 3.3 oben). Auch bei Querschnitten mit **einer** Symmetrielinie vereinfachen sich die Berechnungen: Es muss nur noch die Lage von S auf der Symmetrielinie bestimmt werden. Bei punktsymmetrischen Querschnitten (Bild 3.3) liegt der Schwerpunkt S im Symmetriepunkt.

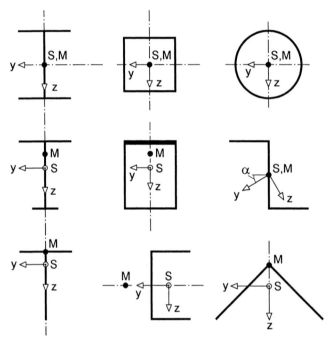

Bild 3.3   Zur Lage der Hauptachsen, des Schwerpunktes S und des Schubmittelpunktes M

Hauptachsen

Die Lage der Hauptachsen wird durch den Hauptachsendrehwinkel α gekennzeichnet. Für

$$A_{yz} = \int_A y \cdot z \cdot dA = 0 \tag{3.4}$$

ist $\alpha = 0$, y und z sind dann die Hauptachsen. Aus den Skizzen in Bild 3.3 wird deutlich, dass die Lage der Hauptachsen bekannt ist, wenn der Querschnitt mindestens **eine** Symmetrielinie hat (Symmetrielinie = Hauptachse, 2. Hauptachse senkrecht dazu).

Schubmittelpunkt M

Die Lage des Schubmittelpunktes M wird im y-z-Hauptachsensystem beschrieben, d.h. der Punkt M hat die Koordinaten y_M und z_M. Die normierte Wölbordinate ω bezieht sich also stets auf den Punkt M.

Wenn man einen Bezugspunkt zur Ermittlung von ω wählt, für den die Flächenintegrale $A_{y\omega} = A_{z\omega} = 0$ sind, so ist der gewählte Punkt der Schubmittelpunkt. Zusätzlich muss jedoch die Bedingung $A_\omega = 0$ eingehalten werden.

Die Bedingungen führen dazu, dass der Schubmittelpunkt stets auf einer Symmetrielinie des Querschnitts (nicht nur der Teilflächen) liegt. Bei (mindestens) doppeltsymmetrischen Querschnitten, liegt er im Schnittpunkt der Symmetrielinien und bei punktsymmetrischen Querschnitten im Symmetriepunkt, siehe Bild 3.3.

Normierte Wölbordinate

Für die normierte Wölbordinate ω muss neben $A_{y\omega} = A_{z\omega} = 0$ die Bedingung $A_\omega = 0$ eingehalten werden. Sie wird bei dünnwandigen offenen Querschnitten erfüllt, wenn der Integrationsanfangspunkt und die Integrationsrichtungen zur Ermittlung der Wölbordinate wie folgt festgelegt werden:

- Integrationsanfangspunkt
  Schnittpunkt von Symmetrielinie und Profilmittellinie
  Sonderfall: M auf Profilmittellinie $\Rightarrow$ Integrationsanfangspunkt in M legen

- Integrationsrichtungen
  symmetrisch, vom Integrationspunkt ausgehend

Anmerkung: Wenn man den Integrationsanfangspunkt bei einem punktsymmetrischen Querschnitt in M wählt, ist $A_\omega \neq 0$. Dies gilt z.B. für den Z-Querschnitt in Bild 3.3.

3.3 Normierung Teil I: Schwerpunkt, Hauptachsen, I_y und I_z

Wie in Abschnitt 3.1 erläutert, wird die Ermittlung des y-z-ω-Hauptsystems und der Querschnittswerte in 2 Teilaufgaben aufgeteilt. In diesem Abschnitt wird auf die erste Teilaufgabe eingegangen, d.h. auf die Berechnungen, die der zweiachsigen Biegung mit Normalkraft zugeordnet werden können. Für die folgenden Betrachtungen wird angenommen, dass die Querschnittsform völlig beliebig sein kann. Als erläuternde Beispiele werden die Querschnitte in Bild 3.4 verwendet.

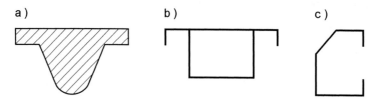

Bild 3.4   Verschiedene Querschnitte

a) Vollquerschnitt

b) dünnwandiger Querschnitt mit Hohlkasten

c) offener dünnwandiger Querschnitt

Die Querschnitte a) und b) gemäß Bild 3.4 haben eine vertikale Symmetrielinie. Dies soll hier jedoch keine Berücksichtigung finden, da der allgemeine Fall betrachtet wird. Als Ausgangspunkt wird ein beliebiger Bezugspunkt B als Ursprung eines $\bar{y} - \bar{z}$ – Koordinatensystems festgelegt. Ein zweites, parallel verschobenes $\tilde{y} - \tilde{z}$ – Koordinatensystem soll seinen Ursprung im Schwerpunkt S haben. Dieses wird um den Winkel α in das y-z-Hauptachsensystem gedreht. Der Sachverhalt nebst Transformationsbeziehungen ist in Bild 3.5 dargestellt. Aus Gründen der Übersichtlichkeit wurde kein Querschnitt eingezeichnet.

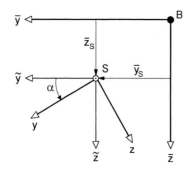

Transformationsbeziehungen:

$$\tilde{y} = \bar{y} - \bar{y}_S$$
$$\tilde{z} = \bar{z} - \bar{z}_S$$
$$y = \tilde{y} \cdot \cos\alpha + \tilde{z} \cdot \sin\alpha$$
$$z = \tilde{z} \cdot \cos\alpha - \tilde{y} \cdot \sin\alpha$$

Bild 3.5   Koordinatensysteme bei der Normierung der Querschnittwerte

Nach Wahl des $\bar{y} - \bar{z}$ – Koordinatensystems können die Querschnittskennwerte

$$A,\ A_{\bar{y}},\ A_{\bar{z}},\ A_{\overline{yz}},\ A_{\overline{yy}}\ \text{und}\ A_{\overline{zz}}$$

berechnet werden. Die Methoden zur Berechnung der Integrale (Beispiel)

$$A_{\overline{yz}} = \int_A \bar{y} \cdot \bar{z} \cdot dA \tag{3.5}$$

werden in Abschnitt 3.4 erläutert. Hier soll die Normierung im Vordergrund stehen.

Die entsprechenden Bestimmungsgleichungen erhält man aus den Bedingungen

$$A_y = A_z = A_{yz} = 0, \tag{3.6}$$

wenn man für y und z die Transformationsbeziehungen gemäß Bild 3.5 einsetzt. Da die Lage des Schwerpunktes von den Richtungen der Querschnittskoordinaten unabhängig ist, können anstelle von $A_y = A_z = 0$ auch die Bedingungen $A_{\tilde{y}} = A_{\tilde{z}} = 0$ verwendet werden. Man erhält

$$A_{\tilde{y}} = \int_A \tilde{y} \cdot dA = \int_A (\bar{y} - \bar{y}_S) \cdot dA = A_{\bar{y}} - \bar{y}_S \cdot A = 0 \tag{3.7}$$

$$\Rightarrow \bar{y}_S = A_{\bar{y}}/A \quad \text{und analog} \quad \bar{z}_S = A_{\bar{z}}/A \tag{3.8}$$

Für A_{yz} führen die Transformationen zu

$$A_{yz} = \int_A y \cdot z \cdot dA = \int_A (\tilde{y} \cdot \cos\alpha + \tilde{z} \cdot \sin\alpha) \cdot (\tilde{z} \cdot \cos\alpha - \tilde{y} \cdot \sin\alpha) \cdot dA = 0 \tag{3.9}$$

$$\Rightarrow A_{yz} = A_{\tilde{y}\tilde{z}} \cdot (\cos^2\alpha - \sin^2\alpha) - \sin\alpha \cdot \cos\alpha \cdot (A_{\tilde{y}\tilde{y}} - A_{\tilde{z}\tilde{z}}) = 0 \tag{3.10}$$

Mit $\cos^2\alpha - \sin^2\alpha = \cos 2\alpha$ und $\sin\alpha \cdot \cos\alpha = \sin 2\alpha/2$ folgt

$$\tan 2\alpha = \frac{2 \cdot A_{\tilde{y}\tilde{z}}}{A_{\tilde{y}\tilde{y}} - A_{\tilde{z}\tilde{z}}} \quad \Rightarrow \quad \alpha = \frac{1}{2} \arctan\left(\frac{2 \cdot A_{\tilde{y}\tilde{z}}}{A_{\tilde{y}\tilde{y}} - A_{\tilde{z}\tilde{z}}}\right) \tag{3.11}$$

Die hier hergeleiteten Beziehungen für $\bar{y}_S, \bar{z}_S$ und α dienen zur Berechnung normierter Querschnittskennwerte, wobei 2 Methoden unterschieden werden. Methode A ist in Tabelle 3.3 zusammenfassend dargestellt. Bei dieser Methode ist der Ablauf der Normierung sehr gut zu erkennen, da die Übergänge zwischen den 3 Koordinatensystemen durch die Koordinatentransformationen in den Rechenschritten ③ und ⑥ anschaulich sichtbar werden. Methode A wird in der Praxis jedoch nur bei einfachsymmetrischen Querschnitten, die aus 2 oder 3 Einzelteilen bestehen, verwendet. Die Methode ist sehr übersichtlich, da dann $\alpha = 0$ ist und nur die Transformationen

$$y = \bar{y} - \bar{y}_S \quad \text{bzw.} \quad z = \bar{z} - \bar{z}_S \tag{3.12}$$

durchzuführen sind.

Bei komplexeren Querschnittsformen wird in der Regel Methode B (siehe Tabelle 3.4) verwendet. Im Unterschied zur Methode A werden hier **alle** Querschnittskennwerte im $\bar{y} - \bar{z}$ – Koordinatensystem berechnet und dann schrittweise transformiert. Erst ganz am Schluss werden die Querschnittskoordinaten in die Hauptachsen y und z transformiert. Methode B bildet u.a. auch die Grundlage für das Beispiel in Tabelle 3.2, d.h. für Berechnungen mit dem RUBSTAHL-Programm QSW-3BLECH. Für die Umsetzung in EDV Programme wird Methode B empfohlen, da sie einfacher zu programmieren ist.

Tabelle 3.3   Berechnung normierter Querschnittskennwerte Teil I – Methode A

① $A, A_{\bar{y}}$ und $A_{\bar{z}}$ im $\bar{y} - \bar{z}$ – Koordinatensystem berechnen:

$$A = \int_A dA \; ; \quad A_{\bar{y}} = \int_A \bar{y} \cdot dA \; ; \quad A_{\bar{z}} = \int_A \bar{z} \cdot dA$$

②   Lage des Schwerpunktes: $\bar{y}_S = A_{\bar{y}}/A; \quad \bar{z}_S = A_{\bar{z}}/A$

③   Koordinaten transformieren: $\tilde{y} = \bar{y} - \bar{y}_S; \quad \tilde{z} = \bar{z} - \bar{z}_S$

④ $A_{\widetilde{yz}}, A_{\widetilde{yy}}$ und $A_{\widetilde{zz}}$ im $\tilde{y} - \tilde{z}$ – Koordinatensystem berechnen:

$$A_{\widetilde{yz}} = \int_A \tilde{y} \cdot \tilde{z} \cdot dA \; ; \quad A_{\widetilde{yy}} = \int_A \tilde{y}^2 \cdot dA \; ; \quad A_{\widetilde{zz}} = \int_A \tilde{z}^2 \cdot dA$$

⑤   Hauptachsendrehwinkel α: $\quad \alpha = \dfrac{1}{2}\arctan\left(\dfrac{2\, A_{\widetilde{yz}}}{A_{\widetilde{yy}} - A_{\widetilde{zz}}}\right)$

⑥   Koordinaten transformieren: $y = \tilde{y} \cdot \cos\alpha + \tilde{z} \cdot \sin\alpha$

$$z = \tilde{z} \cdot \cos\alpha - \tilde{y} \cdot \sin\alpha$$

⑦   Hauptträgheitsmomente I_y und I_z berechnen:

$$I_y = A_{zz} = \int_A z^2 \cdot dA; \quad I_z = A_{yy} = \int_A y^2 \cdot dA$$

Beispiel: Für den einfachsymmetrischen Querschnitt in Bild 3.6 wird die Lage des Schwerpunktes in z-Richtung und das Hauptträgheitsmoment I_y (Methoden A und B) berechnet.

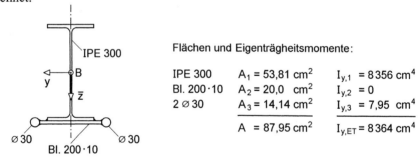

Flächen und Eigenträgheitsmomente:

IPE 300	$A_1 = 53{,}81$ cm^2	$I_{y,1} = 8356$ cm^4
Bl. 200·10	$A_2 = 20{,}0$ cm^2	$I_{y,2} = 0$
2 ⌀ 30	$A_3 = 14{,}14$ cm^2	$I_{y,3} = 7{,}95$ cm^4
	$A = 87{,}95$ cm^2	$I_{y,ET} = 8364$ cm^4

Bild 3.6   Querschnitt für das Beispiel zur Anwendung der Methoden A und B

Die Werte für die einzelnen Teile des Querschnitt sind in Bild 3.6 aufgeführt. Die Berechnung der Querschnittskennwerte erfolgt mit den Methoden, die in Abschnitt 3.4 erläutert werden.

Für ein $y - \bar{z}$ – Bezugsystem im Schwerpunkt des IPE-Profils erhält man

$$A_{\bar{z}} = 53{,}81 \cdot 0 + 20{,}0 \cdot (15{,}0 + 0{,}5) + 14{,}14 \cdot (15{,}0 + 0{,}5) = 529{,}17 \text{cm}^3$$

Schwerpunkt: $\bar{z}_S = A_{\bar{z}}/A = 529{,}17/87{,}95 = 6{,}02$ cm

Tabelle 3.4 Berechnung normierter Querschnittskennwerte Teil I – Methode B

① A, $A_{\bar{y}}$, $A_{\bar{z}}$, $A_{\bar{y}\bar{z}}$, $A_{\bar{y}\bar{y}}$ und $A_{\bar{z}\bar{z}}$ im $\bar{y}$–$\bar{z}$–Koordinatensystem berechnen:

$$A = \int_A dA; \quad A_{\bar{y}} = \int_A \bar{y} \cdot dA; \quad \text{usw.}$$

② Lage des Schwerpunktes: $\bar{y}_S = A_{\bar{y}}/A; \quad \bar{z}_S = A_{\bar{z}}/A$

③ Querschnittkennwerte transformieren:

$$A_{\overline{\overline{yz}}} = A_{\bar{y}\bar{z}} - \bar{y}_S \cdot \bar{z}_S \cdot A; \quad A_{\overline{\overline{yy}}} = A_{\bar{y}\bar{y}} - \bar{y}_S^2 \cdot A; \quad A_{\overline{\overline{zz}}} = A_{\bar{z}\bar{z}} - \bar{z}_S^2 \cdot A$$

④ Hauptachsendrehwinkel α: $\alpha = \dfrac{1}{2}\arctan\left(\dfrac{2 \cdot A_{\overline{\overline{yz}}}}{A_{\overline{\overline{yy}}} - A_{\overline{\overline{zz}}}}\right)$

⑤ Hauptträgheitsmomente I_y und I_z mit Transformationen berechnen:

$$I_z = A_{yy} = A_{\overline{\overline{yy}}} \cdot \cos^2\alpha + A_{\overline{\overline{zz}}} \cdot \sin^2\alpha + 2 \cdot A_{\overline{\overline{yz}}} \cdot \sin\alpha \cdot \cos\alpha$$

$$I_y = A_{zz} = A_{\overline{\overline{zz}}} \cdot \cos^2\alpha + A_{\overline{\overline{yy}}} \cdot \sin^2\alpha - 2 \cdot A_{\overline{\overline{yz}}} \cdot \sin\alpha \cdot \cos\alpha$$

⑥ Koordinaten transformieren:

$$y = (\bar{y} - \bar{y}_S) \cdot \cos\alpha + (\bar{z} - \bar{z}_S) \cdot \sin\alpha$$

$$z = (\bar{z} - \bar{z}_S) \cdot \cos\alpha - (\bar{y} - \bar{y}_S) \cdot \sin\alpha$$

I_y mit Methode A:

Die Schwerpunkte der Einzelteile ergeben sich mit $z_{Si} = \bar{z}_{Si} - \bar{z}_S$. Diese Beziehung wird direkt für $I_y = \int_A z^2 \cdot dA = \sum_{i=1}^{3} I_{y,ET,i} + \sum_{i=1}^{3} A_i \cdot z_{Si}^2$ verwendet.

$$I_y = 8\,364 + 53{,}81 \cdot (0 - 6{,}02)^2 + 20{,}0 \cdot (15{,}5 - 6{,}02)^2 + 14{,}14 \cdot (15{,}5 - 6{,}02)^2 = 13\,382\,\text{cm}^4$$

I_y mit Methode B:

$A_{\bar{z}\bar{z}}$ im $\bar{y}$–$\bar{z}$–Koordinatensystem:

$$A_{\bar{z}\bar{z}} = 8\,364 + 53{,}81 \cdot 0^2 + 20{,}0 \cdot 15{,}5^2 + 14{,}14 \cdot 15{,}5^2 = 16\,566\,\text{cm}^4$$

Bei Anwendung von Tabelle 3.4 gilt hier:

$$I_y = A_{\overline{\overline{zz}}} = A_{\bar{z}\bar{z}} - \bar{z}_S^2 \cdot A$$

$$I_y = 16\,566 - 6{,}02^2 \cdot 87{,}95 = 13\,379\,\text{cm}^4$$

Tabelle 3.4 wird in den RUBSTAHL-Programmen QSW-3BLECH, QSW-BLECHE, QSW-SYM-Z und QSW-OFFEN verwendet!

Ergänzungen zur praktischen Anwendung und Klärung der Zusammenhänge

Zur Durchführung der Normierung reichen die Formeln in den Tabellen 3.3 und 3.4 aus. Die folgenden Ergänzungen sollen die praktische Anwendung erleichtern und zur weiteren Klärung der Zusammenhänge dienen.

Ausnutzung von Symmetrieeigenschaften

Wie in Abschnitt 3.2 erläutert, können Symmetrieeigenschaften der Querschnitte zur Vereinfachung der Berechnungen ausgenutzt werden. Wenn Symmetrielinien vorhanden sind, reichen die in Tabelle 3.5 zusammengestellten Berechnungen. Die Nummerierung bezieht sich auf Tabelle 3.4, also die Vorgehensweise bei Methode B.

Tabelle 3.5 Ausnutzung von Symmetrieeigenschaften bei der Berechnung normierter Querschnittskennwerte Teil I

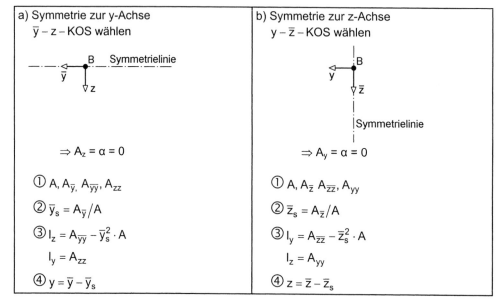

$A_{\overline{yy}}, A_{\overline{zz}}$ und $A_{\overline{yz}}$ als Funktion von I_y und I_z

Mit den Transformationsbeziehungen

$$\widetilde{y} = y \cdot \cos\alpha - z \cdot \sin\alpha \quad \text{und} \quad \widetilde{z} = z \cdot \cos\alpha + y \cdot \sin\alpha \tag{3.13}$$

ergeben sich, wenn man in analoger Weise wie bei A_{yz} (siehe oben) vorgeht, folgende Beziehungen:

$$A_{\tilde{y}\tilde{y}} = I_z \cdot \cos^2 \alpha + I_y \cdot \sin^2 \alpha = \frac{1}{2}(I_z + I_y) + \frac{1}{2}(I_z - I_y) \cdot \cos 2\alpha \tag{3.14a}$$

$$A_{\tilde{z}\tilde{z}} = I_y \cdot \cos^2 \alpha + I_z \cdot \sin^2 \alpha = \frac{1}{2}(I_z + I_y) - \frac{1}{2}(I_z - I_y) \cdot \cos 2\alpha \tag{3.14b}$$

$$A_{\tilde{y}\tilde{z}} = (I_z - I_y) \cdot \sin \alpha \cdot \cos \alpha \quad = \quad\quad\quad + \frac{1}{2}(I_z - I_y) \cdot \sin 2\alpha \tag{3.14c}$$

Für die 2. Formulierung wurden die Winkelfunktionen mit

$$\sin^2 \alpha = \frac{1}{2} \cdot (1 - \cos 2\alpha) \tag{3.15a}$$

$$\cos^2 \alpha = \frac{1}{2} \cdot (1 + \cos 2\alpha) \tag{3.15b}$$

$$\sin \alpha \cdot \cos \alpha = \frac{1}{2} \cdot \sin 2\alpha \tag{3.15c}$$

umgerechnet. Die Gln. (3.14a-c) ermöglichen eine anschauliche Darstellung der grundlegenden Zusammenhänge, siehe Bild 3.7. So werden u.a. die Extremaleigenschaften von I_y und I_z deutlich.

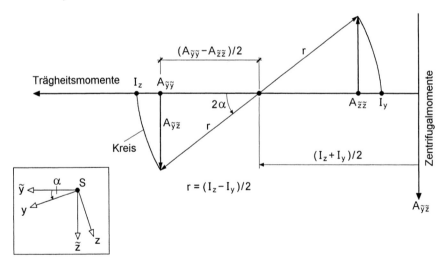

Bild 3.7   Zur Transformation der Trägheitsmomente

Invarianten des Flächen-Trägheitstensors

Die Matrizen der Komponenten des Flächen-Trägheitstensors

$$\begin{bmatrix} I_z & 0 \\ 0 & I_y \end{bmatrix} \text{ und } \begin{bmatrix} A_{\tilde{y}\tilde{y}} & A_{\tilde{y}\tilde{z}} \\ A_{\tilde{y}\tilde{z}} & A_{\tilde{z}\tilde{z}} \end{bmatrix}$$

haben Tensoreigenschaften. Es gibt daher Beziehungen, die unabhängig vom Winkel α sind. Die 1. Invariante betrifft die Summe der Hauptdiagonalelemente und die 2. Invariante die Determinante der obigen Matrizen.

$$I_z + I_y = A_{\bar{y}\bar{y}} + A_{\bar{z}\bar{z}} \tag{3.16a}$$

$$I_y \cdot I_z = A_{\bar{y}\bar{y}} \cdot A_{\bar{z}\bar{z}} - A_{\bar{y}\bar{z}}^2 \tag{3.16b}$$

Die 1. Invariante kann direkt aus Bild 3.7 abgelesen oder durch Subtraktion der Gln. (3.14a) und (3.14b) gewonnen werden. Mit diesen Gleichungen kann nach kurzer Zwischenrechnung die 2. Invariante bestätigt werden. Wie sich leicht überprüfen lässt, ist auch

$$I_y^2 + I_z^2 = A_{\bar{z}\bar{z}}^2 + A_{\bar{y}\bar{y}}^2 + 2 \cdot A_{\bar{y}\bar{z}}^2 \tag{3.17}$$

eine zutreffende Transformationsbeziehung.

Hauptträgheitsmomente I_y und I_z (alternative Berechnung)

Die in Tabelle 3.4 angegebenen Formeln für I_y und I_z sind aufgrund der Winkelfunktionen für die Handrechnung recht unhandlich. Mit Bild 3.7 und Anwendung des Satzes von *Pythagoras* erhält man

$$\left(\frac{I_z - I_y}{2} \right)^2 = \left(\frac{A_{\bar{y}\bar{y}} - A_{\bar{z}\bar{z}}}{2} \right)^2 + A_{\bar{y}\bar{z}}^2 \tag{3.18}$$

Unter Verwendung der 1. Variante des Flächen-Trägheitstensors kann

$$I_y = A_{\bar{y}\bar{y}} + A_{\bar{z}\bar{z}} - I_z \tag{3.19}$$

ersetzt werden. Daraus ergibt sich

$$\left(I_z - \frac{A_{\bar{y}\bar{y}} + A_{\bar{z}\bar{z}}}{2} \right)^2 = \left(\frac{A_{\bar{y}\bar{y}} - A_{\bar{z}\bar{z}}}{2} \right)^2 + A_{\bar{y}\bar{z}}^2 \tag{3.20}$$

und

$$I_z = \frac{1}{2} \cdot \left(A_{\bar{y}\bar{y}} + A_{\bar{z}\bar{z}} \right) \pm \sqrt{\frac{1}{4} \left(A_{\bar{y}\bar{y}} - A_{\bar{z}\bar{z}} \right)^2 + A_{\bar{y}\bar{z}}^2} \tag{3.21}$$

I_y kann in gleicher Weise berechnet werden. Die Zuordnung der Vorzeichen vor der Wurzel sollte so erfolgen, dass max I dem größeren Wert von

$$A_{\bar{y}\bar{y}} \text{ und } A_{\bar{z}\bar{z}}$$

zugeordnet wird. Somit kann für Handrechnungen die übliche Berechnungsmethode zur Bestimmung von I_y und I_z wie folgt zusammengefasst werden:

$$\left.\begin{array}{l} \max I \\ \min I \end{array}\right\} = \frac{1}{2} \cdot \left(A_{\overline{yy}} + A_{\overline{zz}}\right) \pm \sqrt{\frac{1}{4} \cdot \left(A_{\overline{yy}} - A_{\overline{zz}}\right)^2 + A_{\overline{yz}}^2} \qquad (3.22a)$$

$$A_{\overline{yy}} > A_{\overline{zz}} : \qquad I_z = \max I \ \text{und} \ I_y = \min I \qquad (3.22b)$$

$$A_{\overline{yy}} \leq A_{\overline{zz}} : \qquad I_y = \max I \ \text{und} \ I_z = \min I \qquad (3.22c)$$

Hauptachsendrehwinkel α

Die Formel zur Berechnung normierter Querschnittskennwerte nach Tabelle 3.4 sind Grundlage des RUBSTAHL-Programms QSW-3BLECH, siehe Tabelle 3.2. Dabei wird der Hauptachsendrehwinkel mit

$$\alpha = \frac{1}{2} \cdot \arctan\left(\frac{2 \cdot A_{\overline{yz}}}{A_{\overline{yy}} - A_{\overline{zz}}}\right) \qquad (3.23)$$

ermittelt. Die Funktion „ARCTAN" in MS-Excel liefert Werte, die zwischen $-\pi/2$ und $+\pi/2$ liegen, d.h. für α gilt folgender Gültigkeitsbereich:

$$-\pi/4 \leq \alpha \leq +\pi/4 \quad \text{bzw.} \quad -45° \leq \alpha \leq +45° \qquad (3.24)$$

In der Literatur finden sich teilweise Winkel, die wesentlich größer sind und zu einer großen Drehung des Koordinatensystems führen. Da man das y-z-Hauptachsensystem durchaus um 90°, 180° oder 270° weiterdrehen kann (Bild 3.8), ist es nicht falsch, mit den großen Winkeln zu rechnen. Für die Berechnungen ist es aber zweckmäßiger in dem Bereich zwischen –45° und +45° zu bleiben, siehe Bild 3.9.

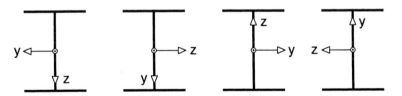

Bild 3.8   Mögliche Lagen des y-z-Hauptachsensystems

Eine grundsätzliche Schwierigkeit tritt auf, wenn der Nenner in der Formel für α gleich Null ist, d.h. $A_{\overline{yy}} = A_{\overline{zz}}$. Für $A_{\overline{yz}} = 0$ ist der Quotient unbestimmt.

Im MS-Excel-Programm QSW-3BLECH wird mit folgender Anweisung gerechnet:

$$\text{WENN}\left(\text{ABS}\left(A_{\overline{yz}}\right) < 0{,}00001; \alpha = 0; \text{WENN}\left(\text{ABS}\left(A_{\overline{yy}} - A_{\overline{zz}}\right) < 0{,}00001; \pi/4; \alpha \ \text{nach Formel}\right)\right)$$

Die Funktion „WENN (Prüfung; Dann_Wert; Sonst_Wert)" wurde zwecks besserer Lesbarkeit etwas verändert. Im Prinzip wird für $A_{\overline{yz}} = 0$ stets $\alpha = 0$ gesetzt. Wenn zusätzlich $A_{\overline{yy}} - A_{\overline{zz}} = 0$ ist, wird $\alpha = +\pi/4$ gewählt (man könnte auch $\alpha = -\pi/4$

wählen). In vereinzelten Sonderfällen kann es vorkommen, dass α bei kleinen Veränderungen des Querschnitts von +45° zu -45° wechselt.

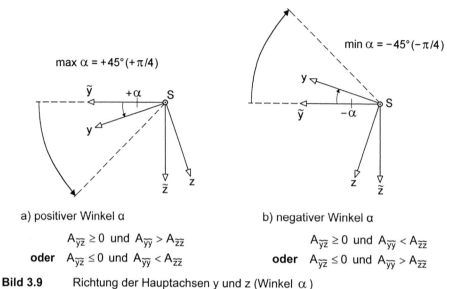

a) positiver Winkel α   b) negativer Winkel α

$A_{\overline{yz}} \geq 0$ und $A_{\overline{yy}} > A_{\overline{zz}}$ $A_{\overline{yz}} \geq 0$ und $A_{\overline{yy}} < A_{\overline{zz}}$

oder $A_{\overline{yz}} \leq 0$ und $A_{\overline{yy}} < A_{\overline{zz}}$ **oder** $A_{\overline{yz}} \leq 0$ und $A_{\overline{yy}} > A_{\overline{zz}}$

Bild 3.9   Richtung der Hauptachsen y und z (Winkel α)

Polares Trägheitsmoment

Das polare Trägheitsmoment ist gleich der 1. Invarianten des Flächen-Trägheitstensors

$$I_p = I_y + I_z$$ (3.25)

Der polare Trägheitsradius ergibt sich zu:

$$i_p = \sqrt{I_p / A}$$ (3.26)

3.4 Methoden zur Berechnung normierter Querschnittskennwerte für Teil I

3.4.1 Vorbemerkungen

Die Transformationen zur Durchführung der Normierung von Querschnittswerten (Teil I) sind im vorhergehenden Abschnitt erläutert worden. Hier soll nun konkret auf die Berechnung der Flächenintegrale eingegangen werden.

Im Bauwesen kommen Querschnitte mit sehr stark unterschiedlichen Querschnittsformen vor. Zur Berechnung stehen verschiedene Methoden zur Verfügung, die je nach Querschnittsform mehr oder minder vorteilhaft in der praktischen Anwendung sind. Die Methoden werden nachfolgend ausführlich behandelt, da sie auch für die Berechnung anderer Größen eingesetzt werden können. Beispiele dazu sind

- Querschnittswerte für die Torsion

- Ermittlung von Schnittgrößen und Teilschnittgrößen infolge von Spannungen

3.4.2 Anwendung der Integralrechnung

Die Berechnung der Flächenintegrale erfolgt in der Baupraxis nur in seltenen Ausnahmefällen durch direkte Anwendung der Integralrechnung. Hier soll sie daher nur für 2 ausgewählte Querschnitte mit dem Ziel vorgeführt werden, dass die Methodik deutlich wird. Der Rechteckquerschnitt in Bild 3.10a ist doppeltsymmetrisch, so dass die Lage der Hauptachsen und des Schwerpunktes bekannt ist. Für die Berechung von

$$I_y = \int_A z^2 \cdot dA \qquad\qquad (3.27a)$$

kann dA durch b·dz ersetzt werden und man erhält mit

$$I_y = \int_{-h/2}^{+h/2} z^2 \cdot b \cdot dz = \frac{1}{3} \cdot b \cdot \left[z^3 \right]_{-h/2}^{+h/2} = \frac{1}{12} b \cdot h^3 \qquad\qquad (3.27b)$$

die bekannte Formel für den Rechteckquerschnitt.

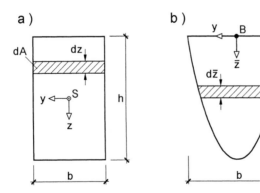

Bild 3.10   a) Rechteckquerschnitt

b) Querschnitt mit parabelförmiger Kontur

Der in Bild 3.10b skizzierte Querschnitt mit parabelförmiger Kontur ist einfachsymmetrisch. In dem gewählten Bezugssystem ist y daher eine Hauptachse und die Lage des Schwerpunktes muss nur in Richtung von $\bar{z}$ bestimmt werden. Mit

$$y = 0: \ \bar{z} = h \quad \text{und} \quad \bar{z} = 0: \ y = \pm b/2$$

lautet die Funktion der Parabel

$$\overline{z} = h - \frac{4 \cdot h}{b^2} \cdot y^2 \quad \text{bzw.} \quad y = \frac{b}{2} \cdot \sqrt{1 - \frac{\overline{z}}{h}} \tag{3.28a, b}$$

Für die schraffierte Fläche in Bild 3.10b folgt dann

$$dA = 2 \cdot y \cdot d\overline{z} = b \cdot \sqrt{1 - \frac{\overline{z}}{h}} \cdot d\overline{z} \tag{3.29}$$

Da für die Berechnung der normierten Querschnittskennwerte Tabelle 3.5 zur Anwendung kommen soll, sind folgende Querschnittskennwerte zu berechnen.

$$A = \int_A dA = b \cdot \int_0^h \sqrt{1 - \overline{z}/h} \cdot d\overline{z} = b \cdot \left[-\frac{2}{3} h \cdot \sqrt{(1 - \overline{z}/h)^3} \right]_0^h = \frac{2}{3} b \cdot h \tag{3.30}$$

$$A_{\overline{z}} = \int_A \overline{z} \cdot dA = b \cdot \int_0^h \overline{z} \cdot \sqrt{1 - \overline{z}/h} \cdot d\overline{z} = \frac{4}{15} b \cdot h^2 \tag{3.31}$$

$$A_{\overline{z}\overline{z}} = \int_A \overline{z}^2 \cdot dA = \frac{16}{105} \cdot b \cdot h^3 \tag{3.32}$$

Die Lösungen für die Integrale wurden den Integraltafeln in [41] entnommen. Mit Tabelle 3.4 erhält man

$$\overline{z}_S = A_{\overline{z}}/A = 2/5 \cdot h \tag{3.33}$$

$$I_y = A_{\overline{z}\overline{z}} - \overline{z}_S^2 \cdot A = 8/175 \cdot b \cdot h^3 \tag{3.34}$$

Für das Trägheitsmoment um die z-Achse erhält man mit $dA = dy \cdot \overline{z}$

$$I_z = \int_A y^2 \cdot dA = 2 \int_0^{b/2} y^2 \cdot \left(h - \frac{4 \cdot h}{b^2} \cdot y^2 \right) \cdot dy = 2 \cdot h \left[\frac{1}{3} y^3 - \frac{4}{b^2} \cdot \frac{1}{5} \cdot y^5 \right]_0^{b/2} = \frac{1}{30} h \cdot b^3$$

$$\tag{3.35}$$

Zum Vergleich werden für dieses Beispiel die Integrale mit Hilfe der nummerischen Integration gelöst.

Flächenintegrale sind in einem y-z-Koordinatensystem stets Doppelintegrale, die durch zwei nacheinander auszuführende Integrationen berechnet werden können. Mit $dA = dy \cdot dz$ nach Bild 3.11 und Aufteilung der Integrationsgrenzen erhält man

$$I = \int_A f(y,z) \cdot dA = \int_{z_1}^{z_2} \underbrace{\int_{y_1 = f_1(z)}^{y_2 = f_2(z)} f(x,y) \cdot dy}_{\text{inneres Integral}} \cdot dz \tag{3.36}$$

äußeres Integral

Bei den Querschnitten in Bild 3.10 konnte formal auf die innere Integration verzichtet werden, da sie aus Bild 3.10 direkt ablesbar ist (b bzw. 2·y). Für Fall a lautet sie

$$\int_{y=-b/2}^{y=+b/2} dy = \left[y\right]_{-b/2}^{+b/2} = b \tag{3.37}$$

Im Stahlbau treten häufig Querschnitte auf, die aus dünnwandigen Blechen mit abschnittsweise konstanter Blechdicke bestehen. Die Flächenintegrale werden dann zweckmäßigerweise in äquivalente Linienintegrale umgewandelt, siehe Bild 3.11b. Als Beispiel für die Durchführung der Integrationen wird das Trägheitsmoment I_z für eine parabelförmige Linie mit t = konst. berechnet, siehe auch Bild 3.27.

$$I_z = \int_A y^2 \cdot dA = \int_s y^2 \cdot t \cdot ds = 2t \int_0^{+b/2} y^2 \cdot \sqrt{1 + (dz/dy)^2} \cdot dy \tag{3.38a}$$

Profilmittellinie: $z = h - \dfrac{4 \cdot h}{b^2} \cdot y^2 \quad \Rightarrow \quad \dfrac{dz}{dy} = -8 \cdot \dfrac{h}{b^2} \cdot y$

$$I_z = 2 \cdot t \cdot \int_0^{+b/2} y^2 \cdot \sqrt{1 + 64 \cdot \dfrac{h^2}{b^4} \cdot y^2} \cdot dy = \dfrac{16 \cdot t \cdot h}{b^2} \cdot \int_0^{+b/2} y^2 \cdot \sqrt{a^2 + y^2} \cdot dy \tag{3.38b}$$

mit: $a = \dfrac{b^2}{8 \cdot h}$

Mit [41], Integral-Nr. 118, erhält man

$$I_z = \dfrac{16 \cdot t \cdot h}{b^2} \cdot \left[\dfrac{1}{4} y \cdot \sqrt{(a^2 + y^2)^3} - \dfrac{a^2}{8} \cdot \left(y \cdot \sqrt{a^2 + y^2} + a^2 \cdot \ln\left(y + \sqrt{a^2 + y^2}\right) \right) \right]_0^{b/2} \tag{3.38c}$$

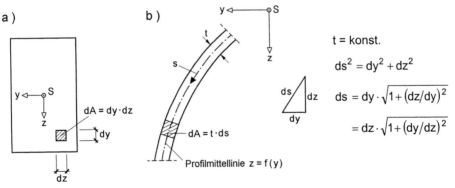

a)   b)

t = konst.

$ds^2 = dy^2 + dz^2$

$ds = dy \cdot \sqrt{1 + (dz/dy)^2}$

$= dz \cdot \sqrt{1 + (dy/dz)^2}$

dA = dy·dz

dA = t·ds

Profilmittellinie z = f(y)

Bild 3.11   a) differentielles Flächenmoment dA = dy·dz

b) differentielles Flächenelement dA = t·ds bei dünnwandigen Flächen

mit t = konst. (Linien)

Für das Zahlenbeispiel mit $t = 1{,}5\,cm$, $b = 60\,cm$ und $h = 90\,cm$ ergibt sich $I_z = 124\,770\,cm^4$. I_z wird in Abschnitt 3.4.8 mit Hilfe der nummerischen Integration bestimmt.

3.4.3 Aufteilung des Querschnitts in Teilflächen

Die meisten Querschnitte des Stahlbaus bestehen aus mehreren Einzelteilen, so dass eine unmittelbare Integration nicht möglich ist. Dies gilt auch für Querschnitte des Massivbaus, wo in der Regel Knicke in der Querschnittskontur auftreten.

Zur Berechnung der Querschnittskennwerte müssen die Querschnitte daher in Teilflächen aufgeteilt werden. Die Teilflächen sollten zweckmäßigerweise Basisquerschnitten entsprechen, für die Flächen, Schwerpunktlagen und Trägheitsmomente mit bekannten Formeln berechnet oder aus Tabellen abgelesen werden können. Bild 3.12 zeigt zur Aufteilung in Teilflächen 3 Beispiele. Bei der Aufteilung entstehen folgende Teilflächen:

- Rechteck (Flachstahl, Blech, Beton)

- Kreis (Rundstahl)

- Ausrundungsfläche (bei Walzprofilen)

- Dreieck (Beton)

- Walzprofil, hier I-Profil

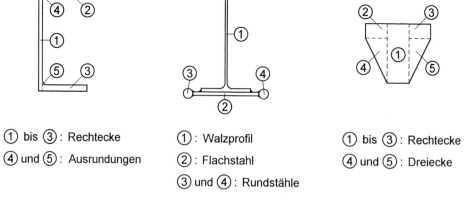

① bis ③ : Rechtecke   ① : Walzprofil   ① bis ③ : Rechtecke

④ und ⑤ : Ausrundungen   ② : Flachstahl   ④ und ⑤ : Dreiecke

                                ③ und ④ : Rundstähle

Bild 3.12   Zur Aufteilung von Querschnitten in Teilquerschnitte (3 Beispiele)

Tabelle 3.6 Berechnung von Querschnittskennwerten durch Summation über Teilflächen

Lage der Teilfläche „i" im $\bar{y} - \bar{z}$ – Bezugssystems

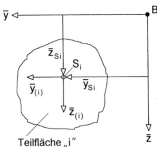

Transformationen:

$$\bar{y} = \bar{y}_{(i)} + \bar{y}_{Si}$$

$$\bar{z} = \bar{z}_{(i)} + \bar{z}_{Si}$$

S_i : Schwerpunkt der Teilfläche

Querschnittskennwerte für n Querschnittsteile (n Teilflächen)

Fläche und statische Momente (Flächenmomente 1. Grades)

$$A = \sum_{i=1}^{n} A_i; \quad A_{\bar{y}} = \sum_{i=1}^{n} \bar{y}_{Si} \cdot A_i; \quad A_{\bar{z}} = \sum_{i=1}^{n} \bar{z}_{Si} \cdot A_i$$

Trägheitsmomente (Flächenmomente 2. Grades)

$$A_{\overline{yz}} = \underbrace{\sum_{i=1}^{n} A_{\overline{yz}, ET, i}}_{} \quad + \quad \underbrace{\sum_{i=1}^{n} \bar{y}_{Si} \cdot \bar{z}_{Si} \cdot A_i}_{}$$

$$A_{\overline{yy}} = \underbrace{\sum_{i=1}^{n} A_{\overline{yy}, ET, i}}_{} \quad + \quad \underbrace{\sum_{i=1}^{n} \bar{y}_{Si}^2 \cdot A_i}_{}$$

$$A_{\overline{zz}} = \underbrace{\sum_{i=1}^{n} A_{\overline{zz}, ET, i}}_{\text{Eigenträgheitsmomente (ET)}} \quad + \quad \underbrace{\sum_{i=1}^{n} \bar{z}_{S_i}^2 \cdot A_i}_{\text{Steiner–Anteile}}$$

Prinzipiell kann man einen Querschnitt in beliebige Teilflächen– bzw. Teilquerschnitte aufteilen. In der Skizze von Tabelle 3.6 ist **ein** beliebiger Teilquerschnitt „i" und das $\bar{y} - \bar{z}$ – Bezugssystem skizziert. Im Schwerpunkt des Teilquerschnittes wird ein Koordinatensystem mit den Koordinaten $\bar{y}_{(i)}$ und $\bar{z}_{(i)}$ angeordnet. Dabei sollen die Querstriche kennzeichnen, dass das Koordinatensystem des Teilquerschnitts parallele Achsen zum $\bar{y} - \bar{z}$-Bezugssystem hat. Der Skizze in Tabelle 3.6 kann man die folgenden Koordinatentransformationen entnehmen:

$$\bar{y} = \bar{y}_{(i)} + \bar{y}_{Si} \tag{3.39a}$$

$$\bar{z} = \bar{z}_{(i)} + \bar{z}_{Si} \tag{3.39b}$$

Diese Beziehungen werden nun zur Berechnung der Querschnittskennwerte verwendet. Für den Anteil der Teilfläche i am Flächenintegral $A_{\bar{y}}$ erhält man:

$$A_{\bar{y},i} = \int_{A_i} \bar{y} \, dA = \int_{A_i} \left(\bar{y}_{(i)} + \bar{y}_{Si} \right) \cdot dA = \int_{A_i} \bar{y}_{(i)} \cdot dA + \int_{A_i} \bar{y}_{Si} \cdot dA = 0 + y_{Si} \cdot A_i \tag{3.40}$$

Das erste Integral in Gl. (3.40) ist gleich Null, da der Ursprung der Ordinate $\bar{y}_{(i)}$ im Schwerpunkt der Teilfläche liegt (statisches Moment der Teilfläche = 0). Beim 2. Integral ist $\bar{y}_{Si}$ = konst. und kann daher vor das Integral gezogen werden. Als Beispiel für die Flächenmomente 2. Grades wird nun $A_{\overline{yz}}$ untersucht. Die Teilfläche „i" ergibt dazu folgenden Anteil:

$$A_{\overline{yz},i} = \int_{A_i} \bar{y} \cdot \bar{z} \cdot dA = \int_{A_i} \left(\bar{y}_{(i)} + \bar{y}_{Si}\right) \cdot \left(\bar{z}_{(i)} + \bar{z}_{Si}\right) \cdot dA$$

$$= \int_{A_i} \bar{y}_{(i)} \cdot \bar{z}_{(i)} \cdot dA + \bar{y}_{Si} \cdot \int_{A_i} \bar{z}_{(i)} \cdot dA + z_{Si} \int_{A_i} \bar{y}_{(i)} \cdot dA + \bar{y}_{Si} \cdot \bar{z}_{Si} \cdot \int_{A_i} dA \qquad (3.41)$$

$$= A_{\overline{yz},ET,i} + 0 + 0 + \bar{y}_{Si} \cdot \bar{z}_{Si} \cdot A_i$$

Der erste Summand in Gl. (3.41) ist das Eigenträgheitsmoment (Index ET) der Teilfläche „i". Die nächsten beiden Terme sind gleich Null, da es sich um die statischen Momente der Teilfläche handelt. Der letzte Summand ist der sogenannte *Steiner*-Anteil.

Die hier hergeleiteten Beziehungen können in analoger Weise für die übrigen Flächenintegrale aufgestellt werden. Durch Summation über alle Querschnittsteile erhält man die Querschnittskennwerte des Gesamtquerschnitts. Die entsprechenden Formeln sind in Tabelle 3.6 zusammengestellt. Man erkennt, dass die Integrale durch äquivalente Summen ersetzt werden.

Für Berechnungen mit Hilfe von Tabelle 3.6 werden die Eigenträgheitsmomente der Teilflächen benötigt. In der Regel versucht man, das $\bar{y} - \bar{z}$ – Bezugssystem so anzuordnen, dass parallele Achsenkreuze dazu Hauptachsen der Teilquerschnitte sind. Für diesen Fall sind

$$A_{\overline{yz},ET,i} = 0 \qquad\qquad\qquad (3.42a)$$

$$A_{\overline{yy},ET,i} = I_{z,i} \qquad\qquad\qquad (3.42b)$$

$$A_{\overline{zz},ET,i} = I_{y,i} \qquad\qquad\qquad (3.42c)$$

Die Hauptträgheitsmomente I_y und I_z können mit den Formeln in Tabelle 3.10 bestimmt oder bei Walzprofilen aus Tabellen (siehe Anhang) abgelesen werden. Bei den 3 Querschnitten in Bild 3.12 wird man das Bezugssystem so anordnen, dass die Achsen $\bar{y}$ und $\bar{z}$ horizontal bzw. vertikal liegen. Bei dieser Lage sind dann die lokalen Achsen für die Ausrundungen und die Dreiecke keine Hauptachsen. In Tabelle 3.10 werden Trägheitsmomente daher auch bezüglich dieser Achsenlage angegeben.

In manchen Anwendungsfällen treten Teilquerschnitte auf, deren Hauptachsensysteme gegenüber dem $\bar{y} - \bar{z}$ – Bezugssystem Drehwinkel aufweisen. Es ist dann zweckmäßig

$I_y = A_{zz}$ und $I_z = A_{yy}$ auf die Richtungen im $\bar{y} - \bar{z}$ – System zu transformieren. Der Vergleich der Skizze in Tabelle 3.7 mit Bild 3.5 zeigt, dass dies der Transformation des $\tilde{y} - \tilde{z}$ – in das y–z–System entspricht. Bei analoger Vorgehensweise wie in Abschnitt 3.3 erhält man die in Tabelle 3.7 zusammengestellten Beziehungen, siehe auch Gln. (3.13) und (3.14).

In der Skizze von Tabelle 3.7 wurde für den Teilquerschnitt „i" beispielhaft ein doppeltsymmetrischer I-Querschnitt gewählt. Dies könnte z.B. ein Walzprofil sein.

Tabelle 3.7 Transformation der Hauptträgheitsmomente eines Teilquerschnittes in die Eigenträgheitsmomente für das $\bar{y} - \bar{z}$ – Bezugssystem

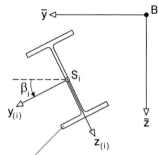

Winkel β_i (keine Translation):

$$\bar{y} = y_{(i)} \cdot \cos\beta_i - z_{(i)} \cdot \sin\beta_i$$

$$\bar{z} = z_{(i)} \cdot \cos\beta_i + y_{(i)} \cdot \sin\beta_i$$

Teilquerschnitt „i" mit $I_{y,i}$, $I_{z,i}$ und $I_{yz,i} = 0$ (Hauptachsen!)

Eigenträgheitsmomente:

$$A_{\overline{yz},ET,i} = \left(I_{z,i} - I_{y,i}\right) \cdot \sin\beta_i \cdot \cos\beta_i$$

$$A_{\overline{yy},ET,i} = I_{z,i} \cdot \cos^2\beta_i + I_{y,i} \cdot \sin^2\beta_i \qquad A_{\overline{zz},ET,i} = I_{y,i} \cdot \cos^2\beta_i + I_{z,i} \cdot \sin^2\beta_i$$

3.4.4 Teilflächen aus dünnwandigen Rechtecken

Querschnitte des Stahlbaus bestehen häufig aus dünnwandigen rechteckigen Einzelteilen ($t \ll \ell$), d.h. aus Blechen oder Flachstählen. Das Eigenträgheitsmoment der Einzelteile um die schwache Achse ist in der Regel so klein, dass es vernachlässigt werden kann. Unter dieser Voraussetzung können dünnwandige Querschnitte auf ihre Profilmittellinie konzentriert werden.

Die Skizze in Bild 3.13 enthält ein rechteckiges Einzelteil in beliebiger Lage. Es soll sich um den Teilquerschnitt „i" handeln. Der Index „i" wird hier jedoch aus Gründen der Übersichtlichkeit weggelassen. Er wurde nur bei den lokalen Achsen $y_{(i)}$ und $z_{(i)}$ verwendet, um Verwechslungen zu vermeiden und um den Bezug zu den Tabellen 3.6 und 3.7 herstellen zu können. Wie man sieht, wurde der I-Querschnitt durch das rechteckige Blech ersetzt. Aufgrund der Dünnwandigkeit ist

$$I_{y,i} \cong 0 \qquad\qquad\qquad (3.43)$$

Mit

$$I_{z,i} = t \cdot \ell^3 / 12 \tag{3.44}$$

folgt dann für die **Eigenträgheitsmomente** in Tabelle 3.7 (hier ohne Index „i").

$$A_{\overline{yz},ET} = (\overline{y}_e - \overline{y}_a) \cdot (\overline{z}_e - \overline{z}_a) \cdot A/12 = t \cdot \ell^3 / 12 \cdot \sin\alpha \cdot \cos\alpha \tag{3.45a}$$

$$A_{\overline{yy},ET} = (\overline{y}_e - \overline{y}_a)^2 \cdot A/12 \qquad = t \cdot \ell^3 / 12 \cdot \cos^2\alpha \tag{3.45b}$$

$$A_{\overline{zz},ET} = (\overline{z}_e - \overline{z}_a)^2 \cdot A/12 \qquad = t \cdot \ell^3 / 12 \cdot \sin^2\alpha \tag{3.45c}$$

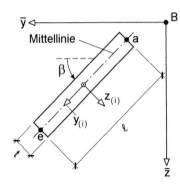

Blechdicke: t

Ordinaten in a: $\overline{y}_a, \overline{z}_a$

Ordinaten in e: $\overline{y}_e, \overline{z}_e$

Blechlänge: $\ell = \sqrt{(\overline{y}_e - \overline{y}_a)^2 + (\overline{z}_e - \overline{z}_a)^2}$

$\sin\beta = (\overline{z}_e - \overline{z}_a)/\ell$

$\cos\beta = (\overline{y}_e - \overline{y}_a)/\ell$

Fläche: $A = \ell \cdot t$

Bild 3.13   Dünnwandiges rechteckiges Querschnittsteil

Für die Flächenmomente 1. und 2. Grades erhält man durch Integration der linear veränderlichen Funktionen y und z. Tabelle 3.8 stellt den Bezug zu den bekannten Integraltafeln her, die häufig in der Statik verwendet werden. Die hier zusammengestellten Formeln, siehe Gln. (3.46a-c), sind Bestandteil der RUBSTAHL-Programme QSW-BLECHE und QSW-OFFEN.

$$A_{\overline{y}} = \frac{1}{2}(\overline{y}_e + \overline{y}_a) \cdot A \; ; \; A_{\overline{z}} = \frac{1}{2}(\overline{z}_e + \overline{z}_a) \cdot A \tag{3.46a}$$

$$A_{\overline{yz}} = \frac{1}{6}(2 \cdot \overline{y}_a \cdot \overline{z}_a + 2 \cdot \overline{y}_e \cdot \overline{z}_e + \overline{y}_a \cdot \overline{z}_e + \overline{y}_e \cdot \overline{z}_a) \cdot A \tag{3.46b}$$

$$A_{\overline{yy}} = \frac{1}{3} \cdot (\overline{y}_a^2 + \overline{y}_a \cdot \overline{y}_e + \overline{y}_e^2) \cdot A \; ; \; A_{\overline{zz}} = \frac{1}{3} \cdot (\overline{z}_a^2 + \overline{z}_a \cdot \overline{z}_e + \overline{z}_e^2) \cdot A \tag{3.46c}$$

Die vorgenannten Formeln eigenen sich in erster Linie für eine Programmierung. Mit den Abkürzungen

$$\overline{y}_m = (\overline{y}_a + \overline{y}_e)/2 \; ; \quad \Delta\overline{y} = \overline{y}_e - \overline{y}_a \tag{3.47a}$$

$$\overline{z}_m = (\overline{z}_a + \overline{z}_e)/2 \; ; \quad \Delta\overline{z} = \overline{z}_e - \overline{z}_a \tag{3.47b}$$

bleibt die Aufteilung in Eigenträgheitsmomente und *Steiner*-Anteile sichtbar. Außerdem sind die sich damit ergebenden Formeln für die Handrechnung anwendungsfreundlicher:

$$A_{\bar{y}} = \bar{y}_m \cdot A \; ; \quad A_{\bar{z}} = \bar{z}_m \cdot A \tag{3.48a}$$

$$A_{\bar{y}\bar{z}} = \Delta\bar{y} \cdot \Delta\bar{z} \cdot A/12 \quad + \quad \bar{y}_m \cdot \bar{z}_m \cdot A \tag{3.48b}$$

$$A_{\bar{y}\bar{y}} = \quad \Delta\bar{y}^2 \cdot A/12 \quad + \quad \bar{y}_m^2 \cdot A \tag{3.48c}$$

$$A_{\bar{z}\bar{z}} = \underbrace{\Delta\bar{z}^2 \cdot A/12}_{\text{Eigenträgheitsmomente}} \quad + \quad \underbrace{\bar{z}_m^2 \cdot A}_{\text{Steiner}-\text{Anteile}} \tag{3.48d}$$

Tabelle 3.8   Integrale von g(s) und g(s)·h(s)

g(s)	$\int_0^\ell g(s)\cdot ds$	g(s)	$\int_0^\ell g(s)\cdot h(s)\cdot ds$ (rechteck h_a)	(dreieck h_e)	(trapez h_e, h_a)
(Parabel $g_e\ g_m\ g_a$)	$\frac{1}{6}\cdot(g_a+4\cdot g_m+g_e)\cdot\ell$	(Rechteck g_a)	$g_a\cdot h_a\cdot\ell$	$\frac{1}{2}\cdot g_a\cdot h_e\cdot\ell$	$\frac{1}{2}\cdot g_a\cdot(h_a+h_e)\cdot\ell$
(Halbparabel g_m)	$\frac{2}{3}\cdot g_m\cdot\ell$	(Dreieck g_e)	$\frac{1}{2}\cdot g_e\cdot h_a\cdot\ell$	$\frac{1}{3}\cdot g_e\cdot h_e\cdot\ell$	$\frac{1}{6}\cdot g_e\cdot(h_a+2\cdot h_e)\cdot\ell$
(Trapez $g_e\ g_a$)	$\frac{1}{2}\cdot(g_a+g_e)\cdot\ell$	(Dreieck g_a)	$\frac{1}{2}\cdot g_a\cdot h_a\cdot\ell$	$\frac{1}{6}\cdot g_a\cdot h_e\cdot\ell$	$\frac{1}{6}\cdot g_a\cdot(2\cdot h_a+h_e)\cdot\ell$
(Rechteck g_a)	$g_a\cdot\ell$	(Trapez $g_e\ g_a$)	$\frac{1}{2}\cdot(g_a+g_e)\cdot h_a\cdot\ell$	$\frac{1}{6}\cdot(g_a+2\cdot g_e)\cdot h_e\cdot\ell$	$\frac{1}{6}[g_a\cdot(2\cdot h_a+h_e)+g_e\cdot(h_a+2\cdot h_e)]\cdot\ell$

Bezeichnungen : $e \xrightarrow{\quad m \quad} a$;   Punkt a: s = 0 ; Punkt e: s = ℓ

3.4.5 Ergänzung und Reduzierung von Querschnitten

Häufig müssen (komplexe) Querschnitte ergänzt oder auch in Teilbereichen reduziert werden (Beispiel: Lochabzug). Bei der Berechnung der Querschnittswerte wählt man dann den ursprünglichen Querschnitt als Ausgangspunkt und fügt neue Querschnittsteile hinzu. Wenn Querschnittsteile entfallen, behandelt man diese zweckmäßigerweise als **negative** Flächen.

Für die Berechnung ist es oft vorteilhaft, auf die Hauptachsen und den Schwerpunkt des ursprünglichen Querschnittes zu beziehen und dort das $\bar{y} - \bar{z}$ – Bezugssystem anzuordnen. Die statischen Momente des ursprünglichen Querschnitts sind dann gleich

Null und die Trägheitsmomente sind bekannt. Bild 3.14 zeigt die Zusammenhänge und die Berechnung kann in gewohnter Weise mit den Tabellen 3.6 (Querschnittskennwerte) und 3.4 (Normierung) erfolgen.

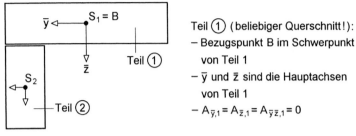

Teil ① (beliebiger Querschnitt!):
– Bezugspunkt B im Schwerpunkt
  von Teil 1
– $\bar{y}$ und $\bar{z}$ sind die Hauptachsen
  von Teil 1
– $A_{\bar{y},1} = A_{\bar{z},1} = A_{\bar{y}\bar{z},1} = 0$

Bild 3.14   Hinzufügen von Querschnittsteilen - Lage des Bezugssystems

Eine Aufgabenstellung, die häufig vorkommt, betrifft einfachsymmetrische Querschnitte und ihre Ergänzung. Wenn man, wie in Tabelle 3.9, das Hinzufügen **eines** Querschnittsteiles betrachtet, ergeben sich sehr einfache Zusammenhänge. Die Formeln lassen sich auch vorteilhaft als Rekursionsformeln verwenden, wenn sukzessive jeweils **ein** Teil hinzugefügt wird.

Tabelle 3.9   Ergänzung einfachsymmetrischer Querschnitte um ein Querschnittsteil

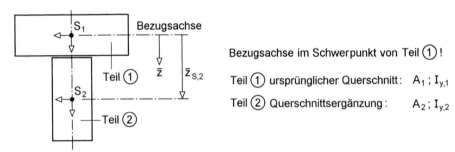

Bezugsachse im Schwerpunkt von Teil ① !

Teil ① ursprünglicher Querschnitt: A_1 ; $I_{y,1}$

Teil ② Querschnittsergänzung : A_2 ; $I_{y,2}$

Fläche: $A = A_1 + A_2$ Schwerpunkt: $\bar{z}_S = \bar{z}_{S2} \cdot A_2 / A$

Trägheitsmoment: $I_y = I_{y,1} + I_{y,2} + \bar{z}_{S2}^2 \cdot A_2 - \bar{z}_S^2 \cdot A = I_{y,1} + I_{y,2} + \bar{z}_{S2}^2 \cdot A_1 \cdot A_2 / A$

Beispiel: HEB 300 mit Zulage 250·15 (Bild 3.15)

$A = 149,1 + 37,5 = 186,6 \text{ cm}^2$

$\bar{z}_S = (15,0 + 1,5/2) \cdot 37,5 / 186,6 = 3,17 \text{ cm}$

$I_y = 25\,166 + \sim 0 + 15,75^2 \cdot 149,1 \cdot 37,5 / 186,6 = 32\,599 \text{ cm}^4$

Bild 3.15   Querschnittswerte für ein HEB 300 mit Zulage 250·15

Beispiel: IPE 400 mit UPE 270 am Obergurt (Bild 3.16)

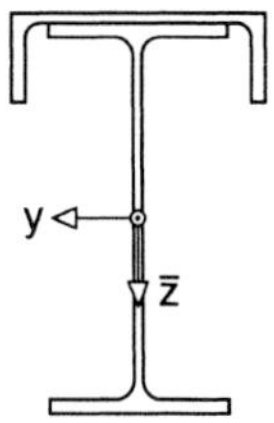

$A = 84,46 + 44,84 = 129,3 \text{ cm}^2$

$\bar{z}_S = (-20,0 - 0,75 + 2,89) \cdot 44,84/129,3 = -6,19 \text{ cm}$

$I_y = 23\ 128 + 401 + (-17,86)^2 \cdot 84,46 \cdot 44,84/129,3 = 32\ 872 \text{ cm}^4$

Bild 3.16   Querschnittswerte für ein IPE 400 mit UPE 270

In manchen Fällen müssen Querschnitte reduziert werden oder es ist manchmal auch für die Berechnungen günstiger, mit größeren Querschnitten zu rechnen und anschließend Teile zu entfernen. Dabei ist es für die Berechnungen, insbesondere computerorientierte Berechnungen besser, Teile die entfernt werden sollen, als **negative Flächen** zu berücksichtigen. Alle Formeln und Algorithmen können dann unverändert verwendet werden.

Beispiel: HEB 300 mit Lochabzug am OG (Bild 3.17)

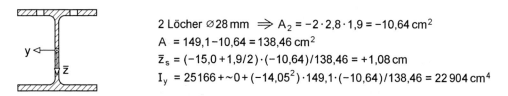

2 Löcher $\varnothing 28 \text{ mm} \Rightarrow A_2 = -2 \cdot 2,8 \cdot 1,9 = -10,64 \text{ cm}^2$

$A = 149,1 - 10,64 = 138,46 \text{ cm}^2$

$\bar{z}_s = (-15,0 + 1,9/2) \cdot (-10,64)/138,46 = +1,08 \text{ cm}$

$I_y = 25166 + {\sim}0 + (-14,05^2) \cdot 149,1 \cdot (-10,64)/138,46 = 22\,904 \text{ cm}^4$

Bild 3.17   Querschnittswerte für ein HEB 300 mit Lochabzug

Bei den Querschnitten in Bild 3.18 können die Trägheitsmomente durch einfache Differenzbildung berechnet werden. Es wird jeweils vom umschließenden Rechteck ausgegangen und dann die Kammern bzw. das Kasteninnere abgezogen. Die Schwerpunkte der umschließenden Rechtecke und der „negativen" Flächen stimmen überein $(\bar{z}_{S,2} = 0)$. Die Formel für I_y in Tabelle 3.9 vereinfacht sich dann zu

$I_y = I_{y,1} + I_{y,2}$

I-Querschnitt: $I_y = b \cdot h^3/12 - (b - t_s) \cdot (h - 2 \cdot t_g)^3/12$

Kastenquerschnitt: $I_y = b \cdot h^3/12 - (b - 2 \cdot t_s) \cdot (h - 2 \cdot t_g)^3/12$

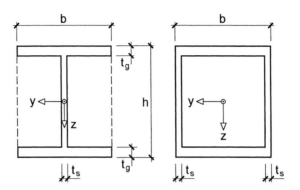

Bild 3.18   Doppeltsymmetrische I- und Kastenquerschnitte

Die hier vorgeführte Methode wird vornehmlich für dickwandige Querschnitte, d.h. im Massivbau, angewendet. Im Stahlbau geht man in der Regel von dünnwandigen Einzelblechen aus. In Bild 3.12 rechts findet sich auch ein massiver Querschnitt, der in 3 Rechtecke bzw. Dreiecke aufgeteilt wurde. Mit der Methode „Berücksichtigung negativer Flächen" lässt sich die Anzahl auf 1 umschließendes Rechteck und 2 „negative" Dreiecke reduzieren. Im nächsten Abschnitt werden noch 2 weitere Querschnitte mit dieser Methode untersucht.

3.4.6   Basisquerschnitte und elementare zusammengesetzte Querschnittsformen

Die vorstehenden Herleitungen zeigen, dass man Querschnittskennwerte für Basisquerschnitte benötigt. Tabelle 3.10 enthält dazu eine Zusammenstellung, die für fast alle Berechnungen ausreicht. In den Tabellen von [49], [55], [43] und [56] finden sich Querschnittskennwerte für weitere Querschnittsformen.

Hier soll zur Ergänzung ein dickwandiger Kreisringquerschnitt betrachtet werden, siehe Bild 3.19.

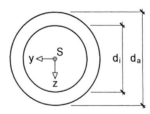

Bild 3.19   Dickwandiger Kreisringquerschnitt

Mit der Methode „Berücksichtigung negativer Flächen" lässt sich unter Verwendung von Tabelle 3.10 unmittelbar schreiben

$$A = \pi \cdot d_a^2 / 4 - \pi \cdot d_i^2 / 4 = \pi \cdot \left(d_a^2 - d_i^2\right) / 4 \qquad (3.49)$$

und

$$I_y = I_z = \pi \cdot \left(d_a^4 - d_i^4\right)/64 \tag{3.50}$$

Aus diesen Formeln können auch die Formeln für dünnwandige Kreisringe bzw. Rohre entwickelt werden, siehe Tabelle 3.10. Dazu ersetzt man d_a und d_i unter Verwendung von

$$d_m = \left(d_a + d_i\right)/2 \quad \text{und} \quad t = \left(d_a - d_i\right)/2 \tag{3.51}$$

Mit Hilfe der 3. binomischen Formel und dem Grenzübergang $d_a \cong d_i$ bei I_y und I_z erhält man die in Tabelle 3.10 aufgeführten Formeln.

Ein weiteres Beispiel soll zeigen, wie man aus der Kombination von Basisquerschnitten Querschnittswerte für neue Querschnittsformen erhält. Die Aufnahme des Ausrundungsquerschnitts in Tabelle 3.10 ist im Grunde genommen verzichtbar, da er aus einem Quadrat abzüglich Viertelkreis entwickelt werden kann. Die Herleitung der Formeln ist jedoch mit einem gewissen Rechenaufwand verbunden.

Es wird nun prinzipiell nach Tabelle 3.9 vorgegangen. Teil ① ist der quadratische Querschnitt, so dass das Bezugssystem im Schwerpunkt des Quadrates liegt. Teil ② ist der Viertelkreis, der als negativer Querschnitt behandelt wird.

$$A = A_1 + A_2 = r^2 - \pi \cdot r^2 / 4 = \left(1 - \pi/4\right) \cdot r^2 \tag{3.52a}$$

$$\overline{z}_{S,2} = e - r/2 = \left(\frac{4}{3\pi} - \frac{1}{2}\right) \cdot r \tag{3.52b}$$

$$\overline{z}_S = \overline{z}_{S,2} \cdot A_2 / A = \left(\frac{4}{3\pi} - \frac{1}{2}\right) \cdot r \cdot \left(-\frac{\pi}{4} \cdot r^2\right) \cdot \frac{1}{\left(1 - \pi/4\right) \cdot r^2} = \left(\frac{\pi}{2} - \frac{4}{3}\right) \cdot \frac{r}{4 - \pi} \tag{3.52c}$$

Die Strecke e für die Ausrundung ist dann

$$e = \overline{z}_S + \frac{r}{2} = \frac{2}{3} \cdot \frac{r}{4 - \pi} \tag{3.53}$$

Die Formel für $A_{\overline{y}\overline{z}}$ kann in analoger Weise wie für das Trägheitsmoment I_y in Tabelle 3.9 formuliert werden (hier A_2 noch positiv!).

$$A_{\overline{y}\overline{z}} = A_{\overline{y}\overline{z},ET,1} + A_{\overline{y}\overline{z},ET,2} + \overline{z}_S \cdot \overline{y}_S \cdot A_1 \cdot A_2 / A$$

$$= 0 + \left(\frac{32}{9\pi} - 1\right) \cdot \frac{r^4}{8} + \left(\frac{4}{3\pi} - \frac{1}{2}\right)^2 \cdot r^2 \cdot \left(-\frac{\pi}{4} r^2\right) \cdot \frac{1}{\left(1 - \pi/4\right) \cdot r^2} \tag{3.54}$$

Nach längeren Zwischenrechnungen erhält man

$$A_{\bar{y}\bar{z}} = \frac{28 - 9\pi}{72 \cdot (4 - \pi)} \cdot r^4 \tag{3.55}$$

Auf die Berechnung von $A_{\bar{y}\bar{y}} = A_{\bar{z}\bar{z}}$ wird hier verzichtet, da die Methodik gezeigt werden soll und die entsprechende Formel Tabelle 3.10 entnommen werden kann.

Tabelle 3.10 Flächen und Trägheitsmomente für Basisquerschnitte

---

a) im y-z-Hauptachsensystem

Rechteck: 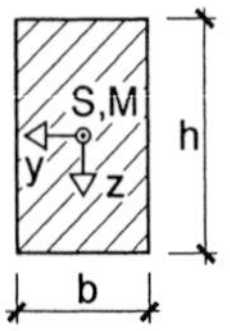	Kreis/Rundstahl:

Rechteck:

$A = b \cdot h$

$I_y = b \cdot h^3 / 12$

$I_z = h \cdot b^3 / 12$

Kreis/Rundstahl:

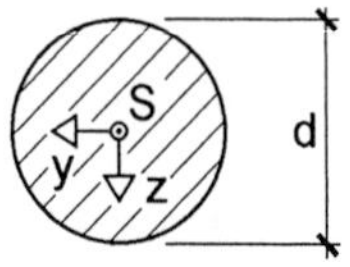

$A = \pi \cdot d^2 / 4$

$I_y = I_z = \dfrac{\pi \cdot d^4}{64}$

Walzprofile:

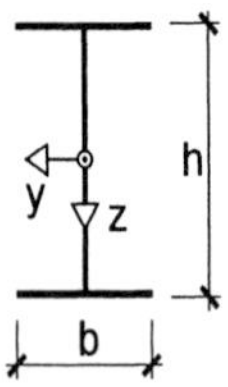

IPE 300:

$A = 53{,}81\ \text{cm}^2$

$I_y = 8\,356\ \text{cm}^4$

$I_z = 603{,}8\ \text{cm}^4$

siehe Profiltabellen

Kreisring/dünnwandiges Rohr:

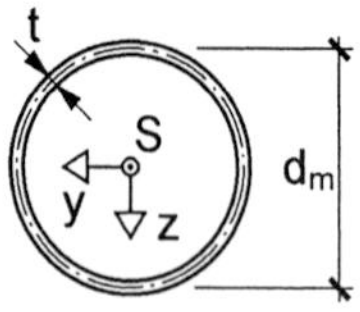

$A = \pi \cdot t \cdot d_m$

$I_y = I_z = \pi \cdot t \cdot d_m^3 / 8$

Kreisabschnitt:

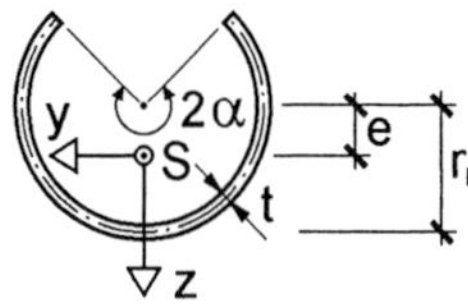

$A = 2\,r_m \cdot t \cdot \alpha \; ; \; e = r_m \cdot \sin\alpha / \alpha$

$I_z = t \cdot r_m^3 \cdot (\alpha - \sin\alpha \cdot \cos\alpha)$

$I_y = t \cdot r_m^3 \cdot \left(\alpha + \sin\alpha \cdot \cos\alpha - 2 \cdot \sin^2 \alpha / \alpha\right)$

Winkel im Bogenmaß !

Tabelle 3.10 (Fortsetzung)

b) im $\tilde{y} - \tilde{z}$ – **Schwerpunktsystem**

Dünnwandiges Blech:

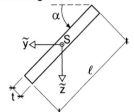

$A = t \cdot \ell$

$A_{\overline{yy}} = t \cdot \ell^3 \cdot \cos^2 \alpha / 12$

$A_{\overline{zz}} = t \cdot \ell^3 \cdot \sin^2 \alpha / 12$

$A_{\overline{yz}} = t \cdot \ell^3 \cdot \sin \alpha \cdot \cos \alpha / 12$

Rechtwinkliges Dreieck:

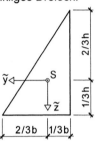

$A = b \cdot h / 2$

$A_{\overline{yy}} = h \cdot b^3 / 36 \, ; \; A_{\overline{zz}} = b \cdot h^3 / 36$

$A_{\overline{yz}} = b^2 \cdot h^2 / 72 \, ;$ Vorzeichen:

Viertelkreis:

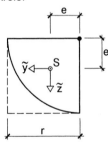

$A = \pi \cdot r^2 / 4 \, ; \; e = \dfrac{4}{3} \cdot \dfrac{r}{\pi}$

$A_{\overline{yy}} = A_{\overline{zz}} = \left(1 - \dfrac{64}{9\pi^2}\right) \cdot \dfrac{\pi \cdot r^4}{16}$

$A_{\overline{yz}} = -\left(\dfrac{32}{9\pi} - 1\right) \cdot \dfrac{r^4}{8}$

Ausrundung (Quadrat-Viertelkreis):

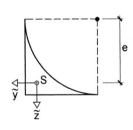

$A = \left(1 - \dfrac{\pi}{4}\right) \cdot r^2 \, ; \; e = \dfrac{2}{3} \cdot \dfrac{r}{4 - \pi}$

$A_{\overline{yy}} = A_{\overline{zz}} = \left(\dfrac{11 - 3\pi}{9(4 - \pi)} - \dfrac{\pi}{16}\right) \cdot r^4$

$A_{\overline{yz}} = \dfrac{28 - 9\pi}{72 \cdot (4 - \pi)} \cdot r^4$

Doppeltsymmetrische I-Querschnitte

Im Stahlbau kommen häufig doppeltsymmetrische I-Querschnitte vor. Sie werden gemäß Bild 3.20 in Teilquerschnitte eingeteilt oder zwecks Vereinfachung idealisiert.

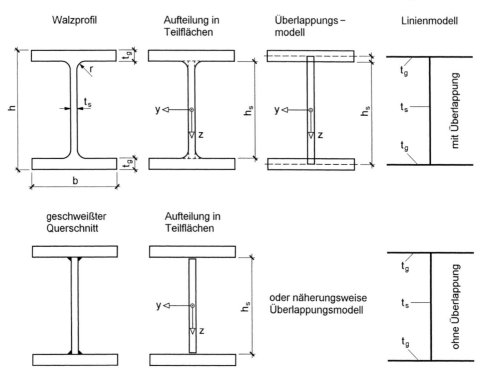

Bild 3.20   Zur Idealisierung doppeltsymmetrischer I-Querschnitte

Zur genauen Erfassung von Walzprofilen wird der Querschnitt in 7 Teile aufgeteilt:

Obergurt, Steg, Untergurt und 4 Ausrundungen

Mit Hilfe der Tabellen 3.6 bzw. 3.11 (Summationsformeln) und 3.10 (Basisquerschnitte) erhält man folgende Beziehungen

$$A = 2 \cdot b \cdot t_g + \left(h - 2 \cdot t_g\right) \cdot t_s + 4 \cdot 0,2146 \cdot r^2 \tag{3.56a}$$

$$I_y = b \cdot t_g \cdot \left(h - t_g\right)^2 / 2 + \left(h - 2 \cdot t_g\right)^3 \cdot t_s / 12 + b \cdot t_g^3 / 6 + 0,03018 \cdot r^4$$

$$+ 0,8584 \cdot r^2 \cdot \left(h/2 - t_g - 0,2234 \cdot r\right)^2 \tag{3.56b}$$

$$I_z = t_g \cdot b^3 / 6 + \left(h - 2 \cdot t_g\right) \cdot t_s^3 / 12 + 0,03018 \cdot r^4 + 0,8584 \cdot r^2 \cdot \left(t_s / 2 + 0,2234 \cdot r\right)^2 \tag{3.56c}$$

Tabelle 3.11 Integration durch Summenbildung (hier A, I_y und I_z) im y-z-Hauptachsen-system

$$A = \int_A dA \quad = \quad \sum_{i=1}^{n} A_i$$

$$I_y = \int_A z^2 \cdot dA \quad = \quad \underbrace{\sum_{i=1}^{n} I_{y,ET,i}}_{\text{Eigenträgheitsmomente}} + \underbrace{\sum_{i=1}^{n} \cdot z_{Si}^2 \cdot A_i}_{\textit{Steiner}-\text{Anteile}}$$

$$I_z = \int_A y^2 \cdot dA \quad = \quad \underbrace{\sum_{i=1}^{n} I_{z,ET,i}}_{\text{Eigenträgheitsmomente}} + \underbrace{\sum_{i=1}^{n} \cdot y_{Si}^2 \cdot A_i}_{\textit{Steiner}-\text{Anteile}}$$

Im Anhang dieses Buches finden sich Tabellen, die auf diesen Formeln basierende Querschnittskennwerte für Walzprofile enthalten. Die Genauigkeit der exakten Formeln ist für baupraktische Anwendungen in der Regel nicht erforderlich. Mit dem Überlappungsmodell in Bild 3.15 (3. Skizze oben) vereinfachen sich die Formeln beträchtlich. Die Überlappung des Steges bis in die Gurtmitten erfasst näherungsweise die Ausrundungen. Außerdem können, da die Bleche dünnwandig sind, die Eigenträg-heitsmomente um die schwache Achse vernachlässigt werden. Die Blechdicken können dann konzentriert in der Profilmittellinie angenommen werden, so dass das in Bild 3.20 oben rechts skizzierte Linienmodell entsteht.

Häufig wird das Verhältnis der Stegfläche zur Gesamtfläche durch einen Parameter

$$\delta = A_{steg} / A \tag{3.57a}$$

erfasst. Man erhält dann

$$A = 2 \cdot b \cdot t_g + A_{steg} \quad \text{mit:} \quad A_{steg} = h_s \cdot t_s \tag{3.57b}$$

$$I_y = A \cdot h_s^2 \cdot (3 - 2 \cdot \delta) / 12 \tag{3.57c}$$

$$I_z = A \cdot b^2 \cdot (1 - \delta) / 12 \tag{3.57d}$$

Der Parameter δ liegt bei Walzprofilen zwischen 0,2 und 0,45. In Abhängigkeit von δ wird in Abschnitt 10.2 eine N-M_y-M_z-Interaktionsbedingung für gewalzte I-Quer-schnitte gezeigt, siehe Gl. (10.5).

Die Aufteilung eines geschweißten I-Querschnittes ist in Bild 3.20 unten rechts ange-geben. Wie man sieht, entspricht sie der Aufteilung eines Walzprofils ohne Ausrun-dungen. Die oben angegebenen Formeln für A, I_y und I_z gelten daher auch für den geschweißten I-Querschnitt, wenn man alle Terme, die den Ausrundungsradius r enthalten, weglässt bzw. $r = 0$ setzt. Näherungsweise kann natürlich auch das Linien modell mit oder ohne Überlappung, wie beim Walzprofil erläutert, verwendet werden.

Drei- und Zweiblechquerschnitte (Typ HVH)

In [84] wurde für Drei- und Zweiblechquerschnitte die Ermittlung der Grenztragfähigkeit für beliebige Schnittgrößenkombinationen behandelt. Die Skizze in Tabelle 3.12 zeigt den behandelten Querschnitt, mit dem man durch Variation der Bleche u.a. die in Bild 3.21 dargestellten Querschnittsformen erfassen kann.

Tabelle 3.12 Querschnittskennwerte von Drei- und Zweiblechquerschnitten (Typ HVH) im $\bar{y} - \bar{z}$ – Koordinatensystem (Mitte Steg)

Teilflächen:

$A_o = b_o \cdot t_o; \quad A_s = h_s \cdot t_s; \quad A_u = b_u \cdot t_u$

Fläche:

$A = A_o + A_s + A_u$

Flächenmomente 1. Grades:

$A_{\bar{y}} = \bar{y}_o \cdot A_o + \bar{y}_u \cdot A_u; \quad A_{\bar{z}} = A_o \cdot \bar{z}_o + A_u \cdot \bar{z}_u$

Flächenmomente 2. Grades:

$A_{\bar{y}\bar{z}} = A_o \cdot \bar{y}_o \cdot \bar{z}_o + A_u \cdot \bar{y}_u \cdot \bar{z}_u$

$A_{\bar{y}\bar{y}} = A_o \cdot \left(\bar{y}_o^2 + \dfrac{b_o^2}{12} \right) + A_u \cdot \left(\bar{y}_u^2 + \dfrac{b_u^2}{12} \right);$

$A_{\bar{z}\bar{z}} = A_s \cdot \dfrac{h_s^2}{12} + A_o \cdot \bar{z}_o^2 + A_u \cdot \bar{z}_u^2$

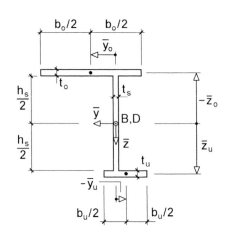

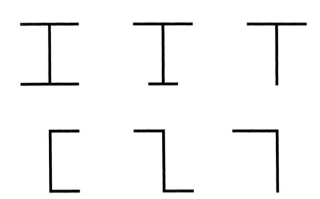

Bild 3.21   Verschiedene Drei- und Zweiblechquerschnitte

Bei dem Querschnitt in Tabelle 3.12 sind die Gurte horizontal und der Steg vertikal angeordnet. Das $\bar{y} - \bar{z}$ – Bezugssystem liegt in Mitte Steg. Durch Vergrößerung der Steghöhe h_s bis in die Gurte hinein kann auch das oben beschriebene Überlappungsmodell realisiert werden. Dabei muss h_s nicht zwingend bis zur Mitte der Gurte geführt werden.

Die Berechnung der Querschnittskennwerte erfolgt mit Tabelle 3.12 und die anschließende Normierung mit Tabelle 3.4. Die beispielhafte Realisierung zeigt die obere Hälfte von Tabelle 3.2. Darunter schließen die Ergebnisse für die Wölbkrafttorsion an, die in Abschnitt 3.5 vertieft werden.

Beispiel: Z-Querschnitt, hier: Z 160 (Bild 3.22)

Der Querschnitt wird durch das Linienmodell (mit Überlappung) idealisiert. Aus Profiltabellen [50] liest man folgende Abmessungen ab:

$$t_o = t_u = 11 \text{ mm}; \quad t_s = 8{,}5 \text{ mm}; \quad b_o = b_u = 65{,}75 \text{ mm}; \quad h_s = 149 \text{ mm}$$

Der Schwerpunkt S liegt im Symmetriepunkt, so dass direkt vom $\tilde{y} - \tilde{z}$ – System ausgegangen werden kann.

$$\Rightarrow A_{\tilde{y}} = A_{\tilde{z}} = 0 \text{ und } A_{\tilde{y}\tilde{z}} = A_{\overline{yz}}, \; A_{\tilde{y}\tilde{y}} = A_{\overline{yy}}, \; A_{\tilde{z}\tilde{z}} = A_{\overline{zz}}$$

Zur Berechnung werden die Tabellen 3.12 und 3.4 verwendet.

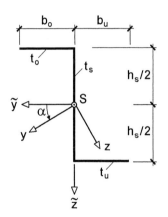

$$\tilde{z}_o = -h_s/2; \quad \tilde{y}_o = b_o/2$$

$$\tilde{z}_u = h_s/2; \quad \tilde{y}_u = -b_u/2$$

Bild 3.22   Querschnittskennwerte eines Z-Querschnitts

$$A_o = A_u = b_o \cdot t_o = 7{,}233 \text{ cm}^2; \quad A_s = h_s \cdot t_s = 12{,}665 \text{ cm}^2$$

$$A = 27{,}13 \text{ cm}^2 \quad (27{,}5 \text{ cm}^2)$$

$$A_{\overline{yz}} = A_o \cdot \overline{y}_o \cdot \overline{z}_o \cdot 2 \qquad = -354{,}27 \text{ cm}^4$$

$$A_{\overline{yy}} = A_o \cdot \left(\overline{y}_o^2 + b_o^2/12 \right) \cdot 2 \quad = \quad 208{,}44 \text{ cm}^4$$

$$A_{\overline{zz}} = A_s \cdot h_s^2/12 + A_o \cdot \overline{z}_o^2 \cdot 2 = 1\,037{,}16 \text{ cm}^4$$

$\Rightarrow\ \alpha = 20{,}27°$ $(19{,}65°)$

$I_y = 1\ 168\ cm^4$ $(1\ 180\ cm^4)$

$I_z = 77{,}64\ cm^4$ $(79{,}5\ cm^4)$

Die Werte aus den Profiltafeln sind in Klammern aufgeführt. Das Linienmodell und die Vernachlässigung der Ausrundungen führt in diesem Beispiel zu Abweichungen zwischen 1,0 bis 3,2%.

3.4.7 Tabellarische Ermittlung der Querschnittskennwerte

In einigen Sparten des Stahlbaus, wie z.B. im Brückenbau, kommen Querschnitte vor, die aus vielen Einzelteilen bestehen. Ein Beispiel dafür ist die in Abschnitt 1.2 darge-stellte Brücke *Levensau*, siehe Bild 1.5.

Für derartige Querschnitte empfiehlt sich eine **tabellarische** Ermittlung der Quer-schnittswerte. An dieser Stelle soll der Querschnitt einer Fußgängerbrücke untersucht werden, Bild 3.23. Der einfachsymmetrische Querschnitt ist hier ohne Querträger und Beulsteifen dargestellt. Es werden die Fläche, die Lage des Schwerpunktes in z-Richtung und das Trägheitsmoment I_y berechnet. Zur Vermeidung unnötig großer Zahlenwerte werden Flächen in cm^2 und „Hebelarme" z in m berücksichtigt. Die Berechnung der Querschnittskennwerte im $y - \overline{z}$ – Bezugssystem erfolgt auf Grund-lage der Tabelle 3.5. Wegen der Symmetrie brauchen die $A_{\overline{yz}}$ – Werte der schrägen Bleche nicht berücksichtigt zu werden, da sie sich gegenseitig aufheben. Das Trapez-profil wird aus Bild 3.24 rechts unten gewählt:

$b_o = 392\ mm;\ \ \ b_u = 202\ mm;\ \ \ t = 6\ mm$

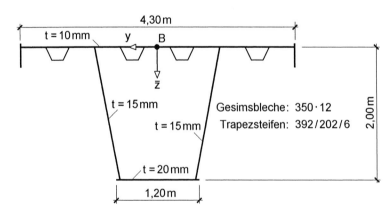

Bild 3.23   Querschnitt einer Fußgängerbrücke

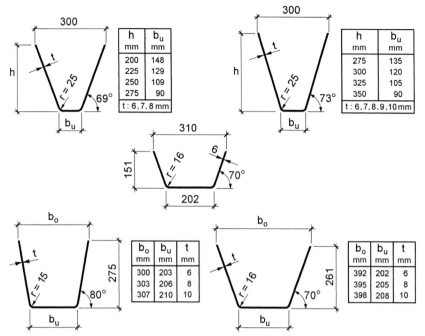

Bild 3.24   Abmessungen von Trapezprofilen nach [34]

Die tabellarische Berechnung ist in Tabelle 3.13 zusammengestellt. Sie entspricht der Berechnung mit dem RUBSTAHL-Programm QSW-TABELLE.

Tabelle 3.13 Tabellarische Ermittlung der Querschnittswerte für den Querschnitt in Bild 3.23

	Querschnittsteile		A_i	$\bar{z}_{Si}$	$A_i \cdot \bar{z}_{Si}$	$A_{\overline{zz},ET,i}$	$A_i \cdot \bar{z}_{Si}^2$
			$[cm^2]$	$[m]$	$[cm^2\,m]$	$[cm^2\,m^2]$	$[cm^2\,m^2]$
1	Deckblech	4 288 x 10	428,80	0,000	0,0	0,00	0,00
2	Stege	2 x 2 015 x 15	604,50	0,990	598,5	195,50	592,47
3	Untergurt	1 200 x 20	240,00	1,985	476,4	0,00	945,65
4	Gesimsbleche	2 x 350 x 12	84,00	0,145	12,2	0,86	1,77
5	Trapezstreifen	8 x 275 x 6	132,00	0,129	17,0	0,73	2,20
6	Trapezstreifen	4 x 202 x 6	48,48	0,258	12,5	0,00	3,23
		Summen:	1 537,78		1 116,6	197,09	1 545,31

Schwerpunkt: $\bar{z}_S = \sum A_i \cdot \bar{z}_{Si}/A = 0{,}726\,m$

Trägheitsmoment: $I_y = \sum A_{\overline{zz},ET,i} + \sum A_i \cdot \bar{z}_{Si}^2 - A \cdot \bar{z}_S^2 = 931{,}6703\ cm^2\,m^2$

Anmerkung: Eigenträgheitsmoment schräger Bleche $A_{\overline{zz},ET} = t \cdot \ell^3 \cdot \sin^2 \alpha / 12 = A \cdot h^2 / 12$

3.4.8 Nummerische Integration / Faser- und Streifenmodelle

Die bisher gezeigten Berechnungsmethoden zur Ermittlung von Querschnittskennwerten sind ausnahmslos für die Handrechnung geeignet. Zur Vermeidung von Rechenfehlern und zur Verringerung des Arbeitsaufwandes wird man bei komplexen Querschnittsformen EDV-Programme als Hilfsmittel einsetzen. Eine wertvolle Hilfe bietet das Tabellenkalkulationsprogramm MS-Excel, mit dem auch schwierige Aufgabenstellungen schnell gelöst werden können. Insbesondere für die Durchführung nummerischer Integrationen ist es hervorragend geeignet.

In Bild 3.25 findet sich ein Querschnitt mit parabelförmiger Kontur, der bereits in Abschnitt 3.4.2 (Bild 3.10b) mit der Methode „Anwendung der Integralrechnung" behandelt worden ist. Hier soll beispielhaft auf die Durchführung der nummerischen Integrationen eingegangen werden. Wie Bild 3.25 zeigt, wird der Querschnitt in n Rechtecke aufgeteilt, die alle die gleiche Höhe

$$h_i = h/n \qquad\qquad (3.58)$$

haben. Die Breite b_i wird so festgelegt, dass die Rechtecke die Parabel genau in der Mitte schneiden. Für das Teil „i" erhält man:

$$b_i = 2 \cdot y_i = b \cdot \sqrt{1 - (i - 0{,}5)/n} \qquad\qquad (3.59)$$

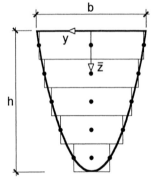

Aufteilung in n Rechtecke!

Rechteck i:

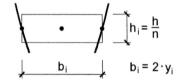

$$h_i = \frac{h}{n}$$

$$b_i = 2 \cdot y_i$$

Parabel: $y = \dfrac{b}{2} \cdot \sqrt{1 - \dfrac{\overline{z}}{h}}$

Bild 3.25   Nummerische Integration für den Querschnitt mit parabelförmiger Kontur

Der Schwerpunkt der Rechtecke kann, wie man leicht sieht, durch

$$\overline{z}_{Si} = \frac{h}{n} \cdot (i - 0{,}5) \qquad\qquad (3.60)$$

beschrieben werden. Darüber hinaus werden die bekannten Formeln verwendet und in einem MS-Excel-Tabellenblatt ausgewertet.

Tabelle 3.14 Berechnung der Querschnittskennwerte für den Parabelquerschnitt mit MS-Excel

| h = 1 | | | | | Formeln für die letzten beiden Spalten: | | | |

$$A_{\overline{zz},ET,i} = b_i \cdot h_i^3/12 \text{ in } ①$$

b = 1

$$I_{z,i} = h_i \cdot b_i^3/12 \text{ in } ②$$

n = 20

i	b_i	h_i	$\overline{z}_{Si}$	A_i	$A_i \cdot \overline{z}_{Si}$	$A_i \cdot \overline{z}_{Si}^2$	$A_{\overline{zz},ET,i}$	$I_{z,i}$
1	Formeln eingeben						①	②
2								
.								
.	Zeile i = 1 markieren und nach unten ziehen („Ausfüllen")							
.								
20								
				Summen bilden				

$$\overline{z}_S = \sum A_i \cdot \overline{z}_{Si}/A; \quad I_y = \sum A_i \cdot z_{Si}^2 + \sum A_{\overline{zz},ET,i} - \overline{z}_S^2 \cdot A$$

Tabelle 3.14 zeigt die prinzipielle Vorgehensweise für n = 20 und h = b = 1 m. Welche Einteilung man wählt, z.B. 10, 20 oder 50 Rechtecke, ist hinsichtlich des Arbeitsaufwandes unbedeutend. Man braucht nach Markierung der Zeile i = 1 nur entsprechend weit „nach unten zu ziehen".

Tabelle 3.15 enthält eine Zusammenstellung für die Verwendung von 10 und 20 Rechtecken. Die Auswertung für h = b = 1 m erleichtert die Vergleiche mit den genauen Lösungen in Abschnitt 3.4.2. Wie man sieht, lässt sich durch die nummerischen Integrationen eine hervorragende Genauigkeit erzielen. Die größten Abweichungen treten beim I_y auf:

n = 10: 1,78%   und   n = 20: 0,61%

In der Spalte „I_y ohne ET" wurden die Eigenträgheitsmomente der rechteckigen Teilflächen nicht berücksichtigt. Der Fehler, der dadurch entsteht, ist gering. Interessanterweise führt die Vernachlässigung der Eigenträgheitsmomente hier zu genaueren Ergebnissen von I_y. Dies liegt natürlich an der vorliegenden Krümmung der Kurve und resultiert daraus, dass I_y von oben angenähert wird.

Tabelle 3.15 Vergleich der nummerischen Integrationen für n = 10 und n = 20 mit den genauen Lösungen

	genaue Lösung	10 Rechtecke		20 Rechtecke	
A	0,666667	0,668384	100,26%	0,667295	100,09%
I_y	0,045714	0,046530	101,78%	0,045995	100,61%
I_y ohne ET		0,045973	100,57%	0,045856	100,31%
I_z	0,033333	0,033286	99,86%	0,033321	99,96%

Die Vergleiche unter Vernachlässigung der Eigenträgheitsmomente sollen zeigen, dass auch für diese Näherung bei ausreichend feiner Einteilung der Querschnitte stets die gewünschte Genauigkeit erzielt werden kann. In EDV-Programmen verwendet man häufig sogenannte Faser- oder Streifenmodelle, bei denen die regelmäßigen Teil-flächen (Rechtecke) nur durch ihre Fläche und die Lage ihres Schwerpunktes erfasst werden. Bei den Trägheitsmomenten finden daher nur die *Steiner*-Anteile Berück-sichtigung. Dies erfordert natürlich eine entsprechend feine Einteilung.

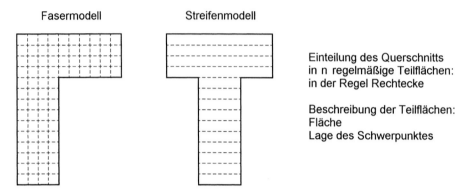

Bild 3.26   Einteilung von Querschnitten in Fasern oder Streifen

In Bild 3.26 sind das Faser- und das Streifenmodell beispielhaft skizziert. Das Faser-modell kann bei genügend feiner Einteilung für beliebige Anwendungsfälle verwendet werden. Die Einsatzmöglichkeiten des Streifenmodells hängen von der Querschnitts-form und von dem, was man berechnen möchte, ab. Ein Beispiel für die Anwendung des Streifenmodells ist der Parabelquerschnitt in Bild 3.25. Wenn man bei diesem Beispiel konsequent die Eigenträgheitsmomente der Teilflächen vernachlässigen will, ist für die Ermittlung von I_z eine andere Modellierung erforderlich. Man wählt dann senkrechte Streifen (Rechtecke) oder das Fasermodell. Fasermodelle oder Streifen-modelle werden häufig in großen EDV-Programmen eingesetzt, wenn schwierige Problemstellungen gelöst werden sollen. Ein Beispiel dafür sind Programme, mit denen Traglast-Berechnungen nach der Fließzonentheorie, siehe Abschnitt 4.6, durchgeführt werden. Dabei müssen in vielen Einzelschritten (Lastinkrementen) wirksame Querschnittskennwerte in Abhängigkeit vom jeweils aktuellen Plastizie-rungszustand ermittelt werden, siehe hierzu auch Abschnitt 10.10. Darüber hinaus können mit der hier angesprochenen Methodik **Schnittgrößen und Teilschnitt-größen** durch nummerische Integration berechnet werden.

In Bild 3.27 sind 2 Varianten zum Parabelquerschnitt in Bild 3.25 dargestellt. Die linke Variante enthält eine trapezförmige Ausnehmung, so dass ein einzelliger Hohl-kasten entsteht. Bei den Berechnungen geht man am besten vom Vollquerschnitt aus und berücksichtigt das Trapez, wie in Abschnitt 3.4.5 beschrieben, als negative Fläche.

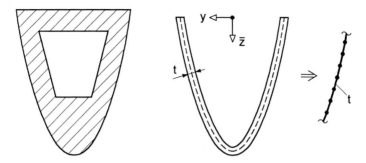

Bild 3.27   Querschnittsvarianten mit parabelförmiger Kontur

Im rechten Teil von Bild 3.27 wurde ein vergleichbarer Stahlquerschnitt konstruiert. Querschnitte mit parabelförmig gekrümmter Kontur sind im Stahlbau zwar äußerst selten, sie können jedoch interessant sein, wenn besonderer Wert auf die architektonische Gestaltung gelegt wird. Zur Berechnung der Querschnittskennwerte reicht es aus, die Profilmittellinie zu betrachten und dort die Blechdicken zu konzentrieren.

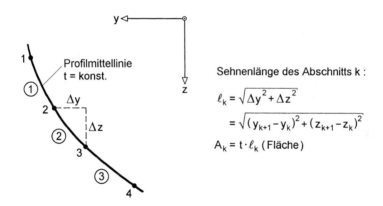

Sehnenlänge des Abschnitts k :

$$\ell_k = \sqrt{\Delta y^2 + \Delta z^2}$$

$$= \sqrt{(y_{k+1} - y_k)^2 + (z_{k+1} - z_k)^2}$$

$$A_k = t \cdot \ell_k \ (\text{Fläche})$$

Bild 3.28   Zur nummerischen Integration bei dünnwandigen gekrümmten Blechen mit t = konst.

Bild 3.28 zeigt die Profilmittellinie und ihre Einteilung in gerade Abschnitte von Knoten zu Knoten. Mit der Länge und Fläche der Abschnitte sowie den Formeln in Abschnitt 3.4.4 können alle Flächenintegrale durch nummerische Integration bestimmt werden. Als Beispiel wird das Trägheitsmoment I_z für die parabelförmige Profilmittellinie in Bild 3.27 rechts berechnet. Dabei wird das Eigenträgheitsmoment der Einzelteile vernachlässigt, so dass eine relativ feine Unterteilung erforderlich ist.

$$I_z = \int_A y^2 \cdot dA = \sum_k A_k \cdot y_{m,k}^2 \tag{3.61}$$

wähle: $\Delta y = b/n = \text{konst.} = \Delta y_k$ $\tag{3.62a}$

$$y_k = b/2 - \Delta y \cdot (k-1) \quad \text{für } k = 1 \text{ bis } n+1 \tag{3.62b}$$

$$z_k = h \cdot \left(1 - 4 \cdot y_k^2 / b^2\right) \quad (\text{„Funktion der Parabel“}) \tag{3.62c}$$

$$y_{m,k} = \left(y_{k+1} + y_k\right)/2 \tag{3.62d}$$

Die Auswertung mit MS-Excel liefert für n = 50, t = 1,5 cm, b = 60 cm und h = 90 cm

$$I_z = 124\,672 \text{ cm}^4$$

Nach Abschnitt 3.4.2 ist die genaue Lösung $I_z = 124\,770$ cm^4. In vielen Fällen ist die nummerische Integration einfacher durchzuführen und weniger fehleranfällig als die Anwendung der direkten Integrationsmethoden.

3.4.9 Querschnitte mit polygonalen oder gekrümmten Umrissen

Fleßner stellt in [68] ein Verfahren zur Ermittlung von Querschnittskennwerten vor, bei dem der Querschnitt durch die Koordinaten der Eckpunkte beschrieben wird. Grundlage des Verfahrens sind **dreieckige Teilflächen und computerorientierte Rekursionsformeln**.

Das Verfahren hätte auch in Abschnitt 3.4.8 (nummerische Integration) behandelt werden können, da die Methodik vergleichbar ist und anstelle von Faser- oder Streifenmodellen ein „Dreiecksmodell" verwendet wird. Zwecks übersichtlicherer Gliederung wird es jedoch in diesem Abschnitt vorgestellt und gegenüber [68] etwas modifiziert.

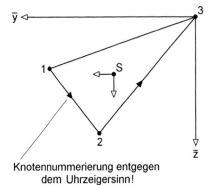

Knotennummerierung entgegen
dem Uhrzeigersinn!

Fläche: $A = \left(\bar{y}_1 \cdot \bar{z}_2 - \bar{y}_2 \cdot \bar{z}_1\right)/2$

Schwerpunkt:

$$\bar{y}_S = \left(\bar{y}_1 + \bar{y}_2\right)/3 \,; \quad \bar{z}_S = \left(\bar{z}_1 + \bar{z}_2\right)/3$$

Eigenträgheitsmomente:

$$A_{\overline{yy},ET} = A \cdot \left(\bar{y}_1^2 - \bar{y}_1 \cdot \bar{y}_2 + y_2^2\right)/18$$

$$A_{\overline{zz},ET} = A \cdot \left(\bar{z}_1^2 - \bar{z}_1 \cdot \bar{z}_2 + \bar{z}_2^2\right)/18$$

$$A_{\overline{yz},ET} = A \cdot \left(2 \cdot \bar{y}_1 \cdot \bar{z}_1 - \bar{y}_1 \cdot \bar{z}_2 - \bar{y}_2 \cdot \bar{z}_1 + 2 \cdot \bar{y}_2 \cdot \bar{z}_2\right)/36$$

Bild 3.29   Querschnittskennwerte beliebiger dreieckiger Flächen

Bild 3.29 zeigt ein einzelnes Dreieck im $\bar{y} - \bar{z}$ – Bezugssystem. Punkt 3 des Dreiecks liegt im Ursprung des Bezugssystems, d.h. dort sind $\bar{y}_3 = \bar{z}_3 = 0$. Die Nummerierung der Eckpunkte des Dreiecks entgegen dem Uhrzeigersinn führt zu einem **positiven** Zahlenwert für die Fläche A. Die Berechnungsformeln für die Lage des Schwerpunktes und die Eigenträgheitsmomente (Bezug auf S!) werden in Bild 3.29 ohne Herleitung angegeben. Sie können mit den in den Abschnitten 3.4.2 bis 3.4.6 behandelten Methoden berechnet werden.

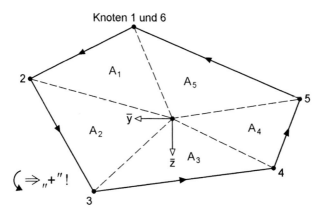

Bild 3.30   Aufteilung polygonaler Querschnitte in Dreiecke und Knotennummerierung

Querschnitte mit polygonalen Umrissen können, wie in Bild 3.30 skizziert, stets in Dreiecke aufgeteilt werden. Durch wiederholte Anwendung der Berechnungsformeln für Dreiecke erhält man die Querschnittskennwerte für Querschnitte mit polygonalen Umrissen. Zu erwähnen ist noch, dass die Koordinaten des ersten und letzten Knotens identisch sind (Randlinie ist geschlossen). Da für n Knoten n–1 Dreiecke auftreten lauten die Formeln für die Querschnittskennwerte nach Tabelle 3.6:

$$A = \sum_{k=1}^{n-1} A_k \; ; \; A_{\overline{y}} = \sum_{k=1}^{n-1} \overline{y}_{Sk} \cdot A_k \; ; \tag{3.63a}$$

$$A_{\overline{yy}} = \sum_{k=1}^{n-1} A_{\overline{yy},ET,k} + \sum_{k=1}^{n-1} \overline{y}_{Sk}^2 \cdot A_k \; ; \; \text{usw.} \tag{3.63b}$$

Im nächsten Schritt erfolgt dann wie gewohnt die Normierung mit Tabelle 3.4 (Methode B).

Das beschriebene Verfahren kann auch eingesetzt werden, wenn der Querschnitt Hohlzellen aufweist. In [68] wird für diesen Fall vorgeschlagen, mehrfach zusammenhängende Bereiche durch einen gedanklichen Schnitt einfach zusammenhängend zu machen. Bild 3.31a zeigt dazu ein Beispiel.

Wenn man sich vergegenwärtigt, dass sich bei einer Knotennummerierung **im** Uhrzeigersinn negative Flächen ergeben, kann auf den erwähnten Schnitt auch verzichtet werden. Dazu teilt man den Querschnitt in Teilflächen auf und berücksichtigt positive und negative Teilflächen durch einen entsprechenden Umfahrungssinn, siehe Vorgehensweise in Bild 3.31b. Mit den Knoten 1 bis 8 ergibt sich die eingeschlossene Fläche positiv. Dagegen ist die von den Verbindungslinien der Knoten 9 bis 13 eingeschlossene Fläche negativ. Mit diesen beiden Teilflächen kann dann wie üblich die Normierung durchgeführt werden (Tabelle 3.4).

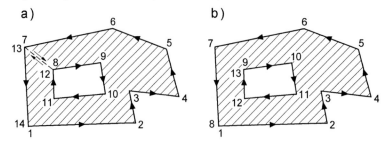

Bild 3.31   Knotennummerierung bei Querschnitten mit Hohlzellen

a) nach *Fleßner* [68]   b) Alternative

Eine weitere Anwendungsmöglichkeit betrifft krummlinig berandete Querschnitte. Als Beispiel soll hier der bereits mehrfach besprochene Querschnitt mit parabelförmiger Kontur behandelt werden. Bild 3.32 zeigt die Einteilung in 10 Dreiecke und die umlaufende Knotennummerierung. Das Einzeichnen der Dreiecke ist für das Verfahren überflüssig, zeigt aber die Methodik und verdeutlicht die zu erwartende Güte der Näherung. In dem Beispiel wird die Breite b in 10 gleiche Abschnitte aufgeteilt und dann werden die Koordinaten y und $\bar{z}$ der Knoten ermittelt.

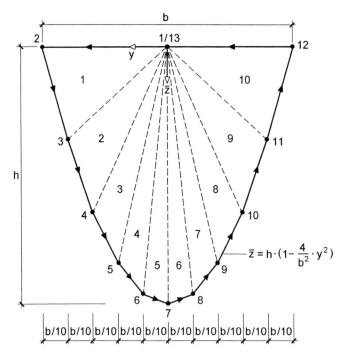

Bild 3.32   Einteilung des Querschnitts mit parabelförmiger Kontur in Dreiecke

Die Auswertung der Berechnungsformeln mit dem RUBSTAHL-Programm QSW-POLYNOM führt für h = b = 1 m zu folgenden Ergebnissen:

$A = 0{,}660\,000 \text{ m}^2$ (99,0 %)

$I_y = 0{,}044\,664 \text{ m}^4$ (97,7 %)

$I_z = 0{,}032\,780 \text{ m}^4$ (98,3 %)

Die Klammerwerte zeigen den Vergleich (relative gute Übereinstimmung) mit den genauen Lösungen in Tabelle 3.15 (Abschnitt 3.4.8). Man kann jedoch auch eine feinere Einteilung wählen und die Genauigkeit beliebig steigern.

Der Berechnungsablauf in dem MS-Excel-Programm ähnelt sehr stark dem Ablauf in Tabelle 3.14. Hier soll die tabellarische Ermittlung anhand der Kopfzeile prinzipiell gezeigt werden:

$$k \quad \bar{y}_k \quad \bar{z}_k \quad A_k \quad \bar{y}_{Sk} \quad \bar{z}_{Sk} \quad \bar{y}_{Sk} \cdot A_k \quad \bar{z}_{Sk} \cdot A_k \quad \bar{y}_{Sk}^2 \cdot A_k \quad \bar{z}_{Sk}^2 \cdot A_k \ldots\ldots$$

$$\ldots\ldots \bar{y}_{Sk} \cdot \bar{z}_{Sk} \cdot A_k \quad A_{\overline{yy},ET,k} \quad A_{\overline{zz},ET,k} \quad A_{\overline{yz},ET,k}$$

Die Koordinaten $\bar{y}_K$ und $\bar{z}_K$ müssen für alle Knoten vorgegeben werden. Danach werden die Formeln nach Bild 3.29 eingegeben oder die entsprechenden Rechenoperationen ausgeführt. Auch hier reicht es nur **eine** Zeile einzugeben. Die Übrigen ergeben sich durch „Markieren und nach unten ziehen". Wie gewohnt werden dann die Summen gebildet und damit die Normierung durchgeführt. Der Zeitbedarf für das Erstellen des Programms liegt, je nach Übung, bei einer halben bis zu einer Stunde.

3.5 Normierung Teil II: Schubmittelpunkt, normierte Wölbordinate und I_ω

Wie in Abschnitt 3.1 erläutert, wird die Ermittlung des y-z-ω-Hauptsystems und der Querschnittswerte in 2 Teilaufgaben aufgeteilt. In Teil I (Abschnitt 3.3) wurden

Schwerpunkt, Hauptachsen, I_y und I_z

ermittelt. Die Berechnungen werden nun mit dem Teil II fortgesetzt:

Schubmittelpunkt, normierte Wölbordinate und I_ω

Die Ergebnisse von Teil I werden als Ausgangspunkt für Teil II verwendet. Für das Beispiel in Bild 3.33 bedeutet das, dass von den Hauptachsen y und z mit dem Ursprung im Schwerpunkt S ausgegangen wird. Darüber hinaus seien die Hauptträgheitsmomente I_y und I_z bereits bekannt.

Ausgangspunkt: Wölbordinate $\overline{\omega}$:

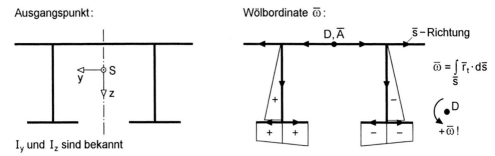

I_y und I_z sind bekannt

Bild 3.33   Ausgangspunkt für die Normierung Teil II (Beispiel)

Die Herleitungen in Abschnitt 2.12.1 zeigen, dass für Teil II der Normierung folgende Bedingungen erfüllt werden müssen:

$$A_\omega = \int_A \omega \cdot dA = 0 \qquad\qquad (3.64a)$$

$$A_{y\omega} = \int_A y \cdot \omega \, dA = 0 \qquad\qquad (3.64b)$$

$$A_{z\omega} = \int_A z \cdot \omega \, dA = 0 \qquad\qquad (3.64c)$$

Wie bereits erwähnt sind y und z die Hauptachsen des Querschnitts mit Bezug auf den Schwerpunkt S und ω ist die normierte Wölbordinate.

Bedingung (3.64a) führt zu einer entsprechenden Wahl des Integrationsanfangspunktes auf der Profilmittellinie. Aus den Bedingungen (3.64b) und (3.64c) ergibt sich die Lage des Schubmittelpunktes M.

Wenn die Lage der Bezugspunkte nicht bekannt ist, werden zu ihrer Bestimmung andere Bezugspunkte gewählt und dann entsprechende Transformationen durchgeführt. Gemäß Bild 3.34 wird im ersten Schritt ein „Drehpunkt" D gewählt, auf den der „Hebelarm" $\overline{r}_t$ bezogen wird. Als Integrationsanfangspunkt dient der Punkt $\overline{A}$ auf der Profilmittellinie, für den $\overline{\omega} = 0$ angenommen wird. Damit kann eine Wölbordinate $\overline{\omega}$ ermittelt werden:

$$\overline{\omega} = \int_0^{\overline{s}} \overline{r}_t \cdot d\overline{s} \qquad\qquad (3.65a)$$

$$\overline{r}_t = (y - y_D) \cdot \sin\beta - (z - z_D) \cdot \cos\beta \qquad\qquad (3.65b)$$

Für das Beispiel in Bild 3.33 wurden die Bezugspunkte D und $\overline{A}$ in der Mitte des Obergurtes angeordnet und von dort ausgehend die Profilordinate $\overline{s}$ gewählt. Die Skizze in Bild 3.33 rechts zeigt die Wölbordinate $\overline{\omega}$ qualitativ. Für die Bezugspunkte A und M in Bild 3.34 erhält man völlig analog:

$$\omega = \int_0^s r_t \cdot ds \tag{3.66}$$

$$r_t = (y - y_M) \cdot \sin\beta - (z - z_M) \cdot \cos\beta \tag{3.67}$$

Mit den Gln. (3.65) und (3.67) kann r_t auch wie folgt formuliert werden

$$r_t = \bar{r}_t - (y_M - y_D) \cdot \sin\beta + (z_M - z_D) \cdot \cos\beta \tag{3.68}$$

Eingesetzt in Gl. (3.66) erhält man

$$\omega = \int_0^s \bar{r}_t \cdot ds - (y_M - y_D) \cdot \int_0^s \sin\beta \cdot ds + (z_M - z_D) \cdot \int_0^s \cos\beta \cdot ds \tag{3.69}$$

und mit $\sin\beta \cdot ds = dz$ sowie $\cos\beta \cdot ds = dy$ (Bild 3.34)

$$\omega = \int_0^s \bar{r}_t \cdot ds - (y_M - y_D) \cdot \int_{z_A}^z dz + (z_M - z_D) \cdot \int_{y_A}^y dy \tag{3.70}$$

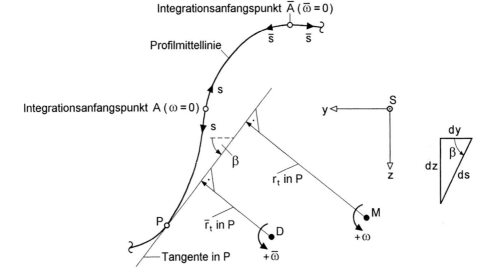

Bild 3.34   Zur Transformation der Wölbordinate $\bar{\omega}$ in die normierte Wölbordinate ω

Im Allgemeinen sind die Lage des Punktes A und daher auch die Koordinaten y_A und z_A an der Stelle $s = 0$ nicht bekannt. Sie werden nicht unbedingt benötigt, da es hier nur um eine geeignete Transformationsbeziehung für die Wölbordinate geht. Den gewünschten Zweck, nämlich die Erfüllung der Bedingungen (3.64a) bis (3.64c), kann man mit der Transformationsbeziehung

$$\omega = \bar{\omega} - \bar{\omega}_k - z \cdot (y_M - y_D) + y \cdot (z_M - z_D) \tag{3.71}$$

erreichen.

In Gl. (3.71) ist $\overline{\omega}_k$ eine Transformationskonstante für die Wölbordinate. Unter Bezug auf Gl. (3.64a) enthält sie 3 Anteile

– 1. Integral: Transformation von s in $\overline{s}$

– 2. Integral: Berücksichtigung von z (s = 0)

– 3. Integral: Berücksichtigung von y (s = 0)

Gl. (3.71) in Bedingung (3.64a) eingesetzt, führt zu

$$A_\omega = \int_A \omega \cdot dA$$

$$= \int_A \left(\overline{\omega} - \overline{\omega}_k - z \cdot (y_M - y_D) + y \cdot (z_M - z_D)\right) \cdot dA$$

$$= A_{\overline{\omega}} - \overline{\omega}_k \cdot A - A_z \cdot (y_M - y_D) + A_y \cdot (z_M - z_D) \qquad (3.72)$$

$$= A_{\overline{\omega}} - \overline{\omega}_k \cdot A \quad \text{wegen:} \quad A_y = A_z = 0 \text{ (Hauptsystem!)}$$

$$A_\omega = 0 \quad \Rightarrow \quad \overline{\omega}_k = \frac{A_{\overline{\omega}}}{A}$$

Wenn man Gl. (3.71) in Bedingung (3.64b) einsetzt, erhält man

$$A_{y\omega} = \int_A y \cdot \omega \cdot dA$$

$$= \int_A \left(y \cdot \overline{\omega} - y \cdot \overline{\omega}_k - y \cdot z \cdot (y_M - y_D) + y^2 \cdot (z_M - z_D)\right) \cdot dA$$

$$= A_{y\overline{\omega}} - \overline{\omega}_k \cdot A_y - A_{yz} \cdot (y_M - y_D) + I_z \cdot (z_M - z_D) \qquad (3.73)$$

$$= A_{y\overline{\omega}} + I_z \cdot (z_M - z_D) \quad \text{wegen:} \quad A_y = A_{yz} = 0 \text{ (Hauptsystem!)}$$

$$A_{y\omega} = 0 \quad \Rightarrow \quad z_M - z_D = -\frac{A_{y\overline{\omega}}}{I_z}$$

Die 3. Bedingung führt bei analoger Vorgehensweise zu

$$y_M - y_D = \frac{A_{z\overline{\omega}}}{I_y} \qquad (3.74)$$

Die hier durchgeführten Transformationen werden in Tabelle 3.16 zusammengestellt. Sie ist als Fortsetzung der Tabellen 3.3 und 3.4 zu verstehen, die die entsprechenden Beziehungen für zweiachsige Biegung mit Normalkraft enthält (Schwerpunkt, Haupt-achsendrehwinkel, Hauptträgheitsmomente und Hauptachsen). Die dortige Unter-scheidung in die Methoden A und B wird hier nicht vorgenommen (Tabelle 3.16 entspricht prinzipiell Methode B). Wenn man die Punkte ⑤ und ⑥ vertauscht und I_ω

mit der normierten Wölbordinate berechnet, also nicht durch die Transformationen, erhält man Methode A.

Bei den Querschnittskennwerten $A_{y\overline{\omega}}$ und $A_{z\overline{\omega}}$ sind y und z die Hauptachsen des Querschnitts. Manchmal, z.B. bei computerorientierten Berechnungen, kann es günstiger sein, das beliebige $\overline{y}-\overline{z}$–Bezugssystem sowie $A_{\overline{y}\overline{\omega}}$ und $A_{\overline{z}\overline{\omega}}$ zu verwenden. $A_{y\overline{\omega}}$ und $A_{z\overline{\omega}}$ können dann durch die folgenden Transformationen berechnet werden:

$$A_{y\overline{\omega}} = \left(A_{\overline{y}\overline{\omega}} - \overline{y}_S \cdot \overline{\omega}_k \cdot A\right) \cdot \cos\alpha + \left(A_{\overline{z}\overline{\omega}} - \overline{z}_S \cdot \overline{\omega}_k \cdot A\right) \cdot \sin\alpha \qquad (3.75a)$$

$$A_{z\overline{\omega}} = \left(A_{\overline{z}\overline{\omega}} - \overline{z}_S \cdot \overline{\omega}_k \cdot A\right) \cdot \cos\alpha - \left(A_{\overline{y}\overline{\omega}} - \overline{y}_S \cdot \overline{\omega}_k \cdot A\right) \cdot \sin\alpha \qquad (3.75b)$$

Tabelle 3.16 Berechnung normierter Querschnittskennwerte Teil II

①	Voraussetzungen: A, I_y und I_z sind bekannt; y und z sind Hauptachsen
②	$A_{\overline{\omega}}$, $A_{y\overline{\omega}}$, $A_{z\overline{\omega}}$ und $A_{\overline{\omega}\overline{\omega}}$ für einen beliebigen Integrationsanfangspunkt und

Drehpunkt berechnen:

$$A_{\overline{\omega}} = \int_A \overline{\omega} \cdot dA; \quad A_{y\overline{\omega}} = \int_A y \cdot \overline{\omega} \cdot dA; \quad A_{z\overline{\omega}} = \int_A z \cdot \overline{\omega} \cdot dA; \quad A_{\overline{\omega}\overline{\omega}} = \int_A \overline{\omega}^2 \cdot dA$$

③   Transformationskonstante für die Wölbordinate:
$$\overline{\omega}_k = A_{\overline{\omega}}/A$$

④   Lage des Schubmittelpunktes:
$$y_M - y_D = \frac{A_{z\overline{\omega}}}{I_y}; \quad z_M - z_D = -\frac{A_{y\overline{\omega}}}{I_z}$$

⑤   Wölbwiderstand I_ω:
$$I_\omega = \int_A \omega^2 \cdot dA = A_{\overline{\omega}\overline{\omega}} - \overline{\omega}_k^2 \cdot A - \left(y_M - y_D\right)^2 \cdot I_y - \left(z_M - z_D\right)^2 \cdot I_z$$

⑥   Normierte Wölbordinate
$$\omega = \overline{\omega} - \overline{\omega}_k - z \cdot \left(y_M - y_D\right) + y \cdot \left(z_M - z_D\right)$$

Ausnutzung von Symmetrieeigenschaften

Wie in Abschnitt 3.2 erläutert liegt der Schubmittelpunkt auf den Symmetrielinien der Querschnitte. Außerdem gilt auch $\omega = 0$ auf Symmetrielinien. Wenn man diese Sachverhalte ausnutzt und die Bezugspunkte D und A auf Symmetrielinien legt sowie die s-Richtung symmetrisch wählt, vereinfacht sich die Normierung Teil II beträchtlich. Der Ablauf der Berechnungen ist unter Bezug auf Tabelle 3.16 in Tabelle 3.17 zusammengestellt.

Das Beispiel in Bild 3.33 (symmetrisch zur z-Achse) zeigt den Verlauf der Wölbordinate $\overline{\omega}$. Aus dem **antimetrischen Verlauf** ist unmittelbar erkennbar, dass die Integrale $A_{\overline{\omega}}$ und $A_{z\overline{\omega}}$ gleich Null sein müssen. Darüber hinaus reicht es für die

Berechnung von $A_{y\overline{\omega}}$ und $A_{\overline{\omega}\overline{\omega}}$ bzw. I_ω aus, eine Hälfte des Querschnitts zu betrachten und die andere Hälfte mit dem Faktor 2 zu berücksichtigen.

Die Methoden zur Berechnung von

ω, $\overline{\omega}$, $A_{\overline{\omega}}$, $A_{y\overline{\omega}}$, $A_{z\overline{\omega}}$, $A_{\overline{\omega}\overline{\omega}}$, I_ω, y_M und z_M

werden in den Abschnitten 3.6 bis 3.8 erläutert. Kapitel 6 enthält weitere Beispiele.

Tabelle 3.17 Ausnutzung von Symmetrieeigenschaften bei der Berechnung normierter Querschnittskennwerte Teil II

a) Symmetrie zur y-Achse	b) Symmetrie zur z-Achse
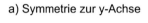 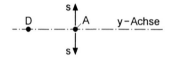	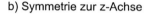

Bezugspunkte D und A auf die Symmetrielinie legen; s-Richtung symmetrisch wählen

$\Rightarrow A_{\overline{\omega}} = \overline{\omega}_k = A_{y\overline{\omega}} = 0$

② $A_{z\overline{\omega}}$, $A_{\overline{\omega}\overline{\omega}}$

④ $y_M - y_D = A_{z\overline{\omega}}/I_y$

⑤ $I_\omega = A_{\overline{\omega}\overline{\omega}} - (y_M - y_D)^2 \cdot I_y$

⑥ $\omega = \overline{\omega} - z \cdot (y_M - y_D)$

$\Rightarrow A_{\overline{\omega}} = \overline{\omega}_k = A_{z\overline{\omega}} = 0$

② $A_{y\overline{\omega}}$, $A_{\overline{\omega}\overline{\omega}}$

④ $z_M - z_D = -A_{y\overline{\omega}}/I_z$

⑤ $I_\omega = A_{\overline{\omega}\overline{\omega}} - (z_M - z_D)^2 \cdot I_z$

⑥ $\omega = \overline{\omega} + y \cdot (z_M - z_D)$

3.6 Wölbordinaten ω und $\overline{\omega}$

3.6.1 Allgemeines

Die Wölbordinate wird zur Berechnung verschiedener Größen benötigt. Wie die Übersicht in Tabelle 3.18 zeigt, handelt es sich um Größen, die mit Torsionsbeanspruchungen zusammenhängen. Ob Torsion in einem baustatischen System auftritt, kann man nur entscheiden, wenn man bei gegebener Belastung die Lage des Schubmittelpunktes kennt. Der Schubmittelpunkt hat also übergeordnete Bedeutung. Seine Lage lässt sich in der Regel mit Hilfe der Wölbordinate am einfachsten ermitteln, so dass der Wölbordinate hier größere Bedeutung gegeben wird als sonst allgemein in der Literatur üblich.

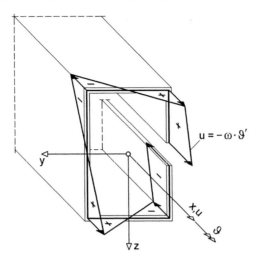

Bild 3.35 Verwölbung $u = -\omega \cdot \vartheta'$ eines offenen Querschnitts

Tabelle 3.18 Wölbordinate als Eingangsgröße für verschiedene Berechnungsformeln

Verschiebung u in Stablängsrichtung infolge Verdrillung	$u = -\omega \cdot \vartheta'$	Abschnitt 2.4.2
Wölbbimoment als Spannungsresultierende	$M_\omega = \int_A \sigma_x \cdot \omega \cdot dA$	Abschnitt 2.10
σ_x infolge M_ω bzw. ϑ''	$\sigma_x = \dfrac{M_\omega}{I_\omega} \cdot \omega = -E \cdot \omega \cdot \vartheta''$	Abschnitt 5.4
τ_{xs} infolge M_{xs}	$\tau_{xs} = -\dfrac{M_{xs} \cdot A_\omega(s)}{I_\omega \cdot t(s)}$	Abschnitt 5.4
Lage des Schubmittelpunktes	$y_M = y_D + \dfrac{A_{z\overline{\omega}}}{I_y}$; $z_M = z_D - \dfrac{A_{\overline{y}\omega}}{I_z}$	Abschnitt 3.7.4
Wölbwiderstand	$I_\omega = \int_A \omega^2 dA$	Abschnitt 3.8

Ausgangspunkt für die Wölbordinate sind die Verschiebungen u in Stablängsrichtung. Gemäß Abschnitt 2.4.2 beschreibt

$$u(x,y,z) = -\omega(y,z) \cdot \vartheta'(x) \tag{3.76}$$

die **Verwölbung** der Querschnitte, d.h. die **Abweichung von einer ebenen Fläche**. Bild 2.17 in Abschnitt 2.4.2 zeigt Verschiebungszustände, die das Ebenbleiben der Querschnitte erfassen. Hier ist in Bild 3.35 ein Beispiel für die Verwölbung des

Wölbordinate ω verwendet. Da sie gemäß Gl. (3.76) der Verwölbung für $\vartheta' = -1$ entspricht, wird sie auch häufig **Einheitsverwölbung** genannt. Mit der Verschiebung u in cm und der Verdrillung ϑ' in 1/cm ergibt sich **ω in cm²**.

Die Abweichung von einer ebenen Fläche ergibt sich im Übrigen auch wegen

$$\sigma_x = -E \cdot \omega \cdot \vartheta'' \tag{3.77}$$

für die Verteilung der Normalspannungen σ_x.

3.6.2 Offene Querschnitte

Die normierte Wölbordinate ist gemäß Abschnitt 2.4.2 für dünnwandige offene Querschnitte wie folgt definiert

$$\omega = \int_0^s r_t(s) \cdot ds \quad \text{mit: } r_t = (y - y_M) \cdot \sin\beta - (z - z_M) \cdot \cos\beta \tag{3.78}$$

Wenn r_t für einen beliebigen Punkt (y, z) auf der Profilmittellinie ermittelt werden soll, sind die Koordinaten des Punktes P in die Formel für r_t einzusetzen. Bild 3.36 zeigt anschaulich die Zusammenhänge. Man erkennt, dass r_t gleich dem Abstand ist, den die Tangente in P vom Schubmittelpunkt M hat und die Richtung von r_t der Richtung der Normalen in P entspricht. Da ds senkrecht auf r_t steht, kann man r_t als **Hebelarm** von ds im Produkt $r_t \cdot ds$ auffassen.

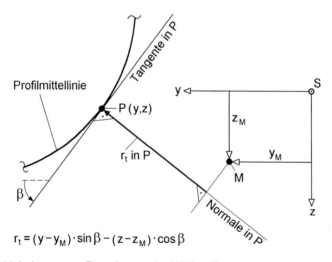

Bild 3.36   Hebelarm r_t zur Berechnung der Wölbordinate

Die Vorzeichendefinition der Wölbordinate ist in Bild 3.37 eingetragen. Wenn der Drehsinn eines fiktiven Momentes $ds \cdot r_t$ **entgegen dem Uhrzeigersinn** in Richtung einer positiven Verdrehung ϑ um die Stablängsachse gerichtet ist, ergibt sich für die

Wölbordinate ein Zuwachs ds·r_t. Mit ingenieurmäßiger Ausdruckweise kann man sich die Vorzeichendefinition vielleicht noch etwas besser merken:

„positives Torsionsmoment ds·r_t um M" $\Rightarrow$ größere Wölbordinate (+ dω)

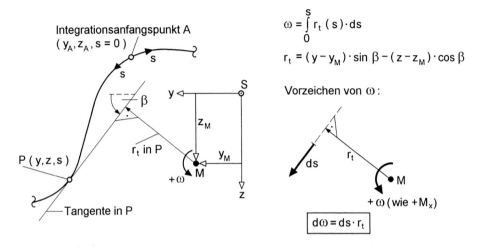

$$\omega = \int_0^s r_t(s) \cdot ds$$

$$r_t = (y - y_M) \cdot \sin \beta - (z - z_M) \cdot \cos \beta$$

Vorzeichen von ω:

$$d\omega = ds \cdot r_t$$

Bild 3.37   Integrationsanfangspunkt A und Vorzeichendefinition für die Wölbordinate

In Bild 3.38 wird die Profilmittellinie eines Querschnitts zwischen den Punkten P_k und P_{k+1} betrachtet. Für die Wölbordinate im Punkt P_{k+1} erhält man

$$\omega_{k+1} = \int_0^{s_{k+1}} r_t \cdot ds = \omega_k + \int_{s_k}^{s_{k+1}} r_t \cdot ds = \omega_k + 2 \cdot A_i \tag{3.79}$$

Mit ω_k im Punkt P_k (als Ausgangspunkt eines Abschnitts) ergibt sich bis zum Punkt P_{k+1} ein Zuwachs, der dem doppelten Flächeninhalt des Dreiecks entspricht, das durch die Punkte M, P_k und P_{k+1} gebildet wird.

Die Nummerierung von P_k zu P_{k+1} muss der Richtung der Profilordinate s entsprechen, damit sich ω mit dem richtigen Vorzeichen ergibt. Für die Anschauung ist es vorteilhaft, wenn man ds oder auch einen geradlinigen Abschnitt der Profilmittellinie als „Kraft" auffasst. Durch Multiplikation mit dem „Hebelarm" r_t erhält man ein Moment um den Schubmittelpunkt. Wenn dies einem positiven Torsionsmoment M_x entspricht, ist die Wölbordinate ω positiv, siehe Bild 3.37 rechts.

Die Flächenermittlung in Bild 3.38 zeigt, dass man zur Berechnung von ω nicht unbedingt ein Koordinatensystem benötigt. Für die Durchführung der Berechnungen ist jedoch in vielen Fällen die Verwendung des y-z-Systems vorteilhaft.

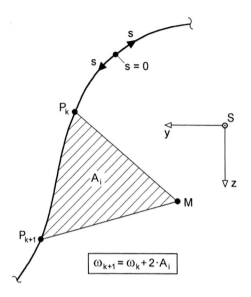

Bild 3.38   Deutung der Wölbordinate als doppelte Fläche des Dreiecks M-P_k-P_{k+1}

Die Profilmittellinien von Querschnitten sind sehr häufig geradlinig, Bild 3.39. Die bereits in Bild 3.38 angesprochene Fläche ist dann ein Dreieck und kann mit der in Bild 3.39 angegebenen Formel berechnet werden. Darüber hinaus ist bei **abschnitts-weise gerader Profilmittellinie** der „Hebelarm" $r_t = $ konst., so dass sich die Integration gemäß Gl (3.79) vereinfacht.

$$\omega_{k+1} = \omega_k + r_{t,i} \cdot \int_{s_k}^{s_{k+1}} ds = \omega_k + \ell_i \cdot r_{t,i} \qquad (3.80)$$

Das Produkt „$\ell_i \cdot r_{t,i}$" kann, wie bereits oben erwähnt, zur Verbesserung der Anschauung als „Kraft mal Hebelarm" interpretiert werden.

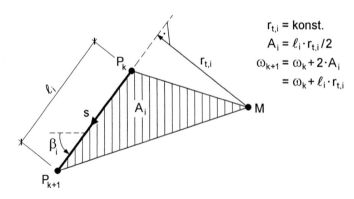

Bild 3.39   Veränderung der Wölbordinate für einen geraden Abschnitt der Profilmittellinie

Mit den Gln. (3.79) und (3.80) stehen 2 Möglichkeiten zur Berechnung der Wölbordinate zur Verfügung. Welche Vorgehensweise im Einzelfall zweckmäßig ist, hängt von der gegebenen Querschnittsform ab. Da die Abschnittslängen ℓ_i in der Regel a priori bekannt sind, wählt man Gl. (3.80), wenn die Hebelarme $r_{t,i}$ unmittelbar abgelesen werden können. Für schwierige Querschnittsformen ist die Berechnung mit Hilfe von Gl. (3.79) und der Flächenermittlung gemäß Bild 3.38 einfacher.

Gekrümmte Profilmittellinien kommen relativ selten vor. Wenn die Form als Funktionsverlauf gegeben ist, kann die Integration nach Abschnitt 3.4.2 durchgeführt werden. Einfacher wird jedoch in den meisten Fällen eine nummerische Integration sein, bei der die gekrümmte Profilmittellinie in geradlinige Abschnitte unterteilt wird. Bild 3.40 zeigt dazu ein Beispiel. Im Punkt P_1 sei die Wölbordinate $ω_1$ gegeben. Gesucht wird der Zuwachs bis zum Punkt P_5. Durch Anwendung der Rekursionsformel $ω_{k+1} = ω_k + 2 \cdot A_k$ kann die Wölbordinate in jedem beliebigen Punkt berechnet werden. Außerdem ist die Verwendung eines Koordinatensystems hier sehr vorteilhaft, da sich dann die Flächen der Dreiecke $M\text{-}P_k\text{-}P_{k+1}$ mit

$$A_k = \frac{1}{2} \cdot \left[(y_{k+1} - y_k) \cdot (z_M - z_k) - (z_{k+1} - z_k) \cdot (y_M - y_k) \right] \qquad (3.81)$$

berechnen lassen.

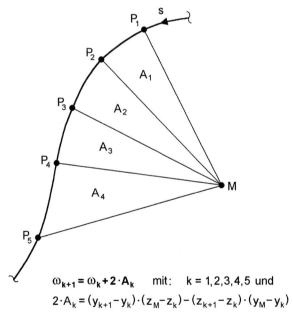

$$ω_{k+1} = ω_k + 2 \cdot A_k \quad \text{mit:} \quad k = 1,2,3,4,5 \text{ und}$$
$$2 \cdot A_k = (y_{k+1} - y_k) \cdot (z_M - z_k) - (z_{k+1} - z_k) \cdot (y_M - y_k)$$

Bild 3.40   Idealisierung gekrümmter Profilmittellinien durch geradlinige Abschnitte (nummerische Integration)

Kreisförmig gekrümmte Profilmittellinien weisen die Besonderheit auf, dass r_t mit Bezug auf den Mittelpunkt des Kreises konstant und die Flächenermittlung daher relativ einfach ist. Als Beispiel wird in Bild 3.41 ein Viertelkreis betrachtet. Mit ω_k im Punkt P_k erhält man für den Punkt P_{k+1}

$$\omega_{k+1} = \omega_k + \Delta\omega_i \qquad \text{mit:} \quad \Delta\omega_i = 2 \cdot A_i \tag{3.82}$$

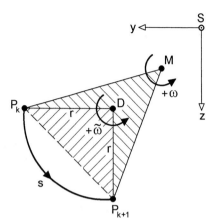

Bild 3.41   Zur Transformation der Wölbordinate bei Bezug auf die Punkte D und M
(Beispiel: Viertelkreis)

Der Zuwachs $\Delta\omega_i$ kann über die Ermittlung der Flächen in Bild 3.41 berechnet werden. Wenn der Bezug auf den Punkt D mit einer „~" gekennzeichnet wird erhält man

$$\Delta\tilde{\omega}_i = 2 \cdot \tilde{A}_i = 2 \cdot \frac{1}{4} \cdot \pi \cdot r^2 \tag{3.83}$$

Die Flächen der Dreiecke sind

$$A_M = \left(y_{k+1} - y_k\right) \cdot \left(z_M - z_k\right) - \left(z_{k+1} - z_k\right) \cdot \left(y_M - y_k\right) \tag{3.84a}$$

$$A_D = \left(y_{k+1} - y_k\right) \cdot \left(z_D - z_k\right) - \left(z_{k+1} - z_k\right) \cdot \left(y_D - y_k\right) \tag{3.84b}$$

mit A_M: Dreieck $M - P_k - P_{k+1}$ bzw.   mit A_D: Dreieck $D - P_k - P_{k+1}$

Damit kann $\Delta\tilde{\omega}_i$ in $\Delta\omega_i$ transformiert, d.h. vom Bezugspunkt D auf den Punkt M umgerechnet werden.

$$\Delta\omega_i = 2 \cdot A_i = \Delta\tilde{\omega}_i + 2 \cdot A_M - 2 \cdot A_D$$

$$= \Delta\tilde{\omega}_i + \left(y_{k+1} - y_k\right) \cdot \left(z_M - z_D\right) - \left(z_{k+1} - z_k\right) \cdot \left(y_M - y_D\right) \tag{3.85}$$

Die hier beschriebene Transformation gilt nicht nur für einen Viertelkreis, sie hat allgemeine Gültigkeit.

Wölbordinate ω̄

Die normierte Wölbordinate ω kann mit

$$\omega = \int_s r_t \cdot ds \tag{3.86}$$

nur berechnet werden, wenn die Lage der Punkte M und A bekannt ist. Ohne diese Kenntnis wird gemäß Abschnitt 3.5 von

$$\overline{\omega} = \int_{\overline{s}} \overline{r}_t \cdot d\overline{s} \tag{3.87}$$

ausgegangen. Die entsprechenden Bezugspunkte sind dann D und $\overline{A}$, siehe Bild 3.34. Die bisher erläuterten Berechnungsmethoden für ω können in vergleichbarer Weise auch für ω̄ verwendet werden. Kapitel 6 enthält Berechnungsbeispiele für verschiedene Querschnittsformen, die die praktische Anwendung zeigen. Dort wie auch im Folgenden wird auf die Unterscheidung zwischen A und $\overline{A}$ sowie s und $\overline{s}$ verzichtet, da dies nur für das Verständnis, nicht jedoch für die Durchführung der Berechnungen von Bedeutung ist. Weitere Berechnungsbeispiele finden sich auch in Abschnitt 3.7.4 im Zusammenhang mit der Ermittlung von y_M und z_M.

Wölbordinate ω̄ für Dreiblechquerschnitte (Typ HVH)

In Abschnitt 3.4.6 wurden Querschnittskennwerte von Drei- und Zweiblechquerschnitten berechnet, siehe auch Bild 3.21 und Tabelle 3.12. Dieser Querschnittstyp soll hier als Beispiel dienen. Mit den Bezeichnungen in Bild 3.42 kann die ω̄-Ordinate für Dreiblechquerschnitte ermittelt werden. Drehpunkt D und Integrationsanfangspunkt A werden in den Ursprung B des beliebigen $\overline{y}-\overline{z}$-Bezugssystem gelegt (Stegmitte). Die Profilordinate beginnt in A und wird sternförmig in die Gurte fortgesetzt.

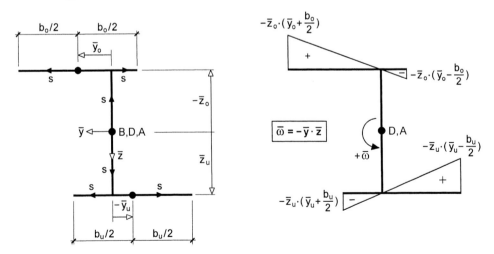

Bild 3.42 Wölbordinate ω̄ für Dreiblechquerschnitte (Typ HVH)

Damit ergibt sich der in Bild 3.42 rechts dargestellte Verlauf der Wölbordinate $\overline{\omega}$. Für Dreiblechquerschnitte, die dem Typ HVH (Steg vertikal, Gurte horizontal) entsprechen, kann auch die Berechnungsformel

$$\overline{\omega} = -\overline{y} \cdot \overline{z} \tag{3.88}$$

verwendet werden.

Mit den Berechnungsformeln für Dreiblechquerschnitte (Typ HVH) können die Querschnittskennwerte baupraktisch relevanter Querschnitte ermittelt werden. Bild 3.43 zeigt die Wölbordinaten $\overline{\omega}$ und ω für 4 verschiedene Querschnittsformen. Beim doppeltsymmetrischen I-Querschnitt liegt der Schubmittelpunkt M in D, so dass sich $\omega = \overline{\omega} = -y \cdot z$ ergibt. Wenn die Lage von M bezüglich D mit a bezeichnet wird, ist die Wölbordinate für den einfachsymmetrischen I-Querschnitt $\omega = \overline{\omega} + y \cdot a$ und für den U-Querschnitt $\omega = \overline{\omega} - z \cdot a$. Für alle 3 Querschnitte ist, wie man unmittelbar sieht, $A_{\overline{\omega}} = 0$ erfüllt. Dies ist beim Z-Querschnitt nicht der Fall, so dass trotz der Lage von M in D $\overline{\omega}$ mit dem konstanten Transformationswert „vermindert" werden muss, damit $A_{\omega} = 0$ erfüllt wird. Für andere Querschnittsformen kann Bild 3.43 oder auch die Formel der Dreiblechquerschnitte als Hilfe verwendet werden.

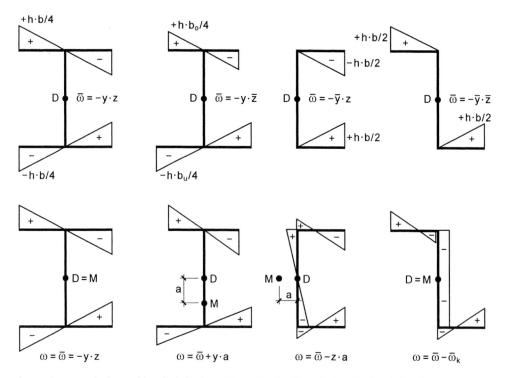

Anmerkungen: b, b_o und b_u sind die jeweiligen Gurtbreiten; h der Abstand der Gurte

Bild 3.43   Wölbordinate $\overline{\omega}$ (oben) und ω (unten) für 4 verschiedene Querschnittsformen

3.6.3 Querschnitte mit Hohlzellen

Bild 3.43 zeigt den ω-Verlauf für 4 verschiedene offene Querschnitte. Aus diesem Bild und den übrigen Ausführungen in den Abschnitten 3.5 und 3.6.2 ergibt sich folgender Sachverhalt:

- Die ω-Ordinate ist bezüglich von **Symmetrielinien** stets **antimetrisch**.

- Auf **Symmetrielinien ist ω = 0**.

- Bei abschnittsweise **geraden Profilmittellinien** (ebenen Blechen) ist der ω-Verlauf **linear veränderlich**.

Der hier aufgeführte Sachverhalt gilt nicht nur für offene Querschnitte, sondern auch für Querschnitte mit Hohlzellen. Damit lässt sich unmittelbar feststellen, dass die beiden Querschnitte in Bild 3.44 wölbfrei sind, d.h. ω = 0 im gesamten Querschnitt gilt.

Der kreisförmige Hohlquerschnitt hat unendlich viele Symmetrielinien. In jedem Punkt des Querschnitts ist daher ω = 0. Ein quadratischer Hohlquerschnitt hat 2 Symmetrielinien (horizontal und vertikal). Sofern alle Wandungen die gleiche Blechdicke haben sind auch die beiden Diagonalen Symmetrielinien. In 8 Schnittpunkten mit der Profilmittellinie ist daher ω = 0. Zwischen diesen Schnittpunkten ist die Profilmittellinie geradlinig. Wenn jedoch ω an beiden Ecken gleich Null ist, muss ω im gesamten Abschnitt der geraden Profilmittellinie gleich Null sein.

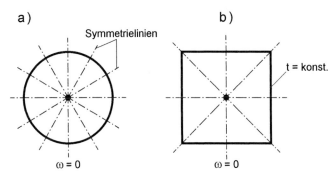

Auf Symmetrieachsen ist ω = 0 !

Bild 3.44   Wölbfreie Hohlquerschnitte

               a) kreisförmiger Hohlquerschnitt

               b) quadratischer Hohlquerschnitt mit t = konst.

Mit den vorstehenden Überlegungen kann auch der Verlauf der Wölbordinate in doppeltsymmetrischen Kastenquerschnitten unmittelbar bestimmt werden. Man erhält die beiden in Bild 3.45 dargestellten Lösungen, wenn man auf den Symmetrielinien ω = 0 ansetzt, die Antimetriebedingung ausnutzt und in geraden Abschnitten der

Profilmittellinie einen linear veränderlichen Verlauf annimmt. Das Vorzeichen und den Zahlenwert kann man mit dieser Methode nicht bestimmen.

Mit den Blechdicken t_g für die Gurte und t_s für die Stege ergibt sich die Wölbordinate nach Tabelle 5.5 in Abschnitt 5.4.2 zu

$$\omega = -y \cdot z \cdot \frac{h/t_s - b/t_g}{h/t_s + b/t_g} \quad \text{bzw. in den Ecken} \quad \omega_1 = -\frac{b \cdot h}{4} \cdot \frac{h/t_s - b/t_g}{h/t_s + b/t_g} \tag{3.89}$$

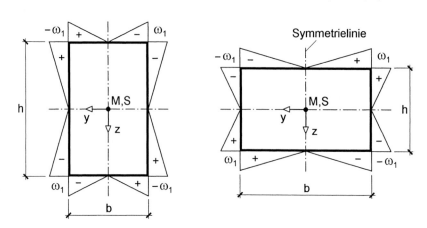

Bild 3.45   Verlauf der Wölbordinate ω in doppeltsymmetrischer Kastenquerschnitte

Das allgemeine Problem

„Ermittlung der Wölbordinate für Querschnitte mit Hohlzellen"

wird mit dem Kraftgrößenverfahren gelöst. Es ist in Abschnitt 5.3.4 im Zusammenhang mit Schubspannungen infolge von Querkräften V_y und V_z ausführlich dargestellt. Dabei ergibt sich in Abhängigkeit vom Grad der statischen Unbestimmtheiten (= Anzahl der Hohlzellen) ein n × n-Gleichungssystem. Beispiel n = 2:

$$\delta_{11} \cdot X_1 + \delta_{12} \cdot X_2 + \delta_{10} = 0$$
$$\tag{3.90}$$
$$\delta_{21} \cdot X_1 + \delta_{22} \cdot X_2 + \delta_{20} = 0$$

Die Unbekannten X_1 und X_2 sind die Schubflüsse T_1 und T_2, die zu bestimmen sind.

Die hier zu lösende Problemstellung ist mit der in Abschnitt 5.3.4 unmittelbar vergleichbar, wobei die Koeffizienten der X_i sogar identisch sind. Der Unterschied besteht nur in der Bestimmung der Lastglieder δ_{i0} (im Beispiel δ_{10} und δ_{20}).

Zur Erläuterung wird nun der einfachsymmetrische Querschnitt mit **einer** Hohlzelle betrachtet, Bild 3.46. Dieser Querschnitt wird in den Abschnitten 5.3.4 und 5.4.6 bezüglich des Schubspannungsverlaufes für die Schnittgrößen V_y, V_z, M_{xp} und M_{xs} untersucht, siehe auch Bilder 5.21, 5.22 und 5.37.

Der Querschnitt wird in der Mitte des Obergurtes in Längsrichtung aufgetrennt, so dass sich ein offener Querschnitt ergibt. Am nunmehr offenen Querschnitt entsteht zwischen den Punkten 7 und 1 eine Relativverschiebung, die durch den unbekannten Schubfluss X_1 zu Null gemacht werden muss. Die Verschiebungen in Stablängs-richtung ergeben sich im Sinne des Kraftgrößenverfahrens zu

$$u(s) = u_0(s) + X_1 \cdot u_1(s) = -\overline{\omega}(s) \cdot \vartheta' \tag{3.91}$$

Darin ist $u_0(s)$ die Längsverschiebung am offenen Querschnitt infolge Verdrillung ϑ', also

$$u_0(s) = -\overline{\omega}_{\text{offen}} \cdot \vartheta' \quad \text{mit}: \overline{\omega}_{\text{offen}} = \int_s \overline{r}_t \cdot ds \tag{3.92}$$

Die Längsverschiebung $u_1(s)$ infolge $X_1 = 1$ ist nach den Abschnitten 5.3.4 oder 5.4.6

$$u_1(s) = \int_s \frac{T_1(s) \cdot T_1(s)}{G \cdot t(s)} \cdot ds = \frac{1}{G} \cdot \int \frac{ds}{t(s)} \tag{3.93}$$

Zwischen den Punkten 7 und 1 ergibt sich die Relativverschiebung

$$\Delta u_1 = \delta_{11} = \frac{1}{G} \cdot \oint_{\text{Hohlzelle}} \frac{ds}{t(s)} \tag{3.94}$$

$$\Delta u_0 = \delta_{10} = -\Delta \overline{\omega}_{\text{offen}} \cdot \vartheta' \quad \text{mit}: \overline{\omega}_{\text{offen}} = \oint \overline{r}_t \cdot ds = 2 \cdot A_m \quad \Rightarrow \quad \delta_{10} = -2 \cdot A_m \cdot \vartheta'$$

Daraus resultiert der unbekannte Schubfluss zu

$$X_1 = -\delta_{10}/\delta_{11} = -\psi \cdot G \cdot \vartheta' \quad \text{mit } \psi = \frac{2 \cdot A_m}{\oint \dfrac{ds}{t(s)}} \tag{3.95}$$

und die Wölbordinate zu

$$\overline{\omega}(s) = \overline{\omega}_{\text{offen}}(s) - \psi \cdot \int \frac{ds}{t(s)} = \overline{\omega}_{\text{offen}}(s) + \frac{X_1}{G \cdot \vartheta'} \cdot \int \frac{ds}{t(s)} \tag{3.96}$$

Die Wölbordinate $\overline{\omega}(s)$ kann nun, wie bei offenen Querschnitten, als Ausgangspunkt für die Normierung nach Tabelle 3.16 verwendet werden, so dass als Ergebnis die normierte Wölbordinate $\omega(s)$ zur Verfügung steht. Dabei ergibt sich nach Punkt ④ in Tabelle 3.16 auch die Lage des Schubmittelpunktes.

Für den Querschnitt in Bild 3.46 ist dort auch die Berechnung von δ_{11}, δ_{10}, X_1 und $\overline{\omega}(s)$ aufgeführt. Die Bezugspunkte D und A liegen im Punkt 1.

Da die Symmetrie des Querschnitts ausgenutzt wurde, kann die normierte Wölb-ordinate mit Tabelle 3.17 (rechts) ermittelt werden

$$\omega = \overline{\omega} + y \cdot (z_M - z_D)$$

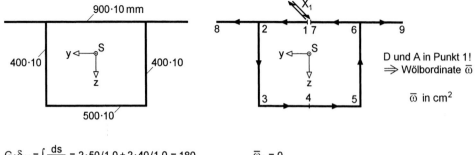

$$G \cdot \delta_{11} = \int \frac{ds}{t(s)} = 2 \cdot 50/1{,}0 + 2 \cdot 40/1{,}0 = 180$$

$$\delta_{10} = -2 \cdot A_m \cdot \vartheta' = -2 \cdot 50 \cdot 40 \cdot \vartheta' = -4000 \cdot \vartheta'$$

$$\Rightarrow X_1 = -\delta_{10}/\delta_{11} = 22{,}22 \cdot G \cdot \vartheta' \; ; \quad \psi = -22{,}22$$

$$\overline{\omega}_1 = 0$$

$$\overline{\omega}_2 = \quad 0 \quad + \quad 0 \quad -22{,}22 \cdot 25/1{,}0 = -555{,}5$$

$$\overline{\omega}_3 = -555{,}5 + 40 \cdot 25 - 22{,}22 \cdot 40/1{,}0 = -444{,}3$$

$$\overline{\omega}_4 = -444{,}3 + 25 \cdot 40 - 22{,}22 \cdot 25/1{,}0 = 0{,}2 \cong 0$$

$$\overline{\omega}_8 = -555{,}5 + \quad 0 \quad - \quad 0 \quad = -555{,}5$$

$\overline{\omega}$ für die rechte Querschnittshälfte: antimetrisch!

Bild 3.46   Querschnitt mit einer Hohlzelle (Beispiel) und Ermittlung der Wölbordinate $\overline{\omega}$

Für das Beispiel ist

$$z_M - z_D = -A_{y\overline{\omega}}/I_z = 2\,194\,083/121\,167 = 18{,}108 \text{ cm}$$

Auf die Einzelheiten der Berechnung wird hier verzichtet, da Abschnitt 6.8 dazu ein ausführliches Beispiel enthält. Der Verlauf der normierten Wölbordinate ist in Bild 3.47 dargestellt. Es können die RUBSTAHL-Programme QSW-BLECHE oder QSW-SYM-Z verwendet werden.

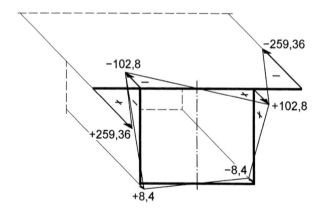

Bild 3.47   Normierte Wölbordinate ω [cm²] für den Querschnitt in Bild 3.46

Weitere Berechnungsbeispiele finden sich in den Abschnitten 6.8 (Querschnitt mit einer Hohlzelle) und 6.9 (Querschnitt mit 2 Hohlzellen).

3.6.4 Vollquerschnitte

In Tabelle 5.7 (Kapitel 5) werden die Spannungsfunktionen $\Phi(y, z)$ für einige Vollquerschnitte angegeben. Damit kann, wie in Abschnitt 5.4.7 ausgeführt, die Wölbordinate ermittelt werden. Für den elliptischen Querschnitt und das gleichseitige Dreieck ist $\omega(y, z)$ explizit in Tabelle 5.4 aufgeführt. Der kreisförmige Vollquerschnitt ist wölbfrei, so dass für ihn $\omega(y, z) = 0$ im gesamten Querschnitt gilt. Als Beispiel ist in Bild 3.48a der Verlauf der Wölbordinate für einen ellipsenförmigen Vollquerschnitt dargestellt. Im Bereich der Symmetrielinien ist, wie in Abschnitt 3.6.3 ausgeführt, $\omega = 0$. Dies gilt auch für den quadratischen Vollquerschnitt in Bild 3.48b, bei dem zusätzlich zu den Achsen y und z die Diagonalen Symmetrielinien sind. Aus Gründen der Übersichtlichkeit sind nur die Vorzeichen und die Linien mit $\omega = 0$ eingetragen.

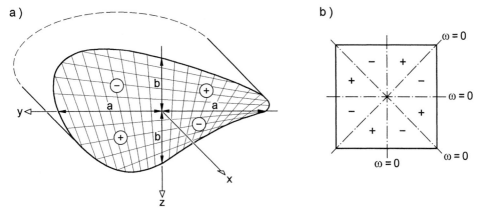

Bild 3.48   Wölbordinate ω für zwei ausgewählte Vollquerschnitte

3.7 Schubmittelpunkt

3.7.1 Bedeutung und Berechnungsmethoden

In der Stabtheorie werden beliebige Beanspruchungszustände in 4 separate Teilprobleme

Torsion, Biegung um die y-Achse und die z-Achse und Normalkraftbeanspruchung

aufgeteilt. Die Aufteilung gelingt wie in Abschnitt 2.12.1 erläutert durch die Verwendung spezieller Bezugssysteme. Dabei ist der Schubmittelpunkt ein wichtiger Bezugspunkt im Querschnitt. Er hat folgende Bedeutung:

a) Wenn die äußeren Querlasten F_y, F_z, q_y und q_z im Schubmittelpunkt angreifen, tritt keine Torsion auf, d.h. der Stab verdreht sich nicht um seine Längsachse.
b) Die Schnittgrößen V_y, V_z, M_x und M_ω wirken im Schubmittelpunkt, siehe auch Bilder 2.4, 2.31 und 2.32.

Grundlage für die Herleitungen in Abschnitt 2.12.1 ist die Elastizitätstheorie. Bei Systemberechnungen unter Berücksichtigung des Plastizierens kann auch dann Torsion auftreten, wenn alle äußeren Querlasten im Schubmittelpunkt angreifen. Auf diesen Sachverhalt wird in Abschnitten 4.6 bis 4.9 und 10.4.5 näher eingegangen. Hier soll es ausschließlich um die Lage des Schubmittelpunktes in Querschnitten gehen, da er auch bei Berechnungen nach der Plastizitätstheorie als Bezugspunkt beibehalten wird, vergleiche auch *Bochumer* **Bemessungskonzept E-P** in Abschnitt 4.4

In Abschnitt 3.2 wurde bereits die Ausnutzung von Symmetrieeigenschaften angesprochen und für elementare Querschnittsformen illustriert. Das Ergebnis wird hier kurz zusammenfassend wiederholt:

- Der Schubmittelpunkt M liegt auf Symmetrielinien eines Querschnitts. Dabei muss der Querschnitt nicht nur bezüglich seiner Teilflächen, sondern auch bezüglich eventuell vorhandener Öffnungen oder Schlitze symmetrisch sein.

- Wenn ein Querschnitt mindestens 2 Symmetrielinien hat, liegt M im Schnittpunkt der beiden Symmetrielinien.

- Bei punktsymmetrischen Querschnitten liegt M im Symmetriepunkt.

Im allgemeinen Fall, wenn keine Symmetrie vorhanden ist, müssen die Koordinaten y_M und z_M des Schubmittelpunktes rechnerisch bestimmt werden. Bei einfachsymmetrischen Querschnitten reduziert sich die Aufgabenstellung auf y_M **oder** z_M. Zur ihrer Ermittlung können folgende Bedingungen verwendet werden:

a) Verdrehung $\vartheta = 0$

b) Torsionsmomente $M_x = M_{xp} = M_{xs} = 0$

c) Wölbbimoment M_ω oder Wölbwiderstand I_ω: Minimum

Die Bedingungen führen zu Berechnungsmethoden, die je nach Querschnittsform mehr oder minder zweckmäßig anwendbar sind. Darüber hinaus sind die Methoden teilweise ingenieurmäßig anschaulich oder eher mathematisch geprägt. Mit Bild 3.49 wird eine Übersicht zu den Berechnungsmethoden gegeben. Teilbild a soll am Beispiel des Kragträgers zeigen, dass sich die Querschnitte nach unten verschieben, aber nicht verdrehen, wenn die Last im Schubmittelpunkt angreift. Die Berechnungsmethode „$\vartheta = 0$" ist sehr anschaulich, jedoch nur für wenige Querschnitte geeignet. Bei Methode b wird „$M_x = 0$" verwendet und mit den resultierenden Schubkräften infolge von Querkräften die Lage des Schubmittelpunktes bestimmt. Dies ist **die** klassische Methode, die in Lehrveranstaltungen zu diesem Thema nicht fehlen darf. Sie ist sehr anschaulich und fördert das ingenieurmäßige Verständnis. Der Nachteil ist, dass der Arbeitsaufwand relativ hoch ist und sich die Methode für die Verwendung in EDV-Programmen nur bedingt eignet.

Die Bedingungen für Methode c führen zu den Berechnungsmethoden zur Normierung der Querschnittskennwerte. Sie wurden bereits in Abschnitt 3.5 hergeleitet, siehe auch Tabelle 3.16. In vielen Anwendungsfällen führt Methode c wesentlich schneller zum Ziel als Methode b und ist auch für computerorientierte Berechnungen hervorragend geeignet. Der Nachteil ist, dass sie ingenieurmäßig weniger anschaulich ist. Dennoch sollte man in allen Fällen, in denen die Wölbordinate schnell und problemlos bestimmt werden kann, Methode c wählen. Für die Durchführung der Berechnungen können die RUBSTAHL-Programme QSW-3BLECH, QSW-OFFEN und QSW-SYM-Z verwendet werden. Bei allen Programmen kommt Methode c zum Einsatz.

a) $\vartheta = 0$

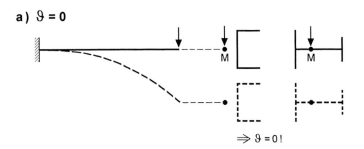

$$\Rightarrow \vartheta = 0\,!$$

b) $M_x = 0$

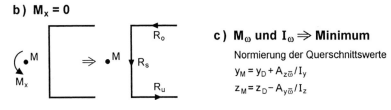

c) M_ω und $I_\omega \Rightarrow$ Minimum

Normierung der Querschnittswerte

$$y_M = y_D + A_{z\bar\omega}/I_y$$
$$z_M = z_D - A_{y\bar\omega}/I_z$$

$M_x = 0$ mit den Schubkräften infolge V_z !

Bild 3.49   Erläuterungen zu den Bedingungen „keine Torsion"

a) $\vartheta = 0$ b) $M_x = 0$ c) M_ω und I_ω minimal

3.7.2 Verwendung von Verformungsbedingungen

Für die Verschiebung eines Querschnittspunktes gilt nach Abschnitt 2.4.1:

$$v(x, y, z) \cong v_M(x) - (z - z_M) \cdot \vartheta(x) \tag{3.97a}$$

$$w(x, y, z) \cong w_M(x) + (y - y_M) \cdot \vartheta(x) \tag{3.97b}$$

Wenn sich alle Querschnittspunkte um dasselbe Maß verschieben sollen, muss $\vartheta = 0$ sein und es folgt $v = v_M$ sowie $w = w_M$.

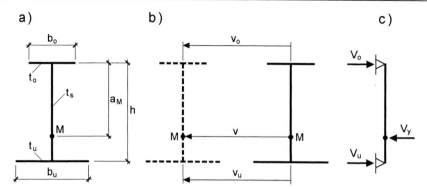

Bild 3.50   Einfachsymmetrischer I-Querschnitt

a) Bezeichnungen   b) Verschiebungen v für $\vartheta = 0$ c) Gurtkräfte infolge V_y

Für den einfach symmetrischen I-Querschnitt in Bild 3.50 bedeutet dies, dass sich Obergurt und Untergurt um $v = v_o = v_u$ verschieben müssen. Da der Steg sehr dünn ist, kann die Querkraft nur von den beiden Gurten aufgenommen werden. Aus Bild 3.50c ergeben sich

$$V_o = V_y \cdot \frac{h - a_M}{h} \qquad \text{und} \qquad V_u = V_y \cdot \frac{a_M}{h} \qquad (3.98)$$

Zur Ermittlung der Gurtverschiebungen kann ein beliebiges statisches System mit F_y- oder q_y-Lasten gewählt werden. Für einen Kragträger mit der Länge ℓ und F_y erhält man beispielsweise am Trägerende

$$v_o = \frac{F_{y,o} \cdot \ell^3}{3 \cdot EI_{z,o}} \qquad \text{und} \qquad v_u = \frac{F_{y,u} \cdot \ell^3}{3 \cdot EI_{z,u}} \qquad (3.99)$$

Mit $v_o = v_u$ folgt

$$\frac{F_{y,o}}{I_{z,o}} = \frac{F_{y,u}}{I_{z,u}} \qquad (3.100)$$

Die Gurtlasten können nun durch die Gurtquerkräfte ersetzt werden

$$\frac{V_o}{I_{z,o}} = \frac{V_y}{I_{z,o}} \cdot \left(1 - \frac{a_M}{h}\right) = \frac{V_y}{I_{z,u}} \cdot \frac{a_M}{h} = \frac{V_u}{I_{z,u}} \qquad (3.101)$$

Wegen $I_z = I_{z,o} + I_{z,u}$ erhält man

$$a_M = \frac{I_{z,u}}{I_z} \cdot h \qquad (3.102)$$

Die Trägheitsmomente der Gurte sind

$$I_{z,u} = t_u \cdot b_u^3 / 12 \qquad \text{und} \qquad I_{z,o} = t_o \cdot b_o^3 / 12 \qquad (3.103)$$

so dass man auch schreiben kann:

$$a_M = \frac{t_u \cdot b_u^3}{t_u \cdot b_u^3 + t_o \cdot b_o^3} \cdot h \qquad (3.104)$$

Wie man sieht, liegt der Schubmittelpunkt nicht nur bei doppeltsymmetrischen I-Querschnitten in Stegmitte. Es ist auch $a_M = h/2$ für

$$t_u \cdot b_u^3 = t_o \cdot b_o^3 \qquad (3.105)$$

Wenn beispielsweise $b_u = 1{,}5 \cdot b_o$ ist, müsste $t_o = 1{,}5^3 \cdot t_u = 3{,}375 \cdot t_u$ sein, damit $a_M = h/2$ ist.

Die hier für den einfachsymmetrischen I-Querschnitt vorgestellte Methode kann auch bei anderen Querschnittsformen verwendet werden. Bild 3.51 zeigt 3 zusätzliche Beispiele, die zwar eher „exotisch" anmuten, die Methodik aber zusätzlich verdeutlichen. Im Übrigen ist, wenn wirklich einmal die skizzierten I-Profile als Gurte vorhanden sind, die Berechnung mit anderen Methoden wesentlich aufwendiger. Abschnitt 6.5 enthält ein konkretes Zahlenbeispiel.

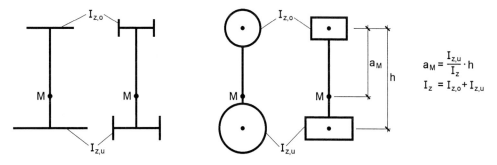

Bild 3.51 Zur Lage des Schubmittelpunktes bei Querschnitten mit 2 ungleichen Gurten

3.7.3 Verwendung der Schubspannungen

Bei der klassischen Methode zur Ermittlung der Lage des Schubmittelpunktes werden die Schubspannungen infolge V_y und V_z und daraus resultierende Schubkräfte in den Einzelteilen berechnet. Als Bedingung wird dann verwendet, dass beim Momentengleichgewicht um den Schubmittelpunkt kein Torsionsmoment auftreten darf.

a) M_x mit τ_{xy} und τ_{xz}

$$M_x = \int_A \left[\tau_{xz} \cdot (y - y_M) - \tau_{xy} \cdot (z - z_M) \right] \cdot dA$$

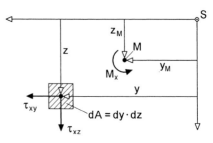

b) M_x mit τ_{xs} bei dünnwandigen Einzelteilen

$$M_x = \int_A \tau_{xs} \cdot r_t \cdot dA = \int_S T_{xs} \cdot r_t \cdot ds = \underbrace{\int_s T_{xs} \cdot \bar{r}_t \cdot ds}_{= M_x \text{ um D}} - (y_M - y_D) \cdot V_z + (z_M - z_D) \cdot V_y$$

$$r_t = (y - y_M) \cdot \sin\beta - (z - z_M) \cdot \cos\beta$$

$$\bar{r}_t = (y - y_D) \cdot \sin\beta - (z - z_D) \cdot \cos\beta$$

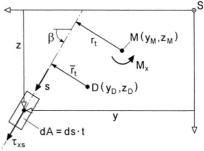

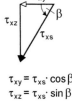

$$\tau_{xy} = \tau_{xs} \cdot \cos\beta$$
$$\tau_{xz} = \tau_{xs} \cdot \sin\beta$$

c) Schubmittelpunkt M (y_M, z_M) für Fall b (Bedingung $M_x = 0$)

$$V_y = 0, \ V_z \neq 0: \quad y_M - y_D = \frac{1}{V_z} \cdot \int_S T_{xs}(V_z) \cdot \bar{r}_t \cdot ds$$

$$V_z = 0, \ V_y \neq 0: \quad z_M - z_D = -\frac{1}{V_y} \cdot \int_S T_{xs}(V_y) \cdot \bar{r}_t \cdot ds$$

Bild 3.52   Torsionsmoment M_x als Resultierende der Schubspannungen und Ermittlung des Schubmittelpunktes mit der Bedingung $M_x = 0$

Mit Tabelle 2.3 und Bild 3.52a ist das Torsionsmoment

$$M_x = \int_A \left[\tau_{xz} \cdot (y - y_M) - \tau_{xy} \cdot (z - z_M) \right] \cdot dA$$

$$= \int_A \left(\tau_{xz} \cdot y - \tau_{xy} \cdot z \right) \cdot dA - y_M \cdot \int_A \tau_{xz} \cdot dA + z_M \cdot \int_A \tau_{xy} \cdot dA \qquad (3.106)$$

$$= \underbrace{M_{x,S}}_{\text{in Bezug auf S}} - y_M \cdot V_z + z_M \cdot V_y$$

Wenn die Schubspannungen τ_{xy} und τ_{xz} nur infolge der Querkräfte V_y und V_z wirken sollen, muss das Torsionsmoment um den Schubmittelpunkt gleich Null sein.

Bei dünnwandigen Querschnitten ist es günstiger von Bild 3.52b auszugehen. Da man die Lage des Schubmittelpunktes noch nicht kennt, wird ein Punkt (y_D, z_D) gewählt, der als vorläufiger Bezugspunkt zur Bildung von M_x um D dient. Die Hebelarme r_t und $\bar{r}_t$ sowie auch die übrigen Bezeichnungen wurden bereits im Zusammenhang mit der Wölbordinate verwendet (Abschnitt 3.6). Mit Bild 3.52b erhält man

$$M_x = \int_s T_{xs} \cdot r_t \cdot ds$$

$$= \int_s T_{xs} \cdot \bar{r}_t \cdot ds - (y_M - y_D) \cdot \int_s T_{xs} \cdot \sin\beta \cdot ds + (z_M - z_D) \cdot \int_s T_{xs} \cdot \cos\beta \cdot ds \quad (3.107)$$

$$= \underbrace{M_{x,D}}_{\text{in Bezug auf D}} - (y_M - y_D) \cdot V_z + (z_M - z_D) \cdot V_y$$

Zur Ermittlung von y_M und z_M werden **2** Gleichungen benötigt. Dazu werden, wie in Bild 3.52c dargestellt, die Wirkung der Querkräfte V_y und V_z getrennt voneinander betrachtet und Schubflüsse $T_{xs}(V_y)$ und $T_{xs}(V_z)$ ermittelt. Als Ergebnis erhält man

$$y_M - y_D = \frac{1}{V_z} \cdot \int_s T_{xs}(V_z) \cdot \bar{r}_t \cdot ds \quad (3.108a)$$

$$z_M - z_D = -\frac{1}{V_y} \cdot \int_s T_{xs}(V_y) \cdot \bar{r}_t \cdot ds \quad (3.108b)$$

Die Lage des Schubmittelpunktes ist natürlich von V_y und V_z selbst unabhängig. Die Querkräfte kürzen sich heraus, wenn man gemäß Abschnitt 5.3

$$\tau_{xs}(V_y) = -\frac{V_y \cdot S_z(s)}{I_z \cdot t(s)}, \quad \tau_{xs}(V_z) = -\frac{V_z \cdot S_y(s)}{I_y \cdot t(s)}, \quad (3.109)$$

und $\tau_{xs} \cdot t(s) = T_{xs}$ einsetzt. Es folgt dann

$$y_M - y_D = -\frac{1}{I_y} \cdot \int_s S_y(s) \cdot \bar{r}_t \cdot ds \quad (3.110a)$$

$$z_M - z_D = +\frac{1}{I_z} \cdot \int_s S_z(s) \cdot \bar{r}_t \cdot ds \quad (3.110b)$$

Wie man sieht, werden hier die statischen Momente und die Integrale ihrer Produkte mit dem Hebelarm $\bar{r}_t$ benötigt. Ein Nachteil dieser Berechnungsformeln ist, dass die Bildung resultierender Schubkräfte und des Momentengleichgewichts nicht mehr erkennbar ist. Die Vorgehensweise entspricht prinzipiell der in Abschnitt 3.7.4 behandelten Methode „Verwendung der Wölbordinate". Hier soll jedoch das ingenieurmäßige Verständnis im Vordergrund stehen und daher an Bild 3.50c angeknüpft werden.

Die dünnwandigen Querschnitte des Stahlbaus haben fast ausnahmslos **abschnittsweise gerade** Profilmittellinien und konstante Blechdicken. Der Hebelarm $\bar{r}_t$ ist dann im Abschnitt konstant, so dass er als konstanter Faktor vor die Integrale gezogen werden kann. Mit einer Aufteilung in n Querschnittsteile ergeben die Integrale nunmehr die Schubkräfte in den Einzelteilen

$$V_i(V_z) = \int_{s_i} T_{xs}(V_z) \cdot ds \quad \text{und} \quad V_i(V_y) = \int_{s_i} T_{xs}(V_y) \cdot ds \tag{3.111}$$

Damit wird aus den Gln. (3.108a, b):

$$y_M - y_D = \frac{1}{V_z} \cdot \sum_{i=1}^{n} V_i(V_z) \cdot \bar{r}_{t,i} \tag{3.112a}$$

$$z_M - z_D = -\frac{1}{V_y} \cdot \sum_{i=1}^{n} V_i(V_y) \cdot \bar{r}_{t,i} \tag{3.112b}$$

Zum Verständnis der beiden Gleichungen sei hier noch ihr Ausgangspunkt, d.h. M_x nach Bild 3.52b für $\bar{r}_t$ abschnittsweise konstant, ergänzt.

$$M_x = \sum_{i=1}^{n} V_i \cdot \bar{r}_{t,i} - (y_M - y_D) \cdot V_z + (z_M - z_D) \cdot V_y = 0 \tag{3.113}$$

Für die Ermittlung der Schubkräfte und Hebelarme werden in Tabelle 3.19 Berechnungshilfen zur Verfügung gestellt.

Als Beispiel und zum Vergleich mit Abschnitt 3.7.2 wird der einfachsymmetrische I-Querschnitt in Bild 3.53 behandelt. Für die Berechnung von $a_M = z_M - z_D$ werden die Schubspannungen infolge V_y ermittelt. Gemäß Abschnitt 5.3 ergeben sich im Ober- und Untergurt parabelförmig verteilte Schubspannungen. Die mittleren Ordinaten τ_o und τ_u sind in Bild 3.53 angegeben. Für die resultierenden Schubkräfte erhält man mit Tabelle 3.8

$$V_o = \int_{A_o} \tau_{xy} \cdot dA = \frac{2}{3} \tau_o \cdot A_o \tag{3.114a}$$

$$V_u = \int_{A_u} \tau_{xy} \cdot dA = \frac{2}{3} \tau_u \cdot A_u \tag{3.114b}$$

Für $M_x = 0$ um den Schubmittelpunkt ergibt sich

$$V_o \cdot a_M - V_u \cdot (h - a_M) = 0 \tag{3.114c}$$

Eine Schubkraft kann mit Hilfe von $V_o + V_u = V_y$ ersetzt werden, so dass

$$a_M = z_M - z_D = \frac{V_u}{V_y} \cdot h \qquad (3.114d)$$

ist. Bei den Vorzeichen ist zu beachten, dass die Querkraft V_y durch äquivalente Schubspannungen und Schubkräfte ersetzt wurde (Äquivalenzprinzip). Es ergeben sich daher Wirkungsrichtungen die mit V_y übereinstimmen. Alternativ zur expliziten Bildung des Momentengleichgewichts kann auch Gl. (3.112b) verwendet werden. $V_i \cdot \bar{r}_{t,i}$ ist dabei **positiv** einzusetzen, wenn der Drehsinn mit einem **positiven M_x** übereinstimmt. Man erhält

$$z_M - z_D = -\frac{1}{V_y} \cdot \left(V_o \cdot 0 - V_u \cdot h\right) = \frac{V_u}{V_y} \cdot h = \frac{I_{z,u}}{I_z} \cdot h \qquad (3.114e)$$

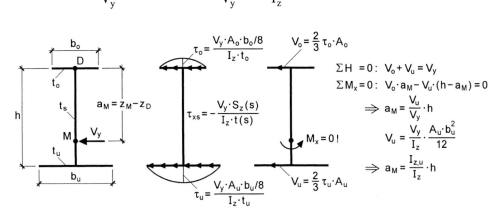

Bild 3.53   Verwendung der Schubspannungen zur Ermittlung der Lage des Schubmittelpunktes a_M beim einfachsymmetrischen I-Querschnitt

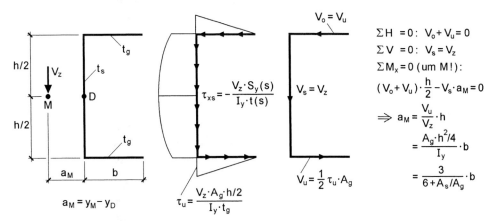

Bild 3.54   Verwendung der Schubspannungen zur Ermittlung der Lage des Schubmittelpunktes a_M beim U-Querschnitt

Das klassische Beispiel zur Ermittlung des Schubmittelpunktes ist der U-Querschnitt (Bild 3.54). Aus dem Schubspannungsverlauf infolge V_z ist unmittelbar zu erkennen, dass der Schubmittelpunkt links vom Steg liegen muss, da andernfalls M_x nicht gleich Null sein kann. Die resultierende Schubkraft V_s im Steg muss aus Gleichgewichtsgründen gleich der Querkraft V_z sein, so dass die Integration der Schubspannungen dort nicht explizit erforderlich ist. Nach kurzer Rechnung führen die Gleichgewichtsbedingungen zu

$$a_M = y_M - y_D = \frac{V_u}{V_z} \cdot h = \frac{3}{6 + A_s/A_g} \cdot b \qquad (3.115a)$$

Dieses Ergebnis kann man auch direkt mit Gl. (3.112a) erzielen

$$y_M - y_D = \frac{1}{V_z} \cdot \left(V_o \cdot \frac{h}{2} + V_s \cdot 0 + V_u \cdot \frac{h}{2} \right) = \frac{V_u}{V_z} \cdot h \qquad (3.115b)$$

Die hier behandelte Methode ist immer dann vorteilhaft anwendbar, wenn Schubspannungen, Schubkräfte und Hebelarme ohne großen Aufwand ermittelt werden können. Schwierigkeiten treten aber z.B. auf, wenn schrägliegende Bleche vorhanden sind oder wenn für bestimmte parabelförmige Schubflussverläufe Integralformeln in den Integraltafeln fehlen, siehe auch Tabelle 3.8.

Schubspannungen und Schubkräfte in dünnwandigen Blechen

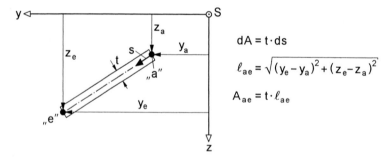

Bild 3.55   Dünnwandiges Blech mit t = konst. im y-z-Koordinatensystem

Für dünnwandige Bleche mit t = konst. gemäß Bild 3.55 sind

$$y(s) = y_a + (y_e - y_a) \cdot s/\ell_{ae} \quad \text{und} \quad z(s) = z_a + (z_e - z_a) \cdot s/\ell_{ae} \qquad (3.116)$$

Damit ergeben sich die statischen Momente zu

$$S_y(s) = S_{y,a} + \int_0^s z \cdot t \cdot ds = S_{y,a} + A_{ae} \cdot \left(z_a \cdot \frac{s}{\ell_{ae}} + \frac{z_e - z_a}{2} \cdot \frac{s^2}{\ell_{ae}^2} \right) \qquad (3.117a)$$

$$S_z(s) = S_{z,a} + \int_0^s y \cdot t \cdot ds = S_{z,a} + A_{ae} \cdot \left(y_a \cdot \frac{s}{\ell_{ae}} + \frac{y_e - y_a}{2} \cdot \frac{s^2}{\ell_{ae}^2} \right) \qquad (3.117b)$$

$$S_{y,e} = S_{y,a} + A_{ae} \cdot (z_a + z_e)/2 \tag{3.117c}$$

$$S_{z,e} = S_{z,a} + A_{ae} \cdot (y_a + y_e)/2 \tag{3.117d}$$

Der Schubfluss im dünnwandigen Blech kann gemäß Abschnitt 5.3 mit

$$T_{xs}(s) = -\frac{V_y}{I_z} \cdot S_z(s) - \frac{V_z}{I_y} \cdot S_y(s) \tag{3.118}$$

berechnet werden. Durch Integration erhält man die Schubkraft

$$V(s) = \int_0^s T_{xs}(s) \cdot ds = -\frac{V_y}{I_z} \cdot \left(S_{z,a} \cdot s + A_{ae} \cdot \left(\frac{y_a}{2} \cdot \frac{s^2}{\ell_{ae}} + \frac{y_e - y_a}{6} \cdot \frac{s^3}{\ell_{ae}^2} \right) \right)$$

$$-\frac{V_z}{I_y} \cdot \left(S_{y,a} \cdot s + A_{ae} \cdot \left(\frac{z_a}{2} \cdot \frac{s^2}{\ell_{ae}} + \frac{z_e - z_a}{6} \cdot \frac{s^3}{\ell_{ae}^2} \right) \right) \tag{3.119}$$

und mit $s = \ell_{ae}$

$$V_{ae} = -\frac{V_y}{I_z} \cdot \left(S_{z,a} + A_{ae} \cdot \frac{2 \cdot y_a + y_e}{6} \right) \cdot \ell_{ae} - \frac{V_z}{I_y} \cdot \left(S_{y,a} + A_{ae} \cdot \frac{2 \cdot z_a + z_e}{6} \right) \cdot \ell_{ae}$$

$$\tag{3.120}$$

Zu dieser Formulierung für V_{ae} sind verschiedene Varianten möglich, die für die praktische Anwendung von Vorteil sein können. Sie sind in Tabelle 3.19 zusammengestellt. Die Formulierung mit den Schubflüssen T_{xs} in den Punkten a, m und e knüpft an Bild 2.41 in Abschnitt 2.13 an.

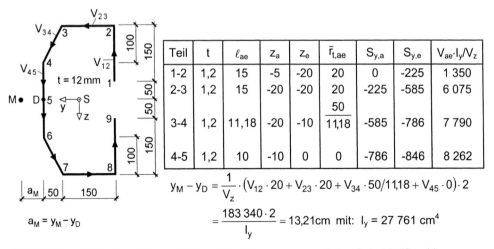

Teil	t	ℓ_{ae}	z_a	z_e	$\bar{r}_{t,ae}$	$S_{y,a}$	$S_{y,e}$	$V_{ae} \cdot I_y/V_z$
1-2	1,2	15	-5	-20	20	0	-225	1 350
2-3	1,2	15	-20	-20	20	-225	-585	6 075
3-4	1,2	11,18	-20	-10	$\dfrac{50}{11,18}$	-585	-786	7 790
4-5	1,2	10	-10	0	0	-786	-846	8 262

$$y_M - y_D = \frac{1}{V_z} \cdot (V_{12} \cdot 20 + V_{23} \cdot 20 + V_{34} \cdot 50/11,18 + V_{45} \cdot 0) \cdot 2$$

$$= \frac{183\,340 \cdot 2}{I_y} = 13,21\,\text{cm mit: } I_y = 27\,761\ \text{cm}^4$$

Bild 3.56   C-förmiger Querschnitt und Ermittlung von a_M mit den Schubkräften V_{ae}

Die Anwendung von Tabelle 3.19 wird für den Querschnitt in Bild 3.56 gezeigt. Da der Querschnitt einfachsymmetrisch ist, reicht es aus, eine Hälfte zu betrachten. Die Lage des Schubmittelpunktes wird mit Hilfe von

$$y_M - y_D = \frac{1}{V_z} \cdot \sum_{i=1}^{n} V_i(V_z) \cdot \bar{r}_{t,i} \tag{3.121}$$

ermittelt und die Hebelarme $\bar{r}_{t,i}$ auf den Punkt D in Mitte Steg bezogen. Für abschnittsweise gerade Profilmittellinien ist

$$\bar{r}_{t,ae} = (y_e - y_D) \cdot \frac{z_e - z_a}{\ell_{ae}} - (z_e - z_D) \cdot \frac{y_e - y_a}{\ell_{ae}} \tag{3.122}$$

Dabei wird die Lage des Schwerpunktes in y-Richtung nicht benötigt, da nur Differenzen bezüglich y_D auftreten.

Tabelle 3.19 Schubkräfte V_{ae} und Hebelarm $\bar{r}_t$ dünnwandiger Bleche

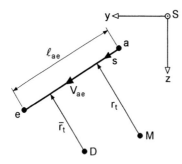

statische Momente:

$$S_{y,e} = S_{y,a} + A_{ae} \cdot (z_a + z_e)/2$$

$$S_{z,e} = S_{z,a} + A_{ae} \cdot (y_a + y_e)/2$$

Mitte Blech:

$$S_{y,m} = S_{y,a} + A_{ae} \cdot (3 \cdot z_a + z_e)/8$$

$$S_{z,m} = S_{z,a} + A_{ae} \cdot (3 \cdot y_a + y_e)/8$$

$$V_{ae} = -\frac{V_y}{I_z} \cdot \left(S_{z,a} + A_{ae} \cdot \frac{2 \cdot y_a + y_e}{6} \right) \cdot \ell_{ae} - \frac{V_z}{I_y} \cdot \left(S_{y,a} + A_{ae} \cdot \frac{2 \cdot z_a + z_e}{6} \right) \cdot \ell_{ae}$$

$$= -\frac{V_y}{I_z} \cdot \frac{\ell_{ae}}{6} \cdot \left(4 \cdot S_{z,a} + 2 \cdot S_{z,e} + A_{ae} \cdot y_a \right) - \frac{V_z}{I_y} \cdot \frac{\ell_{ae}}{6} \cdot \left(4 \cdot S_{y,a} + 2 \cdot S_{y,e} + A_{ae} \cdot z_a \right)$$

$$= -\frac{V_y}{I_z} \cdot \frac{\ell_{ae}}{6} \cdot \left(S_{z,a} + 4 \cdot S_{z,m} + S_{z,e} \right) - \frac{V_z}{I_y} \cdot \frac{\ell_{ae}}{6} \cdot \left(S_{y,a} + 4 \cdot S_{y,m} + S_{y,e} \right)$$

$$= \left(T_{xs,a} + 4 \cdot T_{xs,m} + T_{xs,e} \right) \cdot \ell_{ae}/6$$

$$\bar{r}_t = (y_a - y_D) \cdot \sin\beta - (z_a - z_D) \cdot \cos\beta = (y_e - y_D) \cdot \sin\beta - (z_e - z_D) \cdot \cos\beta$$

mit: $\sin\beta = \dfrac{z_e - z_a}{\ell_{ae}}$ und $\cos\beta = \dfrac{y_e - y_a}{\ell_{ae}}$

Profilmittellinien schneiden sich in einem Punkt

Die Methode „$M_x = 0$ unter Verwendung resultierender Schubkräfte" führt unmittelbar zu einer wichtigen Erkenntnis: Wenn ein Querschnitt aus dünnwandigen Einzelteilen besteht, deren Profilmittelinien sich in **einem** Punkt schneiden, so liegt dort der Schubmittelpunkt M und der Querschnitt ist wölbfrei. Bild 3.57 zeigt dazu vier Beispiele. Die Wölbordinate ist überall gleich Null, weil bezüglich M kein Hebelarm r_t zu den Profilmittellinien vorhanden ist. Bei den skizzierten Querschnitten tritt nur *St. Venantsche* Torsion auf. Infolge Torsion entstehen also nur primäre Schubspannungen, die mit M_x und I_T zu berechnen sind.

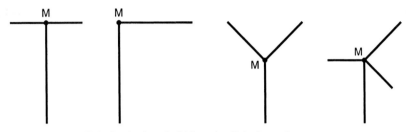

Schubmittelpunkt M liegt im Schnittpunkt
Querschnitt ist wölbfrei, d.h. $\omega = 0$, $I_\omega = M_\omega = M_{xs} = 0$, $M_{xp} = M_x$

Bild 3.57   Dünnwandige Querschnitte mit Profilmittellinien, die sich in **einem** Punkt schneiden

3.7.4 Verwendung der Wölbordinate

Auf die Ermittlung der Wölbordinate ω wurde in Abschnitt 3.6 ausführlich eingegangen und in Tabelle 3.16 (Abschnitt 3.5) die einzelnen Schritte zur Berechnung normierter Querschnittskennwerte (Teil II) zusammengestellt. Für die Lage des Schubmittelpunktes ergab sich dort

$$y_M - y_D = A_{z\overline{\omega}}/I_y \qquad\qquad (3.123a)$$

$$z_M - z_D = -A_{y\overline{\omega}}/I_z \qquad\qquad (3.123b)$$

Die Verwendung dieser Berechnungsformeln ist bei den meisten Querschnitten viel einfacher als eine Berechnung mit Hilfe resultierender Schubkräfte gemäß Abschnitt 3.7.3. Die Methodik ist zwar weniger anschaulich, formal aber leichter anzuwenden.

Die Gln. (3.123a, b) sind, wie in Abschnitt 3.5 ausgeführt, aus den Bedingungen $A_{y\omega} = A_{z\omega} = 0$, d.h. der Entkopplung der Wölbkrafttorsion von der zweiachsigen Biegung mit Normalkraft entstanden. Wie in Abschnitt 3.8 gezeigt wird, führt auch die Bedingung, dass I_ω das minimale Wölbflächenmoment 2. Grades sein soll, zu diesen beiden Gleichungen. In Abschnitt 3.7.3 wurden die Gln. (3.108a, b) und

(3.110a, b) mit der Bedingung $M_x = 0$ hergeleitet. Diese Gleichungen können in die Gln. (3.123a, b) überführt werden, was am Beispiel von

$$y_M - y_D = \frac{1}{V_z} \cdot \int_s T_{xs}(V_z) \cdot \bar{r}_t \cdot ds = \frac{1}{V_z} \cdot \int_s \tau_{xs}(V_z) \cdot t(s) \cdot \bar{r}_t \cdot ds \qquad (3.124)$$

gezeigt werden soll. Wenn man die partielle Integration

$$\int_0^\ell u' \cdot v \cdot w \cdot dx = [u \cdot v \cdot w]_0^\ell - \int_0^\ell u \cdot (v \cdot w)' \cdot dx \qquad (3.125)$$

auf Gl. (3.124) anwendet, so erhält man für abschnittsweise konstantes oder schwach veränderliches $t(s)$

$$\int \bar{r}_t \cdot \tau_{xs}(V_z) \cdot t(s) \cdot ds = [\overline{\omega} \cdot \tau_{xs}(V_z) \cdot t(s)] - \int \overline{\omega} \cdot \frac{\partial \tau_{xs}(V_z)}{\partial s} \cdot t(s) \cdot ds \qquad (3.126)$$

$$\text{mit: } \overline{\omega} = \int_s \bar{r}_t \cdot ds$$

Die Randterme (eckige Klammer) ergeben sich zu Null, da $\tau_{xs}(V_z)$ an den Enden offener Querschnitte gleich Null ist. Aus dem Spannungsgleichgewicht, Gl. (2.40a),

$$\frac{\partial \sigma_x}{\partial x} + \frac{\partial \tau_{xs}}{\partial s} = 0 \qquad (3.127a)$$

folgt mit $\sigma_x = \dfrac{M_y}{I_y} \cdot z$

$$\frac{\partial \sigma_x}{\partial x} = \frac{M_y'}{I_y} \cdot z = \frac{V_z}{I_y} \cdot z \qquad (3.127b)$$

und damit

$$\frac{\partial \tau_{xs}(V_z)}{\partial s} = -\frac{\partial \sigma_x}{\partial x} = -\frac{V_z}{I_y} \cdot z \qquad (3.127c)$$

Aus Gl. (3.124) wird nun

$$y_M - y_D = -\frac{1}{V_z} \cdot \int_s \overline{\omega} \cdot \left(-\frac{V_z}{I_y} \cdot z \right) \cdot t(s) \cdot ds = \frac{1}{I_y} \cdot \int_A z \cdot \overline{\omega} \cdot dA = \frac{A_{z\overline{\omega}}}{I_y} \qquad (3.128)$$

Das Ergebnis bedeutet, dass die Gln. (3.123a, b) auch die Bedingung $M_x = 0$ enthalten. Es wird nun näher auf die Verwendung dieser Berechnungsformeln eingegangen.

Das Hauptanwendungsgebiet sind dünnwandige Querschnitte, die aus ebenen Blechen mit t = konst. bestehen. Die Wölbordinaten ω und $\overline{\omega}$ haben dann ebenso wie y und z (Hauptachsen) im ebenen Blech einen geradlinigen Funktionsverlauf. Völlig analog zu den Gln. (3.46) in Abschnitt 3.4.4 können dann für $A_{\overline{\omega}}$, $A_{y\overline{\omega}}$, $A_{z\overline{\omega}}$ und $A_{\overline{\omega}\overline{\omega}}$ entsprechende Berechnungsformeln angegeben werden. Tabelle 3.20 enthält die Auswertung der Integrale für ein einzelnes Blech. Die Formeln in Tabelle 3.20 sind Bestandteil der RUBSTAHL-Programme QSW-BLECHE und QSW-OFFEN.

Tabelle 3.20 $A_{\overline{\omega}}$, $A_{y\overline{\omega}}$, $A_{z\overline{\omega}}$ und $A_{\overline{\omega}\overline{\omega}}$ für ein ebenes Einzelblech mit t = konst.

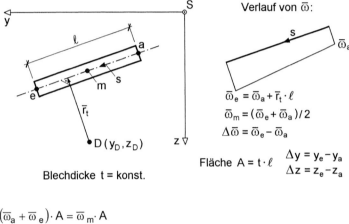

Verlauf von $\overline{\omega}$:

$$\overline{\omega}_e = \overline{\omega}_a + \overline{r}_t \cdot \ell$$
$$\overline{\omega}_m = (\overline{\omega}_e + \overline{\omega}_a)/2$$
$$\Delta\overline{\omega} = \overline{\omega}_e - \overline{\omega}_a$$

Blechdicke t = konst.

Fläche $A = t \cdot \ell$

$$\Delta y = y_e - y_a$$
$$\Delta z = z_e - z_a$$

$$A_{\overline{\omega}} = \frac{1}{2} \cdot (\overline{\omega}_a + \overline{\omega}_e) \cdot A = \overline{\omega}_m \cdot A$$

$$A_{y\overline{\omega}} = \frac{1}{6} \cdot [(2 \cdot y_a + y_e) \cdot \overline{\omega}_a + (y_a + 2 \cdot y_e) \cdot \overline{\omega}_e] \cdot A = \Delta y \cdot \Delta\overline{\omega} \cdot A/12 + y_m \cdot \overline{\omega}_m \cdot A$$

$$A_{z\overline{\omega}} = \frac{1}{6} \cdot [(2 \cdot z_a + z_e) \cdot \overline{\omega}_a + (z_a + 2 \cdot z_e) \cdot \overline{\omega}_e] \cdot A = \Delta z \cdot \Delta\overline{\omega} \cdot A/12 + z_m \cdot \overline{\omega}_m \cdot A$$

$$A_{\overline{\omega}\overline{\omega}} = \frac{1}{3} \cdot (\overline{\omega}_a^2 + \overline{\omega}_a \cdot \overline{\omega}_e + \overline{\omega}_e^2) \cdot A = \Delta\overline{\omega}^2 \cdot A/12 + \overline{\omega}_m^2 \cdot A$$

Zum Vergleich mit den Methoden in den Abschnitten 3.7.2 und 3.7.3 werden der einfachsymmetrische I- und U-Querschnitt erneut untersucht. Die Berechnungen zur Methode „Verwendung der Wölbordinate" sind in den Bildern 3.58 und 3.59 zusammengestellt. Wegen der Symmetrieeigenschaften der Querschnitte wird von Tabelle 3.17 in Abschnitt 3.5 ausgegangen.

Die Ermittlung von $A_{y\overline{\omega}}$ und $A_{z\overline{\omega}}$ mit Tabelle 3.20 vereinfacht sich stark, da einzelne Ordinaten gleich Null oder am Anfang und Ende gleich sind. Für die Berechnung von $A_{y\overline{\omega}}$ und $A_{z\overline{\omega}}$ ist es in der Regel günstig, wenn D und A im Schnittpunkt von 2 Blechen angeordnet werden, da dann in diesen beiden Blechen $\overline{\omega} = 0$ ist. Wenn der

Querschnitt eine Symmetrielinie hat, sollten D und A in einen Schnittpunkt der Symmetrielinie mit der Profilmittellinie gelegt werden. Es ergeben sich dann stets $A_{\overline{\omega}}$ und daher auch $\overline{\omega}_k$ gleich Null. Außerdem sind natürlich auch y_M bzw. $z_M = 0$.

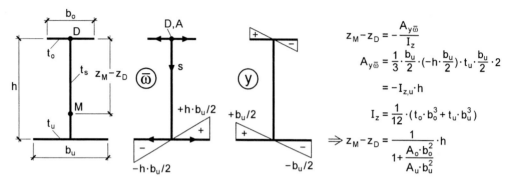

Bild 3.58   Verwendung der Wölbordinate $\overline{\omega}$ zur Ermittlung der Lage des Schubmittelpunktes z_M–z_D beim einfachsymmetrischen I-Querschnitt

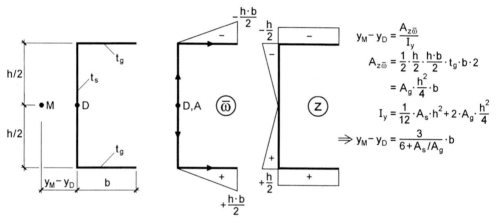

Bild 3.59   Verwendung der Wölbordinate $\overline{\omega}$ zur Ermittlung der Lage des Schubmittelpunktes y_M–y_D beim einfachsymmetrischen U-Querschnitt

Als ein etwas komplexeres Beispiel wird für den hutähnlichen Querschnitt in Bild 3.60 die Lage des Schubmittelpunktes in allgemeiner Form ermittelt. Abschnitt 6.7 enthält ein konkretes Zahlenbeispiel. Zur Berechnung von $A_{y\overline{\omega}}$ wurde Tabelle 3.20 verwendet und dann bereits so weit wie möglich zusammengefasst. Man erkennt, dass sich das Verfahren in hervorragender Weise für die Auswertung in Tabellenkalkulationsprogrammen eignet. Durch entsprechende Wahl der Querschnittsabmessungen können verschiedene Querschnittsvarianten erfasst werden.

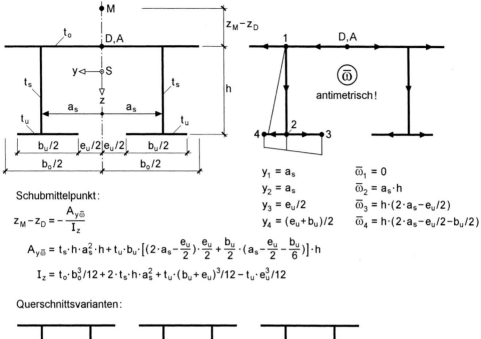

Schubmittelpunkt:

$$z_M - z_D = -\frac{A_{y\bar{\omega}}}{I_z}$$

$$A_{y\bar{\omega}} = t_s \cdot h \cdot a_s^2 \cdot h + t_u \cdot b_u \cdot \left[(2 \cdot a_s - \frac{e_u}{2}) \cdot \frac{e_u}{2} + \frac{b_u}{2} \cdot (a_s - \frac{e_u}{2} - \frac{b_u}{6}) \right] \cdot h$$

$$I_z = t_o \cdot b_o^3 / 12 + 2 \cdot t_s \cdot h \cdot a_s^2 + t_u \cdot (b_u + e_u)^3 / 12 - t_u \cdot e_u^3 / 12$$

$y_1 = a_s$ $\quad \bar{\omega}_1 = 0$
$y_2 = a_s$ $\quad \bar{\omega}_2 = a_s \cdot h$
$y_3 = e_u / 2$ $\quad \bar{\omega}_3 = h \cdot (2 \cdot a_s - e_u / 2)$
$y_4 = (e_u + b_u) / 2$ $\quad \bar{\omega}_4 = h \cdot (2 \cdot a_s - e_u / 2 - b_u / 2)$

Querschnittsvarianten:

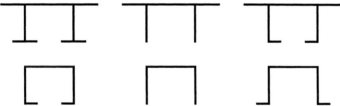

Bild 3.60   Zur Ermittlung des Schubmittelpunktes für verschiedene Querschnittsvarianten unter Verwendung der Wölbordinate

Dreiblechquerschnitte (Typ HVH)

Die Formeln in Tabelle 3.20 können u.a. auch für **Dreiblechquerschnitte** verwendet
werden. Als Fortsetzung von Tabelle 3.12 in Abschnitt 3.4.6 (siehe dort auch Bild
3.21) und mit den Wölbordinaten $\bar{\omega}$ in Bild 3.42 (Abschnitt 3.6.2) erhält man die in
Tabelle 3.21 zusammengestellten Formeln. Der Vorteil von Tabelle 3.21 liegt darin,
dass damit allgemeine Berechnungsformeln für häufig vorkommende Querschnitte zur
Verfügung stehen, die leicht zu programmieren sind, siehe auch RUBSTAHL-
Programm QSW-3BLECH. Darüber hinaus liegt auch die Wölbordinate $\bar{\omega}$ allgemein
vor, so dass dazu keine weiteren Überlegungen erforderlich sind. Zu beachten ist, dass
die Bezugspunkte B, D und A in der Mitte des Steges liegen. Für den U-Querschnitt
in Bild 3.59 erhält man mit Tabelle 3.21 unmittelbar

$$A_{z\bar{\omega}} - A_{\overline{z\omega}} - -A_o \cdot \bar{y}_o \cdot \bar{z}_o^2 - A_u \cdot \bar{y}_u \cdot \bar{z}_u^2 = -b \cdot t_g \cdot (-b/2) \cdot h^2 / 4 \cdot 2 = t_g \cdot b^2 \cdot h^2 / 4$$

Tabelle 3.21 Querschnittskennwerte für Dreiblechquerschnitte (Typ HVH) zur Normierung Teil II

Teilflächen A_o, A_s und A_u sowie Fläche A: siehe Tabelle 3.12

Flächenmoment 1. Grades:

$$A_{\overline{\omega}} = -A_o \cdot \overline{y}_o \cdot \overline{z}_o - A_u \cdot \overline{y}_u \cdot \overline{z}_u$$

Flächenmomente 2. Grades:

$$A_{\overline{y\omega}} = -A_o \cdot \overline{z}_o \cdot \left(\overline{y}_o^2 + \frac{b_o^2}{12} \right) - A_u \cdot \overline{z}_u \cdot \left(\overline{y}_u^2 + \frac{b_u^2}{12} \right)$$

$$A_{\overline{z\omega}} = -A_o \cdot \overline{y}_o \cdot \overline{z}_o^2 - A_u \cdot \overline{y}_u \cdot \overline{z}_u^2$$

$$A_{\overline{\omega\omega}} = A_o \cdot \overline{z}_o^2 \cdot \left(\overline{y}_o^2 + \frac{b_o^2}{12} \right) + A_u \cdot \overline{z}_u^2 \cdot \left(\overline{y}_u^2 + \frac{b_u^2}{12} \right)$$

Transformationen:

$$A_{y\omega} = \left(A_{\overline{y\omega}} - \overline{y}_s \cdot \overline{\omega}_k \cdot A \right) \cdot \cos\alpha + \left(A_{\overline{z\omega}} - \overline{z}_s \cdot \overline{\omega}_k \cdot A \right) \cdot \sin\alpha$$

$$A_{z\omega} = \left(A_{\overline{z\omega}} - \overline{z}_s \cdot \overline{\omega}_k \cdot A \right) \cdot \cos\alpha - \left(A_{\overline{y\omega}} - \overline{y}_s \cdot \overline{\omega}_k \cdot A \right) \cdot \sin\alpha$$

Normierung: siehe Tabelle 3.16

Querschnitte mit Hohlzellen

Die Lage des Schubmittelpunktes kann auch bei Querschnitten mit Hohlzellen mit Hilfe der Wölbordinate bestimmt werden. Kapitel 6 enthält dazu 2 Berechnungsbeispiele

- Querschnitt mit **einer** Hohlzelle (Abschnitt 6.8)

- Querschnitt mit **zwei** Hohlzellen (Abschnitt 6.9)

Ein weiteres Beispiel, der einzellige Hohlkasten mit überstehendem Obergurt, findet sich in Abschnitt 3.6.3, siehe Bilder 3.46 und 3.47. Die normierte ω-Ordinate in Bild 3.47 soll hier zur Kontrolle verwendet werden, ob $A_{y\omega} = 0$ ist. Dabei wird aus Symmetriegründen nur der halbe Querschnitt betrachtet.

$$A_{y\omega} = \frac{1}{3} \cdot 25 \cdot (-102,8) \cdot 25 \cdot 1 + \frac{1}{2} \cdot 25 \cdot (-102,8 + 8,4) \cdot 40 \cdot 1$$

$$+ \frac{1}{3} \cdot 25 \cdot 8,4 \cdot 25 \cdot 1 + \frac{1}{6} \cdot \left[(2 \cdot 25 + 45) \cdot (-102,8) + (25 + 2 \cdot 45) \cdot 259,36 \right] \cdot 20 \cdot 1$$

$$= -21\,417 - 47\,200 + 1\,750 + 66\,868 = 1 \cong 0$$

Weitere Querschnittsformen

In Tabelle 3.22 wird die Lage des Schubmittelpunktes für weitere ausgewählte Querschnittsformen angegeben.

Tabelle 3.22 Lage des Schubmittelpunktes für ausgewählte Querschnitte

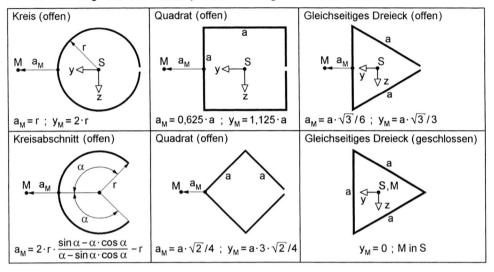

Kreis (offen)	Quadrat (offen)	Gleichseitiges Dreieck (offen)
$a_M = r$; $y_M = 2 \cdot r$	$a_M = 0{,}625 \cdot a$; $y_M = 1{,}125 \cdot a$	$a_M = a \cdot \sqrt{3}/6$; $y_M = a \cdot \sqrt{3}/3$
Kreisabschnitt (offen)	Quadrat (offen)	Gleichseitiges Dreieck (geschlossen)
$a_M = 2 \cdot r \cdot \dfrac{\sin\alpha - \alpha \cdot \cos\alpha}{\alpha - \sin\alpha \cdot \cos\alpha} - r$	$a_M = a \cdot \sqrt{2}/4$; $y_M = a \cdot 3 \cdot \sqrt{2}/4$	$y_M = 0$; M in S

3.8 Wölbflächenmoment 2. Grades I_ω

Das Wölbflächenmoment 2. Grades wurde bereits bei der Herleitung der Grundgleichungen für die Stabtheorie in Kapitel 2 definiert, siehe Abschnitte 2.9 und 2.12.1

$$I_\omega = \int_A \omega^2 \cdot dA \tag{3.129}$$

I_ω wird auch minimaler Wölbwiderstand oder kurz Wölbwiderstand genannt. Die Bezeichnung I_ω setzt sich seit 1990 allgemein durch, da sie in der neuen DIN 18800 [4] verwendet wird. In der Literatur findet man häufig auch die Bezeichnungen I_w, C, C_M, $F_{\omega\omega}$ und $A_{\omega\omega}$.

In diesem Buch wird die Bezeichnung

$$A_{\omega\omega} = I_\omega = \int_A \omega^2 \cdot dA \tag{3.130}$$

verwendet, wenn die Bildung des Flächenintegrals und Zusammenhänge bei der Normierung deutlich werden sollen.

Einheiten

Die Wölbordinate ω wird üblicherweise in cm^2 angegeben. Wenn für die Fläche ebenfalls die Einheit cm^2 gewählt wird, ergibt sich I_ω in cm^6. Für ein HEB 800 ist dann $I_\omega = 21\,840\,000\ cm^6$, also ein relativ großer Zahlenwert. Bei großen Querschnitten, wie z.B. im Brückenbau, empfehlen sich als Einheiten $cm^2 m^4$ oder m^6.

Minimaleigenschaft von I_ω

Da I_ω unter Verwendung der normierten Wölbordinate berechnet wird, ist I_ω ein Minimum. Unter Bezug auf Abschnitt 3.5 lässt sich dies wie folgt zeigen:

Eine Wölbordinate $\overline{\omega}$, die für beliebig gewählte Bezugspunkte D und A berechnet wurde, kann mit Hilfe der Transformationsbeziehung

$$\omega = \overline{\omega} - \overline{\omega}_k - z \cdot (y_M - z_D) + y \cdot (z_M - z_D) \tag{3.131}$$

gemäß Punkt ⑥ in Tabelle 3.16 in die normierte Wölbordinate umgerechnet werden. Wenn man ω in Gl. (3.130) einsetzt, die Integrationen durchführt und berücksichtigt, dass y und z Hauptachsen sind, d.h. $A_y = A_z = A_{yz} = 0$ gilt, so erhält man

$$I_\omega = A_{\overline{\omega}\overline{\omega}} - 2 \cdot \overline{\omega}_k \cdot A_{\overline{\omega}} + \overline{\omega}_k^2 \cdot A + (y_M - y_D)^2 \cdot I_y + (z_M - z_D)^2 \cdot I_z \tag{3.132}$$

$$+ 2 \cdot A_{y\overline{\omega}} \cdot (z_M - z_D) - 2 \cdot A_{z\overline{\omega}} \cdot (y_M - y_D)$$

Das Minimum ergibt sich, wenn man die 1. Ableitung gleich Null setzt.

a) $\dfrac{\partial(I_\omega)}{\partial(y_M - y_D)} = 2 \cdot (y_M - y_D) \cdot I_y - 2 \cdot A_{z\overline{\omega}} = 0 \tag{3.133a}$

$\Rightarrow y_M - y_D = \dfrac{A_{z\overline{\omega}}}{I_y}$

b) $\dfrac{\partial(I_\omega)}{\partial(z_M - z_D)} = 2 \cdot (z_M - z_D) \cdot I_z + 2 \cdot A_{y\overline{\omega}} = 0 \tag{3.133b}$

$\Rightarrow z_M - z_D = -\dfrac{A_{y\overline{\omega}}}{I_z}$

Wie man sieht, führt der Bezug der Wölbordinate auf den Schubmittelpunkt zum Minimum für I_ω. Die Beziehungen stimmen mit den in Abschnitt 3.5 hergeleiteten überein, siehe Tabelle 3.16, Punkt ④.

Rechnerische Ermittlung

Wenn die normierte Wölbordinate ω bekannt ist, kann I_ω unmittelbar mit Gl. (3.130) berechnet werden. In den meisten Anwendungsfällen ist dies jedoch nicht der Fall. Mit einer Wölbordinate $\overline{\omega}$ als Ausgangspunkt wird dann die Berechnung normierter

Querschnittskennwerte Teil II in Abschnitt 3.5 durchgeführt. Gemäß Punkt ⑤ in Tabelle 3.16 ist dann

$$I_\omega = A_{\overline{\omega\omega}} - \overline{\omega}_k^2 \cdot A - (y_M - y_D)^2 \cdot I_y - (z_M - z_D)^2 \cdot I_z \tag{3.134}$$

Für die rechnerische Ermittlung teilt man den Querschnitt in geeignete Teilflächen ein. Sofern es sich um dünnwandige Bleche mit t = konst. handelt, können die Integrale durch folgende Summenformeln ersetzt werden:

$$I_\omega = \sum_{i=1}^{n}\left[\left(\omega_a^2 + \omega_a \cdot \omega_e + \omega_e^2\right) \cdot A_{ae}/3\right]_i = \sum_{i=1}^{n}\left[\omega_m^2 \cdot A_{ae} + \Delta\omega^2 \cdot A_{ae}/12\right]_i \tag{3.135}$$

Die Bezeichnungen erklären sich mit Tabelle 3.20. Dort wird auch die Formel für $A_{\overline{\omega\omega}}$ angegeben. Kapitel 6 enthält in den Abschnitten 6.3 und 6.5 bis 6.9 Berechnungsbeispiele, die die Zahlenrechnung verdeutlichen. Da I_ω in engem Zusammenhang mit der Spannungsermittlung steht, finden sich in Kapitel 5 ebenfalls Angaben zur Berechnung von I_ω, siehe z.B. Tabellen 5.4 und 5.5.

Dreiblechquerschnitte (Typ HVH)

Als Beispiel für die Berechnung von $A_{\overline{\omega\omega}}$ soll hier die in Tabelle 3.21 für Dreiblechquerschnitte angegebene Formel aufgestellt werden. Die Wölbordinate $\overline{\omega}$ kann aus Bild 3.42 abgelesen werden.

Obergurt: $\quad \overline{\omega}_{a,o} = -\overline{z}_o \cdot (\overline{y}_o + b_o/2); \quad \overline{\omega}_{e,o} = -\overline{z}_o \cdot (\overline{y}_o - b_o/2)$

Untergurt: $\quad \overline{\omega}_{a,u} = -\overline{z}_u \cdot (\overline{y}_u + b_o/2); \quad \overline{\omega}_{e,u} = -\overline{z}_u \cdot (\overline{y}_u - b_u/2)$

Mit

$$A_{\overline{\omega\omega}} = \left(\overline{\omega}_{a,o}^2 + \overline{\omega}_{a,o} \cdot \overline{\omega}_{e,o} + \overline{\omega}_{e,o}^2\right) \cdot b_o \cdot t_o/3 + \left(\overline{\omega}_{a,u}^2 + \overline{\omega}_{a,u} \cdot \overline{\omega}_{e,u} + \overline{\omega}_{e,u}^2\right) \cdot b_u \cdot t_u/3$$

folgt nach kurzer Zwischenrechnung

$$A_{\overline{\omega\omega}} = b_o \cdot t_o \cdot \overline{z}_o^2 \cdot \left(\overline{y}_o^2 + b_o^2/12\right) + b_u \cdot t_u \cdot \overline{z}_u^2 \cdot \left(\overline{y}_u^2 + b_u^2/12\right) \tag{3.136}$$

3.9 Torsionsträgheitsmoment I_T

Bei der Herleitung der inneren virtuellen Arbeit in Abschnitt 2.9 ergab sich das primäre Torsionsmoment mit den Gln. (2.78) und (2.80) zu

$$M_{xp} = \int_A \left(\tau_{xz,p} \cdot (y - y_M) - \tau_{xy,p} \cdot (z - z_M)\right) \cdot dA = GI_T \cdot \vartheta' \tag{3.137}$$

Daraus folgt die allgemeine Definition des Torsionsträgheitsmomentes

$$I_T = \frac{1}{G \cdot \vartheta'} \int_A \left(\tau_{xz,p} \cdot (y - y_M) - \tau_{xy,p} \cdot (z - z_M) \right) \cdot dA \qquad (3.138)$$

In Gl. (3.138) dürfen definitionsgemäß nur die primären Schubspannungen Berücksichtigung finden, d.h. sie müssen die Gleichgewichtsbedingungen für Fall a in Bild 2.34 erfüllen. Darüber hinaus müssen die Schubspannungsverteilungen mit der Querschnittsgeometrie verträglich sein. Zur Berechnung von I_T werden daher die zur primären Torsion gehörenden Spannungsverteilungen benötigt. Diese finden sich in Abschnitt 5.4, wie auch Angaben zur Ermittlung von I_T für ausgewählte Querschnitte. Hier werden die grundlegenden Methoden zur Bestimmung von I_T und allgemeine Zusammenhänge behandelt.

Wenn man

$$\tau_{xy,p} = \left(-(z - z_M) - \frac{\partial \omega}{\partial y} \right) \cdot G \cdot \vartheta' \qquad (3.139a)$$

und

$$\tau_{xz,p} = \left(+(y - y_M) - \frac{\partial \omega}{\partial z} \right) \cdot G \cdot \vartheta' \qquad (3.139b)$$

gemäß Gl. (2.75) in Gl. (3.138) einsetzt, erhält man

$$I_T = \int_A \left((y - y_M)^2 - (y - y_M) \cdot \frac{\partial \omega}{\partial z} + (z - z_M)^2 + (z - z_M) \cdot \frac{\partial \omega}{\partial y} \right) \cdot dA \qquad (3.140)$$

Bei den Ableitungen der Wölbordinate können $y - y_M$ und $z - z_M$ durch die Gln. (3.139) ersetzt werden. Dies führt zu

$$I_T = \int_A \left((y - y_M)^2 + (z - z_M)^2 - \left(\frac{\partial \omega}{\partial y} \right)^2 - \left(\frac{\partial \omega}{\partial z} \right)^2 \right) \cdot dA \qquad (3.141)$$

$$- \frac{1}{G \cdot \vartheta'} \underbrace{\int_A \left(\tau_{xy,p} \cdot \frac{\partial \omega}{\partial y} + \tau_{xz,p} \cdot \frac{\partial \omega}{\partial z} \right) \cdot dA}_{= 0, \text{ siehe Gl. (2.79)}}$$

Das 2. Flächenintegral ist, wie mit Gl. (2.79) gezeigt wurde, gleich Null. Mit den Gln. (3.140) und (3.141) stehen 2 gleichwertige Gleichungen zur Bestimmung von I_T zur Verfügung, für die jedoch die Wölbordinate benötigt wird.

Für den Sonderfall wölbfreier Querschnitte ergibt sich

$$I_T = \int_A \left((y - y_M)^2 + (z - z_M)^2 \right) dA$$

$$= I_z + I_y + (y_M^2 + z_M^2) \cdot A \tag{3.142}$$

$$= I_p + (y_M^2 + z_M^2) \cdot A \tag{3.143}$$

Da bei wölbfreien Querschnitten in der Regel $y_M = z_M = 0$ ist, entspricht I_T dem polaren Trägheitsmoment

$$I_T = I_p = I_z + I_y$$

Bei wölbarmen Querschnitten ist I_p eine Näherung für I_T. Gl (3.141) zeigt, dass die Verwölbung stets zu einer Verringerung von I_T führt.

Bei Kenntnis der Funktion für die Wölbordinate kann I_T mit Gl. (3.140) oder Gl. (3.141) berechnet werden. In den Tabellen 5.6 und 5.7 (Abschnitt 5.4.2) sind die Wölbfunktionen für einige Querschnitte zusammengestellt. Allerdings ist dort auch bereits I_T aufgeführt.

Bei vielen Querschnitten ist die Wölbfunktion linear von y und z abhängig. Mit

$$y_M = z_M = 0 \quad \text{und} \quad \omega = k \cdot y \cdot z \tag{3.144}$$

ergibt sich aus den Gln. (3.140) und (3.141)

$$k = \frac{I_z - I_y}{I_z + I_y} \quad \text{sowie} \quad I_T = \frac{4 \cdot I_y \cdot I_z}{I_z + I_y} \tag{3.145}$$

Neben I_T kann also für den betrachteten Sonderfall auch die Wölbordinate bestimmt werden.

Beispiel: Ellipse mit den Halbachsen a und b

$$I_z = \frac{\pi}{4} \cdot a^3 \cdot b \qquad I_y = \frac{\pi}{4} \cdot a \cdot b^3 \tag{3.146}$$

$$\Rightarrow k = \frac{a^2 - b^2}{a^2 + b^2} \qquad I_T = \frac{\pi \cdot a^3 \cdot b^3}{a^2 + b^2}$$

Die Ergebnisse stimmen mit Tabelle 5.4 überein.

Einschränkend muss hier erwähnt werden, dass die Gln. (3.140) und (3.141) nur bei **Vollquerschnitten** angewendet werden dürfen. Bei anderen Querschnittsformen muss von der Ursprungsgleichung (3.138) ausgegangen werden, damit nur die „richtigen" Spannungsverteilungen Berücksichtigung finden.

Als Beispiel wird ein dünnwandiger doppeltsymmetrischer **Hohlkasten** betrachtet, siehe Bild 3.61. In den Gurten und Stegen treten bei primärer Torsion jeweils nur konstante Schubspannungen $\tau_{xy,p}$ **oder** $\tau_{xz,p}$ auf. Mit $y_M = z_M = 0$ führt Gl. (3.138) zu

$$I_T = \frac{1}{G \cdot \vartheta'} \cdot \left(\int\limits_{\text{Stege}} \tau_{xz,p} \cdot y \cdot dA - \int\limits_{\text{Gurte}} \tau_{xy,p} \cdot z \cdot dA \right) \qquad (3.147)$$

Bei der Integration muss also berücksichtigt werden, dass τ_{xy} in den Stegen und τ_{xz} in den Gurten gleich Null sind. Eine analoge Vorgehensweise wie oben führt zu

$$I_T = \int\limits_{\text{Stege}} \left(y^2 - y \cdot \frac{\partial \omega}{\partial z} \right) \cdot dA + \int\limits_{\text{Gurte}} \left(z^2 + z \cdot \frac{\partial \omega}{\partial y} \right) \cdot dA$$

$$= \int\limits_{\text{Stege}} \left(y^2 - \left(\frac{\partial \omega}{\partial z} \right)^2 \right) \cdot dA + \int\limits_{\text{Gurte}} \left(z^2 - \left(\frac{\partial \omega}{\partial y} \right)^2 \right) \cdot dA \qquad (3.148)$$

Da die Schubspannungen bereichsweise konstant sind, kann den Gln. (3.139a, b) entnommen werden, dass

$$\omega = k \cdot y \cdot z \qquad (3.149)$$

sein muss. Mit

$$I_s = h \cdot t_s \cdot b^2/2 \text{ und } I_g = b \cdot t_g \cdot h^2/2 \quad \textit{(Steiner-Anteile!)} \qquad (3.150)$$

folgt analog wie oben

$$k = \frac{I_s - I_g}{I_s + I_g} = \frac{b/t_g - h/t_s}{b/t_g + h/t_s} \quad \text{sowie} \quad I_T = \frac{4 \cdot I_s \cdot I_g}{I_s + I_g} = \frac{2 \cdot b \cdot h}{b/t_g + h/t_s} \qquad (3.151)$$

Diese Ergebnisse werden in Abschnitt 5.4.2 auf anderem Wege hergeleitet. Berechnungsformeln zur Ermittlung von I_T finden sich für verschiedene Querschnittsformen in den Tabellen 5.4 bis 5.6 sowie in den Bildern 5.31 und 5.32. Kapitel 6 enthält mehrere Berechnungsbeispiele.

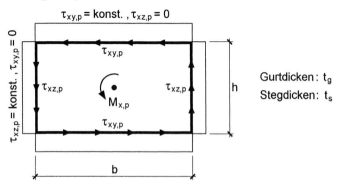

Bild 3.61   Primäre Schubspannungen in einem doppeltsymmetrischen Hohlkasten

3.10 Querschnittskennwerte i_M, r_y, r_z und r_ω

Für Berechnungen nach Theorie II. Ordnung und Stabilitätsuntersuchungen werden die Querschnittskennwerte i_M, r_y, r_z und r_ω benötigt. Sie erfassen ein Torsionsmoment M_x, das aufgrund der Verdrillung ϑ' aus der Wirkung von Normalspannungen σ_x nach Theorie II Ordnung entsteht (siehe Abschnitt 2.14).

$$M_x = M_{rr} \cdot \vartheta' \tag{3.152}$$

Darin ist $M_{rr} = \int\limits_A \sigma_x \cdot r_M^2 \cdot dA$ mit $r_M^2 = (y - y_M)^2 + (z - z_M)^2$.

Die Normalspannung kann durch

$$\sigma_x = \frac{N}{A} - \frac{M_z}{I_z} \cdot y + \frac{M_y}{I_y} \cdot z + \frac{M_\omega}{I_\omega} \cdot \omega \tag{3.153}$$

ersetzt werden. Man erhält dann

$$M_{rr} = N \cdot i_M^2 - M_z \cdot r_y + M_y \cdot r_z + M_\omega \cdot r_\omega \tag{3.154}$$

mit: $i_M^2 = i_p^2 + y_M^2 + z_M^2$; $i_p^2 = (I_y + I_z)/A$

$$r_y = \frac{1}{I_z} \cdot \int\limits_A y \cdot (y^2 + z^2) \cdot dA - 2 \cdot y_M ; \qquad r_z = \frac{1}{I_y} \int\limits_A z \cdot (y^2 + z^2) \cdot dA - 2 \cdot z_M$$

$$r_\omega = \frac{1}{I_\omega} \int\limits_A \omega \cdot (y^2 + z^2) \cdot dA ; \qquad \text{y, z und } \omega \text{: Ordinaten im Hauptsystem}$$

Die Querschnittskennwerte r_y, r_z und r_ω werden in der Literatur teilweise in anderer Weise bezeichnet oder haben bei gleicher Bezeichnungsweise andere Bedeutungen. Zur Ermittlung der Größen r_y, r_z und r_ω werden Flächenintegrale benötigt, die dreifache Produkte der Ordinaten enthalten.

$$\begin{array}{ll} r_y\!: & A_{yyy} + A_{yzz} \\ r_z\!: & A_{yyz} + A_{zzz} \\ r_\omega\!: & A_{yy\omega} + A_{zz\omega} \end{array} \tag{3.155}$$

Bei **dünnwandigen Querschnitten mit abschnittsweise gerader Profilmittellinie und t = konst.** lassen sich mit geringem Aufwand Berechnungsformeln herleiten. Dazu wird wie in den Bildern 3.13 und 3.52 **ein Einzelblech** betrachtet und die Endpunkte mit den Ordinaten y_a, z_a, ω_a sowie y_e, z_e, ω_e beschrieben. Man erhält 3 lineare Funktionen

$$\begin{array}{ll} y = y_m + \Delta y \cdot s/\ell & \qquad y_m = (y_a + y_e)/2, \quad \Delta y = y_e - y_a \\ z = z_m + \Delta z \cdot s/\ell & \text{mit:} \quad z_m = (z_a + z_e)/2, \quad \Delta z = z_e - z_a \\ \omega = \omega_m + \Delta \omega \cdot s/\ell & \qquad \omega_m = (\omega_a + \omega_e)/2, \quad \Delta\omega = \omega_e - \omega_a \end{array} \tag{3.156}$$

Für ein Flächenintegral mit 3 Funktionen ergibt sich nach kurzer Zwischenrechnung

$$A_{yz\omega} = \int_A y \cdot z \cdot \omega \cdot dA = t \cdot \int_{-\ell/2}^{+\ell/2} y \cdot z \cdot \omega \cdot ds \qquad (3.157a)$$

$$= y_m \cdot z_m \cdot \omega_m \cdot A + \left(y_m \cdot \Delta z \cdot \Delta \omega + z_m \cdot \Delta y \cdot \Delta \omega + \omega_m \cdot \Delta y \cdot \Delta z\right) \cdot A/12$$

Damit können unmittelbar die folgenden Flächenintegrale formuliert werden

$$A_{yyy} = \int_A y^3 \cdot dA = y_m^3 \cdot A + y_m \cdot \Delta y^2 \cdot A/4 \qquad (3.157b)$$

$$A_{yzz} = \int_A y \cdot z^2 \cdot dA = y_m \cdot z_m^2 \cdot A + \left(y_m \cdot \Delta z^2 + 2 \cdot z_m \cdot \Delta y \cdot \Delta z\right) \cdot A/12 \qquad (3.157c)$$

Die übrigen Flächenintegrale weisen die gleiche Struktur auf und ergeben sich analog. Da hier nur ein Einzelteil betrachtet wurde, sind natürlich noch die Summen über alle Querschnittsteile zu bilden. Für Drei- und Zweiblechquerschnitte können die Querschnittskennwerte mit dem RUBSTAHL-Programm QSW-3BLECH berechnet werden.

Für Querschnitte, die symmetrisch zur z-Achse sind, erhält man A_{yyy} und $A_{yzz} = 0$. Der Einfluss von Symmetrieeigenschaften auf r_y, r_z und r_ω kann aus Tabelle 3.23 abgelesen werden. Wie man sieht, sind die Werte für viele Fälle gleich Null. Der Querschnittswert i_M ist natürlich für alle Querschnittsformen ungleich Null, da i_p wegen I_y und I_z ungleich Null ist.

Tabelle 3.23 Querschnittskennwerte r_y, r_z und r_ω für Querschnitte mit Symmetrieeigenschaften

Querschnitt		r_y	r_z	r_ω
I	doppelt-symmetrisch	= 0	= 0	= 0
I	einfachsymmetrisch zur z-Achse	= 0	≠ 0	= 0
[	einfachsymmetrisch zur y-Achse	≠ 0	= 0	= 0
⌐	punktsymmetrisch	= 0	= 0	≠ 0

Vielen Lesern wird die Bedeutung der hier behandelten Querschnittskennwerte nicht unmittelbar klar sein. Zur Normalkraft N gehört der Parameter i_M. Wenn es sich um

Druckstäbe handelt, wird mit $N \cdot i_M^2$ das Biegedrillknicken bzw. bei doppeltsymmetrischen Querschnitten das Drillknicken erfasst. Die Bedeutung der anderen Parameter wird mit einem Beispiel erläutert.

Beispiel: Einfluss von r_z auf die Verzweigungslast M_{Ki} (Bild 3.62)

$M_y(x) = M_R = \text{konst.}$

$I_z = 6\,075\ \text{cm}^4$ $\quad I_\omega = 960\,000\ \text{cm}^6$

$I_T = 230{,}4\ \text{cm}^4$ $\quad z_M = -10{,}94\ \text{cm}$

$r_z = 28{,}40\ \text{cm}$

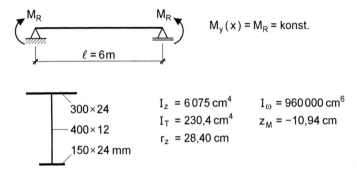

Bild 3.62 Beispiel zum Einfluss des Querschnittskennwertes r_z

Mit dem RUBSTAHL-Programm KSTAB2000 erhält man folgende Ergebnisse:

a) pos. Moment (Druck oben): $M_{Ki} = 1542$ kNm

b) neg. Moment (Druck unten): $M_{Ki} = 548$ kNm

Das Ergebnis bestätigt die Anschauung, dass die Stabilitätsgefahr geringer ist, wenn der **breite Gurt** gedrückt wird. Der Parameter r_z erfasst, ob der breite oder schmale Gurt durch Druckspannungen beansprucht wird. Wenn man fälschlicherweise $r_z = 0$ setzt, ergibt die Berechnung unabhängig vom Vorzeichen des Biegemomentes $M_{Ki} = 920$ kNm.

In der Praxis kommt der einfachsymmetrische I-Querschnitt relativ häufig vor. Unter Verwendung der Bezeichnungen in Bild 3.63 wird daher mit den Gln. (3.155) bis (3.157) eine Berechnungsformel für r_z ermittelt (Ergebnis enthält Bild 3.63). Die Formel kann auch für T-Querschnitte verwendet werden, wenn t_o bzw. $t_u = 0$ eingesetzt wird.

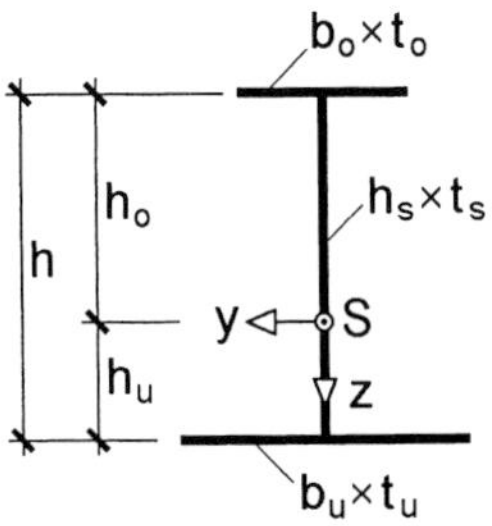

$$r_z = \frac{1}{I_y} \cdot (A_{yyz} + A_{zzz}) - 2 \cdot z_M$$

$$= \frac{1}{I_y} \cdot [A_u \cdot h_u^3 - A_o \cdot h_o^3 + t_s \cdot (h_u^4 - h_o^4)/4 + z_M \cdot I_z] - 2 \cdot z_M$$

$$z_M = \frac{I_{z,u}}{I_z} \cdot h_s - h_o$$

$$I_{z,u} = A_u \cdot b_u^2 / 12$$

$$I_z = (A_o \cdot b_o^2 + A_u \cdot b_u^2)/12$$

Bild 3.63 Kennwert r_z für einfachsymmetrische I-Querschnitte

Einheiten: Für ein Torsionsmoment M_x in kNcm erhält man M_{rr} in kNcm^2, da die Verdrillung ϑ' eine Winkeländerung pro cm ist. i_M, r_y und r_z sind dann Strecken in cm und r_ω ist dimensionslos, weil M_ω die Einheit kNcm^2 hat.

4 Tragfähigkeit baustatischer Systeme

4.1 Übersicht

Tragwerke des Bauwesens müssen die vorhandenen Einwirkungen mit ausreichender Sicherheit aufnehmen. Beim rechnerischen Tragsicherheitsnachweis muss mit der Bedingung

$$S_d/R_d \leq 1 \qquad (4.1)$$

überprüft werden, dass die Beanspruchungen S_d die Beanspruchbarkeiten R_d nicht überschreiten. Dabei sind S_d und R_d mit den Bemessungswerten der Einwirkungen und der Widerstandsgrößen zu bestimmen.

In diesem Kapitel werden alle Nachweise auf Grundlage von DIN 18800 [4] geführt und es wird dabei auf Kapitel 7 „Nachweise nach DIN 18800" zurückgegriffen. Wie Kapitel 8 „Nachweise nach Eurocode 3" zu entnehmen ist, sind die Regelungen in beiden Vorschriften weitgehend vergleichbar. Dies wird u.a. durch den Vergleich der Querschnittsklassen des Eurocodes mit den Nachweisverfahren der DIN 18800 deutlich (siehe Tabelle 8.4). Da DIN 18800 aufgrund langjähriger Anwendung in Deutschland bekannter ist und die bisher veröffentlichte Fassung des EC3 [10] künftig sicherlich noch etwas verändert wird, ist es sinnvoll in diesem Kapitel DIN 18800 als Grundlage zu wählen.

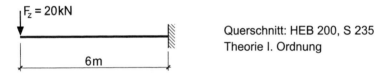

Querschnitt: HEB 200, S 235
Theorie I. Ordnung

Maßgebende Nachweise (Biegemoment an der Einspannstelle):
Verfahren E-E: max σ_x = max M_y/W_y = 20·600/570 = 21,05 kN/cm² $\leq$ 21,82 = $f_{y,d}$
oder
Verfahren E-P: max $M_y/M_{pl,y,d}$ = 20·6/140 = 0,857 $\leq$ 1

Bild 4.1   Kurzbeispiel zu den Nachweisverfahren E-E und E-P

Die eher symbolische Schreibweise der Nachweisgleichung $S_d/R_d \leq 1$ beschreibt das formale Prinzip – die konkrete Durchführung der Nachweise hängt im Wesentlichen vom gewählten Nachweisverfahren gemäß Tabelle 7.2 (Abschnitt 7.1.3) ab. Ergänzend dazu sind in Tabelle 7.3 die üblichen Tragsicherheitsnachweise in Form einer Übersicht zusammengestellt. Bei der Wahl des Nachweisverfahrens sind hauptsächlich folgende Gesichtspunkte von Bedeutung:

- Welche Nachweisverfahren sind aufgrund der vorhandenen b/t-Verhältnisse zulässig (siehe Abschnitt 7.1.4)?

- Kann die Querschnittstragfähigkeit für die vorliegende Schnittgrößenkombination mit vertretbarem Aufwand nach der Plastizitätstheorie (siehe Kapitel 10) ermittelt werden?

- Welche Hilfsmittel, z.B. EDV-Programme, stehen zur Verfügung, damit die Nachweise schnell und sicher geführt werden können?

- Ist es wirklich erforderlich, die „letzten Tragreserven" zu mobilisieren?

Eine einheitliche Wertung, die für alle Anwender gilt, ist sicherlich nicht möglich. Die Verfasser haben bei eigenen Berechnungen folgende Häufigkeiten festgestellt und möchten sie daher als „Prioritätenliste" empfehlen:

① Nachweisverfahren Elastisch-Plastisch (E-P): oft

② Nachweisverfahren Elastisch-Elastisch (E-E): mittel

③ Nachweisverfahren Plastisch-Plastisch (P-P): selten

Aufgrund dieser Reihung werden in den folgenden Abschnitten zuerst die beiden Nachweisverfahren E-E und E-P erläutert. Danach folgen in Abschnitt 4.5 Berechnungsbeispiele, bei denen überwiegend das Nachweisverfahren E-P zur Anwendung kommt. Die Beispiele sollen die baupraktische Bemessung von baustatischen Systemen und die Anwendung der in den anderen Kapiteln dargelegten Grundlagen zeigen. Eine Übersicht über die in Abschnitt 4.5 gezeigten Berechnungsbeispiele enthält Tabelle 4.1.

Tabelle 4.1   Übersicht über die baupraktischen Berechnungsbeispiele in Abschnitt 4.5

Beispiel	Abschnitt
• Deckenträger; IPE 330; Theorie I. Ordnung; Anwendung der Nachweisverfahren E-E und E-P	4.5.2
• Zweifeldträger; IPE 400; Theorie I. Ordnung; Anwendung der 3 Nachweisverfahren	4.5.3
• Biegeknicken einer Stütze; HEA 140; direkte Theorie II. Ordnung und Ersatzstabverfahren	4.5.4
• Biegedrillknicken eines Trägers; geschweißter I-Querschnitt (einfachsymmetrisch); Ersatzstabverfahren und direkte Theorie II. Ordnung	4.5.5
• Einfeldträger; UPE 180; mit planmäßiger Torsion; direkte Theorie II. Ordnung	4.5.6
• Kragträger mit exzentrischer Belastung; HEA 500 und Rechteckhohlprofil 300·200·8; Theorie I. Ordnung und Biegedrillknicknachweise	4.5.7
• zweifeldriger Kranbahnträger; geschweißter I-Querschnitt (einfachsymmetrisch); Biegedrillknicknachweis nach der direkten Theorie II. Ordnung	4.5.8
• Träger aus einem Winkelprofil 200·20; Theorie I. Ordnung; Lastaufteilung in Richtung der Hauptachsen	4.5.9
• Biegedrillknicknachweis für einen Zweigelenkrahmen; Nachweis für Stiele und Riegel	4.5.10

Im Anschluss an die Beispiele folgen, entsprechend der baupraktischen Bedeutung erst relativ spät, Erläuterungen zum Nachweisverfahren P-P. Sie sind in Ausführungen zur Fließgelenk- und Fließzonentheorie unterteilt, auf die in den Abschnitten 4.6 bis 4.9 vertiefend eingegangen wird. Die vorwiegend exemplarischen Untersuchungen werden dort mit dem Ziel durchgeführt, die **prinzipiellen Zusammenhänge** zwischen Schnitt-größen, Verformungen, Querschnittsform, baustatischem System und Ausnutzung plastischer Tragfähigkeitsreserven aufzuzeigen. Das Tragverhalten wird anhand von einfachen baustatischen Systemen dargelegt und durch Berechnungen nach der Fließzonentheorie sowie Versuchsauswertungen ergänzt. Das Nachweisverfahren P-P bedarf nach Meinung der Verfasser besonderer Sachkenntnis, da unerwartete Phänomene auftreten können (siehe Abschnitte 4.8 und 4.9).

4.2 Nachweisverfahren Elastisch-Elastisch (E-E)

Beim Nachweisverfahren E-E werden gemäß Tabelle 7.3 in der Regel **Spannungs-nachweise** geführt. Die Berechnungen können wie folgt gegliedert werden:

Querschnittskennwerte

Die Querschnittskennwerte werden gemäß Kapitel 3 unter Bezug auf das y-z-ω-Haupt-system ermittelt (normierte Querschnittskennwerte).

Schnittgrößen

Mit den üblichen Methoden der Baustatik (Gleichgewichtsbedingungen, Kraftgrößen-verfahren, Weggrößenverfahren, Übertragungsmatrizenverfahren) werden die Schnitt-größen bestimmt.

Spannungen

Die Ermittlung der Spannungen wird in Kapitel 5 ausführlich behandelt.

Spannungsnachweise

In den meisten Anwendungsfällen sind die Normalspannungen von maßgebender Bedeutung, so dass die Bedingung

$$\max \sigma \leq f_{y,d} \tag{4.2}$$

überprüft wird. Schubspannungen werden mit

$$\max \tau \leq \tau_{R,d} = f_{y,d}/\sqrt{3} \tag{4.3}$$

begrenzt und die gleichzeitige Wirkung mehrerer Spannungen über die Vergleichs-spannung σ_v berücksichtigt. Der Nachweis mit Gl. (4.4) wird jedoch relativ selten maßgebend.

$$\sigma_v \leq f_{y,d} \tag{4.4}$$

Theorie II. Ordnung/Stabilität

Bei stabilitätsgefährdeten Stäben und Stabwerken ist DIN 18800 Teil 2 [4] zu beachten und der Nachweis gemäß Element (121) zu führen. Die Berechnungen erfolgen analog zu der oben beschriebenen Durchführung. Gegenüber der linearen Stabtheorie müssen jedoch gemäß Abschnitt 7.5 bei der **Schnittgrößenermittlung**

- die Bemessungswerte der Steifigkeiten verwendet,

- geometrische Ersatzimperfektionen angesetzt (2/3 der Werte nach Tabelle 7.10) und

- die Berechnungen nach Theorie II. Ordnung durchgeführt werden.

In den Abschnitten 4.5.2 bis 4.5.4 und 4.5.9 finden sich Beispiele für Spannungsnachweise. Kapitel 6 enthält Berechnungsbeispiele zur Ermittlung von Querschnittskennwerten und Spannungen.

Anmerkung: Das bei Anwendung der Elastizitätstheorie vorausgesetzte „linear-elastische Werkstoffverhalten" ist eine Rechenannahme. Aufgrund stets vorhandener Eigenspannungen (siehe Abschnitt 2.6) können örtlich begrenzte Bereiche plastizieren.

4.3 Nachweisverfahren Elastisch-Plastisch (E-P)

Nachweise mit dem Verfahren E-P werden häufig auch als „Berechnungen bis zum Erreichen des 1. Fließgelenkes" bezeichnet. Die Querschnittskennwerte und Schnittgrößen werden daher wie beim Verfahren E-E nach der Elastizitätstheorie berechnet. Bei der Querschnittstragfähigkeit werden jedoch noch vorhandene plastische Reserven ausgenutzt. Eine übliche Nachweisform ist z.B.

$$\max M_y / M_{pl,y} \leq 1 \tag{4.5}$$

Wenn mehrere Schnittgrößen auftreten, muss die gemeinsame Wirkung erfasst werden. Dies kann u.a. mit den Interaktionsbedingungen in DIN 18800 (hier Tabellen 7.7 und 7.8) oder dem Teilschnittgrößenverfahren (TSV) erfolgen. Einzelheiten dazu werden in Kapitel 10 behandelt.

Theorie II. Ordnung/Stabilität

Beim Nachweisverfahren E-P stehen für das Biegeknicken und Biegedrillknicken 2 alternative Nachweismöglichkeiten zur Verfügung.

- Vereinfachte Tragsicherheitsnachweise (Ersatzstabverfahren, κ-Verfahren)
  Tabelle 7.9 enthält dazu eine Übersicht

- Direkte Theorie II. Ordnung
  Die Schnittgrößen werden wie beim Verfahren E-E unter Ansatz geometrischer Ersatzimperfektionen nach Theorie II. Ordnung berechnet. Zu beachten ist ledig-

lich, dass beim Verfahren E-P im Vergleich zu E-E größere geometrische Ersatzimperfektionen angesetzt werden (Abminderung auf 2/3 entfällt, vergleiche
Abschnitt 7.5.2). Mit den so ermittelten Schnittgrößen wird dann überprüft, ob die
Querschnittstragfähigkeit unter Ausnutzung der plastischen Reserven ausreichend
ist. Der Nachweis ausreichender Tragsicherheit ist in Element (121) der DIN
18800 Teil 2 geregelt.

4.4 *Bochumer* Bemessungskonzept E-P

Bei Diskussionen in der Fachwelt hat sich herausgestellt, dass es zur Anwendung des
Nachweisverfahrens E-P unterschiedliche Auffassungen gibt. Die Unterschiede betreffen im Wesentlichen die Definitionen der vollplastischen Schnittgrößen (z.B. $M_{pl,z}$,
siehe Abschnitt 4.9), das Durchplastizieren von Querschnitten und die Bedeutung des
Wölbbimomentes M_ω.

Beim *Bochumer* Bemessungskonzept E-P, also dem Bemessungskonzept der Verfasser, wird wie folgt vorgegangen:

- Die Schnittgrößen werden, wie beim Verfahren E-E, auf die Bezugspunkte (S und
  M) und -richtungen des y-z-ω-Hauptsystems bezogen. Bei der Untersuchung der
  Querschnittstragfähigkeit werden diese Bezugspunkte und -richtungen beibehalten.

- Die vollplastischen Schnittgrößen werden wie in DIN 18800 Teil 1 definiert, siehe
  Anmerkung 2 in Abschnitt 7.3.2.

- Das Wölbbimoment M_ω wird hierbei als gleichwertige Schnittgröße betrachtet,
  siehe Definitionen in Tabelle 2.3.

Das *Bochumer* Bemessungskonzept führt stets zu einer Dimensionierung, die auf der
sicheren Seite liegt. Darüber hinaus ist es das einzige bekannte Konzept, mit dem für
beliebige Schnittgrößenkombinationen und unterschiedliche Querschnittsformen eine
durchgängige Nachweisführung mit dem Verfahren E-P möglich ist. In vielen Fällen,
insbesondere bei planmäßiger Torsion (das Ersatzstabverfahren gemäß DIN 18800
Teil 2 darf nicht angewendet werden), führt es im Vergleich zum Verfahren E-E zu
deutlich wirtschaftlicheren Ergebnissen. Man sollte die Unterschiede jedoch nicht
überbewerten, da bei sehr vielen baupraktischen Anwendungsfällen keine oder geringe
Abweichungen auftreten. Das *Bochumer* Bemessungskonzept bietet den Vorteil einer
in sich schlüssigen und durchgängigen Nachweisführung. Dies wird unmittelbar mit
dem RUBSTAHL-Programm KSTAB2000 deutlich, bei dem im Anschluss an die
Schnittgrößenermittlung automatisch die erforderlichen Tragsicherheitsnachweise mit
dem Teilschnittgrößenverfahren (TSV) nach Kapitel 10 geführt werden.
Weitere Einzelheiten zur Verwendung und Beurteilung des Nachweisverfahrens E-P
finden sich in den Abschnitten 4.6 bis 4.9. In Abschnitt 10.4.5 wird unter diesen

Aspekten näher auf die N-M_y-M_z-Interaktion von doppeltsymmetrischen I-Quer-schnitten eingegangen.

Gelegentlich wird die Frage gestellt, wie Interaktionsbeziehungen und vergleichbare Bedingungen zur Feststellung ausreichender Querschnittstragfähigkeit bei **Berech-nungen nach Theorie II. Ordnung** zu verwenden sind? Die Antwort lautet: Es gibt hinsichtlich der o.g. Bedingungen keine Unterschiede zwischen Berechnungen nach Theorie I. und II. Ordnung. Wichtig ist jedoch, dass gemäß Abschnitt 2.14 die soge-nannten Nachweisschnittgrößen in die Bedingungen eingesetzt werden (siehe Bilder 2.42 und 2.43). Außerdem sind die geometrischen Ersatzimperfektionen so anzu-setzen, dass sie sich der zum niedrigsten Knickeigenwert gehörenden Verformungs-figur (Eigenform) möglichst gut anpassen. Dadurch wird erreicht, dass stets die Querschnittstragfähigkeit für die Bemessung maßgebend wird und das baustatische System im stabilen Gleichgewicht ist. In Zweifelsfällen können die Eigenformen für gerade Stäbe mit dem Programm KSTAB2000 ermittelt werden (siehe Beispiele in den Abschnitten 4.5.7 und 4.5.10).

In einigen Fällen werden durch die o.g. Vorgehensweise nicht die letzten Tragfähig-keitsreserven aktiviert, siehe Beispiele in Abschnitt 4.7. Dafür lassen sich die z.T. komplizierten Zusammenhänge aber mit einer in sich schlüssigen Vorgehensweise erklären und darüber hinaus auch baupraktische Bemessungen auf der sicheren Seite liegend durchführen, siehe Beispiele in Abschnitt 4.5.

4.5 Beispiele

4.5.1 Hinweise zu den Berechnungsbeispielen

Berechnungsgrundlage der folgenden Beispiele ist, wie bereits erwähnt, DIN 18800 (Ausgabe 11.90, [4]). Die vollständige Darstellung aller auftretenden Schnittgrößen ist aus Platzgründen nicht immer möglich. Bei einigen Beispielen werden deshalb lediglich das baustatische System sowie die maßgebenden Schnittgrößen und der Verlauf der Ausnutzung S_d/R_d angegeben, um dem Leser einen Eindruck zu vermitteln, an welchen Stellen des Systems die größten Beanspruchungen auftreten. Im Vordergrund steht dabei das Aufzeigen einer möglichen Nachweisführung und die Beschreibung der auftretenden Effekte.

Sämtliche Beispiele wurden mit den Programmen der dem Buch beiliegenden **RUBSTAHL-CD** berechnet (insbesondere KSTAB2000 und QST-TSV-2-3), so dass die Zwischenwerte und Teilergebnisse bei Bedarf vom Leser reproduziert werden können.

In einigen Fällen bestehen die Querschnitte der Beispiele aus Walzprofilen, deren **Querschnittswerte** (unter Berücksichtigung der Walzausrundungen) auch in der KSTAB2000-Profildatenbank enthalten sind, so dass diese über die Steifigkeitsmatrizen direkt in die Schnittgrößen- und Verformungsberechnung eingehen. Bei dem ebenfalls von KSTAB2000 durchgeführten Nachweis der plastischen Querschnittstragfähigkeit nach dem Teilschnittgrößenverfahren (TSV), vergleiche Kapitel 10, wird der Querschnitt durch 3 dünnwandige Teilquerschnitte idealisiert (ohne bzw. mit näherungsweiser Berücksichtigung der Walzausrundungen). Hierdurch können geringfügige Unterschiede zu den in Tafeln (siehe Profiltabellen im Anhang) aufgeführten Grenzschnittgrößen wie z.B. $M_{pl,y}$ auftreten, die jedoch für baupraktische Nachweise ohne Bedeutung sind.

Im Folgenden werden die Nachweise überwiegend mit dem **Nachweisverfahren Elastisch-Plastisch** geführt, da es für die gewählten Beispiele zweckmäßig und wirtschaftlich ist. Die Beispiele entsprechen in diesem Sinn dem *Bochumer* Bemessungskonzept E-P, siehe Abschnitt 4.4. Im Vergleich zum Nachweisverfahren Elastisch-Elastisch ergeben sich in vielen Fällen deutlich höhere Tragfähigkeiten, die in der Regel zwischen 10 und 40% liegen. Die erforderliche Überprüfung der b/t-Verhältnisse wird aus Platzgründen hier nicht vorgeführt. Die Grenzwerte (b/t) werden jedoch in allen Fällen eingehalten.

Kapitel 5 enthält zahlreiche Beispiele mit stark unterschiedlichen Querschnitten zur Spannungsermittlung. Diese Spannungen können für Nachweise mit dem Verfahren Elastisch-Elastisch verwendet werden.

Sofern bei der Schnittgrößenberechnung nach Theorie II. Ordnung geometrische Ersatzimperfektionen (**Vorkrümmungen v_0 bzw. w_0**) berücksichtigt werden, sind diese bei den folgenden Beispielen **parabelförmig** angesetzt worden, siehe auch Bild 7.3 und Tabelle 7.10. Der Teilsicherheitsbeiwert auf der Widerstandsseite beträgt bei allen Beispielen in diesem Abschnitt $\gamma_M = 1,1$ und eine Beschränkung von α_{pl} (siehe Abschnitte 7.3.4 und 10.11) wird nicht vorgenommen.

4.5.2 Deckenträger

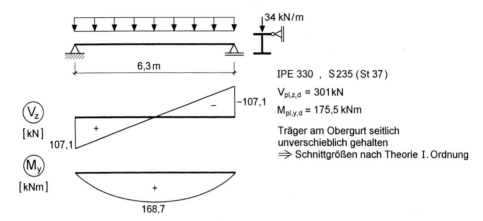

Bild 4.2   Einfeldriger Deckenträger

Nachweisverfahren Elastisch-Elastisch

- Auflager:
$$\tau_m = \frac{V_z}{A_{steg}} = \frac{107,1}{23,9} = 4,48\,kN\big/cm^2 < 12,6 = \tau_{R,d}$$

- Feldmitte:
$$\max \sigma = \frac{M_y}{W_y} = \frac{16\,870}{713} = 23,66\,kN\big/cm^2 > 21,82 = f_{y,d}$$

$$\Rightarrow \text{ Der Nachweis gelingt nicht!}$$

Nachweisverfahren Elastisch-Plastisch

- Auflager: $V_z = 107,1 \text{ kN} \leq 301 \text{ kN} = V_{pl,z,d}$

- Feldmitte: $M_y = 168,7 \text{ kNm} \leq 175,5 \text{ kNm} = M_{pl,y,d}$

Nachweisverfahren Plastisch-Plastisch

Da der Träger statisch bestimmt ist, ergeben sich zum Nachweisverfahren Elastisch-Plastisch keine Unterschiede.

4.5.3 Zweifeldträger

Am Beispiel des in Bild 4.3 dargestellten Zweifeldträgers unter einer Gleichstreckenlast wird der Unterschied zwischen Querschnitts- und Systemtragfähigkeit deutlich gemacht. Dies erfolgt durch Anwendung der 3 Nachweisverfahren **Elastisch-Elastisch** (E-E), **Elastisch-Plastisch** (E-P) und **Plastisch-Plastisch** (P-P). Die Schnittgrößen können nach Theorie I. Ordnung berechnet werden, da die Biegedrillknickgefahr durch abstützende Konstruktionen (seitliche Stützung, Drehbettung) konstruktiv verhindert ist.

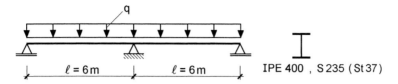

Bild 4.3   Zweifeldträger unter Gleichstreckenlast

Nachweisverfahren Elastisch-Elastisch

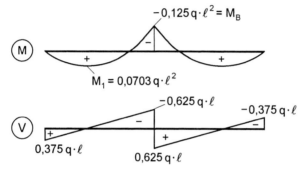

Bild 4.4   Schnittgrößen M und V nach der Elastizitätstheorie

Gemäß Bild 4.4 sind für den Tragsicherheitsnachweis die Schnittgrößen an der Mittelstütze maßgebend. Auf die Indices y bei M und z bei V wird hier verzichtet. Für eine Gleichstreckenlast von q = 58 kN/m ergibt sich:

$$M_B = -0{,}125 \cdot 58 \cdot 6^2 = -261{,}0 \text{ kNm}$$

$$V_{Br} = +0{,}625 \cdot 58 \cdot 6 = +217{,}5 \text{ kN}$$

Die Querschnittswerte werden aus den Profiltabellen im Anhang abgelesen:

$$A_{Steg} = 33{,}24 \text{ cm}^2; \qquad W = 1156 \text{ cm}^3$$

Spannungsermittlung und Nachweise

$$\tau_m = \frac{V}{A_{Steg}} = \frac{217{,}5}{33{,}24} = 6{,}54 \text{ kN}/\text{cm}^2 < = 12{,}6 \text{ kN}/\text{cm}^2 = \tau_{R,d}$$

$$\max \sigma_x = \frac{M}{W} = \frac{26100}{1156} = 22{,}58 \text{ kN/cm}^2 > 21{,}82 \text{ kN/cm}^2 = f_{y,d}$$

$\Rightarrow$ Der Nachweis gelingt nicht!

Der (erforderliche) Vergleichsspannungsnachweis

$$\sigma_v = \sqrt{\sigma^2 + 3 \cdot \tau^2} \leq f_{y,d}$$

kann wegen max $\sigma > f_{y,d}$ nicht gelingen.

Nachweisverfahren Elastisch-Plastisch

Es sind ebenfalls die Schnittgrößen nach der Elastizitätstheorie, also nach Bild 4.4, zu verwenden.

Der Tragsicherheitsnachweis wird mit den Interaktionsbedingungen von DIN 18800 Teil 1, Tabelle 16 (siehe Abschnitt 7.3.3, Tabelle 7.7) geführt.

Die plastischen Grenzschnittgrößen werden aus der Tabelle im Anhang abgelesen:

$$M_{pl,d} = 285{,}2 \text{ kNm}; \qquad V_{pl,d} = 419 \text{ kN}$$

$$\Rightarrow \frac{V}{V_{pl,d}} = \frac{217{,}5}{419} = 0{,}519 \; > 0{,}33 \text{ und } < 0{,}9$$

Maßgebende Interaktionsbedingung:

$$0{,}88 \cdot \frac{M}{M_{pl,d}} + 0{,}37 \cdot \frac{V}{V_{pl,d}} = 0{,}88 \cdot \frac{261}{285{,}2} + 0{,}37 \cdot 0{,}519$$

$$= 0{,}805 + 0{,}192 = 0{,}997 \leq 1$$

$\Rightarrow$ Der Nachweis gelingt (Querschnitt an der Mittelstütze ist zu fast 100% ausgenutzt).

Nachweisverfahren Plastisch-Plastisch

Mit dem Nachweisverfahren Elastisch-Plastisch konnte für $q = 58$ kN/m eine ausreichende Tragfähigkeit nachgewiesen werden. Zum Vergleich wird nun die maximale Gleichstreckenlast mit dem Nachweisverfahren Plastisch-Plastisch ermittelt. Dazu wird gemäß Tabelle 7.2 als theoretische Grundlage die Fließgelenktheorie gewählt, siehe auch Abschnitt 4.6.

Die Fließgelenke treten an der Mittelstütze und in den Feldern auf. Beim Stützmoment ist gemäß Bild 4.5 der Einfluss der Querkraft zu berücksichtigen. Die maximale Gleichstreckenlast kann mit Hilfe von Bild 4.6 bestimmt werden:

$$\max q = \frac{4}{\ell^2} \cdot M_{pl,F} \cdot \left[1 - \frac{1}{2} \cdot \frac{M_{pl,S,V}}{M_{pl,F}} + \sqrt{1 - \frac{M_{pl,S,V}}{M_{pl,F}}} \right]$$

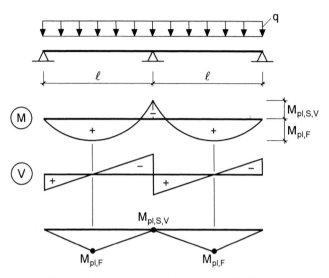

Bild 4.5 Schnittgrößenverteilung im Zweifeldträger nach der Fließgelenktheorie

a) Randfelder von Durchlaufträgern und einseitig eingespannte Einfeldträger

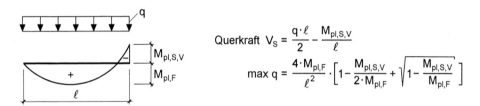

Querkraft $V_S = \dfrac{q \cdot \ell}{2} - \dfrac{M_{pl,S,V}}{\ell}$

$\max q = \dfrac{4 \cdot M_{pl,F}}{\ell^2} \cdot \left[1 - \dfrac{M_{pl,S,V}}{2 \cdot M_{pl,F}} + \sqrt{1 - \dfrac{M_{pl,S,V}}{M_{pl,F}}} \, \right]$

b) Innenfelder von Durchlaufträgern und beidseitig eingespannte Einfeldträger

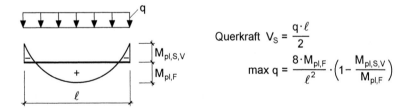

Querkraft $V_S = \dfrac{q \cdot \ell}{2}$

$\max q = \dfrac{8 \cdot M_{pl,F}}{\ell^2} \cdot \left(1 - \dfrac{M_{pl,S,V}}{M_{pl,F}} \right)$

Voraussetzung: gleichbleibender Querschnitt

$M_{pl,S,V}$: Der Einfluss von V_S muss durch eine geeignete Fließbedingung erfasst werden.

Bild 4.6 Maximale Gleichstreckenlasten q für Rand- und Innenfelder von Durchlaufträgern nach der Fließgelenktheorie

Für den vorliegenden Fall ist $M_{pl,F} = M_{pl,d}$. Beim Stützmoment muss die Querkraft

$$V_S = V_B = \frac{q \cdot \ell}{2} - \frac{M_{pl,S,V}}{\ell}$$

berücksichtigt werden. Darüber hinaus muss an der Innenstütze die Fließbedingung (Bildung eines Fließgelenkes infolge M und V) erfüllt sein. Dazu wird, wie oben, die Interaktionsbedingung von DIN 18800 Teil 1 verwendet. Maßgebend ist auch hier

$$0{,}88 \cdot \frac{|M|}{M_{pl,d}} + 0{,}37 \cdot \frac{V}{V_{pl,d}} = 1$$

Das Gleichheitszeichen kennzeichnet das Erreichen eines Fließgelenkes. Für das Stützmoment erhält man

$$M_{pl,S,V} = -\frac{M_{pl,d}}{0{,}88} \cdot \left(1 - 0{,}37 \cdot \frac{V_s}{V_{pl,d}}\right)$$

Wie man sieht, ist die unmittelbare Bestimmung von max q mit den 3 Gleichungen schwierig. Bei iterativer Lösung ist es zweckmäßig im 1. Schritt den Einfluss von V_S auf $M_{pl,S,V}$ zu vernachlässigen. Mit $M_{pl,F} = M_{pl,d}$ und $M_{pl,S,V} = -M_{pl,d}$ erhält man

$$\max q = 11{,}66 \cdot M_{pl,d} / \ell^2 = 11{,}66 \cdot 285{,}2 / 6^2 = 92{,}37 \text{ kN/m} \qquad \text{(1. Iterationsschritt)}$$

max q kann nun zur Berechnung von V_S und $M_{pl,S,V}$ verwendet werden. Nach kurzer Iteration erhält man

$$\max q = 87{,}77 \text{ kN/m}; \; V_S = 302{,}88 \text{ kN}; \; M_{pl,S,V} = -237{,}41 \text{ kNm} \quad \text{(Endergebnis)}$$

Wie man sieht, ist gegenüber dem Nachweisverfahren Elastisch-Plastisch noch eine beträchtliche Steigerung möglich. Bei einer baupraktischen Bemessung sind jedoch die konstruktiven Maßnahmen zur Verhinderung der Biegedrillknickgefahr entsprechend anzupassen und die Bedingung in Abschnitt 7.3.4 zu beachten.

4.5.4 Biegeknicken einer Stütze

Für die in Bild 4.7a dargestellte Stütze wird das Biegeknicken um die starke Achse untersucht. Dabei wird vorausgesetzt, dass **Verformungen nur in der Zeichenebene** möglich sind. Der Nachweis kann auf zwei **alternativen** Wegen geführt werden:

- Ersatzstabverfahren (κ-Verfahren)
- Schnittgrößenberechnung nach Theorie II. Ordnung unter Ansatz geometrischer Ersatzimperfektion und anschließendem Nachweis der Querschnittstragfähigkeit

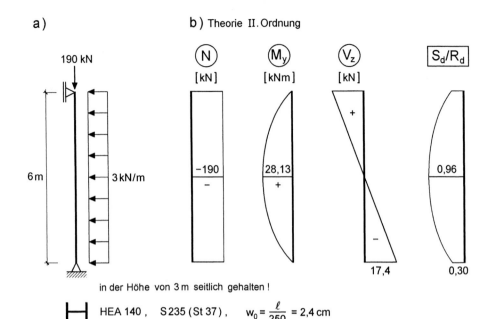

a)

b) Theorie II. Ordnung

190 kN

6 m

3 kN/m

N [kN]

M_y [kNm]

V_z [kN]

S_d/R_d

−190
−

28,13
+

+

−

0,96

17,4

0,30

in der Höhe von 3 m seitlich gehalten!

HEA 140 ,   S 235 (St 37) , $w_0 = \dfrac{\ell}{250} = 2,4$ cm

Bild 4.7   a) Pendelstütze mit Druckbelastung und Gleichstreckenlast

b) Schnittgrößen und Ausnutzung der plastischen Querschnittstragfähigkeit nach Theorie II. Ordnung

Ersatzstabverfahren

Der Querschnitt ist gemäß Tabelle 7.11 der Knickspannungslinie b zuzuordnen. Der Nachweis wird mit der Bedingung für die Beanspruchung „N + M_y" in Tabelle 7.9 geführt.

Rechenwerte:

$N = 190$ kN   max $M_y = 13,50$ kNm (Theorie I. Ordnung)

$N_{pl,d} = 685$ kN $M_{pl,y,d} = 37,85$ kNm $\beta_{m,y} = 1,0$

$N_{Ki,d} = \dfrac{\pi^2 \cdot EI}{\ell^2 \cdot \gamma_M} = 541$ kN $I_y = 1033$ cm^4

$\Rightarrow \overline{\lambda}_K = 1,126$ $\kappa = 0,520$ $\Delta n = 0,085$

Es darf $1,1 \cdot M_{pl,y,d}$ angesetzt werden!

Nachweis: $\dfrac{N}{\kappa \cdot N_{pl,d}} + \dfrac{\beta_{m,y} \cdot M_y}{1,1 \cdot M_{pl,y,d}} + \Delta n = 0,943 < 1$

Direkte Theorie II. Ordnung

Gemäß Tabelle 7.10 wird eine geometrische Ersatzimperfektion $w_0 = \ell/250$ (Vorkrümmung) angesetzt. Bild 4.7b zeigt die mit KSTAB2000 ermittelten Schnittgrößen nach Theorie II. Ordnung. Der im Programm enthaltene Nachweis mit dem Teilschnittgrößenverfahren (TSV) entspricht einem Nachweis mit dem Verfahren Elastisch-Plastisch. Wie in Bild 4.7b zu erkennen, ist die Querschnittstragfähigkeit in Feldmitte zu 96% ausgenutzt.

Bei Anwendung des Nachweisverfahrens Elastisch-Elastisch brauchen nur 2/3 der o.g. geometrischen Ersatzimperfektion angesetzt zu werden, siehe auch Abschnitt 7.5.2. Der Spannungsnachweis ergibt sich dann zu

$$\max \sigma_x = \frac{N}{A} + \frac{\max M_y}{W_y} = \frac{190}{31,42} + \frac{2576}{155,4} = 6,05 + 16,58 = 22,63 \ \text{kN}/\text{cm}^2 > 21,82 = f_{y,d}$$

Der Nachweis ist nicht erfüllt, da der Bemessungswert der Streckgrenze um 3,7% überschritten ist.

4.5.5 Biegedrillknicken eines Trägers

Für den Träger in Bild 4.8 wird der Biegedrillknicknachweis geführt. Ähnlich wie beim Biegeknickbeispiel aus Abschnitt 4.5.4 stehen auch für die Biegedrillknickuntersuchung zwei **alternative** Nachweismethoden zur Verfügung:

- vereinfachtes Verfahren (κ_M-Verfahren)

- direkte Theorie II. Ordnung mit geometrischer Ersatzimperfektion und Überprüfung der Querschnittstragfähigkeit

Bild 4.8 links zeigt die mit KSTAB2000 berechneten Schnittgrößenverläufe nach Theorie II. Ordnung und die Ausnutzung der plastischen Querschnittstragfähigkeit mit dem TSV (Nachweisverfahren Elastisch-Plastisch). Alternativ dazu kann der Biegedrillknicknachweis auch gemäß DIN 18800 Teil 2, Element (311) geführt werden (siehe Zeile 2 in Tabelle 7.9).

Rechenwerte:

$M_{Ki,y,d} = 172,5$ kNm $\qquad$ (KSTAB2000)

$M_{pl,y,d} = 409,7$ kNm $\qquad$ (QST-TSV-2-3, siehe auch Bild 10.43 in Abschnitt 10.7.4)

$\overline{\lambda}_M \quad = 1,541 \quad \Rightarrow \quad$ mit $n = 2:\ \ \kappa_M = 0,388$

Nachweis: $\dfrac{M_y}{\kappa_M \cdot M_{pl,y,d}} = 0,983 \leq 1 \quad$ mit: $M_y = 156,25$ kNm (Theorie I. Ordnung)

Wie man aus Bild 4.8 unten erkennt, führen beide Nachweismethoden für dieses
Beispiel mit zunehmender Trägerlänge zu fast gleichen Werten für max q_z, so dass
sich die Frage stellt, warum man überhaupt nach Theorie II. Ordnung rechnen sollte,
wenn man dasselbe Ergebnis auch nach einigen Zeilen erhält. Voraussetzung für die
Anwendung des vereinfachten Verfahrens ist die Kenntnis des idealen Biegedrillknickmomentes $M_{Ki,y,d}$. Gl. (19) in DIN 18800 Teil 2, Element (311) zur Berechnung
von $M_{Ki,y,d}$ gilt nur für doppeltsymmetrische I-Querschnitte, so dass auf andere
Formellösungen aus der Literatur (z.B. [10], [52]) zurückgegriffen werden muss oder
eine EDV-Berechnung der Verzweigungslast erforderlich wird. $M_{Ki,y,d}$ wurde hier mit
KSTAB2000 berechnet. Dabei geht der Querschnittskennwert r_z gemäß Abschnitt 3.10
ein. Die Berechnung von r_z sowie aller anderen notwendigen Querschnittskennwerte
für den einfachsymmetrischen I-Querschnitt wird in Abschnitt 6.5 gezeigt.

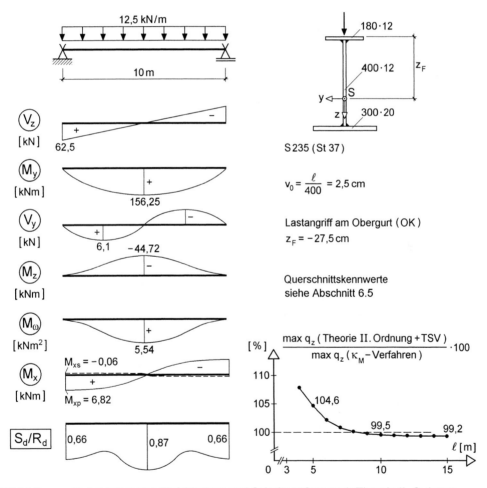

Bild 4.8   Gabelgelagerter Einfeldträger und Schnittgrößen nach Theorie II. Ordnung

Anmerkung: Das Verhältnis S_d/R_d in Bild 4.8 unten beschreibt die Ausnutzung der plastischen Querschnittstragfähigkeit nach dem Teilschnittgrößenverfahren. D.h. bei einem Wert von z.B. 0,87 (Feldmitte), dass alle dort wirkenden Schnittgrößen noch um den Faktor $1/0,87 = 1,15$ bis zum Grenzzustand der Querschnittstragfähigkeit gesteigert werden könnten. D.h. **aber nicht**, dass die Belastung (hier: q_z) auch um 15% erhöht werden kann, weil sich die meisten Schnittgrößen (hier: außer V_z und M_y) infolge der Theorie II. Ordnung **nichtlinear** verändern. Diese Nichtlinearität ist um so ausgeprägter, je näher der Verzweigungslastfaktor η_{Ki} bei 1 liegt (hier: $\eta_{Ki,d} = 1,10$). Das Verhältnis S_d/R_d lässt also keinen unmittelbaren Rückschluss auf die Tragfähigkeitsreserven des **baustatischen Systems**, sondern nur auf die Reserven bei der Querschnittstragfähigkeit zu. Für einen aussagekräftigen Vergleich zur κ_M-Formel muss demnach die Belastung am baustatischen System schrittweise erhöht werden (iterative Laststeigerung) bis die Schnittgrößen nach Theorie II. Ordnung gerade noch vom Querschnitt aufgenommen werden ($S_d/R_d = 1$). Daraus ergibt sich ein tatsächlicher Laststeigerungsfaktor von nur 1,012 für q_z (κ_M-Verfahren: $1/0,983 = 1,017$). Dies wurde beim Vergleich der Gleichstreckenlasten für die beiden Nachweismethoden zur Bestimmung von max q_z in Bild 4.8 unten berücksichtigt, wie man aus dem Verhältniswert von $1,012/1,017 = 0,995$ bzw. 99,5% (für: $\ell = 10$ m) erkennen kann.

4.5.6 U-Profil mit planmäßiger Torsion

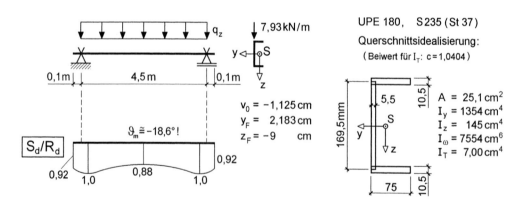

Bild 4.9   Träger mit Überständen und exzentrischer Belastung

Für den in Bild 4.9 dargestellten Träger, der aus einem U-Profil besteht und planmäßig durch Torsion beansprucht wird, ist der Tragsicherheitsnachweis unter Berücksichtigung des Biegedrillknickens zu führen. Die Anwendung des vereinfachten Biegedrillknicknachweises (κ_M–Formel, vergleiche Abschnitt 4.5.5) ist u.a. dadurch eingeschränkt, dass er nur angewendet werden darf, wenn keine planmäßige Torsionsbeanspruchung vorhanden ist. Bei U-Profilen ist praktisch jedoch fast immer Torsion vorhanden, da die Belastung i.d.R. direkt über das Profil (Belastung auf dem Obergurt) eingeleitet wird und sich der Schubmittelpunkt M außerhalb des Querschnitts befindet, siehe z.B. Bild 3.54. Sofern die Belastung also nicht durch eine spezielle Lasteinleitungskonstruktion ohne Exzentrizität zum Schubmittelpunkt eingeleitet wird, verbleibt zum Nachweis der Versagensart Biegedrillknicken nur die direkte Berechnung der Schnittgrößen nach Theorie II. Ordnung unter Ansatz einer geometrischen Ersatzimperfektion v_0 (Stich der Vorkrümmung in y-Richtung, schwache Achse) mit anschließendem Nachweis ausreichender Querschnittstragfähigkeit. Ergänzend sei angemerkt, dass man bei Auflast auf dem Obergurt infolge eines Trägers oder Trapezblechs die Lastwirkungslinie als auf der Stegmittellinie liegend annehmen kann, weil sich der Träger durch die zwangsläufige Torsion verdreht und sich das Gurtende der Lastabtragung entzieht, so dass sich die Lasteinleitung zum Steg hin verlagert.

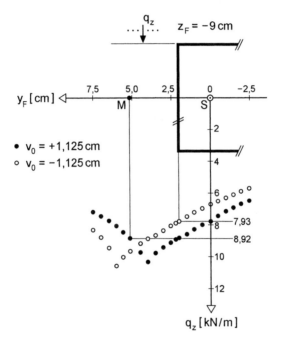

Bild 4.10   Maximale Gleichstreckenlasten q_z (Nachweisverfahren E-P) in Abhängigkeit von der Laststellung y_F und Richtung der geometrischen Ersatzimperfektion v_0

Die Untersuchung des in Bild 4.9 dargestellten Systems beruht auf Berechnungen mit dem Programm **KSTAB2000** einschließlich Überprüfung der plastischen Querschnittstragfähigkeit mit dem Teilschnittgrößenverfahren. Dabei wird nun der Lastangriffspunkt (am Obergurt: $z_F = -9$ cm) in **y-Richtung** variiert. Bild 4.10 zeigt die maximalen Gleichstreckenlasten (Nachweisverfahren Elastisch-Plastisch), welche sich bei Ansatz einer parabelförmigen Vorkrümmung (Knickspannungslinie c) mit dem Stich $v_0 = 0,5 \cdot \ell/200 = 1,125$ cm in positiver und negativer y-Richtung ergeben. Man sieht, dass bei Lastangriff in der Nähe des Schubmittelpunktes die Richtung der anzusetzenden Vorkrümmung wechselt, weil diese stets so anzusetzen ist, dass sich die größte Beanspruchung bzw. kleinste Beanspruchbarkeit ergibt. **Für baupraktische**

Fälle, d.h. Lastangriff in der Stegachse (siehe oben), ist bei dem untersuchten System eine **Vorkrümmung** v_0 entgegengesetzt zur positiven y-Richtung (also nach rechts) anzusetzen, da diese zu einer größeren Exzentrizität der Last zum Schubmittelpunkt und somit zur größeren Torsionsbeanspruchung führt. Aus der in Bild 4.9 dargestellten Ausnutzung der plastischen Querschnittstragfähigkeit (S_d/R_d für $q_z = 7{,}93$ kN/m und Lastangriff in der Stegachse) erkennt man, dass nicht die Biegebeanspruchung in Feldmitte sondern die **Torsionsbeanspruchung** in Auflagernähe maßgebend wird.

Ohne planmäßige Torsion (Wirkungslinie von q_z verläuft durch den Schubmittelpunkt) ergibt sich nach der oben beschriebenen Berechnung eine maximale Belastung von $q_z = 8{,}92$ kN/m, vergleiche Bild 4.10. Die für diesen Fall (ohne planmäßige Torsion) zulässige Anwendung des vereinfachten Biegedrillknicknachweises gemäß DIN 18800 Teil 2, Element (311) ergibt:

$$M_{Ki,y,d} = 27{,}1 \text{ kNm} \quad \text{(KSTAB2000)}$$

$$M_{pl,y,d} = 34{,}96 \text{ kNm} \quad \text{(QST-TSV-2-3, siehe auch Hinweise in Abschnitt 10.11)}$$

$$\overline{\lambda}_M = 1{,}136 \quad \Rightarrow \quad \text{mit } n = 2{,}5: \quad \kappa_M = 0{,}654$$

Nachweis: $\dfrac{M_y = q_z \cdot \ell^2 / 8}{\kappa_M \cdot M_{pl,y,d}} \leq 1$

Grenzfall: $\max q_z = 8 \cdot \kappa_M \cdot M_{pl,y,d} / \ell^2 = 9{,}03 \text{ kN/m}$

Man erkennt, dass der Einfluss der Torsion hier nicht vernachlässigt werden kann, da die maximale Gleichstreckenlast für einen baupraktischen Fall (Lastwirkungslinie im Steg) auf Grundlage des κ_M-Verfahrens um mehr als 13,9% (9,03 im Vergleich zu 7,93 kN/m) über max q_z bei Berücksichtigung der Torsion liegt, siehe oben und Bild 4.10. Darüber hinaus sei darauf hingewiesen, dass hier nicht das vollständige Plastizieren des U-Querschnitts für $M_{pl,y,d}$ berücksichtigt wird (Steg bleibt wegen $M_\omega = 0$ elastisch); ansonsten wäre der o.g. Unterschied noch deutlicher ausgeprägter. Hinsichtlich der Berechnung von $M_{pl,y,d}$ und des Tragverhaltens treten bei U-Querschnitten einige Besonderheiten und Phänomene auf, die in Abschnitt 4.8 ausführlicher erläutert werden.

Anmerkungen: Um den Wert des *St. Venantschen* Torsionsträgheitsmoments I_T des Walzprofils ($I_T = 7{,}0$ cm^4, siehe Anhang) zu erfassen, wird das I_T des idealisierten Querschnitts aus 3 Blechen ($I_{T,3\text{-Blech}} = 6{,}73$ cm^4) in KSTAB2000 mit dem Beiwert $c = 1{,}0404$ multipliziert (siehe Tabelle 5.6 oben), so dass sich der Wert des Walzprofils ergibt (Bild 4.9 rechts).

Das ideale Biegedrillknickmoment $M_{Ki,y,d}$ wird mit KSTAB2000 berechnet, weil die üblichen Formellösungen die beidseitigen Trägerüberstände von 0,1 m (Bild 4.9 links) nicht erfassen. Diese wirken wie Wölbfedern und beeinflussen deshalb das Verformungs- und Tragverhalten.

4.5.7 Kragträger mit exzentrischer Belastung

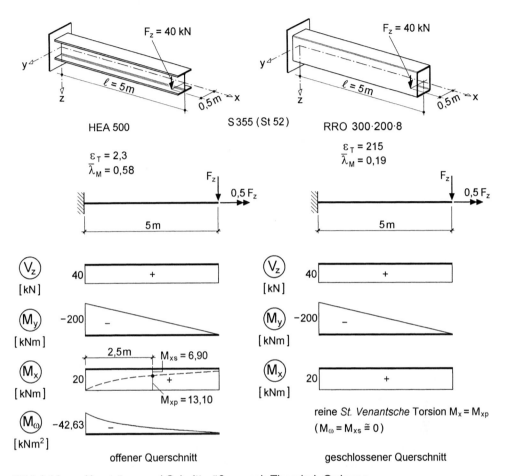

Bild 4.11 Kragträger und Schnittgrößen nach Theorie I. Ordnung

Bild 4.11 zeigt Kragträger, an deren Ende exzentrische Einzellasten angreifen ($\Rightarrow$ Torsion). In einem Fall besteht der Träger aus einem offenen Querschnitt (HEA 500, siehe Bild 4.11 links) und im anderen Fall aus einem geschlossenen Querschnitt (RRO 300·200·8, siehe Bild 4.11 rechts). Wie bereits in den Kapiteln 2, 5 und 6 erläutert, lässt sich das Torsionsmoment M_x aus Gleichgewichtsgründen, vergleiche Bild 2.34, in 2 Anteile M_{xp} (primäre Torsion) und M_{xs} (sekundäre Torsion) aufspalten. Maßgebend für die Aufteilung von M_x in die Anteile M_{xp} und M_{xs} ist die Stabkennzahl für Torsion $\varepsilon_T = \ell \cdot \sqrt{GI_T/EI_\omega}$. In Abhängigkeit von ε_T können für das hier gezeigte baustatische System (Kragträger mit Einzeltorsionsmoment) aus dem in Bild 4.12 dargestellten Diagramm die Torsionsschnittgrößen M_{xp}, M_{xs} und M_ω ermittelt werden. Obwohl die Biegesteifigkeiten EI_y und EI_z des offenen Querschnitts (HEA 500) ca. um den Faktor 10 größer sind als die des geschlossenen Querschnitts (RRO 300·200·8), ist die Stabkennzahl für Torsion ε_T ca. um den Faktor 100 geringer.

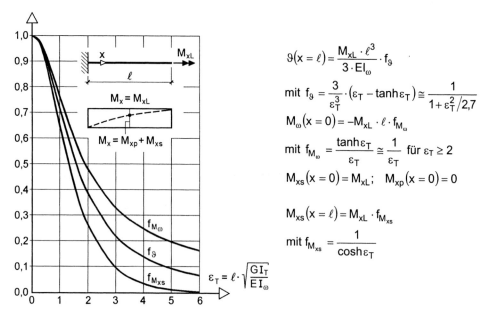

Bild 4.12   Torsionsschnittgrößen für Kragträger

Der Verlauf der Beiwerte zur Bestimmung der Torsionsschnittgrößen in Bild 4.12 zeigt, dass **bei größeren ε_T-Werten** die zur Wölbkrafttorsion korrespondierenden Schnittgrößen nahezu gleich Null sind und somit **fast reine *St. Venantsche* Torsion** vorliegt. Dies ist auch der Grund dafür, dass man bei geschlossenen Querschnitten in der Regel die Wölbkrafttorsion vernachlässigt, obgleich z.B. der hier dargestellte rechteckige Hohlquerschnitt nicht **wölbfrei** ($I_\omega = 0 \Rightarrow \varepsilon_T = \infty$), sondern nur **wölbarm** ist ($I_\omega = 21\ 645\ \text{cm}^6 \Rightarrow \varepsilon_T = 215$, siehe Abschnitt 6.3).

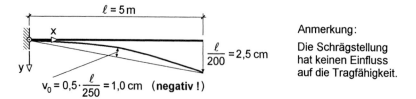

Bild 4.13   Geometrische Ersatzimperfektion für den Kragträger HEA 500

Da aufgrund der Belastung kein Biegeknickproblem vorliegt, ist es ausreichend die Versagensart Biegedrillknicken zu untersuchen. Für den **geschlossenen Querschnitt** ist dies jedoch gemäß DIN 18800 Teil 2, Element (303) nicht erforderlich (neben der geschlossenen Querschnittsform ist hier zusätzlich auch die Bedingung $\overline{\lambda}_M \leq 0,4$ eingehalten). Zum Nachweis der Tragsicherheit ist es deshalb ausreichend die Einhaltung der Grenzspannungen (Nachweisverfahren Elastisch-Elastisch) zu überprüfen. Die entsprechenden Nachweise für das hier untersuchte Beispiel finden sich in Abschnitt 6.3. Sollte der Spannungsnachweis einmal nicht gelingen, kann man die plastische Querschnittstragfähigkeit (Nachweisverfahren Elastisch-Plastisch) durch Anwendung der in Abschnitt 10.6 angegebenen Formeln berücksichtigen. Siehe hierzu auch das Beispiel in Abschnitt 10.6.5. Für den **offenen Querschnitt** (HEA 500) ist der Biege-drillknicknachweis jedoch erforderlich.

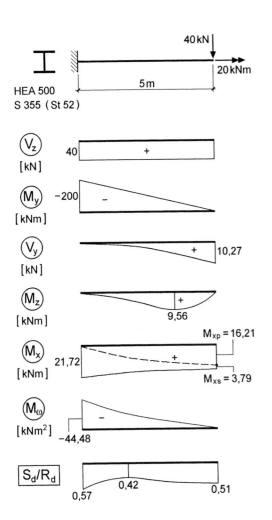

Die Anwendung des vereinfachten Verfahrens (κ_M–Verfahren) gemäß DIN 18800 Teil 2, Element (311) ist bei Kragträgern zwar prinzipiell möglich, erfordert aber bei Anwendung der dort angegebenen M_{Ki}–Formeln die beidseitige Gabellagerung (hier nicht gegeben) bzw. bei anderen Lagerungsarten die Kenntnis des idealen Biegedrillknickmomentes M_{Ki}. Bei dem hier untersuchten Beispiel ist die Anwendung des oben genannten Verfahrens jedoch keinesfalls zulässig, da planmäßige Torsion vorhanden ist, vergleiche DIN 18800 Teil 2, Element (311). Deshalb wird unter Ansatz einer geometrischen Ersatzimperfektion, siehe Bild 4.13, eine Schnittgrößenberechnung nach Theorie II. Ordnung vorgenommen. Der anschließende Nachweis ausreichender Querschnittstragfähigkeit erfolgt unter Ausnutzung der Plastizität mit dem Teilschnittgrößenverfahren (TSV).

Bild 4.14   Alternativer Biegedrillknicknachweis für einen Kragträger mit planmäßiger Torsion

4.5.8 Kranbahnträger

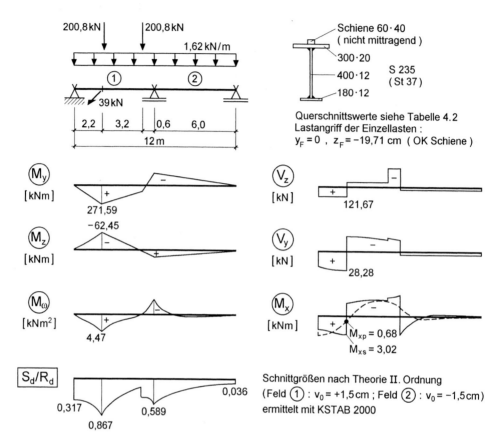

Bild 4.15 Zweifeldriger Kranbahnträger und Schnittgrößen nach Theorie II. Ordnung mit dem Programm KSTAB2000

Für den in Bild 4.15 dargestellten Kranbahnträger wird der Tragsicherheitsnachweis mit dem Verfahren Elastisch-Plastisch unter Berücksichtigung der Biegedrillknickgefahr und planmäßiger Torsion geführt. Die im Rahmen einer Kranbahnträgerbemessung erforderlichen Nachweise bezüglich der Betriebsfestigkeit, Gebrauchstauglichkeit, Lasteinleitung u.ä. werden hier nicht betrachtet. Wegen der **planmäßigen Torsion** infolge der Horizontallast und ihrer Exzentrizität zum Schubmittelpunkt ist die Schnittgrößenberechnung nach Theorie II. Ordnung mit anschließendem Nachweis ausreichender Querschnittstragfähigkeit die beste Möglichkeit zur Nachweisführung, weil der vereinfachte Biegedrillknicknachweis (κ_M-Verfahren) gemäß DIN 18800 Teil 2 hier nicht angewendet werden darf. Ein Spannungsnachweis wäre aufgrund der vorhandenen Schnittgrößen und der dadurch bedingten Spannungsspitzen unwirtschaftlich. Die Querschnittstragfähigkeit wird daher mit dem Teilschnittgrößenverfahren auf Grundlage der Plastizitätstheorie nachgewiesen.

Bild 4.15 zeigt einen geschweißten zweifeldrigen Kranbahnträger mit einfachsymmetrischem I-Querschnitt (Querschnittskennwerte siehe Tabelle 4.2) und die aus der dargestellten Belastung resultierenden Schnittgrößen nach Theorie II. Ordnung. Das Eigengewicht (Gleichstreckenlast) infolge Querschnitt und Schiene wird vereinfachend im Schwerpunkt des I-förmigen Querschnitts angenommen. Die **Schiene** wird als **nichttragend** angenommen. Bei dem Kran handelt es sich um einen Zweiträgerlaufkran mit einem Radstand von 3,2 m und einer Tragkraft von 20 t (charakteristische Lasten aus Datenblatt: max R_1 = max R_2 = 124 kN, $H_{S,2,2}$ = 28,9 kN), der der Hubklasse/Beanspruchungsgruppe H2/B3 entspricht. Die in Bild 4.15 dargestellten Lasten beinhalten den Teilsicherheitsbeiwert γ_F = 1,35 sowie, für die vertikalen Radlasten, einen Schwingbeiwert von φ = 1,2.

Die Schnittgrößenverläufe nach Theorie II. Ordnung (geometrische Ersatzimperfektionen v_0 siehe Bild 4.15) machen es unter Umständen schwer eine Aussage über die für den Tragsicherheitsnachweis maßgebende Stelle zu treffen. Wie man jedoch an dem Verlauf S_d/R_d sieht, befindet sich die Stelle der größten Beanspruchung für die Querschnittstragfähigkeit unter der linken Radlast. Für die Schnittgrößen dieser Stelle zeigt Tabelle 4.3 den Nachweis der Querschnittstragfähigkeit nach dem Teilschnittgrößenverfahren mit allen erforderlichen Zwischenwerten.

Anmerkungen: In [19] wird ebenfalls der Tragsicherheitsnachweis für einen Kranbahnträger geführt. Dabei werden Schnittgrößen M_y, M_z und M_ω nach Theorie II. Ordnung näherungsweise in eine Interaktionsformel eingesetzt. Mit dem Teilschnittgrößenverfahren, das damals noch nicht bekannt war, kann die Querschnittstragfähigkeit genauer erfasst werden.

Hinsichtlich der Betriebsfestigkeit und der Nutzung plastischer Reserven ist zu beachten, dass hierfür in DIN 4132 [7] keine Regelungen vorhanden sind. Die Betriebsfestigkeitsnachweise gemäß DIN 4132 werden jedoch nur mit den Schnittgrößen nach Theorie I. Ordnung ohne Horizontallast und infolge von Gebrauchslasten (γ_F = 1,0) geführt. Infolge dieser Beanspruchungen darf keine Plastizierung auftreten. Für den Biegedrillknicknachweis unter γ_F-facher Belastung (Bemessungslasten) kann man aber die Plastizierung des Querschnitts berücksichtigen.

Tabelle 4.2   Querschnittsabmessungen und -kennwerte ermittelt mit dem Programm
                  QSW-3BLECH

   Lehrstuhl für Stahl- und Verbundbau
Prof. Dr.-Ing. R. Kindmann
RUBSTAHL-Lehr- und Lernprogramme für Studium und Weiterbildung
Programm QSW-3BLECH erstellt von R. Kindmann (01/2002)

Querschnittswerte von Drei- oder Zweiblechquerschnitten

Kommentar: Kranbahnträger-Querschnitt für das baustatische System in Bild 4.15

Beschreibung des Querschnitts (alle Größen in cm):

Obergurt (horizontal)		Steg (vertikal)		Untergurt (horizontal)	
$t_o=$	2,000	$t_s=$	1,200	$t_u=$	1,200
$b_o=$	30,000	$h_s=$	40,000	$b_u=$	18,000
$y_o=$	0,000			$y_u=$	0,000
$z_o=$	-21,000	**Hinweise**		$z_u=$	20,600

Bezugs-KOS in Mitte Steg: y (quer !) nach links, z (quer !) nach unten

Skizze, nicht maßstäblich !

Teilflächen:

$A_o=$ 60,00 $A_s=$ 48,00 $A_u=$ 21,60

Ergebnisse nach Normierung und Durchführung der Transformationen:

Querschnittsfläche		$A=$	129,60 cm^2	
Schwerpunkt **S** (Bezugs-KOS)	$y_S=$ 0,000	$z_S=$	-6,289 cm	
Hauptachsendrehwinkel	$\alpha=$ 0,000	Bogenmaß	0,000 Grad	
Hauptträgheitsmomente	$I_y=$ 36.900	$I_z=$	5.083 cm^4	
Ordinaten des Bezugspunktes	$y_D=$ 0,000	$z_D=$	6,289 cm	

St. Venantscher Torsionswiderstand	$I_T=$	113,41 cm^4
Wölbwiderstand	$I_\omega=$	893.469 cm^6
Transformationskonstante für die Wölbordinate	$\omega_k=$	0,00 cm^2
Schubmittelpunkt **M**	$y_M=$ 0,000	$z_M=$ -9,938 cm
Schubmittelpunkt **M** (Bezugs-KOS)	$y_M=$ 0,000	$z_M=$ -16,227 cm

	Ordinaten im Bezugsystem:			Ordinaten im Hauptsystem:		
	y	z	ω	y	z	ω
OG/links	15,00	-21,00	315,00	15,00	-14,71	71,59
OG/rechts	-15,00	-21,00	-315,00	-15,00	-14,71	-71,59
Steg/oben	0,00	-20,00	0,00	0,00	-13,71	0,00
Steg/unten	0,00	20,00	0,00	0,00	26,29	0,00
UG/links	9,00	20,60	-185,40	9,00	26,89	-331,44
UG/rechts	-9,00	20,60	185,40	-9,00	26,89	331,44

Größen für Theorie II. Ordnung/Stabilität	$r_y=$	0,000 cm
	$r_z=$	28,307 cm
	$r_\omega=$	0,000

Tabelle 4.3   Nachweis mit dem Teilschnittgrößenverfahren geführt mit dem Programm
QST-TSV-2-3

 Lehrstuhl für Stahl- und Verbundbau
Prof. Dr.-Ing. R. Kindmann
RUBSTAHL-Lehr- und Lernprogramme für Studium und Weiterbildung
Programm QST-TSV-2-3 erstellt von J. Frickel   22.06.01

Literatur: Kindmann, R., Frickel, J.: Grenztragfähigkeit von häufig verwendeten Stabquerschnitten für
beliebige Schnittgrößen. Stahlbau 68 (1999). H. 10. S. 817-828.

Streckgrenze $f_{y,d}$ =   21,82 kN/cm² **Kommentar:** Kranbahnträger-Querschnitt (Bild 4.15)

Eingabe der Schnittgrößen im <u>Hauptsystem</u> (alle Eingaben in kN und cm):

S_d / R_d		Hauptsystem	☐ alpha-pl begrenzen	Bezugssystem (Tab. 7 bzw. 12)	
0,867	N =	0,00		0,00	kN
	M_y =	27159,0		27159,0	kNcm
H	M_z =	-6245,0		-6245,0	kNcm
i	M_ω =	44667		146006	kNcm²
n			**Nachweis**		
w	M_{xp} =	68,0	**erfüllt**	68,0	kNcm
e	V_z =	121,67		121,67	kN
i	V_y =	28,28		28,28	kN
s	M_{xs} =	302		760,9	kNcm

Nachweisbedingungen:

Tab. 9	Obergurt	Untergurt	Steg	
V =	32,30	-4,02	121,67	kN
V_{pl} =	755,80	272,09	604,64	kN
M_{xp} =	48,0	6,2	13,8	kNcm
$M_{pl,xp}$ =	730,6	157,8	357,3	kNcm
τ / τ_R =	0,087	0,044	0,221	-
Tab. 13	**Obergurt**	**Untergurt**	**Steg**	
$N_{pl,\tau}$ =	1304,16	470,81		kN
$M_{pl,\tau}$ =	9781,2	2118,6		kNcm
δ =	0,000	0,000		-
M_{SA} =	-6602,2	357,2		kNcm
$N_{gr,min}$ =	-743,49	-429,29 $N_{gr,s}$ =	1021,26	kN
$N_{gr,max}$ =	743,49	429,29		kN

Tab. 15	Untergrenze		N		Obergrenze	
1-min	-2194,04	≤	0,00	<	-707,05	
2-min	-707,05	≤	0,00	<	1335,47	massgebend
3-min	1335,47	≤	0,00	≤	2194,04	
1-max	-2194,04	≤	0,00	<	-1335,47	
2-max	-1335,47	≤	0,00	<	707,05	massgebend
3-max	707,05	≤	0,00	≤	2194,04	

Tab. 14						
Bed. 1:	0,087	≤	1			
Bed. 2:	0,221	≤	1			
Bed. 3:	0,044	≤	1		**Nachweis erfüllt**	
Bed. 4:	0,675	≤	1,000			
Bed. 5:	0,169	≤	1,000			
Bed. 6:	-2194,04	≤	0,00	≤	2194,04	
Bed. 7:	-33702,6	≤	27159,0	≤	33702,6	

4.5.9 Winkelprofil

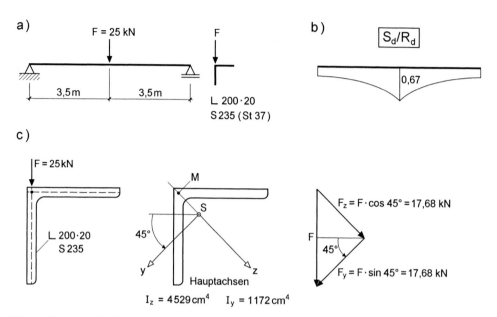

Bild 4.16   a) Einfeldträger mit gleichschenkligem Winkelquerschnitt

b) Ausnutzung der plastischen Querschnittstragfähigkeit (TSV) nach Theorie I. Ordnung

c) Lasten im Hauptachsensystem

Bild 4.16 zeigt einen Einfeldträger mit gleichschenkligem Winkelquerschnitt. Die Wirkungslinie der in Feldmitte angreifenden Einzellast F geht durch den Schub-mittelpunkt M ($\Rightarrow$ keine Torsion) und verläuft parallel zu dem vertikalen Schenkel. Infolge des schiefen Hauptachsensystems, siehe Bild 4.16c, resultiert aus der scheinbar einachsigen Biegung in Wirklichkeit eine zweiachsige Beanspruchung. Die Kraft F wird in ihre Komponenten F_y und F_z in Richtung der Hauptachsen aufgespalten. Damit ergeben sich dreiecksförmige Momentenverläufe M_y und M_z mit ihren Maximalwerten in Feldmitte. In Abschnitt 6.4 werden sowohl die Normalspannungen infolge der Biegemomente M_y und M_z als auch die Schubspannungen infolge der Querkraft V_y und V_z nach der Elastizitätstheorie berechnet. Während die Schubspannungen hier relativ unbedeutend sind, ergibt sich die maximale Spannung am Querschnittsrand zu $\sigma_x = 25{,}76$ kN/cm^2, so dass der Nachweis ausreichender Tragsicherheit im Sinne des Nachweisverfahrens Elastisch-Elastisch wegen $\sigma_x > f_{y,d} = 21{,}82$ kN/cm^2 nicht gelingt.

Führt man diesen gemäß dem Nachweisverfahren Elastisch-Plastisch, d.h. unter Berücksichtigung der plastischen Querschnittstragfähigkeit, ergibt sich mit dem Teil-schnittgrößenverfahren (TSV) gemäß Kapitel 10 eine Ausnutzung von nur 0,67 (vergleiche Bild 4.16b). Den Verlauf der Ausnutzung über die Tragfähigkeit erhält man mit dem RUBSTAHL-Programm KSTAB2000. Der Querschnitt wird dabei durch das Linienmodell mit Überlappung aus 2 Blechen 190×20 idealisiert. Neben der Lastaufteilung bezüglich des Hauptachsensystems, siehe oben, ist zu beachten, dass der Lastangriff im Schubmittelpunkt erfolgt (für F_y **und** F_z: $y_F = 0$, $z_F = -6{,}72$ cm).

4.5.10 Biegedrillknicknachweis für einen Zweigelenkrahmen

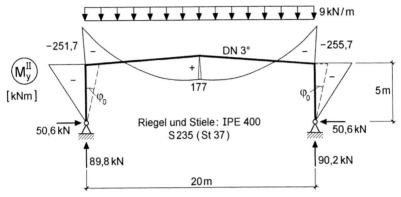

Bild 4.17   Zweigelenkrahmen und Biegemomentenverlauf nach Theorie II. Ordnung

Bild 4.17 zeigt das im Hallenbau oft verwendete baustatische System eines Zwei-gelenkrahmens. Aus Vereinfachungsgründen werden die üblicherweise ausgeführten Vouten des leicht geneigten Riegels (Dachneigung 3°) hier weggelassen. Aus dem Lastfall Eigengewicht und Schnee resultiert die am Obergurt des Riegels angreifende Gleichstreckenlast $q_z = 9$ kN/m. Für diese ergibt sich gemäß DIN 18800 Teil 2 unter Berücksichtigung einer geometrischen Ersatzimperfektion (Schiefstellung $\varphi_0 = 1/234$) und der mit $\gamma_M = 1{,}1$ abgeminderten Steifigkeiten der in Bild 4.17 dargestellte Biege-momentenverlauf M_y^{II} nach Theorie II. Ordnung (berechnet mit dem Programm CS-SUSI). Der Unterschied des betragsmäßig größten Rahmeneckmomentes fällt mit $M_y^{II} = -255{,}7$ kNm im Vergleich zu Theorie I. Ordnung mit $M^I = -250{,}5$ kNm (2%-iger Unterschied) eher gering aus. Da DIN 18800 Teil 2 im Hinblick auf die Biegedrillknickuntersuchung fordert, dass die Stabendmomente an dem aus dem Gesamtsystem herausgeschnittenen Ersatzstab nach Theorie II. Ordnung zu berechnen sind, wird dies konsequent durchgeführt, obwohl gemäß Element (739) in DIN 18800 Teil 1 hier darauf verzichtet werden könnte. Der Biegedrillknicknachweis wird getrennt an den 2 Ersatzsystemen Stiel und Riegel geführt. Dabei wird davon ausge-gangen, dass die Aussteifung in Hallenlängsrichtung durch Verbände erfolgt, was der gängigen Bauweise entspricht.

Ersatzsystem Stiel

Für die Stiele geht man in der Regel von einer Gabellagerung am oberen und unteren Stabende aus, siehe Bild 4.18. Der Biegedrillknicknachweis erfolgt für den meist beanspruchten rechten Stiel mit $M_y = -255{,}7$ kNm und $N = 90{,}2$ kN. Der vereinfachte Nachweis gemäß DIN 18800 Teil 2, Element (311) lautet:

Rechenwerte:

$$N_{pl,d} \quad = 1\,843 \text{ kN} \qquad\qquad N_{Ki,z,d} = 993 \text{ kN}$$

$$M_{pl,y,d} = 285{,}2 \text{ kNm} \qquad\qquad M_{Ki,y,d} = 481{,}4 \text{ kNm}$$

$$c^2 \quad = 750 \text{ cm}^2 \quad \text{für } z_F = 0 \text{ cm} \qquad \zeta_0 = 1{,}77$$

$$\overline{\lambda}_M \quad = 0{,}770 \quad \text{für } n = 2{,}5 \;\Rightarrow \kappa_M = 0{,}909$$

$$\overline{\lambda}_{k,z} \quad = 1{,}362 \quad \text{für Linie b} \;\Rightarrow \kappa_z \; = 0{,}398$$

$$a_y \quad = 0{,}218 \qquad\qquad\qquad \Rightarrow k_y \; = 0{,}973$$

$$\text{Nachweis:} \quad \frac{N}{\kappa_z \cdot N_{pl,d}} + \frac{M}{\kappa_M \cdot M_{pl,y,d}} \cdot k_y = 1{,}083 > 1$$

Da der Nachweis mit dem vereinfachten Verfahren nicht gelingt, wird für das Ersatzsystem eine Schnittgrößenberechnung nach Theorie II. Ordnung unter Ansatz einer Vorkrümmung v_0 (senkrecht zur Rahmenebene) mit dem Programm KSTAB2000 durchgeführt. Bild 4.18 zeigt die daraus resultierenden σ–Schnittgrößen (die τ–Schnittgrößen sind hier wegen ihres geringen Einflusses auf die Tragfähigkeit nicht dargestellt). Man sieht, dass sich die maximale Ausnutzung S_d/R_d der plastischen Querschnittstragfähigkeit (mit dem Teilschnittgrößenverfahren) am oberen Stielende ergibt, wo die aus der Rahmenberechnung stammenden σ–Schnittgrößen M_z und M_ω gleich Null sind. Diese erreichen im Abstand von ca. 1,8 m vom oberen Stielende ihren Extremwert, allerdings hat das Biegemoment M_y an dieser Stelle bereits deutlich abgenommen. Durch die starke Reduktion des hier für die Querschnittstragfähigkeit entscheidenden Biegemomentes M_y liegt die Ausnutzung trotz der zusätzlichen Beanspruchung infolge Theorie II. Ordnung (M_z und M_ω) deutlich niedriger als am Stielende. Somit lässt sich in diesem Fall, im Gegensatz zu dem vereinfachten Verfahren (siehe oben), noch eine ausreichende Tragsicherheit gegen Biegedrill-knicken nachweisen. Eine Verallgemeinerung im Sinne von *„Theorie II. Ordnung ist günstiger als die vereinfachten Verfahren"* ist jedoch nicht zulässig und im Einzelfall zu prüfen. Bei einem schlankeren Stiel und/oder anderer Belastung können die zusätzlichen Schnittgrößen aus Theorie II. Ordnung (insbesondere M_z und M_ω) so groß werden, dass sich die maßgebende Stelle für den Nachweis ausreichender Quer-schnittstragfähigkeit vom Stielende in den inneren Stielbereich verlagert.

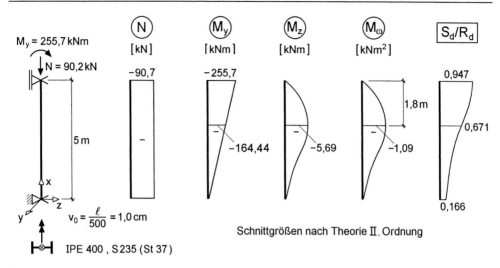

$M_y = 255{,}7$ kNm

$N = 90{,}2$ kN

5 m

$v_0 = \dfrac{\ell}{500} = 1{,}0$ cm

IPE 400 , S 235 (St 37)

Schnittgrößen nach Theorie II. Ordnung

Bild 4.18   Ersatzsystem Stiel

Ersatzsystem Riegel

Der Riegel wird beidseitig gabelgelagert und an den Rändern infolge der angenommenen Wandverbände horizontal unverschieblich idealisiert. Die Dacheindeckung soll
aus einem Trapezblech bestehen, so dass bei entsprechender Befestigung eine
Streckendrehfeder $c_{\vartheta,d} = 5$ kNcm/cm realistisch ist. Zusätzlich wird der Riegel in den
Viertelspunkten durch die Pfosten eines Dachverbands stabilisiert. Die hieraus
entstehende verschiebliche Lagerung wird durch Einzelfedern $C_{y,d} = 7$ kN/cm abgebildet. Näheres zur Berechnung der Federsteifigkeiten kann der Literatur, z. B. [92]
entnommen werden.

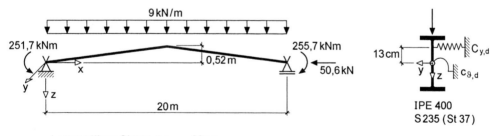

– Lastangriff am Obergurt $z_F = -20$ cm
– Streckendrehfeder infolge Trapezblech $c_{\vartheta,d} = 5$ kNcm/cm
– verschiebliche Halterung (y – Richtung) in den Viertelspunkten $C_{y,d} = 7$ kN/cm , $z_{C_y} = -13$ cm

Bild 4.19   Ersatzsystem Riegel

Ein Nachweis nach dem vereinfachten Verfahren analog zum Stiel kann für den Riegel
aufgrund der vielfältigen Einflüsse, z.B. der Federn, nicht ohne weiteres geführt
werden. In der Praxis führt man den vereinfachten Biegedrillknicknachweis oftmals

für die Ersatzstäbe zwischen den Verbandshalterungen und unterstellt damit eine Gabellagerung des Riegels durch die Verbandspfosten. Dies ist wegen der konstruktiven Ausbildung der Verbindungen (häufig als geschraubte Verbindung mit am Riegel angeschweißtem Knotenblech) und zu geringer Biegesteifigkeit der Verbandspfosten jedoch in der Regel nicht zutreffend. Dennoch haben die Verbandspfosten aufgrund ihrer Exzentrizität zur Drehachse (Schubmittelpunkt) auch einen Einfluss auf die Verdrehung ϑ. Es empfiehlt sich daher eine Berechnung nach Theorie II. Ordnung und anschließendem Nachweis ausreichender Querschnittstragfähigkeit. Bei dem hier untersuchten System besteht eine Schwierigkeit in der Erfassung der Dachneigung bzw. des Knicks im Firstpunkt, da im Programm KSTAB2000 nur gerade Stabzüge vorgesehen sind. Die Dachneigung ist mit 3° zwar relativ gering, führt aber zu einem Höhenunterschied zwischen Riegelenden und Mitte von 0,52 m, siehe Bild 4.19. Die in x-Richtung wirkende Druckkraft N = –50,6 kN führt infolge der o.g. Exzentrizität im Feldbereich zu einer Reduktion des Feldmomentes (für den Firstpunkt folgt: $\Delta M \cong$ –50,6·0,52 = –26,3 kNm). Deshalb lässt sich das in Bild 4.17 dargestellte maximale Feldmoment $M_y = 177$ kNm auch nicht aus den Rahmeneckmomenten plus „eingehängter Parabel" bestimmen. Eine Vernachlässigung führt somit zu einem zu großen Feldmoment.

Ein Hilfsmittel zur Abbildung des tatsächlich im Riegel vorhandenen Biegemomentenverlaufs gemäß Bild 4.17 und der Berechnung mit KSTAB2000 ist die Einführung einer entlastenden Einzellast (F_z = –26,3·4/20 = –5,26 kN) im Firstpunkt, siehe Bild 4.21b. Diese ergibt zusammen mit den übrigen Belastungen ungefähr den tatsächlichen Biegemomentenverlauf.

a) Verformung zum niedrigsten Eigenwert $\eta_{Ki,d}$= 1,644

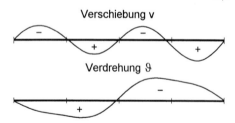

b) geometrische Ersatzimperfektion $v_0(x)$

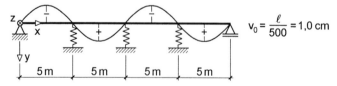

Bild 4.20   a) Eigenform für das System in Bild 4.21b

b) Geometrische Ersatzimperfektion v_0 für beide Systeme in Bild 4.21

Geometrische Ersatzimperfektionen (hier: v_0) sind gemäß DIN 18800 Teil 2, Element (202) so anzusetzen, dass sie sich der zum niedrigsten Eigenwert gehörenden Verformungsfigur (1. Eigenform) möglichst gut anpassen. Die mit KSTAB2000 ermittelte Eigenform für das System in Bild 4.21b ist in Bild 4.20a dargestellt. Die Verschiebung $v(x)$ besteht aus 4 Wellen, deren Nulldurchgänge etwa in der Mitte und den Viertelspunkten liegen. Es wird daher die in Bild 4.20b dargestellte geometrische Ersatzimperfektion $v_0(x)$ angesetzt und unter Verwendung von KSTAB2000 werden die beiden Systeme in Bild 4.21 untersucht.

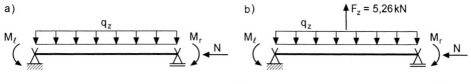

mit: N, M_ℓ, M_r und q_z sowie Federn $c_{\vartheta,d}$ und $C_{y,d}$ (nicht dargestellt) gemäß Bild 4.19

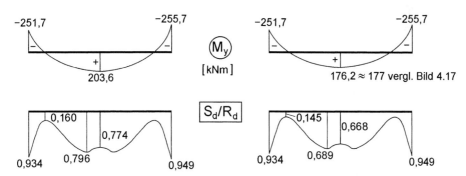

Bild 4.21   Ersatzsystem Riegel – Ausnutzung der plastischen Querschnittstragfähigkeit infolge Schnittgrößen nach Theorie II. Ordnung

a) Vernachlässigung der Dachneigung

b) Näherungsweise Berücksichtigung der Dachneigung durch F_z

Für beide Fälle kann eine ausreichende Tragsicherheit gegen Biegedrillknicken nachgewiesen werden, wie man an Bild 4.21 unten ($S_d/R_d \leq 1$) erkennt. In der Ausnutzung der plastischen Querschnittstragfähigkeit S_d/R_d in Bild 4.21 sind selbstverständlich alle 8 Schnittgrößen, deren Verläufe dort nicht vollständig dargestellt sind, berücksichtigt worden. Wie man sieht, sind im Feldbereich noch Tragfähigkeitsreserven vorhanden, so dass man u.U. mit einem kleineren Riegelprofil auskommen könnte. Dies erfordert jedoch die Anordnung von Vouten im Randbereich, was im Übrigen der gängigen Praxis entspricht, weil dort die Querschnittstragfähigkeit mit $S_d/R_d \cong 0,95$ nahezu erschöpft ist. Da sich durch die geänderten Steifigkeitsverhältnisse infolge von Vouten und anderem Riegelquerschnitt an dem statisch unbestimmten Tragwerk „Zweigelenkrahmen" auch andere Schnittgrößenverläufe einstellen würden, wäre hierzu eine erneute Berechnung und ein entsprechender Nachweis erforderlich.

4.6 Nachweisverfahren Plastisch-Plastisch (P-P)

Beim Verfahren P-P sind die Beanspruchungen nach der **Fließgelenk- oder Fließ-zonentheorie**, die Beanspruchbarkeiten unter Ausnutzung plastischer Tragfähigkeiten der Querschnitte und des Systems zu berechnen. Die Beurteilung der Querschnitts-tragfähigkeit kann, wie beim Verfahren E-P, z.B. mit den Interaktionsbedingungen der DIN 18800 [4] oder dem TSV (siehe Kapitel 10) erfolgen.

Fließzonentheorie (FZT)

Berechnungen nach der Fließzonentheorie können nur mit entsprechenden Computer-programmen durchgeführt werden, da der nummerische Aufwand sehr hoch ist. Bekannte Programme sind z.B. ABAQUS und ANSYS, siehe auch Abschnitte 4.8 und 4.9.

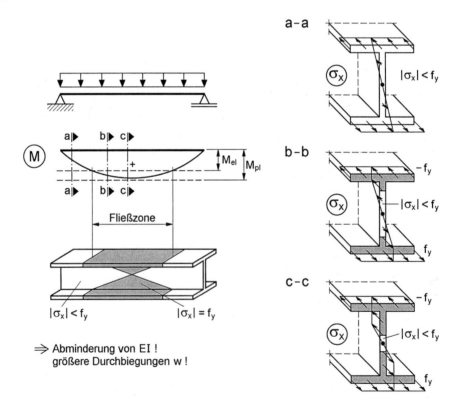

Bild 4.22   Zur Ausbreitung von Fließzonen

Bei Berechnungen nach der FZT beginnt man zweckmäßigerweise knapp unterhalb der elastischen Grenzlast und erhöht dann die Belastung schrittweise. Wie das Beispiel in Bild 4.22 zeigt, treten im Feldbereich des Einfeldträgers Biegemomente auf, die größer als M_{el} sind. Aufgrund des Werkstoffgesetzes in Bild 7.1 beginnen die Ränder des Querschnitts zu fließen, so dass dort bei idealplastischem Verhalten der Elastizitätsmodul gleich Null ist. Als Resultat verlieren diese Teile ihre Steifigkeit und die Biegesteifigkeit des Trägers nimmt im Feldbereich ab. Die Fließzonen breiten sich also nicht nur über die Querschnittshöhe, sondern auch in Stablängsrichtung aus und können beträchtliche Ausmaße annehmen. Für das parabelförmige Biegemoment in Bild 4.22 erhält man z.B.

$$\ell_{FZ} = 0,35 \cdot \ell \qquad \text{für } \alpha_{pl} = 1,14$$

$$\ell_{FZ} = 0,578 \cdot \ell \qquad \text{für } \alpha_{pl} = 1,5$$

Aus diesen Zahlenwerten lässt sich ablesen, dass die Fließzonen in Bild 4.22 übertrieben lang eingezeichnet wurden, da der Querschnitt eher $\alpha_{pl} = 1,14$ zuzuordnen ist. Aufgrund der Fließzonen und bereichsweise reduzierter Biegesteifigkeit EI des Trägers ergeben sich größere Durchbiegungen w, als wenn der gesamte Träger elastisch wäre (siehe hierzu Abschnitt 4.7.3). Die Schnittgrößen verändern sich bei diesem Beispiel nicht. Bei anderen baustatischen Systemen und Belastungen sind folgende Effekte von Bedeutung:

• Die Ausbreitung von Fließzonen und die damit verbundenen Steifigkeitsänderungen führen in **statisch unbestimmten Systemen** zu **Schnittgrößenumlagerungen**

• Durch größere Verformungen können sich die Schnittgrößen verändern. Beispielsweise ergeben Normalkräfte und Durchbiegungen Biegemomente, so dass die Größe der Durchbiegungen von Bedeutung ist.

Die Fließzonentheorie ermöglicht eine sehr genaue Ermittlung von Verformungen, Schnittgrößen und der maximalen Tragfähigkeit eines baustatischen Systems (Traglast). Mit der FZT können vorhandene Imperfektionen (Vorverformungen, Eigenspannungen, Streuungen bei Querschnittsabmessungen und Streckgrenzen) wirklichkeitsnah erfasst werden. Der Aufwand für die Berechnungen ist jedoch sehr hoch und selbst bei sehr guten EDV-Programmen muss der Anwender ausgesprochen sachkundig sein.

Fließgelenktheorie (FGT)

Die FGT ist ein Näherungsverfahren zur Fließzonentheorie. Gedanklich und für die Durchführung der Berechnungen werden die Fließzonen durch **punktförmige Fließgelenke** ersetzt. Für die Bereiche außerhalb von Fließgelenken wird elastisches Verhalten vorausgesetzt. Damit vereinfachen sich die Berechnungen erheblich und für leicht überschaubare Systeme sind auch Handrechnungen möglich.

Bei der Fließgelenktheorie werden 2 Methoden unterschieden:

• Schrittweise elastische Berechnungen

• Berechnungen mit kinematischen Ketten

Die prinzipielle Vorgehensweise bei den beiden Methoden wird mit Hilfe von Bild 4.23 erläutert. Der dargestellte Zweifeldträger ist einfach statisch unbestimmt. Es können daher maximal 2 Fließgelenke entstehen. Aus dem Biegemomentenverlauf ist erkennbar, dass die größten Beanspruchungen in Feldmitte von Feld 1 und an der Mittelstütze auftreten. Der Einfluss der Querkräfte auf die Querschnittstragfähigkeit und damit auf die Bildung der Fließgelenke muss berücksichtigt werden. Hier wird er vernachlässigt, da es sich um ein Prinzipbeispiel handelt (siehe auch das Beispiel in Abschnitt 4.5.3).

Bei der schrittweisen elastischen Berechnung wird zuerst die Last bestimmt bei der das 1. Fließgelenk entsteht. Im vorliegenden Fall ist das die Feldmitte von Feld 1. Dort wird nun ein Gelenk und das korrespondierende Momentenpaar M_{pl} eingeführt. Der zugehörige Biegemomentenverlauf zeigt, dass an der Mittelstütze noch Reserven vorhanden sind. Die Last kann daher noch erhöht werden, bis auch dort die maximale Querschnittstragfähigkeit erreicht ist.

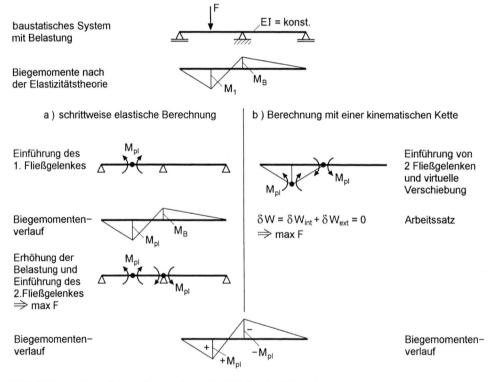

Bild 4.23   Beispiel zur Anwendung der Fließgelenktheorie

a) schrittweise elastische Berechnung

b) Berechnung mit einer kinematischen Kette

Bei der Berechnung mit einer kinematischen Kette müssen 2 Fließgelenke an den „richtigen Stellen" gewählt werden, die in diesem einfachen Beispiel offensichtlich sind. Man wendet nun das Prinzip der virtuellen Verrückungen an und kann dann max F mit dem Arbeitssatz berechnen. Anschließend können die Schnittgrößen für den Träger ermittelt werden. Damit wird überprüft, ob die Querschnittstragfähigkeit an keiner Stelle überschritten ist.

Berechnungen mit kinematischen Ketten eignen sich gut für Handrechnungen, wenn es sich um einfache Systeme handelt, für die Berechnungen nach Theorie I. Ordnung ausreichend sind. Bei komplexen Systemen ist die Lage der Fließgelenke nicht bekannt, so dass diese durch Probieren festgestellt werden muss. Die schrittweise elastische Berechnung ist in der Anwendung wesentlich sicherer. Man muss auch nicht bis zum Erreichen einer kinematischen Kette (oder Teilkette) rechnen, sondern kann bei einem beliebigen Lastniveau davor abbrechen. Dies ist insbesondere dann von Vorteil, wenn Stabilitätseinflüsse zu berücksichtigen sind.

4.7 Zur Grenztragfähigkeit von Querschnitten und baustatischen Systemen

4.7.1 Grundlegende Phänomene

Bei den Nachweisverfahren E-E und E-P werden stets **zuerst die Schnittgrößen** (nach Theorie I. Ordnung oder falls erforderlich nach Theorie II. Ordnung) berechnet. **Anschließend** wird überprüft, ob alle **Querschnitte ausreichende Tragfähigkeit** aufweisen. Die Grenztragfähigkeit des baustatischen Systems ist erreicht, wenn der am stärksten beanspruchte Querschnitt maximal ausgenutzt ist. Dieser Querschnitt ist bei Anwendung des Nachweisverfahrens E-P in den meisten Anwendungsfällen vollständig durchplastiziert. Es gibt jedoch auch Fälle, in denen das nicht der Fall ist. Hinzu kommt, dass selbst bei statisch bestimmten Systemen die Anwendung des Nachweisverfahrens P-P erforderlich sein kann, wenn das Durchplastizieren des Querschnitts gefordert wird. Zur Klärung der damit zusammenhängenden Phänomene werden in den Abschnitten 4.7 bis 4.9 folgenden Themen behandelt:

- Grenztragfähigkeit und Durchplastizieren von Querschnitten („vollplastische Zustände") – Bildung von Fließgelenken

- Entstehen von zusätzlichen Schnittgrößen und Ausbreitung im baustatischen System sowie dazu korrespondierende Verformungen und weitere Schnittgrößen

- Abbau vorhandener Schnittgrößen in hoch ausgenutzten Querschnitten und Umlagerungen im baustatischen System

- Beurteilung von statisch bestimmten Systemen bei Anwendung der Plastizitätstheorie

Für die Berechnung der Grenzschnittgrößen (einzelne Schnittgrößen oder Schnittgrößenkombinationen) von Stabquerschnitten im plastischen Zustand ist das Durchplastizieren nicht das maßgebende Kriterium. In DIN 18800 Teil 1 [4] wird dazu
Folgendes ausgeführt (siehe auch Abschnitt 7.3.2):

„Als **vollplastische Zustände** werden diejenigen Zustände bezeichnet, bei denen eine
Vergrößerung der Schnittgrößen nicht möglich ist. Dabei muss der **Querschnitt nicht
durchplastiziert** sein."

Diesen Sachverhalt haben auch *Scheer/Bahr* in [120] für ungleichschenklige Winkelprofile unter außermittiger Längsbelastung festgestellt. Da das Durchplastizieren und
seine Auswirkungen von grundsätzlicher Bedeutung für die Bemessung ist, wird die
Thematik in den folgenden Abschnitten vertieft.

4.7.2 Maximales Biegemoment ist größer als M_{pl}

Bei vielen Querschnittsformen ist das vollplastische Biegemoment M_{pl} das maximal
vom Querschnitt aufnehmbare Biegemoment. Von Stahlbeton- und Verbundstützen ist
allseits bekannt, dass ihre Querschnitte größere Biegemomente aufnehmen können,
wenn Drucknormalkräfte vorhanden sind (Bild 4.24a). Als Beispiele dazu können die
Interaktionskurven nach DIN 18800 Teil 5 (Bild 11.15) und die Bilder 11.19, 11.21
und 11.23 herangezogen werden. Bild 4.24b zeigt, dass auch der umgekehrte Fall
auftreten kann, bei dem größere Normalkräfte aufgenommen werden, wenn
entsprechende Biegemomente vorhanden sind. Einzelheiten dazu werden in Abschnitt
4.7.4 angesprochen, siehe Tabelle 4.4, 1. Zeile.

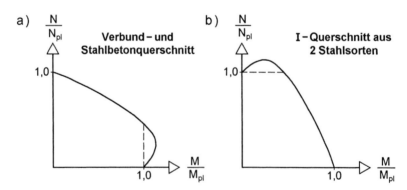

Bild 4.24   N-M-Interaktionskurven für 2 verschiedene Querschnitte

Ungleichschenklige Winkel

Als grundlegendes Beispiel zur Frage des Durchplastizieren werden in Bild 4.25
ungleichschenklige Winkel betrachtet. Die angegebenen Spannungsverteilungen
gehören jeweils zu $M_{pl,y}$ und max M_y.

Bei Fall a) sind die beiden Schenkel des Winkels flächengleich. Obwohl bei Erreichen von $M_{pl,y}$ der Querschnitt bereits voll durchplastiziert ist, können größere Biegemomente aufgenommen werden, wenn ein entsprechendes Biegemoment M_z vorhanden ist. Die maximale Erhöhung liegt in diesem Beispiel bei 6% und erfordert ein M_z von 1014 kNcm.

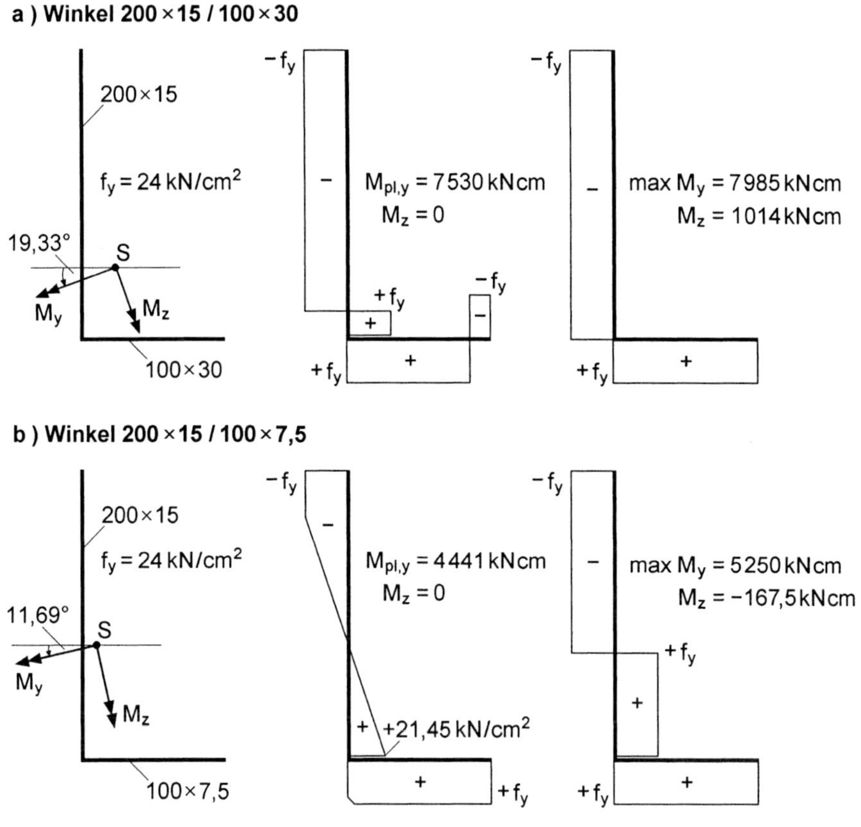

a) Winkel 200×15 / 100×30

200×15

$f_y = 24$ kN/cm²

19,33°   S

M_y M_z

100×30

$-f_y$

$-$ $M_{pl,y} = 7530$ kNcm
$M_z = 0$

$+f_y$ $+$ $-$ $-f_y$

$+f_y$ $+$

$-f_y$

$-$ max $M_y = 7985$ kNcm
$M_z = 1014$ kNcm

$+f_y$ $+$

b) Winkel 200×15 / 100×7,5

200×15

$f_y = 24$ kN/cm²

11,69°   S

M_y

M_z

100×7,5

$-f_y$

$-$ $M_{pl,y} = 4441$ kNcm
$M_z = 0$

$+$ $+21,45$ kN/cm²

$+$ $+f_y$

$-f_y$

$-$ max $M_y = 5250$ kNcm
$M_z = -167,5$ kNcm

$+f_y$

$+$

$+f_y$ $+f_y$ $+$

Bild 4.25 $M_{pl,y}$ und max M_y bei ungleichschenkligen Winkeln

Wenn man bei Fall b) gegenüber Fall a) die Blechdicke des unteren Winkelschenkels auf 1/4 reduziert, führt der zu $M_{pl,y}$ zugehörige Spannungszustand **nicht zum vollständigen Durchplastizieren**. Auch in diesem Fall kann M_y vergrößert werden, bis bei max $M_y = 1,182 \cdot M_{pl,y}$ der Querschnitt durchplastiziert. Allerdings muss dafür gleichzeitig ein $M_z = -167,5$ kNcm vorhanden sein.

Ob die erhöhte Tragfähigkeit für M_y bei der Bemessung ausgenutzt werden kann, hängt vom baustatischen System, vom gewählten Nachweisverfahren und von der Berechnungsmethode ab. Auf jeden Fall muss natürlich das erforderliche M_z entstehen können. Außerdem ist zu beachten, dass zu M_z korrespondierende Verformungen v und Querkräfte V_y auftreten, die die Tragfähigkeit beeinflussen.

Anmerkung: Die Werte in Bild 4.25 können mit dem RUBSTAHL-Programm QST-TSV-2-3 berechnet werden, das auf dem TSV in Abschnitt 10.7 basiert. Diese Werte (und die Spannungsverteilungen) ergeben sich auch bei computerorientierten Berechnungen nach Abschnitt 10.10.3 (Dehnungsiteration).

Andere Querschnittsformen

Die oben erwähnten Effekte treten auch bei anderen Querschnittsformen auf, wie z.B.:

- Einfachsymmetrischer I-Querschnitt
  Vergrößerung von $M_{pl,z}$ durch M_ω, siehe Bilder 4.28, 4.30a, 4.43, 4.46 und 10.43

- U-förmiger Querschnitt
  Vergrößerung von $M_{pl,y}$ durch M_ω, siehe Bilder 4.30b, 4.36 und 4.38

4.7.3 Grundlegendes zu den Nachweisverfahren

Einige der grundlegenden Phänomene, die mit der Ermittlung der Grenztragfähigkeit von baustatischen Systemen verbunden sind, werden anhand des in Bild 4.26 dargestellten baustatischen Systems aufgezeigt.

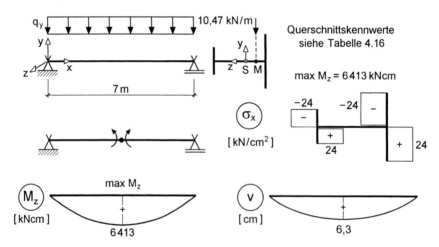

Bild 4.26   Zur Grenztragfähigkeit eines baustatischen Systems

Die gurtparallele Gleichstreckenlast q_y greift im Schubmittelpunkt an, so dass keine planmäßige Torsionsbeanspruchung vorhanden ist. Ferner werden die Einflüsse aus Theorie II. Ordnung vernachlässigt, da hier die prinzipiellen Zusammenhänge im Vordergrund stehen. Gleiches gilt für die grenz (b/t)-Abmessungen des einfachsymmetrischen I-Querschnitts. Da die Belastung im Schubmittelpunkt angreift, erhält man nach der Elastizitätstheorie Biegemomente M_z, Querkräfte V_y und Durchbiegungen v. Weitere Schnittgrößen oder Verformungen treten nicht auf. Zur Ermittlung der Grenztragfähigkeit wird nun das vollständige Plastizieren des Querschnitts in Feldmitte (Fließgelenk, siehe Bild 4.26) angenommen, was zu einer korrespondierenden Belastung von $q_y = 10{,}47$ kN/m führt. Aufgrund der Biegebeanspruchung ergibt sich eine Verschiebung in Lastrichtung von $v = 6{,}3$ cm (Nachweisverfahren E-P, siehe Abschnitt 4.3), da das System bis zum Erreichen des Fließgelenks vollständig elastisch angenommen wird.

Obwohl das baustatische System in Bild 4.26 sehr einfach ist, werden zur Überprüfung der Ergebnisse Berechnungen nach der FEM mit dem Programm ABAQUS [67] durchgeführt. Die auf der Fließzonentheorie (Abschnitt 4.6) basierende Berechnung mit dem Stabelement B31OS unter Berücksichtigung der Wölbkrafttorsion ist eine der genauesten Möglichkeiten zur Simulation des realen Tragverhaltens und führt im Übrigen zu ähnlichen Ergebnissen wie bei einer Diskretisierung des Trägers mit ebenen Schalenelementen (S4R). Das erstaunliche dieser Berechnung ist, dass sich nicht nur eine Verschiebung in Lastrichtung ergibt, sondern auch eine Verdrehung ϑ des Trägers um die Stablängsachse entsteht. Diese beträgt im vorliegenden Fall in Feldmitte ca. $-6{,}1°$ (Schalenberechnung: ca. $-6{,}5°$), während sich die maximale Verschiebung mit ca. 14 cm aufgrund der Fließzonen größer einstellt als oben erwähnt, siehe auch Bild 4.42 in Abschnitt 4.9. Es stellt sich die Frage, wodurch diese Verdrehung entsteht und wie sie in Bezug auf die Grenztragfähigkeit und die verschiedenen Nachweisverfahren zu bewerten ist.

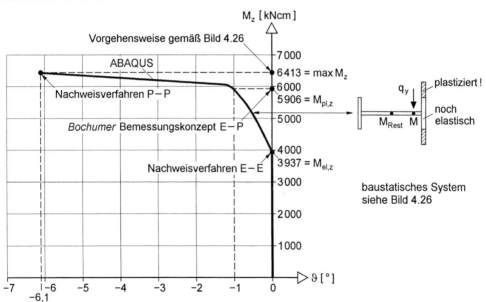

Bild 4.27   Zusammenhang zwischen Biegemoment im Verlauf der Laststeigerung und der Verdrehung ϑ in Feldmitte

Zur Klärung wird Bild 4.27 betrachtet, in dem die durchgezogene Linie das rechnerisch genaue Tragverhalten mit dem ABAQUS-Stabelement B31OS kennzeichnet. Bis zum Erreichen der elastischen Grenzlast (Nachweisverfahren E-E) treten nur

Verschiebungen v auf und die Verdrehung ϑ ist gleich Null. Danach plastiziert der Obergurt an den Blechenden und es entsteht eine Verdrehung ϑ. Sie steigt mit weiter zunehmender Belastung und Plastizierung zunächst langsam und dann immer stärker an, bis im Grenzzustand der Querschnitt voll durchplastiziert, $\vartheta = -6{,}1°$ ist und max $M_z = 6413$ kNcm erreicht wird. Darüber hinaus ergibt die Berechnung mit ABAQUS, dass neben M_z und V_y auch die Schnittgrößen M_ω (Wölbbimoment), M_{xs} und M_{xp} (Torsionsmomente) auftreten. Aus diesem Grunde wird die in Bild 4.26 dargestellte Spannungsverteilung für max M_z überprüft und mit Tabelle 2.3

$$M_\omega = \int_A \sigma_x \cdot \omega \cdot dA$$

berechnet.

Man erhält $M_\omega = 13886$ kNcm^2, siehe auch Bild 4.28 rechts. Zu dem in Bild 4.26 eingeführten Fließgelenk gehört also nicht nur ein Biegemoment M_z, sondern eine entsprechende M_z-M_ω-Schnittgrößenkombination. Bei Kenntnis dieses Zusammenhangs (vollplastische Spannungsverteilung erfordert Wölbbimoment) ist die zur Torsion korrespondierende Verdrehung ϑ zu erwarten gewesen. Außerdem müssen auch primäre und sekundäre Torsionsmomente auftreten, die die Grenztragfähigkeit abmindern können. Wegen der grundsätzlichen Bedeutung wird das Beispiel in Abschnitt 4.9 eingehend untersucht; u.a. wird dort auch der Lastfall planmäßige Torsion betrachtet. Hier soll vorab die Zuordnung zu einem Nachweisverfahren geklärt werden.

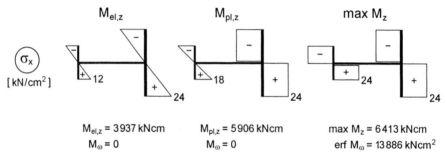

Bild 4.28 $M_{el,z}$, $M_{pl,z}$ und max M_z für den einfachsymmetrischen I-Querschnitt

Zuordnung der Tragfähigkeiten zu den Nachweisverfahren

Den Bildern 4.27 und 4.28 kann eindeutig entnommen werden, dass die Tragfähigkeit nach dem Verfahren E-E durch $M_z = M_{el,z} = 3937$ kNcm begrenzt wird. Es stellt sich nun die Frage, ob die zu max $M_z = 6413$ kNcm gehörende, maximale Tragfähigkeit dem Nachweisverfahren E-P oder P-P zuzuordnen ist?

Bei einer Systemberechnung nach der Elastizitätstheorie können nur Verformungen v und Schnittgrößen M_z und V_y ermittelt werden. Die Berechnungen mit ABAQUS haben aber ergeben, dass auch Verdrehungen ϑ und Schnittgrößen M_ω, M_{xs} und M_{xp}

auftreten. Das oben erwähnte max M_z kann also nur mit dem Verfahren P-P erreicht werden. Dies ist in sofern erstaunlich, als dass es sich um ein statisch bestimmtes System handelt. Da aber nicht alle auftretenden Schnittgrößen mit Hilfe von Gleichgewichtsbedingungen ermittelt werden können, handelt es sich um den **Sonderfall**, dass das baustatische System **bei Anwendung der Plastizitätstheorie innerlich statisch unbestimmt** ist. Wenn man nun auch die maximale Tragfähigkeit ermitteln möchte, die zum Nachweisverfahren E-P gehört, muss beachtet werden, dass nur die Schnittgrößen M_z und V_y und Durchbiegungen v auftreten dürfen. Wie Bild 4.27 zeigt, tritt dieser Fall oberhalb von $M_{el,z}$ bei der Anwendung der Fließzonen- theorie mit ABAQUS nicht auf. In gleicher Weise wie die Fließgelenktheorie als Näherung der Fließzonentheorie (Abschnitt 4.6) verwendet wird, gelingt dies mit dem *Bochumer* Bemessungskonzept E-P. Dabei wird $M_\omega = 0$ gefordert und man erhält die maximale Tragfähigkeit durch Begrenzung von M_z auf $M_{pl,z}$ gemäß Bild 4.28 (ebenso führt übrigens in Abschnitt 4.7.2 die Forderung $M_z = 0$ zu $M_{pl,y}$). Das Ergebnis ist in Bild 4.27 mit $M_{pl,z} = 5906$ kNcm eingetragen. Wie man sieht, ist dies eine Näherung, da die genaue Berechnung zu einem Torsionswinkel $\vartheta \cong -1°$ führt, der jedoch sehr klein ist. Der Vorteil des *Bochumer* Bemessungskonzeptes E-P liegt darin, dass auch bei dem hier beschriebenen Sonderfall und vergleichbaren Fällen Schnittgrößen und Verformungen nach der Elastizitätstheorie berechnet und plastische Reserven bei der Querschnittstragfähigkeit ausgenutzt werden können.

4.7.4 Vollständiges Durchplastizieren und korrespondierende Effekte

Da das Durchplastizieren der Querschnitte ein wichtiges Kriterium für die Beurteilung der Grenztragfähigkeit ist, wird auf diese Thematik hier näher eingegangen. Als Ergänzung zu den Abschnitten 4.7.2 und 4.7.3 wird gezeigt, welche Zusammenhänge bei der Grenztragfähigkeit von Querschnitten und baustatischen Systemen zu beachten sind.

Wenn ein Querschnitt nicht vollständig durchplastiziert ist, kann das 2 Ursachen haben

- Modellierung des Querschnitts

- Durchplastizieren des Querschnitts erfordert im baustatischen System zusätzliche Schnittgrößen

Zur Erläuterung wird ein doppeltsymmetrischer I-Querschnitt betrachtet, siehe Tabelle 4.4 oben. In der linken Tabellenhälfte sind für den Fall, dass der gesamte Querschnitt aus S 235 besteht, alle Grenzschnittgrößen bei **alleiniger Wirkung einer Schnitt- größe** mit den zugehörigen Spannungsverteilungen dargestellt. Da die Querschnitts- modellierung wie beim Teilschnittgrößenverfahren (Abschnitt 10.4) verwendet wird, können die Zahlenwerte mit dem RUBSTAHL-Programm QST-TSV-2-3 kontrolliert werden. Für die Schnittgrößen $M_{pl,y,d}$ und $N_{pl,d}$ ist der Querschnitt voll durchplastiziert. Wegen der Dünnwandigkeit der Einzelteile wird V_z nur vom Steg aufgenommen, so dass die Gurte auch im Grenzzustand elastisch bleiben. Dieser Sachverhalt gilt bei $V_{pl,y,d}$ und $M_{pl,xs,d}$ in vergleichbarer Weise. Darüber hinaus führt das verwendete Linienmodell der Querschnittsidealisierung dazu, dass bei $M_{pl,z,d}$ und $M_{pl,\omega,d}$ nur die Gurte durchplastizieren. Bei Berücksichtigung der Blechdicke im Tragmodell würde auch der Steg voll durchplastizieren. Im Fall des primären Torsionsmomentes führt die Berechnung nach Tabelle 10.2, d.h. für volles Durchplastizieren aller 3 Teile, zu dem in Tabelle 4.4 angegebenen Wert für $M_{pl,xp,d}$.

Fazit: Die Art der Querschnittsmodellierung und Voraussetzungen in der Theorie dünnwandiger Stäbe führen dazu, dass der Querschnitt in einigen Fällen rechnerisch nicht voll durchplastiziert.

In der rechten Hälfte der Tabelle 4.4 bestehen Obergurt und Steg wiederum aus S 235, der Untergurt jedoch aus S 355. Dadurch verändern sich die Querschnittskennwerte nicht, so dass die Lage des Schwer- und Schubmittelpunktes, die die Bezugspunkte für die Wirkung der Schnittgrößen sind, unverändert bleibt. Wenn man nun die Grenz-schnittgrößen für die jeweils alleinige Wirkung **einer** Schnittgröße berechnet, ergibt sich mit

$$M_{pl,y,d} = (72 \cdot 20 + 2 \cdot 1,5 \cdot 6,8 \cdot 15,4) \cdot 24/1,1 + 72 \cdot 20 \cdot 36/1,1$$
$$= 85\,400 \text{ kNcm} = 854 \text{ kNm}$$

ein etwa 15% größerer Wert als bei dem vollständig aus S 235 bestehenden Quer-schnitt, vergleiche Tabelle 4.4. Die Erhöhung bei M_{xp} resultiert aus der Annahme, dass alle 3 Querschnittsteile durchplastizieren. Alle anderen Grenzschnittgrößen sind davon **unabhängig**, ob der Untergurt in S 235 oder S 355 ausgeführt wird. Dies ist bei V_z idealisierungsbedingt der Fall, bei den anderen Schnittgrößen können die Reserven **im Untergurt nur aktiviert werden, wenn zusätzliche Schnittgrößen auftreten.**

Die maximal mögliche Normalkraft ergibt sich beispielsweise zu

$$\max N = 4\,372 + 72 \cdot (36 - 24)/1,1 = 5\,158 \text{ kN}$$

und die zugehörige Spannungsverteilung führt zu einem Biegemoment von

$$\text{erf } M_y = 72 \cdot 20 \cdot (36 - 24)/1,1 = 15\,709 \text{ kNcm} = 157 \text{ kNm},$$

was immerhin fast 20% von $M_{pl,y,d}$ ausmacht.

Tabelle 4.4 enthält 5 Fälle, bei denen größere Schnittgrößen als die vollplastischen möglich sind und die zusätzliche Schnittgrößen erfordern:

$\max N \to \text{erf } M_y;$ $\quad\quad \max M_z \to \text{erf } M_\omega;$ $\quad\quad\quad \max M_\omega \to \text{erf } M_z$

$\max V_y \to \text{erf } M_{xs};$ $\quad\quad \max M_{xs} \to \text{erf } V_y$

Tabelle 4.4 Spannungsverteilungen für vollplastische Grenzschnittgrößen (Querschnitt vollständig aus S 235) und maximale Schnittgrößen (Untergurt aus S 355)

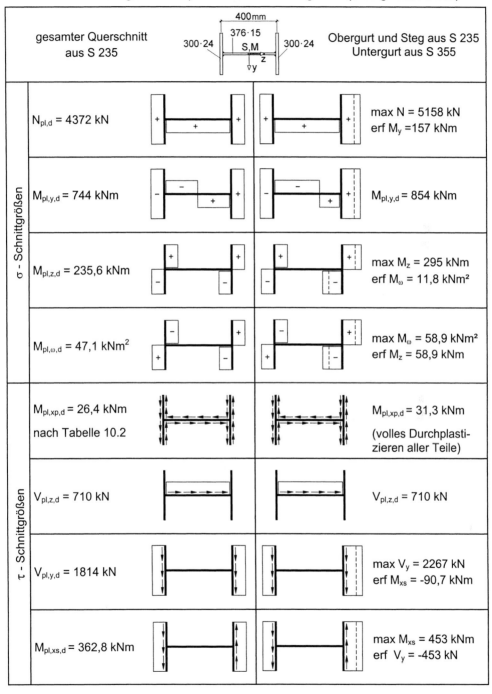

	gesamter Querschnitt aus S 235		Obergurt und Steg aus S 235 Untergurt aus S 355

σ - Schnittgrößen

| $N_{pl,d}$ = 4372 kN | | max N = 5158 kN erf M_y =157 kNm |

| $M_{pl,y,d}$ = 744 kNm | | $M_{pl,y,d}$ = 854 kNm |

| $M_{pl,z,d}$ = 235,6 kNm | | max M_z = 295 kNm erf M_ω = 11,8 kNm² |

| $M_{pl,\omega,d}$ = 47,1 kNm² | | max M_ω = 58,9 kNm² erf M_z = 58,9 kNm |

τ - Schnittgrößen

| $M_{pl,xp,d}$ = 26,4 kNm nach Tabelle 10.2 | | $M_{pl,xp,d}$ = 31,3 kNm (volles Durchplastizieren aller Teile) |

| $V_{pl,z,d}$ = 710 kN | | $V_{pl,z,d}$ = 710 kN |

| $V_{pl,y,d}$ = 1814 kN | | max V_y = 2267 kN erf M_{xs} = -90,7 kNm |

| $M_{pl,xs,d}$ = 362,8 kNm | | max M_{xs} = 453 kNm erf V_y = -453 kN |

Ob die maximalen Schnittgrößen bei der Bemessung ausgenutzt werden dürfen, kann durch die Betrachtung des Querschnitts allein nicht entschieden werden. Dies ist nur dann möglich, wenn die auftretenden Effekte **im baustatischen System** verfolgt werden. Wie an dem Beispiel in Abschnitt 4.7.3 erläutert, können die „erforderlichen Schnittgrößen" zu weiteren Schnittgrößen und Verformungen führen:

$$\text{erf}\,M_y \rightarrow V_z \rightarrow w$$

$$\text{erf}\,M_\omega \rightarrow M_{xp},\, M_{xs} \rightarrow \vartheta$$

usw.

Tabelle 4.5   3 baustatische Systeme mit dem Querschnitt aus Tabelle 4.4 (Untergurt aus S 355)

baustatisches System und Belastung	Querschnitt

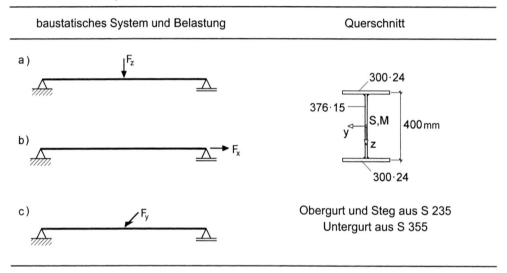

Beispielhaft werden nun die 3 Systeme in Tabelle 4.5 betrachtet. Der Untergurt des Querschnitts besteht gemäß Tabelle 4.4 rechts aus S355 (Obergurt und Steg: S235). Wie in Abschnitt 4.7.3 werden die Nachweisverfahren E-P und P-P bei der Ermittlung der Grenztragfähigkeit unterschieden:

- Nachweisverfahren E-P
  System a): Das höhere $M_{pl,y,d}$ kann ausgenutzt werden. Die Begrenzung durch $V_{pl,z,d} = 710$ kN ist zu beachten.

  Systeme b) und c): Es ergeben sich die gleichen Grenztragfähigkeiten wie beim Querschnitt mit einem Untergurt aus S235. Die Grenzschnittgrößen sind nach Tabelle 4.4:

$$N_{pl,d} = 4372\ \text{kN}$$

$$M_{pl,z,d} = 235{,}6\ \text{kNm}\ \text{bzw.}\ V_{pl,y,d} = 1814\ \text{kN}$$

- Nachweisverfahren P-P

  System a): max F_z ergibt sich in gleicher Größe wie mit dem Verfahren E-P.

  System b): max F_z = max N = 5158 kN > $N_{pl,d}$ darf nur zugelassen werden, wenn M_y = 157 kNm tatsächlich vorhanden ist. Schwierigkeiten ergeben sich an den Stabenden, da auch dort erf M_y entstehen muss.

  System c): Im Vergleich zum Nachweisverfahren E-P ist eine höhere Tragfähigkeit möglich. Die Ausnutzung von max M_z bzw. max V_y erfordert jedoch, wie in Abschnitt 4.7.3, Wölbbimomente bzw. sekundäre Torsionsmomente, so dass Torsion mit entsprechenden Verdrehungen ϑ und Zusatzbeanspruchungen auftritt.

a) Nachweisverfahren Elastisch – Plastisch

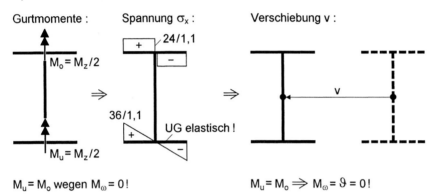

$M_u = M_o$ wegen $M_\omega = 0$! $M_u = M_o \Rightarrow M_\omega = \vartheta = 0$!

b) Nachweisverfahren Plastisch – Plastisch

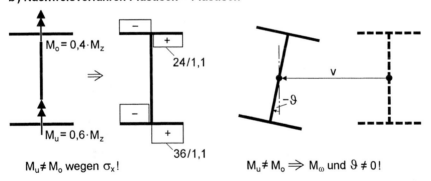

$M_u \neq M_o$ wegen σ_x ! $M_u \neq M_o \Rightarrow M_\omega$ und $\vartheta \neq 0$!

Bild 4.29   Gurtmomente, Spannungen und Verformungen bei Anwendung der Nachweisverfahren E-P und P-P auf System c aus Tabelle 4.5 und Untergurt aus S 355

Die wesentlichen Unterschiede bei System c sind in Bild 4.29 anschaulich dargestellt. Infolge F_y tritt im Träger ein negatives Biegemoment M_z auf. Da beim Verfahren E-P, siehe auch *Bochumer* Bemessungskonzept E-P in Abschnitt 4.4, neben V_y nur das Biegemoment M_z auftritt, ist das Wölbbimoment $M_\omega = 0$. Dies führt zu einer 50%-igen Aufteilung von M_z auf die beiden Gurte und einer rein translatorischen seitlichen Verschiebung ohne Verdrehung. Die Spannungsverteilung zeigt, dass der Untergurt vollständig elastisch bleibt. Wenn er, wie beim Verfahren P-P angenommen, durch-plastiziert, ist $M_\omega \neq 0$ und die Gurtmomente sind ungleich (0,4 zu 0,6). Anschaulich ist damit sofort klar, dass sie zu unterschiedlichen Verschiebungen v_{oben} und v_{unten} führen müssen. Wie Bild 4.29b zeigt, verdreht sich der Querschnitt ($\vartheta \neq 0$) und es treten sowohl primäre als auch sekundäre Torsionsmomente auf. Ein vergleichbares Trag-verhalten ergibt sich auch für die beiden Systeme in Bild 4.30. Sie werden daher in den Abschnitten 4.8 und 4.9 ausführlich untersucht (siehe auch Abschnitt 4.7.3), weil Diskussionen im Zusammenhang mit der N-M_y-M_z-Interaktion von I-Querschnitten gezeigt haben, dass die Auffassungen hinsichtlich der Grenztragfähigkeit von Quer-schnitten nicht einheitlich sind. Die Unterschiede betreffen im Wesentlichen das Wölbbimoment, wobei die Verfasser die Meinung vertreten, dass bei einer N-M_y-M_z-Interaktion $M_\omega = 0$ sein **muss**. Weitere Einzelheiten zu dieser Thematik finden sich in Abschnitt 10.5.4.

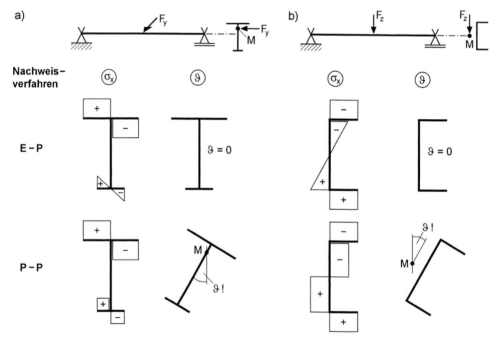

Bild 4.30   Zum Auftreten von Torsion bei planmäßig biegebeanspruchten Trägern

a) einfachsymmetrischer I-Querschnitt und F_y

b) U-Querschnitt und F_z

Empfehlung

Die Anwendung des Nachweisverfahrens E-P (falls erforderlich im Sinne des *Bochumer* Bemessungskonzeptes E-P) ist auch für weniger Geübte problemlos möglich und führt stets zu einer sicheren Bemessung der Tragwerke. Beim Nachweisverfahren P-P können Effekte auftreten, die nicht unmittelbar erkennbar sind und einen großen Aufwand bei der Bemessung erfordern.

4.7.5 Abbau und Umlagerung von Schnittgrößen

Bisher sind baustatische Systeme untersucht worden, bei denen die Forderung nach dem Durchplastizieren von Querschnitten zu höherer Systemtragfähigkeit und zusätzlichen Schnittgrößen geführt hat. Andererseits kann aber auch der Effekt auftreten, dass bei Laststeigerung und Plastizierung Schnittgrößen abgebaut und umgelagert werden können. Als Beispiel werden Träger mit planmäßiger Torsionsbelastung betrachtet. Wegen der erforderlichen Aufteilung in primäre und sekundäre Torsion, siehe z.B. Bild 4.31, sind die Träger innerlich statisch unbestimmt (äußerlich kann die Symmetrie ausgenutzt werden). Die Grenztragfähigkeiten nach den Nachweisverfahren E-P und P-P können erheblich differieren.

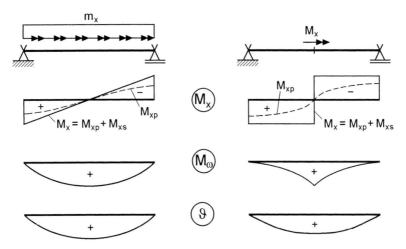

Bild 4.31   Torsionsschnittgrößen für 2 ausgewählte Systeme

Der Träger in Bild 4.32 wird durch Biegung um die schwache Achse und Torsion beansprucht. Für den Fall $z_F = 0$, also **Lastangriff im Schwerpunkt**, kann max F_y unmittelbar aus dem $M_{pl,z,d}$ in Tabelle 4.4 bestimmt werden:

$$\max F_y = 4 \cdot M_{pl,z,d}/\ell$$

Für $\ell = 4$ m bzw. $\ell = 12$ m erhält man 235,6 kN bzw. 78,5 kN (Nachweisverfahren E-P und P-P). Die Werte in Tabelle 4.6 sind aufgrund der Interaktion zwischen M_z und V_y teilweise geringfügig kleiner.
Wenn F_y am Obergurt angreift, tritt planmäßige Torsion auf. Mit dem Ingenieurmodell „reine Gurtbiegung" ist max F_y halb so groß wie oben genannt, da dann die Last nur vom Obergurt aufgenommen wird. Eine genauere Berechnung mit KSTAB2000 und dem TSV (Nachweisverfahren E-P) führt zu 57,4% bzw. 76,2% von max F_y. Die

Erhöhung gegenüber 50% ergibt sich, weil ein Teil des Torsionsmomentes durch primäre Torsion abgetragen wird. Dieser Anteil ist bei $\ell = 12$ m größer als bei $\ell = 4$ m. In beiden Fällen ist der Obergurt in Feldmitte durchplastiziert, der Untergurt jedoch (noch) nicht.

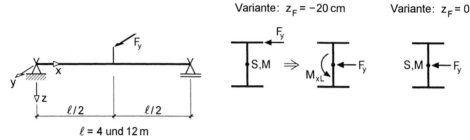

$\ell = 4$ und 12 m

Bild 4.32   Einfeldträger mit exzentrischer Last F_y und dem Querschnitt aus Tabelle 4.4 (vollständig aus S 235)

Tabelle 4.6   Berechnungsergebnisse für das baustatische System in Bild 4.32

	Nachweisverfahren E-P				Nachweisverfahren P-P			
	$\ell = 4$ m		$\ell = 12$ m		$\ell = 4$ m		$\ell = 12$ m	
z_F [cm]	0	-20	0	-20	0	-20	0	-20
max F_y [kN] bzw. [%]	235,1	57,4%	78,2	76,2%				
M_z [kNm]	-235,1	-135,1	-235,6	-179,6	wie	siehe	wie	siehe
M_ω [kNm²]	0	19,90	0	11,18	E-P	Text	E-P	Text
ϑ [°]	0	1,57	0	5,49				

Es stellt sich nun die Frage, ob die Last F_y bei Anwendung des Nachweisverfahrens P-P über 235,6 kN ($\ell = 4$ m) bzw. 78,5 kN ($\ell = 12$ m) gesteigert werden kann? Dazu müsste das Wölbbimoment abgebaut und die Torsion vermehrt durch primäre Torsion abgetragen werden. Dies ist prinzipiell möglich, da die Grenztragfähigkeit infolge M_{xp} und V_y in den Auflagerbereichen noch nicht erschöpft ist. Die Torsionsverdrehungen ϑ, die für den Fall $\ell = 12$ m schon recht hoch sind, steigen dann natürlich weiter an.

4.8 Tragverhalten von Trägern aus U-Profilen

In diesem Abschnitt soll auf das Tragverhalten von Trägern aus U-Profilen näher eingegangen werden. Dabei sind auch die Untersuchungen in anderen Abschnitten von Interesse:

- Abschnitt 4.5.6: Nachweis ausreichender Tragsicherheit für einen Träger aus einem U-Profil

- Abschnitt 6.6: Spannungsermittlung für einen U-Querschnitt, siehe auch Spannungsverteilung in Bild 6.12.

Untersuchungen von *Höss/Heil/Vogel*

Höss/Heil/Vogel untersuchen in [79] das Tragverhalten von U-Profilen. Die von Ihnen durchgeführten Versuche zeigen eine gute Übereinstimmung mit den auf der Fließ-zonentheorie unter Berücksichtigung der Wölbkrafttorsion durchgeführten FE-Berech-nungen. Bild 4.33 zeigt die Ergebnisse dieser Traglastberechnungen (mit Vorverfor-mungen und Eigenspannungen) mit planmäßiger Torsion bei Lastangriff in Stegachse für verschiedene U-Profile. Die Traglasten q_T sind bezogen auf q_{pl} (vollständiges Plastizieren infolge Biegemoment M_y) und über den bezogenen Schlankheitsgrad $\overline{\lambda}$ aufgetragen, ähnlich wie die Knickspannungslinien (Biegeknicken, vergl. Bild 8.4) bzw. die κ_M-Kurve (Biegedrillknicken). In [79] wird zum Verlauf der Traglastkurven ausgeführt:

> „Die Kurven nehmen einen sehr ungewöhnlichen Verlauf. Zum einen streben sie für $\overline{\lambda}$ gegen Null nicht auf den Wert $q_T/q_{pl} = 1,0$, sondern auf einen Wert kleiner als 1,0, nachdem sie vorher ein Maximum durchlaufen haben. Zum anderen liegen die Kurven im mittleren Schlankheitsbereich sehr weit auseinander; sie sind somit stark profilabhängig."

Weiterhin wird festgestellt, dass die abfallenden Äste der Traglastkurven in Bild 4.33 (gestrichelte Linien) nicht maßgebend werden, weil für $\overline{\lambda} \le 0,4$ Querkraftversagen auftritt (in den Kurven nicht enthalten).

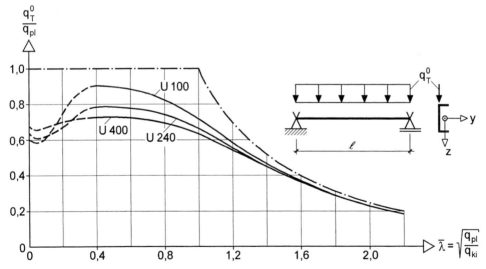

Bild 4.33 Traglastberechnungen von *Höss/Heil/Vogel*, Bild 3 aus [79]

Ein Grund für den ungewöhnlichen Verlauf der Traglastkurven besteht in dem ver-wendeten Bezugswert q_{pl}. Wie bereits oben erwähnt, wird dazu das vollständige Plastizieren des Querschnitts für das maximale Biegemoment max M_y angesetzt, was jedoch gleichzeitig ein Wölbbimoment erfordert (siehe Bild 4.36). Der Unterschied zwischen max M_y (mit erf M_ω) und $M_{pl,y}$ (mit $M_\omega = 0$, *Bochumer* Bemessungskonzept E-P, Abschnitt 4.4) hängt von den Querschnittsabmessungen ab und liegt etwa zwischen 5 bis 15%. Wenn man als Bezugswert das $M_{pl,y}$ gemäß Bild 4.36 mit $M_\omega = 0$ verwendet, rücken Traglastreserven entsprechend weiter nach oben, so dass sie bei $\overline{\lambda} = 0,4$ dichter bei 1 liegen. Die Frage des „richtigen" Bezugswertes $M_{pl,y}$ ist auch im Hinblick auf die κ_M-Formel von Bedeutung, da dieser dort einzusetzen ist. Relativierend muss jedoch angemerkt werden, dass der vereinfachte Biegedrillknicknachweis bei U-Profilen mit planmäßiger Torsionsbeanspruchung nicht verwendet werden darf (κ_M-Formel nicht zulässig, siehe auch Abschnitt 4.5.6).

Ein weiterer Grund für den ungewöhnlichen Verlauf der Traglastkurven besteht darin, dass die Träger neben der Biegebeanspruchung auch planmäßig durch Torsion beansprucht werden. Dabei spielen unterschiedliche Einflüsse, wie z.B. Zusatzbeanspruchungen nach Theorie II. Ordnung infolge der Verdrehung ϑ, Vorverformungen, Eigenspannungen, usw. eine Rolle, die im Folgenden noch diskutiert werden.

Versuche mit Trägern aus U-Profilen

Im Rahmen eines Forschungsvorhaben wurden an der Technischen Universität *Eindhoven* **Traglastversuche** an Stäben mit U-Querschnitten durchgeführt [93]. Die Versuchsträger haben eine einheitliche Länge von 3 m, wobei die Stützweite 2,8 m beträgt und die Träger an den Auflagern einen Überstand von je 10 cm aufweisen. Der aus versuchstechnischen Gründen erforderliche Überstand ist von Bedeutung, weil Trägerüberstände wie Wölbfedern wirken, und damit indirekt über die Randbedingungen das Tragverhalten beeinflussen. Im Übrigen handelt es sich um sogenannte 4-Punkt-Biegeversuche gabelgelagerter Einfeldträger, siehe Bild 4.34. Es wurden 2 Versuchsreihen mit insgesamt 11 Trägern durchgeführt.

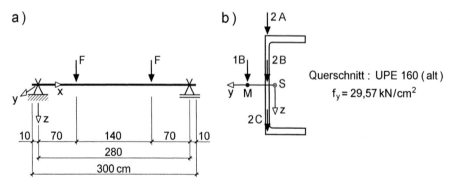

Bild 4.34   a) Baustatisches System der Versuche

b) Lastangriffspunkt und Querschnitt

Bei Versuchsreihe 1 steht das Tragverhalten der U-förmigen Träger unter **reiner Biegebeanspruchung** im Mittelpunkt. Aus diesem Grund wird die Belastung im

Schubmittelpunkt M eingeleitet, um planmäßige Torsion zu vermeiden. Da der Schubmittelpunkt bei U-Querschnitten außerhalb des Querschnitts liegt, siehe Bild 4.34,
werden in den Viertelspunkten der Stützweite Bleche zur Lasteinleitung an die Träger
geschweißt. Diese haben an der Stelle des Schubmittelpunktes ein Loch, so dass dort
über eine gelenkige Verbindung die Last eingeleitet werden kann.

Versuchsreihe 2 besteht aus insgesamt 7 Versuchen. Bei den 3 Versuchen 2B1 bis 2B3
wird die Last über eine spezielle Lasteinleitungskonstruktion in Stegmitte aufgebracht.
Bei den anderen Versuchen erfolgt die Lasteinteilung am Obergurt (2A) oder am
Untergurt (2C), siehe Bild 4.34.

Tabelle 4.7 Querschnitt der Versuchsträger: Walzprofil UPE 160 (alte Abmessungen)

h	=	160 mm	A	=	23,7 cm^2
b	=	70 mm	I_y	=	965 cm^4
t_s	=	6,5 mm	I_z	=	114 cm^4
t_g	=	10 mm	I_ω	=	4 426 cm^6
r	=	12 mm	I_T	=	6,52 cm^4

Alle Versuchsträger bestehen aus UPE 160-Profilen der Stahlgüte S 235, für die in
[93] eine Streckgrenze von $f_y = 29{,}57$ kN/cm^2 angegeben wird. Bei den UPE-Profilen
handelt es sich um Querschnitte, die bis 1999 produziert wurden. Die neuen Profile
UPE 160 haben etwas geringere Blechdicken. Tabelle 4.7 enthält eine Zusammenstellung der Abmessungen und der Querschnittskennwerte nach [50].

Tabelle 4.8 Vorverformungen [mm] der Versuchsträger nach [93]

Versuch	v_{01}	v_{02}
1B1	-3,19	-3,19
1B2	-3,47	-2,54
1B3	-3,49	-3,14
1B4	-1,98	-2,09
2A1	-0,019	-0,007
2B2	0,406	0,369
2C1	0,113	-0,448

Zur Erfassung der Vorverformungen wurden alle Träger nach Anbringung der Lasteinleitungskonstruktion vermessen. Aus den Verschiebungen v am Ober- und Untergurt
wurden dann gemittelte Werte für die Stabachse berechnet, die in Tabelle 4.8 zusammengestellt sind. Wie die Tabelle zeigt, waren alle Versuchsträger nahezu ideal

gerade, wobei die größeren Vorverformungen für Versuchreihe 1B sehr wahrscheinlich auf das Anschweißen der Lasteinleitungskonstruktionen zurückzuführen
sind. Dennoch sind auch in diesen Fällen die Vorverformungen mit ca. $\ell/1000$ sehr
gering.

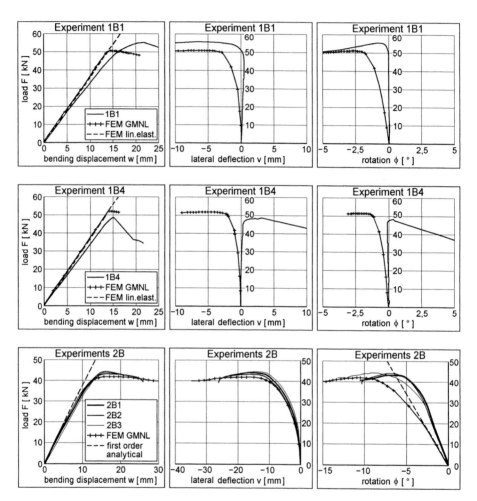

Bild 4.35   Last-Verformungskurven für die Versuche 1B1, 1B4 und 2B nach [93]
Anmerkung: ϕ entspricht ϑ (Verdrehung um die Stablängsachse)

Bei den Versuchen ergaben sich die in Tabelle 4.9 zusammengestellten Traglasten.
Zur weiteren Erläuterung dienen die Last-Verformungs-Kurven in Bild 4.35. Beim
Vergleich von Versuch 1B1 mit 1B4 fällt auf, dass die Verschiebungen v und die
Verdrehungen ϑ bei 1B1 negativ sind, bei 1B4 dagegen positiv. Die Versuche 1B2
und 1B3, die in Bild 4.35 nicht dargestellt sind, weisen ein ähnliches Tragverhalten
wie in Versuch 1B4 auf. Von Versuchsreihe 2 wurden in Bild 4.35 nur die Versuche
2B aufgenommen, da die prinzipiellen Unterschiede zu 2A und 2C gering sind.

Tabelle 4.9   Versuchstraglasten nach [93]

Experiment	Failure load [kN]	Experiment	Failure load [kN]	Experiment	Failure load [kN]	Experiment	Failure load [kN]
1B1	55.64[*)]	2A1	37.68	2B1	43.13	2C1	48.01
1B2	49.8	2A2	37.22	2B2	43.84	2C2	46.67
1B3	50.02			2B3	44.17		
1B4	48.37						
average[*)] $F_{ult,1B,exp}=49.4$		average $F_{ult,2A,exp}=37.45$		average $F_{ult,2B,exp}=43.71$		average $F_{ult,2C,exp}=47.34$	
std. dev. 0.895		std. dev. 0.323		std. dev. 0.529		std. dev. 0.946	

[*)] The average of experiment 1 has been determined on the values of tests 1B2 through 1B4.

Für eine erste Beurteilung der Versuchsergebnisse sind in Bild 4.36 die Kennwerte

$M_{el,y}$, $M_{pl,y}$ und max M_y

sowie die zugehörigen Spannungsverteilungen zusammengestellt. Daraus ergeben sich mit $M = F \cdot a$ und $a = \ell/4$, also bei reiner Biegemomentenbeanspruchung infolge F nach Theorie I. Ordnung, die dargestellten Lasten F. Die Versuchslasten sind größtenteils deutlich geringer als diese Werte, so dass eine genauere Klärung des Tragverhaltens angebracht ist.

zu: F = 51,0 kN   F = 55,0 kN   F = 59,6 kN

Spannungsverteilungen σ_x

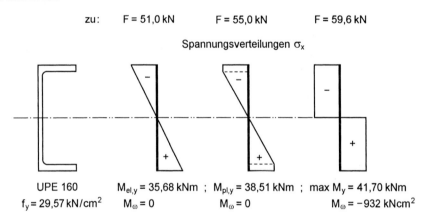

UPE 160 $M_{el,y}$ = 35,68 kNm ; $M_{pl,y}$ = 38,51 kNm ; max M_y = 41,70 kNm
f_y = 29,57 kN/cm² M_ω = 0 M_ω = 0 M_ω = −932 kNcm²

Bild 4.36 $M_{el,y}$, $M_{pl,y}$ und max M_y für das Profil UPE 160 (alte Abmessungen)

Berechnungen mit KSTAB2000 und TSV (*Bochumer* Bemessungskonzept E-P)

In KSTAB2000 werden die Schnittgrößen nach der Elastizitätstheorie ermittelt und die Querschnittstragfähigkeit mit dem TSV auf der Grundlage der Plastizitätstheorie überprüft. Die Berechnungen und Nachweise entsprechen dem *Bochumer* Bemessungskonzept E-P, vergleiche Abschnitt 4.4. Mit derartigen Berechnungen können natürlich die Traglasten von Versuchen rechnerisch nicht genau abgebildet werden, da dazu Systemberechnungen nach der Fließzonentheorie erforderlich sind. Es ergeben sich jedoch interessante Erkenntnisse zum Tragverhalten und zum erreichbaren Lastniveau.

Wenn man für das baustatische System in Bild 4.34 einen Tragsicherheitsnachweis nach DIN 18800 [4] führt, ist als geometrische Ersatzimperfektion eine Vorkrümmung

$$v_0 = 0,5 \cdot \ell/200 = 0,70 \text{ cm}$$

anzusetzen. Die Berechnungen mit KSTAB2000 werden daher mit $v_0 = \pm 0,70$ cm und zum Vergleich mit den Versuchen auch mit $v_0 = 0$ durchgeführt. Tabelle 4.10 enthält die Ergebnisse, wobei sich die Laststellungen auf Bild 4.34b beziehen. Darüber hinaus werden auch die Verzweigungslasten F_{Ki} ermittelt.

Tabelle 4.10 grenz F für die Versuchsträger mit KSTAB2000 und dem TSV

Laststellung	grenz F [kN]			F_{Ki} [kN]
	$v_0 = + 0,7$ cm	$v_0 = 0$ cm	$v_0 = - 0,7$ cm	
1B, F in M	**44,88**	54,68	49,91	69,27
2A, Steg oben	38,87	36,59	**34,59**	55,86
2B, Stegmitte	43,26	41,76	**39,51**	69,27
2C, Steg unten	45,46	44,42	**43,53**	84,68

Die kleinsten Grenzlasten ergeben sich beim Lastangriff im Schubmittelpunkt für $v_0 = +0,7$ cm und beim Lastangriff in Stegachse für $v_0 = -0,7$ cm. Im Vergleich zu Bild 4.10 in Abschnitt 4.5.6 ist es interessant, für welches v_0 sich das maximale grenz F ergibt. Dazu ist für den Fall „Lastangriff in M" in Bild 4.37a der gesamte Bereich zwischen $v_0 = +0,7$ und $-0,7$ cm abgebildet. Wie man sieht, tritt das Maximum bei $v_0 = 0$ auf. Dies ist zunächst erstaunlich, da grenz F = 54,68 kN zu $M_{pl,y}$ (mit der gewählten Querschnittsidealisierung nach Tabelle 4.11 bzw. 4.13) gehört und man aufgrund der Bilder 4.10 und 4.36 höhere Belastungen grenz F erwarten kann.

Tabelle 4.11 M_y, M_z, M_ω und ϑ in Feldmitte für verschiedene Vorverformungen v_0 [cm] bei Lastangriff im Schubmittelpunkt und idealisiertem Querschnitt (KSTAB2000 mit TSV)

Vorverformungen	$v_0 = + 0,7$	$v_0 = 0$	$v_0 = - 0,7$	Querschnittsidealisierung
grenz F [kN]	44,88	54,68	49,91	
M_y [kNcm]	3 142	3 824	3 494	$70 \cdot 10$ mm
M_z [kNcm]	−155	0	232	$150 \cdot 6,5$ $M_{pl,y} = 38,24$ kNm
M_ω [kNcm²]	645	0	−875	
ϑ [rad]	0,0493	0	−0,0663	$70 \cdot 10$

Wie Bild 4.37b zeigt, ist die Querschnittstragfähigkeit für den angegebenen Fall in Feldmitte zu 100% ausgenutzt. Maßgebend dafür sind im Wesentlichen die in Tabelle 4.11 angegebenen Schnittgrößen. Auch für die Fälle $v_0 = 0$ und $v_0 = -0,7$ cm ergibt sich ein ähnlicher Verlauf der Ausnutzung S_d/R_d.

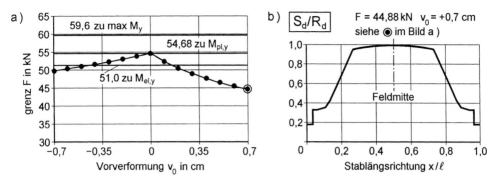

Bild 4.37   a) grenz F für v_0 zwischen +0,7 und –0,7 cm (Lastangriff im Schubmittelpunkt)

b) Ausnutzung S_d/R_d der Querschnittstragfähigkeit für den Fall v_0 = +0,7 cm und grenz F = 44,88 kN

Die Interaktionsbeziehung in Bild 4.38 zeigt, dass bei **positiven Biegemomenten** ein größeres M_y als $M_{pl,y}$ erreicht werden kann, wenn **negative Wölbbimomente** auftreten. Diese Tendenz wird durch Bild 4.37a und Tabelle 4.11 bestätigt.

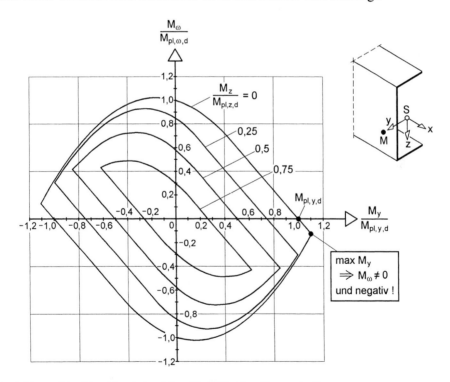

Bild 4.38 M_y - M_z - M_ω - Interaktion für U-förmige Querschnitte

Eine höhere Tragfähigkeit als zu $M_{pl,y}$ stellt sich jedoch, wie in Bild 4.10 gezeigt, nicht ein. Dies liegt an der Verdrehung ϑ und den daraus resultierenden Biegemomenten

$M_z \cong -M_y \cdot \vartheta$. Der Tragfähigkeitsgewinn durch negative Wölbbimomente wird hier also durch M_z mehr als aufgezehrt. Als Ergebnis soll hier für Biegeträger aus U-Querschnitten Folgendes festgehalten werden:

Zu $M_{pl,y}$ gehört eine Spannungsverteilung, bei der der Steg elastisch bleibt. Größere Biegemomente als $M_{pl,y}$ bis hin zu max M_y, siehe Bilder 4.36 und 4.38, sind möglich. Allerdings werden dazu negative Wölbbimomente benötigt, die wiederum Torsionsverdrehungen ϑ erfordern. Sie führen zu Biegemomenten M_z sowie primären und sekundären Torsionsmomenten, die die Querschnittstragfähigkeit herabsetzen.

Berechnungen mit ABAQUS

Die o.g. Versuche werden nach der Finiten-Element-Methode (FEM) mit dem Programm **ABAQUS** [67] simuliert. Alle wesentlichen Grundlagen der durchgeführten Vergleichsrechnungen sind Tabelle 4.12 zu entnehmen. Ergänzend sei erwähnt, dass die vorgenommene Berechnung auf der Fließzonentheorie beruht und dass es sich bei dem verwendeten Stabelement B31OS um ein Element handelt, welches je Knoten über 7 Freiheitsgrade (u, v, w, ϑ, φ_y, φ_z, ϑ') verfügt.

Tabelle 4.12 Grundlagen der ABAQUS-Vergleichsrechnungen

Stabelement:	60 Elemente B31OS (mit Wölbkrafttorsion)
Theorie:	Theorie großer Verformungen
Querschnitt:	Typ ARBITRARY, siehe Tabelle 4.13
Werkstoffgesetz:	ideal elasto-plastisch
	E =21000 kN/cm²; ν = 0,204 (siehe Erläuterungen Text); ε_u = 10%
Sonstiges:	Schubsteifigkeiten GA_y = 133000 kN; GA_z = 205000 kN
	Last im 1. Inkrement der Laststeigerung P_1 = 2,5 kN

Dies bedeutet eine Berechnung auf Grundlage der *Wagner*-**Hypothese** unter Berücksichtigung der Wölbkrafttorsion. Um eine möglichst gute Übereinstimmung zwischen Versuch und FEM-Berechnung zu erzielen, ist die Abbildung des Querschnitts und seiner Steifigkeiten von besonderer Bedeutung. In den durchgeführten Berechnungen wird der Querschnitt aus rechteckigen Blechen gebildet, wobei sich Steg, Ober- und Untergurt jeweils aus 4 Teilblechen zusammensetzen, siehe Abbildung in Tabelle 4.13. Hintergrund dieser Idealisierung ist, dass das Gleichgewicht zwischen den Schnittgrößen und der elasto-plastischen Spannungsverteilung durch nummerische Integration erfolgt. Ähnlich wie die Anzahl der Stabelemente die Güte der Schnittgrößenverläufe beeinflusst, führt eine hinreichend feine Einteilung des Querschnitts zu einer guten Bestimmung der Querschnittstragfähigkeit und hat darüber hinaus auch zur Folge, dass die für die **Fließzonentheorie** erforderlichen elastischen Reststeifigkeiten (siehe auch Abschnitte 4.6 und 10.10) ausreichend genau erfasst werden. Die gewählte Idealisierung führt zu einer sehr guten Übereinstimmung der Querschnittswerte mit denen des Walzprofils. Lediglich der *St. Venantsche* Torsionswiderstand I_T wird nicht ausreichend genau abgebildet. Eine gute Übereinstimmung ist aber erforderlich, wenn man den Einfluss der Torsion auf die Tragfähigkeit untersuchen möchte. Aus diesem Grund wird zu einem rechnerischen Trick gegriffen. Ausgehend von der Tatsache, dass die Steifigkeitsmatrizen nicht allein I_T, sondern immer das Produkt GI_T enthalten, wird der Schubmodul rechnerisch so verändert, dass sich genau die *St. Venantsche* Torsionssteifigkeit GI_T des Walzprofils ergibt. Die Größe des Schubmoduls wird in ABAQUS entsprechend dem bekannten Zusammenhang zwischen Elastizitätsmodul E und der Querkontraktionszahl ν gesteuert (vergleiche Abschnitt 2.8.1). Damit diese Manipulation keine Auswirkungen auf die Schubverzerrungen hat, werden die transversalen Schubsteifigkeiten explizit vorgegeben, siehe Tabelle 4.12. Aufgrund des ohnehin geringen Einflusses könnte dieses auch vernachlässigt werden.

Zur Erfassung der *St. Venantschen* Torsionssteifigkeit:

$$G^*I_{T,FEM} = GI_{T,Walz} \cong 52668 \ \text{kNcm}^2$$

für: $\nu = 0{,}204$ $\qquad\qquad\qquad\qquad \nu = 0{,}3$

$$G^* = \frac{E}{2 \cdot (1+\nu)} = 8721 \ \frac{\text{kN}}{\text{cm}^2} \qquad G = \frac{E}{2 \cdot (1+\nu)} = 8077 \ \frac{\text{kN}}{\text{cm}^2}$$

$$I_{T,FEM} = 6{,}04 \ \text{cm}^4 \qquad\qquad I_{T,Walz} = 6{,}52 \ \text{cm}^4$$

mit: $E = 21000 \ \text{kN/cm}^2$

Tabelle 4.13 Querschnittskennwerte des idealisierten Querschnitts

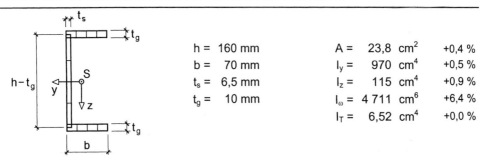

h =	160 mm	A =	23,8 cm²	+0,4 %
b =	70 mm	I_y =	970 cm⁴	+0,5 %
t_s =	6,5 mm	I_z =	115 cm⁴	+0,9 %
t_g =	10 mm	I_ω =	4 711 cm⁶	+6,4 %
		I_T =	6,52 cm⁴	+0,0 %

Anmerkung: Die prozentualen Abweichungen beziehen sich auf die Querschnittswerte des Walzprofils, siehe Tabelle 4.7.

Der Wölbwiderstand I_ω des Walzprofils unter Berücksichtigung der Ausrundungen wird in [93] mit $I_{\omega,Walz}$ = 4 536 cm⁶ angegeben, so dass die Idealisierung tatsächlich nur eine Abweichung von 3,9% statt 6,4% aufweist.

Tabelle 4.14 Ergebnisse der Berechnungen mit ABAQUS

Laststellung	Vorverformung		grenz F [kN]
	v_{01} [cm]	v_{02} [cm]	
1B, F in M	+ 0,1	+ 0,1	50,31
1B, F in M	- 0,1	- 0,1	54,20
2B, Stegmitte	0	0	42,17
Anmerkung: Verzweigungslast F_{Ki} = 69,1 kN			

Tabelle 4.15 zeigt die mit ABAQUS ermittelten Traglasten für 3 Fälle und die Verzweigungslast. Dabei werden beim Lastangriff in Stegmitte (2B) keine und für den Lastangriff im Schubmittelpunkt (1B) die Vorverformungen gemäß Tabelle 4.14 angesetzt (Erläuterung dazu siehe „Beurteilung der Versuche und Berechnungen"). Die rechnerischen Last-Verformungs-Kurven zeigen die Bilder 4.39 und 4.40. Zum Vergleich enthalten sie auch die Kurven für die Versuche 1B1, 1B4 (Bild 4.39) und 2B2 (Bild 4.40). Bei den Berechnungen mit den Lasten F im Schubmittelpunkt gibt ABAQUS bereits vor Erreichen der maximalen Last den Hinweis „Eigenwert überschritten". Dagegen wird beim Lastangriff in Stegmitte die Querschnittstragfähigkeit maßgebend.

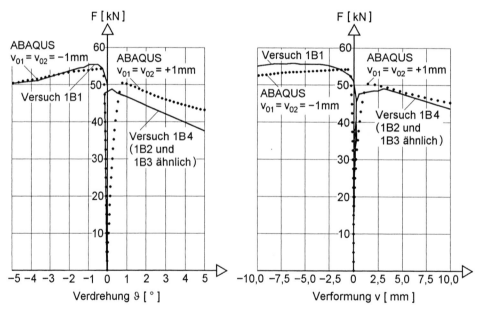

Bild 4.39   Last-Verformungs-Kurven der Versuche 1B1 und 1B4 sowie mit ABAQUS
(1B1: $v_{01} = v_{02} = -1$ mm; 1B4: $v_{01} = v_{02} = +1$ mm)

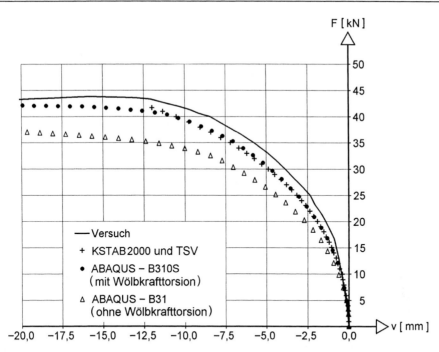

Bild 4.40   Last-Verformungs-Kurven mit ABAQUS und KSTAB2000 ohne Vorverformung
                  sowie Versuch 2B2

Beurteilung der Versuche und Berechnungen

Tabelle 4.15 enthält eine Zusammenstellung der Versuchs- und Rechenergebnisse. Für
die Berechnungen mit **Lastangriff in Stegachse** (Versuchsreihe 2) wurden keine
Vorverformungen angesetzt, da die gemessenen Vorverformungen außerordentlich
gering sind, vergleiche Tabelle 4.8. Mit ABAQUS ergibt sich eine um 3,5% kleinere
Traglast als der Durchschnitt der Versuchsergebnisse 2B1 bis 2B3. Auch die Last-
Verformungs-Kurven nach Bild 4.40 zeigen eine gute Übereinstimmung. Für dieses
Beispiel zur planmäßigen Biegung mit Torsion liegt das Ergebnis von KSTAB2000
dicht unterhalb der Traglast mit ABAQUS. Auch für den Lastangriff am Ober- und
Untergurt sind die Ergebnisse relativ gut.

Für den Fall der **planmäßig einachsigen Biegung**, also Lastangriff im Schubmittelpunkt, sind die Zusammenhänge schwieriger. Versuch 1B1, der im Vergleich zu den 3
Versuchen 1B2 bis 4 wie ein „Ausreißer" erscheint, wird in [93] bei der Mittelwert-
bildung aus der Wertung genommen. Versuch 1B1 ist jedoch kein „Ausreißer", er
spricht eher für die solide und objektive Versuchsdurchführung in [93].

Die Last-Verformungs-Kurven in den Bildern 4.35 und 4.39 zeigen, dass bis weit über
40 kN fast keine Verformungen v und ϑ auftreten und die gemessenen Vorverformungen (Tabelle 4.8) offensichtlich keine Rolle spielen. Bei weiterer Steigerung
der Lasten beginnen die Träger aufgrund von Eigenspannungen und Streckgrenzen-

streuungen zu plastizieren und die Steifigkeiten nehmen ab. Es treten nun Verschiebungen v und Verdrehungen ϑ auf. Dabei ist es eher zufällig, ob sie positiv oder
negativ sind. Diese Zufälligkeit wird durch die in Tabelle 4.14 genannten Vorverformungen bzw. geometrischen Ersatzimperfektionen von $v_0 = \pm 1$ mm simuliert. Sie
führen ähnlich wie Eigenspannungen und Streckgrenzenstreuungen dazu, dass das
Plastizieren an verschiedenen Stellen des Querschnitts auftritt. Für die erreichbare
Tragfähigkeit ist jedoch die sich einstellende Richtung der Verformungen v und ϑ
entscheidend, was im Zusammenhang mit den KSTAB2000-Berechnungen ausführlich
erläutert wurde. Dieses Tragverhalten wird durch die Berechnungen mit ABAQUS, die
Ergebnisse in Tabelle 4.15 und die Last-Verformungs-Kurven in Bild 4.39 bestätigt.

Tabelle 4.15 Versuchstraglasten grenz F [kN] und Ergebnisse mit ABAQUS und
               KSTAB2000

Versuche		ABAQUS[1]		KSTAB2000[2]	
1B1	55,64	54,20	- 2,6%	53,82[2]	- 3,3%
1B2 bis 4	49,40	50,31	+ 1,8%	52,38[2]	+ 6,0%
2A1 und 2	37,45	40,53	+ 8,2%	36,58	- 2,3%
2B1 bis 3	43,71	42,09	- 3,5%	41,76	- 4,5%
2C1 und 2	47,34	43,54	- 8,0%	44,42	- 6,2%
[1] Vorverformungen gemäß Tabelle 4.14					
[2] parabelförmige Vorverformung mit dem Stich v_0 (1B1: v_0 = -1 mm; 1B2 bis 4: v_0 = +1 mm; 2A, 2B und 2C: v_0 = 0 mm)					

Bei kritischer Sicht fällt auf, dass bei den Versuchen 1B2 bis 4 teilweise nicht die
elastische Grenzlast nach Theorie I. Ordnung (ca. 51 kN, vergleiche Bild 4.36) erreicht
wird. Auch wenn man noch Einflüsse infolge Trägereigengewicht und Schubspannungen in Abzug bringt, sind die Traglasten (Tabelle 4.9) für die fast geraden Träger
relativ niedrig. Eine mögliche Ursache kann in der Streuung der gemessenen Streckgrenze von 29,57 kN/cm^2 liegen. Nach [93] wurden die Versuchsträger aus 3 Stäben
von 12 m Länge hergestellt. Die Zugproben wurden dann aus dem Stab genommen,
der auch für die Versuchsträger 2B1 bis 2B3 verwendet wurde. Die hier diskutierten
Versuchsträger 1B1 bis 4 wurden aus einem anderen Stab hergestellt. Natürlich
können auch Streuungen über den Querschnitt eine gewisse Rolle spielen.

Ein wichtiger Punkt bei der Auswertung der Versuche sind die **abfallenden Äste** (der
Last-Verformungs-Kurven) in den Bildern 4.35 und 4.39. Der starke Abfall deutet auf
das Stabilitätsversagen der Versuchsträger von Versuchsreihe 1 hin. Das statische
System (Bild 4.34) ist in dieser Hinsicht ausgesprochen ungünstig, da bereits beim
ersten Erreichen der Streckgrenze weite Bereiche der Träger zu fließen beginnen und
somit die Steifigkeiten abmindern. Wenn man weiterhin die Ausnutzung der
Querschnittstragfähigkeit in Bild 4.37b betrachtet, ist leicht erkennbar, dass sich nicht
die üblicherweise vorausgesetzten örtlichen Fließgelenke, sondern weit ausgedehnte
Fließzonen bilden. Die Versuche 1B1 bis 1B4 zeigen, dass eine zu max M_y gehörende
Tragfähigkeit (Durchplastizieren des Querschnitts für $F \cong 59,6$ kN, Bild 4.36) bei
weitem nicht erreicht wird.

Im Hinblick auf die Bemessung in der Baupraxis ergeben die Versuche, dass die rechnerische Tragfähigkeit mit den geometrischen Ersatzimperfektionen $v_0 = 0{,}5 \cdot \ell/200$ nach DIN18800 und dem *Bochumer* Bemessungskonzept E-P in allen Fällen auf der sicheren Seite liegt. Die maßgebenden Werte für grenz F mit KSTAB2000 und dem TSV, siehe Tabelle 4.10), liegen bei etwa 93% der kleinsten Versuchstraglasten nach Tabelle 4.9.

4.9   Tragverhalten von I-Trägern mit Biegung um die schwache Achse

Die folgenden Ausführungen sollen die bereits in Abschnitt 4.7 beschriebenen grundlegenden Phänomene bei der Berechnung der Tragfähigkeit baustatischer Systeme vertiefen. Am Beispiel des in Bild 4.41 dargestellten Einfeldträgers unter einer Gleichstreckenlast q_y wird das Tragverhalten von einfachsymmetrischen I-Querschnitten für Biegung um die schwache Achse **mit und ohne planmäßige Torsion** untersucht. Dazu werden die Grenztragfähigkeiten des baustatischen Systems gemäß den 3 Nachweisverfahren (siehe Abschnitte 4.2 bis 4.4, 4.6 und Kapitel 7)

- Elastisch-Elastisch (E-E)

- Elastisch-Plastisch (E-P) bzw. *Bochumer* Bemessungskonzept E-P (Abschnitt 4.4)

- Plastisch-Plastisch (P-P)

berechnet und die auftretenden Effekte erläutert. Im Mittelpunkt stehen hierbei die Nachweisverfahren E-P und P-P, während die Ergebnisse für das Verfahren E-E nur dazu dienen sollen, die Tragfähigkeitsreserven durch Anwendung plastischer Verfahren aufzuzeigen, siehe Bild 4.46. Die Berechnungen werden mit den Programmen **KSTAB2000** (entspricht E-P) und **ABAQUS [67]** (entspricht P-P) durchgeführt. Bei den ABAQUS-Berechnungen, die auf der Fließzonentheorie (siehe Abschnitt 4.6) beruhen, wird das Stabelement B31OS (Wölbkrafttorsion) verwendet.

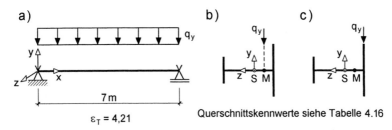

Bild 4.41   a) Baustatisches System und Belastung

b) Lastangriff im Schubmittelpunkt ($y_F = 0$, $z_F = -8{,}02$ cm)

c) Lastangriff am Obergurt ($y_F = 0$, $z_F = -10{,}59$ cm)

Mit dem Beispiel soll gezeigt werden, welche Grenztragfähigkeiten erreichbar sind und welche Plastizierungszustände und Verformungen dazu gehören. Zur Verbesserung der Anschauung wird der Querschnitt in Bild 4.41 gegenüber der üblichen Darstellung um 90° gedreht und q_y **entgegen** y positiv angesetzt. Es ergibt sich daher ein **positives** Biegemoment M_z. Während beim Lastangriff im Schubmittelpunkt (Bild 4.41b) keine planmäßige Torsion vorhanden ist, führt der exzentrische Lastangriff am Obergurt (Bild 4.41c) zu einer planmäßigen Torsionsbeanspruchung (negatives Gleichstreckentorsionsmoment m_x!). Die Berechnungen erfolgen nach **Theorie I. Ordnung** ohne Ansatz von Vorverformungen. Darüber hinaus wird hier nicht beachtet, dass die grenz (b/t)-Verhältnisse gemäß DIN 18800 [4] im Hinblick auf die o.g. Nachweisverfahren teilweise überschritten werden (Obergurt!).

Die wesentlichen Querschnittskennwerte (siehe Kapitel 3 bzw. RUBSTAHL-Programm QSW-3BLECH) des einfachsymmetrischen I-Querschnitts sind in Tabelle 4.16 zusammengestellt. Wie man sieht, ergibt sich das zur Biegebeanspruchung korrespondierende Flächenträgheitsmoment I_z mit 91,43% überwiegend aus dem Anteil des Obergurtes (der Steganteil $I_{z,s} = 1,1$ cm^4 wird vernachlässigt). Mit Hilfe der Flächenträgheitsmomente von Ober- und Untergurt lässt sich auch die Lage des Schubmittelpunktes bestimmen, vergleiche Abschnitt 3.7. Dieser befindet sich im Abstand von 25,7 mm vom Obergurt (entspricht 8,57% des Gurtabstands von 300 mm).

Tabelle 4.16 Querschnittskennwerte des einfachsymmetrischen I-Querschnitts

$I_{z,o} =$	2 250,0 cm^4	91,43%
$I_{z,u} =$	210,9 cm^4	8,57%
$I_z =$	2 460,9 cm^4	100%
$I_\omega =$	173 571 cm^6	
$I_T =$	16,3 cm^4	
$M_{el,z} =$	3 937 kNcm	
$M_{pl,z} =$	5 906 kNcm	
max $M_z =$	6 413 kNcm	
erf $M_\omega =$	13 886 kNcm^2	zu max M_z

Obergurt (o)
Untergurt (u)
o: 300·10
u: 150·7,5
s: 300·7,5
$\bar{z}_u = \bar{z}_o = -150$
Steg (s)
274,3 25,7
300mm $f_y = 24$ kN/cm^2
siehe auch Bild 4.28

Für das Verständnis der Zusammenhänge ist es wichtig, sich der Plastizierungszustände und der dafür erforderlichen Schnittgrößen bewusst zu sein. Bild 4.28 zeigt die zu dem elastischen und plastischen Grenzbiegemoment $M_{el,z}$ und $M_{pl,z}$ sowie die zu dem maximalen Biegemoment max M_z korrespondierenden σ_x-Spannungsverteilungen. Der Untergurt ist bei $M_{pl,z}$ noch vollkommen elastisch, während bei vollständigem Durchplastizieren (Steg wird vernachlässigt) für max M_z ein Wölbbimoment $M_\omega = 13886$ kNcm² vorhanden sein muss, siehe auch Tabelle 4.16. Dieses lässt sich leicht bestimmen, indem man die vollplastische σ_x-Spannungsverteilung und die Wölbordinate ω mit Hilfe der Integrationstafeln (Tabelle 3.8) überlagert. Die Wölbordinate kann gemäß Abschnitt 3.6.2 berechnet werden und beträgt am Ende des Obergurtes 38,57 cm² und am Ende des Untergurtes 205,72 cm².

Biegung ohne planmäßige Torsion

Ergänzend zu den Ausführungen in Abschnitt 4.7.3 zeigt Bild 4.42 die Schnittgrößen und Verformungen des dargestellten Systems im Grenzzustand der Tragfähigkeit auf Grundlage des Programms ABAQUS. Diese auf der Fließzonentheorie basierende Berechnung stellt eine der genauesten Möglichkeit zur Simulation des realen Tragverhaltens dar und ergibt eine maximal nachweisbare Belastung von $q_y = 10,47$ kN/m (Lastangriff im Schubmittelpunkt). Diese bedingt das vollständige Durchplastizieren in Feldmitte und damit das für max M_z erforderliche Wölbbimoment erf M_ω, vergleiche auch Tabelle 4.16.

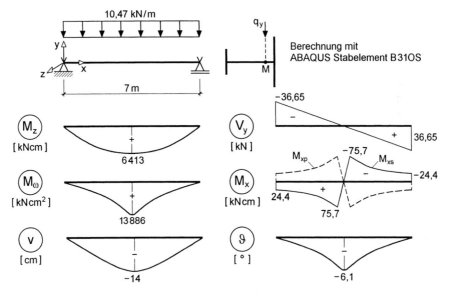

Bild 4.42   Schnittgrößen und Verformungen im Grenzzustand

Neben der im Vergleich zur Elastizitätstheorie (max $v = 6,3$ cm, siehe Bild 4.26) zu erwartenden größeren Verformung (max $v = 14$ cm, siehe Bild 4.42) bei Berücksichtigung der Fließzonen (Abschnitt 4.6) ergibt sich auch eine Verdrehung $\vartheta = -6,1°$. Weiterhin sind aus Gleichgewichtsgründen auch die Schnittgrößen $M_{xp} = -M_{xs}$ vorhanden (Bild 4.42 rechts), wobei ihr Einfluss auf die Grenztragfähigkeit ($\rightarrow$ Schubspannungen!) bei dem verwendeten Stabelement jedoch nicht erfasst wird. Weitere Einzelheiten hierzu finden sich am Ende dieses Abschnitts. Die beschriebene Berechnung für $q_y = 10,47$ kN/m ist somit dem Nachweisverfahren P-P zuzuordnen.

Für das Nachweisverfahren E-P ergibt sich die maximale nachweisbare Belastung zu $q_y = 9,64$ kN/m, wobei die Beanspruchungen (Schnittgrößen) auf Grundlage der Elastizitätstheorie ermittelt werden, siehe auch Abschnitte 4.3, 4.4 und 7.3. Da infolge des Lastangriffs im Schubmittelpunkt nach der Elastizitätstheorie keine Torsionsbeanspruchung auftritt, müssen sowohl die zur Torsion korrespondierenden Schnittgrößen M_{xp}, M_{xs} und M_ω als auch die korrespondierende Verformung, d.h. die Verdrehung ϑ um die Stablängsachse, gleich Null sein (Bild 4.43 links). Die Tragfähigkeit des Systems wird durch die Querschnittstragfähigkeit in Feldmitte ($M_z \leq M_{pl,z}$ und gleichzeitig $M_\omega = 0$) begrenzt, siehe auch *Bochumer* Bemessungskonzept E-P in Abschnitt 4.4.

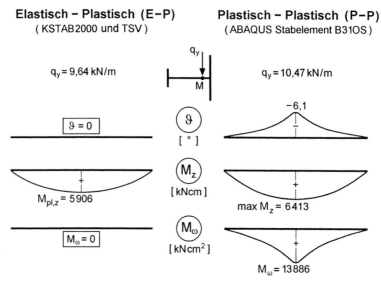

Bild 4.43   Grenztragfähigkeiten, Schnittgrößen und Verformungen für das baustatische System aus Bild 4.41 ohne planmäßige Torsion

Mit dem Nachweisverfahren P-P kann eine um 8,6% höhere Belastung nachgewiesen werden. Diese Belastung korrespondiert zu max M_z, d.h. dem vollen Durchplastizieren von Ober- und Untergurt und dem zugehörigen M_ω in Bild 4.25. Wie man aus Bild 4.43 rechts erkennen kann, entsteht ein über die gesamte Stablänge veränderlicher Verlauf des Wölbbimomentes mit dem zum Durchplastizieren erforderlichen Wert in Feldmitte. Die zwangsweise Torsionsbeanspruchung infolge des Plastizierens führt auch zu einer entsprechenden Verdrehung ϑ von ca. $-6,1°$ in Feldmitte. Aufgrund des veränderlichen M_ω-Verlaufes muss wegen $M_{xs} = M_\omega'$ auch ein sekundäres Torsionsmoment M_{xs} vorhanden sein. Da jedoch keine äußere Torsionsbeanspruchung vorliegt, gilt:

$$M_x = M_{xp} + M_{xs} = 0 \quad \Rightarrow \quad M_{xp} = -M_{xs}$$

Die Schnittgrößenverläufe M_{xp} und M_{xs} sind in Bild 4.42 dargestellt und werden hier nicht erneut gezeigt, weil der Einfluss der Schubspannungen auf die Tragfähigkeit bei dem verwendeten ABAQUS-Stabelement B31OS nicht berücksichtigt wird. Auf die Schubspannungen wird im Weiteren (Biegung mit planmäßiger Torsion) noch eingegangen. Zunächst sollen jedoch die Zusammenhänge und das Verständnis für das unterschiedliche Tragverhalten anhand von Bild 4.44 erläutert werden.

Bei einem vollständig elastischen System kann man die Beanspruchung von Ober- und Untergurt durch eine im Schubmittelpunkt wirkende Gleichstreckenlast q mit einem einfachen Federmodell ermitteln, siehe Bild 4.44a. Der Steg, der aufgrund seiner Lage und geringen Blechdicke kaum zur Lastabtragung in Stablängsrichtung beiträgt, wird durch die beiden Gurte federnd gehalten. Die Federsteifigkeiten $c_{v,u}$ bzw. $c_{v,o}$ sind proportional zu den Flächenträgheitsmomenten $I_{z,u}$ bzw. $I_{z,o}$ und im Rahmen der Elastizitätstheorie konstant. Entsprechend der Laststellung von q ergeben sich die Auflagerkräfte (Federkräfte) q_o und q_u im Verhältnis der Gurtbiegesteifigkeiten zur Gesamtbiegesteifigkeit des Querschnitts (für das Beispiel aus Bild 4.41 im Verhältnis 8,57% für den Untergurt zu 91,43% für den Obergurt, vergleiche Tabelle 4.16). Die Teillasten q_o und q_u führen zu entsprechenden Querkräften (V_o und V_u) und Biegemomenten (M_o und M_u) im Ober- und Untergurt. Es handelt sich sozusagen um 2 Einfeldträger unter Gleichstreckenlasten mit Rechteckquerschnitten, die durch den Steg miteinander verbunden sind. Beide „Gurtträger" erhalten zwar verschieden große Lasten, diese führen jedoch aufgrund der unterschiedlichen Biegesteifigkeiten zu gleichgroßen Verschiebungen v, siehe Bild 4.44a rechts. Es tritt **keine Verdrehung** ϑ auf und es ergibt sich weder aus den Teilschnittgrößen V_o und V_u ein sekundäres Torsionsmoment M_{xs}, noch erhält man aus den örtlichen Biegemomenten M_o und M_u ein Wölbbimoment M_ω. Die maximale Tragfähigkeit für das **Nachweisverfahren E-E** ist erreicht, wenn die maximale σ_x-Spannung (an den Rändern des Obergurtes) gerade gleich der Streckgrenze f_y ist. Für das zuvor diskutierte Beispiel ergibt sich:

E-E:
$$\sigma_x = \frac{M_z = q \cdot \ell^2/8}{I_z} \cdot y_{o,Rand} = f_y$$

$$\Rightarrow \quad q = \frac{8 \cdot 24 \cdot 2\,460,9}{15 \cdot 700^2} = 0,0643 \quad kN/cm = 6,43 \quad kN/m$$

E-P:
$$M_z = q \cdot \ell^2/8 = M_{pl,z}$$

$$\Rightarrow \quad q = 8 \cdot 5\,906/700^2 = 0,0964 \quad kN/cm = 9,64 \quad kN/m$$

Für das **Nachweisverfahren E-P**, bei dem die Beanspruchungen ebenfalls nach der Elastzitätstheorie berechnet werden und kein Wölbbimoment vorhanden ist (vergl. Erläuterungen oben), bedeutet dies, dass die Grenztragfähigkeit des baustatischen Systems durch die Querschnittstragfähigkeit in Feldmitte ($M_z \leq M_{pl,z}$ und gleichzeitig $M_\omega = 0$) beschränkt wird. Dabei ist rein rechnerisch, wie in Bild 4.28 dargestellt und in Abschnitt 4.7.3 erläutert, der Obergurt vollständig plastiziert und der Untergurt vollkommen elastisch.

Im Rahmen des **Nachweisverfahrens P-P** werden die Beanspruchungen (Schnittgrößen) dagegen nach der Plastizitätstheorie (Fließzonentheorie) berechnet. Der betrachtete Querschnitt beginnt an den Rändern des Obergurtes infolge der reinen

Biegebeanspruchung zu plastizieren, siehe Bild 4.44b (schraffierter Querschnitts-bereich). Dadurch nimmt die Biegesteifigkeit (Federsteifigkeit $c_{v,o}$) des Obergurtes ab. Dies führt im Vergleich zu dem noch elastischen Untergurt zu einer größeren Verschiebung des Obergurtes, so dass infolge der ungleichmäßigen Gurtverschie-bungen eine negative Verdrehung ϑ des Querschnitts erfolgt (Bild 4.44b rechts). Diesen Effekt kann man auch anhand des Schubmittelpunktes verdeutlichen. Der Schubmittelpunkt M_{Rest} des noch im elastischen Zustand befindlichen Restquerschnitts (ohne plastizierte Bereiche, Bild 4.44b links) liegt links vom ursprünglichen Schub-mittelpunkt M (für den vollkommen elastischen Gesamtquerschnitt). Dadurch ist anschaulich unmittelbar klar, dass die Last q eine negative Verdrehung hervorrufen muss. Durch diese Verdrehung wird die *St. Venantsche* Torsionssteifigkeit (Drehfeder $c_{\vartheta,p}$) aktiviert und es entsteht ein negatives Torsionsmoment M_{xp}, sozusagen eine Art innere Beanspruchung. Da keine äußere Torsionsbeanspruchung vorhanden ist, muss M_{xp} im Gleichgewicht mit einem sekundären Torsionsmoment M_{xs} ($M_{xp} + M_{xs} = 0$) stehen. Dieses lässt sich in ein Gurtkräftepaar zerlegen und führt dazu, dass bei weiterer Laststeigerung die zusätzlichen Lastanteile vermehrt vom Untergurt aufge-nommen werden. In einigen Fällen resultiert daraus, wie noch gezeigt wird, sogar eine den Obergurt entlastende Wirkung, wenn die zusätzlichen Gurtlasten infolge M_{xs} größer sind als infolge q. Hierdurch kann das Wölbbimoment abgebaut bzw. in der erforderlichen Größe ganz oder teilweise „erzwungen" werden, siehe hierzu Bild 4.46.

Die wesentlichen Aspekte lassen sich wie folgt zusammenfassen:

- Die abnehmende Obergurtsteifigkeit infolge des Plastizierens führt zu unterschied-lichen Gurtverschiebungen und damit zu einer negativen **Verdrehung**.

- Infolge der Verdrehung wird die *St. Venantsche* Torsionssteifigkeit aktiviert und es entsteht als innere Beanspruchung M_{xp}.

- Weil keine äußere **Torsionsbeanspruchung** vorhanden ist, muss aus Gleich-gewichtsgründen gelten: $M_x = M_{xp} + M_{xs} = 0$. Daraus resultiert ein $M_{xs} = -M_{xp}$, welches zu einer verstärkten **Be**lastung des Unter- und **Ent**lastung des Obergurtes führt, so dass ein vollständiges Plastizieren erreichbar ist.

- Die Schnittgrößen M_{xp}, M_{xs} und M_{ω} treten über die gesamte Trägerlänge auf (Bild 4.43 rechts) und sind **nicht** auf den Fließzonenbereich beschränkt. Ihr Einfluss auf die Tragfähigkeit ist prinzipiell zu berücksichtigen.

Querschnitt , System und Belastung

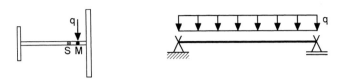

a) System vollständig elastisch (keine Torsion : $M_{xp} = M_{xs} = M_\omega = 0$):

Verteilung von q, V und M: 8,57% Untergurt und 91,43% Obergurt

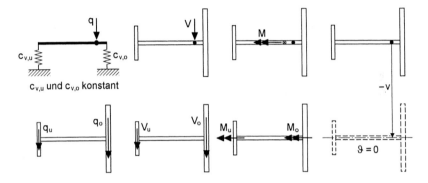

b) System im Feldbereich am Obergurt teilweise plastiziert (Torsion!):

Schnittgrößen: V, M, M_ω, M_{xs}, M_{xp}

Gleichgewicht: $M_x = 0$ $M_{xp} = -M_{xs}$

abnehmende Obergurt – Steifigkeit:

1. Aktivierung der Torsionssteifigkeit
2. andere Verteilung von q, V und M
   (größerer Anteil für den Untergurt!)

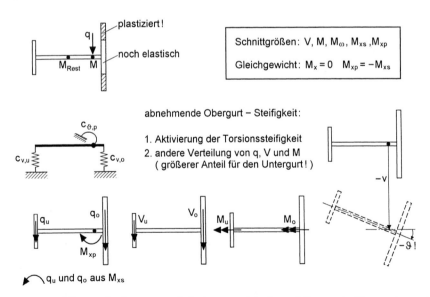

q_u und q_o aus M_{xs}

Bild 4.44   Zum Tragverhalten von einfachsymmetrischen I-Querschnitten unter reiner Biegebeanspruchung um die schwache Achse

Biegung mit planmäßiger Torsion

Bei Lastangriff am Obergurt, siehe Bild 4.41c, entsteht aufgrund der Exzentrizität der Last q_y zum Schubmittelpunkt ein Gleichstreckentorsionsmoment

$$m_x = -0{,}0257 \cdot q_y \quad [\text{kNm/m}]$$

mit **negativem Vorzeichen**. Aus diesem resultiert für $q_y = 9{,}34$ kN/m ein $m_x = -0{,}24$ kNm/m, so dass nach der Elastizitätstheorie in Feldmitte ein Wölbbimoment $M_\omega = -5035$ kNcm² und eine Verdrehung $\vartheta = -4{,}2°$ entstehen, siehe Bild 4.45 links. Für das **Nachweisverfahren E-P** wird die Tragfähigkeit des Systems durch die Querschnittstragfähigkeit in Feldmitte ($M_z = 5721$ kNcm und $M_\omega = -5035$ kNcm²) begrenzt. Unter Umständen können jedoch auch die Auflagerbereiche maßgebend werden, wenn große Torsionsbeanspruchungen auftreten, siehe Beispiel in Abschnitt 4.5.6.

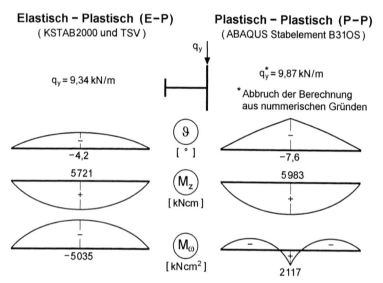

Bild 4.45   Grenztragfähigkeiten, Schnittgrößen und Verformungen für das baustatische System aus Bild 4.41 mit planmäßiger Torsion

Das **Nachweisverfahren P-P** führt zu einem in mehrfacher Sicht zunächst erstaunlichen Resultat. Erstens zeigt sich in Bild 4.45 rechts ein erstaunlicher Verlauf für M_ω mit einem positiven Wert in Feldmitte. Eigentlich wäre aufgrund des negativen Vorzeichens von m_x auch ein negatives M_ω zu erwarten, wie es in Bild 4.45 links auf Grundlage der Elastizitätstheorie dargestellt ist. Zweitens lässt sich feststellen, dass die Torsion hier offensichtlich so gut wie keinen Einfluss auf die Tragfähigkeit hat, da sich mit $q_y = 9{,}87$ kN/m eine größere Traglast als für den Fall ohne planmäßige Torsion (Nachweisverfahren E-P) ergibt, vergleiche Bild 4.46. Dabei ist zu beachten, dass die ABAQUS-Berechnung mit dem Stabelement B31OS bei $q_y = 9{,}87$ kN/m aufgrund nummerischer Probleme abgebrochen ist und auch eine Traglast von

$q_y = 10,43$ kN/m (nahezu gleiche Traglast wie für den Fall **ohne** Torsion!) berechnet werden kann, siehe Bild 4.47b Schalenelement.

Wie bereits oben beschrieben, führt die Berücksichtigung abnehmender Steifigkeiten infolge Plastizierung nach der Fließzonentheorie dazu, dass am Querschnitt und dem System eine Lastumlagerung bzw. eine gegenüber der Elastizitätstheorie veränderte Lastabtragung stattfindet. Während sich im Fall **ohne** planmäßige Torsion ein zum vollständigen Durchplastizieren notwendiges M_ω einstellt, ergibt sich für den Fall **mit** planmäßiger Torsion etwas Ähnliches. Erhöht man die Belastung schrittweise, resultiert aus der Belastung, solange das System vollkommen elastisch ist, ein negatives M_ω. Dieses wird bei weiterer Laststeigerung zunächst auf Null reduziert und entsteht im weiteren Verlauf dann sogar wieder mit positivem Vorzeichen, so dass sich das zum vollständigen Plastizieren korrespondierende $M_\omega = 13886$ kNcm² (vergl. Bild 4.28) einstellt. Bild 4.46 zeigt die Schnittgrößen M_z und M_ω im Verlauf der Laststeigerung in der Interaktionsebene.

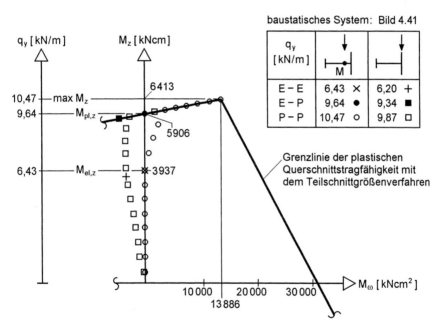

Bild 4.46   Grenztragfähigkeiten und Schnittgrößenkombinationen auf Grundlage der Stabtheorie

Trotzdem ist es zunächst erstaunlich, dass die Torsion hier fast keinen Einfluss auf die Tragfähigkeit zu haben scheint. Zu beachten ist dabei, dass bei der ABAQUS-Berechnung mit dem **Stabelement B31OS** der Einfluss der Schubspannungen nicht berücksichtigt wird. Aus diesem Grund und wegen der o.g. nummerischen Probleme mit dem Stabelement wurde ebenfalls mit ABAQUS eine Vergleichsrechnung mit dem ebenen **Schalenelement S4R** durchgeführt (Steg, Ober- und Untergurt bestehen aus je 8

Elementen, in Stablängsrichtung werden jeweils 100 Elemente angeordnet), so dass auch der Einfluss der Schubspannungen auf die Tragfähigkeit erfasst werden kann. Die Belastung $q_y = 10{,}47$ kN/m (vollständiges Plastizieren) kann auf diese Weise fast (10,43 kN/m, Abbruch infolge vorgegebener Inkrementanzahl) nachgewiesen werden. Bild 4.47b zeigt dies mit dem Vergleich der Last-Verformungskurven für die verschiedenen Berechnungsweisen. Dort ist auch zu erkennen, dass das zwangsweise vollständige Durchplastizieren nur unter sehr großen Verdrehungen ϑ möglich ist. Dieser Umlagerungsprozeß kann auf Grundlage der Stabtheorie nicht ohne weiteres abgebildet werden.

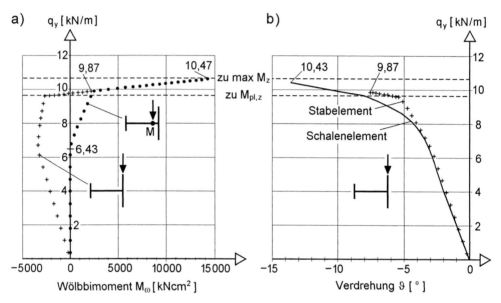

Bild 4.47   Untersuchung des baustatischen Systems in Bild 4.41 mit ABAQUS [67]

   a) M_ω in Feldmitte im Verlauf der Laststeigerung (Stabelement B31OS)

   b) Last-Verformungskurven im Vergleich

In Bild 4.47a erkennt man für den Fall planmäßige Biegebeanspruchung **ohne Torsion** (Last in M), dass sich das zum vollständigen Plastizieren erforderliche M_ω nicht plötzlich, sondern bereits mit Überschreitung der elastischen Grenzlast $q_y = 6{,}43$ kN/m (Plastizierung am breiteren Gurtrand, siehe auch Abschnitt 4.7.3) ausbildet. Das Gleiche gilt für die hiermit verbundene Verdrehung ϑ, siehe Bild 4.27.

Überprüfung von max q_y = 10,47 kN/m und Lastangriff am Obergurt (Th. I. O.)

Die Plausibilität dieser Tragfähigkeit lässt sich durch eine vergleichsweise einfache Handrechnung überprüfen, siehe Bild 4.48. Ausgehend von der Annahme, dass vollständiges Plastizieren trotz Torsion möglich ist, ergeben sich für q_y = 10,47 kN/m die in Bild 4.48 oben dargestellen Verläufe für M_z und V_y (**Schritt 1**).

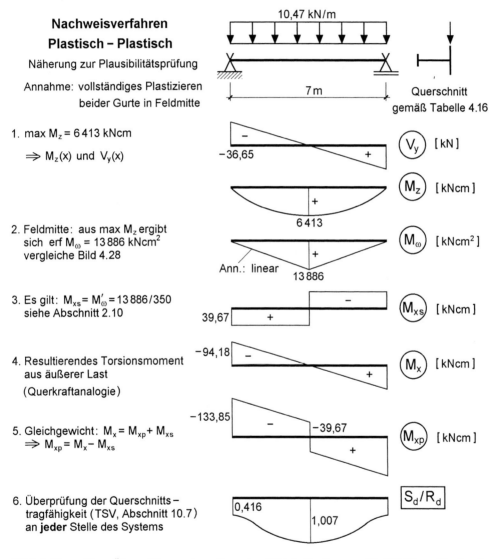

Bild 4.48   Zur Überprüfung der Grenztragfähigkeit für q = 10,47 kN/m, Nachweisverfahren Plastisch-Plastisch (Fließgelenktheorie I. Ordnung)

Aus Bild 4.28 ist bekannt, dass das vollständige Plastizieren der Gurte ein $M_\omega = 13886$ kNcm² erfordert, dessen Verlauf unter Beachtung der Randbedingung (am Auflager: $M_\omega = 0$) vereinfachend linear angenommen wird (**Schritt 2**). Über den Zusammenhang gemäß Gl. (2.86i) in Abschnitt 2.10, dass das sekundäre Torsionsmoment M_{xs} die Ableitung des Wölbbimomentes in Stablängsrichtung darstellt, lässt sich M_{xs} bestimmen (**Schritt 3**). Ferner ist der antimetrische Verlauf des resultierenden Torsionsmomentes M_x (Querkraftanalogie) unmittelbar klar (**Schritt 4**), so dass man über die Gleichgewichtsbedingung $M_x = M_{xp} + M_{xs}$ den Verlauf des *St. Venantschen* Torsionsmomentes bestimmen kann (**Schritt 5**).

Damit sind alle Schnittgrößenverläufe unter Beachtung der Rand- und äußeren Gleichgewichtsbedingungen näherungsweise bekannt. Es muss nun noch überprüft werden, ob auch das innere Gleichgewicht erfüllt ist, d.h. ob die Schnittgrößen im gesamten System vom Querschnitt aufgenommen werden können. Die Überprüfung der plastischen Querschnittstragfähigkeit mit dem Teilschnittgrößenverfahren (TSV) führt zu der in Bild 4.48 unten dargestellten Ausnutzung S_d/R_d (**Schritt 6**). Die Überschreitung von 0,7% in Feldmitte resultiert im Wesentlichen daraus, dass beim TSV das M_{xp} im Verhältnis der *St. Venantschen* Torsionswiderstände I_T der Teilquerschnitte über den Gesamtquerschnitt verteilt wird, siehe Abschnitt 10.7. Wenn man die Gurte zur Aufnahme der Schnittgrößen M_z und M_ω reserviert und dem Steg vollständig das berechnete $M_{xp} = 39,67$ kNcm zuweist, ergibt sich eine Ausnutzung von ca. 1,0001. Zu beachten ist dabei allerdings, dass der Steg das M_{xp} auch aufnehmen können muss, was hier mit $M_{xp} = 39,67$ kNcm $< 115,45$ kNcm $= M_{pl,xp,s}$ der Fall ist. Damit ist für das gesamte System ein sicherer Gleichgewichtszustand nachgewiesen.

Mit der hier vorgestellten Vorgehensweise wird näherungsweise der Einfluss des für max M_z in Feldmitte erforderlichen Wölbbimomentes M_ω berücksichtigt. Die daraus resultierenden Torsionsmomente M_{xs} und M_{xp} können im gesamten Träger zusätzlich aufgenommen werden. Bei anderen baustatischen Systemen mit vergleichbarer Problematik kann es vorkommen, dass die Auflagerbereiche für die Bemessung maßgebend werden.

Fazit und Empfehlung

Am Beispiel des baustatischen Systems in Bild 4.41 mit einfachsymmetrischem I-Querschnitt wurde gezeigt, dass das vollständige Plastizieren des Querschnitts Torsionsbeanspruchungen, d.h. sowohl Schnittgrößen M_{xp}, M_{xs} und M_ω als auch Verdrehungen ϑ, hervorruft. Planmäßige Torsion in geringem Umfang muss sich bei Anwendung des Nachweisverfahrens P-P nicht zwingend tragfähigkeitsmindernd auswirken. Es sind jedoch **stets die Gleichgewichtsbedingungen zu erfüllen** und die Querschnittstragfähigkeit zu überprüfen. In diesem Zusammenhang sei auch erwähnt, dass die Überprüfung der Querschnittstragfähigkeit mit dem Teilschnittgrößenverfahren unabhängig von der Grundlage der ermittelten Beanspruchungen nach der Elastizitäts-, Fließgelenk- oder Fließzonentheorie durchgeführt werden kann. Die größere Tragfähigkeit bei Anwendung des Nachweisverfahrens P-P erfordert allerdings z.T. große Verformungen, die zu zusätzlichen Beanspruchungen (Theorie II. Ordnung) führen können. Während die obigen Untersuchungen für den einfachsymmetrischen I-Querschnitt eine relative Unempfindlichkeit im Hinblick auf das Plastizieren und die Torsion gezeigt haben, wurde in Abschnitt 4.8 für den U-Querschnitt genau das Gegenteil deutlich. Dort zeigte sich u.a. auch, dass zusätzliche Beanspruchungen infolge Theorie II. Ordnung einen so großen Einfluss haben können, dass die Effekte durch Plastizierung und Torsion überdeckt werden, während dies bei dem hier untersuchten I-Querschnitt so gut wie unbedeutend ist, siehe Tabelle 4.17. Der Grund hierfür liegt darin, dass das infolge der Verdrehung ϑ entstehende Biegemoment $M_y^{II} \cong M_z \cdot \vartheta$ (vergleiche Abschnitt 2.14) von dem noch weitgehend unbeanspruchten Steg aufgenommen werden kann und sich deshalb nicht gravierend auf die Tragfähigkeit auswirkt (ca. 2%, siehe Tabelle 4.17). Außerdem resultieren aus dieser Zusatzbeanspruchung um die starke Achse des I-Querschnitts im Gegensatz zum U-Querschnitt (Zusatzbeanspruchung um die schwache Achse) nur unwesentlich größere Verformungen, die den beschriebenen Effekt verstärken.

Tabelle 4.17 Zum Einfluss der Theorie II. Ordnung auf die Tragfähigkeiten des baustatischen Systems in Bild 4.41

maximale Belastung q_y für das Nachweisverfahren E-P (*Bochumer* Bemessungskonzept E-P)	q_y $y_F = 0$ cm $z_F = -8,02$ cm	q_y $y_F = 0$ cm $z_F = -10,59$ cm
Theorie I. Ordnung	9,64 kN/m	9,34 kN/m
Theorie II. Ordnung ($w_0 = -1,75$ cm)	9,45 kN/m -2,0%	9,16 kN/m -1,9%

Im Grenzbereich der maximalen Tragfähigkeit führen Einflüsse aus Theorie II. Ordnung, Stabilität, Plastizierung und Torsion (auch wenn keine planmäßige Torsion vorhanden ist) zu einem Problem, dessen Behandlung größter Sorgfalt bedarf. Für baupraktische Anwendungen ist das Nachweisverfahren P-P deshalb nur bedingt geeignet. Die Verfasser empfehlen daher das Nachweisverfahren E-P im Sinne des *Bochumer* Bemessungskonzeptes E-P (Abschnitt 4.4). Es liegt auf der sicheren Seite und ermöglicht problemlos eine sichere Bemessung.

5 Ermittlung von Spannungen nach der Elastizitätstheorie

5.1 Vorbemerkungen

Im Rahmen der Stabtheorie können Querschnitte durch bis zu 8 Schnittgrößen beansprucht werden. Es wird hier vorausgesetzt, dass die Schnittgrößen bereits berechnet wurden und nun Spannungen ermittelt werden sollen.

Die Zusammenstellung der Schnittgrößen als „Resultierende der Spannungen" in Tabelle 2.3 (Abschnitt 2.10) zeigt den Zusammenhang der Schnittgrößen mit den Normal- und Schubspannungen. Danach ergeben sich folgende Beanspruchungen:

- N, M_y, M_z und M_ω $\Rightarrow$ σ_x

- V_y, V_z, M_{xp} und M_{xs} $\Rightarrow$ τ

Gliederung

Die Gliederung des vorliegenden Kapitels orientiert sich an den unterschiedlichen Berechnungsmethoden. Mit der folgenden Zusammenstellung soll bereits eine grobe Übersicht ermöglicht werden.

- σ_x infolge N, M_y und M_z

$$\sigma_x = \frac{N}{A} + \frac{M_y}{I_y} \cdot z - \frac{M_z}{I_z} \cdot y$$

- τ infolge V_y und V_z

offene Querschnitte: $\tau_{xs} = -\dfrac{V_z \cdot S_y(s)}{I_y \cdot t(s)} - \dfrac{V_y \cdot S_z(s)}{I_z \cdot t(s)}$

- τ infolge $M_x = M_{xp} + M_{xs}$

offene Querschnitte: $\tau_{xs} = \dfrac{M_{xp}}{I_T} \cdot t(s)$; $\quad \tau_{xs} = -\dfrac{M_{xs} \cdot A_\omega(s)}{I_\omega \cdot t(s)}$

einzellige Hohlkastenquerschnitte: $\tau_{xs} = \dfrac{M_{xp}}{2 \cdot A_m \cdot t(s)}$

- σ_x infolge M_ω

offene Querschnitte: $\sigma_x = \dfrac{M_\omega}{I_\omega} \cdot \omega$

Die Zusammenstellung deutet an, dass bei einigen Schnittgrößen von Bedeutung ist, ob der Querschnitt Hohlzellen enthält.

Gleichgewicht zwischen Schnittgrößen und Spannungen

Schnittgrößen und Spannungen im Querschnitt müssen die Gleichgewichtsbedingungen erfüllen. Das Gleichgewicht wurde in Abschnitt 2.9 mit Hilfe der virtuellen Arbeit formuliert. Wenn man gedanklich von den Schnittgrößen ausgeht, werden diese durch äquivalente Spannungen ersetzt. Zur Bildung des Gleichgewichts ist es oft zweckmäßig, von Bild 2.31 in Abschnitt 2.10 auszugehen. Das Bild wird hier erneut wiedergegeben, da es von grundsätzlicher Bedeutung ist. An der positiven Schnittfläche sind die Schnittgrößen eingetragen und an der negativen Schnittfläche die Spannungen im Querschnitt, Bild 5.1.

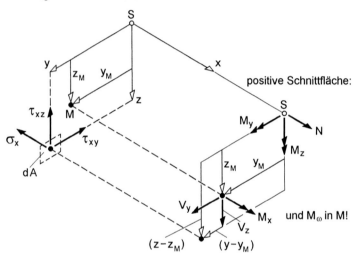

Bild 5.1   Zum Gleichgewicht zwischen den Schnittgrößen (rechts) und Spannungen (links)

Mit Bild 5.1 soll auch bewusst gemacht werden, dass in **einer** Schnittfläche **entweder** die Schnittgrößen **oder** die Spannungen wirken. Wenn man Schnittgrößen **und** Spannungen **gemeinsam** in einen Querschnitt einzeichnet, ist dies an sich nicht richtig; es kann jedoch manchmal zur Unterstützung der Anschauung zweckmäßig sein. Das Vorzeichen bzw. die Wirkungsrichtung der Spannungen ergibt sich dann aus dem „Ersetzen" der Schnittgrößen durch Spannungen.

Für den häufig vorkommenden Fall der einachsigen Biegung mit Normalkraft zeigt Bild 5.2 die korrekte Vorgehensweise. In einem Stababschnitt werden die Schnittgrößen N, M_y und V_z am positiven Schnittufer durch Spannungen σ_x und τ_{xz} ersetzt. Bei Anwendung der Gleichgewichtsbedingungen (Bild 5.2 unten) ist für die Länge des Stababschnittes dx → 0 anzunehmen, da die Schnittgrößen bzw. die Spannungen an **einer** bestimmten Stelle x betrachtet werden.

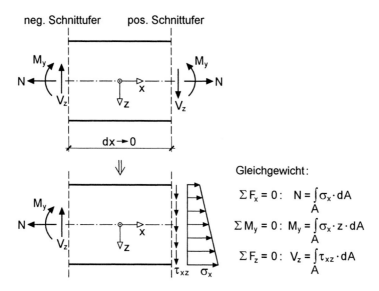

Bild 5.2 Spannungen σ_x und τ_{xz} infolge N, M_y und V_z

Prinzipien zur Ermittlung von Spannungen

Es wird hier insbesondere auf die Herleitungen und Ergebnisse in Abschnitt 2.12 zurückgegriffen.

Werkstoffverhalten

Im vorliegenden Kapitel erfolgt die Spannungsermittlung nach der Elastizitätstheorie, d.h. es wird die unbegrenzte Gültigkeit des *Hookeschen* Gesetzes vorausgesetzt. Der Zusammenhang zwischen Dehnungen bzw. Gleitungen und Spannungen ist dann

$$\sigma_x = E \cdot \varepsilon_x \tag{5.1a}$$

$$\tau = G \cdot \gamma \tag{5.1b}$$

Einzelheiten dazu finden sich in Abschnitt 2.8 „Werkstoffverhalten", ebenso wie zur Berechnung der **Vergleichspannung** infolge von Normal- und Schubspannungen.

Berechnungsbeispiele

Berechnungsbeispiele werden in Kapitel 6 ausführlich behandelt. Dort werden für verschiedene Querschnittstypen Spannungen und Querschnittskennwerte im Gesamtzusammenhang ermittelt. Es empfiehlt sich, die Beispiele parallel zum vorliegenden Kapitel zu verfolgen.

5.2 Normalspannungen σ_x infolge N, M_y und M_z

Wenn man voraussetzt, dass sich der Querschnitt nicht um seine Stabachse verdreht ($\vartheta = 0$), so erhält man gemäß Abschnitt 2.4.2 für die Verschiebungen in Stablängsrichtung

$$u(x, y, z) = u_S(x) - y \cdot v'_M(x) - z \cdot w'_M(x) \tag{5.2}$$

Da y und z bei den Verdrehungen v'_M und w'_M nur linear auftreten, wird durch Gl. (5.2) eine ebene Fläche beschrieben. Sie entspricht der *Bernoulli*-Hypothese vom Ebenbleiben der Querschnitte.

Mit $\sigma_x = E \cdot \varepsilon_x$ und $\varepsilon_x = u'$ folgt:

$$\sigma_x = E \cdot \left(u'_S - y \cdot v''_M - z \cdot w''_M \right) \tag{5.3}$$

Die Spannung wird durch die Dehnung im Schwerpunkt u'_S, die Krümmungen v''_M und w''_M, die Ordinaten y und z im Hauptachsensystem und den Elastizitätsmodul beschrieben. Die Spannungsverteilung entspricht, wie man an Gl. (5.3) sieht, ebenfalls einer ebenen Fläche.

Mit den Schnittgrößen als Resultierende der Spannungen erhält man mit Bild 5.3

$$N = \int_A \sigma_x \cdot dA = +EA \cdot u'_S \tag{5.4a}$$

$$M_y = \int_A \sigma_x \cdot z \cdot dA = -EI_y \cdot w''_M \tag{5.4b}$$

$$M_z = -\int_A \sigma_x \cdot y \cdot dA = +EI_z \cdot v''_M \tag{5.4c}$$

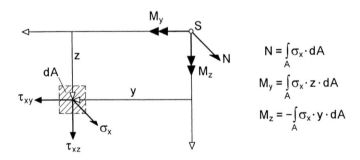

Bild 5.3   Schnittgrößen N, M_y und M_z als Spannungsresultierende von σ_x

Bei den Integralen wurde berücksichtigt, dass im y-z-Hauptachsensystem

$$A_y = A_z = A_{yz} = 0 \qquad (5.5)$$

gilt und $A_{yy} = I_z$ sowie $A_{zz} = I_y$ gesetzt wird. Wenn man nun u'_S, v''_M und w''_M aus den Gl. (5.4a-c) in Gl. (5.3) einsetzt, erhält man die bekannte Formel zur Ermittlung von

$$\sigma_x = \frac{N}{A} + \frac{M_y}{I_y} \cdot z - \frac{M_z}{I_z} \cdot y \qquad (5.6)$$

Dieses Ergebnis kann auch Abschnitt 2.12.1 entnommen werden. Die Formel gilt für völlig **beliebige Querschnittsformen**:

- dünnwandig, dickwandig oder Vollquerschnitte

- mit oder ohne Hohlzellen

Die Verteilung von σ_x über den Querschnitt entspricht wie bereits oben erwähnt einer ebenen Fläche: Einem konstanten Anteil überlagern sich in y und z linear veränderliche Anteile. Für die Darstellung in Bild 5.4 wurde ein Rechteckquerschnitt gewählt, damit die Verteilung von σ_x ohne Schwierigkeiten erkennbar ist.

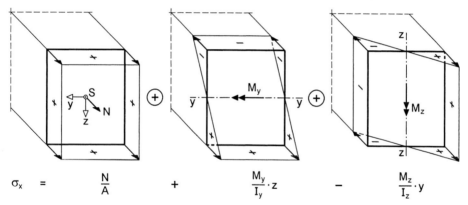

Bild 5.4   Verteilung der σ_x-Spannungen als ebene Fläche über dem Querschnitt mit Einzelanteilen infolge N, M_y und M_z

Zur Führung von Spannungsnachweisen wird stets die betragsmäßig größte Spannung benötigt. Die maßgebenden Querschnittspunkte liegen am Rand des Querschnitts, d.h. in Punkten, die vom Schwerpunkt S weit entfernt sind.

Beispiel: max σ_x für ein Walzprofil IPE 330

Schnittgrößen: N = 150 kN   IPE 330:   A = 62,6 cm²
                  M_y = 80 kNm W_y = 713 cm³
                  M_z = 6 kNm W_z = 98,5 cm³

Spannung: $\max \sigma_x = \dfrac{150}{62,6} + \dfrac{8000}{713} + \dfrac{600}{98,5} = 2,40 + 11,22 + 6,09 = 19,71 \text{ kN}/\text{cm}^2$

Die maximale Spannung tritt bei $y = -8{,}0$ cm und $z = +16{,}5$ cm auf, d.h. an Unterkante Untergurt am rechten Rand. Hier wurden die Widerstandsmomente W_y und W_z verwendet, da sie aus Profiltabellen (siehe Anhang) abgelesen werden können.

Ausführliche Beispiele zur Ermittlung der Normalspannung σ_x infolge N, M_y und M_z finden sich in Kapitel 6 „Querschnittskennwerte und Spannungen – Berechnungsbeispiele".

Anmerkung: Die Ermittlung von σ_x infolge N, M_y und M_z wurde hier wie allgemein üblich im y-z-Hauptachsensystem vorgenommen. In Abschnitt 2.12.1 wird gezeigt, dass auch ein beliebiges $\bar{y} - \bar{z}$ – Bezugssystem verwendet werden kann. Auf die dann erforderlichen computerorientierten Berechnungen wird in Abschnitt 10.10 näher eingegangen.

In einigen Anwendungsfällen kann es sinnvoll sein, die Spannungsermittlung im $\tilde{y} - \tilde{z}$ – Schwerpunktsystem durchzuführen. Die unterschiedlichen Bezugssysteme sind in Bild 3.5 und hier in Bild 5.5 dargestellt. Im $\tilde{y} - \tilde{z}$ – Schwerpunktsystem werden die Bedingungen $A_{\tilde{y}} = A_{\tilde{z}} = 0$ erfüllt; $A_{\tilde{y}\tilde{z}}$ ist jedoch ungleich Null. Wenn man in analoger Weise wie in Abschnitt 2.12.1 vorgeht, erhält man folgende Formel

$$\sigma_x = \frac{N}{A} + \frac{M_{\tilde{y}} \cdot \left(A_{\tilde{y}\tilde{y}} \cdot \tilde{z} - A_{\tilde{y}\tilde{z}} \cdot \tilde{y}\right) - M_{\tilde{z}} \cdot \left(A_{\tilde{z}\tilde{z}} \cdot \tilde{y} - A_{\tilde{y}\tilde{z}} \cdot \tilde{z}\right)}{A_{\tilde{y}\tilde{y}} \cdot A_{\tilde{z}\tilde{z}} - A_{\tilde{y}\tilde{z}}^2}$$

Die Formel ermöglicht die Ermittlung von σ_x ohne Kenntnis des y-z-Hauptachsensystems, da sich die Biegemomente auf die Achsen $\tilde{y}$ und $\tilde{z}$ beziehen. $A_{\tilde{y}\tilde{y}}$, $A_{\tilde{z}\tilde{z}}$ und $A_{\tilde{y}\tilde{z}}$ sind die zugehörigen Flächenmomente 2. Grades, auf die in Abschnitt 3.3 ausführlich eingegangen wird. Ein Anwendungsbeispiel findet sich in Abschnitt 6.4 (gleichschenkliger Winkel).

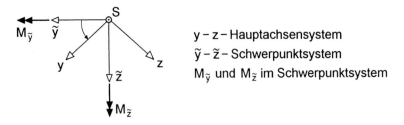

y – z – Hauptachsensystem
$\tilde{y} - \tilde{z}$ – Schwerpunktsystem
$M_{\tilde{y}}$ und $M_{\tilde{z}}$ im Schwerpunktsystem

Bild 5.5   Biegemomente $M_{\tilde{y}}$ und $M_{\tilde{z}}$ im $\tilde{y} - \tilde{z}$ – Schwerpunktssystem

5.3   Schubspannungen τ infolge V_y und V_z

5.3.1   Grundsätzliches

Die Querkräfte V_y und V_z erzeugen in einem Querschnitt Schubspannungen. Umgekehrt betrachtet muss die Integration der Schubspannungen über die Querschnittsfläche aus Gleichgewichtsgründen die Querkräfte ergeben, Bild 5.6. Der Zusammenhang wurde bereits in Abschnitt 5.1 erörtert.

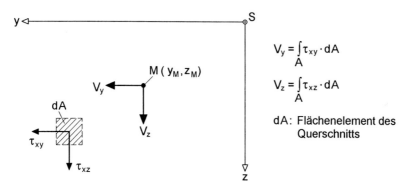

Bild 5.6   Querkräfte V_y und V_z als Spannungsresultierende von $τ_{xy}$ und $τ_{xz}$

Anschauliche Festlegung der Schubspannungsrichtungen und Ausnutzung der Symmetrieeigenschaften

Für die späteren Berechnungen ist es zweckmäßig, die Richtung der Schubspannungen mit Hilfe der Anschauung festzulegen. Die Querkräfte können nur in Querschnittsteile eingeleitet werden, die entsprechende Schubspannungskomponenten aufnehmen können. Zur Aufnahme von V_y sind Schubspannungen $τ_{xy}$ **in** Richtung von V_y erforderlich und entsprechend $τ_{xz}$ **in** Richtung von V_z. In Bild 5.7 sind 4 dünnwandige Querschnitte skizziert, die durch vertikale Querkräfte beansprucht werden. Teilbild b zeigt die Querschnittsteile, die die Querkräfte aufnehmen und die Wirkungsrichtung der Schubspannungen. Auf Teilbild c wird später eingegangen.

Alle Querschnitte in Bild 5.7 sind zur z-Achse symmetrisch. Bei den Querschnitten 2 und 4 ist anschaulich unmittelbar offensichtlich, dass V je zur Hälfte von den beiden Stegen aufgenommen wird. Bei Querschnitt 3 gilt dies für die vertikalen Komponenten der resultierenden Schubkräfte in den schrägen Stegen.

Aus den Schubspannungsrichtungen in Bild 5.7b kann man auch schließen, dass auf der Symmetrielinie $τ = 0$ sein muss. Noch deutlicher wird dies mit den Skizzen unter c, die die horizontalen Schubspannungsrichtungen zeigen.

Als **Merkregel** kann dienen:

> Bei symmetrischen Querschnitten ergibt sich infolge einer Querkraft, die in Richtung der Symmetrielinie wirkt, ein symmetrischer Schubspannungsverlauf. Auf den Schnittpunkten von Profilmittel- und Symmetrielinie ist die Schubspannung gleich Null. Sofern Profilmittel- und Symmetrielinie übereinstimmen, wie bei dem doppeltsymmetrischen I-Querschnitt in Bild 5.8 oben, kann man den Querschnitt gedanklich entlang der Symmetrielinie trennen, so dass 2 U-Querschnitte entstehen. Eine Wirkung von Schubspannungen über die Symmetrielinie hinweg tritt nicht auf. Bei dem in Bild 5.8 unten dargestellten Hutquerschnitt ist das Aufschneiden des Querschnitts nicht notwendig, da Profilmittel- und Symmetrielinie nicht übereinstimmen. Es ergibt sich ein symmetrischer Schubspannungsverlauf mit einem Nulldurchgang am Schnittpunkt von Profilmittel- und Symmetrielinie.

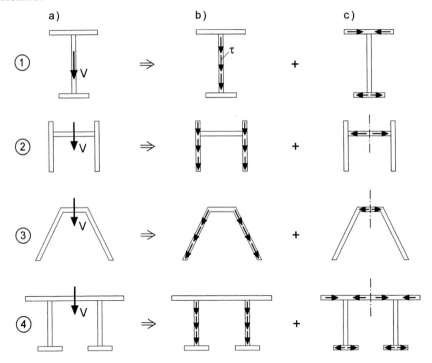

Bild 5.7   a) 4 Querschnitte und Querkraft V

b) Richtung der Schubspannungen im übernehmenden Querschnittsteil

c) Zusätzliche Schubspannungen aus Gleichgewichtsgründen

Schubfluss $T = \tau \cdot t$ und $\tau =$ konst. über t

Schubspannungen können nicht aus der Umrandung des Querschnitts „hervortreten". Sie müssen daher an den Rändern tangential verlaufen oder gleich Null sein, Bild 5.9.

Bei dünnwandigen Querschnittsteilen folgt daraus die naheliegende Annahme, dass die Schubspannungen über die Blechdicke konstant sind. Daraus ergibt sich der Schubfluss T$_{xs}$ = τ$_{xs}$·t (Einheit: kN/cm).

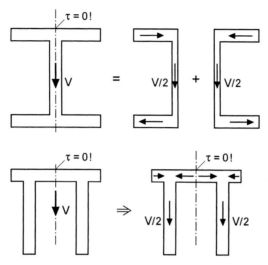

Bild 5.8   Zur Ausnutzung der Symmetrie bei Schubspannungen und Teilschnittgrößen infolge von Querkräften

Häufig wird der Querschnitt auch nur durch seine Profilmittellinie dargestellt und der Schubfluss T$_{xs}$ eingetragen, siehe auch Bild 5.10.

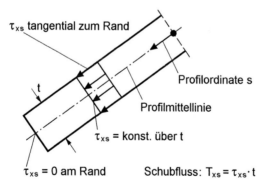

Bild 5.9   Schubspannungen τ$_{xs}$ in dünnwandigen Querschnittsteilen, Schubfluss T$_{xs}$, Profilordinate s und Randbedingungen

Gleichgewicht an Querschnittsknoten

Die in Bild 5.7c eingetragenen Schubspannungen können nur bestimmt werden, wenn man die Stablängsrichtung (x) in die Betrachtungen einbezieht. Der Zusammenhang zwischen Schubspannungen im Querschnitt und in Längsrichtung ist bereits in Abschnitt 2.5 hergeleitet worden. Dabei ergab sich als Ergebnis

$$\tau_{xy} = \tau_{yx}, \ \tau_{xz} = \tau_{zx}, \ \tau_{xs} = \tau_{sx} \tag{5.7}$$

Zusätzlich werden hier auch die positiven Richtungen der Schubspannungen im Querschnitt benötigt. Wie Bild 2.22 zeigt, ist das Momentengleichgewicht nur möglich, wenn sich die **Pfeilspitzen oder die Pfeilenden** in den Elementecken treffen. Mit dieser Kenntnis kann das Gleichgewicht an den Übergängen zwischen Querschnittsteilen formuliert werden. Mit Bild 5.10 erhält man für eine Querschnittsecke

$$\sum F_x = 0: \quad T_{sx,1} = T_{sx,2} \Rightarrow \tau_{sx,1} \cdot t_1 = \tau_{sx,2} \cdot t_2 \tag{5.8}$$

Mit $\tau_{sx} = \tau_{xs}$ folgt für die Schubspannungen und Schubflüsse im Querschnitt

$$\tau_{xs,1} \cdot t_1 = \tau_{xs,2} \cdot t_2 \ \text{ und } \ T_{xs,1} = T_{xs,2} \tag{5.9}$$

Aus dem Ergebnis der Gleichgewichtsbetrachtung kann Folgendes geschlossen werden:

Wenn **ein** Schubfluss an einem Querschnittskonten in Größe und Richtung bekannt ist, kann der andere unmittelbar bestimmt werden.

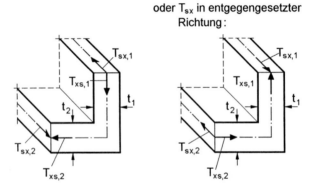

oder T_{sx} in entgegengesetzter Richtung:

Gleichgewicht in Längsrichtung $\Sigma F_x = 0$: $\ T_{sx,1} = T_{sx,2}$
$\Rightarrow$ mit $\tau_{xs} = \tau_{sx}$: $\ T_{xs,1} = T_{xs,2}$

Bild 5.10   Gleichgewicht der Schubflüsse in Querschnittsecken und Richtungen T_{xs} im Querschnitt

In den meisten Anwendungsfällen ist es nicht erforderlich, die Gleichgewichtsbedingungen explizit zu formulieren. Es ergibt sich ein „Fließen", als wenn Wasser mit einem Schlauch in ein Rohr geleitet wird und um die Ecke fließt. Die Skizzen in Bild 5.11 zeigen das Prinzip für Querschnittsecken und T-Knoten. Wie man sofort sieht, sind die Richtungen in Bild 5.7c ausgehend von Teilbild b in zutreffender Weise eingetragen worden.

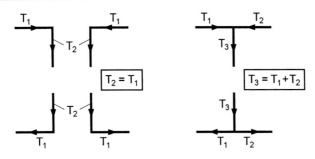

Schubspannungen : $\tau_i = T_i / t_i$

Bild 5.11   Schubfluss T in Querschnittsknoten

5.3.2 Berechnungsformel für τ

Die Grundlagen zur Ermittlung der Schubspannungen wurden in Abschnitt 2.12.2 ausführlich hergeleitet. Aus der Fallunterscheidung in Bild 2.34 ist ersichtlich, dass sich die Schubspannungen infolge V_y und V_z aus der Veränderung der Normalspannung σ_x in Längsrichtung ergeben. An dieser Stelle wird von Gl. (2.109) in der folgenden Formulierung ausgegangen:

$$d\tau_{sx} = \left(-\frac{V_y}{I_z} \cdot y - \frac{V_z}{I_y} \cdot z \right) \cdot ds \tag{5.10}$$

Die Integration von Gl. (5.10) führt zu

$$\tau_{sx}(s) = \tau_{sx,A} - \frac{V_y}{I_z} \cdot \int_0^s y \cdot ds - \frac{V_z}{I_y} \cdot \int_0^s z \cdot ds, \tag{5.11}$$

da V_y, V_z, I_y und I_z von der Profilordinate s unabhängig und daher für die Integration konstante Faktoren sind. $\tau_{sx,A}$ ist die Schubspannung im gewählten Integrationsanfangspunkt A ($s = 0$).

Wenn man Gl. (5.11) auf gegliederte Querschnitte anwendet, kann die Integration stets nur abschnittsweise bis zum nächsten Knoten erfolgen. Dort wird dann das Gleichgewicht gebildet (siehe Bilder 5.10 und 5.11) und anschließend der nächste Abschnitt betrachtet. Diese Vorgehensweise ist absolut sicher in der Anwendung, jedoch etwas umständlich. Die Integration kann über Querschnittsknoten hinweg ausgeführt werden, wenn in Gl. (5.11) die Integrale über ds durch $dA = t(s) \cdot ds$ ersetzt werden. Damit erhält man:

$$\tau_{sx}(s) - \tau_{sx,A} - \frac{V_z}{I_y} \cdot \frac{S_y(s)}{t(s)} - \frac{V_y}{I_y} \cdot \frac{S_z(s)}{t(s)} \tag{5.12}$$

In Gl. (5.12) sind S_y (s) und S_z (s) die statischen Momente bis zur betrachteten Querschnittsstelle:

$$S_y(s) = \int_{A(s)} z \cdot dA \quad \text{und} \quad S_z(s) = \int_{A(s)} y \cdot dA \qquad (5.13)$$

Wegen τ_{xs} = konst. über t(s) ergibt sich der Schubfluss zu:

$$T_{xs}(s) = \tau_{xs}(s) \cdot t(s) \qquad (5.14)$$

5.3.3 Offene Querschnitte

Bei offenen Querschnitten werden die in Bild 5.9 skizzierten Bedingungen ausgenutzt:

- τ_{xs} verläuft stets tangential zu den Rändern

- senkrecht zu den Rändern gilt $\tau_{xs} = 0$

Damit können die Schubspannungen bei offenen Querschnitten unter Verwendung der Gln. (5.11) oder (5.12) ermittelt werden, da die Bestimmung der Integrationskonstanten keine Schwierigkeiten bereitet. Zweckmäßigerweise beginnt man mit der Profilordinate s an freien Querschnittsrändern, da dort

$$\tau_{xs,A} = 0 \qquad (5.15)$$

gilt. Bild 5.12 zeigt die Vorgehensweise für einen Rechteckquerschnitt und die Querkraft V_z. Die Schubspannungen sollen an der Stelle $z = z_1$ bestimmt werden. Es ist sinnvoll, mit der Profilordinate s am **oberen Rand** zu beginnen, da dann die Richtungen von s und V_z übereinstimmen. Offensichtlich ist, dass sich τ_{xz} ($= \tau_{xs}$) dann positiv ergeben muss. Das statische Moment ist:

$$S_y(z_1) = b \cdot (h/2 + z_1) \cdot (-h/2 + z_1)/2 = -b \cdot \left(h^2/8 - z_1^2/2\right) \qquad (5.16)$$

Damit folgt für die Schubspannung mit t(s) = b

$$\tau_{xz}(z_1) = +\frac{V_z}{I_y} \cdot \left(\frac{h^2}{8} - \frac{z_1^2}{2}\right) \qquad (5.17)$$

Man kann mit der Profilordinate s natürlich auch am **unteren Rand** beginnen. Das statische Moment ist dann positiv und $\tau_{xz}(z_1)$ negativ. Aus dem negativen τ_{xz} folgt, dass es entgegengesetzt zur gewählten s-Richtung wirkt. Das Ergebnis stimmt also mit dem oben ermittelten überein.

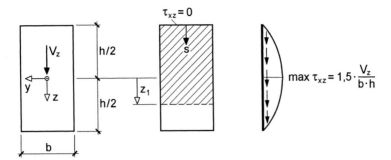

Bild 5.12   Zur Ermittlung von τ_{xz} infolge V_z für einen Rechteckquerschnitt

Beispiel: Statische Momente und Schweißnahtdicken a für einen T-Querschnitt nach Bild 5.13

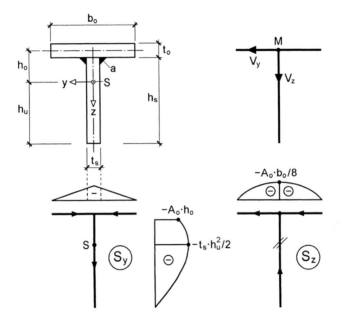

Bild 5.13   Statische Momente S_y und S_z für einen T-Querschnitt

Der Schubmittelpunkt M liegt im Schnittpunkt der Profilmittellinien. Es ist auch anschaulich sofort offensichtlich, dass dort V_y und V_z angreifen, da V_y vom Obergurt und V_z vom Steg aufgenommen werden müssen.

Das statische Moment S_z (zu V_y) hat im Obergurt einen parabelförmigen Verlauf. Es ist negativ, da am **rechten** Obergurtende (dort ist y negativ) mit der Integration begonnen wird. Die Pfeile geben die positive Richtung der Profilordinate s an. Sie stimmt mit der tatsächlichen Wirkungsrichtung der Schubspannungen überein. Dies ergibt sich aus der Anschauung und mit der Berechnungsformel aufgrund des negativen statischen Momentes. Im Steg ist $S_z = 0$, da er auf der z-Achse liegt (y = 0).

Daraus folgt, dass die Schweißnähte infolge V_y nicht beansprucht werden. Es reicht daher für diesen Fall aus, die Schweißnahtdicke a konstruktiv zu wählen.

Das statische Moment S_y (zu V_z) verläuft im Obergurt linear veränderlich und symmetrisch. An den Steg wird das gesamte statische Moment des Gurtes durch die Schweißnähte angeschlossen. Es verläuft im Steg parabelförmig und hat im Schwerpunkt sein Maximum, $\max S_y = -t_s \cdot h_u^2/2$. Die Schubspannungen am oberen Ende des Steges ergeben zu

$$\tau_{xz} = -\frac{V_z}{I_y} \cdot \frac{S_{y,OG}}{t_s} \qquad \text{mit: } S_{y,OG} = -A_o \cdot h_o \tag{5.18}$$

Zur Ermittlung der Beanspruchungen in den Schweißnähten ist t_s durch 2a zu ersetzen. Wegen $\tau_{xz} = \tau_{zx}$ wirkt die Schubspannung auch in Längsrichtung der Schweißnähte, oder anders ausgedrückt parallel zur Schweißnahtlänge. Sie wird daher mit $\tau_\parallel$ bezeichnet.

$$\tau_\parallel = -\frac{V_z}{I_y} \cdot \frac{S_{y,OG}}{2 \cdot a} = \frac{V_z}{I_y} \cdot \frac{A_o \cdot h_o}{2 \cdot a} \tag{5.19}$$

Als Alternative soll hier auch die Methode „Verwendung von Differenzkräften" gemäß Abschnitt 2.12.2 erläutert werden. Für einen Einfeldträger mit einer Einzellast F_z in Feldmitte erhält man:

$$\max M_y = \frac{F_z \cdot \ell}{4} \tag{5.20}$$

In Feldmitte ist die Obergurtkraft

$$\max N_o = \sigma_o \cdot A_o = \frac{\max M_y}{I_y} \cdot (-h_o) \cdot A_o \tag{5.21}$$

An den Auflagern ist $N_o = 0$. Die maximale Obergurtkraft $\max N_o$ wird daher über die halbe Trägerlänge durch die Schweißnähte in den Obergurt eingeleitet. Da $\max N_o$ eine Druckkraft ist, erhält man

$$\tau_\parallel = \frac{\max N_o}{\ell/2} \cdot \frac{1}{2 \cdot a} = \frac{F_z}{2} \cdot \frac{A_o \cdot h_o}{I_y \cdot 2 \cdot a} \tag{5.22}$$

Das Ergebnis ist wegen $V_z = F_z/2$ mit Gl. (5.19) identisch.

Anmerkung: In Bild 5.13 links ist der S_y-Verlauf im Gurt an den Stegrändern gestrichelt dargestellt, weil dies die maßgebende Stelle für den Nachweis der Schubspannungen des Gurtes infolge V_z ist. Die Verwendung der Schubspannung in Gurtmitte (Schnitt mit Stegachse) ist nicht sinnvoll, weil Gurt und Steg nicht dort, sondern an den Stegrändern durch die Schweißnähte schubsteif miteinander verbunden sind.

Beispiel: Schubflüsse infolge V_y und V_z für den hutähnlichen Querschnitt in Bild 5.14

Der Querschnitt ist zur z-Achse symmetrisch. Durch unterschiedliche Wahl der Querschnittsparameter können mehrere Querschnittsvarianten erfasst werden, siehe auch Bild 3.60 in Abschnitt 3.7.4 (Ermittlung des Schubmittelpunktes).

Bild 5.14 enthält die Verläufe von S_z und S_y sowie die Berechnungsformeln für max S_z und max S_y. Die einzelnen Ordinaten sind daraus ebenfalls erkennbar. Die Schubflüsse erhält man mit

$$T_{xs}(s) = -\frac{V_y}{I_z} \cdot S_z(s) - \frac{V_z}{I_y} \cdot S_y(s) \tag{5.23}$$

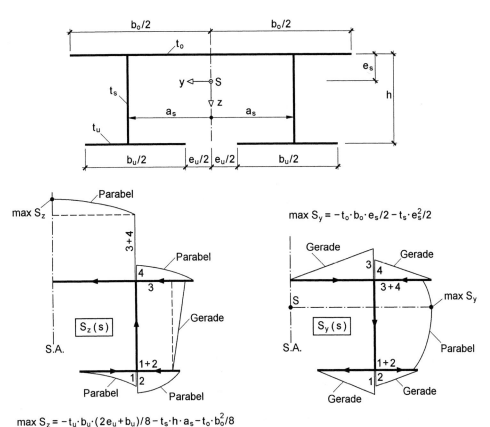

$$\max S_z = -t_u \cdot b_u \cdot (2e_u + b_u)/8 - t_s \cdot h \cdot a_s - t_o \cdot b_o^2/8$$

Bild 5.14   Statische Momente S_z und S_y für einen hutähnlichen Querschnitt

Beispiel: Für den Brückenquerschnitt in Bild 5.15 mit 3 Hauptträgern soll ermittelt werden, welche Anteile von V_z sie übernehmen.

Da nur die Stege vertikale Schubkräfte aufnehmen können, gilt aus Gleichgewichtsgründen

$$V_1 + V_2 + V_3 = V \tag{5.24}$$

Wegen der Querschnittssymmetrie ist

$$V_1 = V_3 \tag{5.25}$$

Da alle 3 Untergurte und auch die 3 Stege gleich ausgebildet werden, ist auch der Schubfluss in den Stegen gleich, siehe Skizze Bild 5.14 rechts. Mit Tabelle 3.19 in Abschnitt 3.7.3 kann man die resultierenden Schubkräfte berechnen. Es muss sich aufgrund gleicher Schubflüsse

$$V_1 = V_2 = V_3 = V/3 \tag{5.26}$$

ergeben. Da ausgeprägte Gurte vorhanden sind, wird man hier die mittlere Schubspannung für die Bemessung ansetzen

$$\tau_m = \frac{V}{3 \cdot A_{steg}} = \frac{V}{3 \cdot h_s \cdot t_s} \tag{5.27}$$

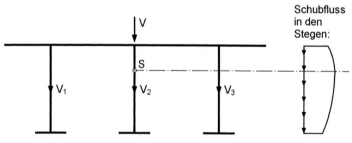

alle Untergurte sind gleich: $b_u \cdot t_u$
alle Stege sind gleich: $h_s \cdot t_s$

Bild 5.15   Brückenquerschnitt mit 3 Stegen (Prinzipskizze)

Anmerkung: Die hier verwendete Methode zur Ermittlung von Schubkräften mit Hilfe von Gleichgewichtsbedingungen wird in Abschnitt 2.13 ausführlich behandelt. Tabelle 2.4 enthält die Beziehungen zwischen Schnittgrößen und Teilschnittgrößen bei dünnwandigen und rechteckigen Teilflächen. Bild 2.38 zeigt für ein Beispiel wie die Teilschnittgrößen durch „Statik am Querschnitt" unmittelbar bestimmt werden können.

Anmerkung und Beispiel: Wenn die resultierende Schubkraft in einem Einzelteil bekannt ist, kann die mittlere Schubspannung mit

$$\tau_{m,i} = \frac{V_i}{A_i}$$

berechnet werden. Bei I-förmigen Querschnitten ist dann z.B.

$$\tau_m = \frac{V_z}{A_{steg}}$$

DIN 18800 Teil 1 [4], Element (752) lässt die Bemessung mit τ_m bei Querschnitten mit ausgeprägten Gurten zu, da dann der Unterschied zu max τ gering ist. Bild 5.16 zeigt den Vergleich zwischen Näherung und genauer Lösung für ein IPE 450. Die Querschnittskennwerte werden aus den Tabellen im Anhang entnommen.

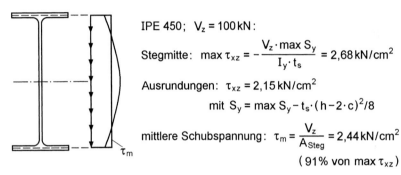

IPE 450; $V_z = 100\,\text{kN}$:

Stegmitte: $\max \tau_{xz} = -\dfrac{V_z \cdot \max S_y}{I_y \cdot t_s} = 2{,}68\,\text{kN/cm}^2$

Ausrundungen: $\tau_{xz} = 2{,}15\,\text{kN/cm}^2$

mit $S_y = \max S_y - t_s \cdot (h - 2 \cdot c)^2 / 8$

mittlere Schubspannung: $\tau_m = \dfrac{V_z}{A_{Steg}} = 2{,}44\,\text{kN/cm}^2$

(91% von $\max \tau_{xz}$)

Bild 5.16 Schubspannungen infolge $V_z = 100$ kN in einem IPE 450

Weitere Beispiele zur Ermittlung von Schubspannungen in offenen Querschnitten infolge von V_y und V_z finden sich in den Abschnitten 6.2 und 6.4 bis 6.7.

5.3.4 Querschnitte mit Hohlzellen

Problemstellung

Wenn man die Schubspannungen infolge V_y oder V_z in Querschnitten mit Hohlzellen bestimmen will, stößt man auf ein grundsätzliches Problem:

Im Vergleich zu den offenen Querschnitten fehlt ein Anfangspunkt A für den $\tau_{xs,A} = 0$ bzw. $T_{xs,A} = 0$ gilt (siehe Bild 5.17a) oder bei der Bildung des Gleichgewichts an Querschnittsknoten treten zwei oder mehr unbekannte Schubflüsse auf (siehe Bild 5.17a-g).

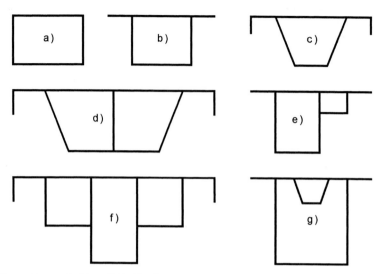

Bild 5.17   Querschnitte mit Hohlzellen

Da die Gleichgewichtsbedingungen zur Ermittlung der Schubspannungen nicht aus-
reichen, handelt es sich um ein statisch unbestimmtes Problem. Der Grad der
statischen Unbestimmtheit entspricht der Anzahl der Hohlzellen.

Querschnitte Bild 5.17 a-c: $n = 1$
Querschnitte Bild 5.17 d, e, g: $n = 2$
Querschnitte Bild 5.17 f: $n = 3$

Ausnutzung von Symmetrieeigenschaften

Bevor mit einer statisch unbestimmten Rechnung begonnen wird, sollte man prüfen,
ob die Anzahl der Unbekannten mit Hilfe von Symmetriebedingungen reduziert
werden kann:

- Auf einer Symmetrielinie (y- oder z-Achse) sind die Schubspannungen infolge
  einer Querkraft **in** Richtung der Symmetrielinie gleich Null.
- Die Schubspannungen in Hohlzellen, die symmetrisch zu einer Symmetrielinie
  liegen, sind gleich.
- Aufgrund der vorgenannten Eigenschaften reicht es aus, eine Querschnittshälfte
  bis zur Symmetrielinie zu betrachten.

Die Querschnitte in Bild 5.17 sind bis auf den Querschnitt in Bild 5.17e symmetrisch
zur z-Achse (vertikal), wenn man die Blechdicken symmetrisch wählt. Für die Querkraft V_z ist dann auf der Symmetrielinie $T_{xs} = 0$. Da damit ein Anfangswert bekannt
ist, reduziert sich die statische Unbestimmtheit mindestens um eins.

Bei Querschnitt 5.17f ergibt sich sogar red $n = n - 2 = 3 - 2 = 1$. In der mittleren
Hohlzelle ist auf der Symmetrielinie $\tau_{xs} = 0$ und die Schubspannungen in den beiden
äußeren Hohlzellen müssen symmetrisch verlaufen.

Querschnitt 5.17g unterscheidet sich prinzipiell von den anderen Hohlquerschnitten, da die kleine Hohlzelle **innerhalb** der großen liegt. Sie liegt hier jedoch so günstig, dass der Querschnitt bezüglich V_z statisch bestimmt ist: Mit $\tau_{xs} = 0$ auf der Symmetrielinie kann der Schubspannungsverlauf vollständig wie bei offenen Querschnitten bestimmt werden.

Kraftgrößenverfahren für statisch unbestimmte Stäbe und Stabwerke

Bei statisch unbestimmten Stäben und Stabtragwerken ist das Kraftgrößenverfahren das allseits bekannte klassische Lösungsverfahren zur Ermittlung der Schnittgrößen. Auf das hier vorliegende Problem kann es sinngemäß angewendet werden. Die Grundgleichungen lauten:

$$\sum_{k=1}^{n} \delta_{ik} \cdot X_k + \delta_{i0} = 0 \qquad \text{für: } i = 1 \text{ bis } n \tag{5.28a}$$

$$\text{mit: } \delta_{ik} = \delta_{ik} = \int_x \left(\frac{M_i(x) \cdot M_k(x)}{EI} + \frac{N_i(x) \cdot N_k(x)}{EA} \right) \cdot dx \tag{5.28b}$$

$$\delta_{i0} = \int_x \left(\frac{M_i(x) \cdot M_0(x)}{EI} + \frac{N_i(x) \cdot N_0(x)}{EA} \right) \cdot dx \tag{5.28c}$$

δ_{ik} und δ_{i0} sind die Verformungen an der Stelle „i" in einem zweckmäßig gewählten, statisch bestimmten Hauptsystem. Der zweite Index kennzeichnet den betrachteten Lastzustand. Bei den hier angegebenen Formeln wurden nur Arbeitsanteile infolge von Normalspannungen $\sigma_x = E \cdot \varepsilon$ berücksichtigt. Nach Bestimmung der statisch Unbestimmten X_k durch Lösen des Gleichungssystems können die Zustandslinien durch Superposition bestimmt werden:

$$M(x) = M_0(x) + \sum_{k=1}^{n} X_k \cdot M_k(x) \tag{5.29a}$$

$$N(x) = N_0(x) + \sum_{k=1}^{n} X_k \cdot N_k(x) \tag{5.29b}$$

Das Verfahren wird durch das Beispiel in Bild 5.18 erläutert. Der Stab ist einfach statisch unbestimmt, d.h. $n = 1$. Als statisch bestimmtes Hauptsystem wird ein Stab mit einem Momentengelenk in Feldmitte gewählt. Die Unbekannte $X_1 = 1$, hier ein Momentenpaar, führt zur Momentenlinie $M_1(x)$ und einer Relativverdrehung δ_{11} im Gelenk. Infolge Belastung erhält man $M_0(x)$ und δ_{10}. Die Unbekannte X_1 wird mit Hilfe der Bedingung bestimmt, dass in Feldmitte des Stabes keine Relativverdrehung auftreten darf. Nachdem X_1 bekannt ist, kann der Momentenverlauf für den statisch unbestimmten Stab durch Superposition ermittelt werden.

baustatisches System:

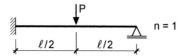

statisch bestimmtes Hauptsystem:

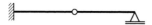

$M_1(x)$ infolge $X_1 = 1$:

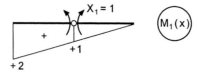

Relativverdrehung δ_{11}:

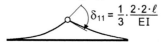

$$\delta_{11} = \frac{1}{3} \cdot \frac{2 \cdot 2 \cdot \ell}{EI}$$

$M_0(x)$ infolge Belastung:

Relativverdrehung δ_{10}:

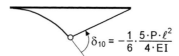

$$\delta_{10} = -\frac{1}{6} \cdot \frac{5 \cdot P \cdot \ell^2}{4 \cdot EI}$$

Bedingung und Ermittlung von X_1:

$$\delta_{11} \cdot X_1 + \delta_{10} = 0 \quad \Rightarrow \quad X_1 = \frac{5}{32} \cdot P \cdot \ell$$

Momentenverlauf am stat. unbest. System:

$$M(x) = M_0(x) + X_1 \cdot M_1(x)$$

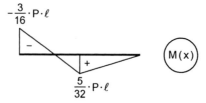

Bild 5.18   Beispiel zur Anwendung des Kraftgrößenverfahrens bei der Schnittgrößen-ermittlung für Stäbe

Kraftgrößenverfahren für Querschnitte mit Hohlzellen

Die Ermittlung des Schubflusses (bzw. der Schubspannungen) infolge von Querkräften in Querschnitten mit Hohlzellen kann in völlig analoger Weise wie bei der
Schnittgrößenermittlung für statisch unbestimmte Stäbe erfolgen. Die Verformungen
δ_{ik} und δ_{i0} müssen nun jedoch anstelle aus $\sigma_x = E \cdot \varepsilon_x$ aus den Schubspannungen
$\tau_{xs} = G \cdot \gamma_{xs}$ berechnet werden.

Tabelle 5.1   Grundgleichungen zur Bestimmung des Schubflusses in aufgetrennten Hohlquerschnitten

geschlossener Querschnitt: längs aufgeschnittener, nun
offener Querschnitt:

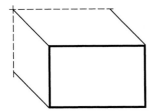
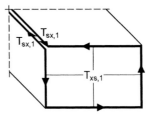

$T_{sx,1}$: unbekannter Schubfluss an der Trennstelle

Schubfluss/Schubspannung: $T_{xs} = \tau_{xs} \cdot t$

Werkstoffgesetz: $\tau_{xs} = G \cdot \gamma_{xs}$

Verzerrungen/Verschiebungsgrößen: $\gamma_{xs} = \dfrac{\partial u}{\partial s} + \dfrac{\partial v_\beta}{\partial x}$

Zusammenhang zwischen dem Schubfluss und den Verschiebungsgrößen:

$$\Rightarrow \boxed{\gamma_{xs} = \frac{T_{xs}}{G \cdot t(s)} = \frac{\partial u}{\partial s} + \frac{\partial v_\beta}{\partial x}}$$

Ableitung der Verschiebung v_β in Richtung der Profilordinate s:

$$\frac{\partial v_\beta}{\partial x} = \left[v'_M - (z - z_M) \cdot \vartheta'\right] \cdot \cos\beta + \left[w'_M + (y - y_M) \cdot \vartheta'\right] \cdot \sin\beta$$

An den beiden Enden der Trennstelle ist $\partial v_\beta / \partial x$ gleich. Ausgangspunkt für die Berechnung

von $T_{sx,1}$ ist daher: $\boxed{du = \dfrac{T_{xs}}{G \cdot t(s)} \cdot ds}$

Tabelle 5.1 enthält eine Zusammenstellung der erforderlichen Grundgleichungen. Als
Beispiel wird ein einzelliger Hohlkasten betrachtet, der in der linken oberen Ecke in
Längsrichtung aufgeschnitten wird (= statisch bestimmtes Hauptsystem). Unbekannte

ist der Schubfluss $T_{sx,1}$, der aus Gleichgewichtsgründen als $T_{sx,1}$ auch im Querschnitt wirkt und die infolge von V_y und V_z auftretenden Relativverschiebungen rückgängig machen muss.

Die Gleitungen γ_{xs} im Werkstoffgesetz $\tau_{xs} = G \cdot \gamma_{xs}$ bestehen gemäß Bild 2.26 aus 2 Anteilen. Wie in Gl. (2.45) hergeleitet, sind dies die Ableitungen der Verschiebungsfunktion u und v_β:

$$\gamma_{xs} = \frac{\partial u}{\partial s} + \frac{\partial v_\beta}{\partial x} \qquad (5.30)$$

Aus den Gln. (2.19) und (2.20) ist es ersichtlich, dass der 2. Term nicht zu Relativverschiebungen an der Trennstelle führt. Als Ausgangspunkt für die Berechnung der Relativverschiebungen verbleibt daher

$$du = \frac{T_{xs}}{G \cdot t(s)} \cdot ds \qquad (5.31)$$

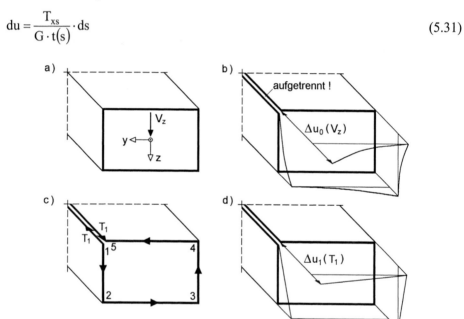

Bild 5.19   Einzelliger Hohlkasten und Relativverschiebungen Δu_0 (V_z) und Δu_1 ($T_1 = 1$)

Für das Beispiel des einzelligen Hohlkastens zeigt Bild 5.19 anschaulich die auftretenden Relativverschiebungen in Stablängsrichtung, wenn bei der Integration von Punkt 1 ausgegangen wird. In der Schreibweise des Kraftgrößenverfahrens ist

$$\Delta u_0(V_z) = \delta_{10} \quad \text{und} \quad \Delta u_1(T_1 = 1) = \delta_{11} \qquad (5.32)$$

Durch Vergleich der Gl. (5.31) mit den Gln. (5.28) und wegen $du_s = \dfrac{N}{EA} \cdot dx$ ergibt sich, dass die Relativverschiebungen wie folgt zu berechnen sind:

$$\delta_{ik} = \int_s \frac{T_i(s) \cdot T_k(s)}{G \cdot t(s)} \cdot ds \tag{5.33a}$$

$$\delta_{i0} = \int_s \frac{T_i(s) \cdot T_0(s)}{G \cdot t(s)} \cdot ds \tag{5.33b}$$

Zur Wahrung der Übersichtlichkeit wurde der Index „xs" bei den Schubflüssen weg-gelassen. Die statisch Unbestimmten sind hier stets Schubflüsse, d.h. es gilt $X_k = T_k$. Der Schubfluss im Querschnitt mit den geschlossenen Hohlzellen ergibt sich zu

$$T(s) = T_0(s) + \sum_{k=1}^{n} X_k \cdot T_k(s) \tag{5.34}$$

Querschnitte mit einer Hohlzelle

Bei Querschnitten mit einer Hohlzelle ist es zweckmäßig, die s-Richtung in der Hohl-zelle umlaufend in Richtung der positiven Verdrehung ϑ (entgegen dem Uhrzeiger-sinn) zu wählen. Der Schubfluss $T_1(s)$ ist dann nicht nur konstant in allen Wandungen der Hohlzelle, sondern hat auch überall die Ordinate +1. Wenn von G = konst. ausge-gangen wird, vereinfachen sich die Gln. (5.33a) und (5.33b) und die Relativverschie-bungen können wie folgt berechnet werden:

$$G \cdot \delta_{11} = \oint_{\text{Hohlzelle}} \frac{ds}{t(s)} = \sum \frac{\ell_i}{t_i} \tag{5.35a}$$

$$G \cdot \delta_{10} = \oint_{\text{Hohlzelle}} \frac{T_0(s)}{t(s)} \cdot ds = \sum \frac{V_i}{t_i} \tag{5.35b}$$

Die Summenformeln gelten für abschnittsweise konstante Blechdicken t_i; V_i sind die resultierenden Schubkräfte in den Wandungen der Hohlzelle.

Beispiel: Querschnitt nach Bild 5.20 mit einer Hohlzelle

Bild 5.20 enthält links den Ablauf der statisch unbestimmten Rechnung für einen Querschnitt mit einer Hohlzelle und zum Vergleich auf der rechten Seite für einen symmetrischen Zweifeldträger. Der Querschnitt wird in der Mitte des Obergurtes in Längsrichtung aufgeschnitten. An der Schnittstelle wird der Schubfluss X_1 als Unbe-kannte angesetzt. Da der Querschnitt zur z-Achse symmetrisch ist, muss sich für die Wirkung von V_z als Ergebnis der durchzuführenden Berechnungen $X_1 = 0$ ergeben.

Die Berechnung wird in allgemeiner Form, d.h. mit den Abmessungen b_o x t_o, 2 x h_s x t_s und b_u x t_u durchgeführt. Bezogen auf den Schwerpunkt S liegt der Untergurt bei $z_u = h_s - a_o$ und der Obergurt bei $z_o - a_o$. Die statischen Momente ergeben sich dann zu:

$$S_{y,2r} = -t_o \cdot b_u \cdot a_o / 2 \qquad\qquad = -S_{y,6\ell}$$

$$S_{y,2u} = -t_o \cdot b_o \cdot a_o / 2 \qquad\qquad = -S_{y,6u}$$

$$S_{y,3} = S_{y,2u} + t_s \cdot h_s \cdot (h_s/2 - a_o) \qquad = -S_{y,5}$$

① Querschnitt und wirkende Querkraft

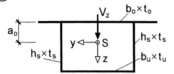

① System und Belastung

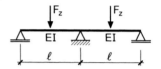

② statisch bestimmtes Hauptsystem, Unbekannte X_1 und Richtung von s

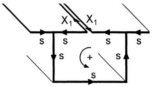

s–Richtung im Kasten umlaufend

② statisch bestimmtes Hauptsystem, Unbekannte X_1 und Richtung von z

③ Schubfluss T_0 (s) infolge V_z

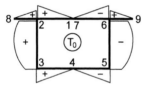

③ Momente M_0 (x) infolge F_z

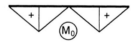

④ Schubfluss T_1 (s) infolge $X_1 = 1$

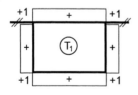

④ Momente M_1 (x) infolge $X_1 = 1$

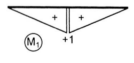

Bild 5.20   Ablauf der stat. unbestimmten Rechnung für einen Querschnitt mit einer Hohlzelle (links) und einen Zweifeldträger (rechts)

Die resultierenden Schubkräfte V_i in den Einzelteilen infolge

$$T_o(s) = -\frac{V_z}{I_y} \cdot S_y(s)$$

können nun unter Verwendung von Tabelle 3.19 in Abschnitt 3.7.3 berechnet werden.

$$V_{12} = -\frac{V_z}{I_y} \cdot \frac{1}{2} \cdot S_{y,2r} \cdot \frac{b_u}{2} = -V_{67}$$

$$V_{23} = -\frac{V_z}{I_y} \cdot \frac{1}{6} \cdot \left(4 \cdot S_{y,2u} + 2 \cdot S_{y,3} + t_s \cdot h_s \cdot (-a_o)\right) \cdot h_s = -V_{56}$$

$$V_{34} = -\frac{V_z}{I_y} \cdot \frac{1}{2} \cdot S_{y,3} \cdot \frac{b_u}{2} = -V_{45}$$

Wegen $V_{12} = -V_{67}$, $V_{23} = -V_{56}$ und $V_{34} = -V_{45}$ ist

$$G \cdot \delta_{10} = \frac{V_{12}}{t_o} + \frac{V_{23}}{t_s} + \frac{V_{34}}{t_u} + \frac{V_{45}}{t_u} + \frac{V_{56}}{t_s} + \frac{V_{67}}{t_o} = 0$$

Mit

$$G \cdot \delta_{11} = \frac{b_u}{t_o} + \frac{2 \cdot h_s}{t_s} + \frac{b_u}{t_u} \neq 0$$

folgt

$$X_1 = -\delta_{10}/\delta_{11} = 0$$

Der Schubfluss T(s) des Querschnitts mit der geschlossenen Hohlzelle ist hier gleich dem Schubfluss $T_0(s)$ am aufgetrennten, offenen Querschnitt. Da die Ordinaten im rechten Teil der Hohlzelle negativ sind, wirkt der Schubfluss dort entgegen der gewählten s-Richtung. Für den allgemeinen Fall, dass $X_1 \neq 0$ ist, müssen die Schubflüsse $T_0(s)$ und $T_1(s)$ superponiert werden:

$$T(s) = T_0(s) + X_1 \cdot T_1(s)$$

Beispiel: Schubspannungsverlauf für den Querschnitt in Bild 5.21 infolge V_y und V_z

a) Querkraft $V_z = 100$ kN

Da der Querschnitt zur z-Achse symmetrisch ist, reicht es aus, eine Hälfte als offenen Querschnitt zu untersuchen. Die Pfeile in Bild 5.21 rechts kennzeichnen die gewählte s-Richtung, die den tatsächlichen Wirkungsrichtungen der Schubspannung entsprechen. Da alle Bleche die Dicke $t = 10$ mm aufweisen, sind die Schubspannungen gleich dem Schubfluss $T_0(s)$ in Bild 5.20. Die Ordinaten sind:

$$T_{2r} = 1{,}0 \cdot 25 \cdot 16{,}364 \cdot V_z/I_y \qquad = 0{,}642 \text{ kN/cm}$$

$$T_{2\ell} = 1{,}0 \cdot 20 \cdot 16{,}364 \cdot V_z/I_y \qquad = 0{,}513 \text{ kN/cm}$$

$$T_{2u} = 0{,}642 + 0{,}513 \qquad = 1{,}155 \text{ kN/cm}$$

$$\max T = 1{,}155 + 1{,}0 \cdot 16{,}364^2/2 \cdot V_z/I_y = 1{,}365 \text{ kN/cm}$$

$$T_3 = 1{,}0 \cdot 25 \cdot (40 - 16{,}364) \cdot V_z/I_y \qquad = 0{,}927 \text{ kN/cm}$$

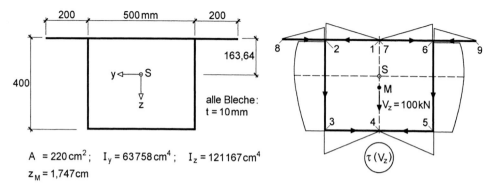

$A = 220\,cm^2;\quad I_y = 63758\,cm^4;\quad I_z = 121167\,cm^4$

$z_M = 1{,}747\,cm$

Bild 5.21   Querschnitt mit **einer** Hohlzelle und Schubspannungen infolge V_z

b) Querkraft $V_y = 500\,kN$

Die Schubspannungsverteilung wird mit der in Bild 5.20 skizzierten Vorgehensweise ermittelt. Dazu wird der Schubfluss

$$T_0(s) = -\frac{V_y}{I_z}\cdot S_z(s)$$

infolge V_y am aufgetrennten Querschnitt benötigt. Die Ordinaten ergeben sich mit $V_y/I_z = 500/121167$ zu:

$T_{0,2r} = -1\cdot 25\cdot 12{,}5\cdot 500/121167 \qquad = -1{,}290\,kN/cm$

$T_{0,2\ell} = -1\cdot 20\cdot 35\cdot 500/121167 \qquad = -2{,}889\,kN/cm$

$T_{0,2u} = -1{,}290 - 2{,}889 \qquad = -4{,}179\,kN/cm$

$T_{0,3} = -4{,}179 - 1\cdot 40\cdot 25\cdot 500/121167 \quad = -8{,}306\,kN/cm$

$T_{0,4} = -8{,}306 - 1\cdot 25\cdot 12{,}5\cdot 500/121167 = -9{,}596\,kN/cm$

Der Verlauf von $T_0(s)$ ist in Bild 5.22 links dargestellt. An der Trennstelle, also zwischen den Punkten 7 und 1 ergibt sich infolge V_y die Relativverschiebung

$$G\cdot\delta_{10} = \oint_{Hohlzelle}\frac{T_1(s)\cdot T_0(s)}{t(s)}\cdot ds = \oint_{Hohlzelle} T_0(s)\cdot ds$$

wegen $t(s) = 1{,}0\,cm = konst.$ und $T_1(s) = +1 = konst.$
Die Integration erfolgt unter Verwendung von Tabelle 3.19 in Abschnitt 3.7.3 mit folgender Formel:

$$V_{ae} = -\frac{V_y}{I_z}\cdot\frac{\ell_{ae}}{6}\cdot(4\cdot S_{z,a} + 2\cdot S_{z,e} + A_{ae}\cdot y_a)$$

$$= \frac{\ell_{ae}}{6}\cdot(4\cdot T_{o,a} + 2\cdot T_{o,e} - A_{ae}\cdot y_a\cdot V_y/I_z)$$

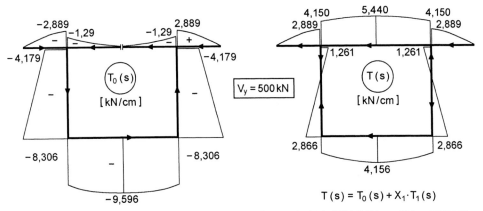

Bild 5.22 Schubflüsse $T_0(s)$ und $T(s)$ für den Querschnitt in Bild 5.21 und $V_y = 500$ kN

Als resultierende Schubkräfte erhält man in den einzelnen Wandungen:

$$V_{12} = 25/6 \cdot (4 \cdot 0 - 2 \cdot 1{,}290 - 0) \hspace{2.5cm} = -10{,}75 \text{ kN}$$

$$V_{23} = 40/6 \cdot (-4 \cdot 4{,}179 - 2 \cdot 8{,}306 - 1 \cdot 40 \cdot 25 \cdot 500/121\,167) = -249{,}70 \text{ kN}$$

$$V_{34} = 25/6 \cdot (-4 \cdot 8{,}306 - 2 \cdot 9{,}595 - 1 \cdot 25 \cdot 25 \cdot 500/121\,167) = -229{,}15 \text{ kN}$$

$$V_{82} = 20/6 \cdot (4 \cdot 0 - 2 \cdot 2{,}889 - 1 \cdot 20 \cdot 45 \cdot 500/121\,167) \hspace{0.8cm} = -31{,}64 \text{ kN}$$

Kontrolle:

$$V_y = 500 \text{ kN} = 2 \cdot (V_{12} - V_{34} - V_{82}) = 500{,}08 \text{ kN}$$

Relativverschiebung δ_{10}:

$$G \cdot \delta_{10} = 2 \cdot (V_{12} + V_{23} + V_{34}) = -979{,}20 \text{ kN}$$

Die Relativverschiebung δ_{11} ergibt sich zu

$$G \cdot \delta_{11} = 50/1{,}0 + 40/1{,}0 + 50/1{,}0 + 40/1{,}0 = 180$$

$$\Rightarrow \quad X_1 = -\delta_{10}/\delta_{11} = 979{,}20/180 = 5{,}44 \text{ kN}$$

Der Schubfluss $T(s)$ des Querschnitts infolge V_y ist

$$T(s) = T_0(s) + X_1 \cdot T_1(s)$$

Er ist in Bild 5.22 rechts dargestellt. Dabei wurde das Vorzeichen von $T(s)$ den tatsächlichen Wirkungsrichtungen angepasst.

Querschnitte mit mehreren Hohlzellen

Wenn mehrere Hohlzellen auftreten, sind entsprechend mehr statisch Unbestimmte zu berücksichtigen. So ist beispielsweise für n = 3 das folgende Gleichungssystem aufzustellen und zu lösen:

$$\delta_{11} \cdot X_1 + \delta_{12} \cdot X_2 + \delta_{13} \cdot X_3 + \delta_{10} = 0 \tag{5.36a}$$

$$\delta_{21} \cdot X_1 + \delta_{22} \cdot X_2 + \delta_{23} \cdot X_3 + \delta_{20} = 0 \tag{5.36b}$$

$$\delta_{31} \cdot X_1 + \delta_{32} \cdot X_2 + \delta_{33} \cdot X_3 + \delta_{30} = 0 \tag{5.36c}$$

Nach Ermittlung der unbekannten Schubflüsse X_1, X_2 und X_3 ergibt sich der Schubfluss im Querschnitt mit den (geschlossenen) Hohlzellen nach dem Superpositionsprinzip des Kraftgrößenverfahren zu

$$T(s) = T_0(s) + X_1 \cdot T_1(s) + X_2 \cdot T_2(s) + X_3 \cdot T_3(s) \tag{5.37}$$

Da die Einheitsschubflüsse stets konstante Ordinaten (+1 oder −1) haben, können die Koeffizienten der Hauptdiagonalen für G = konst. mit

$$G \cdot \delta_{kk} = \oint_{\text{Zelle k}} \frac{ds}{t(s)} = \sum_{\text{Zelle k}} \frac{\ell_i}{t_i} \tag{5.38a}$$

berechnet werden. Die Nebendiagonalglieder ergeben sich zu

$$G \cdot \delta_{ik} = G \cdot \delta_{ki} = \int_{\substack{\text{gemeinsame Wand} \\ \text{der Zellen i und k}}} \frac{T_i(s) \cdot T_k(s)}{t(s)} \cdot ds \qquad \text{für: } i \neq k \tag{5.38b}$$

und die δ_{i0} – Werte zu

$$G \cdot \delta_{i0} = \oint_{\text{Zelle i}} \frac{T_i(s) \cdot T_0(s)}{t(s)} \cdot ds \tag{5.39}$$

Bei den letzten beiden Integralen müssen die Einheitsschubflüsse berücksichtigt werden, da dabei ihr Vorzeichen (+ oder −1) eingeht. Zur Erläuterung sind in Bild 5.23 zwei Querschnitte skizziert und die Richtung der Profilordinate s eingetragen (Integrationsrichtung). In beiden Fällen ist n = 2. Beim Querschnitt auf der linken Seite ist

$$G \cdot \delta_{12} = (+1)(-1) \cdot \frac{\ell_{1/2}}{t_{1/2}} = -\frac{\ell_{1/2}}{t_{1/2}} \tag{5.40}$$

Die Länge $\ell_{1/2}$ und die Dicke $t_{1/2}$ beziehen sich auf die gemeinsame Wandung der beiden Hohlzellen. δ_{12} ist negativ, weil die s-Richtung in der gemeinsamen Wandung entgegen dem positiven Umlaufsinn von X_2 gerichtet ist. Beim Querschnitt auf der rechten Seite ergibt sich $\delta_{12} = 0$. Die beiden Hohlzellen sind hier völlig unabhängig voneinander (keine gemeinsame Wandung). Abschnitt 6.9 enthält ein Zahlenbeispiel.

In dem vorliegenden Buch erfolgt die Ermittlung der Schubspannungen bei Querschnitten mit Hohlzellen auf Grundlage des Kraftgrößenverfahrens. *Gruttmann/ Wagner* verwenden in [73] und *Wimmer* in [134] das Weggrößenverfahren (FEM). Dieses Verfahren eignet sich gut für computerorientierte Berechnungen und ist besonders bei Querschnitten mit vielen Hohlzellen von Vorteil.

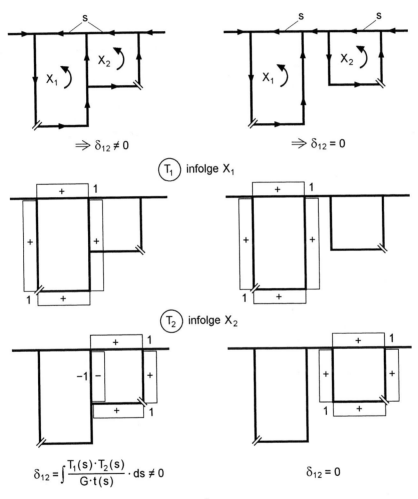

$$\delta_{12} = \int \frac{T_1(s) \cdot T_2(s)}{G \cdot t(s)} \cdot ds \neq 0 \qquad\qquad \delta_{12} = 0$$

Bild 5.23   Beispiel zur Berechnung von δ_{12}

5.4 Spannungen infolge Torsion

5.4.1 Grundsätzliches

Wenn Stäbe oder Stabwerke durch Torsion beansprucht werden, verdrehen sich die Querschnitte um die Längsachse um den Winkel $\vartheta(x)$. In den Querschnitten treten Torsionsmomente M_x auf, die zu Schubspannungen führen. Andererseits muss die Integration der Schubspannungen unter Berücksichtigung ihrer Hebelarme wiederum die Schnittgröße M_x ergeben, siehe Tabelle 5.2.

Die Skizze auf der linken Seite von Tabelle 5.2 zeigt die Schubspannungen τ_{xy} und τ_{xz} mit ihren Hebelarmen $z–z_M$ und $y–y_M$ bezüglich des Schubmittelpunktes. Auf der rechten Seite ist τ_{xs} die Schubspannung **in** Richtung der Profilmittellinie von dünnwandigen Querschnitten; r_t ist der zu τ_{xs} gehörende Hebelarm. Es können auch Schubspannungen senkrecht zu τ_{xs} auftreten. Diese sind häufig gleich Null und werden in dieser Übersicht nicht betrachtet.

Die Schubspannungen werden in unterschiedlicher Weise von den Querschnitten aufgenommen. Man teilt daher das Torsionsmoment in 2 Anteile auf:

$$M_x = M_{xp} + M_{xs} \tag{5.41}$$

M_{xp} ist das *St. Venantsche* oder primäre Torsionsmoment und M_{xs} das sekundäre Torsionsmoment (Wölbkrafttorsion). Ausgangspunkt für die Aufteilung ist das Spannungsgleichgewicht nach Abschnitt 2.5. Auf die theoretischen Zusammenhänge wurde bereits in Abschnitt 2.12.2 ausführlich eingegangen. Hier wird die Kernaussage in Tabelle 5.2 wiederholt: **Wenn in einem Stab ein sekundäres Torsionsmoment vorhanden ist, treten in Stablängsrichtung auch veränderliche Normalspannungen σ_x auch.** Diese werden in der Schnittgröße „Wölbbimoment" zu einer Resultierenden zusammengefasst. Der Zusammenhang zwischen Wölbbimoment und sekundärem Torsionsmoment ist zum Biegemoment und der Querkraft vergleichbar

$$M'_\omega = M_{xs} \quad \text{wie} \quad M'_y = V_z \tag{5.42}$$

In Abschnitt 5.4.4 wird das Wölbbimoment anschaulich erläutert. Welche Schnittgrößen – M_{xp}, M_{xs} und M_ω – in einem baustatischen System auftreten, muss im Rahmen der entsprechenden Systemberechnung ermittelt werden. Als Orientierung dazu können die Beispiele in Kapitel 4 dienen. Es ist dabei jedoch von grundsätzlichem Interesse, ob überhaupt eine Berechnung nach der Wölbkrafttorsion erforderlich ist. Neben der Art der Lagerung und der Belastung ist dabei in erster Linie die **Querschnittsform** von Bedeutung.

Tabelle 5.2   Schubspannungen und Torsionsmomente (Übersicht)

Torsionsmoment

$$M_x = \int_A [\, \tau_{xz} \cdot (y - y_M) - \tau_{xy} \cdot (z - z_M)\,] \cdot dA = \int_A \tau_{xs} \cdot r_t \cdot dA$$

M_x infolge τ_{xy} und τ_{xz}:   oder M_x infolge τ_{xs}:

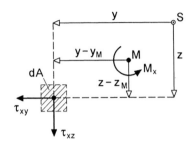 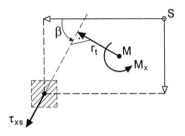

$$r_t = (y - y_M) \cdot \sin\beta - (z - z_M) \cdot \cos\beta$$
$$\tau_{xs} = \tau_{xy}/\cos\beta = \tau_{xz}/\sin\beta$$

hier ist senkrecht zu τ_{xs}: $\tau = 0$!

Aufteilung in **p**rimäre und **s**ekundäre Schubspannungen

$$\tau_{xy} = \tau_{xy,p} + \tau_{xy,s}\ ;\qquad \tau_{xz} = \tau_{xz,p} + \tau_{xz,s}$$
$$\Rightarrow M_x = M_{xp} + M_{xs}$$

Bedingungen für die Aufteilung ($\Rightarrow M_{xp}$ und M_{xs})

a) $\dfrac{\partial \tau_{xy,p}}{\partial y} + \dfrac{\partial \tau_{xz,p}}{\partial z} = 0 \qquad \Rightarrow M_{xp} = GI_T \cdot \vartheta'$

b) $\dfrac{\partial \tau_{xy,s}}{\partial y} + \dfrac{\partial \tau_{xz,s}}{\partial z} = -\dfrac{\partial \sigma_x}{\partial x} \quad \Rightarrow M_{xs} = -\left(EI_\omega \cdot \vartheta''\right)' \ \text{mit:}\ M_{xs} = M'_\omega$

Wölbbimoment

$$M_\omega = -EI_\omega \cdot \vartheta'' = \int_A \sigma_x \cdot \omega \cdot dA$$

Man unterscheidet wie folgt:

- Wölbfreie Querschnitte
  Die Wölbordinate ω ist im gesamten Querschnitt gleich Null. Die Untersuchung der Wölbkrafttorsion entfällt, da

$$M_\omega = M_{xs} = 0 \quad \text{und} \quad M_x = M_{xp} \tag{5.43}$$

ist, d.h. die Torsion wird ausschließlich durch die Schubspannungen der primären Torsion abgetragen. Bild 5.24 enthält eine Zusammenstellung einiger wölbfreier Querschnitte.

- Wölbarme Querschnitte

  Dies sind Querschnitte, bei denen zwar $\omega \neq 0$ ist, der Einfluss der Wölbkrafttorsion aber so gering ist, dass man näherungsweise von

  $$M_\omega \cong 0 \quad \text{und} \quad M_{xs} \cong 0 \tag{5.44}$$

  ausgehen kann. Wölbarme Querschnitte ähneln den wölbfreien Querschnitten, wobei es sich häufig um Querschnitte mit relativ großen Hohlzellen handelt (siehe auch Abschnitt 5.4.6). Ein Indikator ist die Stabkennzahl für Torsion

  $$\varepsilon_T = \ell \cdot \sqrt{\frac{GI_T}{EI_\omega}} \quad (\ell: \text{Stablänge}) \tag{5.45}$$

  Wenn $\varepsilon_T > 10$ ist, kann man in der Regel davon ausgehen, dass der Einfluss der Wölbkrafttorsion gering ist.

- Nicht wölbfreie Querschnitte

  Hierzu gehören alle **offenen** dünnwandigen Querschnitte, die aus mehr als 2 Blechen bestehen, deren Profilmittellinien sich nicht in einem Punkt schneiden. Bei diesen Querschnitten tritt die *St. Venantsche* Torsion (M_{xp}) mit der Wölbkrafttorsion (M_{xs} und M_ω) in Kombination auf.

  a) dünnwandige Bleche schneiden sich in einem Punkt

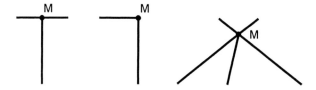

  b) Hohlquerschnitte mit t = konst.   c) Vollquerschnitte

Bild 5.24   Wölbfreie Querschnitte

In Abschnitt 5.3 ist ausführlich auf die Schubspannungen infolge von Querkräften eingegangen worden. Die Ausführungen in Abschnitt 5.3.1 gelten in weiten Bereichen auch für die Schubspannungen infolge Torsion. Ein prinzipieller Unterschied besteht jedoch bei der Schubspannungsverteilung über die Blechdicke bei dünnwandigen Querschnittsteilen. Tabelle 5.3 zeigt, dass neben der konstanten (wie bei den Querkräften) auch eine linear veränderliche Schubspannungsverteilung über die Blechdicke auftreten kann, und erleichtert die Zuordnung.

Tabelle 5.3   Spannungen in dünnwandigen Querschnittsteilen infolge M_{xp} und M_{xs}

	τ in offenen Querschnittsteilen	τ in Hohlzellen	σ_x
primäres Torsionsmoment M_{xp}			$M_\omega = 0$ $\Rightarrow \sigma_x = 0$
		plus	
sekundäres Torsionsmoment M_{xs}			$M_\omega \neq 0$ $\Rightarrow \sigma_x \neq 0$
	τ = konst. über t	τ = konst. über t	

In den folgenden Abschnitten wird auf die Spannungsermittlung infolge von

M_{xp}, M_{xs} und M_ω

näher eingegangen. Da dies im engen Zusammenhang mit der Wölbordinate ω, dem Torsionsträgheitsmoment I_T, dem Wölbwiderstand I_ω und dem Schubmittelpunkt M steht, wird hier auf die Abschnitte 3.6 bis 3.9 zurückgegriffen.

5.4.2 Elementare Querschnittsformen

In diesem Abschnitt werden die Schubspannungen in ausgewählten Querschnitten mit anschaulichen Methoden bestimmt. Ingenieurmäßige Annahmen und die Anwendung der Gleichgewichtsbedingungen stehen im Vordergrund.

Kreisförmiges Hohlprofil (dünnwandig)

Bei kreisförmigen Hohlprofilen können die Schubspannungen unmittelbar aus der Anschauung bestimmt werden. Da die Wandung dünnwandig ist, kann τ über die Blechdicke konstant angenommen werden. Außerdem ist plausibel, dass der Schubfluss T im gesamten Hohlprofil konstant ist. Unter Verwendung von Bild 5.25 ergibt sich

$$M_x = \tau \cdot t \cdot r \cdot 2\pi r \quad \text{(Schubfluss} \cdot \text{Hebelarm} \cdot \text{Umfang)} \tag{5.46}$$

und daher

$$\tau = \frac{M_x}{2 \cdot A_m \cdot t} \qquad \text{mit: } A_m = \pi r^2 \tag{5.47}$$

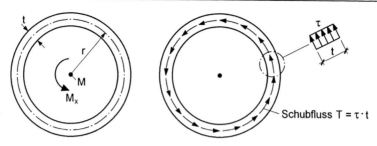

Querschnitt ist wölbfrei: $M_x = M_{xp}$, $M_{xs} = M_\omega = 0$

Bild 5.25 Schubspannungen in dünnwandigen kreisförmigen Hohlprofilen infolge M_x

Vollkreis und Kreisring

Man kann sich den Vollkreis aus mehreren ineinandergeschobenen Hohlprofilen vorstellen. Die Belastung durch M_x verursacht Verformungen in der Querschnittsebene. Naheliegend sind geradlinige Verformungen so, als wenn bei einem Rad die Speichen weitergedreht werden. Mit dem Elastizitätsgesetz ergeben sich dann Schubspannungen, die von innen nach außen linear anwachsen. Für den Querschnitt in Bild 5.26 erhält man

$$M_x = \int_0^r \tau \cdot s \cdot 2\pi s \cdot ds \quad \text{(Spannung·Hebelarm·Umfang)} \tag{5.48a}$$

$$M_x = \max \tau \cdot \frac{2\pi}{r} \cdot \int_0^r s^3 \cdot ds = \max \tau \cdot \frac{\pi \cdot r^3}{2} \tag{5.48b}$$

$$\Rightarrow \max \tau = \frac{2 \cdot M_x}{\pi \cdot r^3} = \frac{M_x}{A \cdot r/2} \tag{5.48c}$$

Für einen dickwandigen Kreisringquerschnitt (Bild 5.26 rechts) erhält man bei analoger Vorgehensweise

$$\max \tau = \frac{2 \cdot M_x}{\pi \cdot (r^4 - r_i^4)/r} \tag{5.49}$$

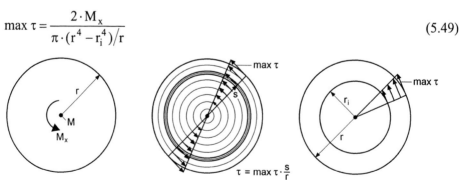

Querschnitt ist wölbfrei: $M_x = M_{xp}$, $M_{xs} = M_\omega = 0$

Bild 5.26 Schubspannungen in Vollkreisen und Kreisringquerschnitten infolge M_x

Rechteckiges Hohlprofil (dünnwandig)

Bei rechteckigen Hohlprofilen kann das Torsionsmoment in resultierende Schubkräfte in den Wandungen aufgeteilt werden. Für den doppeltsymmetrischen Querschnitt in Bild 5.27 muss gelten

$$M_x = 2 \cdot V_g \cdot h/2 + 2 \cdot V_s \cdot b/2 = V_g \cdot h + V_s \cdot b \tag{5.50}$$

Der Querschnitt ist nicht wölbfrei, jedoch wölbarm, so dass die Wölbkrafttorsion nur geringe Bedeutung hat (siehe auch Abschnitt 5.4.6). Es wird hier daher nur das primäre Torsionsmoment M_{xp} weiter verfolgt. Zur Erfüllung des Spannungsgleichgewichtes folgt aus $\partial\sigma_x/\partial x = 0$, dass die Schubspannungen und daher auch der Schubfluss über die Länge der Wandungen konstant sein müssen. Darüber hinaus ergibt sich aus dem Gleichgewicht in Längsrichtung $T_s = T_g = T$. Somit ist das primäre Torsionsmoment

$$M_{xp} = T \cdot b \cdot h + T \cdot h \cdot b = 2 \cdot T \cdot A_m \tag{5.51}$$

und daher

$$T = \frac{M_{xp}}{2 \cdot A_m} \tag{5.52}$$

Wenn man für die unterschiedlichen Blechdicken t(s) schreibt, ergeben sich die Schubspannungen zu

$$\tau = \frac{M_{xp}}{2 \cdot A_m \cdot t(s)} \quad \text{mit:} \quad A_m = b \cdot h \tag{5.53}$$

Für den Sonderfall des **quadratischen Hohlprofils** mit gleicher Dicke in allen Teilen ($t_s = t_g = t$) ist der Querschnitt wölbfrei (siehe Abschnitt 3.6.3), d.h $M_{xp} = M_x$ und $M_{xs} = M_\omega = 0$.

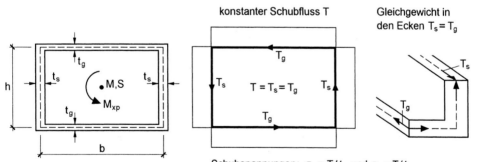

Querschnitt ist nicht wölbfrei, aber wölbarm.

Schubspannungen: $\tau_s = T/t_s$ und $\tau_g = T/t_g$

Bild 5.27 Dünnwandiger Kastenquerschnitt: Schubfluss infolge M_{xp} (primäres Torsionsmoment)

Einzellige Hohlquerschnitte

Die Ergebnisse für das Kreis- und das rechteckige Hohlprofil stimmen überein. Die Gültigkeit von Gl. (5.47) für dünnwandige einzellige Hohlquerschnitte mit beliebiger Kontur soll daher mit Hilfe von Bild 5.28 nachgewiesen werden. Aus dem Gleichgewicht in Längsrichtung folgt, dass der Schubfluss T in der gesamten Hohlzelle konstant ist, wenn keine Normalspannungen σ_x vorhanden sind. Das primäre Torsionsmoment ist dann

$$M_{xp} = \oint T \cdot r_t \cdot ds = T \cdot \oint r_t \cdot ds \tag{5.54}$$

Gemäß Abschnitt 3.6.2 entspricht das

$$\oint r_t \cdot ds = 2 \cdot A_m \tag{5.55}$$

also der zweifachen Fläche, die von der Profilmittellinie eingeschlossen ist. Damit erhält man

$$M_{xp} = T \cdot 2 \cdot A_m \tag{5.56}$$

und für den Schubfluss und die Schubspannungen

$$T = \frac{M_{xp}}{2\,A_m} \quad \text{und} \quad \tau(s) = \frac{M_{xp}}{2 \cdot A_m \cdot t(s)} \tag{5.57}$$

Es handelt sich hierbei um die sogenannte 1. *Bredtsche* Formel.

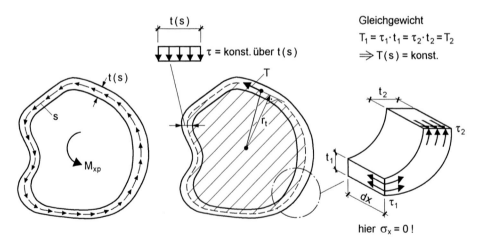

Bild 5.28   Dünnwandige einzellige Hohlquerschnitte mit beliebiger Kontur

Beispiel: Dünnwandiger **elliptischer Hohlquerschnitt**

Die Profilmittelinie wird durch

$$\frac{y^2}{a^2} + \frac{z^2}{b^2} = 1 \tag{5.58}$$

beschrieben, wobei a und b die Halbachsen der Ellipse sind. Mit der Fläche

$$A_m = \pi \cdot a \cdot b \tag{5.59}$$

erhält man für t = konst.

$$\tau = \frac{M_{xp}}{2\pi \cdot a \cdot b \cdot t} \tag{5.60}$$

Elliptischer Vollquerschnitt

Für den elliptischen Vollquerschnitt in Bild 5.29a sollen die Schubspannungen infolge des Torsionsmomentes M_x ermittelt werden. Unter Hinweis auf den in Bild 5.26 dargestellten Vollkreis ist es naheliegend eine linear veränderliche Spannungsverteilung gemäß Bild 5.29b anzunehmen. Mit

$$\tau_{xy} = -\max \tau_{xy} \cdot \frac{z}{b} \tag{5.61}$$

$$\tau_{xz} = \max \tau_{xz} \cdot \frac{y}{a} \tag{5.62}$$

erhält man für das Spannungsgleichgewicht:

$$\frac{\partial \tau_{yx}}{\partial y} + \frac{\partial \tau_{zx}}{\partial z} = 0 + 0 = 0 \tag{5.63}$$

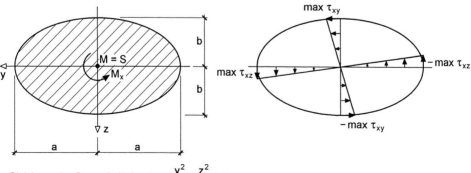

a) Querschnitt   b) angenommene Spannungsverteilung

Gleichung der Querschnittskontur: $\frac{y^2}{a^2} + \frac{z^2}{b^2} = 1$

Bild 5.29 Elliptischer Vollquerschnitt und angenommene Spannungsverteilung

Der Ansatz erfüllt die Bedingung für die primäre Torsion (siehe Tabelle 5.2), so dass die angenommene Spannungsverteilung zum primären Torsionsmoment führt

$$M_x = M_{xp} = \int_A \left(\tau_{xz} \cdot y - \tau_{xy} \cdot z \right) \cdot dA \tag{5.64}$$

Mit max τ_{xy} und max τ_{xz} treten 2 unbekannte Größen auf. Davon kann eine mit der Bedingung eliminiert werden, dass die Schubspannungen auf dem Querschnittsrand tangential verlaufen müssen. Mit Bild 5.30 erhält man

$$\tau_{xz} = -\tau_{xy} \cdot \frac{b^2}{a^2} \cdot \frac{y}{z} \tag{5.65}$$

und

$$\max \tau_{xz} = \max \tau_{xy} \cdot \frac{b}{a} \tag{5.66}$$

M_{xp} kann nur in Abhängigkeit von max τ_{xy} formuliert werden. Man erhält

$$M_{xp} = \max \tau_{xy} \cdot b \cdot \int_A \left(\frac{y^2}{a^2} + \frac{z^2}{b^2} \right) \cdot dA = \max \tau_{xy} \cdot \frac{b}{2} \cdot A \tag{5.67}$$

und

$$\max \tau_{xy} = \frac{2 \cdot M_{xp}}{A \cdot b} \tag{5.68}$$

sowie

$$\tau_{xy} = -\frac{2 \cdot M_{xp}}{A \cdot b^2} \cdot z \quad \text{und} \quad \tau_{xz} = \frac{2 \cdot M_{xp}}{A \cdot a^2} \cdot y \tag{5.69}$$

mit $A = \pi \cdot a \cdot b$ als Fläche der Ellipse.

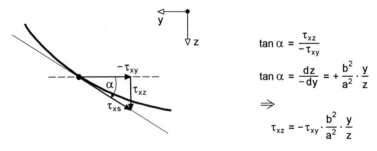

Bild 5.30   Tangentiale Randspannungen τ_{xs}

Es sei hier angemerkt, dass der elliptische Vollquerschnitt nicht wölbfrei ist. Im Gegensatz zum kreisförmigen Vollquerschnitt können daher auch die Schnittgrößen M_{xs} und M_ω sowie die entsprechenden Spannungen auftreten. Wegen der geringen baupraktischen Bedeutung wird dieser Sachverhalt hier nicht weiterverfolgt. Die Funktion für die Wölbordinate ist in Tabelle 5.4 enthalten und die Spannungsfunktion in Tabelle 5.7 (Abschnitt 5.4.7).

Rechteckige Vollquerschnitte

Rechteckige Vollquerschnitte sind wie die Ellipse nicht wölbfrei. Die genauen Zusammenhänge können mit Hilfe der Spannungsfunktion in Tabelle 5.7 und den Formeln in Abschnitt 5.4.7 ermittelt werden. Wegen der geringen Bedeutung von M_{xs} und M_ω reicht in der Regel eine Spannungsermittlung infolge primärer Torsion, d.h. infolge Torsionsmoment M_{xp}. Dazu sind in Bild 5.31 Beiwerte aufgeführt, mit denen I_T und die maximale Randspannung berechnet werden können. Die Beiwerte wurden mit der unendlichen Reihe für die Spannungsfunktion in Tabelle 5.7 ermittelt.

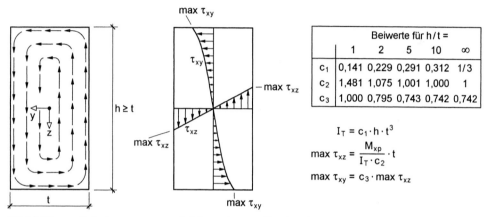

	Beiwerte für $h/t =$				
	1	2	5	10	∞
c_1	0,141	0,229	0,291	0,312	1/3
c_2	1,481	1,075	1,001	1,000	1
c_3	1,000	0,795	0,743	0,742	0,742

$$I_T = c_1 \cdot h \cdot t^3$$

$$\max \tau_{xz} = \frac{M_{xp}}{I_T \cdot c_2} \cdot t$$

$$\max \tau_{xy} = c_3 \cdot \max \tau_{xz}$$

Bild 5.31   Schubspannungen infolge primärer Torsion (Torsionsmoment M_{xp})

Im Stahlbau hat der Rechteckquerschnitt (siehe auch Kapitel 9) als eigenständiger Querschnitt keine Bedeutung; sehr häufig bestehen aber die Querschnittsteile aus Rechtecken. In vielen Fällen sind diese Rechtecke deutlich länger als dick. Für $h/t \geq 4$ können die folgenden Näherungen verwendet werden. Der 2. Term bei I_T wird ab $h/t \geq 10$ in der Regel vernachlässigt.

$$I_T = \frac{1}{3} \cdot h \cdot t^3 - 0,21 \cdot t^4 \tag{5.70a}$$

$$\max \tau_{xz} = \frac{M_{xp}}{I_T} \cdot t \tag{5.70b}$$

$$\max \tau_{xy} = 0,742 \cdot \max \tau_{xz} \tag{5.70c}$$

Interessant ist übrigens auch, dass τ_{xy} und τ_{xz} zu jeweils 50% zum Torsionsmoment beitragen. Dies gilt auch für sehr schmale Rechtecke ($h/t \to \infty$). τ_{xy} tritt dann zwar nur an den Blechenden auf, hat aber bezüglich des Schubmittelpunktes große Hebelarme.

Tabelle 5.4   Torsionskennwerte für Vollquerschnitte

Querschnitt ist wölbfrei $\Rightarrow$

$\omega = I_\omega = M_\omega = M_{xs} = 0; \quad M_x = M_{xp}$

$I_T = \dfrac{\pi}{2} \cdot r^4; \quad \max \tau = \dfrac{M_x}{I_T} \cdot r$

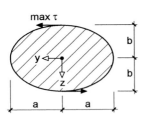

$I_T = \dfrac{\pi \cdot a^3 \cdot b^3}{a^2 + b^2}$

$\max \tau = \dfrac{2 \cdot M_{xp}}{\pi \cdot a \cdot b^2} \quad \text{für:} \quad a \geq b$

$\omega = k \cdot y \cdot z \quad \text{mit:} \quad k = \dfrac{a^2 - b^2}{a^2 + b^2}$

$I_\omega = \dfrac{\pi}{4} \cdot a^3 \cdot b^3 \cdot k$

$I_T = \dfrac{\sqrt{3}}{80} \cdot a^4$

$\max \tau = \dfrac{20 \cdot M_{xp}}{a^3}$

$\omega = \dfrac{y}{a \cdot \sqrt{3}} \cdot \left(3 \cdot z^2 - y^2\right)$

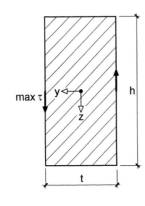

a) t = h (Quadrat):

$I_T = 0{,}141 \cdot h^4$

$\max \tau = \dfrac{4{,}808 \cdot M_{xp}}{h^3}$

b) $h/t \rightarrow \infty$ (langes Rechteck):

$I_T = \dfrac{1}{3} \cdot h \cdot t^3$

$\max \tau = \dfrac{3 \cdot M_{xp}}{h \cdot t^2} = \dfrac{M_{xp}}{I_T} \cdot t$

Querschnitt ist nicht wölbfrei

Zusammenstellungen in den Tabellen 5.4 und 5.5

Die Tabellen enthalten Angaben zur Ermittlung von

I_T, max τ (M_{xp}), ω und I_ω

für verschiedene Querschnittsformen. Sie sollen auch eine Übersicht geben, welche Querschnitte wölbfrei sind.

Tabelle 5.5 Torsionskennwerte für dünnwandige einzellige Hohlquerschnitte

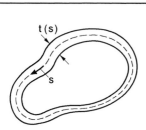

$$I_T = \frac{4 \cdot A_m^2}{\oint \frac{ds}{t(s)}}; \quad \tau_p = \frac{M_{xp}}{2 \cdot A_m \cdot t(s)}$$

$$\omega = \int_s r_t \cdot ds - \psi \cdot \int_s \frac{ds}{t(s)} \quad \text{mit} \quad \psi = \frac{2 \cdot A_m}{\oint \frac{ds}{t(s)}}$$

A_m: Fläche, die von der Profilmittellinie eingeschlossen wird

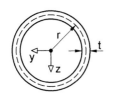

Querschnitt ist wölbfrei $\Rightarrow$

$$\omega = I_\omega = M_\omega = M_{xs} = 0; \quad M_x = M_{xp}$$

$$I_T = 2\pi \cdot r^3 \cdot t; \quad \tau = \frac{M_x}{2\pi \cdot r^2 \cdot t}$$

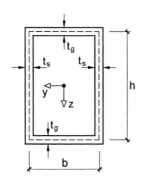

$$I_T = \frac{2 \cdot b^2 \cdot h^2}{h/t_s + b/t_g}$$

$$\tau_p = \frac{M_{xp}}{2 \cdot b \cdot h \cdot t(s)} \quad \text{mit } t(s): t_g \text{ oder } t_s$$

$$\omega = -k \cdot y \cdot z \quad \text{mit: } k = \frac{h/t_s - b/t_g}{h/t_s + b/t_g}$$

$$I_\omega = \frac{1}{24} \cdot b^2 \cdot h^2 \cdot k^2 \cdot (t_s \cdot h + t_g \cdot b)$$

Quadrat mit $t_s = t_g$ ist wölbfrei

5.4.3 Doppeltsymmetrische I-Querschnitte

Die Übersicht in Bild 6.2 enthält die Spannungsverteilungen infolge von M_{xp}, M_{xs} und M_ω. Da die doppeltsymmetrischen I-Querschnitte im Stahlbau sehr häufig vorkommen, soll hier auf die Beanspruchung des Querschnitts vertieft eingegangen werden.

Zum Verständnis ist es hilfreich, die Schnittgrößen zuerst in Teilschnittgrößen aufzuteilen und dann Spannungen zu ermitteln. Die Aufteilung in Teilschnittgrößen wurde bereits in Abschnitt 2.13 in allgemeiner Form behandelt. Für den I-Querschnitt ist sie in Bild 5.32 skizziert.

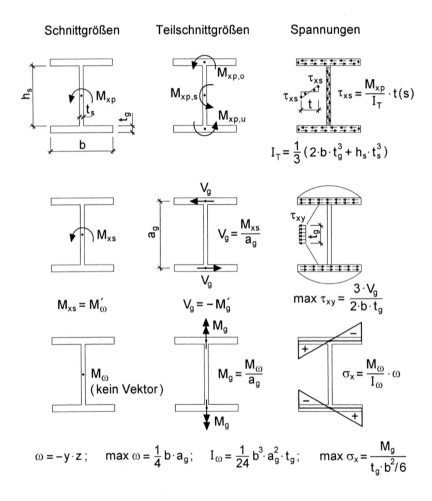

Bild 5.32   Beanspruchungen in I-Querschnitten infolge M_{xp}, M_{xs} und M_ω

Das Torsionsmoment ergibt sich zu:

$$M_x = M_{xp,o} + M_{xp,s} + M_{xp,u} + V_g \cdot a_g \tag{5.71}$$

Dies ist die Summe des primären und sekundären Torsionsmomentes, d.h. $M_x = M_{xp} + M_{xs}$. Da hier Spannungen ermittelt werden sollen, sind M_{xp} und M_{xs} die gegebenen Größen und die Aufgabe besteht darin, die Teilschnittgrößen zu bestimmen. Dazu wird die Lösung für den Rechteckquerschnitt aus Abschnitt 5.4.2 auf die 3 Einzelteile Obergurt, Steg und Untergurt angewendet. Die Spannungsverteilung für die Torsionsmomente in den Einzelteilen ergibt sich aus Bild 5.32. Es fehlt jedoch noch eine entsprechende Aufteilung von M_x. Da für das primäre Torsionsmoment

$$M_{xp} = G \cdot I_T \cdot \vartheta' \tag{5.72}$$

gilt, kann dies auch für die 3 Einzelfälle verwendet werden

$$M_{xp,o} = G \cdot I_{T,o} \cdot \vartheta'_o, \quad M_{xp,s} = G \cdot I_{T,s} \cdot \vartheta'_s \quad \text{und} \quad M_{xp,u} = G \cdot I_{T,u} \cdot \vartheta'_u. \tag{5.73}$$

Der Gleitmodul G wird hier für alle Einzelteile gleich angesetzt. Wenn man darüber hinaus voraussetzt, dass die **Querschnittsform erhalten bleiben soll**, so muss die Verdrillung aller Einzelteile gleich und auch gleich der Verdrillung des Gesamtquerschnittes sein.

$$\vartheta'_o = \vartheta'_s = \vartheta'_u = \vartheta' \tag{5.74a}$$

Mit

$$M_{xp} = M_{xp,o} + M_{xp,s} + M_{xp,u} \tag{5.74b}$$

folgt

$$I_T = I_{T,o} + I_{T,s} + I_{T,u} \tag{5.74c}$$

und für die Teilschnittgrößen

$$M_{xp,o} = \frac{I_{T,o}}{I_T} \cdot M_{xp}, \quad M_{xp,s} = \frac{I_{T,s}}{I_T} \cdot M_{xp} \quad \text{und} \quad M_{xp,u} = \frac{I_{T,u}}{I_T} \cdot M_{xp}. \tag{5.74d}$$

Die Einzelteile in I-Querschnitten sind in der Regel so dünnwandig, dass die Beiwerte in Bild 5.32 für den Fall $h/t \to \infty$ gewählt werden können. Die Torsionsträgheitsmomente der Einzelteile sind dann mit $c_1 = 0{,}333$

$$I_{T,o} = I_{T,u} = \frac{1}{3} b \cdot t_g^3 \quad \text{und} \quad I_{T,s} = \frac{1}{3} h_s \cdot t_s^3. \tag{5.75}$$

Damit ergeben sich

$$M_{xp,o} = M_{xp,u} \tag{5.76}$$

und die maximalen Randspannungen in den Einzelteilen mit $c_2 = 1{,}0$

$$\max \tau_{xy} = \frac{M_{xp,o}}{I_{T,o}} \cdot t_g \tag{5.77a}$$

$$\max \tau_{xz} = \frac{M_{xp,s}}{I_{T,s}} \cdot t_s \tag{5.77b}$$

Unter Verwendung der Gln. (5.77a, b) folgt

$$\max \tau_{xs} = \frac{M_{xp}}{I_T} \cdot t(s) \tag{5.78}$$

Für t(s) ist die Blechdicke an der betrachteten Querschnittsstelle, hier t_g oder t_s, einzusetzen. Es ist üblich Gl. (5.78) für die Berechnung der Schubspannungen infolge M_{xp} zu verwenden, weil damit der „Umweg" über die Größen der Teilquerschnitte vermieden wird. Die detaillierte Spannungsverteilung in den Einzelteilen kann aber nur **mit** entsprechender Aufteilung und Bild 5.31 ermittelt werden.

Aus dem **sekundären Torsionsmoment M_{xs}** entstehen gemäß Bild 5.32 Mitte örtliche Querkräfte in den Gurten. Wegen $\sum H = 0$ müssen sie gleich groß und entgegengesetzt gerichtet sein. Aus dem Momentengleichgewicht

$$M_{xs} = 2 \cdot V_g \cdot a_g/2 \tag{5.79}$$

folgt

$$V_g = M_{xs}/a_g \tag{5.80}$$

V_g ist, wie man sieht, die örtliche Querkraft eines Rechteckquerschnittes. Die Schubspannungen sind daher über t_g konstant und über b parabelförmig verteilt (siehe auch Bilder 5.12 und 5.32). Da bei Rechteckquerschnitten stets

$$\max \tau = 1{,}5 \cdot \frac{V}{A} \tag{5.81}$$

ist, ergeben sich die maximalen Schubspannungen in den Gurten zu

$$\max \tau_{xy} = 1{,}5 \cdot \frac{V_g}{b \cdot t_g} = 1{,}5 \cdot \frac{M_{xs}}{a_g \cdot b \cdot t_g}. \tag{5.82}$$

Der Verlauf in Querrichtung ist

$$\tau_{xy} = \max \tau_{xy} \cdot \left[1 - \left(\frac{2y}{b} \right)^2 \right] \tag{5.83}$$

Wegen der paarweisen Gleichheit der Schubspannungen gilt $\tau_{yx} = \tau_{xy}$. Wenn das Spannungsgleichgewicht in Längsrichtung

$$\frac{\partial \sigma_x}{\partial x} + \frac{\partial \tau_{yx}}{\partial y} = 0 \tag{5.84}$$

erfüllt sein soll, müssen Normalspannungen σ_x in den Gurten auftreten. Man erhält für den Obergurt

$$d\sigma_x = -\max \tau_{xy} \cdot \left(-\frac{8}{b^2} \cdot y \right) \cdot dx = \frac{12 \cdot M_{xs}}{a_g \cdot b^3 \cdot t_g} \cdot y \cdot dx \tag{5.85}$$

In dieser Gleichung ist nur M_{xs} von x abhängig. Mit M_{xs} als 1. Ableitung des Wölbbimomentes ($M_{xs} = M'_\omega$) folgt

$$\sigma_x = \frac{M_\omega}{a_g \cdot t_g \cdot b^3 / 12} \cdot y \tag{5.86}$$

Die zugehörige Spannungsverteilung kann Bild 5.32 unten rechts entnommen werden. Die Gurte werden also durch örtliche Biegemomente M_g beansprucht. Da das Trägheitsmoment eines Gurtes (Rechteckquerschnitt)

$$I_g = t_g \cdot b^3 / 12 \tag{5.87}$$

ist, kann aus

$$\sigma_x = \frac{M_g}{I_g} \cdot y \tag{5.88}$$

direkt

$$M_g = M_\omega / a_g \tag{5.89}$$

abgelesen werden. M_g entspricht hier örtlichen Biegemomenten M_z (im Obergurt negativ, im Untergurt positiv). Teilschnittgrößen, die sich aus dem Wölbbimoment ergeben, können stets mit Hilfe der Spannungsverteilung berechnet werden. Eine unmittelbare Ermittlung der Teilschnittgrößen allein mit den Gleichgewichtbedingungen (Abschnitt 2.13) ist nur bei wenigen Querschnittsformen möglich.

5.4.4   Anschauliche Erläuterung des Wölbbimomentes

Das Wölbbimoment ist eine Schnittgröße, die gegenüber den anderen Schnittgrößen eine Besonderheit aufweist: Es kann nicht mit den Gleichgewichtsbedingungen $\Sigma F = 0$ und $\Sigma M = 0$ als Resultierende der Spannungen formuliert werden. Wie die theoretischen Herleitungen in Abschnitt 2.9 mit Hilfe der virtuellen Arbeit zeigen, ist das Wölbbimoment zur Erfüllung des Gleichgewichts erforderlich. Es wird benötigt, weil die Spannungen bei Stäben mit Hilfe von Schnittgrößen berechnet werden. Die theoretische Herleitung ist in Abschnitt 2.10 mit Hilfe der virtuellen Arbeit erfolgt.

Die Erfahrung zeigt, dass das Verständnis bezüglich des Wölbbimomentes vielfach Schwierigkeiten bereitet. Als Ergänzung zu Abschnitt 5.4.3 soll daher mit Bild 5.33 das Auftreten eines Wölbbimomentes in einem baustatischen System anschaulich gezeigt werden.

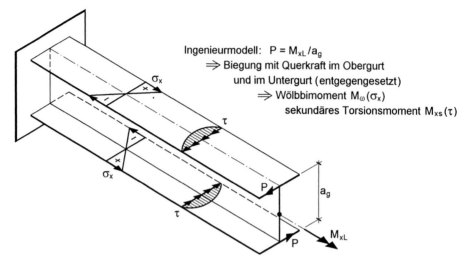

Bild 5.33   Erläuterung der Wölbkrafttorsion mit dem Ingenieurmodell $P = M_{xL}/a_g$

Am Ende des Kragarmes greift als Belastung ein Einzeltorsionsmoment M_{xL} an. Vom ingenieurmäßigen Standpunkt ist es naheliegend, das Einzeltorsionsmoment durch ein Kräftepaar zu ersetzen. Daraus ergeben sich die Einzellasten $P = M_{xL}/a_g$ in den Gurten. Die beiden Gurte können nun getrennt voneinander betrachtet werden. Das Obergurtende verschiebt sich nach links und das Untergurtende nach rechts. Die beiden Gurte sind durch den Steg miteinander verbunden. Wenn die Querschnittsform erhalten bleiben soll, stellen sich die Gurte zusätzlich schräg. Da bei der Stabtheorie kleine Verformungen unterstellt werden, ist die Schrägstellung bedeutungslos. Die Gurte werden daher durch P auf Biegung mit Querkraft beansprucht, so dass Normalspannungen σ_x und Schubspannungen τ entstehen. Beim Vergleich mit Bild 5.32 wird unmittelbar deutlich, dass die Spannungsverteilungen zum Wölbbimoment M_ω und zum sekundären Torsionsmoment M_{xs} gehören. Wegen $M_{xp} = 0$ stellt das Ingenieurmodell die reine Wölbkrafttorsion dar.

Abschließend sei klargestellt, dass man den Spannungszustand in Stäben nur dann richtig erfassen kann, wenn bei der Torsion die Schnittgröße M_ω berücksichtigt wird. Berechnungsbeispiele dazu enthalten die Abschnitte 4.5.6 und 4.5.7. In den Abschnitten 10.4.5 und 4.7 bis 4.9 wird gezeigt, dass durch Plastizierung des Querschnitts Wölbbimomente entstehen können.

5.4.5 Beliebige offene Querschnitte

Schubspannungen infolge M_{xp}

Zur Ermittlung der Schubspannungen wird stets, wie in Abschnitt 5.4.3 für den I-Querschnitt beschrieben, vorgegangen, d.h. das primäre Torsionsmoment M_{xp} wird auf die Einzelteile verteilt. Als Beispiel wird der Querschnitt in Bild 5.34 betrachtet.

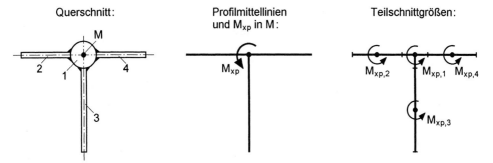

Bild 5.34   Zur Verteilung des Torsionsmomentes M_{xp} auf Einzelteile

Er besteht aus 4 Teilen. Für jedes Teil gilt

$$M_{xp,i} = G \cdot I_{T,i} \cdot \vartheta_i' \tag{5.90}$$

Die Formeln zur Ermittlung der Torsionsträgheitsmomente können Abschnitt 5.4.2, Tabelle 5.4 und Bild 5.31 entnommen werden. Wegen der Erhaltung der Querschnittsform muss die Verdrillung aller Teile gleich der Gesamtverdrillung sein.

$$\vartheta_i = \vartheta \tag{5.91}$$

Die Bedingungen führen zu

$$M_{xp,i} = \frac{I_{T,i}}{I_T} \cdot M_{xp} \tag{5.92}$$

Wegen $M_{xp} = \sum_{i=1}^{n} M_{xp,i}$ ist

$$I_T = \sum_{i=1}^{n} I_{T,i} \tag{5.93}$$

Mit Kenntnis der Einzeltorsionsmomente können die Schubspannungen in den Einzelteilen berechnet werden. Nach Abschnitt 5.4.2 gilt für dünnwandige Bleche

$$\max \tau_i = \frac{M_{xp,i}}{I_{T,i}} \cdot t_i \qquad \text{hier: } i = 2, 3 \text{ und } 4 \tag{5.94}$$

und den Vollkreis

$$\max \tau_i = \frac{M_{xp,i}}{I_{T,i}} \cdot \frac{d_i}{2} \qquad \text{hier: } i = 1 \tag{5.95}$$

Da hier unterschiedliche Querschnittsformen als Teilquerschnitte auftreten, ist eine Formel wie beim I-Querschnitt

$$\max \tau = \frac{M_{xp}}{I_T} \cdot t(s) \tag{5.96}$$

nur dann sinnvoll, wenn man für den Vollkreis $t(s) = d/2$ definiert. Die hier für einen wölbfreien Querschnitt dargestellte Methode zur **Schubspannungsermittlung infolge M_{xp} gilt für beliebige offene Querschnitte**.

Bei der Berechnung von I_T mit Gl. (5.93) werden die Torsionsträgheitsmomente der Einzelteile benötigt. Sie können Tabelle 5.4 entnommen werden. Für geschweißte Blechquerschnitte und Walzprofile werden sie i.d.R. wie in Tabelle 5.6 angegeben berechnet, siehe auch Bilder 5.31 und 5.32.

Tabelle 5.6   Torsionsträgheitsmoment I_T für dünnwandige offene Querschnitte

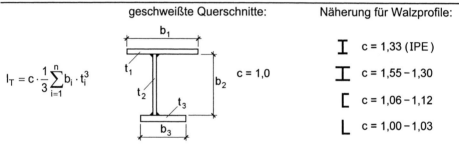

Schubspannungen infolge M_{xs}

Als nächste Aufgabe wird die Schubspannungsermittlung infolge des **sekundären Torsionsmomentes M_{xs}** behandelt. Dazu wird wie bei den Schubspannungen infolge von Querkräften vom Spannungsgleichgewicht ausgegangen. Mit

$$\sigma_x = \frac{M_\omega}{I_\omega} \cdot \omega, \quad M'_\omega = M_{xs} \quad \text{und} \quad \frac{\partial \sigma_x}{\partial x} = \frac{M_{xs}}{I_\omega} \cdot \omega \tag{5.97}$$

kann Abschnitt 5.3.2 völlig analog angewendet werden. Aus dem Schubfluss

$$dT_{sx} = -\frac{M_{xs}}{I_\omega} \cdot \omega \cdot ds \tag{5.98}$$

folgt

$$\tau_{sx}(s) = \tau_{sx,A} - \frac{M_{xs}}{I_\omega} \cdot \frac{A_\omega(s)}{t(s)} \tag{5.99}$$

Darin ist

$$A_\omega(s) = \int_{A(s)} \omega \cdot dA \tag{5.100}$$

das Flächenmoment 1. Grades der Wölbordinate. $T_{sx,A}$ ist die Schubspannung im gewählten Integrationsanfangspunkt A. Da man bei offenen Querschnitten stets an einem freien Rand beginnt, ist $T_{sx,A} = 0$.

Zum Verständnis und zu Kontrollzwecken ist es zweckmäßig, resultierende Schubkräfte in den Einzelteilen zu betrachten. Im Sinne der Teilschnittgrößen sind das örtliche Querkräfte V_i. Sie müssen aus Gleichgewichtsgründen folgende Bedingungen erfüllen

$$M_{xs} = \sum_{i=1}^{n} V_i \cdot r_{ti} \tag{5.101a}$$

$$V_y = \sum_{i=1}^{n} V_i \cdot \cos \beta_i = 0 \tag{5.101b}$$

$$V_z = \sum_{i=1}^{n} V_i \cdot \sin \beta_i = 0 \tag{5.101c}$$

Der Winkel β_i kennzeichnet dabei die Lage des Einzelteils, siehe Bild 2.39.

Beispiel: Schubspannungsverteilung infolge M_{xs} für den Rinnenquerschnitt in Bild 5.35

Der Querschnitt ist symmetrisch zur z-Achse und auf der Symmetrieachse ist $\omega = 0$. Die Lage des Schubmittelpunktes wurde vorab ermittelt (10,91 cm unterhalb des Bodenbleches). Die Wölbordinate ergibt sich in den einzelnen Punkten zu

$$\omega_1 = 0$$
$$\omega_2 = 0 + 10{,}91 \cdot 15 \qquad = \ 163{,}65 \ \text{cm}^2$$
$$\omega_3 = 163{,}65 - 15 \cdot 25 \qquad = -211{,}35 \ \text{cm}^2$$
$$\omega_4 = -211{,}35 + 35{,}91 \cdot 10 \ = \ 147{,}75 \ \text{cm}^2$$

Da die Wölbordinate in allen Teilen linear veränderlich verläuft, kann $A_{\omega,e}$ mit

$$A_{\omega,e} = A_{\omega,a} + A_{ae} \cdot (\omega_a + \omega_b)/2$$

berechnet werden. Wenn a und e die Enden der Bleche kennzeichnen, ergibt sich $A_\omega(s)$ analog zu den Gln. (3.117a, b) innerhalb der Bleche mit

$$A_\omega(s) = A_{\omega,a} + A_{ae} \cdot \left(\omega_a \cdot \frac{s}{\ell_{ae}} + \frac{\omega_e - \omega_a}{2 \cdot \ell_{ae}} \cdot \frac{s^2}{\ell_{ae}^2} \right)$$

Beim Querschnitt in Bild 5.35 beginnt man im Punkt 4. Da die Integration nicht **in** Richtung der Profilordinate s erfolgt, muss in allen 3 Blechen ein negatives Vorzeichen berücksichtigt werden. Man erhält:

$$A_{\omega,4} = 0 \qquad\qquad \max A_{\omega,43} = -304 \text{ cm}^4 \qquad A_{\omega,3} = +318 \text{ cm}^4$$

$$\max A_{\omega,32} = 1\,807 \text{ cm}^4 \qquad\qquad A_{\omega,2} = \ 914 \text{ cm}^4 \qquad A_{\omega,1} = -313 \text{ cm}^4$$

$A_{\omega,1}$ ausführlich:

$$A_{\omega,1} = 914 - 15 \cdot 1 \cdot (163{,}65 + 0)/2 = -313 \text{ cm}^4$$

Aufgrund der konstanten Blechdicke von t = 1 cm ist die Schubspannung gleich dem Schubfluss

$$\tau = T = -\frac{M_{xs}}{I_\omega} \cdot A_\omega(s)$$

Der Verlauf ist in Bild 5.35 rechts dargestellt. Man erkennt, dass M_{xs} hauptsächlich von den beiden Stegen aufgenommen wird.

Das Wölbflächenmoment ergibt sich zu

$$I_\omega = 2 \cdot \frac{1}{3} \cdot \Big[10 \cdot \left(147{,}75^2 - 147{,}75 \cdot 211{,}35 + 211{,}35^2 \right)$$
$$+ 25 \cdot \left(211{,}35^2 - 211{,}35 \cdot 163{,}65 + 163{,}65^2 \right) + 15 \cdot 163{,}65^2 \Big]$$
$$= 1\,117\,000 \text{ cm}^6$$

Für M_{xs} = 1000 kNcm (Beispiel) beträgt die maximale Schubspannung

$$\max \tau = \frac{1\,000}{1\,117\,000} \cdot 1\,807 = 1{,}62 \text{ kN/cm}^2$$

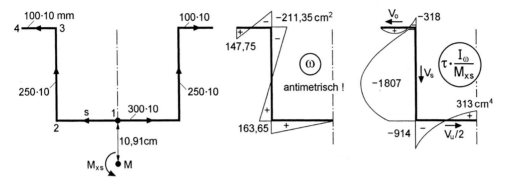

Bild 5.35   Schubspannungen infolge M_{xs} für einen Rinnenquerschnitt

In Bild 5.35 wurden auch die resultierenden Schubkräfte V_o, V_s und V_u eingetragen. Mit dem Momentengleichgewicht um Punkt 1 erhält man

$$M_{xs} = 2 \cdot V_s \cdot 15 + 2 \cdot V_o \cdot 25 = 30 \cdot V_s + 50 \cdot V_o$$

Mit der Näherung $V_o = 0$ kann V_s und die mittlere Schubspannung im Steg ermittelt werden

$$\tau_m = \frac{M_{xs}}{30 \cdot 25 \cdot 1,0} = \frac{1000}{750} = 1,33 \ \text{kN/cm}^2 \qquad (82\% \ \text{von max } \tau)$$

Das Ergebnis bestätigt, dass M_{xs} vorwiegend von den beiden Stegen aufgenommen wird. In vielen Anwendungsfällen ergeben sich infolge M_{xs} geringe Schubspannungen. Für die Bemessung ist dann eine geschickt ermittelte Näherung oftmals ausreichend. Wenn man im vorliegenden Fall nur die Stege zur Aufnahme von M_{xs} und $1,5 \cdot \tau_m$ ansetzt, liegt man auf der sicheren Seite.

Normalspannungen infolge M_ω

Als dritte und letzte Schnittgröße bei den Torsionsbeanspruchungen soll nun das **Wölbbimoment M_ω** behandelt werden. Wie in Abschnitt 2.10 ausgeführt, ergeben sich daraus Normalspannungen

$$\sigma_x = \frac{M_\omega}{I_\omega} \cdot \omega \tag{5.102}$$

Neben I_ω benötigt man die Wölbordinate ω; beides Größen, deren Berechnung bereits ausführlich angesprochen wurde (siehe auch Abschnitte 3.6 und 3.8). Für den Rinnenquerschnitt in Bild 5.35 entspricht die Verteilung von σ_x im Querschnitt dem Verlauf der Wölbordinate. Die maximale Beanspruchung tritt im Punkt 3 auf.

$$\text{max } \sigma_x = \frac{M_\omega}{1\,117\,000} \cdot 211,35$$

Wie das Beispiel in Abschnitt 6.7 zeigt, können die Normalspannungen infolge M_ω in baupraktischen Anwendungsfällen durchaus von ausschlaggebender Bedeutung für die Bemessung sein. Kapitel 6 enthält zahlreiche Beispiele zur Spannungsermittlung infolge M_{xp}, M_{xs} und M_ω.

5.4.6 Querschnitte mit Hohlzellen

Im Sinne einer Übersicht zeigt Bild 5.36 die Aufnahme der Schnittgrößen M_{xp}, M_{xs} und M_ω für einen rechteckigen Hohlquerschnitt. Der Querschnitt ist breiter als hoch und wegen t = konst. doppeltsymmetrisch. Das **primäre Torsionsmoment** wird durch örtliche Querkräfte und Einzeltorsionsmomente von den Blechen aufgenommen. Aus den örtlichen Querkräften V_g und V_s ergeben sich in den Blechen konstante Schubspannungen. Damit wird Bedingung a gemäß Tabelle 5.2 für die primäre Torsion erfüllt. Die örtlichen Einzeltorsionsmomente $M_{xp,g}$ und $M_{xp,s}$ führen in den rechteckigen Blechen zu Schubspannungen, die mit Hilfe von Bild 5.31 bestimmt werden können. Bei dünnwandigen Blechen sind sie gering und die örtlichen Einzeltorsionsmomente können vernachlässigt werden. Dies wird in Abschnitt 6.8 für den korrespondierenden Querschnittswert I_T zahlenmäßig belegt.

Wie in Bild 5.36 skizziert, wird das sekundäre Torsionsmoment ähnlich wie M_{xp} durch örtliche Querkräfte aufgenommen. Der Verlauf der Schubspannungen ist jedoch in Blechrichtung veränderlich. Bild 5.36 zeigt, dass M_{xs} bei Querschnitten, die breiter als hoch sind, von den Stegen aufgenommen wird.

Das Wölbbimoment korrespondiert zu M_{xs} und führt zu örtlichen Biegemomenten M_g und M_s in den Blechen. Die zugehörigen Normalspannungen haben den gleichen Verlauf, wie die Wölbordinate für den geschlossenen Querschnitt, also

$$\sigma_x = \frac{M_\omega}{I_\omega} \cdot \omega \tag{5.103}$$

Für dünnwandige einzellige Hohlquerschnitte kann die Wölbordinate nach Tabelle 5.5 berechnet werden, siehe auch Abschnitt 3.6.3.

Das mit dem Kasten in Bild 5.36 weitgehend vergleichbare Berechnungsbeispiel in Abschnitt 6.8 zeigt auch, dass die Wölbkrafttorsion bei Querschnitten mit großen Hohlzellen keine Bedeutung hat. In diesem Abschnitt werden die Spannungen infolge M_{xs} und M_ω weiterverfolgt, weil dies für

- das Verständnis im Sinne einer in sich schlüssigen Stabtheorie erforderlich ist und

- bei offenen Querschnitten mit kleinen Hohlzellen Bedeutung haben kann.

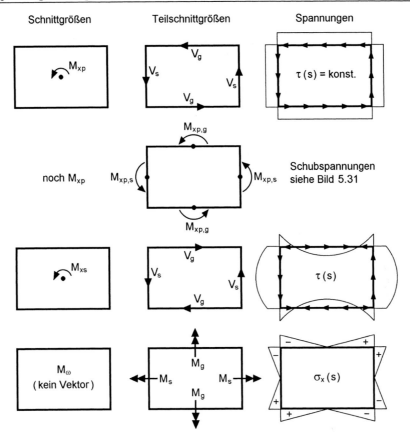

| Schnittgrößen | Teilschnittgrößen | Spannungen |

Bild 5.36   Teilschnittgrößen und Spannungen infolge M_{xp}, M_{xs} und M_ω für einen rechteckigen Kastenquerschnitt mit t = konst.

Ermittlung der Schubspannungen mit dem Kraftgrößenverfahren

In Abschnitt 5.3 wird ausführlich auf die Ermittlung von Schubspannungen infolge von Querkräften eingegangen. Bei Querschnitten mit Hohlzellen kann, wie in Abschnitt 5.3.4 gezeigt, das statisch unbestimmte Problem mit dem Kraftgrößenverfahren gelöst werden. Es wird hier in analoger Weise für die Spannungsermittlung infolge M_{xp} und M_{xs} verwendet. Wenn man von 2 Unbekannten und dem zugehörigen 2×2 Gleichungssystem

$$\delta_{11} \cdot X_1 + \delta_{12} \cdot X_2 + \delta_{10} = 0 \qquad\qquad (5.104a)$$

$$\delta_{21} \cdot X_1 + \delta_{22} \cdot X_2 + \delta_{20} = 0 \qquad\qquad (5.104b)$$

ausgeht, werden die Relativverschiebungen

$$\delta_{11}, \delta_{12}, \delta_{21}, \delta_{22}, \delta_{10} \text{ und } \delta_{20}$$

am offenen Querschnitt benötigt. Davon können die Koeffizienten δ_{11}, $\delta_{12} = \delta_{21}$ und δ_{22} der unbekannten Schubflüsse X_1 und X_2 mit den in Abschnitt 5.3.4 hergeleiteten Formeln berechnet werden. Für die Lastglieder infolge M_{xs} gilt ebenfalls

$$G \cdot \delta_{i0} = \oint_{\text{Zelle i}} \frac{T_i(s) \cdot T_0(s)}{t(s)} \cdot ds, \tag{5.105}$$

jedoch mit

$$T_0(s) = -\frac{M_{xs}}{I_\omega} \cdot A_\omega(s) \tag{5.106}$$

anstelle von

$$T_0(s) = -\frac{V_y}{I_z} \cdot S_z(s) - \frac{V_z}{I_y} \cdot S_y(s) \tag{5.107}$$

Auch die Überlagerung bleibt mit

$$T(s) = T_0(s) + \sum_{i=1}^{n} X_i \cdot T_i(s) \tag{5.108}$$

gleich.

Beim primären Torsionsmoment M_{xp} werden die örtlichen Einzeltorsionsmomente in den Blechen vernachlässigt und auf die Berechnung der Wölbordinate in Abschnitt 3.6 zurückgegriffen. Damit ergeben sich die unbekannten Schubflüsse als Funktion der Verdrillung ϑ'

$$X_i = T_i = a_i \cdot G \cdot \vartheta' \tag{5.109}$$

Wegen

$$M_{xp} = \sum_{i=1}^{n} M_{xp,i} = \sum_{i=1}^{n} 2 \cdot A_{m,i} \cdot T_i = 2 \cdot G \cdot \vartheta' \cdot \sum_{i=1}^{n} a_i \cdot A_{m,i} \tag{5.100}$$

können die Verdrillung und damit die Schubflüsse T_i ermittelt werden.

Beispiel: Schubspannungen infolge M_{xp} und M_{xs} für den Querschnitt in Bild 5.21

Für diesen Querschnitt wurden in Abschnitt 5.3.4 die Schubspannungen infolge von V_y und V_z ermittelt.

a) primäres Torsionsmoment

$$G \cdot \delta_{11} = \oint \frac{ds}{t(s)} = 180 \quad \text{(siehe Abschnitt 5.3.4)}$$

$$\delta_{10} = \Delta u(\vartheta') = -\Delta \omega \cdot \vartheta' = -\oint r_t \cdot ds \cdot \vartheta' = -2 \cdot A_m \cdot \vartheta'$$

$\Rightarrow G \cdot \delta_{10} = -2 \cdot 50 \cdot 40 \cdot G \cdot \vartheta' = -4000 \cdot G \cdot \vartheta'$

$\Rightarrow$ Unbekannte für die Ermittlung der Wölbordinate: $X_1 = -\delta_{10}/\delta_{11} = 22{,}22 \cdot G \cdot \vartheta'$

Im Vergleich zu einer unmittelbaren Anwendung der 1. *Bredtschen* Formel nach Gl. (5.57), siehe Abschnitt 5.4.2, ist die Berechnung hier umständlich. Sie zeigt jedoch die allgemeine Berechnungsmethode, die auch bei mehrzelligen Querschnitten verwendet werden kann. Die Spannungsverteilung ergibt sich mit Bild 5.27.

b) sekundäres Torsionsmoment

Die Berechnung erfolgt in gleicher Weise wie in Abschnitt 5.3.4 für die Querkraft V_y. Die in Bild 5.21 festgelegte Knotennummerierung und die s-Richtung wird übernommen und der Schubfluss am aufgetrennten Querschnitt

$$T_0(s) = -\frac{M_{xs}}{I_\omega} \cdot A_\omega(s)$$

berechnet. Für ein angenommenes sekundäres Torsionsmoment $M_{xs} = 100$ kNm ($\Rightarrow$ $M_{xs}/I_\omega = 10000/1123070 = 1/112$) und den Wölbordinaten in Bild 3.47 (siehe Abschnitt 3.6) ergeben sich in den Querschnittsknoten folgende Schubflüsse:

$T_{0,2r} = -1 \cdot 25 \cdot (0 - 102{,}80)/2/112 = 11{,}47$ kN/cm

$T_{0,2\ell} = -1 \cdot 20 \cdot (259{,}36 - 102{,}80)/2/112 = -13{,}98$ kN/cm

$T_{0,2u} = 11{,}47 - 13{,}98 = -2{,}51$ kN/cm

$T_{0,3} = -2{,}51 - 1 \cdot 40 \cdot (-102{,}80 + 8{,}40)/2/112 = 14{,}35$ kN/cm

$T_{0,4} = 14{,}35 - 1 \cdot 25 \cdot (8{,}40 - 0)/2/112 = 13{,}41$ kN/cm

Die resultierenden Schubkräfte in den einzelnen Wandungen werden wie in Abschnitt 5.3.4 jedoch nun mit

$$V_{ae} = \frac{\ell_{ae}}{6} \cdot (4 \cdot T_{0,a} + 2 \cdot T_{0,e} - A_{ae} \cdot \omega_a \cdot M_{xs}/I_\omega)$$

berechnet, siehe Tabelle 3.19. Man erhält damit folgende Werte

$V_{12} = 25/6 \cdot (4 \cdot 0 + 2 \cdot 11{,}47 - 0) = 95{,}58$ kN

$V_{23} = 40/6 \cdot (-4 \cdot 2{,}51 + 2 \cdot 14{,}35 + 1 \cdot 40 \cdot 102{,}80/112) = 369{,}16$ kN

$V_{34} = 25/6 \cdot (4 \cdot 14{,}35 + 2 \cdot 13{,}41 - 1 \cdot 25 \cdot 8{,}40/112) = 343{,}10$ kN

$V_{82} = 20/6 \cdot (4 \cdot 0 - 2 \cdot 13{,}98 - 1 \cdot 20 \cdot 259{,}36/112) = -247{,}58$ kN

Kontrolle: $V_{12} - V_{34} - V_{82} = 0{,}06 \cong 0$

Relativverschiebung δ_{10}:

$$G \cdot \delta_{10} = 2 \cdot \left(V_{12} + V_{23} + V_{34}\right) = 1\,615{,}68 \text{ kN}$$

mit $G \cdot \delta_{11} = 180$ folgt

$$X_1 = -\delta_{10} / \delta_{11} = -1\,615{,}68 / 180 = -8{,}98 \text{ kN}$$

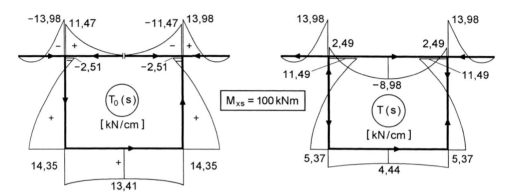

Bild 5.37 Schubflüsse $T_0(s)$ und $T(s)$ für den Querschnitt in Bild 5.21 und $M_{xs} = 100$ kNm

Der Schubfluss $T(s)$ des Querschnitts infolge M_{xs} ist

$$T(s) = T_0(s) + X_1 \cdot T_1(s)$$

Da der Funktionsverlauf in den Einzelteilen nicht unmittelbar klar ist, empfiehlt es sich, $T(s)$ mit einem Tabellenkalkulationsprogramm zu ermitteln. Dazu kann $T_0(s)$ mit

$$T_0(s) = T_{0,a} - \frac{M_{xs}}{I_\omega} \cdot A_{ae} \cdot \left(\frac{\omega_e - \omega_a}{2} \cdot \frac{s^2}{\ell_{ae}^2} + \omega_a \cdot \frac{s}{\ell_{ae}} \right)$$

im Einzelteil „a-e" und einer Einteilung in 20 gleiche Teile berechnet werden. Das Ergebnis ist in Bild 5.37 dargestellt.

5.4.7 Verwendung der Spannungsfunktion

Die klassische Methode zur Lösung des primären Torsionsproblems (*St. Venantsche* Torsion) ist die Verwendung der *Prandtlschen* Spannungsfunktion $\Phi = \Phi(y, z)$. Mit dem Ansatz

$$\tau_{xy,p} = +\frac{\partial \Phi}{\partial z} \quad \text{und} \quad \tau_{xz,p} = -\frac{\partial \Phi}{\partial y} \tag{5.111}$$

wird das Spannungsgleichgewicht

$$\frac{\partial \tau_{yx,p}}{\partial y} + \frac{\partial \tau_{zx,p}}{\partial z} = 0 \qquad\qquad (5.112)$$

wegen

$$\frac{\partial^2 \Phi}{\partial y \cdot \partial z} - \frac{\partial^2 \Phi}{\partial z \cdot \partial y} = 0 \qquad\qquad (5.113)$$

erfüllt. Außerdem muss die Funktion $\Phi(y, z)$ die Bedingung erfüllen, dass an den Querschnittsrändern nur tangential zu den Rändern verlaufende Schubspannungen auftreten dürfen. Aufgrund dieser Bedingung ist es schwierig, analytische Lösungen zu bestimmen. Die bekannten Lösungen beschränken sich auf einige wenige Vollquerschnitte, weshalb die Methode hier nur kurz behandelt werden soll. Der Index „p" wird aus Gründen der Lesbarkeit weggelassen. Mit den Gln. (2.42g, h) sowie (2.49d, e) erhält man

$$\frac{\partial \tau_{xy}}{\partial z} = \frac{\partial^2 \Phi}{\partial z^2} = G \cdot \left(\frac{\partial^2 v}{\partial x \cdot \partial z} + \frac{\partial^2 u}{\partial y \cdot \partial z} \right) \qquad\qquad (5.114a)$$

$$\frac{\partial \tau_{xz}}{\partial y} = -\frac{\partial^2 \Phi}{\partial y^2} = G \cdot \left(\frac{\partial^2 w}{\partial x \cdot \partial y} + \frac{\partial^2 u}{\partial z \cdot \partial y} \right) \qquad\qquad (5.114b)$$

Durch Subtraktion der beiden Gleichungen erhält man

$$\frac{\partial^2 \Phi}{\partial y^2} + \frac{\partial^2 \Phi}{\partial z^2} = \Delta\Phi = G \cdot \left(\frac{\partial^2 v}{\partial x \cdot \partial z} - \frac{\partial^2 w}{\partial x \cdot \partial y} \right) \qquad\qquad (5.115)$$

Die Ableitungen der Verschiebungsfunktionen v und w können mit den Gln. (2.12a, b) ersetzt werden

$$\frac{\partial^2 v}{\partial x \cdot \partial z} = -\vartheta' \quad \text{und} \quad \frac{\partial^2 w}{\partial x \cdot \partial y} = +\vartheta' \qquad\qquad (5.116)$$

Damit ergibt sich die inhomogene partielle Differentialgleichung

$$\frac{\partial^2 \Phi}{\partial y^2} + \frac{\partial^2 \Phi}{\partial z^2} = \Delta\Phi = -2\,G \cdot \vartheta' \qquad\qquad (5.117)$$

zur Ermittlung der Spannungsfunktion. Wenn die Spannungsfunktion bekannt ist, kann das primäre Torsionsmoment berechnet werden. Für $y_M = z_M = 0$ erhält man

$$M_{xp} = -\int_A \left(\frac{\partial \Phi}{\partial y} \cdot y + \frac{\partial \Phi}{\partial z} \cdot z \right) \cdot dA \qquad\qquad (5.118)$$

Für Vollquerschnitte ohne Hohlräume führt die partielle Integration zu

$$M_{xp} = 2 \cdot \int_A \Phi(y,z) \cdot dA, \tag{5.119}$$

da die Randterme gleich Null sind. Wegen $M_{xp} = GI_T \cdot \vartheta'$ ist das Torsionsträgheits-moment

$$I_T = \frac{2}{G \cdot \vartheta'} \cdot \int_A \Phi(y,z) \cdot dA \tag{5.120}$$

Zur Ermittlung der Verwölbung werden die Schubspannungen in den Gln. (2.75a, b) durch die Spannungsfunktion ersetzt. Die Ableitungen der Wölbfunktion sind dann

$$\frac{\partial \omega}{\partial y} = -\frac{\tau_{xy}}{G \cdot \vartheta'} - z = -\frac{1}{G \cdot \vartheta'} \cdot \frac{\partial \Phi}{\partial z} - z \tag{5.121a}$$

$$\frac{\partial \omega}{\partial z} = -\frac{\tau_{xz}}{G \cdot \vartheta'} + y = +\frac{1}{G \cdot \vartheta'} \cdot \frac{\partial \Phi}{\partial y} + y \tag{5.121b}$$

Die beiden Gleichungen führen zum totalen Differential der Wölbfunktion

$$d\omega = \frac{\partial \omega}{\partial y} \cdot dy + \frac{\partial \omega}{\partial z} \cdot dz = -\left(\frac{1}{G \cdot \vartheta'} \cdot \frac{\partial \Phi}{\partial z} + z\right) \cdot dy + \left(\frac{1}{G \cdot \vartheta'} \cdot \frac{\partial \Phi}{\partial y} + y\right) \cdot dz \tag{5.122}$$

Weitere Einzelheiten zur Verwendung der Spannungsfunktion finden sich in [23], [29] und [42]. Tabelle 5.7 enthält die Spannungsfunktionen für einige Querschnitte.

Tabelle 5.7   Spannungsfunktion Φ (y, z) für Vollquerschnitte

Ellipse:	$\Phi(y,z) = -G \cdot \vartheta' \cdot \dfrac{a^2 \cdot b^2}{a^2 + b^2} \cdot \left(\dfrac{y^2}{a^2} + \dfrac{z^2}{b^2} - 1\right)$
Kreis:	$\Phi(y,z) = -G \cdot \vartheta' \cdot \dfrac{1}{2} \cdot \left(y^2 + z^2 - r^2\right)$
Gleichseitiges Dreieck:	$\Phi(y,z) = -G \cdot \vartheta' \cdot \dfrac{h^2}{2} \cdot \left(\dfrac{z^3}{h^3} + \dfrac{z^2}{h^2} + \dfrac{y^2}{h^2} - 3 \cdot \dfrac{y^2 \cdot z}{h^3} - \dfrac{4}{27}\right)$

Rechteck:

$$\Phi(y,z) = -G \cdot \vartheta' \cdot t^2 \cdot \left[\frac{y^2}{t^2} - \frac{1}{4} - 8 \cdot \sum_{n=0}^{\infty} \frac{(-1)^{n+1}}{\alpha_n^3 \cdot \cosh\left(\alpha_n \cdot \dfrac{h}{2t}\right)} \cdot \cos\left(\alpha_n \frac{y}{t}\right) \cdot \cosh\left(\alpha_n \cdot \frac{z}{t}\right)\right]$$

mit: $\alpha_n = \pi \cdot (2n + 1)$

Bezeichnungen: siehe Tabelle 5.4

6 Querschnittskennwerte und Spannungen – Berechnungsbeispiele

6.1 Vorbemerkungen

Im vorliegenden Kapitel wird die Anwendung der Kapitel 3 und 5 anhand von 8 ausgewählten Querschnitten im Gesamtzusammenhang vorgeführt. Für **gegebene Querschnitte und Schnittgrößen** werden

- Querschnittskennwerte berechnet

- und Spannungen nach der Elastizitätstheorie ermittelt.

Die Beispiele sollen den Leser in die Lage versetzen eigene Aufgaben einzuordnen und in analoger Vorgehensweise lösen zu können. Aus didaktischen Gründen werden nicht nur Querschnitte und Beanspruchungen behandelt, die unmittelbar für die Baupraxis von großer Bedeutung sind. Wesentliches Ziel ist auch die Vermittlung und Festigung der Zusammenhänge und die Anwendung der unterschiedlichen Berechnungsmethoden.

Auch wenn hier die Methoden häufig mit Handrechnungen vorgestellt werden, sollte der Leser die EDV-Programme auf der beigefügten RUBSTAHL-CD zur Vertiefung und Übung nutzen. Neben der Profilbibliothek PROFILE, stehen folgende Programme in engem Zusammenhang mit den hier behandelten Berechnungsbeispielen:

QSW-3BLECH, QSW-BLECHE, QSW-OFFEN, QSW-SYM-Z, QSW-TABELLE

6.2 Doppeltsymmetrisches I-Profil

Als Beispiel für ein doppeltsymmetrisches Walzprofil mit I-förmigem Querschnitt wird ein HEM 600 aus S 235 betrachtet, Bild 6.1 Zur Erfassung beliebiger Beanspruchungskombinationen werden hier **alle** Schnittgrößen ungleich Null angenommen. Aufgrund der Symmetrieeigenschaften des Querschnitts sind die Lage der Hauptachsen, des Schwerpunktes und des Schubmittelpunktes bekannt. Die Querschnittskennwerte werden aus den Tabellen im Anhang abgelesen, also hier nicht rechnerisch ermittelt.

Bild 6.2 gibt einen Überblick über die Verteilung der Spannungen im Querschnitt. Es erleichtert die Überlagerung der Spannungen infolge Wirkung der einzelnen Schnittgrößen. Bild 6.2 enthält auch die allgemeinen Berechnungsformeln, die bezüglich V_y, V_z, M_{xp} und M_{xs} für offene Querschnitte gelten.

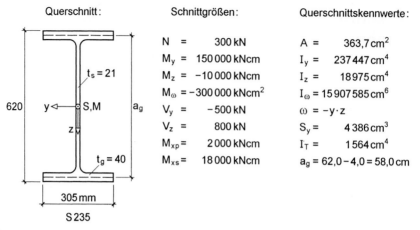

Querschnitt:

$t_s = 21$

620    $y \triangleleft$ — ○S,M a_g

$t_g = 40$

305 mm

S 235

Schnittgrößen:

$N = 300\ kN$

$M_y = 150\,000\ kNcm$

$M_z = -10\,000\ kNcm$

$M_\omega = -300\,000\ kNcm^2$

$V_y = -500\ kN$

$V_z = 800\ kN$

$M_{xp} = 2\,000\ kNcm$

$M_{xs} = 18\,000\ kNcm$

Querschnittskennwerte:

$A = 363,7\ cm^2$

$I_y = 237\,447\ cm^4$

$I_z = 18\,975\ cm^4$

$I_\omega = 15\,907\,585\ cm^6$

$\omega = -y \cdot z$

$S_y = 4\,386\ cm^3$

$I_T = 1\,564\ cm^4$

$a_g = 62,0 - 4,0 = 58,0\ cm$

Bild 6.1   Walzprofil HEM 600, Schnittgrößen und Querschnittskennwerte

Normalkraft und Biegung um die starke Achse

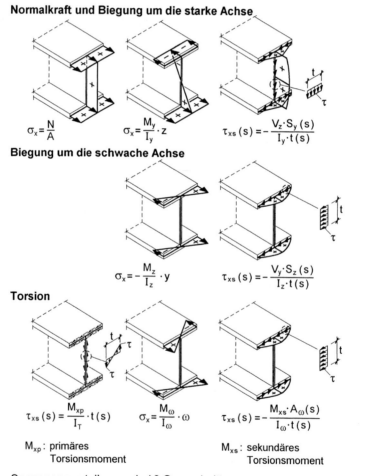

$$\sigma_x = \frac{N}{A}$$

$$\sigma_x = \frac{M_y}{I_y} \cdot z$$

$$\tau_{xs}(s) = -\frac{V_z \cdot S_y(s)}{I_y \cdot t(s)}$$

Biegung um die schwache Achse

$$\sigma_x = -\frac{M_z}{I_z} \cdot y$$

$$\tau_{xs}(s) = -\frac{V_y \cdot S_z(s)}{I_z \cdot t(s)}$$

Torsion

$$\tau_{xs}(s) = \frac{M_{xp}}{I_T} \cdot t(s)$$

$$\sigma_x = \frac{M_\omega}{I_\omega} \cdot \omega$$

$$\tau_{xs}(s) = -\frac{M_{xs} \cdot A_\omega(s)}{I_\omega \cdot t(s)}$$

M_{xp}: primäres
Torsionsmoment

M_{xs}: sekundäres
Torsionsmoment

Bild 6.2   Spannungsverteilungen bei I-Querschnitten

Normalspannungen σ_x

Mit den Schnittgrößen und Querschnittskennwerten nach Bild 6.1 erhält man

$$\sigma_x = \frac{300}{363,7} + \frac{150\,000}{237\,447} \cdot z + \frac{10\,000}{18\,975} \cdot y - \frac{300\,000}{15\,907\,585} \cdot \omega$$

Die größte Spannung tritt an der linken unteren Ecke des Untergurtes auf. Mit

$$y = 15,25 \text{ cm, } z = 31,0 \text{ cm und } \omega = -15,25 \cdot 31,0 = -472,75 \text{ cm}^2 \text{ folgt}$$

$$\max \sigma_x = 0,825 + 19,583 + 8,037 + 8,916 = 37,36 \text{ kN}/\text{cm}^2 \,.$$

Es sei hier noch erwähnt, dass die Wölbordinate nicht, wie normalerweise üblich, für die Profilmittellinie, sondern für die **Unterkante** des Untergurtes berechnet wurde.

Schubspannungen

Die Querkraft V_z wird vom Steg aufgenommen. Der Maximalwert tritt im Schwerpunkt auf:

$$\tau(V_z) = +\frac{800 \cdot 4\,386}{237\,447 \cdot 2,1} = 7,037 \text{ kN}/\text{cm}^2$$

Zum Vergleich wird auch die mittlere Schubspannung ermittelt.

$$\tau_m(V_z) = \frac{V_z}{A_{steg}} = \frac{800}{58,0 \cdot 2,1} = 6,568 \text{ kN}/\text{cm}^2 \, (93,3\,\%)$$

Die Querkraft V_y verteilt sich je zur Hälfte auf die beiden Gurte. Gemäß Bild 6.2 tritt der Maximalwert in Gurtmitte auf, wobei das zugehörige statische Moment S_z des rechteckigen Gurtes z.B. mit Tabelle 9.1 bestimmt werden kann.

$$\tau(V_y) = -\frac{500 \cdot 4,0 \cdot 30,5^2/8}{18\,975 \cdot 4,0} = -3,064 \text{ kN}/\text{cm}^2$$

Dieser Wert kann auch mit

$$\tau(V_y) = 1,5 \cdot \frac{V_y}{2 \cdot A_g}$$

berechnet werden, analog zu Gl. (9.3c). Das sekundäre Torsionsmoment führt zu Schubspannungen in den Gurten. Es ist zweckmäßig anstelle der allgemeinen Formel (siehe Bild 6.2) die Berechnung unter Verwendung von Bild 5.32 durchzuführen. Die Formel lautet dann für den Maximalwert (Gurt als Rechteckquerschnitt):

$$\tau(M_{x3}) = 1,5 \cdot \frac{M_{xs}}{a_g \cdot t_g \cdot b} = 1,5 \cdot \frac{18\,000}{58,0 \cdot 4,0 \cdot 30,5} = 3,816 \text{ kN}/\text{cm}^2$$

Als letzte Schnittgröße verbleibt noch das primäre Torsionsmoment. Es verteilt sich bei Walzprofilen auf den Steg, die Gurte und die beiden Übergangsbereiche zwischen Steg und Gurten, siehe Abschnitt 5.4.3. Die Berechnung der maximalen Randspannung mit

$$\tau\left(M_{xp}\right) = \frac{M_{xp}}{I_T} \cdot t(s)$$

ist im Allgemeinen eine ausreichend genaue Näherung. Hier erhält man für die Gurte:

$$\tau\left(M_{xp}\right) = \frac{2\,000}{1\,564} \cdot 4{,}0 = 5{,}115 \ kN/cm^2$$

Vergleichspannung

Mit Kenntnis von σ_x und τ kann die Vergleichspannung

$$\sigma_v = \sqrt{\sigma_x^2 + 3\tau^2}$$

ermittelt werden. Für das vorliegende Beispiel ist die Bestimmung von max σ_v jedoch nicht unmittelbar möglich, da die Maximalwerte von σ_x und die verschiedenen Schubspannungseinflüsse an unterschiedlichen Querschnittsstellen auftreten. Im Übrigen ist schon wegen

$$\max \sigma_x = 37{,}36 \ kN/cm^2 > 24/1{,}1 = 21{,}82 \ kN/cm^2$$

der Bemessungswert der Streckgrenze für S 235 weit überschritten.

Empfehlung

Der Nachweis ausreichender Querschnittstragfähigkeit sollte auf Grundlage der Plastizitätstheorie geführt werden. Dies kann z.B. mit dem Teilschnittgrößenverfahren (TSV) gemäß Abschnitt 10.4 geschehen, siehe auch RUBSTAHL-Programm QST-TSV-2-3.

6.3 Rechteck-Hohlprofil

Es wird ein Rechteck-Hohlprofil (RROw $300 \cdot 200 \cdot 8$) aus S 355 betrachtet. Bild 6.3 enthält die Querschnittsskizze, die wirksamen Schnittgrößen und Querschnittskennwerte (siehe auch RUBSTAHL-Programm PROFILE oder z.B. [50]). Der Rechengang stimmt in weiten Bereichen mit Abschnitt 6.2 überein, so dass hier entsprechend abgekürzt werden kann. Einen Überblick über die Spannungsverteilungen gibt Bild 6.4.

Querschnitt:
RROw 300·200·8

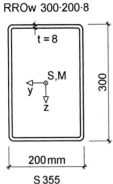

200 mm

S 355

Schnittgrößen:

$M_y = -20\,000$ kNcm

$V_z = 40$ kN

$M_{xp} = 2\,000$ kNcm

$N = M_z = V_y = 0$

$M_{xs} = M_\omega = 0$

Querschnittskennwerte:

$W_y = 648$ cm^3

$I_y = 9717$ cm^4

Bild 6.3   Rechteck-Hohlprofil, Schnittgrößen und Querschnittskennwerte

Normalkraft und Biegung um die starke Achse

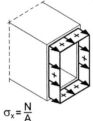

$$\sigma_x = \frac{N}{A}$$

$$\sigma_x = \frac{M_y}{I_y} \cdot z$$

Biegung um die schwache Achse

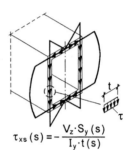

$$\tau_{xs}(s) = -\frac{V_z \cdot S_y(s)}{I_y \cdot t(s)}$$

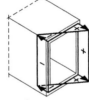

$$\sigma_x = -\frac{M_z}{I_z} \cdot y$$

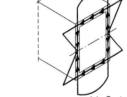

$$\tau_{xs}(s) = -\frac{V_y \cdot S_z(s)}{I_z \cdot t(s)}$$

Torsion

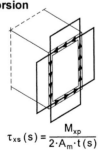

$$\tau_{xs}(s) = \frac{M_{xp}}{2 \cdot A_m \cdot t(s)}$$

$$\sigma_x(M_\omega) \cong 0$$

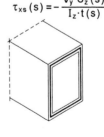

$$\tau_{xs}(M_{xs}) \cong 0$$

M_{xp}: primäres
Torsionsmoment

Spannungen infolge sekundärer Torsion;
siehe Erläuterungen im Text

Bild 6.4   Spannungsverteilungen bei Rechteck-Hohlprofilen

Normalspannungen σ_x

Die betragsmäßig größte Spannung tritt an der Ober- und Unterkante des Profils auf:

$$\max \sigma_x = \pm\frac{20\,000}{648} = \pm\,30{,}86 \,\text{kN}/\text{cm}^2$$

Schubspannungen

- Querkraft V_z

$$\tau_m \cong \frac{V_z}{A_{steg}} = \frac{40}{2\cdot 0{,}8\cdot 29{,}2} = 0{,}86 \,\text{kN}/\text{cm}^2$$

$$\max \tau = -\frac{V_z\cdot S_y}{I_y\cdot t} = \frac{40\cdot 197{,}39}{9\,717\cdot 0{,}8} = 1{,}01 \,\text{kN}/\text{cm}^2$$

mit: $S_y \cong 0{,}8\cdot\left(19{,}2\cdot 29{,}2/4 + 29{,}2^2/8\right) = 197{,}39 \,\text{cm}^3$

- Primäres Torsionsmoment M_{xp}

$$A_m \cong 19{,}2\cdot 29{,}2 = 560{,}64 \,\text{cm}^2$$

$$\tau = \frac{2\,000}{2\cdot 560{,}64\cdot 0{,}8} = 2{,}23 \,\text{kN}/\text{cm}^2$$

Vergleichsspannung und Nachweis

Die größte Vergleichsspannung ergibt sich in den Ecken des Profils. Näherungsweise und auf der sicheren Seite liegend wird τ_m infolge V_z angesetzt.

$$\sigma_v = \sqrt{30{,}86^2 + 3\cdot\left(0{,}86 + 2{,}23\right)^2} = 31{,}32 \,\text{kN}/\text{cm}^2 < 32{,}73 = \frac{36{,}0}{1{,}1}\,\text{kN}/\text{cm}^2$$

Ergänzung zur Torsion

Der Querschnitt ist nicht wölbfrei, jedoch wölbarm. Mit Tabelle 5.5 erhält man für $t_s = t_g = 0{,}8$ cm:

$$I_T = \frac{2\cdot\left(19{,}2\cdot 29{,}2\right)^2}{(29{,}2 + 19{,}2)/0{,}8} = 10\,390 \,\text{cm}^4 \quad \text{(Tabellenwert } 10\,562 \,\text{cm}^4)$$

$$k = \frac{29{,}2 - 19{,}2}{29{,}2 + 19{,}2} = 0{,}2066$$

$$I_\omega = \frac{1}{24}\cdot\left(19{,}2\cdot 29{,}2\cdot 0{,}2066\right)^2\cdot 0{,}8\cdot\left(29{,}2 + 19{,}2\right) = 21\,645 \,\text{cm}^6$$

$$\max \omega = 0{,}2066\cdot 19{,}2\cdot 29{,}2/4 = 28{,}96 \,\text{cm}^2$$

Der Querschnitt soll zu einem Kragträger der Länge $\ell = 5$ m gehören, so dass sich die Stabkennzahl für Torsion dann zu

$$\varepsilon_T = \ell \cdot \sqrt{\frac{GI_T}{EI_\omega}} = 215$$

ergibt. Die außergewöhnlich große Stabkennzahl zeigt, dass die Torsion ausschließlich durch **primäre Torsion** abgetragen wird, siehe auch Bild 4.12. Davon kann bei einzelligen Hohlquerschnitten in der Regel ausgegangen werden. Der Einfluss kann Bedeutung haben, wenn der Träger sehr kurz ist und Breite und Höhe stark unterschiedlich sind (was in der Baupraxis nicht vorkommt). In Abschnitt 4.5.7 wird ein Kragträger aus einem rechteckigen Hohlprofil untersucht.

Anmerkung: In Abschnitt 10.6.5 wird für dieses Beispiel nachgewiesen, dass auch noch 20% größere Beanspruchungen mit einem Nachweis auf Grundlage der **Plastizitätstheorie** nachgewiesen werden können, siehe auch RUBSTAHL-Programm QST-KASTEN.

6.4 Winkelprofil

In Abschnitt 4.5.9 (Bild 4.16) wird ein Einfeldträger mit Einzellast F in Feldmitte untersucht. Bild 6.5 zeigt den gleichschenkligen Winkelquerschnitt und die Last F des o.g. Systems. Der dargestellte Fall erweist sich bei genauer Betrachtung schwieriger als es zunächst den Anschein hat. Die in Schenkelrichtung wirkende Belastung ruft nämlich nicht einachsige, sondern **zweiachsige Biegung** hervor. Grund hierfür ist das um 45° gegen die Horizontale gedrehte Hauptachsensystem, siehe Bild 6.5.

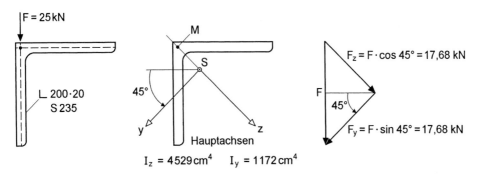

Bild 6.5   Winkelprofil – Querschnitt und Belastung

Die Hauptträgheitsmomente I_y und I_z werden aus einer Profiltabelle [50] abgelesen. Dabei ist zu beachten, dass dort die Hauptträgheitsmomente häufig mit I_ζ und I_η bezeichnet werden. Die Aufspaltung der Einzellast führt zu

$$F_y = F_z = F \cdot 0{,}707 = 17{,}68 \text{ kN}$$

Die Schnittgrößenermittlung für das im Bild 4.16 dargestellte System führt dann zu

$$\max M_z = -3\,094 \text{ kN cm};\qquad \max M_y = +3\,094 \text{ kN cm}$$
$$V_y = \pm 8{,}84 \text{ kN};\qquad\qquad V_z = \pm 8{,}84 \text{ kN}$$

Es sei hier angemerkt, dass der Querschnitt wölbfrei ist, so dass, wenn überhaupt, nur primäre Torsion auftreten kann. Hier geht jedoch die Wirkungslinie der Belastung durch den Schubmittelpunkt, so dass keine Torsionsbeanspruchung entsteht.

Normalspannungen

Mit

$$\sigma_x = -\frac{M_z}{I_z}\cdot y + \frac{M_y}{I_y}\cdot z = \frac{3\,094}{4\,529}\cdot y + \frac{3\,094}{1\,172}\cdot z$$

erhält man im Punkt ① nach Bild 6.6

$$\sigma_x = -21{,}23 \text{ kN/cm}^2 \text{ für } y = 0 \text{ und } z = -8{,}04 \text{ cm}$$

und im Punkt ②

$$\sigma_x = 9{,}66 + 16{,}10 = 25{,}76 \text{ kN/cm}^2 \text{ für } y = 14{,}14 \text{ cm und } z = 6{,}10 \text{ cm.}$$

Die Spannungsverteilung ist in Bild 6.6 für die äußeren Ränder des Winkels dargestellt, wobei hier die Darstellung **in** der Zeichenebene gewählt wurde.

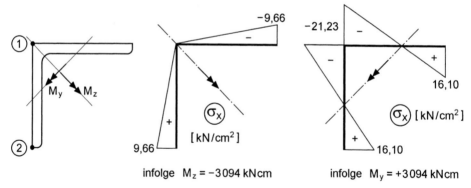

Bild 6.6 σ_x infolge M_z und M_y

Wie in Abschnitt 5.2 erläutert, kann die Spannungsermittlung auch im $\tilde{y} - \tilde{z} -$ Schwerpunktsystem erfolgen, siehe dort Bild 5.5 Dies soll hier beispielhaft für den Punkt ② erfolgen.

$$M_{\tilde{y}} = 25 \cdot 7/4 = 43{,}75 \text{ kNm};\quad M_{\tilde{z}} = 0$$
$$\tilde{z}_2 = 20{,}0 - 5{,}68 = 14{,}32 \text{ cm};\quad \tilde{y}_2 = 5{,}68$$
$$A_{\tilde{y}\tilde{y}} = A_{\tilde{z}\tilde{z}} = 2\,850 \text{ cm}^4 \qquad (= I_y = I_z \text{ in [50]})$$

Das Flächenmoment 2. Grades $A_{\bar{y}\bar{z}}$ wird hier mit Hilfe der 2. Invarianten des Flächenträgheitstensors, Gl. (3.16b) in Abschnitt 3.3, berechnet:

$$A_{\bar{y}\bar{z}} = \sqrt{A_{\bar{y}\bar{y}} \cdot A_{\bar{z}\bar{z}} - I_y \cdot I_z} = 1\,678\,\text{cm}^4$$

Die Normalspannung kann gemäß der Anmerkung in Abschnitt 5.2 ermittelt werden:

$$\sigma_x = 4\,375 \cdot \frac{2\,850 \cdot 14,32 - 1\,678 \cdot 5,68}{2\,850 \cdot 2\,850 - 1\,678^2} = 25,78\,\text{kN}/\text{cm}^2$$

Schubspannungen

Häufig reicht es bei den Schubspannungen aus, die Größenordnung abzuschätzen. Dazu kann hier V = 12,5 kN infolge F = 25 kN dem senkrechten Winkelschenkel zugewiesen werden. Die mittlere Schubspannung wird mit dem Faktor 1,5 vergrößert, da keine ausgeprägten Gurte vorliegen und richtigerweise mit V_y und V_z gerechnet werden müsste.

$$\max \tau \cong 1,5 \cdot \frac{12,5}{19 \cdot 2} = 0,49\,\text{kN}/\text{cm}^2$$

Die Schubspannungen sind so gering, dass genauere Berechnungen überflüssig sind. Zur Erfassung beliebiger Beanspruchungsfälle sollen sie hier aber dennoch durchgeführt werden.

Zur Vereinfachung wird der Winkel durch 2 Bleche 190·20 idealisiert. Die Richtung der Profilordinate s und die Schubspannungen infolge V_y und V_z sind in Bild 6.7 angegeben. Man erkennt, dass max τ = 0,49 kN/cm^2 eine relativ gute Näherung ist. Die Schubspannungsordinaten errechnen sich wie folgt:

a) V_y

$$S_z(\text{Ecke}) = -19 \cdot 2 \cdot 13,43/2 = -255,2\,\text{cm}^3$$

$$\tau(V_y) = -\frac{V_y \cdot S_z(s)}{I_z \cdot t(s)} = +\frac{8,84 \cdot 255,2}{4\,529 \cdot 2,0} = 0,25\,\text{kN}/\text{cm}^2$$

b) V_z

$$S_y(\text{Mitte OG}) = +\frac{19 \cdot 2}{2} \cdot \frac{13,43}{4} = +63,8\,\text{cm}^3$$

$$\tau(V_z) = -\frac{V_z \cdot S_y(s)}{I_y \cdot t(s)} = -\frac{8,84 \cdot 63,8}{1\,172 \cdot 2,0} = -0,24\,\text{kN}/\text{cm}^2$$

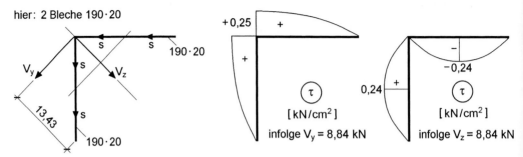

Bild 6.7　　Schubspannungen infolge V_y und V_z

Anmerkung: Bei einer Systemberechnung mit dem RUBSTAHL-Programm KSTAB2000 kann der Winkel als Zweiblechquerschnitt eingegeben werden. Das Programm führt dann den Nachweis ausreichender Querschnittstragfähigkeit mit dem Teilschnittgrößenverfahren (TSV, Plastizitätstheorie) gemäß Kapitel 10. Darüber hinaus wird auch die Ausnutzung S_d/R_d der Querschnittstragfähigkeit über die Trägerlänge ermittelt, siehe Bild 4.16. Die maximale Ausnutzung (Feldmitte) beträgt ca. 67%, d.h. es sind noch erhebliche Reserven vorhanden. Im Vergleich dazu beträgt die maximale Normalspannung nach der Elastizitätstheorie

$$\max \sigma_x = 25,76 \text{ kN/cm}^2 > 21,82 \text{ kN/cm}^2 = f_{y,d}$$

Auf Grundlage der Elastizitätstheorie gelingt der Nachweis nicht, da der Bemessungswert der Streckgrenze überschritten ist. Weitere hilfreiche Programme für dieses Beispiel sind QSW-3BLECH, QSW-BLECHE und QSW-OFFEN.

6.5　Einfachsymmetrischer I-Querschnitt

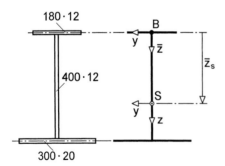

Bild 6.8　　Einfachsymmetrischer I-Querschnitt

Für den in Bild 6.8 dargestellten Querschnitt sollen die Querschnittskennwerte berechnet und einige Aspekte der Spannungsermittlung behandelt werden. Der Ursprung des Bezugssystems wird in den Schnittpunkt der Blechmittellinien von Obergurt und Steg gelegt. Wegen der Symmetrie ist die Lage der Hauptachsen bekannt. Die Lage des Schwerpunktes in z-Richtung muss bestimmt werden.

Querschnittskennwerte

Die Berechnung der normierten Querschnittskennwerte erfolgt nach Tabelle 3.3 in Abschnitt 3.3, d.h. nach Methode A:

① $A = 1{,}2{\cdot}18 + 1{,}2{\cdot}40 + 2{\cdot}30 = 21{,}6 + 48 + 60 = 129{,}60 \text{ cm}^2$
$A_{\bar{z}} = 21{,}6{\cdot}0 + 48{\cdot}20{,}6 + 60{\cdot}41{,}6 = 3\,484{,}8 \text{ cm}^2$

② $\bar{z}_s = 3.484{,}8/129{,}60 = 26{,}889 \text{ cm}$

③ hier wegen Symmetrie: $z = \bar{z} - \bar{z}_s$

④, ⑤ und ⑥ entfallen wegen der Symmetrie.

⑦ $I_y = 21{,}6{\cdot}(0-26{,}889)^2 + 48{\cdot}(20{,}6-26{,}889)^2 + 48{\cdot}40^2/12 + 60{\cdot}(41{,}6-26{,}889)^2$
$\quad = 36\,900 \text{ cm}^4$
$I_z = 21{,}6{\cdot}18^2/12 + 60{\cdot}30^2/12 = 583{,}2 + 4\,500 = 5\,083{,}2 \text{ cm}^4$

Die Lage des Schubmittelpunktes wird für das vorliegende Beispiel mit Abschnitt 3.9.2 ermittelt, d.h. es wird als Bedingung verwendet, dass sich die beiden Gurte infolge V_y um das gleiche Maß seitlich verschieben müssen, siehe Bild 3.50. Der Abstand des Schubmittelpunktes von der Obergurtmittellinie beträgt mit Gl. (3.102)

$$a_M = \frac{I_{z,u}}{I_z}\cdot h = \frac{60\cdot 30^2/12}{5\,083{,}2}\cdot 41{,}6 = 36{,}827 \text{ cm} \Rightarrow z_M = 36{,}827 - 26{,}889 = 9{,}938 \text{ cm}$$

Die normierte Wölbordinate wird in Bild 6.9 ermittelt. Alternativ zur Verwendung der Wölbordinate kann der Wölbwiderstand auch wie folgt berechnet werden:

$$I_\omega = I_{z,o}\cdot a_M^2 + I_{z,u}\cdot(\bar{z}_u - a_M)^2$$

$$= 583{,}2{\cdot}36{,}827^2 + 4\,500{\cdot}(41{,}6-36{,}827)^2 = 893\,469 \text{ cm}^6$$

$$I_T = (21{,}6{\cdot}1{,}2^2 + 60{\cdot}2{,}0^2)/3 = 113{,}41 \text{ cm}^4$$

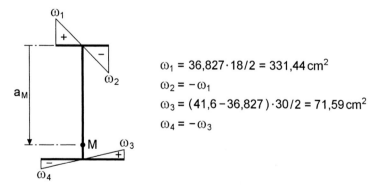

$\omega_1 = 36{,}827\cdot 18/2 = 331{,}44 \text{ cm}^2$

$\omega_2 = -\omega_1$

$\omega_3 = (41{,}6-36{,}827)\cdot 30/2 = 71{,}59 \text{ cm}^2$

$\omega_4 = -\omega_3$

Bild 6.9 Lage des Schubmittelpunktes und Wölbordinate für den einfachsymmetrischen I-Querschnitt

Anmerkung: Alle Querschnittskennwerte können auch mit dem RUBSTAHL-Programmen QSW-3BLECH, QSW-BLECHE und QSW-OFFEN berechnet werden. In Abschnitt 4.5.5 wird der Biegedrillknicknachweis für einen Träger mit diesem Querschnitt gezeigt. Die N-M_y-Interaktionskurve dieses Querschnitts ist in Bild 10.43 (Abschnitt 10.7.4) dargestellt.

Größen für Theorie II. Ordnung / Stabilität

Für Berechnungen zu den vorgenannten Themen werden gemäß Tabelle 2.5 (Kapitel 2) die Kennwerte i_M, r_y, r_z und r_ω benötigt. Ihre Bedeutung und Ermittlung werden in Abschnitt 3.10 behandelt. Aus Tabelle 3.23 folgt für den vorliegenden Querschnitt $r_y = r_\omega = 0$. Die anderen Werte sind

$$i_M^2 = i_p^2 + y_M^2 + z_M^2 = \left(36\,900 + 5\,083{,}2\right)/129{,}60 + 0 + 9{,}938^2 = 422{,}71\,\text{cm}^2$$

$$r_z = -28{,}307\,\text{cm}$$

Auf die ausführliche Berechnung von r_z wird hier verzichtet, da er mit dem Programm QSW-3BLECH ermittelt und die Methodik Abschnitt 3.10 entnommen werden kann. Es wird hier nochmals daraufhingewiesen, dass die Kennwerte in der Literatur teilweise anders definiert sind!

Spannungsermittlung

Gegenüber dem doppeltsymmetrischen I-Querschnitt in Abschnitt 6.2 ergeben sich nur geringe Unterschiede. Die Spannungsverteilungen gemäß Bild 6.2 treffen in ähnlicher Weise nach wie vor zu. Von zusätzlichem Interesse ist eigentlich nur, wie sich V_y und M_{xs} auf die Gurte aufteilen. Aus Bild 6.10 ergibt sich mit den Gleichgewichtsbedingungen

$$V_y = V_o + V_u \qquad \text{und} \qquad M_{xs} = V_o \cdot a_M - V_u \cdot \left(h - a_M\right)$$

$$\Rightarrow V_o = V_y \cdot \left(1 - \frac{a_M}{h}\right) + \frac{M_{xs}}{h} \qquad \text{und} \qquad V_u = V_y \cdot \frac{a_M}{h} - \frac{M_{xs}}{h}$$

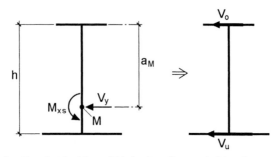

Bild 6.10   Örtliche Querkräfte V_o und V_u in den Gurten infolge V_y und M_{xs}

Da die örtlichen Querkräfte V_o und V_u in den Gurten direkt bestimmt werden können, ist auch die Schubspannungsermittlung (Gurte als Rechteckquerschnitte) ohne Schwierigkeiten möglich.

6.6 U-Profil

In Bild 6.11 ist ein Walzprofil UPE 180 dargestellt. Die angegebenen Schnittgrößen stammen aus der Systemberechnung in Abschnitt 4.5.6 für das folgende baustatische System (siehe Bild 4.8):

- Einfeldträger, beidseitig gelenkig und gabelgelagert, Stützweite 4,5 m, Überstände an den Enden von je 10 cm
- parabelförmige geometrische Ersatzimperfektion, Stich $v_0 = -1,125$ cm (Feldmitte)
- Belastung durch $q_z = 7,95$ kN/m in der Stegmittellinie am Obergurt

Die Berechnung in Abschnitt 4.5.6 und der Nachweis mit dem Teilschnittgrößenverfahren (TSV) ergab, dass die Querschnittstragfähigkeit nahezu vollständig ausgenutzt ist. Da diese Ausnutzung S_d/R_d nicht in Feldmitte, sondern bei etwa $x \cong 40$ cm und $x \cong 410$ cm auftritt, wird die folgende Spannungsermittlung mit den Schnittgrößen bei $x \cong 40$ cm durchgeführt.

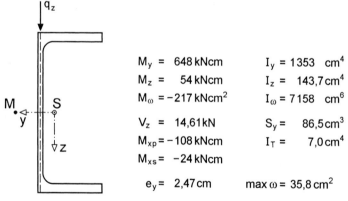

$$M_y = 648 \text{ kNcm} \qquad I_y = 1353 \text{ cm}^4$$
$$M_z = 54 \text{ kNcm} \qquad I_z = 143,7 \text{ cm}^4$$
$$M_\omega = -217 \text{ kNcm}^2 \qquad I_\omega = 7158 \text{ cm}^6$$

$$V_z = 14,61 \text{ kN} \qquad S_y = 86,5 \text{ cm}^3$$
$$M_{xp} = -108 \text{ kNcm} \qquad I_T = 7,0 \text{ cm}^4$$
$$M_{xs} = -24 \text{ kNcm}$$

$$e_y = 2,47 \text{ cm} \qquad \max \omega = 35,8 \text{ cm}^2$$

UPE 180 ; h = 180 mm ; b = 75 mm ; t_s = 5,5 mm ; t_g = 10,5 mm
$f_{y,d}$ = 24 / 1,1 kN/cm²

Bild 6.11 Walzprofil UPE 180, Schnittgrößen und Querschnittskennwerte

Anmerkung: Zur Spannungsermittlung und zur Veranschaulichung der Spannungsverläufe sollte das RUBSTAHL-Programm QSW-OFFEN verwendet werden. Dabei ergeben sich aufgrund der Querschnittsidealisierung geringfügig andere Werte für die Spannungen.

Normalkraft und Biegung um die y – Achse

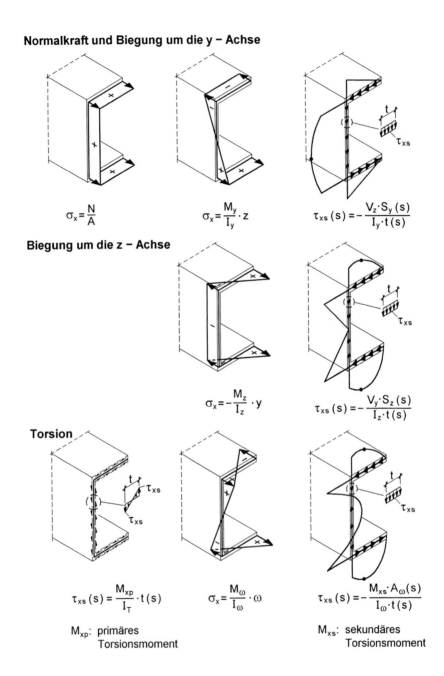

$$\sigma_x = \frac{N}{A}$$

$$\sigma_x = \frac{M_y}{I_y} \cdot z$$

$$\tau_{xs}(s) = -\frac{V_z \cdot S_y(s)}{I_y \cdot t(s)}$$

Biegung um die z – Achse

$$\sigma_x = -\frac{M_z}{I_z} \cdot y$$

$$\tau_{xs}(s) = -\frac{V_y \cdot S_z(s)}{I_z \cdot t(s)}$$

Torsion

$$\tau_{xs}(s) = \frac{M_{xp}}{I_T} \cdot t(s)$$

$$\sigma_x = \frac{M_\omega}{I_\omega} \cdot \omega$$

$$\tau_{xs}(s) = -\frac{M_{xs} \cdot A_\omega(s)}{I_\omega \cdot t(s)}$$

M_{xp}: primäres
        Torsionsmoment

M_{xs}: sekundäres
        Torsionsmoment

Bild 6.12   Spannungsverteilungen bei U-förmigen Querschnitten

Spannungsermittlung

Bild 6.12 zeigt die Spannungsverteilungen für U-förmige Querschnitte für alle bei Stäben mögliche Schnittgrößen. Mit den Berechnungsformeln in Bild 6.12 und den Schnittgrößen in Bild 6.11 ergeben sich die folgenden maximalen Spannungen:

$$\max \sigma_x \left(M_y \right) = \frac{648}{1353} \cdot 9{,}0 = 4{,}31 \ kN/cm^2$$

$$\max \sigma_x \left(M_z \right) = \frac{54}{143{,}7} \cdot \left(7{,}5 - 2{,}47 \right) = 1{,}89 \ kN/cm^2$$

$$\max \sigma_x \left(M_\omega \right) = \frac{217}{7158} \cdot 35{,}8 = 1{,}09 \ kN/cm^2$$

$$\max \tau \left(V_z \right) = \frac{14{,}61 \cdot 86{,}7}{1353 \cdot 0{,}55} = 1{,}70 \ kN/cm^2$$

$$\max \tau \left(M_{xp} \right) = \frac{108}{7{,}00} \cdot 1{,}05 = 16{,}20 \ kN/cm^2$$

$$\max \tau \left(M_{xs} \right): \quad \text{unbedeutend}$$

Wie man sieht, hat das primäre Torsionsmoment ausschlaggebenden Einfluss. Bereits durch $\max \tau \left(M_{xp} \right) = 16{,}20 \ kN/cm^2$ ist die Grenzschubspannung um 28,6% überschritten. Auf die aufwendige Ermittlung der maximalen Vergleichsspannung wird hier verzichtet, da für den vorliegenden Fall die Anwendung des Teilschnittgrößenverfahrens empfohlen wird. Durch die Ausnutzung plastischer Reserven des Querschnitts kann die ausreichende Tragfähigkeit nachgewiesen werden.

Stabkennzahl für Torsion ε_T

Die Stabkennzahl für Torsion ist in diesem Beispiel

$$\varepsilon_T = \ell \cdot \sqrt{\frac{GI_T}{EI_\omega}} = 8{,}74$$

Diese Stabkennzahl deutet auf den überwiegenden Lastabtrag durch primäre Torsion hin, was auch durch das Verhältnis

$$M_{xp}/M_{xs} = 108/24 = 4{,}5$$

deutlich wird, vergleiche Bild 4.12 in Abschnitt 4.5.7.

6.7 Querschnitt eines H-Bahn-Trägers

Querschnitt und Schnittgrößen

Für den in Bild 6.13 dargestellten offenen Querschnitt werden die Querschnittskennwerte berechnet und die Spannungen nach der Elastizitätstheorie ermittelt. Es handelt sich um den Querschnitt für Träger einer Hängebahn. Ausgeführte Bauwerke finden sich u.a. an der Universität *Dortmund* und am Flughafen *Düsseldorf*.

Die Schnittgrößen in Bild 6.13 gehören zu einer Belastung durch eine Einzelkabine in Trägermitte und einen Träger, der 25 m lang und im Grundriss mit R = 75 m gekrümmt ist.

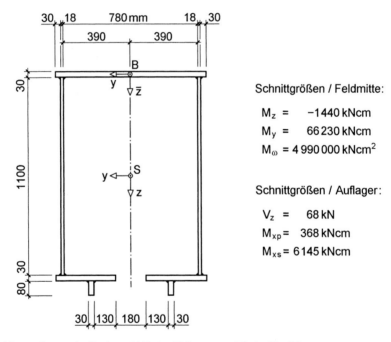

Schnittgrößen / Feldmitte:

$$M_z = -1440 \text{ kNcm}$$
$$M_y = 66230 \text{ kNcm}$$
$$M_\omega = 4990000 \text{ kNcm}^2$$

Schnittgrößen / Auflager:

$$V_z = 68 \text{ kN}$$
$$M_{xp} = 368 \text{ kNcm}$$
$$M_{xs} = 6145 \text{ kNcm}$$

Bild 6.13   Querschnitt eines H-Bahn-Trägers und Schnittgrößen

Schwerpunkt, Fläche, Trägheitsmomente

Da der Querschnitt einfachsymmetrisch ist, liegt der Schwerpunkt auf der Symmetrielinie. Das $y-\bar{z}$-Bezugssystem zur Ermittlung der vertikalen Lage des Schwerpunktes wird in der Mitte des Obergurtes angeordnet, siehe Bild 6.13. Die Berechnung erfolgt auf der Grundlage von Abschnitt 3.4.7 tabellarisch (Linienmodell), vergleiche RUBSTAHL-Programm QSW-TABELLE, und ist hier für das Beispiel in Tabelle 6.1 wiedergegeben.

Tabelle 6.1 Schwerpunkt und Trägheitsmomente für den H-Bahn-Träger

Querschnittsteile		A_i	$\bar{z}_{si}$	$A_i \cdot \bar{z}_{si}$	$A_i \cdot \bar{z}_{si}^2$	$A_{zz,ET,i}$
		cm^2	cm	cm^3	cm^4	cm^4
1 Obergurt	$876 \cdot 30$	262,8	0,0	0	0	0
2 Stege	$2 \cdot 1100 \cdot 18$	396,0	56,5	22 374	1 264 131	399 300
3 Untergurte	$2 \cdot 348 \cdot 30$	208,8	113,0	23 594	2 666 167	0
4 Fahrsteifen	$2 \cdot 80 \cdot 30$	48,0	118,5	5 688	674 028	256
	Σ	915,6		51 656	4 604 326	399 556

Eigenträgheitsmoment der Stege: $396 \cdot 110^2/12 = 399\ 300\ cm^4$

Eigenträgheitsmoment der Fahrsteifen: $48 \cdot 8^2/12 = 256\ cm^4$

Schwerpunkt: $\bar{z}_s = 51\ 656/915,6 = 56,42\ cm$

Trägheitsmoment: $I_y = 4\ 604\ 326 + 399\ 556 - 915,6 \cdot 56,42^2 = 2\ 089\ 527\ cm^4$

Trägheitsmoment: $I_z = 262,8 \cdot 87,6^2/12 + 396 \cdot 39,9^2 + 208,8 \cdot (26,4^2 + 34,8^2/12) + 48 \cdot 23,5^2$
$$= 991\ 597\ cm^4$$

Schubmittelpunkt und Wölbordinate

Für die Ermittlung der Wölbordinate $\bar{\omega}$ ist es zweckmäßig den Drehpunkt D und den Integrationsanfangspunkt A in der Mitte des Obergurtes anzuordnen und die s-Richtung von dort ausgehend symmetrisch zu wählen. Aufgrund der Symmetrie ist $\bar{\omega}$ **antimetrisch** und der konstante Transformationswert $\bar{\omega}_k = 0$. In Bild 6.14 werden die Wölbordinaten $\bar{\omega}$ an den Enden der Einzelteile berechnet. Aufgrund der Symmetrie zur z-Achse kann hier das RUBSTAHL-Programm QSW-SYM-Z verwendet werden, bei dem nur eine Hälfte des Querschnitts eingegeben werden muss.

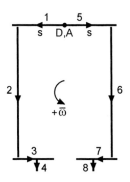

Teil	$\bar{\omega}_a$ in cm^2		$\bar{\omega}_e$ in cm^2	
1		= 0		= 0
2	$1,5 \cdot 39,9$	= 59,85	$59,85 + 110 \cdot 39,9$	= 4 448,85
3	$113 \cdot 39,9 - 3,9 \cdot 113$	= 4 068,00	$4\ 068,00 + 34,8 \cdot 113$	= 8 000,40
4	$4\ 068 + 20,3 \cdot 113 + 1,5 \cdot 23,5$	= 6 397,15	$6\ 397,15 + 8 \cdot 23,5$	= 6 585,15

Teile 5 bis 8: wie Teile 1 bis 4 mit negativem Vorzeichen!

$$\bar{\omega} = \int_s \bar{r}_t \cdot ds$$

Bild 6.14 Wölbordinate $\bar{\omega}$ für den H-Bahn-Träger

Der Schubmittelpunkt liegt auf der Symmetrieachse, d.h. es ist $y_M = 0$. Gemäß Tabelle 3.16 ist

$$z_M - z_D = -\frac{A_{y\overline{\omega}}}{I_z}$$

Der Querschnittskennwert $A_{y\overline{\omega}}$ kann im Sinne von Abschnitt 3.4.4 mit

$$A_{y\overline{\omega}} = \sum_{i=1}^{n}\left[(2 \cdot y_a \cdot \overline{\omega}_a + 2 \cdot y_e \cdot \overline{\omega}_e + y_a \cdot \overline{\omega}_e + y_e \cdot \overline{\omega}_a) \cdot A/6\right]_i$$

berechnet werden, wobei hier die Antimetrie der Ordinaten durch den Faktor 2 berücksichtigt wird. Da beim Obergurt $\overline{\omega}_a = \overline{\omega}_e = 0$ ist, ergibt sich $A_{y\overline{\omega}}$ für Teil 1 zu Null.

$$A_{y\overline{\omega}} = 2 \cdot \left[39,9 \cdot (3 \cdot 59,85 + 3 \cdot 4\,448,85) \cdot 198/6\right]$$

$$+ 2 \cdot \left[(2 \cdot 43,8 \cdot 4\,068 + 2 \cdot 9 \cdot 8\,000,4 + 43,8 \cdot 8\,000,4 + 9 \cdot 4\,068) \cdot 104,4/6\right]$$

$$+ 2 \cdot \left[23,5 \cdot (3 \cdot 6\,397,15 + 3 \cdot 6\,585,15) \cdot 24/6\right]$$

$$= 73\,822\,943 \text{ cm}^5$$

$$z_M - z_D = -73\,822\,943 / 991\,597 = -74,45 \text{ cm}$$

Der Schubmittelpunkt liegt also 74,45 cm **oberhalb** der Mittellinie des Obergurtes. Mit Kenntnis des Schubmittelpunktes kann die normierte Wölbordinate ω, siehe Bild 6.15, berechnet werden. Die Transformationsbeziehung aus Tabelle 3.16 lautet dann für dieses Beispiel

$$\omega = \overline{\omega} - \overline{\omega}_k - z \cdot (y_M - y_D) + y \cdot (z_M - z_D) = \overline{\omega} - 74,45 \cdot y$$

Anmerkung: Wenn der Querschnitt durch das Linienmodell mit Überlappung idealisiert wird, können näherungsweise bei Vernachlässigung der Fahrsteifen auch die Formeln in Bild 3.60 (Abschnitt 3.7.4) verwendet werden.

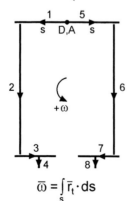

Teil	ω_a in cm^2	ω_e in cm^2
1	0,00	$-3\,260,85$
2	$-2\,910,65$	$+1\,478,35$
3	$+807,15$	$+7\,330,36$
4	$+4\,647,61$	$+4\,835,61$

Teile 5 bis 8: wie Teile 1 bis 4
mal (−1)

$$\overline{\omega} = \int_s \overline{r}_t \cdot ds$$

Bild 6.15   Wölbordinate ω für den H-Bahn-Träger

Wöllbwiderstand I_ω

Für die Berechnung von I_ω wird hier die normierte Wölbordinate verwendet. Die Berechnungsformel (3.135) nach Abschnitt 3.8 lautet

$$I_\omega = \sum_{i=1}^{n}\left[\left(\omega_a^2 + \omega_a \cdot \omega_e + \omega_e^2\right) \cdot A_{ae} / 3\right]_i$$

Mit den Wölbordinaten in Bild 6.15 erhält man:

$$I_\omega = 7\,046\,614\,956 \text{ cm}^6$$

Torsionsträgheitsmoment I_T

Da es sich um einen offenen Querschnitt aus dünnwandigen rechteckigen Einzelteilen handelt, wird I_T nach Abschnitt 5.4.5 berechnet. Damit ist

$$I_T = \sum_{i=1}^{n}\left[t^3 \cdot \ell / 3\right]_i = \sum_{i=1}^{n}\left[A \cdot t^2 / 3\right]_i$$

$$= (262,8 \cdot 3^2 + 396 \cdot 1,8^2 + 208,8 \cdot 3^2 + 48 \cdot 3^2)/3 = 1\,986,48 \text{ cm}^4$$

Stabkennzahl für Torsion ε_T

Die sehr kleine Stabkennzahl für Torsion ist in diesem Beispiel

$$\varepsilon_T = \ell \cdot \sqrt{\frac{GI_T}{EI_\omega}} = 0,824$$

Torsionsbeanspruchungen werden daher fast ausschließlich durch Wölbkrafttorsion abgetragen (siehe auch Bild 4.12 in Abschnitt 4.5.7). Dies wird auch durch die Schnittgrößen in Bild 6.13 deutlich, da

$$M_{xs}/M_{xp} = 6\,145/368 = 16,7$$

ist.

Normalspannungen σ_x

Die Schnittgrößen in Bild 6.13 führen zu

$$\sigma_x = -\frac{M_z}{I_z} \cdot y + \frac{M_y}{I_y} \cdot z + \frac{M_\omega}{I_\omega} \cdot \omega$$

$$= \frac{1\,440}{991\,597} \cdot y + \frac{66\,230}{2\,089\,527} \cdot z + \frac{4\,990\,000}{7\,046\,614\,956} \cdot \omega$$

Mit den normierten Ordinaten y, z und ω können die Spannungen in jedem beliebigen Querschnittspunkt berechnet werden. Auf der sicheren Seite können die maximalen

Ordinaten eingesetzt werden, die jedoch für unterschiedliche Querschnittsstellen gelten. Mit $y = 43,8$ cm, $z = 122,5 - 56,42 = 66,08$ cm und $\omega = 7330,36$ cm^2 erhält man

$$\sigma_x = 0,0636 + 2,095 + 5,191 = 7,349 \text{ kN/cm}^2$$

Wie man sieht, ist der Einfluss von M_z unbedeutend und die mit Abstand größte Beanspruchung entsteht durch das Wölbbimoment, also durch die Torsion des gekrümmten Trägers. Die extreme Überlagerung der Spannungen zeigt, dass max σ_x in Bezug auf die Profilmittellinie am rechten Ende des linken Untergurtteiles auftritt. Für $y = 9$ cm, $z = 56,58$ cm und $\omega = 7330,36$ cm^2 ist

$$\max \sigma_x = 0,013 + 1,793 + 5,191 = 6,997 \text{ kN/cm}^2$$

Schubspannungen

Aus den Schnittgrößen V_z, M_{xp} und M_{xs} gemäß Bild 6.13 ergeben sich Schubspannungen. Wie man mit der Näherung

$$\tau_m = \frac{V_z}{A_{steg}} = \frac{68}{396} = 0,172 \text{ kN/cm}^2$$

sofort sieht, sind die Spannungen infolge V_z unbedeutend. Wegen

$$\tau_{xp} = \frac{M_{xp}}{I_T} \cdot t(s)$$

nach Gl. (5.96) in Abschnitt 5.4.5 treten die maximalen Schubspannungen infolge des primären Torsionsmomentes in den Blechen mit der größten Dicke auf. Hier erhält man

$$\max \tau_{xp}(M_{xp}) = \frac{368}{1\,986,48} \cdot 3,0 = 0,556 \text{ kN/cm}^2$$

Auch diese Spannung ist relativ gering, was aufgrund der kleinen Stabkennzahl für Torsion $\varepsilon_T = 0,824$ zu erwarten war.

Die Schubspannungen infolge des sekundären Torsionsmomentes können gemäß Gl. (5.99) in Abschnitt 5.4.5 mit

$$\tau_{xs} = -\frac{M_{xs} \cdot A_\omega(\omega)}{I_\omega \cdot t(s)}$$

ermittelt werden. Die Berechnung ist relativ aufwendig, weil dafür $A_\omega(\omega)$ benötigt wird, eine Größe, die den statischen Momenten bei der Schubspannungsermittlung infolge von Querkräften entspricht.

Da die Wölbordinate gemäß Bild 6.15 in den Blechen geradlinig verläuft, kann die Integration mit

$$A_\omega(\omega) = \int_A \omega \cdot dA = \sum_i \left[(\omega_a + \omega_e) \cdot A/2\right]_i$$

durchgeführt werden. Hier reicht eine Berechnung für die linke Querschnittshälfte aus, da A_ω antimetrisch ist. Mit der Integration wird am freien Ende des linken Untergurtes begonnen. Da sie entgegen der gewählten s-Richtung in Bild 6.15 erfolgt, muss ein negatives Vorzeichen berücksichtigt werden. Für die Integration bis zur Obergurtmitte erhält man

$$\begin{aligned}
A_\omega &= -(4\,647{,}61 + 4\,835{,}61) \cdot 24/2 - (807{,}15 + 7\,330{,}36) \cdot 104{,}4/2 \\
&\quad - (-2\,910{,}65 + 1\,478{,}35) \cdot 198/2 - (0 - 3\,260{,}85) \cdot 131{,}4/2 \\
&= -113\,799 - 424\,778 + 141\,798 + 214\,238 \\
&= -182\,541 \text{ cm}^4
\end{aligned}$$

Der betragsmäßig größte Wert ergibt sich im Steg an der Stelle, wo $\omega = 0$ ist:

$$\begin{aligned}
\max A_\omega &= -113\,799 - 424\,778 - (0 + 1\,478{,}35) \cdot 37{,}05 \cdot 1{,}8/2 \\
&= -587\,873 \text{ cm}^4
\end{aligned}$$

Dort ist dann die maximale Schubspannung

$$\max \tau_{xs}(M_{xs}) = \frac{6\,145 \cdot 587\,873}{7\,046\,614\,956 \cdot 1{,}8} = 0{,}285 \text{ kN/cm}^2$$

Auch diese Schubspannung ist gering, deren vollständiger Verlauf in Bild 6.16 für eine Querschnittshälfte skizziert ist, um die allgemeine Anwendung der Berechnungsformeln zu zeigen.

Für baupraktische Zwecke reicht es häufig aus, die Größenordnung abzuschätzen. Dies gelingt hier mit Hilfe von Bild 6.17. Dort sind die resultierenden Schubkräfte in den Einzelteilen eingetragen. Der Einfluss der Fahrsteifen wird vernachlässigt und die Kräfte in Gurten und Stegen so angesetzt, dass ΣF_y und $\Sigma F_z = 0$ sind. Die Momentengleichgewichtsbedingung führt zu

$$M_{xs} = 2 \cdot V_s \cdot 39{,}9 + V_g \cdot (113 + 74{,}45 - 74{,}45) = 6\,145 \text{ kNcm}$$

$$\Rightarrow \quad 79{,}8 \cdot V_s + 113 \cdot V_g = 6\,145$$

Wenn man R_g auf der sicheren Seite vernachlässigt, was der Aufteilung von M_{xs} in ein Kräftepaar in den Stegen entspricht, erhält man

$$V_s = 6\,145/79{,}8 = 77 \text{ kN}$$

Daraus ergibt sich eine mittlere Schubspannung von

$$\tau_m = \frac{77}{1{,}8 \cdot 110} = 0{,}389 \text{ kN/cm}^2$$

Da diese Spannung gering ist, reicht die Näherung für baupraktische Belange aus, so dass auf die genauere Berechnung mit A_ω verzichtet werden kann. Im Übrigen kann die Näherung stets zur Kontrolle und anschaulichen Festlegung der Wirkungsrichtung der Schubspannungen verwendet werden. Für die Spannungsberechnung kann das RUBSTAHL-Programm QSW-OFFEN hilfreich sein.

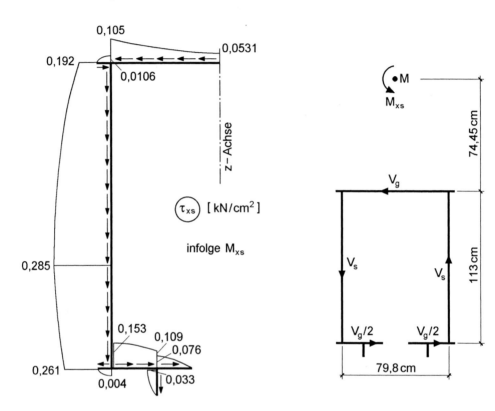

Bild 6.16 Schubspannungen τ_{xs} infolge M_{xs}

Bild 6.17   Schubkräfte in Stegen und Gurten infolge M_{xs}

6.8 Querschnitt mit einer Hohlzelle (Fußgängerbrücke)

Querschnitt und Schnittgrößen

In Bild 6.18 ist ein Querschnitt mit einer Hohlzelle dargestellt, für den die Querschnittskennwerte berechnet und die Spannungen nach der Elastizitätstheorie ermittelt werden. Es handelt sich um den Querschnitt einer Fußgängerbrücke, wie er in ähnlicher Form mehrfach in *Dortmund* ausgeführt wurde, siehe auch Bild 4.46 in [34].

Der Querschnitt enthält keine Längssteifen, da das Deckblech in **Querrichtung** mit Trapezsteifen ausgesteift wurde. Etwa in der Mitte der ca. 68 m langen Brücke und dort in der Symmetrieachse befindet sich **ein** festes Lager, so dass für Biegebeanspruchungen ein **Zwei**feldträger entsteht. Für die Torsion kann von einem beidseitig gabelgelagerten **Ein**feldträger ausgegangen werden.

Die in Bild 6.18 angegebenen Schnittgrößen entsprechen nicht den bemessungsrelevanten Schnittgrößen für die Fußgängerbrücke. Es wurden vielmehr fiktive, jedoch sinnvolle Schnittgrößen gewählt, da die Spannungsverteilungen für **alle** denkbaren Schnittgrößen ermittelt werden. In diesem Beispiel geht es nicht vorrangig um die Bemessung der Brücke, sondern allgemein um einen Querschnitt mit einer Hohlzelle.

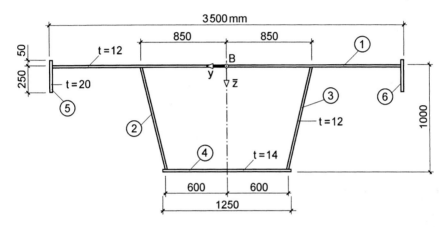

$$N = 50\,\text{kN} \;;\; M_z = 205\,\text{kNm} \;;\; M_y = 4\,200\,\text{kNm} \;;\; M_\omega = 0$$
$$V_y = 60\,\text{kN} \;;\; V_z = 230\,\text{kN} \;;\; M_{xs} = 0 \;;\; M_{xp} = 160\,\text{kNm}$$

Bild 6.18   Querschnitt mit einer Hohlzelle und Schnittgrößen

Schwerpunkt, Fläche, Trägheitsmomente

Der Querschnitt ist, wie der Querschnitt in Abschnitt 6.7 (H-Bahn), zur z-Achse symmetrisch. Die Berechnung kann völlig analog erfolgen. Als einzige Schwierigkeit kann möglicherweise die Berechnung der Eigenträgheitsmomente für die **schrägen Stege** auftreten. Für **einen** Steg erhält man:

$$A_{\overline{zz},ET} = \frac{1}{12} \cdot 1{,}2 \cdot \sqrt{(60-85)^2 + (98-0{,}6)^2} \cdot (98-0{,}6)^2$$

$$= 1{,}2 \cdot 100{,}56 \cdot 97{,}4^2 \big/ 12 = 95\,399\ \text{cm}^4$$

$$A_{yy,ET} = 1{,}2 \cdot 100{,}56 \cdot 25^2 \big/ 12 = 6\,285\ \text{cm}^4$$

Es soll hier auch angemerkt werden, dass für **einen** Steg $A_{y\bar{z}} \neq 0$ ist. Für den anderen Steg ergibt sich der gleiche Wert, jedoch negativ. Es ist daher für den gesamten Querschnitt $A_{y\bar{z}} = 0$. Dies ergibt sich auch unmittelbar aus der Anschauung, da aufgrund der Symmetrieeigenschaften die Hauptachsen y und z horizontal bzw. vertikal liegen müssen. Für eine eventuelle Handrechnung kann wie in Tabelle 6.1 (Abschnitt 6.7) vorgegangen werden. Hier wird als Alternative das RUBSTAHL-Programm QSW-BLECHE verwendet. Grundlage der Berechnungen ist das Linienmodell ohne Überlappung der Einzelteile, d.h mit den tatsächlich vorhandenen Blechlängen. Die Eingabewerte und Ergebnisse sind in Tabelle 6.1 zusammengestellt.

Tabelle 6.2   Schwerpunkt, Fläche und Trägheitsmomente für den Querschnitt in Bild 6.18

Blech	t [cm]	y_a [cm]	y_e [cm]	$\bar{z}_a$ [cm]	$\bar{z}_e$ [cm]
1	1,2	-173,0	173,0	0,0	0,0
2	1,2	85,0	60,0	0,6	98,0
3	1,2	-85,0	-60,0	0,6	98,0
4	1,4	-62,5	62,5	98,7	98,7
5	2,0	174,0	174,0	-5,6	24,4
6	2,0	-174,0	-174,0	-5,6	24,4

Ergebnisse: $\bar{z}_s = 31{,}84$ cm; $A = 951{,}54$ cm^2; $I_y = 1\,537\,010$ cm^4; $I_z = 9\,284\,258$ cm^4

Schubmittelpunkt und Wölbordinate

Da der Querschnitt eine Hohlzelle aufweist, ist die Berechnung schwieriger als für den offenen H-Bahn-Querschnitt in Abschnitt 6.7. Zur Lösung wird das Bodenblech in der Mitte aufgeschnitten und dort ein unbekannter Schubfluss T angesetzt, der die am offenen Querschnitt auftretende gegenseitige Längsverschiebung rückgängig macht. Die Bestimmung von T kann mit Gl. (3.95) in Abschnitt 3.6.3 erfolgen.

$$\frac{T}{G \cdot \vartheta'} = \frac{2 \cdot A_m}{\oint \dfrac{ds}{t(s)}} = \frac{2 \cdot (170 + 120)/2 \cdot 98{,}7}{170/1{,}2 + 2 \cdot 101{,}82/1{,}2 + 120/1{,}4} = 72{,}08 \text{ cm}^2$$

Zur Berechnung der Wölbordinate $\bar{\omega}$ dient Gl. (3.96)

$$\bar{\omega} = \bar{\omega}_{\text{offen}} + \omega_{p,zu} = \int_s \bar{r}_t \cdot ds - \frac{T}{G \cdot \vartheta'} \int_s \frac{ds}{t(s)}$$

Da die Wölbordinate an den Übergängen zwischen Hohlzelle und offenen Querschnittsteilen Unstetigkeitsstellen aufweist, kann die zur Berechnung der Trägheitsmomente gewählte Querschnittsaufteilung (Bild 6.18) nicht beibehalten werden. Bild 6.19 enthält die neue Aufteilung mit der Knotennummerierung und Wahl der s-Richtung. Zur Vereinfachung und Wahrung der Übersichtlichkeit werden die Überstände der Bodenbleche vernachlässigt und das Linienmodell **mit** Überlappung verwendet.

Die Berechnung der Wölbordinaten in den Querschnittsknoten ist in Bild 6.19 zusammengestellt.

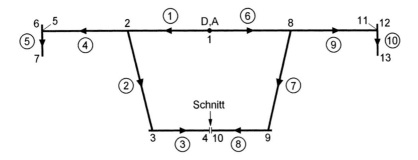

$\bar{\omega}_1 = 0$; $\bar{\omega}_2 = 0 - 72{,}08 \cdot 85/1{,}2 = -5\,106\,\mathrm{cm}^2$

$\bar{\omega}_3 = -5\,106 + 98{,}7 \cdot 85 - 72{,}08 \cdot 101{,}82/1{,}2 = -2\,833\,\mathrm{cm}^2$

$\bar{\omega}_4 = -2\,833 + 98{,}7 \cdot 60 - 72{,}08 \cdot 60/1{,}4 = 0$

$\bar{\omega}_5 = \bar{\omega}_2 = -5\,106\,\mathrm{cm}^2$

$\bar{\omega}_6 = -5\,106 - 5{,}6 \cdot 174 = -6\,080\,\mathrm{cm}^2$; $\bar{\omega}_7 = -5\,106 + 24{,}4 \cdot 174 = -860\,\mathrm{cm}^2$

$\bar{\omega}_8$ bis $\bar{\omega}_{13}$: antimetrisch zu $\bar{\omega}_1$ bis $\bar{\omega}_6$

Bild 6.19   Zur Berechnung der Wölbordinate $\bar{\omega}$ für den Querschnitt mit einer Hohlzelle

Mit Kenntnis der Wölbordinaten $\bar{\omega}$ für den Querschnitt mit der **geschlossenen** Hohlzelle (bezogen auf die Punkte D und A) kann die Lage des Schubmittelpunktes ermittelt werden. Wegen der Symmetrie des Querschnitts ist $y_M = 0$, so dass noch

$$z_M - z_D = -A_{y\bar{\omega}}/I_z$$

zu bestimmen ist. Die Berechnung kann wie in Abschnitt 6.7 durchgeführt werden. Hier wird, wie bereits erwähnt, das Programm QSW-BLECHE verwendet, bei dem im Teil II die Wölbordinaten $\bar{\omega}$ eingegeben werden müssen. Das Trägheitsmoment I_z wird mit der Idealisierung gemäß Bild 6.19 erneut berechnet, da der Schubmittelpunkt stets mit **einem durchgängigen Modell** ermittelt werden sollte. Die Programmrechnung führt zu:

$I_z \quad = 9\,346\,287\,\mathrm{cm}^4$; $\qquad\qquad A_{y\bar{\omega}} = -324\,204\,647\,\mathrm{cm}^5$

$z_M - z_D = 34{,}688\,\mathrm{cm}$; $\qquad\qquad z_M \quad = 34{,}688 - 31{,}337 = 3{,}35\,\mathrm{cm}$

Der Schubmittelpunkt liegt also etwas tiefer als der Schwerpunkt und die normierte Wölbordinate kann mit

$$\omega = \bar{\omega} + 34{,}688 \cdot y$$

berechnet werden, wird hier jedoch auch mit dem Programm ermittelt. Die Ergebnisse sind in Bild 6.20 dargestellt.

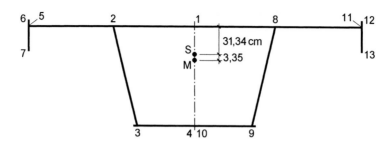

$\omega_1 = 0$; $\omega_2 = -2\,157{,}5\,\text{cm}^2$; $\omega_3 = -751{,}7\,\text{cm}^2$; $\omega_4 = 0$

$\omega_5 = 929{,}7\,\text{cm}^2$; $\omega_6 = -44{,}3\,\text{cm}^2$; $\omega_7 = 5\,175{,}7\,\text{cm}^2$

ω_8 bis ω_{13} : antimetrisch zu ω_1 bis ω_6

Bild 6.20   Lage des Schubmittelpunktes und normierte Wölbordinate ω für den Querschnitt mit einer Hohlzelle

Wölbwiderstand I_ω

Der Wölbwiderstand I_ω wird mit Gl. (3.135) aus Abschnitt 3.8 bestimmt, vergleiche auch Beispiel „H-Bahn-Träger" in Abschnitt 6.7. Mit dem Programm QSW-BLECHE erhält man

$I_\omega = 2\,218\,050\,785\ \text{cm}^6$

Torsionsträgheitsmoment I_T

Die primäre Torsion wird durch einen umlaufenden Schubfluss in der Hohlzelle und Einzeltorsionsmomente in den Blechen übertragen, d.h. I_T setzt sich aus 2 Anteilen zusammen.

a) Hohlzelle

$$I_T = \frac{4 \cdot A_m^2}{\displaystyle\oint \frac{ds}{t(s)}} = \frac{4 \cdot (170+120)^2 / 4 \cdot 98{,}7^2}{170/1{,}2 + 2 \cdot 101{,}82/1{,}2 + 120/1{,}4} = 2\,063\,247\ \text{cm}^4$$

b) Bleche

$$I_T = \sum_{i=1}^{n} \left[A \cdot t^2 / 3 \right]_i$$

$$= \left(417{,}6 \cdot 1{,}2^2 + 2 \cdot 122{,}2 \cdot 1{,}2^2 + 168 \cdot 1{,}4^2 + 2 \cdot 60 \cdot 2^2 \right) / 3 = 587{,}5\ \text{cm}^4$$

Wie man sieht, ist der Anteil der Bleche gegenüber dem I_T der Hohlzelle völlig unbedeutend und kann deshalb vernachlässigt werden.

Stabkennzahl für Torsion ε_T

Wenn man von einer wirksamen Stablänge von 68 m für die Torsion ausgeht, erhält man die sehr große Stabkennzahl für Torsion

$$\varepsilon_T = \ell \cdot \sqrt{\frac{GI_T}{EI_\omega}} = 128{,}8$$

Daraus kann mit Bild 4.12 in Abschnitt 4.5.7 geschlossen werden, dass die Torsion nahezu nur durch **primäre** Torsion abgetragen wird. Es ist daher

$$M_{xp} \cong M_x; \quad M_{xs} \cong 0 \text{ und } M_\omega \cong 0$$

Die weitere Untersuchung der Wölbkrafttorsion ist für das vorliegende Beispiel nicht erforderlich. Allgemein kann bei Querschnitten mit Hohlzellen auf die Berechnungen zur Wölbkrafttorsion verzichtet werden, wenn die Hohlzelle im Verhältnis zum Gesamtquerschnitt eine ausreichende Größe aufweist.

Normalspannungen σ_x

Mit den Schnittgrößen in Bild 6.18 und den errechneten Querschnittswerten folgt:

$$\sigma_x = \frac{N}{A} - \frac{M_z}{I_z} \cdot y + \frac{M_y}{I_y} \cdot z = \frac{50}{951{,}54} - \frac{20\,500}{9\,284\,258} \cdot y + \frac{420\,000}{1\,537\,010} \cdot z$$

Die größte Normalspannung tritt am rechten Ende des Bodenbleches auf, so dass man für

$$y = -62{,}5 \text{ cm und } z = 98{,}7 + 0{,}7 - 31{,}34 = 68{,}06 \text{ cm}$$

die Spannung

$$\sigma_x = 0{,}053 + 0{,}138 + 18{,}598 = 18{,}789 \text{ kN/cm}^2$$

erhält. Für die Oberkante des linken Gesimsbleches ergibt sich

$$y = +175 \text{ cm}; z = -5{,}6 - 31{,}34 = -36{,}94 \text{ cm}$$

$$\sigma_x = 0{,}053 - 0{,}386 - 10{,}094 = -10{,}427 \text{ kN/cm}^2$$

Schubspannungen

Die genaue Ermittlung der Schubspannungen ist recht aufwendig. Man erkennt jedoch sehr schnell, dass die Schubspannungen unbedeutend sind. V_z wird fast ausschließlich von den beiden Stegen des Kastens aufgenommen. Die Näherung mit

$$\tau_m = V_z / A_{steg}$$

führt unter Berücksichtigung der schrägen Lage zu

$$\tau_m(V_z) = \frac{230}{2 \cdot 1{,}2 \cdot 100{,}56} \cdot \frac{100{,}56}{97{,}4} = 0{,}984 \text{ kN/cm}^2$$

Die Querkraft V_y wird im Wesentlichen vom Deck- und Bodenblech aufgenommen. Davon entfällt näherungsweise auf das Bodenblech

$$V_u \cong 60 \cdot 34{,}688/98{,}7 = 21{,}09 \text{ kN}$$

$$\tau_m\left(V_y\right) \cong \frac{21{,}09}{1{,}4 \cdot 120} = 0{,}126 \text{ kN/cm}^2$$

Das primäre Torsionsmoment $M_x = M_{xp}$ wird von den Wandungen des Kastens aufgenommen, wobei die Schubspannungen über die Blechdicke und in jeder Wandung konstant sind. Wegen

$$\tau_{xs} = \frac{M_x}{2 \cdot A_m \cdot t(s)}$$

sind die Schubspannungen im Deckblechmittelteil und den Stegen größer als im Bodenblech. Man erhält

$$\tau_{xs}(M_x) = \frac{16\,000}{2 \cdot 14\,312 \cdot 1{,}2} = 0{,}466 \text{ kN/cm}^2$$

Die genaue Ermittlung der Schubspannungen wird hier nicht durchgeführt. Sie kann den Abschnitten 5.3.4 und 5.4.6 für ein vergleichbares Beispiel (Hohlkasten mit beidseitig überstehendem Deckblech) entnommen werden.

6.9 Querschnitt mit zwei Hohlzellen

Querschnitt

Bei dem Querschnitt in Bild 6.21 sind nur seine Profilmittellinien dargestellt. Für die Berechnungen soll daher das Linienmodell mit Überlappung angewendet werden.

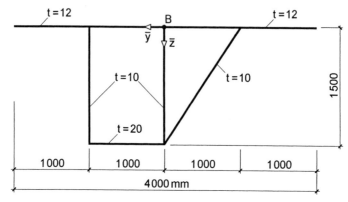

Bild 6.21   Querschnitt mit zwei Hohlzellen

Gegenüber den vorhergehenden Beispielen weist der Querschnitt 2 Besonderheiten auf:

- Er hat keine Symmetrieachse. Die Richtung der Hauptachsen muss daher bestimmt werden.
- Der Querschnitt hat 2 Hohlzellen. Dies muss bei der Ermittlung von Schubmittelpunkt, Wölbordinate und Schubspannungen berücksichtigt werden.

Schwerpunkt, Fläche, Trägheitsmomente

Für die Berechnungen können die RUBSTAHL-Programme QSW-OFFEN und QSW-BLECHE verwendet werden, wobei hier zur Vermittlung der Methodik der Ablauf gezeigt. Zur Beschreibung des Querschnitts werden die Blechdicken und die Ordinaten $\bar{y}$ und $\bar{z}$ an den Enden der Einzelbleche benötigt. Das Deckblech könnte hier als **ein** Teil behandelt werden. Wegen der späteren Berechnungen zum Schubmittelpunkt wird es jedoch in **vier** Teile aufgeteilt. Die entsprechenden Eingabewerte für Teil I des Programms QSW-BLECHE sind in Tabelle 6.3 zusammengestellt. Die Anfangs- und Endpunkte der Bleche ergeben sich aus der s-Richtung in Bild 6.22.

Die Berechnung der Querschnittskennwerte im gewählten $\bar{y}-\bar{z}$ – Bezugssystem erfolgt mit den Formeln in Abschnitt 3.4.4, Gln. (3.31) bis (3.36). Diese Berechnungen finden sich auf dem Dateiblatt „Rechnung", die zu den folgenden Ergebnissen führt:

$$A = 1\,160{,}28\,\text{cm}^2; \qquad A_{\bar{y}} = 15\,986\,\text{cm}^3; \qquad A_{\bar{z}} = 66\,021\,\text{cm}^3$$

$$A_{\bar{y}\bar{z}} = 2\,174\,306\,\text{cm}^4; \quad A_{\bar{y}\bar{y}} = 9\,167\,592\,\text{cm}^4; \quad A_{\bar{z}\bar{z}} = 8\,102\,082\,\text{cm}^4$$

Diese Werte sind der Ausgangspunkt der Normierung gemäß Tabelle 3.4, dort unter Punkt ① vermerkt. Es folgt dann

② $\quad \bar{y}_s = 15\,986/1\,160{,}28 = 13{,}778\,\text{cm}$

$\quad \bar{z}_s = 66\,021/1\,160{,}28 = 56{,}901\,\text{cm}$

③ $\quad A_{\bar{y}\bar{z}} = 2\,174\,306 - 13{,}778 \cdot 56{,}901 \cdot 1\,160{,}28 = 1\,264\,682\,\text{cm}^4$

$\quad A_{\bar{y}\bar{y}} = 9\,167\,592 - 13{,}778^2 \cdot 1\,160{,}28 \qquad = 8\,947\,338\,\text{cm}^4$

$\quad A_{\bar{z}\bar{z}} = 8\,102\,082 - 56{,}901^2 \cdot 1\,160{,}28 \qquad = 4\,345\,439\,\text{cm}^4$

④ $\quad \alpha = \dfrac{1}{2} \cdot \arctan\left(\dfrac{2 \cdot 1\,264\,682}{8\,947\,338 - 4\,345\,439}\right) = 0{,}2513$ (Bogenmaß)

$\quad \alpha = 14{,}397\,\text{Grad}$

$\Rightarrow \sin\alpha = 0{,}2486 \qquad\qquad \cos\alpha = 0{,}9686$

⑤ $I_z = 8\,947\,338 \cdot 0{,}9686^2 + 4\,345\,439 \cdot 0{,}2487^2 + 2 \cdot 1\,264\,682 \cdot 0{,}2487 \cdot 0{,}9686$

     $= 9\,272\,340 \; \text{cm}^4$

     $I_y = 4\,345\,493 \cdot 0{,}9686^2 + 8\,947\,338 \cdot 0{,}2487^2 - 2 \cdot 1\,264\,682 \cdot 0{,}2487 \cdot 0{,}9686$

     $= 4\,020\,937 \; \text{cm}^4$

⑥ $y = (\bar{y} - 13{,}778) \cdot 0{,}9686 + (\bar{z} - 56{,}901) \cdot 0{,}2487$

     $z = (\bar{z} - 56{,}901) \cdot 0{,}9686 - (\bar{y} - 13{,}778) \cdot 0{,}2487$

Gegenüber der Programmrechnung ergeben sich geringfügige rundungsbedingte Abweichungen. Die Ordinaten y und z (Hauptachsen) werden im Programm für die Enden der Bleche berechnet.

Tabelle 6.3   Eingabewerte in Teil I von QSW-BLECHE für den Querschnitt in Bild 6.22

Blech	$t\,[\text{cm}]$	$\bar{y}_a\,[\text{cm}]$	$\bar{y}_e\,[\text{cm}]$	$\bar{z}_a\,[\text{cm}]$	$\bar{z}_e\,[\text{cm}]$
1	1,2	100	200	0	0
2	1,2	0	100	0	0
3	1,2	-100	0	0	0
4	1,2	-100	-200	0	0
5	1,0	100	100	0	150
6	1,0	0	0	150	0
7	1,0	0	-100	150	0
8	2,0	100	0	150	150

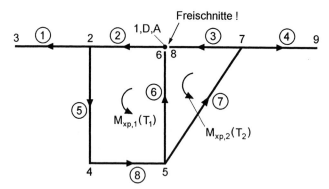

Bild 6.22   Knotennummerierung, s-Richtung und Torsionsmomente infolge T_1 und T_2 für den Querschnitt mit 2 Hohlzellen in Bild 6.21

Schubmittelpunkt und Wölbordinate

Da der Querschnitt 2 Hohlzellen hat, müssen 2 unbekannte Schubflüsse T_1 und T_2 angesetzt und bestimmt werden. Zur Durchführung der Berechnung werden die Knotennummerierung und s-Richtungen gemäß Bild 6.22 verwendet. Die Bezugspunkte D und A liegen im Knoten 1; die Knoten 6 und 8 sind vom Knoten 1 durch Freischnitte getrennt.

Am nunmehr offenen Querschnitt treten Relativverschiebungen Δu zwischen den Knoten 6 und 1 sowie 8 und 6 auf. Diese müssen durch die Schubflüsse T_1 und T_2 bzw. durch die entsprechenden Torsionsmomente für beliebige Verdrillungen ϑ' rückgängig gemacht werden.

Die δ_{ik}–Zahlen werden gemäß Abschnitt 5.4.6 ermittelt. Bei δ_{12} ist zu beachten, dass T_1 und T_2 im gemeinsamen Blech (Knoten 5 bis 6) entgegengesetzte Richtung haben, weshalb δ_{12} negativ ist.

$$G \cdot \delta_{11} = \oint_{\text{Zelle 1}} \frac{ds}{t(s)} = \frac{100}{1,2} + 2 \cdot \frac{150}{1,0} + \frac{100}{2,0} = 433,33$$

$$G \cdot \delta_{22} = \oint_{\text{Zelle 2}} \frac{ds}{t(s)} = \frac{100}{1,2} + \frac{150}{1,0} + \frac{180,28}{1,0} = 413,61$$

$$G \cdot \delta_{12} = \int_{\text{Blech 5-6}} \frac{ds}{t(s)} = -\frac{150}{1,0} = -150 \quad (\text{oder } G \cdot \delta_{12} = \int_{\text{Blech 5-6}} \frac{T_1(s) \cdot T_2(s)}{t(s)} \cdot ds)$$

$$\delta_{10}/\vartheta' = -2 \cdot A_{m,1} = -2 \cdot 100 \cdot 150 = -30\,000$$

$$\delta_{20}/\vartheta' = -2 \cdot A_{m,2} = -15\,000$$

Die Lösung des 2x2–Gleichungssystems

$$\delta_{11} \cdot T_1 + \delta_{12} \cdot T_2 + \delta_{10} = 0$$

$$\delta_{12} \cdot T_1 + \delta_{22} \cdot T_2 + \delta_{20} = 0$$

ist

$$\frac{T_1}{G \cdot \vartheta'} = 93,5252 \text{ cm}^2 \quad \text{und} \quad \frac{T_2}{G \cdot \vartheta'} = 70,1838 \text{ cm}^2$$

Mit Kenntnis von T_1 und T_2 kann nun die Wölbordinate $\overline{\omega}$ ermittelt werden, vergleiche Gl. (3.96) in Abschnitt 3.6.3.

$$\overline{\omega} = \overline{\omega}_{\text{offen}} + \omega_{p,zu} = \int_s \overline{r}_t \cdot ds - \frac{T(s)}{G \cdot \vartheta'} \cdot \int_s \frac{ds}{t(s)}$$

Für $T(s)$ ist in Blechen von Zelle 1 T_1 und in Blechen von Zelle 2 T_2 einzusetzen. In dem gemeinsamen Blech 5 bis 6 ist

$$\frac{T(s)}{G \cdot \vartheta'} = \frac{T_1}{G \cdot \vartheta'} - \frac{T_2}{G \cdot \vartheta'} = 23,341 \text{ cm}^2$$

Die Berechnung der Wölbordinaten $\bar{\omega}$ erfolgt in Tabelle 6.4. Aufgrund von Rundungsungenauigkeiten ergeben sich in den Knoten 6 und 8 kleine Werte (3 bzw. 5 cm²). Laut Vorraussetzung muss dort jedoch $\bar{\omega} = 0$ sein (Kontrolle!).

Tabelle 6.4 Tabellarische Ermittlung von $\bar{\omega}$ für Querschnitt mit 2 Hohlzellen

Knoten	Anfangswert	$\bar{\omega}_{\text{offen}}$	T_1	T_2	$\bar{\omega}$ [cm²]
1	-				0
2	$\bar{\omega}_1$	0	-93,515·100/1,2		-7 794
3	$\bar{\omega}_2$	0			-7 794
4	$\bar{\omega}_2$	150·100	-93,515·150/1,0		-6 823
5	$\bar{\omega}_4$	100·150	-93,515·100/2,0		3 501
6	$\bar{\omega}_5$	0	-93,515·150/1,0	+70,174·150/1,0	0
7	$\bar{\omega}_5$	15 000		-70,174·180,28/1,0	5 849
8	$\bar{\omega}_7$	0		-70,174·100/1,2	0
9	$\bar{\omega}_7$	0			5 849

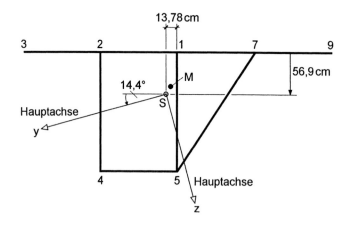

normierte Wölbordinate in cm²:

$\omega_3 = 3\,976$; $\omega_2 = -1\,592$; $\omega_1 = 634$; $\omega_7 = 914$; $\omega_9 = -4\,654$

$\omega_4 = -2\,784$; $\omega_5 = 1\,971$

Bild 6.23   Hauptachsen, Schwerpunkt, Schubmittelpunkt und Wölbordinate für den Querschnitt mit 2 Hohlzellen in Bild 6.21

Mit Hilfe der Wölbordinate $\bar{\omega}$ können nun die Querschnittskennwerte $A_{\bar{\omega}}$, $A_{y\bar{\omega}}$ und $A_{z\bar{\omega}}$ berechnet werden. Unter Hinweis auf die in Abschnitt 6.7 vorgeführte Berechnung wird hier auf die Ergebnisse des Programms zurückgegriffen. Mit Tabelle 3.16 erhält man

$$\overline{\omega}_k = A_{\overline{\omega}}/A = -673109/1\,160{,}28 = -580 \text{ cm}^2$$

$$y_M - y_D = A_{z\overline{\omega}}/I_y = 111846000/4\,020\,786 = 27{,}817 \text{ cm}$$

$$z_M - z_D = -A_{y\overline{\omega}}/I_z = 466808000/9\,271\,991 = 50{,}346 \text{ cm}$$

Mit $y_D = -27{,}49$ cm und $z_D = -51{,}69$ cm folgt $y_M = 0{,}3235$ cm und $z_M = -1{,}342$ cm, d.h der Schubmittelpunkt liegt in unmittelbarer Nähe zum Schwerpunkt. Die normierte Wölbordinate kann mit

$$\omega = \overline{\omega} - \overline{\omega}_k - 27{,}817 \cdot z + 50{,}346 \cdot y$$

transformiert werden. Bild 6.23 enthält eine Zusammenstellung der Ergebnisse.

Wölbwiderstand I_ω

Mit dem RUBSTAHL-Programm QSW-BLECHE erhält man

$$I_\omega = 3\,174\,730\,000 \text{ cm}^6$$

Torsionsträgheitsmoment I_T

Unter Hinweis auf die Ausführungen in Abschnitt 6.8 wird hier nur die Wirkung der beiden Hohlzellen berücksichtigt. Aus

$$M_{xp} = G \cdot I_T \cdot \vartheta' = M_{xp,1}(T_1) + M_{xp,2}(T_2)$$

folgt mit

$$M_{xp,1} = 2 \cdot A_{m,1} \cdot T_1 \quad \text{und} \quad M_{xp,2} = 2 \cdot A_{m,2} \cdot T_2$$

$$\begin{aligned} I_T &= 2 \cdot A_{m,1} \cdot \frac{T_1}{G \cdot \vartheta'} + 2 \cdot A_{m,2} \cdot \frac{T_2}{G \cdot \vartheta'} \\ &= 30\,000 \cdot 93{,}5252 + 15\,000 \cdot 70{,}1838 = 3\,858510 \text{ cm}^4 \end{aligned}$$

Stabkennzahl für Torsion ε_T

Die Stabkennzahl wird hier für $\ell = 10 \cdot h = 10 \cdot 1{,}5 = 15$ m ermittelt.

$$\varepsilon_T = \ell \cdot \sqrt{GI_T/EI_\omega} = 32{,}5$$

Selbst für die hier relativ kurz angenommene Länge ergibt sich ein ε_T, dass die fast ausschließliche Lastabtragung durch primäre Torsion aufzeigt. Die sekundäre Torsion hat daher bei dem vorliegenden Querschnitt nur sehr geringe Bedeutung.

Schubspannungen infolge $M_{xp} = 1\,000$ kNm

Örtliche Einzeltorsionsmomente in den Blechen werden vernachlässigt und nur Schubkräfte in den Hohlzellen berücksichtigt. Näherungsweise kann man den mittleren Steg weglassen und einen einzelligen Querschnitt betrachten. Dann ergibt sich unmittelbar

$$T = \frac{M_{xp}}{2 \cdot A_m} = \frac{100\,000}{45\,000} = 2,22 \text{ kN/cm}$$

Die genauere Lösung für den zweizelligen Querschnitt wird mit Abschnitt 5.4.6 ermittelt. Dabei können die bereits bei der Wölbordinate ermittelten Schubflüsse

$$T_1 = 93,525 \cdot G \cdot \vartheta' \text{ und } T_2 = 70,184 \cdot G \cdot \vartheta'$$

verwendet werden. Wegen

$$M_{xp} = 100\,000 = \sum_{i=1}^{2} 2 \cdot A_{m,i} \cdot T_i = \left(30\,000 \cdot 93,525 + 15\,000 \cdot 70,184\right) \cdot G \cdot \vartheta'$$

$$= 3\,858\,510 \cdot G \cdot \vartheta' = I_T \cdot G \cdot \vartheta'$$

folgt

$$T_1 = 93,525 \cdot \frac{M_{xp}}{I_T} = 2,42 \text{ kN/cm}$$

$$T_2 = 70,184 \cdot \frac{M_{xp}}{I_T} = 1,82 \text{ kN/cm}$$

Wie man sieht, ist die Näherung für T (sieh oben) etwa 8% kleiner als T_1 und etwa 22% größer als T_2. Die Schubspannungen $\tau = T / t(s)$ sind in Bild 6.24 dargestellt.

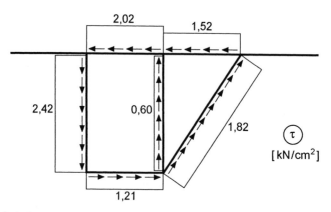

Bild 6.24   Schubspannungen infolge $M_{xp} = 1\,000$ kNm

Schubspannungen infolge $V_z = 1\,000$ kN

Da die Berechnung des genauen Schubspannungsverlaufes nach der Elastizitätstheorie relativ aufwendig ist, werden die Ergebnisse in den Tabellen 6.5 bis 6.7 zusammengefasst. Ausgehend von den y-z-Ordinaten im Hauptachsensystem unter Punkt ⑥ (siehe vorne: „Schwerpunkt, Fläche, Trägheitsmomente") werden die folgenden Berechnungen mit Hilfe des Tabellenkalkulationsprogramms MS-Excel durchgeführt. Einzelne Berechnungsschritte werden im Anschluss an die Tabellen exemplarisch vorgestellt.

Die prinzipielle Vorgehensweise lässt sich in 3 Schritte einteilen:

1. Berechnung der normierten z-Ordinate und des statischen Momentenverlaufs $S_y(z)$ des offenen Querschnitts, siehe Tabelle 6.5

2. Bestimmung des Schubflusses T_0 am offenen Querschnitt infolge V_z und Überlagerung mit den Schubflüssen T_1 und T_2 zur Berechnung von $G \cdot \delta_{10}$ und $G \cdot \delta_{20}$, siehe Tabelle 6.6

3. Lösung des Gleichungssystems $\delta \cdot X = -\delta_0$ und Ermittlung des Schubflusses bzw. der Schubspannungen am geschlossenen Querschnitt, siehe Tabelle 6.7

Tabelle 6.5 Normierte z-Ordinate und statischer Momentenverlauf $S_y(z)$ am offenen Querschnitt

Blech	A	z_a	z_e	s	$S_{y,a}$	$S_{y,m}$	$S_{y,e}$
[-]	[cm²]	[cm]	[cm]	[-]	[cm³]	[cm³]	[cm³]
2	120,0	-51,69	-76,55	1	0	-3 474	-7 694
1	120,0	-101,41	-76,55	-1	0	5 712	10 677
5	**150,0**	**-76,55**	**68,74**	**1**	**-18 372**	**-21 389**	**-18 957**
8	200,0	68,75	93,60	1	-18 957	-11 462	-2 723
6	150,0	-51,69	93,60	-1	0	1 152	-3 143
7	180,3	93,60	-26,83	1	420	6 143	6 439
4	120,0	-1,97	-26,83	-1	0	491	1 728
3	120,0	-26,83	-51,69	1	4 711	2 728	0

Tabelle 6.6 Schubflüsse T_0, T_1 und T_2 am offenen Querschnitt

Blech	h	t	$T_{0,a}$	$T_{0,m}$	$T_{0,e}$	T_1	T_2	$G \cdot \delta_{10}$	$G \cdot \delta_{20}$
[-]	[cm]							[kN/cm]	
2	100,0	1,2	0,00	0,86	1,91	1	0	74,58	0,00
1	100,0	1,2	0,00	-1,42	-2,66	0	0	0,00	0,00
5	**150,0**	**1,0**	**4,57**	**5,32**	**4,71**	**1**	**0**	**764,03**	**0,00**
8	100,0	2,0	4,71	2,85	0,68	1	0	139,95	0,00
6	150,0	1,0	0,00	-0,29	0,78	1	-1	-9,12	9,12
7	180,3	1,0	-0,10	-1,53	-1,60	0	1	0,00	-234,88
4	100,0	1,2	0,00	-0,12	-0,43	0	0	0,00	0,00
3	100,0	1,2	-1,17	-0,68	0,00	0	1	0,00	-53,97
							Σ	969,44	-279,73

Tabelle 6.7   Schubspannung am geschlossenen Querschnitt

Blech	τ_a	τ_m	τ_e	V_i
[-]	[kN/cm²]	[kN/cm²]	[kN/cm²]	[kN]
2	-1,91	-1,19	-0,31	-139,57
1	0,00	-1,18	-2,21	-138,96
5	**2,28**	**3,03**	**2,42**	**420,44**
8	1,21	0,28	-0,81	50,84
6	-2,14	-2,42	-1,35	-329,55
7	-0,26	-1,68	-1,76	-262,71
4	0,00	-0,10	-0,36	-15,30
3	-1,11	-0,69	-0,13	-80,20

Die Berechnung der einzelnen Werte wird exemplarisch an **Blech 5** demonstriert.

zu 1.: z-Ordinate und statisches Moment $S_y(z)$

Mit den $\overline{y}$- und $\overline{z}$-Ordinaten aus Tabelle 6.3 und der Transformationsbeziehung gemäß Punkt ⑥ (siehe vorne: „Schwerpunkt, Fläche, Trägheitsmomente") erhält man:

$$z_a = (0 - 56{,}901) \cdot 0{,}9686 - (100 - 13{,}778) \cdot 0{,}2486 = -76{,}55 \text{ cm}$$

$$z_m = -3{,}90 \text{ cm} \quad \text{und} \quad z_e = 68{,}74 \text{ cm} \quad \text{analog}$$

Die Berechnung aller Werte ist auch in Blechmitte erforderlich, weil die Verläufe parabelförmig und nicht linear sind.

Das statische Moment am Anfang des Blechs 5 setzt sich aus den Anteilen der Bleche 1 und 2 unmittelbar links und rechts des Knotens 2 zusammen, vergleiche auch Bild 6.22. Da die s-Richtung von Blech 2 in Blech 5 „hineinfließt", wird der Wert $S_{y,2r}$ unverändert übernommen. Die s-Richtung von Blech 1 fließt sozusagen aus Blech 5 heraus, so dass dieser Anteil vor der Addition mit –1 multipliziert bzw. abgezogen werden muss.

$$S_{y, \text{Blech 5,a}} = S_{y,2u} = S_{y,2r} + (-1) \cdot S_{y,2l} = -7\,694 + (-1) \cdot 10\,677 = -18\,372 \text{ cm}^3$$

$$S_{y, \text{Blech 5,m}} = S_{y,2u} + 0{,}5 \cdot (z_a + z_m) \cdot A/2$$

$$= -18\,372 + 0{,}5 \cdot (-76{,}55 + (-3{,}90)) \cdot 150/2 = -21\,389 \text{ cm}^3$$

$$S_{y,\text{Blech 5,e}} = S_{y,2u} + 0{,}5 \cdot (z_a + z_e) \cdot A$$

$$= -18\,372 + 0{,}5 \cdot (-76{,}55 + 68{,}74) \cdot 150 = -18\,957 \text{ cm}^3$$

Die Bezeichnung $S_{y,2u}$, $S_{y,2l}$ und $S_{y,2r}$ bedeutet: statisches Moment um die y-Achse, am Knoten 2, u = unten, l = links, r = rechts. Die Indizierung a, m und e steht für **Anfang**, **Mitte** und **Ende** des Bleches.

Prinzipiell ist hierbei die s-Richtung zu beachten. Da hier (für Blech 5) in s-Richtung integriert wird, steht vor den Integrationsanteilen + 0,5·(z$_a$ ...) ein Plus-Zeichen, andernfalls wären diese Anteile mit einem Minus-Zeichen zu versehen, wie z.B. bei den Blechen 1, 4 und 6, siehe Tabelle 6.5.

zu 2.: Schubfluss T$_0$ und Überlagerung

Mit dem statischen Momentenverlauf $S_y(z)$ kann nun der Schubfluss des offen geschnittenen Querschnitts berechnet werden.

$$T_0(s) = -\frac{V_z \cdot S_y(z)}{I_y} = -\frac{1\,000}{4\,020\,737} \cdot S_y(z)$$

$$T_{0,\text{Blech 5,a}} = -\frac{1\,000}{4\,020\,737} \cdot (-18\,372) = 4,57 \text{ kN / cm}$$

$$T_{0,\text{Blech 5,m}} = 5,32 \text{ kN/cm} \quad \text{und} \quad T_{0,\text{Blech 5,e}} = 4,71 \text{ kN/cm} \quad \text{analog}$$

Der Anteil, den das Blech 5 zu $G \cdot \delta_{10}$ beiträgt, lässt sich durch Anwendung der Integrationstafeln aus

$$G \cdot \delta_{10} = \int\limits_{\text{Blech5}} \frac{T_0(s) \cdot T_1(s)}{t(s)} \cdot ds$$

ermitteln. Dazu wird der konstante Schubfluss $T_1 = 1$ mit dem parabelförmigen Schubfluss T_0 überlagert. Die erforderlichen Werte in Blechmitte und an den Blechenden sind bekannt, siehe oben.

Blech 5: $G \cdot \delta_{10} = 1 / 6 \cdot (T_{0,a} + 4 \cdot T_{0,m} + T_{0,e}) \cdot T_1 \cdot h / t$

$$G \cdot \delta_{10} = 1 / 6 \cdot (4,57 + 4 \cdot 5,32 + 4,71) \cdot 1 \cdot 150 / 1 = 764$$

Die zur Lösung des Gleichungssystems notwendige Summe aller Bleche für die Werte $G \cdot \delta_{10}$ und $G \cdot \delta_{20}$ sind Tabelle 6.6, letzte Zeile, zu entnehmen.

zu 3.: Schubspannungen am geschlossenen Querschnitt

Die G-fachen δ_{ik}-Zahlen zur Bestimmung der Unbekannten X_1 und X_2 bleiben unverändert und können den Berechnungen zum Schubmittelpunkt und der Wölbordinate entnommen werden, siehe vorne („Schubmittelpunkt und Wölbordinate"). Somit unterscheidet sich im Vergleich zur Berechnung der Schubspannungen infolge M_{xp} lediglich die rechte Seite $G \cdot \underline{\delta}_0$ des 2x2-Gleichungssystems.

$$\left.\begin{array}{l} 433,3333 \cdot X_1 \quad\quad 150 \cdot X_2 = 969,44 \\ -150 \cdot X_1 + 413,6109 \cdot X_2 = 279,73 \end{array}\right\} \Rightarrow \begin{array}{l} X_1 = -2,2906 \\ X_2 = -0,1544 \end{array}$$

Den endgültigen Schubfluss des geschlossenen Querschnitts erhält man durch Super-position von T_0, $X_1 \cdot T_1$ und $X_2 \cdot T_2$. Wegen $\tau = T / t$ ergeben sich folgende Schub-spannungen für Blech 5:

$$\tau_a = (T_0 + X_1 \cdot T_1 + X_2 \cdot T_2) / t = (4{,}57 - 2{,}2906 \cdot 1 - 0{,}1544 \cdot 0) / 1 = 2{,}28 \text{ kN/cm}^2$$

$$\tau_m = 3{,}03 \text{ kN/cm}^2 \quad \text{und} \quad \tau_e = 2{,}42 \text{ kN/m}^2 \quad \text{analog}$$

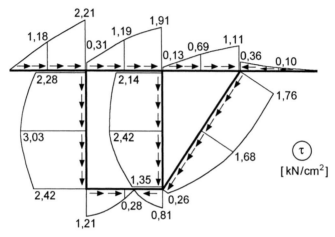

Bild 6.25 Schubspannungen infolge $V_z = 1\,000$ kN

Anmerkung: In Bild 6.25 wird der Schubspannungsverlauf gemäß Tabelle 6.7 darge-stellt. Die Vorzeichen werden durch die eingezeichnete Wirkungsrichtung (Pfeile) erfasst, so dass nur die Beträge der Schubspannungen wiedergegeben werden müssen.

Kontrolle

Aufgrund der Aufwendigkeit und Fehleranfälligkeit, besonders im Hinblick auf die Vorzeichen, empfiehlt es sich auf jeden Fall einige Kontrollen durchzuführen.

- An den freien Rändern muss gelten: $\tau = 0$

- Das Gleichgewicht des Schubflusses muss an jedem Knoten erfüllt sein: $\sum T = 0$.

- Erfüllung des Gleichgewichts zwischen Schnittgrößen und Spannungen, z.B. hier:

  $$V_z = \int_A \tau_{xz} \cdot dA = 1000 \text{ kN} \quad \text{und} \quad V_y = M_{xs} = 0$$

Die erste Kontrolle ($\tau = 0$ an den freien Rändern) ist erfüllt, wie man an Tabelle 6.7 leicht feststellen kann. Bild 6.26 zeigt exemplarisch an den freigeschnittenen Knoten $1 = 6 = 8$ das Gleichgewicht für den Schubfluss (Werte $T = \tau \cdot t$ aus Tabelle 6.7).

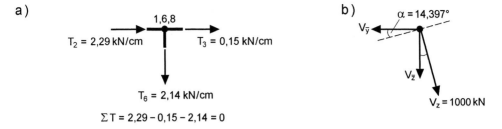

$$\Sigma T = 2{,}29 - 0{,}15 - 2{,}14 = 0$$

Bild 6.26   a) Gleichgewicht des Schubfluss T = $\tau \cdot$t am Knoten 1 = 6 = 8

b) Globales Kräftegleichgewicht

Abschließend sollte man prüfen, ob das Gleichgewicht zwischen Schnittgrößen und Spannungen erfüllt ist. Dazu kann man die Schubspannungen der einzelnen Bleche zu den Teilschnittgrößen V_i, siehe auch Kapitel 2, zusammenfassen. Dies kann wiederum mittels Integrationstafeln geschehen, siehe z.B. [49].

$$V = \int_s \tau \cdot t \cdot ds \quad \rightarrow \quad \text{parabelförmiger } \tau\text{-Verlauf überlagert mit konstantem t-Verlauf}$$

Tabelle 6.7 zeigt die hieraus resultierenden Teilschnittgrößen V_i, deren Bestimmung am Beispiel von Blech 5 gezeigt wird.

$$V_5 = 1 / 6 \cdot (2{,}28 + 4 \cdot 3{,}03 + 2{,}42) \cdot 1 \cdot 150 = 420{,}5 \text{ kN}$$

Der geringfügige Unterschied zu Tabelle 6.7 ($V_5 = 420{,}44$ kN) beruht darauf, dass hier mit den auf 2 Nachkommastellen gerundeten Spannungen gerechnet wurde, während die der Tabelle zugrunde liegenden Werte genauer sind.

Da fast alle Blechmittellinien in Richtung des $\bar{y} - \bar{z}$-Eingabekoordinatensystems verlaufen, werden die resultierenden Kräfte in diesem gebildet. Dabei ist zu beachten, dass positive Teilschnittgrößen V_i in positiver s-Richtung wirken bzw. umgekehrt.

$$V_{\bar{y}} = V_1 + V_2 + V_3 - V_4 - V_7 \cdot \cos \bar{\beta}_7 - V_8 = -248{,}53 \text{ kN}$$

$$V_{\bar{z}} = V_5 - V_6 - V_7 \cdot \sin \bar{\beta}_7 = 968{,}58 \text{ kN}$$

$$\text{mit: } \bar{\beta}_7 = \arctan\left(\frac{150}{100}\right) = 56{,}31°$$

Durch Transformation mit dem Winkel $\alpha = 14{,}397°$ (siehe Punkt ④ der Querschnitts-
normierung) auf das Hauptachsensystem erhält man:

$$V_y = \quad V_{\bar{y}} \cdot \cos\alpha + V_{\bar{z}} \cdot \sin\alpha = -0{,}06 \cong 0$$

$$V_z = - V_{\bar{y}} \sin\alpha + V_{\bar{z}} \cdot \cos\alpha = 999{,}95 \cong 1000 \text{ kN}$$

Die geringfügigen Unterschiede beruhen auf Rundungsungenauigkeiten und sind
vernachlässigbar klein.

7 Nachweise nach DIN 18800

7.1 Grundsätzliches

7.1.1 Normenkonzepte

Die Grundnormen der Reihe DIN 18800 [4] aus dem Jahre 1990

- Teil 1: Stahlbauten, Bemessung und Konstruktion
- Teil 2: Stahlbauten, Stabilitätsfälle, Knicken von Stäben und Stabwerken
- Teil 3: Stahlbauten, Stabilitätsfälle, Plattenbeulen

bilden eine wichtige Grundlage für die Bemessung von Stahlkonstruktionen. Gegenüber früheren Normen enthalten sie ein neues Sicherheits- und Bemessungskonzept. Zur Führung von **Tragsicherheitsnachweisen** werden **Beanspruchungen** und **Beanspruchbarkeiten** mit den **Bemessungswerten** der **Einwirkungen** und der **Streckgrenze** berechnet. Erläuterungen zu diesem semiprobabilistischem Sicherheitskonzept mit Teilsicherheitsbeiwerten finden sich in den Abschnitten 7.1.2 und 7.1.3.

Teil 1 der DIN 18800 enthält die grundlegenden Bemessungsregelungen für Tragwerke, die nicht stabilitätsgefährdet sind, d.h. bei denen die Nachweise mit den Schnittgrößen nach Theorie I. Ordnung geführt werden dürfen. Für die Tragsicherheitsnachweise stehen 3 Nachweisverfahren zur Verfügung, von denen eines, wenn die Voraussetzungen erfüllt sind, gewählt werden kann. Die Unterschiede liegen in der Schnittgrößenermittlung und der Bestimmung der Querschnittstragfähigkeit: Neben Berechnungen nach der Elastizitätstheorie kann auch die hervorragende Duktilität des Werkstoffes Stahl durch Anwendung der Plastizitätstheorie ausgenutzt werden.

Teil 2 der DIN 18800 ist anzuwenden, wenn die Stabilitätsprobleme **Biegeknicken** oder **Biegedrillknicken** auftreten können. Ob entsprechende Untersuchungen erforderlich sind, kann mit den **Abgrenzungskriterien** in Abschnitt 7.5.1 von Teil 1 entschieden werden. Beim Biegeknicken und Biegedrillknicken müssen die Schnittgrößen nach Theorie II. Ordnung unter Ansatz von geometrischen Ersatzimperfektionen berechnet werden. Als Alternative sind vereinfachte Tragsicherheitsnachweise vorgesehen, bei denen Verzweigungslasten in den Nachweis eingehen.

Teil 3 der DIN 18800 ist anzuwenden, wenn das Stabilitätsproblem **Plattenbeulen** auftreten kann. Ob die Gefahr des Ausbeulens dünnwandiger Querschnittsteile besteht, kann mit den **Abgrenzungskriterien** in den Abschnitten 7.5.2 bis 7.5.4 von Teil 1 bestimmt werden. Dabei werden die vorhandenen Blechschlankheitsverhältnisse b/t in Abhängigkeit des gewählten Nachweisverfahrens entsprechenden Grenzwerten gegenübergestellt. Auf die Regelungen von Teil 3 der DIN 18800 wird in Kapitel 13 „Beulgefährdete Querschnitte" eingegangen.

Die folgenden Abschnitte sollen einen Überblick geben, was in den Teilen 1 und 2 von DIN 18800 zum Thema „Querschnitte" von grundsätzlicher Bedeutung ist. Die Normen selbst können diese Ausführungen nicht ersetzen, auch wenn teilweise wörtlich zitiert wird.

In Kapitel 4 „Tragfähigkeit baustatischer Systeme" wird die Anwendung der 3 Nachweisverfahren anhand zahlreicher Beispiele gezeigt. Dabei werden auch die Stabilitätsprobleme Biegeknicken und Biegedrillknicken behandelt.

7.1.2 Werkstoffeigenschaften

DIN 18800 ermöglicht bei Wahl eines entsprechenden Nachweisverfahrens, siehe Abschnitt 7.1.3, die Ausnutzung der ausgeprägten Fließfähigkeit des Werkstoffs Stahl. Zur Verdeutlichung zeigt Bild 7.1 die qualitative σ-ε-Kurve (gestrichelt), wie sie mit einem Zugversuch ermittelt werden kann. Am Ende der *Hookschen* Geraden,

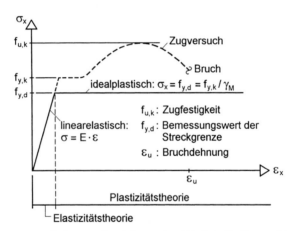

Bild 7.1   Spannungs-Dehnungsbeziehung des Werkstoffs Baustahl nach DIN 18800

die den Gültigkeitsbereich der Elastizitätstheorie beschreibt und wo die Spannung den Wert der Streckgrenze f_y erreicht, bleibt sie bei zunehmender Dehnung zunächst konstant, bevor sie infolge der Verfestigung noch einmal nichtlinear ansteigt. Der maximale Spannungswert wird als Zugfestigkeit f_u bezeichnet. Bei weggesteuerten Versuchen sinkt die Spannung bei weiterer Erhöhung der Dehnung ab, bis der Probekörper bei Erreichen der Bruchdehnung ε_u schlagartig versagt. Ergänzende Ausführungen zum Werkstoffverhalten enthält Abschnitt 2.8.

DIN 18800 lässt vereinfachend ein bilineares (linearelastisch-idealplastisches) Werkstoffgesetz zu, siehe Bild 7.1. Dabei wird rechnerisch eine unbegrenzte Dehnung angenommen. Aufgrund dieser Annahmen können plastische Zustände vergleichsweise einfach erfasst werden. Bezüglich der Rechtfertigung der Annahme einer unendlich großen Bruchdehnung, die in Wirklichkeit natürlich nicht existiert und bei normalen Baustählen ca. 15–20% beträgt, sei auf das Kapitel 10 „Grenztragfähigkeit von Querschnitten nach der Plastizitätstheorie" verwiesen.

Tabelle 7.1 Zusammenstellung von Werkstoffkennwerten

		1	2	3	4	5	6	7
		Stahl	Erzeugnis-dicke $t^*)$ mm	Streck-grenze $f_{y,k}$ N/mm^2	Zug-festigkeit $f_{u,k}$ N/mm^2	E-Modul E N/mm^2	Schub-modul G N/mm^2	Temperatur-dehnzahl α_T K^{-1}
	Baustahl							
1		S 235	$t \leq 40$	240^1	$360^{1,2}$			
2			$40 < t \leq 100$	215				
3		S 275	$t \leq 40$	275				
4			$40 < t \leq 80$	255	410			
5		S 355	$t \leq 40$	360^1				
6			$40 < t \leq 80$	335	$510^{1,2}$			
	Feinkornbaustahl							
7		S 275 N u. NL	$t \leq 40$	275	370	210 000	81 000	$12 \cdot 10^{-6}$
8			$40 < t \leq 80$	255				
9		S 355 N u. NL	$t \leq 40$	360^1				
10			$40 < t \leq 80$	335	510^1			
	Vergütungsstahl							
11		C 35 + N	$t \leq 16$	300	550			
12			$16 < t \leq 100$	270	520			
13		C 45 + N	$t \leq 16$	340	620			
14			$16 < t \leq 100$	305	580			
	Gußwerkstoffe							
15		GS 200 + N	$t \leq 100$	200	380			
16		GS 240 + N						
17		G 17 Mn 5 + QT	$t \leq 50$	240	450			
18		G 20 Mn 5 + QT	$t \leq 100$	300	500			
19		GJS 400 – 15		250				
20		GJS 400 – 18 – LT	$t \leq 60$	230	390	169 000	46 000	$12,5 \cdot 10^{-6}$
21		GJS 400 – 18 – RT		250				

*) Für die Erzeugnisdicke werden in Normen für Walzprofile auch andere Formelzeichen verwenden, z.B. in den Normen der Reihe DIN 1025 s für den Steg.

Aufgrund des Sicherheitskonzeptes von DIN 18800 sind die Nachweise mit dem Bemessungswert der Streckgrenze $f_{y,d} = f_{y,k}/\gamma_M$ zu führen (siehe auch Bild 7.1), sofern nicht mit γ_M-facher Beanspruchung gerechnet wird oder Ausnahmeregelungen gelten.

7.1.3 Wahl eines Nachweisverfahrens

Nach DIN 18800 (Ausgabe 11.90) sind die Tragsicherheitsnachweise nach einem der 3 in Tabelle 7.2 genannten Verfahren zu führen. Der Bezeichnung des Verfahrens ist zu entnehmen, auf Grundlage welcher Theorie (Elastizitäts- oder Plastizitätstheorie) die **Beanspruchungen** und die **Beanspruchbarkeiten** ermittelt werden.

Prinzieller Nachweis: $S_d/R_d \leq 1$

Tabelle 7.2   Nachweisverfahren nach DIN 18800 und Erläuterungen

Nachweis-verfahren	Berechnung der	
	Beanspruchungen S_d	**Beanspruchbarkeiten** R_d
Elastisch-Elastisch	Elastizitätstheorie $\Rightarrow$ Spannungen σ und τ	Elastizitätstheorie $\Rightarrow$ Bemessungswert der Streckgrenze $f_{y,d}$
Elastisch-Plastisch	Elastizitätstheorie $\Rightarrow$ Schnittgrößen N, M_y usw.	Plastizitätstheorie $\Rightarrow$ Ausnutzung plastischer Tragfähigkeiten der Querschnitte
Plastisch-Plastisch	Plastizitätstheorie $\Rightarrow$ Schnittgrößen nach der Fließgelenk- oder Fließzonentheorie	Plastizitätstheorie $\Rightarrow$ Ausnutzung plastischer Tragfähigkeiten der Querschnitte und des Systems

Beanspruchungen S_d

Spannungen oder Schnittgrößen, berechnet aus den Bemessungswerten der Einwirkungen, d.h. aus den charakteristischen Werten („Gebrauchslasten") unter Berücksichtigung von Teilsicherheitsbeiwerten γ_F und Kombinationsbeiwerten ψ.

Beanspruchbarkeiten R_d

Bemessungswert der Streckgrenze $f_{y,d} = f_{y,k}/\gamma_M$ oder damit ermittelte Grenzschnittgrößen im plastischen Zustand ($M_{pl,d}$, $N_{pl,d}$ usw.) bzw. Interaktionsbeziehungen.

Tabelle 7.3   Zur Durchführung der Tragsicherheitsnachweise

Nachweisverfahren	Nachweis
Elastisch-Elastisch (E-E)	Spannungsnachweis: $\sigma_v \leq f_{y,d}$
Elastisch-Plastisch (E-P)	z.B. $\dfrac{M_y}{M_{pl,y,d}} \leq 1$ bzw. Interaktionsbedingungen oder mit dem Teilschnittgrößen-verfahren
Plastisch-Plastisch (P-P)	a) Fließgelenktheorie kinematische Ketten oder schrittweise elastische Berechnung b) Fließzonentheorie EDV-Programme

7.1.4 Überprüfung der b/t-Verhältnisse

Die Anwendung der 3 Nachweisverfahren (Abschnitt 7.1.3) setzt voraus, dass einzelne Querschnittsteile, wie z.B. Steg- und Gurtbleche, nicht beulen. Daraus folgt die **vollständige Mitwirkung aller Querschnittsteile unter Druckbeanspruchung**.

Tabelle 7.4 Grenzwerte grenz (b/t) und grenz (d/t) für volles Mitwirken von Querschnittsteilen unter Druckspannungen σ_x beim Tragsicherheitsnachweis mit dem Verfahren **Elastisch-Elastisch**

σ_1 = Größtwert der Druckspannung σ_x in N/mm^2

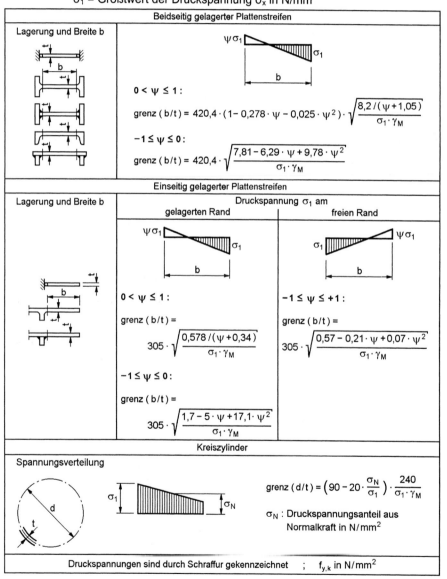

Beidseitig gelagerter Plattenstreifen

Lagerung und Breite b

$0 < \psi \leq 1$:

$$\text{grenz}\,(b/t) = 420{,}4 \cdot (1 - 0{,}278 \cdot \psi - 0{,}025 \cdot \psi^2) \cdot \sqrt{\frac{8{,}2/(\psi + 1{,}05)}{\sigma_1 \cdot \gamma_M}}$$

$-1 \leq \psi \leq 0$:

$$\text{grenz}\,(b/t) = 420{,}4 \cdot \sqrt{\frac{7{,}81 - 6{,}29 \cdot \psi + 9{,}78 \cdot \psi^2}{\sigma_1 \cdot \gamma_M}}$$

Einseitig gelagerter Plattenstreifen

Lagerung und Breite b

Druckspannung σ_1 am
gelagerten Rand / freien Rand

gelagerten Rand:

$0 < \psi \leq 1$:

$$\text{grenz}\,(b/t) = 305 \cdot \sqrt{\frac{0{,}578/(\psi + 0{,}34)}{\sigma_1 \cdot \gamma_M}}$$

$-1 \leq \psi \leq 0$:

$$\text{grenz}\,(b/t) = 305 \cdot \sqrt{\frac{1{,}7 - 5 \cdot \psi + 17{,}1 \cdot \psi^2}{\sigma_1 \cdot \gamma_M}}$$

freien Rand:

$-1 \leq \psi \leq +1$:

$$\text{grenz}\,(b/t) = 305 \cdot \sqrt{\frac{0{,}57 - 0{,}21 \cdot \psi + 0{,}07 \cdot \psi^2}{\sigma_1 \cdot \gamma_M}}$$

Kreiszylinder

Spannungsverteilung

$$\text{grenz}\,(d/t) = \left(90 - 20 \cdot \frac{\sigma_N}{\sigma_1}\right) \cdot \frac{240}{\sigma_1 \cdot \gamma_M}$$

σ_N : Druckspannungsanteil aus Normalkraft in N/mm^2

Druckspannungen sind durch Schraffur gekennzeichnet ; $f_{y,k}$ in N/mm^2

Der Nachweis ist durch Überprüfung der grenz (b/t)-Werte für alle Querschnittsteile zu führen, in denen ganz oder teilweise Druckspannungen wirken. In Querschnittsteilen, in denen ständig für alle Lastfallkombinationen ausschließlich Zugspannungen wirken, müssen die grenz (b/t)-Verhältnisse nicht eingehalten werden. Der Nachweis ist in folgender Form zu führen:

$$\text{vorh } (b/t) \leq \text{grenz } (b/t) \tag{7.1}$$

Die grenz (b/t)-Werte können in Abhängigkeit vom gewählten Nachweisverfahren mit den Tabellen 7.4 bis 7.5 ermittelt werden. Im Wesentlichen sind die grenz (b/t)-Werte vom Spannungsverlauf und den Lagerungsbedingungen abhängig. **Zu beachten** ist dabei, dass die maximale **Druckspannung positiv** und in der **Einheit N/mm²** eingesetzt werden muss.

Tabelle 7.5 Grenzwerte grenz (b/t) und grenz (d/t) für volles Mitwirken von Querschnittsteilen unter Druckspannungen σ_x beim Tragsicherheitsnachweis mit dem Verfahren **Elastisch-Plastisch (E-P)** und **Plastisch-Plastisch (P-P)**

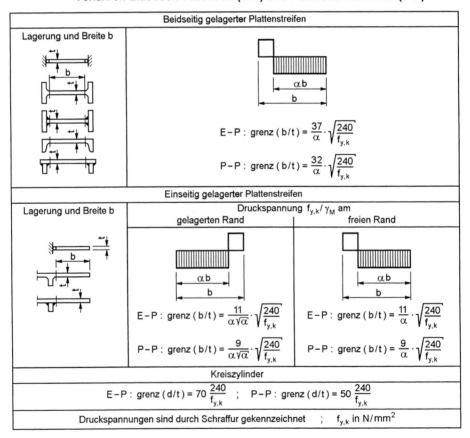

Durch die Einhaltung der grenz (b/t)-Verhältnisse ist auch eine ausreichende Rotationskapazität des Querschnitts gewährleistet. Somit wird sichergestellt, dass der Querschnitt bei Fließgelenkbildung die hierzu erforderlichen Verformungen mitmachen kann, ohne auszubeulen. Bei Nichteinhaltung der grenz (b/t)-Verhältnisse sei auf Kapitel 13 „Beulgefährdete Querschnitte" verwiesen.

Querschnittsteile sind beulgefährdet, wenn sie durch **Druck-** und/oder **Schubspannungen** beansprucht werden. DIN 18800 Teil 1 enthält keine Grenzwerte grenz b/t für Beanspruchungen durch Schubspannungen oder Kombinationen aus Druck- und Schubspannungen. Für diese Beanspruchungen muss daher nach DIN 18800 Teil 3 ausreichende Beulsicherheit nachgewiesen werden.

Mit Hilfe von Tabelle 7.6 kann die Überprüfung der b/t-Verhältnisse vereinfacht werden. Sie enthält die Auswertung der Tabellen 7.4 und 7.5 für häufig vorkommende Anwendungsfälle. Sofern die vorhandenen b/t-Verhältnisse nicht größer als die Tabellenwerte sind, dürfen Druckspannungen bis zum Bemessungswert der Streckgrenze auftreten. Die Einordnung von Walzprofilen kann mit Hilfe der Tabellen im Anhang oder mit dem RUBSTAHL-Programm PROFILE erfolgen.

Tabelle 7.6 Grenzwerte (b/t) für häufig vorkommende Anwendungsfälle

Querschnittsteil und Beanspruchung	Verfahren	grenz b/t für	
		S 235	S 355
Fall ① : gedrückte Gurte $\sigma_x = -f_{y,d}$	E-E	12,9	10,53
	E-P	11	8,98
	P-P	9	7,35
Fall ② : Stegbiegung $\sigma_x = -f_{y,d}$ bzw.	E-E	133	108,6
	E-P	74	60,42
	P-P	64	52,26
Fall ③ : gedrückte Stege $\sigma_x = -f_{y,d}$	E-E	37,8	30,86
	E-P	37	30,21
	P-P	32	26,13

Anmerkung: S 235: $f_{y,k}$ = 240 N/mm²;   S 355: $f_{y,k}$ = 360 N/mm²

7.2 Nachweisverfahren Elastisch-Elastisch (E-E)

7.2.1 Grundsätze

Die Beanspruchungen und die Beanspruchbarkeiten sind nach der Elastizitätstheorie zu berechnen. Es ist nachzuweisen, dass

1. das System im stabilen Gleichgewicht ist und

2. in allen Querschnitten die nach Abschnitt 7.2 von DIN 18800 Teil 1 berechneten Beanspruchungen höchstens den Bemessungswert $f_{y,d}$ der Streckgrenze erreichen und

3. in allen Querschnitten entweder die Grenzwerte grenz (b/t) oder grenz (d/t) nach den Tabellen 7.4 bzw. 7.6 eingehalten sind oder ausreichende Beulsicherheit nach DIN 18800 Teil 3 bzw. DIN 18800 Teil 4 nachgewiesen wird.

Anmerkung 1:
Als Grenzzustand der Tragfähigkeit wird der Beginn des Fließens definiert. Daher werden plastische Querschnitts- und Systemreserven nicht berücksichtigt.

Anmerkung 2:
Beim Tragsicherheitsnachweis nach dem Verfahren Elastisch-Elastisch mit Spannungen ist die Forderung, dass die Beanspruchungen höchstens die Streckgrenze erreichen, gleichbedeutend damit, dass die Vergleichsspannung $\sigma_v \le f_{y,k}/\gamma_M$ ist.

Anmerkung 3:
Bei den Grenzwerten grenz (b/t) in Tabelle 7.4 wird die Ψ-abhängige Erhöhung der Abminderungsfaktoren nach DIN 18800 Teil 3, Tabelle 1, Zeile 1, berücksichtigt. Hierauf wird in DIN 18800 Teil 2, Abschnitt 7 verzichtet, um zu einfachen Regeln und zu einer Übereinstimmung mit anderen nationalen und internationalen Regelwerken zu kommen.

Anmerkung 4:
Auf den Beulsicherheitsnachweis für Einzelfelder darf unter den in DIN 18800 Teil 3, Abschnitt 2, Element (205) angegebenen Bedingungen verzichtet werden.

7.2.2 Spannungsnachweise

Grenzspannungen

Für die Grenzspannungen gilt:

- Grenznormalspannung $\qquad\qquad\qquad \sigma_{R,d} = f_{y,d} = f_{y,k}/\gamma_M$ (7.2)

- Grenzschubspannung $\qquad\qquad\qquad\quad \tau_{R,d} = f_{y,d}/\sqrt{3}$ (7.3)

Nachweise

Der Nachweis ist mit den Bedingungen (7.4) bis (7.6) zu führen:

- für die Normalspannungen σ_x, σ_y, σ_z $\qquad\qquad\qquad \dfrac{\sigma}{\sigma_{R,d}} \leq 1$ $\qquad$ (7.4)

- für die Schubspannungen τ_{xy}, τ_{xz}, τ_{yz} $\qquad\qquad \dfrac{\tau}{\tau_{R,d}} \leq 1$ $\qquad$ (7.5)

- für die gleichzeitige Wirkung mehrerer Spannungen $\qquad \dfrac{\sigma_v}{\sigma_{R,d}} \leq 1$ $\qquad$ (7.6)

mit σ_v: Vergleichsspannung nach Gl. (7.7)

Bedingung (7.6) gilt für die alleinige Wirkung von σ_x und τ oder σ_y und τ als erfüllt, wenn $\sigma/\sigma_{R,d} \leq 0,5$ oder $\tau/\tau_{R,d} \leq 0,5$ ist.

Vergleichsspannung

Die Vergleichsspannung σ_v ist mit Gleichung (7.7) zu berechnen.

$$\sigma_v = \sqrt{\sigma_x^2 + \sigma_y^2 + \sigma_z^2 - \sigma_x \cdot \sigma_y - \sigma_x \cdot \sigma_z - \sigma_y \cdot \sigma_z + 3\,\tau_{xy}^2 + 3\tau_{xz}^2 + 3\tau_{yz}^2} \qquad (7.7)$$

7.2.3 Örtlich begrenzte Plastizierung

Allgemein

In kleinen Bereichen darf die Vergleichsspannung σ_v die Grenzspannung $\sigma_{R,d}$ um 10% überschreiten. Für Stäbe mit Normalkraft und Biegung kann ein kleiner Bereich unterstellt werden, wenn gleichzeitig gilt:

$$\left| \frac{N}{A} + \frac{M_y}{I_y} \cdot z \right| \leq 0,8 \cdot \sigma_{R,d} \qquad (7.8)$$

$$\left| \frac{N}{A} + \frac{M_z}{I_z} \cdot y \right| \leq 0,8 \cdot \sigma_{R,d} \qquad (7.9)$$

Anmerkung:
Tragsicherheitsnachweise nach den Elementen (749) und (750) von DIN 18800 Teil 1 nutzen bereits teilweise die plastische Querschnittstragfähigkeit aus; eine vollständige Ausnutzung ermöglicht das Verfahren Elastisch-Plastisch, siehe Abschnitt 7.3.

Stäbe mit I-Querschnitt

Für Stäbe mit doppeltsymmetrischem I-Querschnitt, die die Bedingungen nach Tabelle 7.5 für das Nachweisverfahren Elastisch-Plastisch (E-P) erfüllen, darf die Normalspannung σ_x nach Gleichung (7.10) berechnet werden.

$$\sigma_x = \left| \frac{N}{A} \pm \frac{M_y}{\alpha_{pl,y}^* \cdot W_y} \pm \frac{M_z}{\alpha_{pl,z}^* \cdot W_z} \right| \tag{7.10}$$

In Gleichung (7.10) ist für α_{pl}^* der jeweilige plastische Formbeiwert α_{pl}, jedoch nicht mehr als 1,25 einzusetzen. Für gewalzte I-förmige Stäbe darf $\alpha_{pl,y}^* = 1{,}14$ und $\alpha_{pl,z}^* = 1{,}25$ gesetzt werden.

Weitere Hinweise zu dem Formbeiwert α_{pl} finden sich in Abschnitt 7.3.

7.3 Nachweisverfahren Elastisch-Plastisch (E-P)

7.3.1 Grundsätze

Die Beanspruchungen sind nach der Elastizitätstheorie, die Beanspruchbarkeiten unter Ausnutzung plastischer Tragfähigkeiten der Querschnitte zu berechnen. Es ist nachzu-weisen, dass

1. das System im stabilen Gleichgewicht ist und

2. in keinem Querschnitt die nach Abschnitt 7.2 von DIN 18800 Teil 1 berechneten Beanspruchungen unter Beachtung der Interaktion zu einer Überschreitung der Grenzschnittgrößen im plastischen Zustand führen und

3. in allen Querschnitten die Grenzwerte grenz (b/t) und grenz (d/t) nach Tabelle 7.5 für das Nachweisverfahren Elastisch-Plastisch (E-P) eingehalten sind.

Für die Bereiche des Tragwerkes, in denen die Schnittgrößen nicht größer als die elastischen Grenzschnittgrößen nach Abschnitt 7.2.1, Nummer 2, sind, gilt Abschnitt 7.2.1 Nummer 3.

Anmerkung:

Beim Verfahren Elastisch-Plastisch wird bei der Berechnung der Beanspruchungen linearelastisches Werkstoffverhalten, bei der Berechnung der Beanspruchbarkeiten linearelastisch-idealplastisches Werkstoffverhalten angenommen. Damit werden die plastischen Reserven des Querschnitts ausgenutzt, nicht jedoch die des Systems.

7.3.2 Grenzschnittgrößen im plastischen Zustand

Allgemein

Für die Berechnung der Grenzschnittgrößen von Stabquerschnitten im plastischen Zustand sind folgende Annahmen zu treffen:

1. Linearelastische-idealplastische Spannungs-Dehnungs-Beziehung für den Werkstoff mit der Streckgrenze $f_{y,d}$ nach Gl. (7.2)

2. Ebenbleiben der Querschnitte

3. Fließbedingung nach Gl. (7.7)

Die Gleichgewichtsbedingungen am differentiellen oder finiten Element (Faser) sind einzuhalten.

Die Dehnungen ε_x dürfen beliebig groß angenommen werden, jedoch sind die Grenzbiegemomente im plastischen Zustand auf den 1,25fachen Wert des elastischen Grenzbiegemomentes zu begrenzen. Auf diese Reduzierung darf bei Einfeldträgern und bei Durchlaufträgern mit über die gesamte Länge gleichbleibendem Querschnitt verzichtet werden.

Anmerkung 1:

In der Literatur werden auch Grenzschnittgrößen angegeben, bei denen die Gleichgewichtsbedingungen verletzt werden; sie sind in vielen Fällen dennoch als Näherung berechtigt.

Anmerkung 2:

Als plastische Zustände eines Querschnittes werden die Zustände bezeichnet, in denen Querschnittsbereiche plastiziert sind. Als vollplastische Zustände werden diejenigen plastischen Zustände bezeichnet, bei denen eine Vergrößerung der Schnittgrößen nicht möglich ist. Dabei muss der Querschnitt nicht durchplastiziert sein. Dies kann z.B. bei ungleichschenkligen Winkelquerschnitten der Fall sein, die durch Biegemomente M_y und M_z beansprucht sind.

Grenzschnittgrößen im plastischen Zustand sind gleich den Schnittgrößen im vollplastischen Zustand, berechnet mit dem Bemessungswert der Streckgrenze $f_{y,d}$ und gegebenenfalls mit dem Faktor $1{,}25/\alpha_{pl}$ reduziert.

In [19] wird ausgeführt, dass die Annahmen unmittelbar für durch Normalkräfte, Biegemomente und Querkräfte beanspruchte Querschnitte gelten, sich sinngemäß jedoch auch auf Beanspruchungen aus Torsion anwenden lassen.

Anmerkung der Verfasser: Die Annahme Nr. 2 „Ebenbleiben der Querschnitte" kann nicht in eindeutiger Weise erfüllt werden. Wie man leicht aus Bild 7.2b erkennen kann, muss der Querschnitt für die dort angegebene Spannungsverteilung nicht zwingend eben sein. Dies ist eher ein möglicher Sonderfall. Weitere Erläuterungen diesbezüglich finden sich u.a. in dem Abschnitt 10.4.5. Von Interesse in diesem Zusammenhang sind auch die Abschnitte 4.4 und 4.6 bis 4.9.

Doppeltsymmetrische I-Querschnitte

Die Schnittgrößen im vollplastischen Zustand sind Bild 7.2 zu entnehmen.

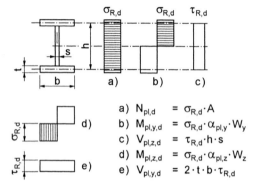

a) $N_{pl,d}$ = $\sigma_{R,d} \cdot A$
b) $M_{pl,y,d}$ = $\sigma_{R,d} \cdot \alpha_{pl,y} \cdot W_y$
c) $V_{pl,z,d}$ = $\tau_{R,d} \cdot h \cdot s$
d) $M_{pl,z,d}$ = $\sigma_{R,d} \cdot \alpha_{pl,z} \cdot W_z$
e) $V_{pl,y,d}$ = $2 \cdot t \cdot b \cdot \tau_{R,d}$

Bild 7.2   Spannungsverteilung für doppeltsymmetrische I-Querschnitte für Schnittgrößen im vollplastischen Zustand

7.3.3 Interaktionsbeziehungen

Für doppeltsymmetrische I-Querschnitte mit konstanter Streckgrenze über den Querschnitt darf für einachsige Biegung, Querkraft und Normalkraft mit den Bedingungen in den Tabellen 7.7 und 7.8 nachgewiesen werden, dass die Grenzschnittgrößen im plastischen Zustand nicht überschritten sind.

Tabelle 7.7   Interaktionsbedingungen für doppeltsymmetrische I-Querschnitte mit N, M_y und V_z (Biegung um die starke Achse) nach DIN 18800 Teil 1, Tab. 16

Momente um die y-Achse	Gültigkeits-bereich	$\dfrac{V}{V_{pl,d}} \leq 0{,}33$	$0{,}33 < \dfrac{V}{V_{pl,d}} \leq 1{,}0$
(I-Querschnitt, z-Achse, y–y)	$\dfrac{N}{N_{pl,d}} \leq 0{,}1$	$\dfrac{M}{M_{pl,d}} \leq 1$	$0{,}88\dfrac{M}{M_{pl,d}} + 0{,}37\dfrac{V}{V_{pl,d}} \leq 1$
	$0{,}1 < \dfrac{N}{N_{pl,d}} \leq 1$	$0{,}9\dfrac{M}{M_{pl,d}} + \dfrac{N}{N_{pl,d}} \leq 1$	$0{,}8\dfrac{M}{M_{pl,d}} + 0{,}89\dfrac{N}{N_{pl,d}} + 0{,}33\dfrac{V}{V_{pl,d}} \leq 1$

Tabelle 7.8 Interaktionsbedingungen für doppeltsymmetrische I-Querschnitte mit N, M_z und V_y (Biegung um die schwache Achse) nach DIN 18800 Teil 1, Tab. 17

Momente um die z-Achse	Gültigkeits-bereich	$\dfrac{V}{V_{pl,d}} \leq 0{,}25$	$0{,}25 < \dfrac{V}{V_{pl,d}} \leq 0{,}9$
(I-Querschnitt-Skizze)	$\dfrac{N}{N_{pl,d}} \leq 0{,}3$	$\dfrac{M}{M_{pl,d}} \leq 1$	$0{,}95\dfrac{M}{M_{pl,d}} + 0{,}82\left(\dfrac{V}{V_{pl,d}}\right)^2 \leq 1$
	$0{,}3 < \dfrac{N}{N_{pl,d}} \leq 1$	$0{,}91\dfrac{M}{M_{pl,d}} + \left(\dfrac{N}{N_{pl,d}}\right)^2 \leq 1$	$0{,}87\dfrac{M}{M_{pl,d}} + 0{,}95\left(\dfrac{N}{N_{pl,d}}\right)^2 + 0{,}75\left(\dfrac{V}{V_{pl,d}}\right)^2 \leq 1$

Neben den Interaktionsbedingungen gemäß Tabelle 7.7 bzw. 7.8 für einachsige Biegung mit Normal- und Querkraft um die starke bzw. schwache Achse wird in DIN 18800 Teil 1 auch eine Interaktionsbeziehung für zweiachsige Biegung mit Normal-kraft angegeben. Da diese für das Nachweisverfahren Elastisch-Plastisch (E-P) nicht immer zutreffende Ergebnisse liefert und darüber hinaus auch unnötig kompliziert ist, wird sie hier nicht wiedergegeben. Statt dessen wird der Nachweis ausreichender Querschnittstragfähigkeit mittels des Teilschnittgrößenverfahrens (TSV) gemäß Abschnitt 10.4 (Tabelle 10.4) empfohlen. Außerdem sei auf die Ausführungen zum „*Bochumer* Bemessungskonzept E-P" in Abschnitt 4.4 verwiesen.

7.3.4 Begrenzung von M_{pl} bzw. α_{pl}

DIN 18800 sieht in dem Element (755) von Teil 1 sowie in Element (123) von Teil 2 eine Begrenzung des plastischen Formbeiwertes α_{pl} bzw. des plastischen Grenzbiege-momentes vor:

$$\alpha_{pl} = \frac{M_{pl}}{M_{el}} \leq 1{,}25 \quad \text{bzw.} \quad M_{pl} \leq 1{,}25 \cdot M_{el} \tag{7.11}$$

Wie bereits in Abschnitt 7.3.2 bezüglich Element (735) ausgeführt, dürfen die Dehnungen ε_x beliebig groß angenommen werden. Die Bruchdehnung als Grenzwert für die maximal mögliche Dehnung braucht nicht eingehalten zu werden, siehe auch Abschnitt 7.1.2. Diese Ungenauigkeit auf der unsicheren Seite wird durch die Beschränkung von α_{pl} bzw. M_{pl} auf ein baupraktisch vertretbares Maß reduziert. Nach [19] sollen durch die Begrenzung der Grenzbiegemomente pauschal die Verfor-mungen der Tragwerke insgesamt über die Beschränkung der Krümmungen begrenzt werden. Weiterhin wird durch die Begrenzung von α_{pl} die Ausbreitung von Fließzonen, siehe auch Abschnitt 4.6, eingeschränkt. Ausgeprägte Fließzonen führen zur Reduzierung der Steifigkeiten und damit zu größeren Verformungen. Diese sind insbesondere bei Berechnungen nach Theorie II. Ordnung von Bedeutung. Die in diesem Zusammenhang anzusetzenden geometrischen Ersatzimperfektionen gelten für

Querschnitte mit einem maximalen α_{pl} von 1,25. Die Beschränkung von α_{pl} gemäß Element (123) von Teil 2 ist erforderlich, weil ansonsten für Querschnitte mit $\alpha_{pl} > 1,25$ größere geometrische Ersatzimperfektionen als nach Abschnitt 7.5 angesetzt werden müssten.

- Zusammenfassend ergibt sich für die baupraktische Anwendung folgendes:
  Sofern nach Theorie I. Ordnung gerechnet werden darf, kann auf die Begrenzung von α_{pl} bei Einfeldträgern und bei Durchlaufträgern mit über die gesamte Länge gleichbleibendem Querschnitt verzichtet werden (siehe Abschnitt 7.3.2).

- Anstelle der Begrenzung des aufnehmbaren Momentes auf $M_{pl} = 1,25 \cdot M_{el}$ kann das vorhandene (nachzuweisende) Moment mit dem Faktor $\alpha_{pl}/1,25$ erhöht werden.

- Bei Berechnungen nach Theorie II. Ordnung ist die Begrenzung von α_{pl} immer dann erforderlich, wenn sich für das betrachtete baustatische System ausgedehntere Fließzonen ergeben würden als für die Standardsysteme, die bei der Festlegung der geometrischen Ersatzimperfektionen zugrunde lagen.

- Die Begrenzung von M_{pl} ist auf die Verwendung von Interaktionsbedingungen abgestimmt, die als Parameter M_{pl} enthalten. Schwierigkeiten ergeben sich bei computerorientierten Nachweismethoden und Handrechenverfahren, in denen der Parameter M_{pl} nicht explizit enthalten ist. Dies ist u.a. auch beim Teilschnittgrößenverfahren (TSV) der Fall, siehe Abschnitt 10.4. Da dort rechteckige Teilquerschnitte verwendet werden, können die Grenzbiegemomente $M_{pl,i}$ der Teilquerschnitte mit dem Faktor $1,25/1,5 = 0,833$ abgemindert werden. Dieses Vorgehen stellt eine auf der sicheren Seite liegende Näherung dar. Alternativ kann auch, wie oben bereits erwähnt, das vorhandene Moment mit dem Faktor $\alpha_{pl}/1,25$ erhöht werden.

7.3.5 Momentenumlagerung

Wenn nach Abschnitt 7.5.1 von DIN 18800 Teil 1, Element (739) bzw. (740) Biegeknicken bzw. Biegedrillknicken nicht berücksichtigt werden müssen, dürfen die nach der Elastizitätstheorie ermittelten Stützmomente um bis zu 15% ihrer Maximalwerte vermindert oder vergrößert werden, wenn bei der Bestimmung der zugehörigen Feldmomente die Gleichgewichtsbedingungen eingehalten werden.

Zusätzlich sind für die Bemessung der Verbindungen die folgenden Abschnitte von DIN 18800 Teil 1 zu beachten:

- 7.5.4, Element (759)

- 8.4.1.4, Elemente (831) und (832)

Anmerkung 1:

Bei der Momentenumlagerung werden die Formänderungsbedingungen der Elastizitätstheorie nicht erfüllt. Eine Umlagerung erfordert im Tragwerk bereichsweise Plastizierungen.

Anmerkung 2:

Der Tragsicherheitsnachweis unter Berücksichtigung der Momentenumlagerung nach Elemente (754) von DIN 18800 Teil 1 nutzt für Sonderfälle bereits teilweise Systemreserven statisch unbestimmter Systeme aus. Eine vollständige Ausnutzung bei statisch unbestimmten Systemen ermöglicht das Nachweisverfahren Plastisch-Plastisch (P-P), siehe Abschnitt 7.4.

7.4 Nachweisverfahren Plastisch-Plastisch (P-P)

7.4.1 Grundsätze

Die Beanspruchungen sind nach der Fließgelenk- oder Fließzonentheorie, die Beanspruchbarkeiten unter **Ausnutzung plastischer Tragfähigkeiten der Querschnitte und des Systems** zu berechnen. Es ist nachzuweisen, dass

1. das System im stabilen Gleichgewicht ist und

2. in allen Querschnitten die Beanspruchungen unter Beachtung der Interaktion nicht zu einer Überschreitung der Grenzschnittgrößen im plastischen Zustand führen und

3. in den Querschnitten im Bereich der Fließgelenke bzw. Fließzonen die Grenzwerte grenz (b/t) und grenz (d/t) nach Tabelle 7.5 für das Nachweisverfahren Plastisch-Plastisch (P-P) eingehalten sind.

Für die Querschnitte in den übrigen Bereichen des Tragwerkes gilt Abschnitt 7.3.1, Nummer 3. Vertiefende Betrachtungen zum Nachweisverfahren P-P finden sich in den Abschnitten 4.6 bis 4.9.

Anmerkung 1:

Beim Verfahren Plastisch-Plastisch werden plastische Querschnitts- und Systemreserven ausgenutzt.

Anmerkung 2:

Zur Berechnung der plastischen Beanspruchbarkeit siehe Abschnitte 7.3.2 bis 7.3.4.

7.4.2 Berücksichtigung oberer Grenzwerte der Streckgrenze

Wenn für einen Nachweis eine Erhöhung der Streckgrenze zu einer Erhöhung der Beanspruchung führt, die nicht gleichzeitig zu einer proportionalen Erhöhung der zugeordneten Beanspruchbarkeit führt, ist für die Streckgrenze auch ein oberer Grenzwert $\sigma_{R,d}^{(oben)} = 1{,}3 \cdot \sigma_{R,d}$ anzunehmen. Element (759) von DIN 18800 Teil 1 enthält hierzu weitere Regelungen. Ausführlichere Erläuterungen zu dieser Problematik enthält [19].

7.4.3 Lage von Fließgelenken

Für den Tragsicherheitsnachweis nach Abschnitt 7.4.1 darf bei unverschieblichen Systemen die Lage der Fließgelenke beliebig angenommen werden, wenn die Grenzwerte grenz (b/t) und grenz (d/t) nach Tabelle 7.5 für das Nachweisverfahren Plastisch-Plastisch (P-P) überall eingehalten sind.

7.5 Biegeknicken und Biegedrillknicken

7.5.1 Übersicht

Prinzipiell sieht DIN 18800 Teil 2 zwei Möglichkeiten zur Erfassung von Stabilitätseinflüssen vor. Die eine Möglichkeit besteht in der Anwendung der vereinfachten Tragsicherheitsnachweise für das Biege- bzw. Biegedrillknicken, unter Verwendung von Abminderungsfaktoren κ. Tabelle 7.9 gibt hierzu eine Übersicht.

Tabelle 7.9   Vereinfachte Tragsicherheitsnachweise für einteilige Stäbe (Übersicht)

Beanspruchung	Versagensart	Vereinfachter Nachweis
N	Biegeknicken Biegedrillknicken	$\dfrac{N}{\kappa \cdot N_{pl,d}} \leq 1$
M_y	Biegedrillknicken	$\dfrac{M_y}{\kappa_M \cdot M_{pl,y,d}} \leq 1$
$N + M_y$	Biegeknicken	$\dfrac{N}{\kappa \cdot N_{pl,d}} + \dfrac{\beta_m \cdot M_y}{M_{pl,y,d}} + \Delta n \leq 1$
	Biegedrillknicken	$\dfrac{N}{\kappa_z \cdot N_{pl,d}} + \dfrac{M_y}{\kappa_M \cdot M_{pl,y,d}} \cdot k_y \leq 1$
$N + M_z$	Biegeknicken	$\dfrac{N}{\kappa \cdot N_{pl,d}} + \dfrac{\beta_m \cdot M_z}{M_{pl,z,d}} + \Delta n \leq 1$
$N + M_y + M_z$	Biegeknicken	$\dfrac{N}{\min \kappa \cdot N_{pl,d}} + \dfrac{\beta_{m,y} \cdot M_y}{M_{pl,y,d}} \cdot k_y + \dfrac{\beta_{m,z} \cdot M_z}{M_{pl,z,d}} \cdot k_z + \Delta n \leq 1$
	Biegedrillknicken	$\dfrac{N}{\kappa_z \cdot N_{pl,d}} + \dfrac{M_y}{\kappa_M \cdot M_{pl,y,d}} \cdot k_y + \dfrac{M_z}{M_{pl,z,d}} \cdot k_z \leq 1$

Die vereinfachten Nachweise sind im Wesentlichen auf I-förmige Querschnitte ohne planmäßige Torsion beschränkt. **Alternativ** zu den vereinfachten Nachweisen kann man die Schnittgrößen unter Ansatz geometrischer Ersatzimperfektionen nach Theorie II. Ordnung berechnen. Anschließend ist entsprechend dem gewählten Nachweisverfahren (E-E, E-P oder P-P) die Aufnahme der Schnittgrößen durch den Querschnitt nachzuweisen. In Abschnitt 4.5 finden sich hierzu zahlreiche Anwendungsbeispiele.

7.5.2 Geometrische Ersatzimperfektionen

Einfluss der Verformungen

Bei der Berechnung der Schnittgrößen ist der Einfluss der Verformungen auf das Gleichgewicht (Theorie II. Ordnung) zu berücksichtigen. Hierfür sind als Bemessungswerte der Steifigkeiten die aus den Nennwerten der Querschnittsabmessungen und den charakteristischen Werten der Elastizitäts- und Schubmoduln berechneten charakteristischen Werte der Steifigkeiten, dividiert durch den Teilsicherheitsbeiwert $\gamma_M = 1{,}1$ zu verwenden: $\Rightarrow$ $(EI)_d = EI/\gamma_M$.

Der Einfluss von Verformungen aus Querkraftschubspannungen darf in der Regel vernachlässigt werden.

Nachweis mit γ_M-fachen Bemessungswerten der Einwirkungen

Abweichend von der o.g. Regelung (Abminderung der Steifigkeiten mit γ_M) darf γ_M auch auf der Seite der Beanspruchungen berücksichtigt werden (γ_M-fache Beanspruchungen). Die Nachweise sind dann mit charakteristischen Steifigkeiten, Grenzspannungen oder Grenzschnittgrößen zu führen.

Berücksichtigung der Imperfektionen

Der Einfluss von geometrischen und strukturellen Imperfektionen ist zu berücksichtigen, wenn sie zu einer Vergrößerung der Beanspruchungen führen.

Zur Erfassung beider Imperfektionen dürfen geometrische Ersatzimperfektionen angenommen werden. Man unterscheidet zwischen Vorkrümmungen und Vorverdrehungen, siehe Bild 7.3. Die anzusetzenden Werte für diese Vorverformungen sind Tabelle 7.10 zu entnehmen.

Anmerkung 1:
  Ersatzimperfektionen können auch durch den Ansatz gleichwertiger Ersatzlasten berücksichtigt werden.

Anmerkung 2:

Ersatzimperfektionen decken neben den geometrischen Imperfektionen auch den Einfluss von Eigenspannungen infolge Walzens, Schweißens und von Richtarbeiten, Werkstoffinhomogenitäten sowie der Ausbreitung der Fließzonen auf die Traglast im Mittel ab. Weitere in Einzelfällen denkbare Einflüsse auf die Traglast, wie Nachgiebigkeiten von Verbindungsmitteln, Rahmenecken und Gründungen sowie Schubverformungen, sind damit nicht abgedeckt.

Bei Anwendung des Nachweisverfahrens Elastisch-Elastisch (Abschnitt 7.2) brauchen **nur 2/3 der Werte für die Ersatzimperfektionen** nach Tabelle 7.10 angesetzt zu werden. Bei Tragsicherheitsnachweisen für mehrteilige Stäbe ist die Ersatzimperfektion nach Tabelle 7.10 dagegen stets unvermindert anzusetzen.

Anmerkung 1:

Der Faktor 2/3 trägt dem Umstand Rechnung, dass die plastische Querschnittsreserve nicht ausgenutzt wird. Es wird angestrebt, dass sich bei Anwendung der Nachweisverfahren Elastisch-Elastisch (E-E) und Elastische-Plastisch (E-P) im Mittel gleiche Traglasten ergeben.

Anmerkung 2:

In den vereinfachten Tragsicherheitsnachweisen nach Tabelle 7.9 sind die Ersatzimperfektionen bereits berücksichtigt.

Ansatz der Ersatzimperfektionen

Die geometrischen Ersatzimperfektionen sind so anzusetzen, dass sie sich der zum niedrigsten Knickeigenwert gehörenden Verformungsfigur möglichst gut anpassen. Sie sind in ungünstigster Richtung anzusetzen und brauchen mit den geometrischen Randbedingungen des Systems nicht verträglich zu sein. Beim Biegeknicken infolge einachsiger Biegung mit Normalkraft brauchen Vorkrümmungen nur mit dem Stich v_0 oder w_0 in der jeweils untersuchten Ausweichrichtung angesetzt zu werden.

Tabelle 7.10 Geometrische Ersatzimperfektionen

		einteilige Stäbe	mehrteilige Stäbe
Stich v_0, w_0 der **Vorkrümmung** gemäß Knickspannungslinie	a	$\ell/300$	$\ell/500$
	b	$\ell/250$	
	c	$\ell/200$	
	d	$\ell/150$	
Vorverdrehung		$\varphi_0 = \dfrac{1}{200} \cdot r_1 \cdot r_2$ mit: $r_1 = \sqrt{5/\ell[m]}$ jedoch $r_1 \leq 1$ $r_2 = \left(1 + \sqrt{1/n}\right)/2$	

Vorkrümmung eines Stabes

alternativ: Ersatzbelastung bei
quadratischer Parabel

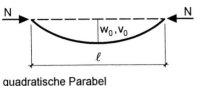

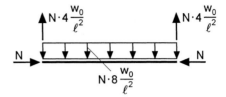

quadratische Parabel
oder sin–Halbwelle

Vorverdrehung eines Stabes

alternativ: Ersatzbelastung

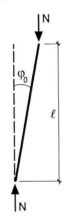

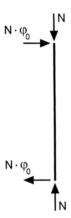

Bild 7.3   Vorkrümmung und Vorverdrehung als geometrische Ersatzimperfektionen

Beim Biegeknicken infolge zweiachsiger Biegung mit Normalkraft brauchen nur diejenigen Ersatzimperfektionen angesetzt zu werden, die zur Ausweichrichtung bei planmäßig mittiger Druckbeanspruchung gehören. Beim Biegedrillknicken genügt es, lediglich eine Vorkrümmung gemäß Tabelle 7.10 mit dem Stich $0{,}5 \cdot v_0$ anzusetzen. Vorkrümmungen gemäß Bild 7.3 oben sind für Einzelstäbe und Stäbe von Stabwerken mit unverschieblichen Knotenpunkten anzusetzen. Darüber hinaus auch, wenn die Knotenpunkte verschieblich sind und die Stabkennzahl

$$\varepsilon = \ell \cdot \sqrt{\frac{N}{(EI)_d}} > 1{,}6 \qquad (7.12)$$

ist. In diesem Fall sind gleichzeitig Vorverdrehungen und Vorkrümmungen anzusetzen. Die Zuordnung der Querschnitte zu den Knickspannungslinien erfolgt mit Hilfe von Tabelle 7.11.

Vorverdrehungen nach Bild 7.3 unten sind für solche Stäbe und Stabzüge anzunehmen, die am verformten Stabwerk Stabdrehwinkel aufweisen können und die durch Normalkräfte (Druck) beansprucht werden. Mit dem Reduktionsfaktor r_1 kann die Vorverdrehung φ_0 abgemindert werden, wenn die Länge des Stabes $\ell > 5$ m ist.

Der Reduktionsfaktor r_2 dient zur Berücksichtigung von n voneinander unabhängigen Ursachen für Vorverdrehungen von Stäben und Stabzügen. Bei der Berechnung von r_2 für Rahmen darf in der Regel für n die Anzahl der Stiele des Rahmens je Stockwerk in der betrachteten Rahmenebene eingesetzt werden. Stiele mit geringer Normalkraft zählen dabei nicht (N < 0,25·max N).

Tabelle 7.11 Zuordnung der Querschnitte zu den Knickspannungslinien

	1		2	3
	Querschnitt		Ausweichen rechtwinklig zur Achse	Knickspannungslinie
1	Hohlprofile	warm gefertigt	y – y z – z	a
		kalt gefertigt	y – y z – z	b
2	geschweißte Kastenquerschnitte		y – y z – z	b
		dicke Schweißnähte und $h_y / t_y < 30$ $h_z / t_z < 30$	y – y z – z	c
3	gewalzte I- Profile	$h/b > 1,2$; $t \leq 40\,mm$	y – y z – z	a b
		$h/b > 1,2$; $40 < t \leq 80\,mm$ $h/b \leq 1,2$; $t \leq 80\,mm$	y – y z – z	b c
		$t > 80\,mm$	y – y z – z	d
4	geschweißte I- Querschnitte	$t_i \leq 40\,mm$	y – y z – z	b c
		$t_i > 40\,mm$	y – y z – z	c b
5	U-, L-, T- und Vollquerschnitte und mehrteilige Stäbe nach Abschnitt 4.4		y – y z – z	c
6	Hier nicht aufgeführte Profile sind sinngemäß einzuordnen. Die Einordnung soll dabei nach den möglichst Eigenspannungen und Blechdicken erfolgen.			

Anmerkung: Als dicke Schweißnähte sind solche mit einer vorhandenen Nahtdicke a ≥ min t zu verstehen.

8 Nachweise nach Eurocode 3

8.1 Allgemeines

Eurocode 3 (EC 3, [10]) gilt für den Entwurf, die Berechnung und die Bemessung von Bauwerken aus Stahl. **Teil 1.1 enthält allgemeine Grundlagen zur Bemessung von Bauwerken des Hoch- und Ingenieurbaus.** Andere Teile enthalten für bestimmte Bauwerke weitere spezielle Verfahren für Entwurf, Berechnung und Bemessung, die von allgemeiner praktischer Bedeutung sind:

Teil 1.2:   Brandschutz
Teil 1.3:   Kaltgeformte dünnwandige Bauteile und Bleche
Teil 2:   Brückenbauwerke und Blechträger
Teil 3:   Türme, Maste und Schornsteine
Teil 4:   Tank- und Silobauwerke und Rohrleitungen
Teil 5:   Pfähle aus Stahl
Teil 6:   Kranbauwerke
Teil 7:   Stahlwasserbau
Teil 8:   Landwirtschaftlicher Stahlbau

Die Sicherheits- und Bemessungskonzepte von EC 3 sind mit denen in DIN 18800 weitgehend deckungsgleich. Natürlich unterscheiden sich die beiden Vorschriften in vielen Einzelheiten und teilweise auch in den Begriffen und Bezeichnungen. Bei den folgenden Ausführungen zum EC 3 wird vorausgesetzt, dass die Regelungen der DIN 18800 bekannt sind, d.h. es wird unmittelbar auf Kapitel 7 Bezug genommen. In Hinblick auf die Fragestellungen

Wo treten Unterschiede auf?
Welche Regelungen sind vergleichbar?

wird der EC 3 mit DIN 18800 verglichen, soweit dies für die Thematik des vorliegenden Buches von Interesse ist. Das Ziel ist hier nicht eine möglichst vollständige Darstellung, sondern einen gestrafften Überblick zu verschaffen. Auf Detailregelungen wird weitgehend verzichtet, da der EC 3 zum Zeitpunkt der Bucherstellung nur als Entwurf vorliegt, der in Zukunft sicherlich noch einige Änderungen erfährt.

8.2 Werkstoffeigenschaften

Die Werkstoffkennwerte sind für statische Berechnungen wie folgt anzunehmen:

- Elastizitätsmodul $E = 210\,000 \text{ N/mm}^2$
- Schubmodul $G = E/2/(1+\nu)$
- *Poissonsche* Zahl $\nu = 0{,}3$

- Temperaturdehnzahl $\alpha = 12 \cdot 10^{-6}\,\text{pro}\,^0\text{C}$
- Dichte $\rho = 7\,850\,\text{kg/m}^3$

Die Nennwerte der Streckgrenze f_y und der Zugfestigkeit f_u für warmgewalzte Baustähle sind in Tabelle 8.1 zusammengestellt. Diese Nennwerte dürfen als charakteristische Werte für statische Berechnungen angenommen werden. Die Bezeichnungen wurden mittlerweile wie folgt geändert:

Fe 360 $\rightarrow$ S 235,   Fe 430 $\rightarrow$ S 275,   Fe 510 $\rightarrow$ S 355

Tabelle 8.1   Nennwerte der Streckgrenze f_y und der Zugfestigkeit f_u für Baustahl nach EN 10025 oder prEN 10113.

Stahl	Dicke t mm[*]			
	$t \leq 40$ mm		40 mm $< t \leq 100$ mm[**]	
	f_y (N/mm²)	f_u (N/mm²)	f_y (N/mm²)	f_u (N/mm²)
EN 10025:				
Fe 360	235	360	215	340
Fe 430	275	430	255	410
Fe 510	355	510	335	490
prEN 10113:				
Fe E 275	275	390	255	370
Fe E 355	355	490	335	470

[*]   t ist die Erzeugnisdicke eines Bauteils
[**] 63 mm für Bleche und andere Flachprodukte aus Stahl gemäß den Lieferbedingungen nach prEN 10113-3

Für den Zusammenhang zwischen Spannungen und Dehnungen darf (wie in DIN 18800) eine bilineare Spannungs-Dehnungslinie gemäß Bild 8.1a verwendet werden. Zur Vermeidung von nummerischen Schwierigkeiten bei Berechnungen nach dem Fließzonenverfahren, siehe auch Fließzonentheorie in Abschnitt 4.6, darf auch die in Bild 8.1b dargestellte Beziehung angenommen werden. Dabei erfasst der leichte Anstieg der zweiten Geraden mit E / 10000 tendenziell teilweise die Verfestigung. Diese hat auch einen positiven Einfluss auf die nummerische Stabilität bei der Berechnung der Querschnittstragfähigkeit mit Hilfe der Dehnungsiteration, siehe Abschnitt 10.10.

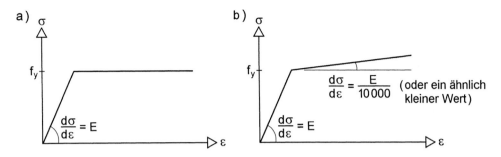

Bild 8.1   a) Bilineare Spannungs-Dehnungslinie
              b) Alternative bilineare Spannungs-Dehnungslinie (nur für Fließzonenverfahren)

Bei plastischen Berechnungen muss der Stahl folgende zusätzliche Anforderungen erfüllen:

- Das Verhältnis der angegebenen Zugfestigkeit f_u und dem festgelegten unteren Wert der Streckgrenze f_y erfüllt folgendes Kriterium:
  $$f_u/f_y \geq 1,2$$

- Die Bruchdehnung bezogen auf eine Messlänge von $5,65 \cdot \sqrt{A_0}$ (wobei A_0 die ursprüngliche Bruttoquerschnittsfläche ist) ist nicht geringer als 15%.

- Das Spannungs-Dehnungsdiagramm zeigt, dass die zur Zugfestigkeit f_u gehörende Dehnung ε_u wenigstens den 20-fachen Wert der zur Streckgrenze f_y gehörenden Dehnung ε_y aufweist.

Für die in Tabelle 8.1 aufgeführten Stahlgüten gelten diese Anforderungen als erfüllt.

8.3   Einstufung in Querschnittsklassen

Grundlagen

Bei Anwendung der plastischen Tragwerksberechnung müssen die Bauteile in der Lage sein, an den Fließgelenken ausreichendes Rotationsvermögen zu entwickeln, das für die erforderliche Momentenumlagerung ausreicht.
Bei Anwendung der elastischen Tragwerksberechnung darf jede Querschnittsklasse für die Bauteile verwendet werden, vorausgesetzt, dass bei der Bemessung der Bauteile auch die Begrenzung der Beanspruchbarkeiten der Querschnitte durch lokales Beulen berücksichtigt wird.

Einstufung

Folgende 4 Querschnittsklassen werden unterschieden:

- Querschnitte der Klasse 1 können plastische Gelenke mit ausreichendem Rotations-vermögen für plastische Berechnungen bilden.

- Querschnitte der Klasse 2 weisen plastische Widerstände der Querschnitte, aber mit begrenztem Rotationsvermögen auf.

- Querschnitte der Klasse 3 erreichen die Streckgrenze in der ungünstigsten Quer-schnittsfaser, können aber wegen örtlichen Ausbeulens die plastischen Reserven nicht ausnutzen.

- Querschnitte der Klasse 4 sind solche, bei denen die Widerstände gegen Momenten- oder Druckbeanspruchung unter Berücksichtigung des örtlichen Ausbeulens be-stimmt werden müssen.

Die o.g. Einstufung in Querschnittsklassen (QK) entspricht der Zuordnung der Quer-schnitte zu den Nachweisverfahren der DIN 18800. Tabelle 8.4 gibt dazu eine kurze Übersicht, siehe auch Tabelle 7.2 in Kapitel 7.

Die notwendige Reduktion der Widerstände der Querschnitte infolge örtlichen Aus-beulens darf bei Querschnitten der Klasse 4 durch den Ansatz wirksamer Breiten berücksichtigt werden. Dabei hängt die Einstufung von Querschnitten von den Abmes-sungsverhältnissen der druckbeanspruchten Teile ab. Druckbeanspruchte Teile sind solche Querschnittselemente, die infolge Axialkraft oder Biegemoment eines Last-falles ganz oder teilweise druckbeansprucht sind. Die verschieden druckbeanspruchten Teile eines Querschnitts (z.B. Stegblech oder Gurt) können allgemein in verschiedene Klassen eingestuft sein. Die Einstufung eines Querschnitts erfolgt in der Regel nach der ungünstigsten Klasse seiner druckbeanspruchten Teile. Alternativ darf eine Ein-stufung des Querschnitts auch durch Auflistung der Flansch- und Stegblecheinstufung vorgenommen werden.

Die Grenzverhältnisse für die Einstufung der druckbeanspruchten Teile in Quer-schnittsklasse (QK) 1, 2 und 3 können Tabelle 5.3.1 des EC 3 entnommen werden. Sie ist hier auszugsweise in den Tabellen 8.2 und 8.3 wiedergegeben. Erfüllt z.B. ein druckbeanspruchtes Teil die Grenzverhältnisse der QK 3 nicht, sollte es in QK 4 eingestuft werden. Auf Querschnitte der QK 4 wird in Kapitel 13 „Beulgefährdete Querschnitte" eingegangen.

Tabelle 8.2   Maximale Verhältnisse d/t_w für druckbeanspruchte Stegblechteile (beidseitig gestützt)

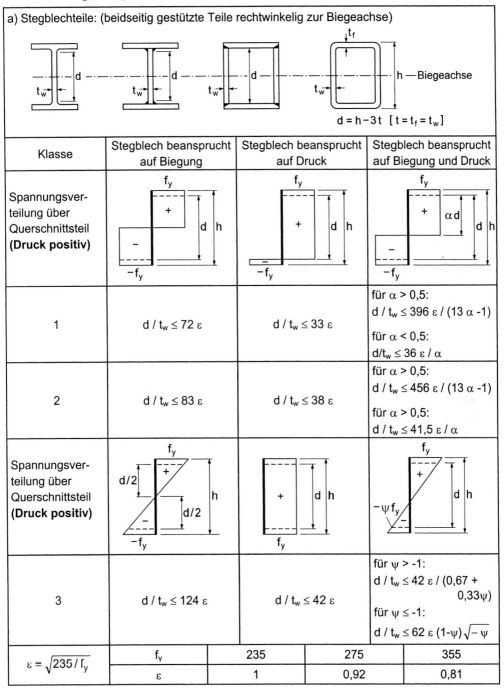

Klasse	Stegblech beansprucht auf Biegung	Stegblech beansprucht auf Druck	Stegblech beansprucht auf Biegung und Druck
Spannungsverteilung über Querschnittsteil **(Druck positiv)**			
1	$d/t_w \leq 72\,\varepsilon$	$d/t_w \leq 33\,\varepsilon$	für $\alpha > 0{,}5$: $d/t_w \leq 396\,\varepsilon/(13\,\alpha-1)$ für $\alpha < 0{,}5$: $d/t_w \leq 36\,\varepsilon/\alpha$
2	$d/t_w \leq 83\,\varepsilon$	$d/t_w \leq 38\,\varepsilon$	für $\alpha > 0{,}5$: $d/t_w \leq 456\,\varepsilon/(13\,\alpha-1)$ für $\alpha > 0{,}5$: $d/t_w \leq 41{,}5\,\varepsilon/\alpha$
Spannungsverteilung über Querschnittsteil **(Druck positiv)**			
3	$d/t_w \leq 124\,\varepsilon$	$d/t_w \leq 42\,\varepsilon$	für $\psi > -1$: $d/t_w \leq 42\,\varepsilon/(0{,}67 + 0{,}33\psi)$ für $\psi \leq -1$: $d/t_w \leq 62\,\varepsilon\,(1-\psi)\sqrt{-\psi}$

$\varepsilon = \sqrt{235/f_y}$	f_y	235	275	355
	ε	1	0,92	0,81

Tabelle 8.3   Maximale Verhältnisse c/t$_f$ für druckbeanspruchte Flanschteile (einseitig gestützt)

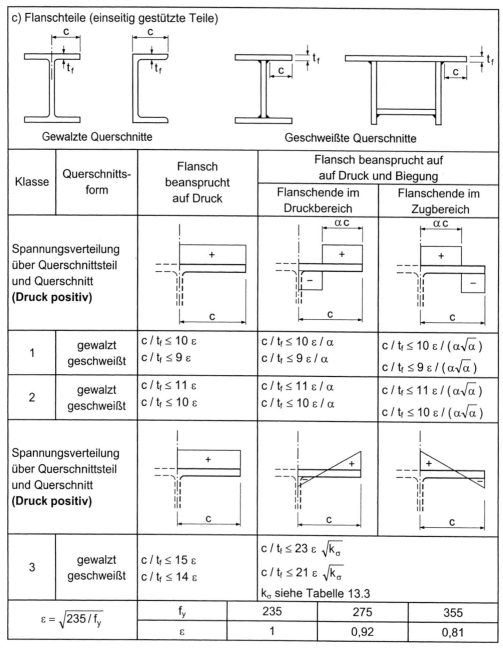

c) Flanschteile (einseitig gestützte Teile)				
Klasse	**Querschnitts-form**	**Flansch beansprucht auf Druck**	**Flansch beansprucht auf auf Druck und Biegung**	
			Flanschende im Druckbereich	Flanschende im Zugbereich
Spannungsverteilung über Querschnittsteil und Querschnitt **(Druck positiv)**				
1	gewalzt	$c / t_f \leq 10\,\varepsilon$	$c / t_f \leq 10\,\varepsilon / \alpha$	$c / t_f \leq 10\,\varepsilon / (\alpha\sqrt{\alpha}\,)$
	geschweißt	$c / t_f \leq 9\,\varepsilon$	$c / t_f \leq 9\,\varepsilon / \alpha$	$c / t_f \leq 9\,\varepsilon / (\alpha\sqrt{\alpha}\,)$
2	gewalzt	$c / t_f \leq 11\,\varepsilon$	$c / t_f \leq 11\,\varepsilon / \alpha$	$c / t_f \leq 11\,\varepsilon / (\alpha\sqrt{\alpha}\,)$
	geschweißt	$c / t_f \leq 10\,\varepsilon$	$c / t_f \leq 10\,\varepsilon / \alpha$	$c / t_f \leq 10\,\varepsilon / (\alpha\sqrt{\alpha}\,)$
Spannungsverteilung über Querschnittsteil und Querschnitt **(Druck positiv)**				
3	gewalzt	$c / t_f \leq 15\,\varepsilon$	$c / t_f \leq 23\,\varepsilon\,\sqrt{k_\sigma}$	
	geschweißt	$c / t_f \leq 14\,\varepsilon$	$c / t_f \leq 21\,\varepsilon\,\sqrt{k_\sigma}$	
			k_σ siehe Tabelle 13.3	
$\varepsilon = \sqrt{235/f_y}$		f_y	235	275	355
		ε	1	0,92	0,81

Tabelle 8.4 Vergleich der Querschnittsklassen des EC 3 [10] mit den Nachweisverfahren der DIN 18800 [4]

Querschnittsklasse (EC 3)	Nachweisverfahren (DIN 18800)
QK 1	Plastisch – Plastisch
QK 2	Elastisch – Plastisch
QK 3	Elastisch – Elastisch
QK 4	z.B. Elastisch – Elastisch mit Beulnachweis

Aus dem Vergleich der Tabellen 7.4 und 7.5 (DIN 18800) mit den Tabellen 8.2 und 8.3 (EC 3) ergibt sich Folgendes:

- Stegblechteile

  Es gilt: $d = b$ und $t_w = t$. Die b/t- und die d/t_w-Verhältnisse sind also identisch, jedoch sind die einzuhaltenden Grenzwerte unterschiedlich. In den meisten Fällen sind sie im EC 3 etwas großzügiger festgelegt.

- Flanschteile

  Es ist $t_f = t$ zu setzen. Darüber hinaus ist bei geschweißten Querschnitten $c = b$. Da das Maß c bei gewalzten Querschnitten im EC 3 bis zur Stegachse definiert ist, ergeben sich gegenüber DIN 18800 (b bis zum Beginn der Ausrundung) Unterschiede. Auch die Grenzwerte sind in beiden Vorschriften etwas unterschiedlich definiert.

8.4 Wahl eines Nachweisverfahrens

Der EC 3 unterscheidet in **elastische und plastische Tragwerksberechnungen** und verschiedene Möglichkeiten zur Ermittlung der Beanspruchbarkeiten der Querschnitte. Die formale Wahl eines Nachweisverfahrens gemäß DIN 18800 findet sich im EC 3 nicht. Man kann aber durchaus, wie bereits in Tabelle 8.4 erfolgt, die Nachweisverfahren den Querschnittsklassen zuordnen. Die Erläuterungen in Abschnitt 7.1.3, insbesondere die Tabellen 7.2 und 7.3, können daher auch sinngemäß für die Anwendung des EC 3 herangezogen werden. Auf Einzelheiten zu den Nachweisen wird im nächsten Abschnitt eingegangen.

8.5 Beanspruchbarkeiten der Querschnitte

8.5.1 Allgemeines

Im Abschnitt 5.4 des EC 3 wird die Beanspruchbarkeit der Querschnitte behandelt, die durch Folgendes begrenzt sein kann:

- Plastizierung des Bruttoquerschnitts

- Tragfähigkeit des Nettoquerschnitts in Schraubanschlüssen

- mittragende Breiten

- örtliches Ausbeulen infolge Druckbeanspruchungen

- Schubfeldbeulen

Mittragende Breiten

Bei Querschnitten mit breiten Gurten kann eine Abminderung der vorhandenen Gurte erforderlich sein. Gemäß EC 3, Abschnitt 5.4.2.3, darf eine Reduzierung auf die mittragende Breite in den folgenden Fällen vernachlässigt werden:

- einseitig gestützte Teile: $c \leq L_0/20$

- beidseitig gestützte Teile: $b \leq L_0/10$

  mit: L_0 = Länge des Teils zwischen den Momentennullpunkten (in Stablängs-richtung)

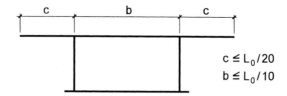

Bild 8.2   Bedingungen für voll mittragende Gurtbreiten

Eine vergleichbare Regelung ist in der Grundnorm DIN 18800 nicht enthalten und muss daher den Fachnormen entnommen werden. Die Thematik der mittragenden Breiten wird in dem vorliegenden Buch in Kapitel 12 „Querschnitte mit breiten Gurten" behandelt.

Schubbeulen

Unter der Überschrift „Querkraft" wird gefordert, dass ein Nachweis gegen Schubbeulen zu führen ist, wenn die folgenden Verhältnisse d/t_w überschritten werden:

- nicht ausgesteifte Stegbleche: $\quad\quad\quad d/t_w > 69\,\varepsilon$

- ausgesteifte Stegbleche: $\quad\quad\quad\quad d/t_w > 30\,\varepsilon\cdot\sqrt{k_\tau}$

mit: k_τ = Schubbeulwert

$\quad\quad \varepsilon = \sqrt{235/f_y}$ für f_y in N/mm^2

Eine vergleichbare Regelung fehlt in DIN 18800 Teil 1, ist aber im Grunde genommen erforderlich. Sie gehört zum Thema „Überprüfung der b/t-Verhältnisse", siehe Abschnitt 7.1.4 und ist sinngemäß Tabelle 7.4 zuzuordnen. Weiteres hierzu findet sich in Kapitel 13 „Beulgefährdete Querschnitte".

8.5.2 Beanspruchbarkeiten bei Querschnitten der Klasse 3

Gemäß EC 3, Abschnitt 5.4.8.2, muss die maximale Längsspannung σ_x bei Querschnitten ohne Querkraft folgende Bedingungen erfüllen:

$$\sigma_x \le f_{y,d} \quad \text{mit:} \quad f_{y,d} = f_y / \gamma_{M0}$$

Diese Bedingung wird dann zu dem folgenden Interaktionskriterium formuliert:

$$\frac{N}{A\cdot f_{y,d}} + \frac{M_y}{W_{el,y}\cdot f_{y,d}} + \frac{M_z}{W_{el,z}\cdot f_{y,d}} \le 1$$

Vielleicht hätte man im Sinne gewöhnlicher Anwender besser bei den gebräuchlichen Spannungsnachweisen nach der Elastizitätstheorie bleiben sollen, siehe z.B. Abschnitt 7.2.2. Darüber hinaus fehlen auch allgemeine Angaben, wie Schubspannungen zu berücksichtigen sind (Vergleichsspannungsformel?). Lediglich unter der Überschrift „Biegung und Querkraft" bzw. „Biegung, Querkraft und Längskraft" (Abschnitte 5.4.7 bzw. 5.4.9 des EC 3) finden sich ergänzende Angaben. Danach ist eine Abminderung der Streckgrenze für die wirksame Schubfläche vorzunehmen, wenn die Querkraft größer als 50% der plastischen Grenzquerkraft ist. Näheres hierzu findet sich in Abschnitt 8.5.3.

8.5.3 Beanspruchbarkeiten bei Querschnitten der Klasse 1 und 2

Für die Ermittlung der Querschnittstragfähigkeit auf Grundlage der Plastizitätstheorie wird folgendes Prinzip angegeben:

„Der plastische Widerstand des Querschnitts darf durch Annahme einer Spannungsverteilung bestimmt werden, die mit den Schnittgrößen im Gleichgewicht steht und

nirgends die Fließgrenze überschreitet; vorausgesetzt, dass diese Spannungsverteilung bei Betrachtung der zugehörigen plastischen Verformungen möglich ist."

Mit diesem Prinzip ergeben sich vollplastische Normalkräfte und Biegemomente, die
mit denen nach DIN 18800 identisch sind. Es sollen daher hier nur Querkräfte und
Schnittgrößenkombinationen angesprochen werden.

Querkräfte

Die plastische Grenzquerkraft wird mit

$$V_{pl} = A_v \cdot f_{y,d} / \sqrt{3}$$

festgelegt. Man erkennt, dass die Vergleichsspannung nach Gl. (7.7) bzw. die Grenzschubspannung nach Gl. (7.3) eingeht. A_v ist die wirksame Schubfläche. Sie darf für
gewalzte I-, H- oder C-Profile bei Lastrichtung in Stegblechebene vereinfachend mit

$$A_v = 1,04 \, h \cdot t_w$$

angesetzt werden.

Berechnungsformeln zwecks genauerer Ermittlung und auch für andere Querschnittsformen enthält Abschnitt 5.4.6 des EC 3. In Bild 8.3 ist die wirksame Schubfläche für
gewalzte I-Profile skizziert. Der Vergleich mit der Skizze rechts daneben zeigt, dass
A_v nach dem EC 3 deutlich größer als nach DIN 18800 ist. Für ein IPE 300 erhält man
beispielsweise:

- EC 3: $A_v = 53,8 - 2 \cdot 15 \cdot 1,07 + (0,71 + 2 \cdot 1,5) \cdot 1,07 = 25,67 \, \text{cm}^2$

- DIN 18800: $A_v = (30 - 1,07) \cdot 0,71 = 20,54 \, \text{cm}^2$

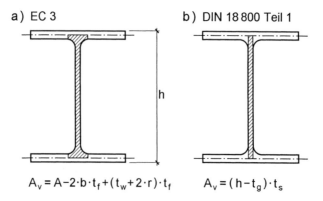

a) EC 3   b) DIN 18 800 Teil 1

$A_v = A - 2 \cdot b \cdot t_f + (t_w + 2 \cdot r) \cdot t_f$ $A_v = (h - t_g) \cdot t_s$

Bild 8.3   Wirksame Stegflächen nach EC 3 und DIN 18800

Der Unterschied ist mit fast 25% beträchtlich. Die Festlegung von DIN 18800 ist in
diesem Punkt offensichtlich stark konservativ.

Biegung mit Querkraft

Das theoretische plastische Grenzmoment eines Querschnitts muss abgemindert werden, wenn die Querkraft größer ist als 50% der plastischen Grenzquerkraft. Bei der Abminderung soll das plastische Grenzmoment mit einer reduzierten Streckgrenze

$$\text{red } f_y = \left[1 - \left(2 \cdot V / V_{pl} - 1\right)^2\right] \cdot f_y$$

für die wirksame Schubfläche berechnet werden.

Biegung und Längskraft

Überschreitet bei Biegung um die (starke) Hauptachse die Längskraft entweder 50% der plastischen Grenzzugkraft des Stegbleches **oder** 25% der plastischen Grenzzugkraft des Querschnitts, so ist eine Abminderung des plastischen Grenzmomentes vorzunehmen. Ähnlich ist bei Biegung um die schwache Achse eine Abminderung vorzunehmen, wenn die Längskraft die plastische Grenzzugkraft des Stegbleches überschreitet.

Der EC 3 enthält Angaben zur Ermittlung reduzierter plastischer Grenzmomente für folgende Querschnitte:

- gewalzte und geschweißte I-Profile

- Rechteckhohlprofile und geschweißte Kastenquerschnitte

- kreisförmige Hohlprofile

Vayas untersucht in [127] doppeltsymmetrische I-Querschnitte und kommt zu folgenden Ergebnissen:

- EC 3 ist bei Biegung um die starke Achse mit Normalkraft korrekt. Jedoch liegt er bei kleinen Normalkräften unwesentlich auf der unsicheren Seite.

- EC 3 ist bei Biegung um die schwache Achse mit Normalkraft in dem gesamten Bereich korrekt.

- EC 3 ist bei Doppelbiegung mit Normalkraft fehlerhaft und unsicher. Seine Beziehungen setzen die gleichzeitige Wirkung von Wölbbimomenten voraus.

Bezüglich des zuletzt genannten Punktes, d.h. der N-M_y-M_z-Schnittgrößenkombination, sei auf die Erläuterungen in Abschnitten 10.4.5 verwiesen. Von besonderem Interesse in diesem Zusammenhang sind auch die Abschnitte 4.4 und 4.6 bis 4.9.

8.6 Biegeknicken und Biegedrillknicken

Die Regelungen im EC 3 (siehe dort Abschnitte 5.2 und 5.5) und DIN 18800 Teil 2 (siehe Abschnitt 7.5) sind in weiten Bereichen deckungsgleich. Unterschiede betreffen mehr die Detailnachweise als konzeptionelle Unterschiede.

Auch der EC 3 sieht prinzipiell 2 Möglichkeiten zur Erfassung von Stabilitätseinflüssen vor:

- vereinfachte Verfahren

- Nachweise nach Theorie II. Ordnung

Vereinfachte Verfahren

In der Ermittlung der Abminderungsfaktoren χ (DIN 18800: κ) für das Biegeknicken stimmen beide Vorschriften überein. Dies gilt bis auf kleine Ausnahmen auch für die Zuordnung der Querschnitte zu den Knickspannungslinien, siehe Tabelle 7.11. Die Abminderungsfaktoren für das Biegeknicken sind in Bild 8.4 dargestellt.

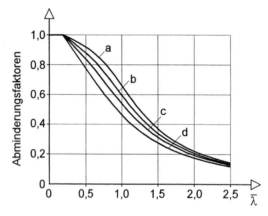

Bild 8.4   Abminderungsfaktoren κ für das Biegeknicken (EC 3 und DIN 18800)

Für das Biegedrillknicken werden im EC 3 ebenfalls die Knickspannungslinien (KSL) verwendet, und zwar:

- Walzprofile: KSL a

- geschweißte Profile: KSL c

Im Gegensatz dazu enthält DIN 18800 Teil 2 spezielle Abminderungsfaktoren κ_M für das Biegedrillknicken. Bild 8.5 zeigt, dass die Werte nach DIN 18800 deutlich höher liegen als nach dem EC 3 (bis zu etwa 30%). Wenn man die Wahl hat, wird man daher aus wirtschaftlichen Gründen Biegedrillknicknachweise bevorzugt nach DIN 18800 führen.

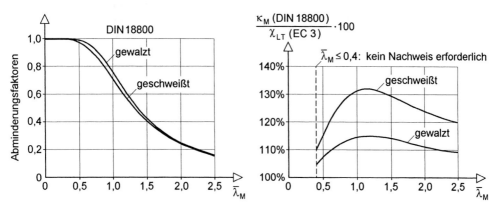

Bild 8.5   Abminderungsfaktoren für das Biegedrillknicken nach DIN 18800 und Vergleich mit dem EC 3

Im Übrigen sind die vereinfachten Tragsicherheitsnachweise in beiden Vorschriften weitgehend vergleichbar. Die Nachweise von DIN 18800 in Tabelle 7.9 sind dem Nachweisverfahren Elastisch-Plastisch (E-P) zuzuordnen, entsprechen also der Querschnittsklasse 2. Im Vergleich zu DIN 18800 Teil 2 enthält der EC 3 auch vereinfachte Tragsicherheitsnachweise für Querschnitte der Klassen 3 und 4. Da die Nachweisformeln relativ umfangreich sind, werden sie hier nicht wiedergegeben.

Direkte Anwendung der Theorie II. Ordnung

Beim direkten Nachweis nach Theorie II. Ordnung (alternativ) sind wie in DIN 18800 geometrische Ersatzimperfektionen anzusetzen. Im Vergleich zu den Vorkrümmungen in Tabelle 7.10 (DIN 18800) sind die Werte nach dem EC 3 (dort Bild 5.5.1) deutlich aufwendiger zu ermitteln. Dabei gehen als Parameter die Querschnittsform, der bezogene Schlankheitsgrad, das Widerstandsmoment und das verwendete Verfahren zur Bestimmung der Querschnittstragfähigkeit ein. Von Vorteil ist, dass eine Begrenzung auf $\alpha_{pl} \le 1,25$ nicht erforderlich ist und auch Angaben für das Fließzonenverfahren enthalten sind.

Die Ausführungen werden hier nicht weiter vertieft, weil dies nicht zum Schwerpunkt des vorliegenden Buches gehört.

8.7 Weiterführende Literatur

Aufgrund des Entwurfcharakters des EC 3 und der derzeitigen praktischen Bedeutung werden im Rahmen dieses Buches die Tragsicherheitsnachweise überwiegend auf Grundlage von DIN 18800 geführt, siehe insbesondere Beispiele in Abschnitt 4.5.

Nachweise nach dem EC 3 sind in in der Methodik und vielen Fällen unmittelbar sehr ähnlich. Die Literaturstellen [54], [17], [21] und [66] enthalten eine große Anzahl an Berechnungsbeispielen zum EC 3.

9 Grenztragfähigkeit rechteckiger Teilquerschnitte

9.1 Vorbemerkungen

Rechteckige Querschnitte haben 2 Symmetrielinien, auf deren Schnittpunkt Schwerpunkt S und Schubmittelpunkt M liegen. Die Hauptachsen y und z sind mit den Symmetrielinien identisch, Bild 9.1. Im allgemeinen Fall wird der rechteckige Querschnitt durch 7 Schnittgrößen beansprucht, wobei zusätzlich die Aufteilung des Torsionsmomentes in primäre und sekundäre Torsionsmomente zu beachten ist. Die Schnittgrößen können in 2 Kategorien eingeteilt werden:

- N, M_y, M_z und M_ω rufen Normalspannungen σ_x hervor

- V_y, V_z, M_{xp} und M_{xs} rufen Schubspannungen τ hervor

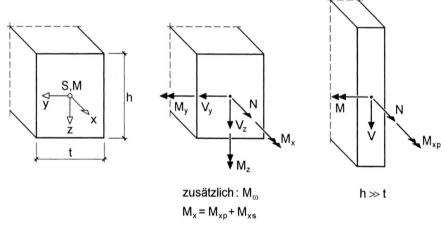

zusätzlich: M_ω

$M_x = M_{xp} + M_{xs}$

$h \gg t$

Bild 9.1   Rechteckquerschnitt und Schnittgrößen

Rechteckige Querschnitte sind, wie in Abschnitt 5.4.2 ausgeführt, nicht wölbfrei. Die Bedeutung des Wölbbimomentes M_ω und des sekundären Torsionsmomentes M_{xs} ist jedoch gering, so dass diese Schnittgrößen hier nicht weiter betrachtet werden. Bezüglich der Torsion wird also nur das primäre Torsionsmoment M_{xp} weiter verfolgt.

Rechteckige Querschnitte kommen im Stahlbau nur in Ausnahmefällen vor. Die üblichen dünnwandigen Querschnitte bestehen jedoch fast ausschließlich aus rechteckigen Teilflächen, so dass die vertiefte Untersuchung dünnwandiger Rechteckquerschnitte von besonderer Bedeutung ist. Von Dünnwandigkeit spricht man etwa ab einem Verhältnis von $h/t \geq 5$. Bei derartigen Querschnittsabmessungen kann man das

Biegemoment um die schwache Achse und die korrespondierende Querkraft vernachlässigen ($M_z = V_y \cong 0$). Aus Gründen der Schreibvereinfachung wird, wie in Bild 9.1 rechts dargestellt,

$$M_y = M \quad \text{und} \quad V_z = V$$

gesetzt. Bei dünnwandigen Rechteckquerschnitten wird also nur die Wirkung der Schnittgrößen

$$N, M, V \text{ und } M_{xp}$$

untersucht.

In den folgenden Abschnitten wird die Grenztragfähigkeit von Rechteckquerschnitten bestimmt. Dabei geht es in erster Linie um **dünnwandige Rechteckquerschnitte** und die **Grenztragfähigkeit auf Grundlage der Plastizitätstheorie.** Darüber hinaus sollen vorhandene plastische Reserven im Vergleich zur Elastizitätstheorie aufgezeigt und die Genauigkeit unterschiedlicher Modelle zur Herleitung der Interaktionsbeziehungen diskutiert werden.

Die hier entwickelten Beziehungen für die Grenztragfähigkeit dünnwandiger Rechteckquerschnitte bilden den Ausgangspunkt für die Bestimmung der Grenztragfähigkeit in Kapitel 10, wo baupraktisch relevante Querschnittsformen untersucht werden. Dabei werden auch die in Abschnitt 2.13 hergeleiteten Gleichgewichtsbeziehungen zwischen Gesamt- und Teilschnittgrößen verwendet.

Die Grenztragfähigkeit des Rechtquerschnitts wird auf Grundlage des linearelastischen idealplastischen Werkstoffverhaltens gemäß Bild 2.27 in Abschnitt 2.8.2 bestimmt. Aus Gründen der Schreibvereinfachung und Übersichtlichkeit wird hier jedoch auf den Index „d" zur Kennzeichnung von Bemessungswerten verzichtet. Dies betrifft sowohl die Streckgrenze als auch die Grenzschnittgrößen.

9.2 Spannungen und Grenzschnittgrößen nach der Elastizitätstheorie

9.2.1 Querschnittskennwerte

Für die Ermittlung von Spannungen werden gemäß Kapitel 5 Querschnittskennwerte benötigt (siehe auch Kapitel 3). Tabelle 9.1 enthält eine Zusammenstellung der Kennwerte für den Rechteckquerschnitt aus Bild 9.1.

Tabelle 9.1 Querschnittskennwerte für Rechteckquerschnitte

Fläche	$A = h \cdot t$	
Hauptträgheitsmomente	$I_y = \frac{1}{12} t \cdot h^3$	$I_z = \frac{1}{12} h \cdot t^3$
Widerstandsmomente	$W_y = \frac{1}{6} t \cdot h^2$	$W_z = \frac{1}{6} h \cdot t^2$
Max. statische Momente	$\max S_y = \frac{1}{8} t \cdot h^2$	$\max S_z = \frac{1}{8} h \cdot t^2$
Torsionsträgheitsmoment	$I_T = c_1 \cdot h \cdot t^3$	$h \gg t: \; I_T = \frac{1}{3} h \cdot t^3$
Torsionswiderstandsmoment	$W_T = c_1 \cdot c_2 \cdot h \cdot t^2$	$h \gg t: \; W_T = \frac{1}{3} h \cdot t^2$

Beiwerte c_1 und c_2: siehe Tabelle 9.2

9.2.2 σ_x infolge N, M_y und M_z

Die Normalspannung σ_x kann nach Kapitel 5 wie folgt berechnet werden:

$$\sigma_x = \frac{N}{A} + \frac{M_y}{I_y} \cdot z - \frac{M_z}{I_z} \cdot y \qquad (9.1)$$

Für jeden Punkt P(y,z) des Querschnitts kann mit Gl. (9.1) die Spannung σ_x infolge der Schnittgrößen N, M_y und M_z bestimmt werden. Bei alleiniger Wirkung ergeben sich für N konstante bzw. für M_y und M_z linear veränderliche Spannungsverläufe, siehe Bild 9.2.

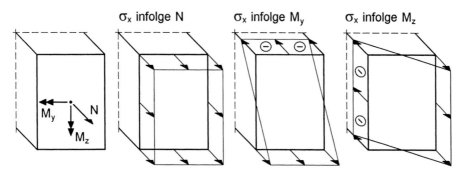

Bild 9.2   Spannungsverläufe σ_x infolge N, M_y und M_z

Wirken alle 3 Schnittgrößen gleichzeitig, kann der resultierende Spannungsverlauf aus der Überlagerung der 3 einzelnen Spannungsverläufe bestimmt werden, da bei der

Elastizitätstheorie das Superpositionsgesetz gültig ist. Die betragsmäßig größte Spannung tritt in einem Eckpunkt auf und ergibt sich zu

$$\max \sigma_x = \frac{|N|}{A} + \frac{|M|}{W_y} + \frac{|M_z|}{W_z} \tag{9.2}$$

9.2.3 τ infolge V_y und V_z

Die Schubspannung τ wird nach Kapitel 5 durch die Gln. (9.3a-c) beschrieben.

$$\tau_{xy} = -\frac{V_y \cdot S_z(y)}{I_z \cdot h} = \max \tau_{xy} \cdot \left[1 - \left(\frac{y}{t/2}\right)^2\right] \tag{9.3a}$$

$$\tau_{xz} = -\frac{V_z \cdot S_y(z)}{I_y \cdot t} = \max \tau_{xz} \cdot \left[1 - \left(\frac{z}{h/2}\right)^2\right] \tag{9.3b}$$

$$\text{mit:} \quad \max \tau_{xy} = 1{,}5 \cdot \frac{V_y}{A} \quad \text{und} \quad \max \tau_{xz} = 1{,}5 \cdot \frac{V_z}{A} \tag{9.3c}$$

Die Schubspannungen sind parabelförmig über den Querschnitt verteilt; bei $y = 0$ bzw. $z = 0$ treten die Maximalwerte auf. An den Rändern sind τ_{xy} bzw. τ_{xz} senkrecht zum Rand gleich Null.

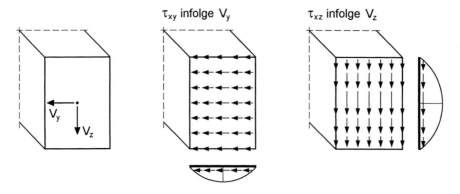

Bild 9.3   Spannungsverläufe τ infolge V_y und V_z

9.2.4 τ infolge M_{xp}

Infolge des *St. Venantschen* (primären) Torsionsmomentes M_{xp} entstehen sowohl Schubspannungen τ_{xy} als auch τ_{xz}. Die Schubspannungen τ_{xz} sind für $h > t$ größer als τ_{xy}, wie man aus Bild 9.4 und Tabelle 9.2 erkennt. Dies ist wahrscheinlich auch der

Grund dafür, dass in der Literatur die Schubspannungen τ_{xy} kaum beachtet werden. Bei einer genaueren Betrachtung stellt man jedoch fest, dass τ_{xy} und τ_{xz} je zur Hälfte das resultierende Torsionsmoment ergeben. Weitere Einzelheiten finden sich in den Abschnitten 5.4.2 und 5.4.7.

Tabelle 9.2 Beiwerte für die *St. Venantsche* Torsion

	h/t	1	2	5	10	∞
$I_T = c_1 \cdot h \cdot t^3$	$c_1 =$	0,141	0,229	0,291	0,312	1/3
$\max \tau_{xz} = \dfrac{M_{xp}}{c_2 \cdot I_T} \cdot t$	$c_2 =$	1,481	1,075	1,001	1,000	1
$\max \tau_{xy} = c_3 \cdot \max \tau_{xz}$	$c_3 =$	1,000	0,795	0,743	0,742	0,742

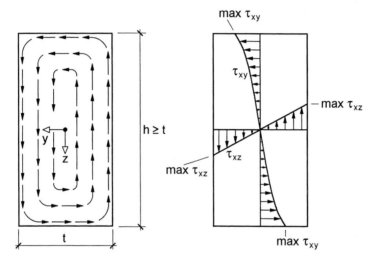

Bild 9.4 Schubspannungen τ_{xy} und τ_{xz} infolge *St. Venantscher* Torsion

9.2.5 Grenzschnittgrößen auf Grundlage der Elastizitätstheorie

Wenn die Spannungen nach der Elastizitätstheorie berechnet werden und der Maximalwert der Vergleichsspannung σ_v gleich der Streckgrenze f_y ist, sind die zugehörigen Schnittgrößen die Grenzschnittgrößen im elastischen Zustand. Für den Sonderfall, dass nur eine Schnittgröße betrachtet wird (alle anderen Schnittgrößen gleich Null) bezeichnet man diese Grenzschnittgröße im Index mit el. Bild 9.5 zeigt die zu den Grenzschnittgrößen N_{el}, M_{el}, V_{el} und $M_{el,xp}$ korrespondierenden Spannungsverläufe. Bei N_{el} und M_{el} ist max $\sigma_x = f_y$ und bei den Schnittgrößen $M_{el,xp}$ und V_{el} ist max $\tau = \tau_R = f_y \big/ \sqrt{3}$.

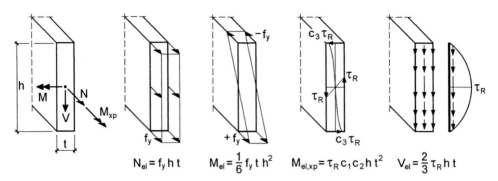

$$N_{el} = f_y\,h\,t \qquad M_{el} = \frac{1}{6}\,f_y\,t\,h^2 \qquad M_{el,xp} = \tau_R\,c_1\,c_2\,h\,t^2 \qquad V_{el} = \frac{2}{3}\,\tau_R\,h\,t$$

Bild 9.5   Elastische Grenzschnittgrößen (Beiwerte c_1 und c_2 siehe Tabelle 9.2)

9.2.6 Zusammenwirken aller Schnittgrößen und Nachweise

Die vorhandenen Schnittgrößen können vom Querschnitt aufgenommen werden, wenn die Vergleichspannung in keinem Punkt des Querschnitts die Streckgrenze überschreitet. Es muss also die folgende Bedingung eingehalten werden:

$$\sigma_v = \sqrt{\sigma_x^2 + 3\cdot\left(\tau_{xy}^2 + \tau_{xz}^2\right)} \leq f_y \tag{9.4}$$

Wenn alle Schnittgrößen in einer beliebigen Kombination wirken, ist nicht unmittelbar klar, in welchem Querschnittspunkt die maximale Vergleichspannung auftritt. Mit den angegebenen Spannungsverteilungen in den vorhergehenden Abschnitten kann eine Auswertung für beliebige Fälle vorgenommen werden. In der Regel tritt max σ_v in einem Eckpunkt oder auf den Symmetrielinien auf.

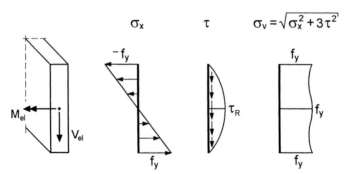

Bild 9.6   Spannungsverläufe bei gleichzeitiger Einwirkung von M_{el} und V_{el}

Ein interessanter Anwendungsfall ist die gleichzeitige Wirkung der Schnittgrößen M und V. Bild 9.6 zeigt die Spannungsverteilungen für M_{el} und V_{el}, also bei jeweils alleiniger Wirkung einer Schnittgröße. Die Vergleichspannung kann mit Gl. (9.4) im gesamten Querschnitt berechnet werden. Man stellt fest, dass $\sigma_v = f_y$ am oberen und unteren Rand sowie im Schwerpunkt erreicht wird. Dazwischen bleibt der Querschnitt elastisch und erreicht bei z = ± 0,354·h mit 86,6% seine minimale Ausnutzung.

Fazit: Die Schnittgrößen M_{el} und V_{el} können beide gleichzeitig aufgenommen werden.

9.3 Grenztragfähigkeit auf Grundlage der Plastizitätstheorie

9.3.1 Wirkung einzelner Schnittgrößen

Wird der Querschnitt nur durch eine einzelne Schnittgröße (alle anderen Schnittgrößen gleich Null) beansprucht, bezeichnet man die Grenzschnittgröße auf Grundlage der Plastizitätstheorie mit dem Index „pl" (**pl**astisch).

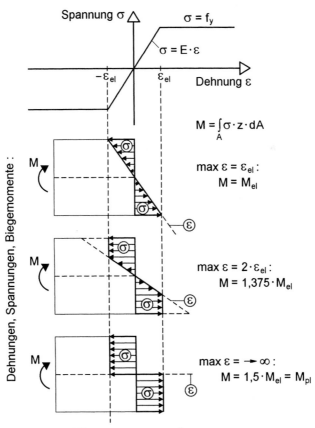

Bild 9.7   Dehnungen und Spannungen beim Übergang von M_{el} zu M_{pl}

Die Spannungsverteilungen infolge von plastischen Grenzschnittgrößen müssen folgende Bedingungen erfüllen:

- Die Vergleichsspannung darf in keinem Punkt des Querschnitts die Streckgrenze überschreiten.

- Es muss Gleichgewicht zwischen Schnittgrößen und Spannungen herrschen, z.B. $M = \int\limits_A \sigma \cdot z \cdot dA$.

- Die sich ergebende Schnittgröße muss die maximal mögliche einzige Schnittgröße (alle anderen Schnittgrößen gleich Null) sein. Dies führt dazu, dass der Querschnitt durchplastiziert.

Beispielhaft ist in Bild 9.7 der Übergang vom elastischen zum plastischen Grenzbiegemoment dargestellt. Die Dehnungen und Spannungen im ersten Teilbild zeigen den Fall $M = M_{el}$, bei dem die maximalen Randdehnungen gerade $\varepsilon_{el} = f_y/E$ erreichen. Wenn man die Dehnungsgerade „weiterdreht" beginnt der Rechteckquerschnitt in den Randbereichen zu plastizieren. Für den Fall $\max \varepsilon = 2 \cdot \varepsilon_{el}$ ist $M = 1{,}375 \cdot M_{el}$. Der Grenzzustand wird erreicht, wenn die Dehnungsgerade horizontal liegt und der Querschnitt voll durchplastiziert ist. Dann ist

$$M = M_{pl} = 1{,}5 \cdot M_{el} \tag{9.5}$$

Der plastische Formbeiwert ist also beim Rechteckquerschnitt und Wirkung eines Biegemomentes

$$\alpha_{pl} = M_{pl}/M_{el} = 1{,}5 \tag{9.6}$$

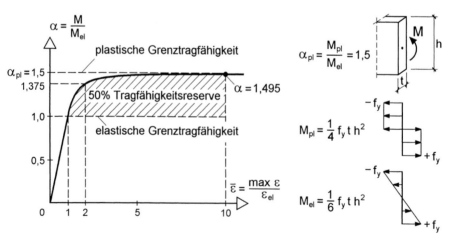

Bild 9.8   Plastische Reserven des Rechteckquerschnitts in Abhängigkeit von der maximalen Randdehnung

Zu $\alpha_{pl} = 1{,}5$ gehört die Rechenannahme $\max \varepsilon \to \infty$. In Wirklichkeit ergibt sich natürlich eine Beschränkung aufgrund der Bruchdehnung ε_u, siehe auch Abschnitt 2.8.2.

Weiteren Aufschluss über den Zusammenhang zwischen Dehnungen und erreichbaren Biegemomenten gibt Bild 9.8. Wie man sieht gehört zu $\bar{\varepsilon} = \max \varepsilon / \varepsilon_{el} = 10$ ein Steigerungsfaktor von $\alpha = M/M_{el} = 1{,}495$. Es wird also fast $\alpha_{pl} = 1{,}5$ erreicht. Die maximale Dehnung zu $\bar{\varepsilon} = 10$ ist für einen Baustahl S 355 ($\varepsilon_u \geq 20\%$)

$$\max \varepsilon = 1{,}71\%$$

also ein Wert, der noch weit unterhalb der Bruchdehnung liegt. Die Rechenannahme $\max \varepsilon \to \infty$ kann daher ohne Bedenken verwendet werden.

Bei dünnwandigen Rechteckquerschnitten sind die plastischen Grenzschnittgrößen N_{pl}, M_{pl}, $M_{pl,xp}$ und V_{pl} von Interesse. Die Spannungsverteilungen und die entsprechenden Berechnungsformeln sind in Bild 9.9 zusammengestellt. Die Grenzschnittgröße für das primäre Torsionsmoment wird hier mit einer Näherung nach dem **Hohlkasten-Modell** berechnet, da dies für die gemeinsame Wirkung mit der Querkraft von Vorteil ist. Auf die gemeinsame Wirkung von M_{xp} und V wird in Abschnitt 9.3.3 und auf Fragen der Genauigkeit in Abschnitt 9.5 eingegangen. Das genaue $M_{pl,xp}$ ergibt sich mit dem Walmdach-Modell zu

$$M_{pl,xp} = \frac{1}{6} \cdot \tau_R \cdot t^2 \cdot (3 \cdot h - t) \tag{9.7}$$

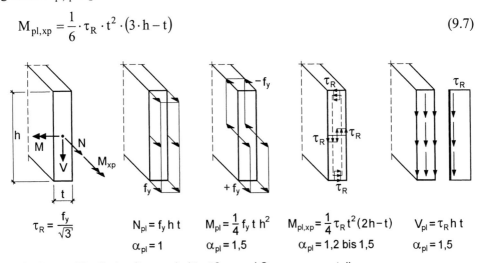

$$\tau_R = \frac{f_y}{\sqrt{3}};$$

$N_{pl} = f_y\,h\,t$	$M_{pl} = \frac{1}{4} f_y\, t\, h^2$	$M_{pl,xp} = \frac{1}{4}\tau_R t^2 (2h-t)$	$V_{pl} = \tau_R h\, t$
$\alpha_{pl} = 1$	$\alpha_{pl} = 1{,}5$	$\alpha_{pl} = 1{,}2$ bis $1{,}5$	$\alpha_{pl} = 1{,}5$

Bild 9.9   Plastische Grenzschnittgrößen und Spannungsverteilungen

9.3.2 Gemeinsame Wirkung von N und M

Im Folgenden wird die bekannte N-M-Interaktionsbedingung für den Rechteckquerschnitt hergeleitet. Die Interaktionsbedingung dient dazu, eine sichere Aussage darüber machen zu können, ob der Querschnitt die Schnittgrößen N und M unter Ausnutzung plastischer Reserven aufnehmen kann oder nicht.

Für die Herleitung geht man vom Grenzzustand der Tragfähigkeit aus, d.h. man setzt voraus, dass der gesamte Querschnitt plastiziert. Die Annahme einer vollständigen Plastizierung (unendlich große Dehnung) ist durch die große Duktilität des Stahls gerechtfertigt, siehe auch Abschnitt 9.3.1. Bild 9.10 zeigt die angenommene σ_x-Spannung im Grenzzustand der Tragfähigkeit. σ_x ist im Querschnitt konstant, hat jedoch unterschiedliche Vorzeichen. Die Spannung wird trotz des angenommenen Grenzzustandes mit σ_x und nicht mit f_y bezeichnet, damit später auch noch der Einfluss der Schubspannungen auf die Tragfähigkeit erfasst werden kann. Ausgehend von einer positiven Normalkraft N und einem positiven Biegemoment M wird am unteren Rand ein positives und am oberen Rand ein negatives σ_x angesetzt. Die Abmessung dieser beiden Spannungsblöcke bzw. die Nulllinie wird durch den Parameter η beschrieben. Der in Bild 9.10 gezeigte Spannungsverlauf lässt sich so interpretieren, dass der innere Bereich die Normalkraft und die äußeren Bereiche das Biegemoment aufnehmen.

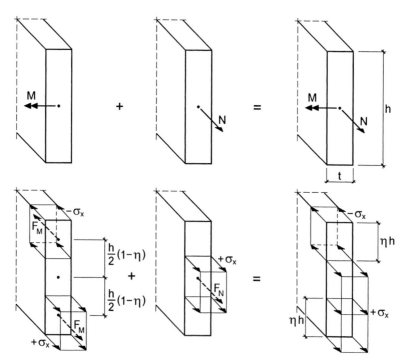

Bild 9.10 σ_x-Spannung im Grenzzustand zur Aufnahme von N und M

Die Kräfte F_M und F_N, siehe Bild 9.10, lassen sich als Resultierende der Spannungen ausdrücken.

$$F_N = \sigma_x \cdot t \cdot h \cdot (1 - 2 \cdot \eta) \qquad (9.8a)$$

$$F_M = \sigma_x \cdot t \cdot \eta \cdot h \qquad (9.8b)$$

Diese Kräfte können wiederum über die Gleichgewichtsbedingungen zu Normalkraft und Biegemoment zusammengefasst werden.

$$N = F_N = \sigma_x \cdot t \cdot h \cdot (1 - 2 \cdot \eta) \qquad (9.9)$$

$$M = 2 \cdot F_M \cdot \frac{h}{2} \cdot (1 - \eta) = \sigma_x \cdot t \cdot h^2 \cdot \eta \cdot (1 - \eta) \qquad (9.10)$$

Gl. (9.9) wird nach η umgestellt:

$$\eta = \frac{1}{2} \cdot \left(1 - \frac{N}{\sigma_x \cdot t \cdot h} \right) \qquad (9.11)$$

Durch Einsetzen von Gl. (9.11) in Gl. (9.10) und anschließender Auflösung nach σ_x ergibt sich:

$$\sigma_x = \frac{2 \cdot |M|}{t \cdot h^2} + \sqrt{\left(\frac{2 \cdot M}{t \cdot h^2} \right)^2 + \left(\frac{N}{t \cdot h} \right)^2} \qquad (9.12)$$

Die ausreichende Tragfähigkeit des Querschnitts ist nachgewiesen, wenn

$$\sigma_x \leq f_y \qquad (9.13)$$

ist.

Variiert man in den Gln. (9.9) und (9.10) η, so erhält man mit $\sigma_x = f_y$ für $\eta = 0$ bzw. $\eta = 1/2$ die Grenzschnittgrößen N_{pl} bzw. M_{pl}.

$$N_{pl} = f_y \cdot t \cdot h \qquad (9.14)$$

$$M_{pl} = f_y \cdot t \cdot h^2 / 4 \qquad (9.15)$$

Durch Division von Gl. (9.12) durch f_y erhält man mit den Gln. (9.14) und (9.15) nach Umformung die bekannte Interaktionsbedingung für den Rechteckquerschnitt:

$$\left(\frac{N}{N_{pl}} \right)^2 + \frac{|M|}{M_{pl}} \leq 1 \qquad (9.16)$$

Bild 9.11 zeigt die N-M-Interaktion nach Gl. (9.16). Die dargestellte Linie kennzeichnet alle möglichen N-M-Kombinationen, die im gesamten Querschnitt zur Streckgrenze f_y führen, wenn keine weiteren Schnittgrößen auf den Querschnitt einwirken. Wegen des quadratischen Normalkraftanteils und des betragsmäßigen Biegemomentenanteils der Interaktionsbedingung sind die Vorzeichen von N und M hier nicht von Bedeutung. Sämtliche Schnittgrößenkombinationen von N und M, die innerhalb des dargestellten Bereiches liegen, können sicher vom Querschnitt aufgenommen werden. Zum Vergleich ist auch die Grenztragfähigkeit nach der Elastizitätstheorie eingetragen. Es ist deutlich zu erkennen, dass insbesondere bei überwiegender Momentenbeanspruchung erhebliche Tragfähigkeitsreserven vorhanden sind.

Wirken zusätzlich zu N und M Querkräfte V und/oder *St. Venantsche* Torsions-momente M_{xp} auf den Querschnitt ein, lässt sich aus diesen τ-Schnittgrößen (V und M_{xp}) ein Verhältnis τ/τ_R berechnen. Die hieraus resultierende Schubspannung führt zu einer geringeren Tragfähigkeit für die σ-Schnittgrößen (N und M). Darauf wird in den folgenden Abschnitten näher eingegangen.

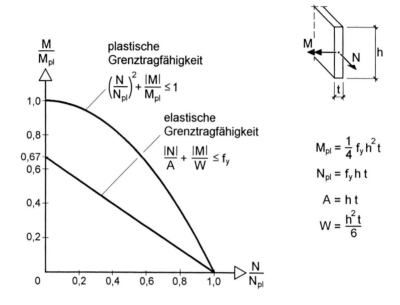

Bild 9.11   N-M-Grenztragfähigkeit nach der Elastizitäts- und nach der Plastizitätstheorie

9.3.3 Gemeinsame Wirkung von M_{xp} und V

Ziel der folgenden Herleitungen ist es, eine **konstante Schubspannungsverteilung** zu berechnen, die das Gleichgewicht für die Schnittgrößen V und M_{xp} erfüllt. Ein konstanter Schubspannungszustand ist von großem Vorteil, weil sich dadurch das Zusammenwirken von Normal- und Schubspannungen bei der Grenztragfähigkeit rechnerisch sehr einfach erfassen lässt. Hinsichtlich einer Beurteilung dieser Annahme (konst. Schubspannungszustand) sei auf die Abschnitte 9.4 und 9.5 verwiesen.

Ausgangspunkt der Betrachtung ist ähnlich wie bei den σ-Schnittgrößen N und M der Grenzzustand der Tragfähigkeit. Bild 9.12 zeigt das Prinzip des Modells, das auch als **Hohlkasten-Modell** bezeichnet werden kann. Gedanklich wird der Rechteckquer-schnitt in einen äußeren Hohlkasten und ein inneres Rechteck aufgeteilt. Der äußere Hohlkasten dient zur Aufnahme des Torsionsmomentes M_{xp} und das innere Rechteck soll die Querkraft V aufnehmen.

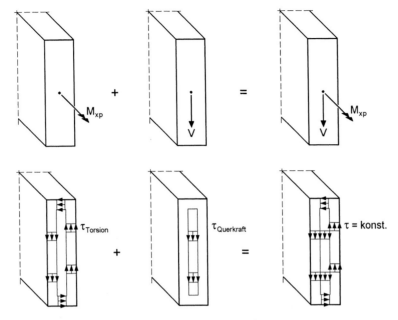

Bedingung: $\tau = \tau_{\text{Torsion}} = \tau_{\text{Querkraft}}$ = konst.

Bild 9.12 Hohlkasten-Modell zur Ermittlung einer betragsmäßig konstanten Schubspannung infolge M_{xp} und V

In Bild 9.13 ist der Schubspannungsverlauf infolge M_{xp} dargestellt. Es wirken nur Schubspannungen τ_{xy} und τ_{xz} im äußeren Hohlkasten, dessen Wandstärke mit t_a bezeichnet wird. τ_{xy} und τ_{xz} sind umlaufend konstant und können auch mit der *Bredtschen* Formel nach Gl. (9.17) berechnet werden.

$$\tau_{\text{Torsion}} = \tau_{xy} = \tau_{xz} = \frac{M_{xp}}{2 \cdot A_m \cdot t_a} \tag{9.17}$$

Anschaulicher als die *Bredtsche* Formel, vom Ergebnis jedoch identisch, ist die in Bild 9.13 Mitte gezeigte Vorgehensweise. Dort werden die Schubspannungen der 4 Wände des Hohlkastens zu Kräften zusammengefasst.

$$F_y = \tau_{xy} \cdot t_a \cdot (t - t_a) \tag{9.18a}$$

$$F_z = \tau_{xz} \cdot t_a \cdot (h - t_a) \tag{9.18b}$$

Die Kräftepaare F_y und F_z, die sich jeweils aufheben und keine resultierenden Querkräfte bilden, können zum Torsionsmoment M_{xp} zusammengefasst werden.

$$M_{xp} = F_y \cdot (h - t_a) + F_z \cdot (t - t_a) \tag{9.19a}$$

$$\Rightarrow M_{xp} = 2 \cdot t_a \cdot (t - t_a) \cdot (h - t_a) \cdot \tau_{\text{Torsion}} \tag{9.19b}$$

Ziel ist es, im weiteren Verlauf der Berechnung t_a zu eliminieren. Aus diesem Grund wird Gl. (9.19b) angesichts der betrachteten h/t-Verhältnisse sowie der Tatsache, dass t_a maximal t/2 werden kann, in sehr guter Näherung wie folgt ausgedrückt:

$$M_{xp} \cong 2 \cdot t_a \cdot (t - t_a) \cdot (h - t/2) \cdot \tau_{Torsion} \qquad (9.20)$$

Nach $\tau_{Torsion}$ umgeformt ergibt sich:

$$\tau_{Torsion} = \frac{M_{xp}}{t_a \cdot (t - t_a) \cdot (2 \cdot h - t)} \qquad (9.21)$$

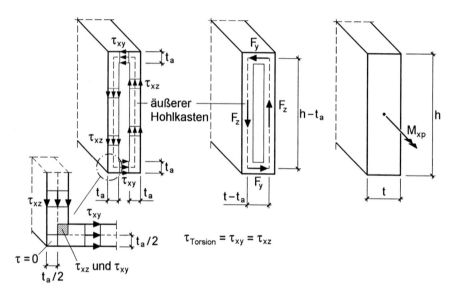

Bild 9.13   Äußerer Hohlkasten zur Aufnahme von M_{xp}

Anmerkungen: A_m ist die von der Mittellinie (gestrichelte Linie in Bild 9.13 links und Mitte) umschlossene Fläche. Zu der Genauigkeit des Hohlkasten-Modells, siehe Bild 9.13 unten, werden in Abschnitt 9.5 einige Erläuterungen gegeben.

Der verbleibende innere Rechteckquerschnitt wird zur Abtragung der Querkraft herangezogen, siehe Bild 9.14. Auch für diesen inneren Querschnitt wird eine konstante Schubspannungsverteilung angenommen. Gl. (9.22) beschreibt den Zusammenhang zwischen Querkraft V und Schubspannung $\tau_{Querkraft}$.

$$V = (t - 2 \cdot t_a) \cdot (h - 2 \cdot t_a) \cdot \tau_{Querkraft} \qquad (9.22)$$

Mit $h - 2 \cdot t_a \cong h - t \cong h$ folgt näherungsweise:

$$V \cong (t - 2 \cdot t_a) \cdot h \cdot \tau_{Querkraft} \qquad (9.23)$$

Gl. (9.23) ergibt umgeformt nach t_a:

$$t_a = \frac{t}{2} - \frac{V}{2 \cdot h \cdot \tau_{Querkraft}} \tag{9.24}$$

Weiterhin wird, wie bereits erläutert und in Bild 9.12 dargestellt, eine betragsmäßig konstante Schubspannung für den gesamten Querschnitt gefordert.

$$\tau_{Torsion} = \tau_{Querkraft} = \tau = konst. \tag{9.25}$$

Unter Berücksichtigung von Gl. (9.25) und Einsetzen von Gl. (9.24) in Gl. (9.21) ergibt sich als Lösung einer quadratischen Gleichung die Schubspannung zu:

$$\tau = \frac{2 \cdot |M_{xp}|}{t^2 \cdot (2 \cdot h - t)} + \sqrt{\left(\frac{2 \cdot M_{xp}}{t^2 \cdot (2 \cdot h - t)}\right)^2 + \left(\frac{V}{h \cdot t}\right)^2} \tag{9.26}$$

Ausreichende Tragfähigkeit des Querschnitts unter den Beanspruchungen V und M_{xp} ist gewährleistet, wenn die Grenzschubspannung τ_R nicht überschritten wird.

$$\tau \leq \tau_R = f_y / \sqrt{3} \tag{9.27}$$

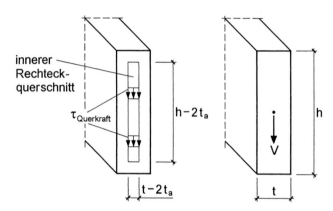

Bild 9.14 Innerer Rechteckquerschnitt zur Aufnahme von V

Für den Nachweis der Querschnittstragfähigkeit nach der Plastizitätstheorie verwendet man i.d.R. die auf die Grenzschnittgrößen bezogenen Interaktionsbedingungen. Die Grenzschnittgrößen $M_{pl,xp}$ und V_{pl} erhält man, indem man in Gl. (9.20) $t_a = t/2$ bzw. in Gl. (9.23) $t_a = 0$ und in beide Gln. die Grenzschubspannung τ_R einsetzt, siehe auch Bild 9.9.

$$M_{pl,xp} = \frac{1}{4} \cdot \tau_R \cdot t^2 \cdot (2 \cdot h - t) \tag{9.28}$$

$$V_{pl} = \tau_R \cdot h \cdot t \tag{9.29}$$

Aus den Gln. (9.26) bis (9.29) lässt sich durch äquivalente Umformungen die nachfolgende Interaktionsbedingung aufstellen, mit der völlig gleichwertig zum Nachweis mit Gl. (9.27), die Tragfähigkeit überprüft werden kann. Das Ergebnis, d.h. Gl. (9.30), ist in Bild 9.15 dargestellt.

$$\left(\frac{V}{V_{pl}}\right)^2 + \frac{|M_{xp}|}{M_{pl,xp}} \leq 1 \tag{9.30}$$

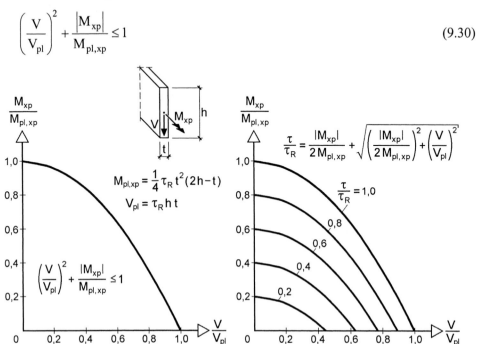

Bild 9.15 M_{xp}-V-Interaktion des Rechteckquerschnitts

Die in Bild 9.15 links dargestellte Kurve kennzeichnet den Grenzzustand der Tragfähigkeit bei ausschließlicher Wirkung von V und M_{xp}. In diesem Fall entspricht die konstante Schubspannung der Grenzschubspannung τ_R, siehe Bild 9.15 rechts. Da die Interaktionsbedingung für V und M_{xp} nach Gl. (9.30) der Interaktionsbedingung für N und M nach Gl. (9.16) ähnelt, sind auch die Kurvenverläufe ähnlich. Weil die ausschließliche Wirkung von τ- oder σ-Schnittgrößen eher die Ausnahme ist und ihr Zusammenwirken berücksichtigt werden muss, ist es sinnvoll, die konstante Schubspannung τ bzw. das Verhältnis τ/τ_R zu ermitteln. Die Vorgehensweise zur rechnerischen Erfassung dieses Zusammenwirkens wird im nachfolgenden Abschnitt beschrieben.

Abschließend wird die konstante Schubspannung τ nach Gl. (9.26) mit Hilfe der Grenzschnittgrößen nach den Gln. (9.28) und (9.29) wie folgt umgeformt. Alternativ zu Gl. (9.31) lässt sich τ/τ_R auch aus Bild 9.15 rechts ablesen.

$$\frac{\tau}{\tau_R} = \frac{|M_{xp}|}{2 \cdot M_{pl,xp}} + \sqrt{\left(\frac{M_{xp}}{2 \cdot M_{pl,xp}}\right)^2 + \left(\frac{V}{V_{pl}}\right)^2} \tag{9.31}$$

9.3.4   Gleichzeitige Wirkung von N, M, V und M_{xp}

Zur Erfassung des Einflusses von Normal- **und** Schubspannungen bzw. der entsprechenden Schnittgrößen auf die Grenztragfähigkeit nach der Plastizitätstheorie gibt es verschiedene Ansätze zur Lösung des Problems. Die wichtigsten werden in Abschnitt 9.4 für die M-V-Interaktion näher erläutert. Für die hier im Blickpunkt stehenden Probleme der Stabtheorie besteht die übliche ingenieurmäßige Vorgehensweise in der Abminderung der Streckgrenze, siehe Bild 9.16.

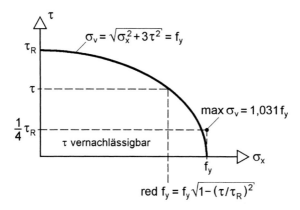

Bild 9.16   Ermittlung einer reduzierten Streckgrenze red f_y

Dazu wird die zuvor ermittelte Schubspannung nach Gl. (9.31) in die Vergleichsspannungsformel eingesetzt und nach σ_x aufgelöst. Dies kann als eine Reduzierung der Streckgrenze aufgefasst werden. Da sich für das Hohlkasten-Modell nur eine konstante Schubspannung im Querschnitt ergibt, muss bei der Ermittlung der reduzierten Streckgrenze nicht zwischen τ_{xy} und τ_{xz} unterschieden werden.

$$\sigma_v = \sqrt{\sigma_x^2 + 3 \cdot \tau_{xy}^2 + 3 \cdot \tau_{xz}^2} = \sqrt{\sigma_x^2 + 3 \cdot \tau^2} = f_y \qquad (9.32)$$

$$\Rightarrow red\ f_y = \sigma_x = f_y \cdot \sqrt{1 - \left(\frac{\tau}{\tau_R}\right)^2} \qquad (9.33)$$

Diese Vorgehensweise ermöglicht es, die Querschnittstragfähigkeit für τ- und σ-Schnittgrößen getrennt zu betrachten, was die Problemlösung erheblich vereinfacht. Die in Bild 9.16 dargestellte durchgezogene Linie kennzeichnet alle σ_x-τ-Kombinationen, für die sich genau die Streckgrenze ergibt. Wie leicht zu erkennen ist, führen erst größere Schubspannungen zu einer nennenswerten Abminderung der Streckgrenze. Vernachlässigt man den Einfluss der Schubspannungen bis zu $\tau_R/4$, ergibt sich maximal eine Überschreitung der Streckgrenze von 3,1%. DIN 18800 [4] toleriert bei Stegen von I-Querschnitten noch größere Überschreitungen (bis 5,3%). Dabei werden bezogene Schubspannungen bis zu 1/3 vernachlässigt.

$$\text{red } f_y \cong f_y \qquad \text{für:} \quad \frac{\tau}{\tau_R} \le \frac{1}{4} \left(\text{teilweise auch} \le \frac{1}{3} \right) \tag{9.34}$$

Mit der reduzierten Streckgrenze können abgeminderte Grenzschnittgrößen $N_{pl,\tau}$ und $M_{pl,\tau}$, Gln. (9.35) und (9.36), berechnet werden. Der Index τ kennzeichnet dabei, dass der Einfluss der τ-Schnittgrößen V und M_{xp} auf die Querschnittstragfähigkeit bereits berücksichtigt worden ist.

$$N_{pl,\tau} = \text{red } f_y \cdot h \cdot t \tag{9.35}$$

$$M_{pl,\tau} = \frac{1}{4} \cdot \text{red } f_y \cdot t \cdot h^2 \tag{9.36}$$

Mit der Verwendung der obigen Bezugswerte in der Interaktionsbedingung nach Gl. (9.16) kann abschließend überprüft werden, ob zusätzlich zu V und M_{xp} auch noch N und M aufgenommen werden können. Tabelle 9.3 fasst alle Nachweise und Formeln noch einmal zusammen. In Bild 9.17 sind die zugehörigen Interaktionsbeziehungen dargestellt. Auf der linken Seite findet sich die N-M-Interaktion für $V = M_{xp} = 0$. Daneben wird mit τ/τ_R auch der Einfluss von V und M_{xp} berücksichtigt.

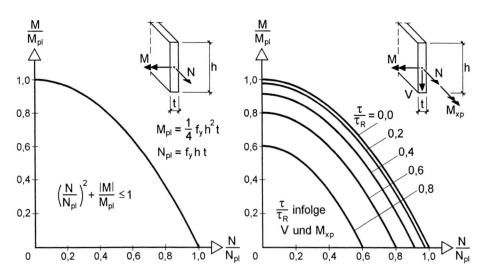

Bild 9.17   N-M-V-M_{xp}-Interaktion des Rechteckquerschnitts

Tabelle 9.3 Überprüfung der plastischen Grenztragfähigkeit für N, M, V und M_{xp}

Schritt	Nachweis	Rechenwerte
1	$\dfrac{\tau}{\tau_R} \leq 1$	$\dfrac{\tau}{\tau_R} = \dfrac{\left\lvert M_{xp} \right\rvert}{2 \cdot M_{pl,xp}} + \sqrt{\left(\dfrac{M_{xp}}{2 \cdot M_{pl,xp}}\right)^2 + \left(\dfrac{V}{V_{pl}}\right)^2}$ mit: $M_{pl,xp} = \dfrac{1}{4} \cdot \tau_R \cdot (2 \cdot h - t) \cdot t^2$ und $V_{pl} = \tau_R \cdot h \cdot t$
2	$\left(\dfrac{N}{N_{pl,\tau}}\right)^2 + \dfrac{\lvert M \rvert}{M_{pl,\tau}} \leq 1$	$\text{red } f_y = f_y \cdot \sqrt{1 - \left(\dfrac{\tau}{\tau_R}\right)^2}$ $N_{pl,\tau} = \text{red } f_y \cdot h \cdot t$ und $M_{pl,\tau} = \dfrac{1}{4} \cdot \text{red } f_y \cdot t \cdot h^2$

9.4 Diskussion der M-V-Interaktion

Die Interaktion zwischen Biegemoment und Querkraft kann aus 2 Gründen als „Basisinteraktion" bezeichnet werden. Zum einen wegen ihrer großen praktischen Bedeutung, man denke an die Schnittgrößen im Stützbereich (Innenauflager) eines Durchlaufträgers, zum anderen lässt sich an der M-V-Interaktion exemplarisch das Zusammenwirken von Normal- und Schubspannungen untersuchen.

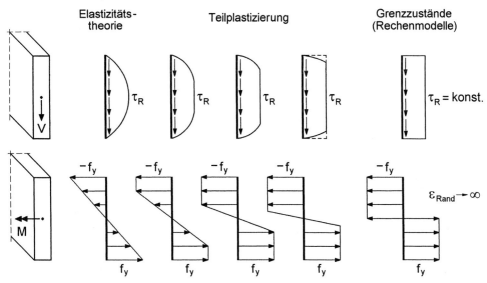

Bild 9.18 Spannungsverläufe bei fortschreitender Plastizierung infolge der alleinigen Wirkung von V bzw. M

Tabelle 9.4 Überblick über Lösungen für die M-V-Interaktion des Rechteckquerschnitts
($V_{pl} = \tau_R \cdot h \cdot t$; $M_{pl} = \frac{1}{4} \cdot f_y \cdot t \cdot h^2$)

Spannungen σ τ	Interaktionsbedingung	Autoren
	$$\left(\frac{M}{M_{pl}}\right)^2 + \left(\frac{V}{V_{pl}}\right)^2 \leq 1$$	*Heymann/Dutton* [75] *Rubin* [117] *Kindmann/Frickel* [85] u.a.
	$$\frac{|M|}{M_{pl}} + \left(\frac{V}{V_{pl}}\right)^2 \leq 1$$	*Chen/Shoemaker* [61]
	$$\frac{|M|}{M_{pl}} + \frac{3}{4}\cdot\left(\frac{V}{V_{pl}}\right)^2 \leq 1$$ für: $V/V_{pl} \leq 2/3$	*Reckling* [109]
	$$\frac{|M|}{M_{pl}} + \frac{16}{3\cdot\pi^2}\cdot\left(\frac{V}{V_{pl}}\right)^2 \leq 1$$ für: $V/V_{pl} \leq \pi/4$	*Klöppel/Yamadá* [91]
	$$\frac{|M|}{M_{pl}} + \left(\frac{2}{\sqrt{3}}\cdot\frac{V}{V_{pl}}\right)^4 \leq 1$$ Fließbedingung nach *Tresca*	*Drucker* [64]

Ausgehend von der Spannungsverteilung auf Grundlage der Elastizitätstheorie, siehe Bild 9.18, lässt sich in Analogie zu M auch V schrittweise steigern. Während der Querschnitt nach dem Überschreiten der elastischen Grenztragfähigkeit infolge des Biegemomentes von den Rändern her plastiziert, beginnt die Plastizierung infolge der Querkraft im Inneren des Querschnitts. Dabei muss die Schubspannung am oberen und unteren Rand aus Gleichgewichtsgründen gleich Null sein. Die Annahme einer über den ganzen Querschnitt konstanten Schubspannung im Grenzzustand der Tragfähigkeit, wie in Bild 9.18 rechts dargestellt, verletzt diese Forderung. Dennoch zeigt Bild 9.18 deutlich, dass sich die Querkraft, welche sich aus der über den Querschnitt integrierten Schubspannung

$$V = \int_A \tau \cdot dA$$

ergibt, im angenommenen Grenzzustand (τ = konst.) nur unwesentlich von dem theoretisch korrekten Zustand (τ_{Rand} = 0) unterscheidet. Ähnliches gilt auch für die Grenzschnittgröße M_{pl} und die Annahme einer unendlich großen Dehnung, vergleiche Abschnitt 9.3.1.

Wirken Biegemoment und Querkraft gleichzeitig, so ist die Grenztragfähigkeit vom Zusammenwirken von Normal- und Schubspannungen abhängig, die über die Vergleichsspannung miteinander verknüpft sind. Dazu existieren verschiedene Ansätze, die zu unterschiedlichen Tragfähigkeiten führen, siehe Tabelle 9.4 und Bild 9.19.

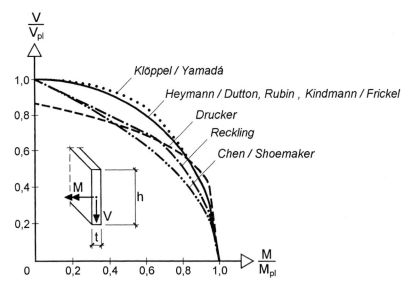

Bild 9.19   M-V-Interaktionen des Rechteckquerschnitts im Vergleich

Während *Heyman/Dutton* [75], *Rubin* [117], *Kindmann/Frickel* [85] u.a. über den ganzen Querschnitt konstante Spannungen annehmen, legen *Chen/Shoemaker* [61] zwar ebenfalls konstante Spannungsverteilungen zugrunde, jedoch wirken die σ_x-Spannungen nur in den äußeren und die τ-Spannung im inneren Bereich des Querschnitts. *Reckling* [109] nimmt für σ_x über den Gesamtquerschnitt einen bilinearen und für τ einen parabelförmigen Verlauf im inneren Querschnittsbereich an. Die Berechnung der Vergleichsspannung σ_v nach *von Mises* zeigt, dass der Querschnitt infolge σ_x und τ nicht vollständig plastiziert ist, siehe auch Bild 9.22. Auf diesen Aspekt wird am Ende dieses Abschnitts näher eingegangen.

Klöppel/Yamadá [91] verwenden für σ_x den gleichen Ansatz wie *Reckling* und rechnen den τ-Spannungsverlauf über die Vergleichsspannung zurück, so dass der Querschnitt im Gegensatz zu *Reckling* vollständig plastiziert. Hiermit ergeben sich, wie man in Bild 9.19 sieht, in weiten Teilen die größten Tragfähigkeiten, mit Ausnahme der von *Drucker* in [64] angegebenen Interaktionsbedingung, die für überwiegende Biegebeanspruchung die größten Tragfähigkeiten ergibt. Die Interaktionsbedingung ist eine Näherung und lässt sich nicht direkt ableiten. Sie beruht auf Vergleichen mit einer von ihm analytisch hergeleiteten Lösung, bei der die Spannungsverläufe in Abhängigkeit trigonometrischer Funktionen ausgedrückt wurden. Als einzige der hier vorgestellten Modelle verwendet *Drucker* die Vergleichsspannung nach *Tresca*, während die anderen auf *von Mises* basieren.

In der Regel ist es vorteilhafter die Ermittlung bzw. Überprüfung der Querschnittstragfähigkeit in zwei Schritten (1. τ-Schnittgrößen und 2. σ-Schnittgrößen) durchzuführen, siehe Abschnitt 9.3.4. Da hier aber die M-V-Interaktion, also das Zusammenwirken von σ_x und τ-Schnittgröße, im Mittelpunkt steht, wird aus den Gleichungen der Tabelle 9.3 die M-V-Interaktion abgeleitet. Bezüglich der Tragfähigkeit besteht kein Unterschied zu der **zweistufigen** Vorgehensweise nach Tabelle 9.3, jedoch bietet der Ausdruck zur Überprüfung der Querschnittstragfähigkeit durch **eine** Interaktionsbedingung den Vorteil der besseren Vergleichbarkeit mit Lösungen der Literatur, siehe Tabelle 9.4. Die hergeleiteten Gleichungen nach Tabelle 9.3 legen für Normal- und Schubspannungen die qualitativen Spannungsverläufe der Grenzzustände zugrunde. τ wird konstant angenommen und auch σ_x ist konstant, jedoch mit wechselndem Vorzeichen. Beide, σ_x und τ, können kleiner als ihre Grenzspannungen f_y und τ_R sein, dürfen aber zusammen die Streckgrenze

$$\sigma_v = \sqrt{\sigma_x^2 + 3 \cdot \tau^2} \le f_y$$

nicht überschreiten. Zur Ermittlung einer geschlossenen M-V-Interaktionsbedingung dient Tabelle 9.3. Dazu werden die hier nicht betrachteten Schnittgrößen (N = 0 und $M_{xp} = 0$) eleminiert. Gemäß Tabelle 9.3 folgt aus Schritt 1

$$\frac{\tau}{\tau_R} = \frac{|V|}{V_{pl}} \tag{9.37}$$

und aus Schritt 2

$$\frac{|M|}{M_{pl,\tau}} \le 1 \tag{9.38a}$$

$$\text{mit:} \quad M_{pl,\tau} = \frac{1}{4} \cdot \text{red}\, f_y \cdot t \cdot h^2 \tag{9.38b}$$

$$\text{red}\, f_y = f_y \cdot \sqrt{1 - (\tau/\tau_R)^2} \tag{9.38c}$$

Durch Einsetzen der Gln. (9.37) und (9.38b, c) in Gl. (9.38a) ergibt sich

$$\frac{|M|}{M_{pl} \cdot \sqrt{1-(\tau/\tau_R)^2}} \leq 1 \tag{9.39}$$

$$\Rightarrow \left(\frac{M}{M_{pl}}\right)^2 + \left(\frac{V}{V_{pl}}\right)^2 \leq 1 \tag{9.40a}$$

mit: $\quad M_{pl} = \frac{1}{4} \cdot f_y \cdot t \cdot h^2 \tag{9.40b}$

$$V_{pl} = \tau_R \cdot t \cdot h \tag{9.40c}$$

Die Interaktionsbedingung nach Gl. (9.40a) entspricht im Grenzzustand (... = 1) einem Kreis. Wegen der doppelten Symmetrie reicht es aus, einen Viertelkreis darzustellen (Bild 9.20).

Die Annahme einer konstanten Schubspannung bei gleichzeitiger Wirkung von Normalspannungen wurde bereits 1954 von *Heymann/Dutton* [75] im Zusammenhang mit der M-V-Interaktion des Steges bei doppeltsymmetrischen I-Querschnitten beschrieben. Seitdem ist dieser Ansatz von einer Reihe von Autoren, wie z.B. *Rubin* [117], übernommen worden. Weil mittlerweile die auf diesem Modell berechneten Tragfähigkeiten auch hinreichend durch Versuchsergebnisse bestätigt wurden, hat die Annahme konstanter Schubspannungen bei der Ermittlung der Querschnittstragfähigkeit auch Eingang in verschiedene Normen, wie z.B. DIN 18800 [4], gefunden.

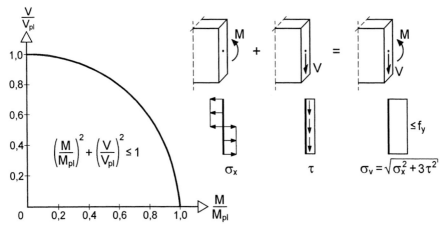

Bild 9.20 M-V-Interaktion bei Annahme betragsmäßig konstanter Spannungsverläufe

Zum Einfluss von σ_z-Spannungen

Für eine Beurteilung der in Tabelle 9.4 dargestellten Interaktionsbedingungen sind unter anderem auch die in der Stabtheorie i.d.R. vernachlässigten σ_z-Spannungen mit in Betracht zu ziehen.

In Kapitel 2 werden für das Volumenelement die Grundgleichungen (2.37) des Spannungsgleichgewichts beschrieben. Für einen Stab, der aus einem senkrecht stehenden dünnwandigen Rechteckquerschnitt besteht, kann man alle Spannungskomponenten in y-Richtung vernachlässigen, d.h. die mittlere Spalte und Zeile des Gleichungssystems streichen. Es verbleiben 2 Gleichungen

$$\frac{\partial \sigma_x}{\partial x} + \frac{\partial \tau_{zx}}{\partial z} = 0 \qquad\qquad\qquad (9.41a)$$

$$\frac{\partial \tau_{xz}}{\partial x} + \frac{\partial \sigma_z}{\partial z} = 0 \qquad\qquad\qquad (9.41b)$$

In der Regel vernachlässigt man auch die σ_z-Spannungen ($\sigma_z = 0$), so dass aus Gl. (9.41b) folgt, dass die Schubspannungen in x-Richtung konstant sein müssen, um $\partial \tau_{xz}/\partial x = 0$ zu erfüllen. Es verbleibt Gl. (9.41a), die am Beispiel eines Stabes mit konstanter Querkraft und Rechteckquerschnitt im Rahmen der Elastizitätstheorie erläutert werden soll, siehe Bild 9.21.

In Bildmitte sind die linearen σ_x-Spannungsverteilungen für die um den infinitesimal kleinen Abstand dx auseinanderliegenden Schnitte A-A und B-B dargestellt. Aufgrund des Hebelarmes dx für die Querkraft ist klar, dass die σ_x-Spannungen im Schnitt B-B um einen Anteil $d\sigma_x$ größer sein müssen als im Schnitt A-A. Die Veränderung von σ_x in x-Richtung wird durch die τ-Spannung hervorgerufen, siehe Bild 9.21 Mitte. σ_z-Spannungen sind zur Erfüllung des Gleichgewichts nicht notwendig ($\sigma_z = 0$), weshalb sie vernachlässigt werden können. Die Schubspannung ist somit in x-Richtung konstant. Aus dem vereinfachten Spannungsgleichgewicht nach Gl. (9.41a) lässt sich durch Integration der linearen σ_x-Spannungsverteilung der für den Rechteckquerschnitt bekannte parabelförmige τ-Verlauf bestimmen, siehe Bild 9.21 unten.

Betrachtet man das einsetzende Plastizieren, d.h. den Übergang von der Elastizitäts- zur Plastizitätstheorie, folgt aus den obigen Ausführungen, dass bei Veränderung des elastischen τ-Verlaufs in x-Richtung, wie ihn alle in Tabelle 9.4 dargestellten Modelle erfordern, σ_z-Spannungen auftreten müssen. Die bereits mehrfach angesprochene Berücksichtigung der x-Richtung (Stablängsrichtung) weist auch darauf hin, dass die Beschränkung auf die Querschnittsebene zur Ermittlung eines Gleichgewichtszustands zwischen Schnittgrößen und Spannungen apriori nur Näherungscharakter haben kann. So bezieht z.B. *Reckling* in [109] die x-Richtung mit in seine Überlegungen ein, indem er einen Kragträger mit Rechteckquerschnitt unter einer Einzellast untersucht. Aus diesen Untersuchungen, auf die an dieser Stelle nicht näher eingegangen werden soll, leitet *Reckling* die in Bild 9.22 unten dargestellten σ_z-Spannungen ab. Unter Berücksichtigung von σ_x, σ_z und τ_{xz} erreicht die Vergleichsspannung nach *von Mises* fast im gesamten Querschnitt den Wert der Streckgrenze und liegt zum Teil geringfügig darüber $(0,980 \leq \sigma_v/f_y \leq 1,0018)$. Bei Vernachlässigung von σ_z hingegen bleibt ein Teil des Querschnitts im elastischen Bereich, siehe Bild 9.22 oben.

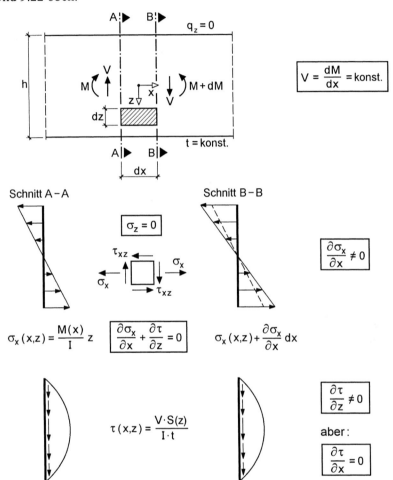

Bild 9.21   Gleichgewicht eines Stabes in der Elastizitätstheorie für V(x) = konst.

Vergleichsrechnungen nach der FEM für das von *Reckling* untersuchte System bestätigen das prinzipielle Vorhandensein von σ_z-Spannungen, welche aus den oben ausgeführten Gründen zu erwarten sind. Allerdings stellen sie sich bei Berechnungen mit ABAQUS [67] vom Verlauf her anders ein, als von *Reckling* abgeleitet. Von besonderer Bedeutung ist hierbei das Vorzeichen der σ_z-Spannungen. Ist dieses identisch mit dem der σ_x-Spannung, wirken sie in der Regel sogar günstig auf die

Tragfähigkeit, weil der Anteil $\sigma_x \cdot \sigma_z$ in der Vergleichsspannungsformel nach *von Mises* gemäß Gl. (9.42) ein negatives Vorzeichen hat.

$$\sigma_v = \sqrt{\sigma_x^2 + \sigma_z^2 - \boldsymbol{\sigma_x} \cdot \boldsymbol{\sigma_z} + 3 \cdot \tau_{xz}^2} \tag{9.42}$$

Da meistens $|\sigma_x| > |\sigma_z|$ ist, wird der Anteil σ_z^2 durch den Anteil $\sigma_x \cdot \sigma_z$ über-kompensiert. Folglich kann σ_x sogar über den Wert der Streckgrenze ansteigen, wenn sich σ_z entsprechend ergibt und die Schubspannungen τ_{xz} gering bleiben.

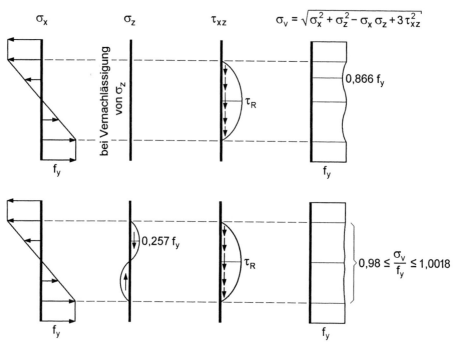

Bild 9.22   Spannungszustände nach *Reckling* [108]

Aus diesen Gründen erscheint die Berücksichtigung von σ_z-Spannungen unter ingenieurmäßigem Gesichtspunkten nicht sinnvoll. Abgesehen von den durch-geführten FE-Berechnungen erscheint es auch nicht einleuchtend, dass sich die σ_z-Spannungen tragfähigkeitsmindernd auswirken, was dem der Mechanik zugrunde liegenden Prinzip vom Minimum entgegen steht. Darüber hinaus ist klar, dass jede der vorgestellten Interaktionen (siehe Tabelle 9.4 und Bild 9.19) aus mechanischer Sicht gewisse Ungenauigkeiten bezüglich des Spannungsgleichgewichts und/oder der Rand-bedingungen ($\tau_{Rand} = 0$) beinhalten. Neben der einfachen Handhabung (keine Fall-unterscheidung notwendig) und der guten Anschaulichkeit bietet die Annahme betragsmäßig konstanter Spannungen auch den Vorteil, dass dieses Modell von vielen Autoren übernommen worden ist und Eingang in verschiedene Normen, wie z.B. DIN 18800 [4], gefunden hat. Somit können die hieraus resultierenden Tragfähigkeiten als hinreichend abgesichert angesehen werden.

9.5 Diskussion der V-M$_{xp}$-Interaktion

In Abschnitt 9.3.3 wird für die V-M$_{xp}$-Interaktion eine Näherung verwendet. Sie soll daher hier unter diesem Aspekt nochmals untersucht werden. Da ein wesentlicher Teil der Näherung im Hohlkasten-Modell zur Aufnahme von M$_{xp}$ enthalten ist, siehe Bild 9.13, wird die alleinige Wirkung von M$_{xp}$ betrachtet.

Alleinige Wirkung von M$_{xp}$

Bild 9.23 zeigt die zur Grenzschnittgröße M$_{pl,xp}$ korrespondierende Schubspannungs-verteilungen verschiedener Modelle. Das Walmdach-Modell stellt die theoretisch exakte Lösung dar, die z.B. von *Gruttmann/Wagner* [74] mit einer FE-Berechnung bestätigt wurde. Der Name Walmdach-Modell resultiert daraus, dass man M$_{pl,xp}$ aus dem 2-fachen Volumen eines Walmdaches auf der Querschnittsebene bestimmen kann. Dabei entspricht die Neigung des Daches der Grenzschubspannung. In Bild 9.23 links werden die Grate des Walmdachs durch die gestrichelte Linie angedeutet.

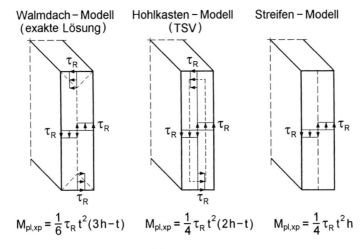

Bild 9.23   Modelle zur Ermittlung von M$_{pl,xp}$

Bild 9.23 Mitte enthält das Hohlkasten-Modell, das mit Bild 9.13 in Abschnitt 9.3.3 ausführlich erläutert wird. Das in Bild 9.23 rechts gezeigte Streifen-Modell berück-sichtigt nur Schubspannungen in einer Richtung. Wie schon bei den auf der Grund-lage der Elastizitätstheorie beschriebenen Zusammenhängen, vergleiche Abschnitt 9.2.4, führt die Vernachlässigung der Schubspannungen (Streifen-Modell) in der anderen Richtung für große h/t-Verhältnisse zu einem nur halb so großen Torsions-moment. Davon kann man sich leicht überzeugen, wenn man den Grenzwert für M$_{pl,xp}$ des Walmdach- und Hohlkasten-Modells berechnet:

$$h/t \to \infty: \quad M_{pl,xp} = 1/2 \cdot \tau_R \cdot h \cdot t^2 \tag{9.43}$$

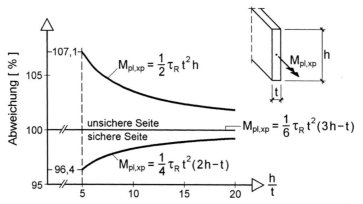

Bild 9.24   Abweichungen von $M_{pl,xp}$ in Abhängigkeit des h/t-Verhältnisses

Bild 9.24 macht deutlich, dass der häufig verwendete Grenzwert für $M_{pl,xp}$ nach Gl. (9.43) eine von oben (unsichere Seite) gegen die exakte Lösung konvergierende Näherung ist. Sie liegt für h/t = 5 ca. 7,1% und für h/t = 20 ca. 1,7% auf der unsicheren Seite. Das Hohlkasten-Modell liefert, wie Bild 9.24 zeigt, stets auf der sicheren Seite (6,3 bzw. 0,8%) liegende Lösungen. Der Grund hierfür besteht in der angenommenen Schubspannungsverteilung an den Blechenden, vergleiche Bild 9.13.

Gemeinsame Wirkung von V und M_{xp}

Die Tragfähigkeit wird am genauesten erfasst, wenn man die konstanten Schubspannungen infolge V (Bild 9.9 rechts) mit dem Walmdach-Modell für M_{xp} (Bild 9.23 links) kombiniert. Dies kann ähnlich wie in Bild 9.12 skizziert erfolgen. Dabei wird V dem inneren Rechteck zugewiesen und M_{xp} einem äußeren Hohlkasten, wobei jedoch der Schubspannungsverlauf an den Blechenden dem Walmdach-Modell entsprechen soll, d.h. τ wechselt seine Richtung an den Diagonalen im Eckbereich (Bild 9.23 links). Die Querkraft V ergibt sich dann genauso wie mit Gl. (9.22) beschrieben. Anstelle von Gl. (9.19b) erhält man für das Torsionsmoment:

$$M_{xp} = 2 \cdot t_a \cdot (t - t_a) \cdot (h - t_a) \cdot \tau_{Torsion} + \frac{2}{3} \cdot t_a^3 \cdot \tau_{Torsion} \tag{9.44}$$

Für die weitere Rechnung wird nun wie in Abschnitt 9.3.3 angenommen, dass $\tau_{Querkraft} = \tau_{Torsion} = \tau$ sein soll, und Gl. (9.22) nach t_a aufgelöst:

$$t_a = \frac{h + t}{4} - \sqrt{\left(\frac{h - t}{4}\right)^2 + \frac{V}{4 \cdot \tau}} \tag{9.45}$$

Wenn man $\tau = \tau_R$ setzt und t_a in Gl. (9.44) einsetzt, kann das noch aufnehmbare M_{xp} bestimmt werden. Die Überprüfung, ob die Kombination von V und M_{xp} von einem Rechteckquerschnitt aufgenommen werden kann, ist also ohne weiteres möglich. Man erkennt jedoch auch an den Gleichungen, dass die Formulierung in **einer** Interaktionsbedingung unzweckmäßig ist. Darüber hinaus kann das eigentliche Ziel, nämlich die

Bestimmung von τ infolge V und M$_{xp}$ nicht unmittelbar erreicht werden. Dazu sind iterative Berechnungen erforderlich, die im Rahmen von EDV-Programmen realisiert werden können. Wie Tabelle 9.3 zeigt, wird τ benötigt, um anschließend die Aufnahme von N und M überprüfen zu können. Für baupraktische Anwendungsfälle lohnt der erwähnte nummerische Aufwand in der Regel nicht.

Für die weitere Verwendung, insbesondere für Kapitel 10, wird daher die in Abschnitt 9.3.3 hergeleitete Interaktionsbeziehung, siehe Gl. (9.30) und Tabelle 9.5 und die Berechnung von τ gemäß Tabelle 9.3 vorgeschlagen. Die vorgenommenen Näherungen zur Eliminierung von t$_a$, siehe Gln. (9.20) und (9.23), führen zu M$_{pl,xp}$ des Hohlkasten-Modells gemäß Bild 9.23 Mitte. Die Wahl dieses Bezugswertes (sichere Seite) kompensiert teilweise die o.g. Näherungen (unsichere Seite), so dass nur noch kleine Abweichungen auf der unsicheren Seite auftreten können. Untersuchungen für h/t $\geq$ 5 haben ergeben, dass sie im ungünstigsten Fall bei etwa 1% liegen.

Tabelle 9.5 M$_{xp}$-V-Interaktionsbedingung und Bezugswerte

Interaktionsbedingung	V$_{pl}$	M$_{pl,xp}$	Autoren
$\left(\dfrac{V}{V_{pl}}\right)^2+\dfrac{\lvert M_{xp}\rvert}{M_{pl,xp}}\leq 1$	$\tau_R\cdot h\cdot t$	$\dfrac{1}{4}\cdot\tau_R\cdot t^2\cdot(2\cdot h-t)$	*Kindmann/Frickel* siehe Abschnitt 9.3.3
	$\tau_R\cdot h\cdot t$	$\dfrac{1}{2}\cdot\tau_R\cdot t^2\cdot h$	*Jiang/Becker* [80], *Vayas* [127]

Jiang/Becker [80] und *Vayas* [127] verwenden ebenfalls die in Tabelle 9.5 aufgeführte Interaktionsbedingung. Als Bezugswert geht bei ihnen jedoch der Grenzwert für M$_{pl,xp}$ nach Gl. (9.43) ein. Da dieser Wert gemäß Bild 9.24 auf der unsicheren Seite liegt, gilt dies auch für die gemeinsame Wirkung von V und M$_{xp}$, wobei sich dieser Effekt bereichsweise verstärkt. Bild 9.25 zeigt die Auswirkungen für ein ausgewähltes Beispiel.

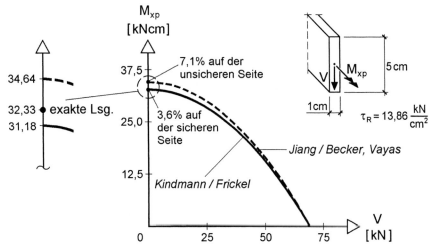

Bild 9.25   M$_{xp}$-V-Interaktionsbedingungen für einen Rechteckquerschnitt

In Bild 9.26 sind die Genauigkeiten der M_{xp}-V-Interaktion bei Verwendung der verschiedenen Bezugswerte für $M_{pl,xp}$ nach dem Walmdach-Modell (a), nach dem Hohlkasten-Modell (b) und bei Verwendung des Grenzwertes (c) für verschiedene h/t-Verhältnisse dargestellt. Man sieht einerseits für h/t = 5 und $V/V_{pl} \cong 0,7$ die bereits o.g. maximale Abweichung des Hohlkasten-Modell (b) von ca. 1% auf der unsicheren Seite. Andererseits kann man dort ebenfalls für $V/V_{pl} = 0$ die 7,1% auf der unsicheren Seite bei Verwendung des Grenzwertes (c) aus Bild 9.25 erkennen.

Es sei dem Leser überlassen, welchen Bezugswert er für sein konkretes Problem verwendet. Bild 9.26 möge als Entscheidungshilfe und zur Beurteilung der zu erwartenden Genauigkeit dienen.

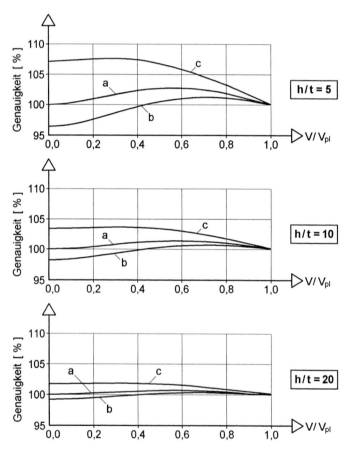

Bild 9.26   Zur Verwendung verschiedener Bezugswerte $M_{pl,xp}$ in der M_{xp}-V-Interaktion

a) Walmdach-Modell   b) Hohlkasten-Modell   c) Grenzwert

10 Grenztragfähigkeit von Querschnitten nach der Plastizitätstheorie

10.1 Vorbemerkungen

Die Untersuchungen in Kapitel 9 zeigen, dass der Rechteckquerschnitt erhebliche plastische Reserven aufweist. Bei Wirkung einzelner Schnittgrößen können diese gemäß Bild 9.9 bis zu 50% betragen und bei Schnittgrößenkombinationen auch noch deutlich höher sein. Bild 10.1 zeigt dies am Beispiel der N-M-Interaktion.

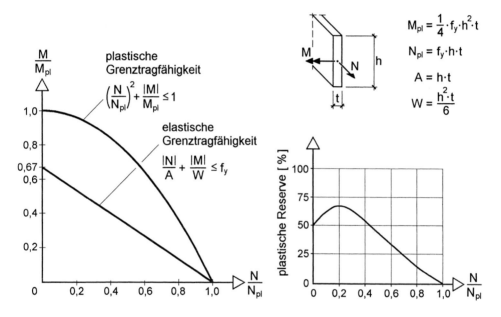

Bild 10.1   Plastische Reserven bei der N-M-Interaktion von Rechteckquerschnitten

Der Rechteckquerschnitt hat für sich betrachtet im Stahlbau keine Bedeutung. Er kommt jedoch als Bestandteil von Querschnitten häufig vor, so dass hier auf die Herleitungen in Kapitel 9 zurückgegriffen wird. Im vorliegenden Kapitel werden im Stahlbau vorkommende Querschnittsformen betrachtet und Methoden für den Nachweis ausreichender Querschnittstragfähigkeit auf Grundlage der Plastizitätstheorie behandelt. Dabei wird vorausgesetzt, dass die Schnittgrößen bekannt sind. Dies sind im allgemeinen Fall

N, M_y, M_z, V_y, V_z, M_ω, M_{xp} und M_{xs}.

Die **Schnittgrößen gelten stets für das Hauptsystem** des Querschnitts. Sie beziehen sich also gemäß Bild 2.4b auf den Schwerpunkt und den Schubmittelpunkt, sowie auf die Querschnittshauptachsen y und z.

Darüber hinaus wird hier nach DIN 18800 [4] vorgegangen (Kapitel 7). Dies bedeutet:

- Einhaltung der b/t-Verhältnisse für das gewählte Nachweisverfahren Elastisch-Plastisch oder Plastisch-Plastisch gemäß Tabelle 7.5 (vollständige Mitwirkung aller Querschnittsteile unter Druckbeanspruchungen)

- linearelastisches-idealplastisches Werkstoffverhalten (siehe Bild 7.1)

- Fließbedingung nach *von Mises*, siehe Gl. (7.7)

- ggf. Einhaltung von $\alpha_{pl} \leq 1{,}25$, siehe hierzu Abschnitte 7.3.4 und 10.11

Weitere Einzelheiten zur Anwendung von DIN 18800 enthalten die Abschnitte 7.3 und 7.4. Die Berücksichtigung anderer Voraussetzungen, wie z.B. gemäß Eurocode 3 [10] (Kapitel 8), bedeuten keine grundsätzlichen Schwierigkeiten.

Kapitel 4 enthält zahlreiche Beispiele zur Tragfähigkeit baustatischer Systeme, bei denen die Grenztragfähigkeit der Querschnitte nach der Plastizitätstheorie erfasst wird. Dort finden sich auch ausführliche Erläuterungen zur Anwendung der Nachweisverfahren E-E, E-P und P-P (Abschnitte 4.7 bis 4.9) mit Beispielen, die grundlegende Phänomene des Systemtragverhaltens und der Querschnittstragfähigkeit aufzeigen. In diesem Kapitel wird als grundlegende Vorraussetzung verwendet, dass das Gleichgewicht zwischen Schnittgrößen und Spannungen gemäß Tabelle 2.3 zu erfüllen ist. Hinsichtlich des Wölbbimoments M_ω sind die Ausführungen zum *Bochumer* Bemessungskonzept E-P (Abschnitt 4.4) von besonderer Bedeutung.

10.2 Plastische Querschnittsreserven

Es gibt 2 Gründe, die Tragfähigkeit von Querschnitten auf Grundlage der Plastizitätstheorie nachzuweisen:

- Die Nachweisführung ist im Vergleich zur Elastizitätstheorie mit geringerem Aufwand verbunden.

- Es können höhere Tragfähigkeiten und daher kleinere Querschnitte zugelassen werden. Dies ist nicht nur für eine größere Wirtschaftlichkeit und verbesserte Konkurrenzfähigkeit, sondern auch im Hinblick auf die Ressourcenschonung von großer Bedeutung.

Bezüglich des geringeren Aufwandes bei der Nachweisführung sollen 2 Punkte angesprochen werden. Bei Walzprofilen liegen die vollplastischen Schnittgrößen in Tabellen oder Dateien vor, siehe z.B. RUBSTAHL-Programm PROFILE. Wenn **einzelne** Schnittgrößen (z.B. Biegemomente) auftreten, ist der Nachweis auf Grundlage der Plastizitätstheorie einfacher und auch übersichtlicher, da direkt mit der betreffenden Grenzschnittgröße verglichen wird. Beim gemeinsamen Auftreten **mehrerer** Schnittgrößen kann die Nachweisführung nach der Elastizitätstheorie langwierig sein. Sie kann mit dem Teilschnittgrößenverfahren (RUBSTAHL-Programm QST-TSV-2-3), das bei vielen gängigen Querschnittsformen und Schnittgrößenkombinationen anwendbar ist, erheblich vereinfacht werden (siehe Abschnitte 10.4 und 10.7). Wie vorteilhaft das TSV eingesetzt werden kann, zeigt das RUBSTAHL-Programm KSTAB2000. Dabei wird die Ausnutzung S_d/R_d der Querschnittstragfähigkeit über die gesamte Trägerlänge ermittelt und grafisch dargestellt, was eine sofortige Beurteilung ermöglicht.

Für den Anwender ist von großem Interesse, welche Tragfähigkeitssteigerungen bei der Plastizitätstheorie gegenüber der Elastizitätstheorie zu erwarten sind. Die **plastischen Querschnittsreserven** sind natürlich von der Querschnittsform und den auftretenden Schnittgrößen abhängig. Grundsätzlich gilt: Wenn der Querschnitt nur in einzelnen Punkten bis zur Streckgrenze ausgenutzt ist (Elastizitätstheorie), sind die plastischen Reserven groß. Bild 10.2 zeigt dazu 3 Beispiele.

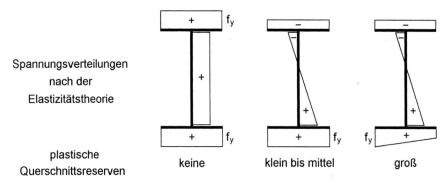

Bild 10.2   Spannungsverteilungen nach der Elastizitätstheorie und plastische Reserven

Plastische Formbeiwerte α_{pl} / Wirkung einzelner Schnittgrößen

Üblicherweise wird der plastische Formbeiwert zur Beurteilung der Biegemomententragfähigkeit benutzt. Die Definition

$$\alpha_{pl,M} = M_{pl}/M_{el} \tag{10.1}$$

kann auch wie folgt verallgemeinert werden:

$$\alpha_{pl} = \frac{S_{pl}}{S_{el}} = \frac{\text{Grenzschnittgröße nach der Plastizitätstheorie}}{\text{Grenzschnittgröße nach der Elastizitätstheorie}} \tag{10.2}$$

In Bild 9.9 wurden bereits für den Rechteckquerschnitt und Wirkung verschiedener Schnittgrößen α_{pl}-Werte angegeben. Sie liegen zwischen 1,0 und 1,5.

Da die Wirkung einer **Normalkraft** zu konstanten Spannungen ($\sigma_x = N/A$) führt, gilt für beliebige Querschnitte

$$\alpha_{pl,N} = N_{pl}/N_{el} = 1,0 \tag{10.3}$$

Bei der Wirkung von **Biegemomenten** sind die α_{pl}-Werte von der Querschnittsform abhängig. Die Übersicht in Bild 10.3 zeigt Werte zwischen 1,0 und 2,37. Theoretisch sind auch größere Werte möglich. Man müsste dann große Teile der Querschnittsfläche in der Nähe der Nulllinie konzentrieren, was jedoch für baupraktische Anwendungen unsinnig ist. Die gestrichelte Linie in Bild 10.3 kennzeichnet das Erreichen von 0,99·M_{pl}. Man erkennt, dass dazu bei Querschnitten mit großen α_{pl}-Werten größere Randdehnungen erforderlich sind als bei Querschnitten mit kleinen α_{pl}-Werten (siehe auch Bild 9.8).

Von großer Bedeutung für die Baupraxis sind die **gewalzten I-Profile**. Ihre plastischen Formbeiwerte liegen in folgenden Bereichen:

- $\alpha_{pl,y}$ = 1,09 bis 1,24 (Biegung um die starke Achse)

- $\alpha_{pl,z}$ = 1,50 bis 1,60 (Biegung um die schwache Achse)

Näherungsweise kann $\alpha_{pl,y}$ = 1,14 angesetzt werden.

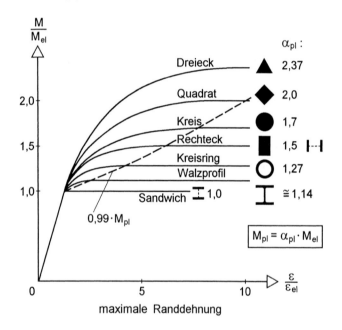

Bild 10.3   Formbeiwerte α_{pl} für ausgewählte Querschnitte und Biegung um die horizontale Achse

Schnittgrößenkombinationen

Aus Bild 10.1 können die plastischen Reserven der N-M-Interaktion von Rechteckquerschnitten abgelesen werden. Diese betragen maximal 67% (für N/N_{pl} = 0,2) und können auch größer sein als bei Einzelwirkung der Schnittgrößen ($\alpha_{pl,M}$ = 1,5 bzw. $\alpha_{pl,N}$ = 1,0).

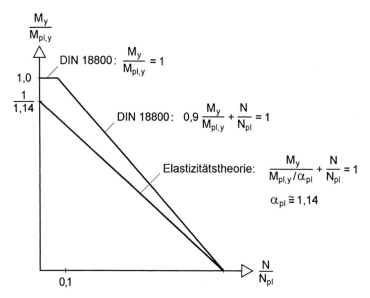

Bild 10.4   N-M_y-Grenztragfähigkeit für I-Querschnitte nach der Plastizitätstheorie (DIN 18800) und der Elastizitätstheorie

Für die Anwendung interessanter als der Rechteckquerschnitt sind z.B. I-förmige Querschnitte. Zum Vergleich sind in Bild 10.4 die N-M_y-Interaktion der DIN 18800 und die entsprechende Grenztragfähigkeit nach der Elastizitätstheorie eingetragen. Es ergeben sich ähnliche Tendenzen wie beim Rechteckquerschnitt, wobei die plastischen Reserven natürlich geringer sind. Die Erläuterungen und Vergleiche in Abschnitt 10.4.5 zeigen, dass der Parameter

$$\delta = A_{steg}/A_{gesamt} \tag{10.4}$$

maßgebenden Einfluss auf die plastischen Reserven hat. Dies kann auch aus der folgenden Interaktionsbeziehung abgelesen werden, die in guter Näherung für N-M_y-M_z-Schnittgrößenkombinationen gilt:

$$\left(\frac{N}{N_{pl}}\right)^{1+\delta} + \frac{M_y}{M_{pl,y}} \leq \left(1 - \frac{M_z}{M_{pl,z}}\right)^{\frac{1}{2 \cdot (1+\delta)}} \quad \text{für Walzprofile: } \delta \cong 0{,}20 \text{ bis } 0{,}45 \tag{10.5}$$

Für Sandwichquerschnitte (kein Steg) ist $\delta = 0$ und man erhält

$$\frac{N}{N_{pl}} + \frac{M_y}{M_{pl,y}} \leq \sqrt{1 - \frac{M_z}{M_{pl,z}}} \tag{10.6}$$

Die Grenztragfähigkeit nach der Elastizitätstheorie kann, wenn näherungsweise $\alpha_{pl,y} = 1{,}14$ und $\alpha_{pl,z} = 1{,}5$ angenommen wird, mit

$$\frac{N}{N_{pl}} + \frac{M_y}{M_{pl,y}/1{,}14} + \frac{M_z}{M_{pl,z}/1{,}5} \leq 1 \tag{10.7}$$

bestimmt werden. Beispielhaft soll hier der Fall $\delta = 0{,}4$ (40% Stegfläche) und $N = 0$ betrachtet werden. Aus dem Vergleich der Gln. (10.5) und (10.7) kann näherungsweise die plastische Reserve bei Wirkung von M_y und M_z bestimmt werden. Sie liegt, wie Bild 10.5 zeigt, je nach Schnittgrößenkombination zwischen 14 und 85%.

Zusammenfassung: Bei den üblichen Querschnitten und Schnittgrößenkombinationen liegen die plastischen Reserven normalerweise zwischen 10 und 25%. Sie können jedoch auch deutlich größer sein, wie das Beispiel „M_y und M_z bei I-Querschnitten" mit maximal 85% zeigt.

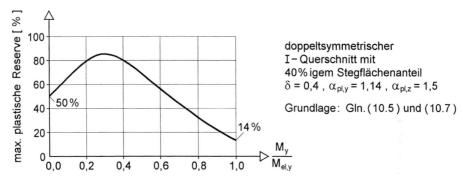

Bild 10.5   Maximale plastische Querschnittsreserve bei Wirkung von M_y und M_z

10.3 Berechnungsmethoden und Übersicht

Zur Ermittlung der Querschnittstragfähigkeit auf Grundlage der Plastizitätstheorie existieren verschiedene Berechnungsmethoden, die mehr oder minder für die jeweilige Aufgabenstellung geeignet sind. Bei der Aufgabenstellung geht es um 2 Punkte:

- Welche Querschnittsform liegt vor?

- Welche Schnittgrößen treten auf?

Außerdem können die Berechnungsmethoden dahingehend unterschieden werden, ob sie vornehmlich für die

- Handrechnung

- Verwendung in Tabellenkalkulationsprogrammen

- oder Verwendung in Computerprogrammen

geeignet sind. Häufig sind die Übergänge fließend und hängen von der persönlichen Beurteilung ab.

Im Folgenden werden 4 Berechnungsmethoden in ihren Grundzügen erläutert:

- Spannungsverteilung wählen

- Dehnungsiteration

- Teilschnittgrößenverfahren

- Spannungsnulllinie wählen

Diese Methoden werden in den folgenden Abschnitten angewendet und ausführlich erläutert. Tabelle 10.1 gibt dazu eine Übersicht. Am Ende dieses Abschnittes werden weitere interessante Berechnungsmethoden beschrieben und Quellen angegeben.

Spannungsverteilung wählen

Dies ist die klassische Methode, die vornehmlich bei einfachen Aufgabenstellungen den Ausgangspunkt für Handrechnungen bildet. Das Prinzip der Methode kann wie folgt zusammengefasst werden:

Spannungsverteilung wählen, so dass die vorhandenen Schnittgrößen maximal werden und alle anderen gleich Null sind.

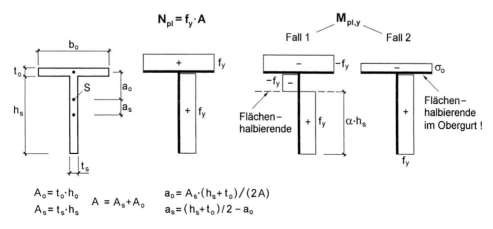

Bild 10.6   T-Querschnitt und σ_x-Spannungsverteilungen für N_{pl} und $M_{pl,y}$

Als Beispiel wird in Bild 10.6 ein T-Querschnitt mit gleicher Streckgrenze im gesamten Querschnitt betrachtet. Für die Bestimmung von N_{pl} wird im gesamten Querschnitt die Streckgrenze angenommen. Nicht ganz so einfach ist die Ermittlung von $M_{pl,y}$. Da die Bedingung $N = 0$ erfüllt werden **muss**, tritt der Wechsel von $+f_y$ zu $-f_y$ in Höhe der Flächenhalbierenden auf und es müssen 2 Fälle unterschieden werden.

Fall 1: $A_s \geq A_o$ (Spannungswechsel im Steg)

$$N = 0: \quad \alpha \cdot A_s - (1 - \alpha) \cdot A_s - A_o = 0$$

$$\Rightarrow \alpha = (1 + A_o / A_s)/2 \leq 1 \tag{10.8}$$

$$M_{pl,y} = A_s \cdot f_y \cdot (\alpha \cdot h_s - \alpha^2 \cdot h_s - a_s + 2\alpha \cdot a_s) + A_o \cdot f_y \cdot a_o$$

Fall 2: $A_s < A_o$ (Spannungswechsel im Gurt; hier vereinfachende Annahme: σ_o = konst. im Gurt)

$$N = 0: \quad A_s \cdot f_y + A_o \cdot \sigma_o = 0$$

$$\Rightarrow \sigma_o = -f_y \cdot A_s / A_o \tag{10.9}$$

$$M_{pl,y} = f_y \cdot A_s \cdot a_s - \sigma_o \cdot A_o \cdot a_o = f_y \cdot A_s \cdot (h_s + t_o)/2$$

Ergänzende Erläuterungen zu der im Fall 2 wirkenden Spannung σ_o im Gurt werden in Abschnitt 10.7.5 gegeben.

Wenn man beim T-Querschnitt die **gemeinsame** Wirkung von N und M_y berücksichtigen möchte, geht man prinzipiell wie bei $M_{pl,y}$ vor. Die Spannungsverteilungen für die beiden Fälle 1 und 2 dienen dann zur Ermittlung von

$$N = \int_A \sigma_x \cdot dA \quad \text{und} \quad M_y = \int_A \sigma_x \cdot z \cdot dA$$

Der Vorzeichenwechsel von f_y tritt nun nicht mehr in Höhe der Flächenhalbierenden auf.

In Bild 10.7 wird ein aus unterschiedlichen Stahlsorten bestehender I-Querschnitt betrachtet: Obergurt und Steg sind aus S 235 und der Untergurt aus S 355. Wie schon in Abschnitt 4.7.4 ausgeführt, gehört zu N_{pl} eine Spannungsverteilung mit $f_y = 21{,}82$ kN/cm² in **allen** 3 Teilen. Der Querschnitt ist dabei nicht vollständig durchplastiziert. Bei voller Durchplastizierung erhält man max N = 5158 kN > N_{pl} = 4372 kN, jedoch auch ein zugehöriges Biegemoment von M_y = 157 kNm. Wenn man eine größere Normalkraft als N_{pl} zulassen will, **muss** in einer Systemberechnung überprüft werden, ob das zugehörige Biegemoment aufgenommen werden kann. Sofern auch der Obergurt aus S 355 besteht, gehört zu N_{pl} das volle Durchplastizieren des gesamten Querschnitts und N_{pl} = 5943 kN. Aufgrund der symmetrischen Spannungsverteilung tritt kein Biegemoment auf.

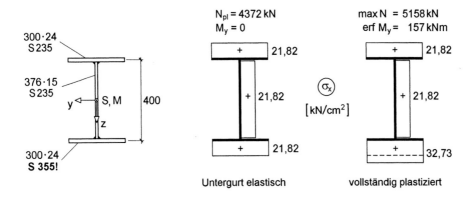

Bild 10.7 Geschweißter I-Querschnitt aus unterschiedlichen Stahlsorten: N_{pl} und max N

Das Beispiel in Bild 10.7 zeigt, dass zum Erreichen der Grenztragfähigkeit der Querschnitt nicht unbedingt durchplastizieren **muss**. Ausführliche Erläuterungen zu dieser Fragestellung finden sich in Abschnitt 4.7.4, wo in Tabelle 4.4 weitere Beispiele für Spannungsverteilungen dargestellt sind.

Dehnungsiteration

Das Verfahren, das hier unter dem Schlagwort Dehnungsiteration beschrieben wird, ist ebenfalls ein lange bekanntes klassisches Verfahren. Es wird in Abschnitt 10.10 ausführlich behandelt, wobei 2 Varianten unterschieden werden:

- Variante 1: Die Schnittgrößen werden direkt in voller Größe angesetzt.

- Variante 2: Die Schnittgrößen werden schrittweise vergrößert. Näheres hierzu findet sich in Abschnitt 10.10.3, siehe Tabelle 10.26.

Das Prinzip der 1. Variante kann wie folgt beschrieben werden:

① gegebene Schnittgrößen als Querschnittsbelastung ansetzen

② Dehnungen im gesamten Querschnitt berechnen

③ Spannungen aufgrund des Dehnungszustandes ermitteln (hier nur σ_x-Schnittgrößen)

$$\varepsilon \leq \varepsilon_{el}: \ \sigma_x = E \cdot \varepsilon \quad \text{oder} \quad \varepsilon > \varepsilon_{el}: \ \sigma_x = \text{sgn}(\varepsilon) \cdot f_y$$

④ aufgenommene Schnittgrößen aus den Spannungen durch Integration berechnen und Querschnittswerte des elastischen Restquerschnitts bestimmen

⑤ wenn die gegebenen und die aufgenommenen Schnittgrößen unterschiedlich sind: Berechnung wiederholen (Iteration)

Wegen des nummerischen Aufwandes ist diese Methode nur für die Realisierung in Computerprogrammen geeignet. Der Querschnitt wird dabei häufig in Fasern oder

Streifen eingeteilt (siehe z.B. Bild 3.26). Die Methode wird z.B. von *Roik/Kindmann* in [110] und *Kindmann* in [90] zur Ermittlung der Querschnittstragfähigkeit infolge der σ_x-Schnittgrößen und für Stabwerksrechnungen nach der Fließzonentheorie (siehe Abschnitt 4.6) verwendet. Eine ausführliche Beschreibung des Verfahrens sowie Erläuterungen zur Erfassung von Schubspannungen finden sich mit Beispielen in Abschnitt 10.10. Bei den folgenden Ausführungen steht das Prinzip dieses Verfahrens im Vordergrund.

Ausgangspunkt für die Ermittlung der Dehnungen ist bei dünnwandigen Querschnitten Gl. (2.65) aus Abschnitt 2.9

$$\varepsilon_x = u' = u_S' - y \cdot v_M'' - z \cdot w_M'' - \omega \cdot \vartheta'' \qquad (10.10)$$

Darin sind u_S' die Dehnung im Schwerpunkt, v_M'' und w_M'' die beiden Krümmungen sowie ϑ'' die Ableitung der Verdrillung. Mit den ersten 3 Termen wird eine ebene Fläche beschrieben, die der *Bernoulli*-Hypothese vom Ebenbleiben der Querschnitte entspricht. Der 4. Term gehört zur Wölbkrafttorsion und führt zu einer verwölbten Dehnungsfläche.

Die Methode der „Dehnungsiteration" ist neben der Verwendung in Computerprogrammen auch für das Verständnis hilfreich. Bild 9.7 in Kapitel 9 zeigt am Beispiel des Rechteckquerschnitts den Übergang von M_{el} zu M_{pl}. Zur Erläuterung wird die Berechnung von $M_{pl,y}$ (Fall 1) aus Bild 10.6 erneut aufgegriffen und in Bild 10.8 verschiedene Dehnungszustände betrachtet. Dabei werden die Dehnungen durch die Geradengleichung

$$\varepsilon_x(z) = u_S' - z \cdot w_M'' \qquad (10.11)$$

beschrieben. Für $M_y = M_{el,y}$ ist $u_S' = 0$ und $w_M'' = -\varepsilon_{el}/(h_s/2 + a_s)$. Größere Biegemomente ergeben sich, wenn w_M'' vergrößert wird (Bild 10.8). Aufgrund der Bedingung $N = 0$ verschiebt sich die Lage der Spannungsnulllinie und es ist $u_S' > 0$. Im Grenzzustand $M_y = M_{pl,y}$ liegt die Dehnungsgerade horizontal und hat ihren Nulldurchgang in Höhe der Flächenhalbierenden.

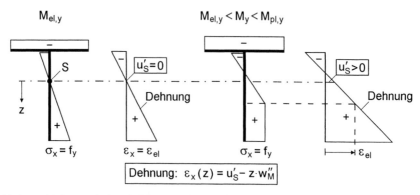

Bild 10.8   T-Querschnitt mit 2 Dehnungszuständen für M_y

Teilschnittgrößenverfahren (TSV)

Das TSV wurde von *Kindmann/Frickel* erstmals in [85] für I-Querschnitte und anschließend in [84] für weitere Querschnittsformen vorgestellt. Es baut prinzipiell auf der Methode „Spannungsverteilung wählen" auf und verwendet systematisch die möglichen Schnittgrößen in den Einzelteilen. Grundgedanken des TSV sind:

- Gleichgewicht zwischen Schnittgrößen und Teilschnittgrößen bilden („Statik am Querschnitt"), siehe auch Abschnitt 2.13

- Teilschnittgrößen in den möglichen Grenzen variieren, so dass die Grenztragfähigkeit erreicht wird

Zur Erläuterung wird die Berechnung von $M_{pl,y}$ für einen T-Querschnitt erneut behandelt. Aus den Spannungsverteilungen in Bild 10.6 ist erkennbar, dass folgende Teilschnittgrößen auftreten: N_o, N_s und M_s (Bild 10.9). Die zugehörigen Gleichgewichtsbedingungen lauten gemäß Bild 10.9:

$$N = N_s + N_o = 0 \qquad\qquad (10.12a)$$

$$M_y = M_s + N_s \cdot a_s - N_o \cdot a_o \qquad\qquad (10.12b)$$

In den beiden Gleichgewichtsbedingungen treten 3 Unbekannte auf. Da wegen $M_y = M_{pl,y}$ das Biegemoment maximal werden soll, werden die Teilschnittgrößen in dieser Hinsicht variiert. Dabei ergeben sich wie in Bild 10.6 zwei Fälle für $M_{pl,y}$.

Fall 1: $N_{pl,o} \leq N_{pl,s}$ (entspricht Spannungswechsel im Steg)

① gewählt $N_o = -N_{pl,o}$

② aus $N = 0 \Rightarrow N_s = -N_o = N_{pl,o}$

③ mit der N-M-Interaktion im Steg $\Rightarrow M_s = \left[1 - \left(N_{pl,o} / N_{pl,s} \right)^2 \right] \cdot M_{pl,s}$

④ Einsetzen von N_o und N_s in Gleichgewichtsbedingung (10.12b)

$\Rightarrow M_{pl,y} = M_s + N_{pl,o} \cdot (a_s + a_o) = M_s + N_{pl,o} \cdot (h_s + t_o)/2$

Fall 2: $N_{pl,o} > N_{pl,s}$ (entspricht Spannungswechsel im Gurt)

① gewählt $N_s = N_{pl,s}$

② aus $N = 0 \Rightarrow N_o = -N_s = -N_{pl,s}$

③ mit der N-M-Interaktion im Steg $\Rightarrow M_s = 0$

④ Einsetzen von N_o, N_s und M_s in Gleichgewichtsbedingung (10.12b)

$\Rightarrow M_{pl,y} = N_{pl,s} \cdot (a_s + a_o) = N_{pl,s} \cdot (h_s + t_o)/2$

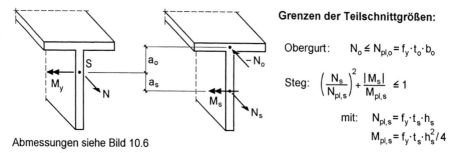

Grenzen der Teilschnittgrößen:

Obergurt: $N_o \leq N_{pl,o} = f_y \cdot t_o \cdot b_o$

Steg: $\left(\dfrac{N_s}{N_{pl,s}}\right)^2 + \dfrac{|M_s|}{M_{pl,s}} \leq 1$

mit: $N_{pl,s} = f_y \cdot t_s \cdot h_s$

$M_{pl,s} = f_y \cdot t_s \cdot h_s^2 / 4$

Abmessungen siehe Bild 10.6

Bild 10.9 Grundlagen des Teilschnittgrößenverfahrens am Beispiel des T-Querschnittes

Wie man sieht, ist der Aufwand für das TSV und die Methode „Spannungsverteilung wählen" ungefähr gleich. Die klare Systematik des TSV erleichtert aber die Ermittlung der Grenztragfähigkeit und macht sie für komplexere Querschnittsformen und Schnittgrößenkombinationen erst möglich, siehe z.B. Abschnitt 10.7.

Spannungsnulllinie wählen

Im Grunde genommen entspricht diese Methode der Methode „Spannungsverteilung wählen". Mit der Wahl der Spannungsnulllinie wird jedoch eine zusätzliche Bedingung für die Spannungsverteilung eingeführt.

Aus der Beschreibung für die Dehnungen mit Gl. (2.65) ergibt sich, dass die Nulllinie der Dehnungen für zweiachsige Biegung mit Normalkraft eine Gerade ist. Entsprechendes gilt dann auch für die Spannungsnulllinie. Zur Erläuterung werden in Bild 10.10 zwei Fälle betrachtet. Auf der linken Seite ist ein doppeltsymmetrischer I-Querschnitt dargestellt und die Spannungsnulllinie für die Wirkung von M_y und M_z eingezeichnet. Sie geht durch den Schwerpunkt und hat abhängig vom Verhältnis M_z/M_y unterschiedliche Neigungen. Bei Annahme des vollen Durchplastizierens ($\pm f_y$ im Querschnitt) sind $N = M_\omega = 0$ und man erhält die Grenztragfähigkeit für die gemeinsame Wirkung von M_y und M_z.

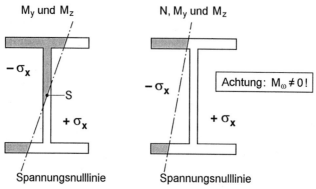

Bild 10.10 2 Beispiele zur Wahl einer geraden Spannungsnulllinie

Wenn man eine Normalkraft N ergänzt, ist die Annahme in Bild 10.10 rechts nahe-
liegend. Aus der Spannungsverteilung lässt sich jedoch unmittelbar ablesen, dass die
Gurtmomente unterschiedlich sind ($M_o \neq M_u$), was zu einem Wölbbimoment $M_\omega \neq 0$
führt. Wenn $M_\omega = 0$ erfüllt werden soll, bleibt der Querschnitt bereichsweise elastisch.
Auf diesen Fall wird in Abschnitt 10.4.5 ausführlich eingegangen, siehe auch
Abschnitt 4.7.

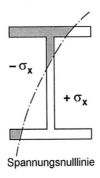

Spannungsnulllinie

Bild 10.11   Gekrümmte Spannungsnulllinie nach *Yang/Chern/Fan* [136]

Die oben beschriebenen Methoden werden in den folgenden Abschnitten zur
Ermittlung der Grenztragfähigkeit von Querschnitten eingesetzt und erläutert. Tabelle
10.1 gibt dazu eine Übersicht.

Ergänzende Hinweise

- *Scheer/Bahr* weisen in [120] für **Winkelprofile** nach, dass der Querschnitt für
  gewisse Schnittgrößenkombinationen teilweise elastisch bleibt, siehe hierzu auch
  Spannungsverteilung σ_x für Winkelquerschnitte in den Bildern 4.25 und 10.66a.

- *Yang/Chern/Fan* untersuchen in [136] die Grenztragfähigkeit von doppeltsymmetrischen **I-Querschnitten**. Für die Wirkung von N, M_y, M_z und M_ω nehmen sie
  gekrümmte Spannungsnulllinien an. Bild 10.11 zeigt dazu ein Beispiel.

- *Osterrieder/Werner/Kretzschmar* fassen die Ermittlung der plastischen Querschnittstragfähigkeit in [102] als **Optimierungsaufgabe** (Revised-Simplex-Ver-
  fahren) auf. Die Querschnitte werden dabei in Elemente (Fasern) aufgeteilt und die
  Berechnungen in einem Programm durchgeführt.

- In [96] beschreiben *Maier/Weiler* ein computergestütztes Lösungsverfahren,
  welches auf dem Prinzip der **Mutations-Selektion** beruht.

- *Rubin* befasst sich in [117] und [116] mit der Grenztragfähigkeit von doppelt- und
  einfachsymmetrischen I-Querschnitten sowie von rechteckigen Hohlprofilen für
  zweiachsige Biegung mit Normalkraft und Querkräften.

- Die Grenztragfähigkeit doppeltsymmetrischer I-Querschnitte für N, M_y, M_z und
  M_ω betrachten *Kollbrunner/Hajdin* in [35].

Tabelle 10.1   Übersicht zur Grenztragfähigkeit von Querschnitten

Abschnitt	Querschnitt	Schnittgrößen	Methode	Bemerkungen
10.4		beliebig	Teilschnittgrößen-verfahren (TSV)	für Handrechnung geeignet
10.5		beliebig	Spannungsverteilung wählen	für Handrechnung geeignet
10.6		beliebig	Spannungsverteilung wählen	für Handrechnung geeignet
10.7		beliebig	TSV	Empfehlung: Tabellen-kalkulation
10.7	2 oder 3 Bleche	beliebig	TSV	Empfehlung: Tabellen-kalkulation
10.9	beliebig, jedoch dünnwandige Bleche	beliebig	TSV ohne Umlagerungen	für Handrechnung geeignet
10.10	beliebig	N, M_y, M_z, M_ω M_{xp}, V_y, V_z, M_{xs}	Dehnungsiteration Teilschnittgrößen nach der Elastizitäts-theorie	Einsatz in EDV-Programmen

10.4 Doppeltsymmetrische I-Querschnitte

10.4.1 Beschreibung des Querschnitts

Doppeltsymmetrische I-Querschnitte werden im Stahlbau sehr häufig verwendet. Auf diesen Querschnittstyp soll daher ausführlich eingegangen werden. Gemäß Bild 10.12 können Walzprofile und geschweißte Querschnitte unterschieden werden. Sie werden durch die Aufteilung in 3 Bleche (Rechtecke) idealisiert: Obergurt, Steg und Untergurt. Da für die 3 Bleche vorausgesetzt wird, dass sie dünnwandig sind, ist die näherungsweise Erfassung durch das in Bild 10.12 rechts dargestellte **Linienmodell** ausreichend.

Mit dem Parameter a_g wird der Abstand der Gurtmittelpunkte beschrieben. Da bei Walzprofilen die gesamte Querschnittshöhe mit h bezeichnet wird, gilt $a_g = h - t_g$. Die Steghöhe h_s ergibt sich nach Bild 10.12 beim geschweißten Querschnitt zu $h_s = h - 2 \cdot t_g$. Beim Walzprofil können die Ausrundungen näherungsweise durch eine vergrößerte Steghöhe erfasst werden. Allgemein üblich ist die Wahl von $h_s = a_g$. Mit dem Parameter h_s kann aber z.B. auch ein flächengleicher Querschnitt idealisiert werden.

Anmerkung: Die Querschnitte von Walzprofilen können natürlich auch genau, d.h. durch unmittelbare Berücksichtigung der Ausrundungen erfasst werden. Berechnungsformeln und Nachweise werden dann jedoch erheblich aufwendiger, siehe auch Tabelle 10.3.

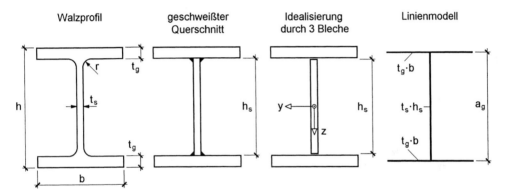

Bild 10.12   Idealisierung doppeltsymmetrischer I-Querschnitte

10.4.2 Vollplastische Schnittgrößen S_{pl}

Ausgangspunkt für die Ermittlung der vollplastischen Schnittgrößen sind die Spannungsverteilungen nach der Elastizitätstheorie. In Bild 6.2 werden die elastischen Spannungsverteilungen gezeigt, wenn jeweils **eine** einzelne Schnittgröße alleine wirkt. Die maximalen Ordinaten dürfen nach der Elastizitätstheorie $\sigma_x = f_y$ bzw. $\tau_R = f_y / \sqrt{3}$ erreichen. Die in Bild 6.2 dargestellten elastischen Spannungsverteilungen zeigen u.a. auch, in welchen Bereichen des Querschnitts noch Tragfähigkeitsreserven vorhanden sind. Durch ein entsprechendes „Auffüllen" zu Spannungsblöcken ergeben sich die Spannungsverteilungen für die **vollplastischen Schnittgrößen S_{pl}** in Bild 10.13. Sie erfüllen die Bedingungen gemäß Abschnitt 7.3, **dass die betrachtete Schnittgröße maximal und alle anderen Schnittgrößen gleich Null sein müssen.**

Im Übrigen entsprechen die Spannungsverteilungen den Vorgaben der DIN 18800 [4], siehe Bild 7.2.

Wie man sieht, ist der Querschnitt nicht in allen Fällen vollständig durchplastiziert. Dieser Sachverhalt wird in Abschnitt 4.7 ausführlich erläutert, da er von grundsätzlicher Bedeutung ist, und wird hier nicht weiter vertieft.

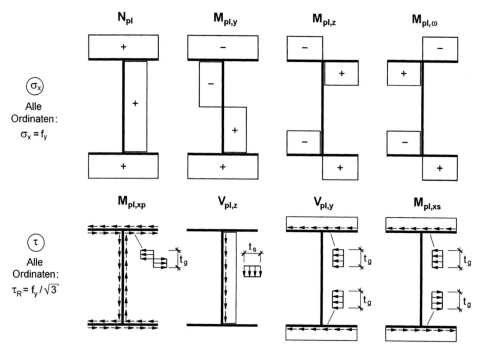

Bild 10.13   Spannungsverteilungen zur Ermittlung vollplastischer Schnittgrößen S_{pl} für I-Querschnitte

Zur Ermittlung der vollplastischen Schnittgrößen auf Grundlage von Bild 10.13 kann auf die Herleitungen in Kapitel 9 zurückgegriffen werden. Da der Querschnitt aus 3 Rechtecken besteht, können mit den Gl. (9.14), (9.15), (9.29) sowie Bild 9.23 die Grenzschnittgrößen N_{pl}, M_{pl}, V_{pl} und $M_{pl,xp}$ in den 3 Einzelteilen ermittelt werden. Diese werden dann in die Gleichgewichtsbeziehungen (10.13) bis (10.14) eingesetzt und führen unmittelbar zu den in Tabelle 10.2 zusammengestellten vollplastischen Schnittgrößen. Zum primären Torsionsmoment ist noch zu bemerken, dass das Walmdach-Modell in Bild 9.23 für **alle** 3 Einzelteile verwendet wurde. Aufgrund dieser Vorgehensweise plastiziert der Querschnitt infolge $M_{pl,xp}$ vollständig durch. Beim Zusammenwirken mit anderen Schnittgrößen wird von einem etwas anderen Lastabtragungsmodell ausgegangen, was später noch erläutert wird.

Tabelle 10.2 Vollplastische Schnittgrößen für I-Querschnitte (Linienmodell)

$$N_{pl} = (2 \cdot t_g \cdot b + t_s \cdot h_s) \cdot f_y$$

$$M_{pl,y} = (t_g \cdot b \cdot a_g + t_s \cdot h_s^2/4) \cdot f_y$$

$$M_{pl,z} = f_y \cdot t_g \cdot b^2/2$$

$$M_{pl,\omega} = M_{pl,z} \cdot a_g/2$$

$$V_{pl,y} = 2 \cdot t_g \cdot b \cdot f_y/\sqrt{3}$$

$$V_{pl,z} = t_s \cdot h_s \cdot f_y/\sqrt{3}$$

$$M_{pl,xs} = V_{pl,y} \cdot a_g/2$$

$$M_{pl,xp} = \frac{1}{6} \cdot \left[2 \cdot (3 \cdot b - t_g) \cdot t_g^2 + (3 \cdot h_s - t_s) \cdot t_s^2\right] \cdot f_y/\sqrt{3}$$

Es gibt Fälle, in denen eine genauere Ermittlung der vollplastischen Schnittgrößen für **Walzprofile** sinnvoll ist. Die entsprechenden Werte sind in Tabelle 10.3 zusammengestellt. Dabei wird der Einfluss der Ausrundungen mit Hilfe von Tabelle 3.10 erfasst. Die Formeln für die zur Torsion gehörenden Schnittgrößen werden hier näherungsweise vom Linienmodell übernommen. Wie die Untersuchungen von *Gruttmann/ Wagner* für $M_{pl,xp}$ in [74] zeigen, kann die Berücksichtigung der Ausrundungen durchaus zu etwas höheren Werten führen. Bei einem HEM 300 beträgt der Unterschied etwa 8%.

Tabelle 10.3 Vollplastische Schnittgrößen von Walzprofilen

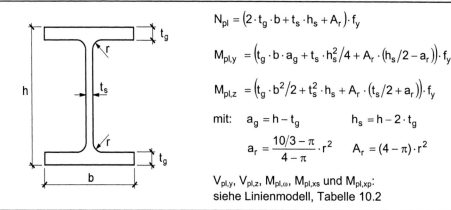

$$N_{pl} = (2 \cdot t_g \cdot b + t_s \cdot h_s + A_r) \cdot f_y$$

$$M_{pl,y} = (t_g \cdot b \cdot a_g + t_s \cdot h_s^2/4 + A_r \cdot (h_s/2 - a_r)) \cdot f_y$$

$$M_{pl,z} = (t_g \cdot b^2/2 + t_s^2 \cdot h_s + A_r \cdot (t_s/2 + a_r)) \cdot f_y$$

mit: $\quad a_g = h - t_g \qquad h_s = h - 2 \cdot t_g$

$$a_r = \frac{10/3 - \pi}{4 - \pi} \cdot r^2 \qquad A_r = (4 - \pi) \cdot r^2$$

$V_{pl,y}$, $V_{pl,z}$, $M_{pl,\omega}$, $M_{pl,xs}$ und $M_{pl,xp}$:
siehe Linienmodell, Tabelle 10.2

10.4.3 Gleichgewicht zwischen Schnittgrößen und Teilschnittgrößen

In Abschnitt 2.13 werden die Beziehungen zwischen Schnittgrößen und Teilschnittgrößen in allgemeiner Form hergeleitet. Diese Beziehungen werden hier für den doppeltsymmetrischen I-Querschnitt verwendet, wobei die Teilschnittgrößen mit den Wirkungsrichtungen in Bild 10.14 angesetzt werden. Gegenüber Tabelle 2.4 wurde beim Steg ($\beta = 90°$) das Biegemoment in entgegengesetzter Richtung angesetzt, damit es einem positiven Biegemoment M_y entspricht. Unter Berücksichtigung dieser Änderung ergeben sich mit Hilfe von Tabelle 2.4 die folgenden Beziehungen zwischen Schnittgrößen und Teilschnittgrößen:

a) τ-Schnittgrößen

$$V_y \quad = V_o + V_u \tag{10.13a}$$

$$V_z \quad = V_s \tag{10.13b}$$

$$M_{xs} = V_o \cdot a_g/2 - V_u \cdot a_g/2 \tag{10.13c}$$

$$M_{xp} = M_{xp,o} + M_{xp,s} + M_{xp,u} \tag{10.13d}$$

b) σ-Schnittgrößen

$$N \quad = N_u + N_s + N_o \tag{10.14a}$$

$$M_y \quad = N_u \cdot a_g/2 + M_s - N_o \cdot a_g/2 \tag{10.14b}$$

$$M_z \quad = M_u + M_o \tag{10.14c}$$

$$M_\omega \quad = M_u \cdot a_g/2 - M_o \cdot a_g/2 \tag{10.14d}$$

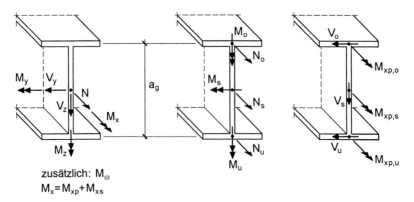

zusätzlich: M_ω
$M_x = M_{xp} + M_{xs}$

Bild 10.14 Schnittgrößen und Teilschnittgrößen für den doppeltsymmetrischen I-Querschnitt

Da beim Nachweis der Querschnittstragfähigkeit die Schnittgrößen aus einer Berechnung am baustatischen System bekannt sind, stehen mit den Gln. (10.13) und (10.14) 8 Gleichungen zur Ermittlung der 12 unbekannten Teilschnittgrößen zur

Verfügung. Eine rechnerische Bestimmung ist also nicht unmittelbar möglich. Es sei hier angemerkt, dass das Problem gelöst wäre, wenn die Teilschnittgrößen bekannt wären. Man könnte dann für jedes Einzelteil (Obergurt, Steg, Untergurt) mit Hilfe von Abschnitt 9.3.4 (Tabelle 9.3) prüfen, ob die Tragfähigkeit der einzelnen Rechteckquerschnitte ausreicht. Da dies auf direktem Wege nicht möglich ist, wird wie folgt vorgegangen:

- V_s

  Aus Gl. (10.13b) erhält man: $V_s = V_z$ (10.15)

- V_o und V_u

  Die Gln. (10.13a) und (10.13c) führen zu:

$$V_o = V_y/2 + M_{xs}/a_g \tag{10.16a}$$

$$V_u = V_y/2 - M_{xs}/a_g \tag{10.16b}$$

- M_o und M_u

  Die Gln. (10.14c) und (10.14d) ergeben:

$$M_o = M_z/2 - M_\omega/a_g \tag{10.17a}$$

$$M_u = M_z/2 + M_\omega/a_g \tag{10.17b}$$

- $M_{xp,o}$, $M_{xp,s}$ und $M_{xp,u}$

  Das primäre Torsionsmoment M_{xp} wird im Verhältnis der Torsionsträgheitsmomente aufgeteilt:

$$M_{xp,o} = M_{xp} \cdot I_{T,o}/I_T \qquad \text{mit:} \qquad I_{T,o} = b \cdot t_g^3/3 \tag{10.18a}$$

$$M_{xp,s} = M_{xp} \cdot I_{T,s}/I_T \qquad \text{mit:} \qquad I_{T,s} = h_s \cdot t_s^3/3 \tag{10.18b}$$

$$M_{xp,u} = M_{xp} \cdot I_{T,u}/I_T \qquad \text{mit:} \qquad I_{T,u} = b \cdot t_g^3/3 \tag{10.18c}$$

$$I_T = I_{T,o} + I_{T,s} + I_{T,u} \tag{10.18d}$$

Die gewählte Aufteilung entspricht der Vorgehensweise nach der Elastizitätstheorie. Sie ergibt sich aus der Forderung nach Erhaltung der Querschnittsform (gleiche Verdrillung aller 3 Einzelbleche), siehe auch Abschnitt 5.4.3. Diese Aufteilung führt, im Gegensatz zur Formel für $M_{pl,xp}$ gemäß Tabelle 10.2, nicht zum vollständigen Plastizieren des Querschnitts (bei üblichen Abmessungen bleibt i.d.R. der Steg elastisch).

- N_o, N_u, N_s und M_s

  Von den Gln. (10.13) bis (10.14) verbleiben nun noch die Gleichungen (10.14a) und (10.14b), die hier noch einmal wiederholt werden:

$$N = N_u + N_s + N_o$$

$$M_y = N_u \cdot a_g/2 + M_s - N_o \cdot a_g/2$$

Sie enthalten die 4 noch unbekannten Teilschnittgrößen N_u, N_s, N_o und M_s. Diese Teilschnittgrößen können unter Beachtung der anderen Schnittgrößen nur in gewissen Grenzen auftreten. Die Lösung des Problems erfolgt daher in den folgenden Abschnitten durch Grenzbetrachtungen, d.h. im Sinne einer Optimierung.

10.4.4 Gleichzeitige Wirkung der Schnittgrößen N, M_y, M_z, V_y und V_z

Die gleichzeitige Wirkung **aller** Schnittgrößen wird erst in Abschnitt 10.4.6 betrachtet, da dieser Fall naturgemäß entsprechend aufwendig ist. Hier wird angenommen, dass die Torsionsschnittgrößen $M_{xp} = M_{xs} = M_\omega = 0$ sind. Die verbleibende Schnittgrößenkombination deckt weite Bereiche baupraktischer Anwendungsfälle ab.

Da $M_{xp} = 0$ ist, treten in den Einzelteilen keine primären Torsionsmomente auf. Mit den vorausgesetzten Bedingungen $M_{xs} = M_\omega = 0$ folgt aus den Gln. (10.15) bis (10.17):

$$V_s = V_z \tag{10.19a}$$

$$V_o = V_u = V_y/2 = V_g \tag{10.19b}$$

$$M_o = M_u = M_z/2 = M_g \tag{10.19c}$$

Dieses Ergebnis hätte man natürlich auch anschaulich unmittelbar ermitteln können: Die Querkraft V_z wird vom Steg und V_y sowie auch M_z werden jeweils zur Hälfte vom Ober- und Untergurt aufgenommen. Ungleichmäßige Verteilungen auf die Gurte sind nicht zulässig, da damit das Auftreten von Torsion verbunden wäre.

Der Nachweis ausreichender Querschnittstragfähigkeit für die Schnittgrößen N, M_y, M_z, V_y und V_z erfolgt mit der in Bild 10.15 dargestellten Methode. Dabei werden nacheinander 3 Schritte ausgeführt und 5 Einzelnachweise geführt.

Die Aufnahme von V_y und V_z **(1. Schritt)** kann mit den Querkräften V_o, V_s und V_u in den Teilquerschnitten nachgewiesen werden, siehe Tabelle 9.3 (Rechteckquerschnitt). Dazu gleichwertig sind die Nachweise

$$V_y \leq V_{pl,y} \quad \text{und} \quad V_z \leq V_{pl,z}, \tag{10.20}$$

d.h. unter direkter Verwendung der Querkräfte V_y und V_z. Wenn die Nachweise gelingen, kann gemäß Bild 10.15 oben rechts die Streckgrenze in den 3 Einzelteilen aufgrund der Schubspannungen reduziert werden. Die reduzierten Streckgrenzen sind dann Grenzspannungen, die zur Aufnahme von N, M_y und M_z ausgenutzt werden können.

Im **2. Schritt** wird nun das Biegemoment M_z berücksichtigt. Es kann wie von *Kindmann/Ding* in [82] und hier in Bild 10.15 durch Normalspannungen an den Gurtenden aufgenommen werden. Mit dieser sehr anschaulichen Darstellung ist die Ermittlung reduzierter Gurtbreiten möglich, siehe [82]. Hier wird (gleichwertig dazu) die Interaktionsbeziehung des Rechteckquerschnittes aus Tabelle 9.3 verwendet. Nach kurzer Umformung unter Benutzung von Tabelle 10.2 für die Grenzschnittgrößen $M_{pl,z}$ und $V_{pl,y}$ ergibt sich der zugehörige Nachweis zu:

$$M_z \leq M_{pl,z,\tau} = M_{pl,z} \cdot \sqrt{1 - \left(V_y / V_{pl,y}\right)^2} \tag{10.21}$$

Mit dem Index „τ" bei $M_{pl,z,\tau}$ wird auf die Wirkung von Schubspannungen, hier infolge V_y hingewiesen.

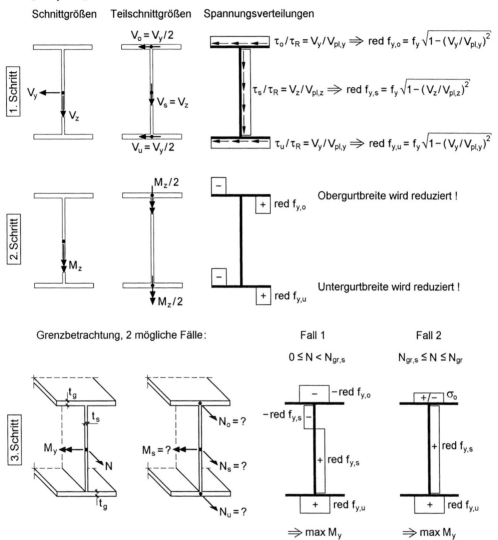

Bild 10.15 Zum Nachweis ausreichender Querschnittstragfähigkeit für die Schnittgrößen, N, M_y, M_z, V_y und V_z

Im **3. Schritt** werden die Schnittgrößen N und M_y betrachtet (Bild 10.15 unten). Die zugehörigen Teilschnittgrößen N_o, N_s, N_u und M_s können nicht unmittelbar aus den Gleichgewichtsbeziehungen (10.14a) und (10.14b) berechnet werden. Es lassen sich jedoch Grenzschnittgrößen in den Einzelteilen ermitteln, die nach Berücksichtigung von V_y, V_z und M_z noch aufnehmbar sind. Für den Steg erhält man mit Hilfe von Tabelle 9.3:

$$N_{gr,s} = t_s \cdot h_s \cdot f_y \cdot \sqrt{1 - \left(V_z/V_{pl,z}\right)^2} \qquad \text{(für: } M_s = 0\text{)} \tag{10.22a}$$

$$M_{gr,s} = N_{gr,s} \cdot h_s/4 \qquad \text{(für: } N_s = 0\text{)} \tag{10.22b}$$

Die Grenzgurtkräfte sind wegen $M_o = M_u = M_z/2$ gleich groß, d.h. es gilt $N_{gr,o} = N_{gr,u} = N_{gr,\,g}$.

$$N_{gr,g} = t_g \cdot b \cdot f_y \cdot \sqrt{1 - \left(V_y/V_{pl,y}\right)^2} \cdot \sqrt{1 - M_z/M_{pl,z,\tau}} \tag{10.23}$$

Die maximal mögliche Normalkraft ergibt sich dann zu

$$N_{gr} = 2 \cdot N_{gr,g} + N_{gr,s} \tag{10.24}$$

Gemäß Bild 10.15 unten rechts kann nun das maximale Biegemoment max M_y für 2 unterschiedliche Fälle in Abhängigkeit von der Normalkraft ermittelt werden. Damit ist dann ein abschließender Nachweis

$$M_y \leq \text{max } M_y \tag{10.25}$$

möglich. Der Nachweis für die Normalkraft ist in den Fallunterscheidungen enthalten.

Fall 1: Spannungsnulllinie im Steg

① gewählt $N_u = N_{gr,g}$ und $N_o = -N_{gr,g}$

② aus $N = N_u + N_s + N_o \Rightarrow N_s = N$

③ mit der N-M-Interaktion des Steges $\Rightarrow M_s = \left[1 - \left(N/N_{gr,s}\right)^2 \right] \cdot N_{gr,s} \cdot h_s/4$

④ Einsetzen von N_u und N_o in Gleichgewichtsbedingung (10.14b)
$\Rightarrow$ max $M_y = N_{gr,g} \cdot a_g + M_s$

Fall 2: Spannungsnulllinie im Gurt

① gewählt $N_u = N_{gr,g}$ und $N_s = N_{gr,s}$

② aus $N = N_u + N_s + N_o \Rightarrow N_o = N - N_{gr,g} - N_{gr,s}$

③ mit der N-M-Interaktion des Steges $\Rightarrow M_s = 0$

④ Einsetzen von N_u, N_o und M_s in Gleichgewichtsbedingung (10.14b)
$\Rightarrow$ max $M_y = \left(N_u - N_o\right) \cdot a_g/2 = \left(N_{gr} - N\right) \cdot a_g/2$

Da 5 Schnittgrößen vorhanden sind, müssen insgesamt 5 Nachweise geführt werden. Tabelle 10.4 enthält eine Zusammenstellung der erforderlichen Nachweise und Berechnungsformeln. Die Schnittgrößen müssen stets betragsmäßig, also mit positivem Vorzeichen, eingesetzt werden. Die hier vorgestellte Methode geht auf die Veröffentlichung von *Kindmann/Frickel* in [85] zurück. Sie wird als **Teilschnittgrößenverfahren (TSV)** bezeichnet, da die Lösung durch systematische Untersuchung der Teilschnittgrößen gewonnen wird.

Tabelle 10.4 Nachweise zur Grenztragfähigkeit von I-Querschnitten für die Schnittgrößen N, M_y, M_z, V_y und V_z

---

Nachweisbedingungen (Teilschnittgrößenverfahren):

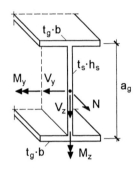

Querkraft V_y: $V_y \leq V_{pl,y} = 2 \cdot b \cdot t_g \cdot f_y / \sqrt{3}$

Querkraft V_z: $V_z \leq V_{pl,z} = h_s \cdot t_s \cdot f_y / \sqrt{3}$

Biegemoment M_z: $M_z \leq M_{pl,z,\tau} = f_y \cdot t_g \cdot b^2 / 2 \cdot \sqrt{1 - \left(V_y/V_{pl,y}\right)^2}$

Normalkraft N und Biegemoment M_y:

$N < N_{gr,s}$: $M_y \leq N_{gr,g} \cdot a_g + M_s$

oder

$N_{gr,s} \leq N \leq N_{gr}$: $M_y \leq \left(N_{gr} - N\right) \cdot a_g / 2$

Alle Schnittgrößen **betragsmäßig** einsetzen!

Rechenwerte:

$N_{gr,g} = t_g \cdot b \cdot f_y \cdot \sqrt{1 - \left(V_y/V_{pl,y}\right)^2} \cdot \sqrt{1 - M_z/M_{pl,z,\tau}}$ $N_{gr} = 2 \cdot N_{gr,g} + N_{gr,s}$

$N_{gr,s} = t_s \cdot h_s \cdot f_y \cdot \sqrt{1 - \left(V_z/V_{pl,z}\right)^2}$ $M_s = \left(1 - \left(N/N_{gr,s}\right)^2\right) \cdot N_{gr,s} \cdot h_s / 4$

10.4.5 Vergleich mit den Interaktionsbeziehungen in DIN 18800

DIN 18800 [4] enthält für I-Querschnitte Interaktionsbedingungen, mit denen folgende Schnittgrößenkombinationen erfasst werden können:

- N-M_y-V_z, siehe Tabelle 7.7 in Abschnitt 7.3.3

- N-M_z-V_y, siehe Tabelle 7.8 in Abschnitt 7.3.3

- N-M_y-M_z, siehe Gln. (40) bis (42) und Bild 19 in DIN 18800 Teil 1

Die genannten 3 Schnittgrößenkombinationen werden durch die in Abschnitt 10.4.4 hergeleiteten Nachweise für die N-M_y-M_z-V_y-V_z-Kombination vollständig erfasst. Tabelle 10.4 zeigt, dass die Nachweise auf Grundlage des Teilschnittgrößenverfahrens erheblich einfacher anzuwenden sind als die 3 Interaktionsbeziehungen in DIN 18800. Außerdem können auch **alle 5 Schnittgrößen** in beliebiger Kombination erfasst werden. Die Nachweise in Tabelle 10.4 können mit geringem Aufwand auf die 3 Fälle der DIN reduziert werden. Wenn man jeweils die nicht auftretenden Schnittgrößen gleich Null setzt, erhält man die in Tabelle 10.5 zusammengestellten Interaktions-beziehungen. Sie können zum direkten Vergleich mit den Interaktionsbeziehungen von DIN 18800 (vergl. Tabellen 7.7 und 7.8) herangezogen werden. Für die prak-tische Anwendung empfehlen die Verfasser Tabelle 10.4, da damit größere Anwen-dungsbereiche erfasst werden und weniger Fallunterscheidungen vorzunehmen sind.

Tabelle 10.5 N-M_y-V_z-, N-M_z-V_y- und N-M_y-M_z-Interaktionsbeziehungen für I-Querschnitte (Teilschnittgrößenverfahren)

Schnitt-größen	Nachweisbedingungen	Rechenwerte
V_z	$V_z \leq V_{pl,z} = h_s \cdot t_s \cdot f_y / \sqrt{3}$	
N	$N < N_{gr,s}: \quad M_y \leq N_{gr,g} \cdot a_g + M_s$	mit: $N_{gr,s} = t_s \cdot h_s \cdot f_y \cdot \sqrt{1 - \left(V_z / V_{pl,z}\right)^2}$
M_y	$N_{gr,s} \leq N \leq N_{gr} \quad: \quad M_y \leq \left(N_{gr} - N\right) \cdot a_g / 2$	$N_{gr,g} = t_g \cdot b \cdot f_y$
V_y	$V_y \leq V_{pl,y} = 2 \cdot b \cdot t_g \cdot f_y / \sqrt{3}$	
M_z	$M_z \leq M_{pl,z,\tau} = M_{pl,z} \cdot \sqrt{1 - \left(V_y / V_{pl,y}\right)^2}$	mit: $M_{pl,z} = f_y \cdot t_g \cdot b^2 / 2$
N	$N \leq 2 \cdot t_g \cdot b \cdot f_y \cdot \sqrt{1 - \left(V_y / V_{pl,y}\right)^2} \cdot \sqrt{1 - M_z / M_{pl,z,\tau}} + t_s \cdot h_s \cdot f_y$	
M_z	$M_z \leq M_{pl,z}$	
N	$N < N_{gr,s}: \quad M_y \leq N_{gr,g} \cdot a_g + M_s$	mit: $N_{gr,s} = t_s \cdot h_s \cdot f_y$
M_y	$N_{gr,s} \leq N \leq N_{gr} \quad: \quad M_y \leq \left(N_{gr} - N\right) \cdot a_g / 2$	$N_{gr,g} = t_g \cdot b \cdot f_y \cdot \sqrt{1 - M_z / M_{pl,z}}$
Alle Schnittgrößen **betragsmäßig** einsetzen!		$N_{gr} = 2 \cdot N_{gr,g} + N_{gr,s}$ $M_s = \left(1 - \left(N / N_{gr,s}\right)^2\right) \cdot N_{gr,s} \cdot h_s / 4$

Gemeinsame Wirkung von N, M_y und V_z

Sowohl bei der Formulierung mit dem TSV in Tabelle 10.5 als auch bei den Bedin-gungen von DIN 18800 sind jeweils 3 Nachweise zu führen, da dort auch die Unter-suchung der Gültigkeitsbereiche entsprechende Nachweise für N und V_z enthalten.

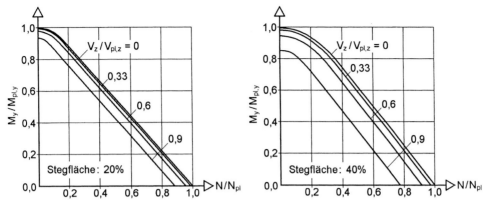

Bild 10.16   N-M_y-V_z-Interaktionsbeziehungen (TSV)

Darüber hinaus fällt auf, dass in DIN 18800 stets die vollplastischen Schnittgrößen als Bezugswerte verwendet werden. Beim TSV in Tabelle 10.5 geht dagegen nur $V_{pl,z}$ ein. Man könnte natürlich auch die Bezugswerte N_{pl} und $M_{pl,y}$ verwenden. Dies würde jedoch die Nachweisbedingungen unnötig verlängern.

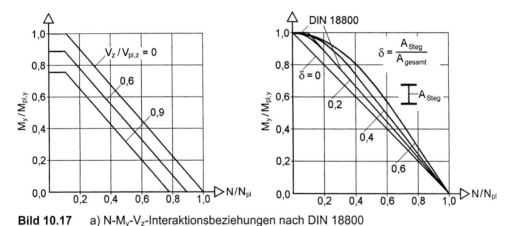

Bild 10.17   a) N-M_y-V_z-Interaktionsbeziehungen nach DIN 18800

b) N-M_y-Interaktionsbeziehungen für verschiedene Stegflächenanteile und Vergleich mit DIN 18800

Bild 10.16 zeigt die N-M_y-V_z-Interaktionsbeziehungen (TSV) für 2 verschiedene Stegflächenanteile (20% und 40%) in Abhängigkeit von $V_z/V_{pl,z}$. Im Vergleich dazu finden sich in Bild 10.17a die entsprechenden Beziehungen gemäß DIN 18800. Man erkennt, dass in DIN 18800 die genauen Interaktionskurven durch Geraden angenähert werden. Darüber hinaus sind die Beziehungen der DIN 18800 vom Verhältnis der Stegfläche zur Gesamtfläche, siehe auch Gl. (10.4),

$$\delta = A_{steg}/A_{gesamt}$$

unabhängig und müssen daher die gesamte mögliche Anwendungsbreite abdecken.

Bei den Walzprofilen liegen die Stegflächenanteile etwa zwischen 20% und 45% (Beispiele: HEB 300 20,7%; IPE 600 44,7%). Für diesen Bereich gelten die Beziehungen von DIN 18800, so dass beim Nachweis von geschweißten I-Querschnitten dieser Parameterbereich eingehalten werden sollte. Bild 10.17b zeigt den Vergleich für den Fall $V_z = 0$. Die Beziehungen von DIN 18800 entsprechen in weiten Bereichen dem Fall $\delta = 0{,}2$ (20% Stegflächenanteil), decken also den minimalen Stegflächenanteil der Walzprofile ab. Zwischen $N/N_{pl} = 0$ und 0,2 liegt diese Interaktion etwas auf der unsicheren Seite. Für $V_z \neq 0$, treten, wie die Bilder 10.16 und 10.17 zeigen, teilweise deutliche Unterschiede auf der sicheren Seite auf. Für große Verhältnisse von $V_z/V_{pl,z}$ erfassen die Beziehungen von DIN 18800 Querschnitte mit großen Stegflächenanteilen ($\delta \cong 45\%$) besser als mit kleinen ($\delta \cong 20\%$).

Für $V_z = V_{pl,z}$ ist der Steg voll durchplastiziert. Die beiden Gurte stehen dann noch zur Aufnahme von Normalkräften und Biegemomenten zur Verfügung.

Gemeinsame Wirkung von N, M_z und V_y

Die Erläuterungen zur N-M_y-V_z-Interaktion gelten prinzipiell auch für die N-M_z-V_y-Interaktion. Der Einfluss des Parameters „Stegflächenanteil δ" führt bereichsweise zu beträchtlichen Unterschieden (Bild 10.18). Die Näherungen der DIN 18800 (Bild 10.19) liegen teilweise deutlich auf der sicheren Seite, zum Teil jedoch auch etwas auf der unsicheren Seite. Die Nachweise mit dem TSV nach Tabelle 10.5 sind so einfach, dass man ihnen nicht nur aufgrund der höheren Genauigkeit den Vorzug geben sollte.

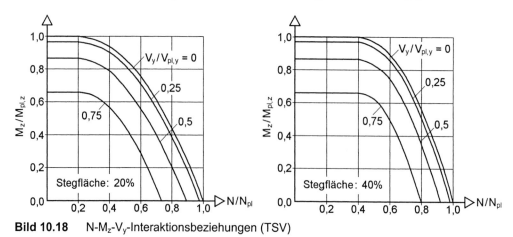

Bild 10.18   N-M_z-V_y-Interaktionsbeziehungen (TSV)

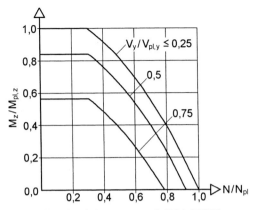

Bild 10.19   N-M_z-V_y-Interaktionsbeziehungen nach DIN 18800

Gemeinsame Wirkung von N, M_y und M_z

Die Auswertung der Nachweisbedingungen für die N-M_y-M_z-Interaktion gemäß Tabelle 10.4 (oder Tabelle 10.5) findet sich für ausgewählte Fälle in Bild 10.20. Als Kurvenparameter wurden $M_z/M_{pl,z}$ und Querschnitte mit Stegflächenanteilen von 20% und 40% gewählt. Die Kurven ähneln der N-M_y-V_z-Interaktion. Der Einfluss von M_z ist jedoch größer als der von V_z.

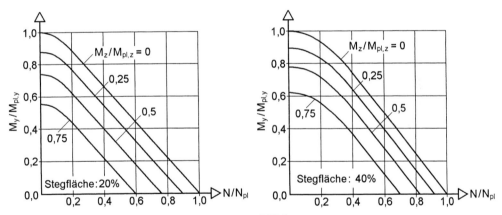

Bild 10.20   N-M_y-M_z-Interaktionsbeziehungen (TSV)

Die N-M_y-M_z-Interaktion nach DIN 18800 wird aus verschiedenen Gründen nicht wiedergegeben. Im Vergleich zu den Nachweisbedingungen in Tabelle 10.5 ist sie außerordentlich kompliziert und man benötigt für eine sichere Anwendung die ergänzenden Klarstellungen in den Erläuterungen zu DIN 18800 [19]. Darüber hinaus enthält sie für den Anwender nicht erkennbar ein Wölbbimoment M_ω, so dass es sich in Wirklichkeit nicht um eine N-M_y-M_z-Interaktion handelt.
Der Sachverhalt wird mit dem Beispiel in Tabelle 10.6 und Bild 10.21 verdeutlicht. Dabei wird zuerst der Fall „TSV und $M_\omega = 0$" betrachtet, bei dem die erreichte Grenztragfähigkeit mit 100% bezeichnet wird.

Wenn in einem baustatischen System die Schnittgrößen N, M_y und M_z auftreten, ergeben sich daraus Verformungen u, v und w. Die Verdrehung ϑ (Torsion) ist gleich Null. Daraus ist unmittelbar anschaulich klar, dass bei einem doppeltsymmetrischen I-Querschnitt das Biegemoment M_z je zur Hälfte von Ober- und Untergurt aufgenommen werden muss. Die Gurtmomente sind daher für das Beispiel gleichgroß, $M_o = M_u = M_z/2 = 1310$ kNcm. Der Querschnitt ist jedoch für die gewählte N-M_y-M_z-Schnittgrößenkombination noch nicht durchplastiziert. Bild 10.66b zeigt die zugehörige Spannungsverteilung, die mit der computerorientierten Berechnung in Abschnitt 10.10 (Dehnungsiteration) ermittelt wurde.

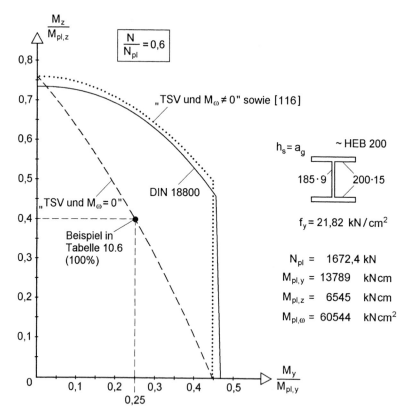

Bild 10.21   Vergleich der N-M_y-M_z-Interaktion an einem Beispiel

Das vollständige Durchplastizieren kann erzwungen werden, wenn man ein Wölbbimoment M_ω in geeigneter Größe hinzufügt. Dies ist in Tabelle 10.6 der Fall „TSV und $M_\omega = -26200$ kNcm²", für den sich eine um 19,6% höhere Tragfähigkeit ergibt. Die Gurtmomente $M_o = 2983$ kNcm und $M_u = 150$ kNcm sind nun aber stark unterschiedlich, so dass im baustatischen System Torsionsverdrehungen ϑ auftreten. Darüber hinaus führt das Wölbbimoment auch zu Torsionsmomenten M_{xp} und M_{xs} ungleich Null, deren Schubspannungen die Tragfähigkeit abmindern können.

Tabelle 10.6 Beispiel zur N-M_y-M_z-Interaktion mit $M_\omega = 0$ und $M_\omega \neq 0$

Fall	TSV und $M_\omega = 0$	TSV und $M_\omega = -26\,200$ kNcm²
N =	1000 kN	1196 kN
M_y =	3450 kNcm	4126 kNcm
M_z =	2620 kNcm	3133 kNcm
M_ω =	0 kNcm²	-26 200 kNcm²
Vergleich	**100 %**	**119,6 %**
Querschnitt: siehe Bild 10.21		
Bemerkungen	Obergurt elastisch Verdrehung $\vartheta = 0$ Torsionsmomente $M_{xp} = M_{xs} = 0$	Querschnitt vollständig durch-plastiziert Verdrehung $\vartheta \neq 0$ Torsionsmomente $M_{xp} = M_{xs} \neq 0$

Das hier untersuchte Beispiel wurde erstmals von den Verfassern in [85] vorgestellt. Aufgrund von Zuschriften, Stellungnahmen und weiteren Veröffentlichungen, die in [85], [115], [114] und [123] verfolgt werden können, lässt sich feststellen, dass hinsichtlich der N-M_y-M_z-Interaktion und $M_\omega = 0$ bzw. $M_\omega \neq 0$ gegensätzliche Auffassungen bestehen. Nicht zuletzt aus diesem Grunde schlagen die Verfasser das *Bochumer* Bemessungskonzept E-P (Abschnitt 4.4) vor und gehen in den Abschnitten 4.7 bis 4.9 ausführlich auf den Zusammenhang zwischen der Grenztragfähigkeit von Querschnitten und baustatischen Systemen ein. Im Hinblick auf die N-M_y-M_z-Interaktion in DIN 18800 ist die Meinung der Verfasser eindeutig: Es ist keine N-M_y-M_z-Interaktion, da Wölbbimomente eingehen, die voraussetzungsgemäß nicht enthalten sein dürfen. Dies bedeutet nicht, dass die oben erwähnten höheren Tragfähigkeiten durch Hinzufügen von M_ω nicht erreicht werden können. Voraussetzung dafür ist jedoch, dass im baustatischen System auftretende Torsion (M_{xp}, M_{xs}, ϑ) erfasst und tragfähigkeitsmindernde Einflüsse berücksichtigt werden.

10.4.6 Gleichzeitige Wirkung aller Schnittgrößen in beliebiger Kombination

Im Vergleich zu Abschnitt 10.4.4 werden nun auch die Torsionsschnittgrößen berücksichtigt. Da insgesamt 8 Schnittgrößen auftreten, ist die Nachweisführung natürlich etwas aufwendiger. Weil in den Abschnitten 10.4.3, 10.4.4 und 9.3.4 bereits grundlegende Herleitungen und Erläuterungen erfolgt sind, kann hier entsprechend abgekürzt werden. Bei der Nachweisführung empfiehlt es sich 2 Teilprobleme zu unterscheiden:

- Aufnahme der τ-Schnittgrößen M_{xp}, V_y, V_z und M_{xs}

- Aufnahme der σ-Schnittgrößen N, M_y, M_z und M_ω

Gegenüber Abschnitt 10.4.4 müssen hier die Schnittgrößen mit ihrem Vorzeichen berücksichtigt werden.

τ-Schnittgrößen: M_{xp}, V_y, V_z und M_{xs}

Die Ermittlung der Teilschnittgrößen aus den Schnittgrößen erfolgt analog zu Abschnitt 10.4.3. Mit den dort angegebenen Gln. (10.15), (10.16) und (10.18) sind die Teilschnittgrößen bekannt. Durch Einsetzen der Teilschnittgrößen in die Beziehung für τ/τ_R gemäß Tabelle 9.3, Zeile 1 kann für alle 3 rechteckigen Teilquerschnitte (Obergurt, Steg, Untergurt) die Tragfähigkeit überprüft werden. Alle notwendigen Größen sind in Tabelle 10.7 zusammengestellt.

Tabelle 10.7   Nachweisbedingungen für die τ-Schnittgrößen M_{xp}, V_y, V_z und M_{xs}

Nachweisbedingungen:

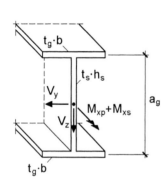

$$\frac{\tau_o}{\tau_R} = \frac{|M_{xp,g}|}{2 \cdot M_{pl,xp,g}} + \sqrt{\left(\frac{M_{xp,g}}{2 \cdot M_{pl,xp,g}}\right)^2 + \left(\frac{V_o}{V_{pl,g}}\right)^2} \le 1$$

$$\frac{\tau_s}{\tau_R} = \frac{|M_{xp,s}|}{2 \cdot M_{pl,xp,s}} + \sqrt{\left(\frac{M_{xp,s}}{2 \cdot M_{pl,xp,s}}\right)^2 + \left(\frac{V_s}{V_{pl,s}}\right)^2} \le 1$$

$$\frac{\tau_u}{\tau_R} = \frac{|M_{xp,g}|}{2 \cdot M_{pl,xp,g}} + \sqrt{\left(\frac{M_{xp,g}}{2 \cdot M_{pl,xp,g}}\right)^2 + \left(\frac{V_u}{V_{pl,g}}\right)^2} \le 1$$

mit: $\quad V_o = V_y/2 + M_{xs}/a_g \qquad V_u = V_y/2 - M_{xs}/a_g$

$\qquad\quad M_{xp,g} = M_{xp} \cdot I_{T,g}/I_T \qquad M_{xp,s} = M_{xp} \cdot I_{T,s}/I_T$

Rechenwerte:

$V_{pl,g} = \tau_R \cdot b \cdot t_g \qquad M_{pl,xp,g} = \tau_R \cdot t_g^2 \cdot (2 \cdot b - t_g)/4 \qquad I_{T,g} = b \cdot t_g^3/3 \qquad \tau_R = f_y/\sqrt{3}$

$V_{pl,s} = \tau_R \cdot h_s \cdot t_s \qquad M_{pl,xp,s} = \tau_R \cdot t_s^2 \cdot (2 \cdot h_s - t_s)/4 \qquad I_{T,s} = h_s \cdot t_s^3/3 \qquad I_T = 2 \cdot I_{T,g} + I_{T,s}$

Für den Fall $V_y = V_z = M_{xs} = 0$ ergibt sich mit Tabelle 10.7 eine vollplastische Schnittgröße $M_{pl,xp}$, die etwas unterhalb des Wertes nach Tabelle 10.2 (Walmdach-Modell) liegt. Dies ergibt sich zum einen (kleineren Teil) aus dem in Abschnitt 9.3.3 verwendeten Hohlkasten-Modell und zum anderen (größeren Teil) aus der Verteilung von M_{xp} auf die 3 Einzelteile im Verhältnis der *St. Venantschen* Torsionsträgheitsmomente, siehe Gln. (10.18a-d). Wenn wie üblich $t_g > t_s$ ist, plastizieren die Gurte vollständig durch und der Steg bleibt elastisch.

σ-Schnittgrößen: N, M_y, M_z und M_ω

Es wird nun vorausgesetzt, dass die Wirkung der Schnittgrößen M_{xp}, V_y, V_z und M_{xs} mit Hilfe von Tabelle 10.7 untersucht worden ist und die Schubspannungen τ/τ_R in den 3 Teilquerschnitten bekannt sind. Dann können, wie in Abschnitt 10.4.4 (Bild 10.15), reduzierte Streckgrenzen in Obergurt, Steg und Untergurt ermittelt werden:

$$\text{red } f_{y,i} = f_y \cdot \sqrt{1 - \left(\tau_i / \tau_R\right)^2} \tag{10.26a}$$

$$\text{mit:} \quad \tau_R = f_y / \sqrt{3} \quad \text{und} \quad i = o, s, u \tag{10.26b}$$

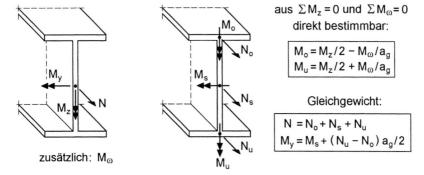

aus $\Sigma M_z = 0$ und $\Sigma M_\omega = 0$ direkt bestimmbar:

$$M_o = M_z / 2 - M_\omega / a_g$$
$$M_u = M_z / 2 + M_\omega / a_g$$

Gleichgewicht:

$$N = N_o + N_s + N_u$$
$$M_y = M_s + (N_u - N_o) \, a_g / 2$$

Bild 10.22   Teilschnittgrößen infolge N, M_y, M_z und M_ω

Die reduzierten Streckgrenzen werden bei der Aufnahme von N, M_y, M_z und M_ω berücksichtigt. Bild 10.22 zeigt die auftretenden Teilschnittgrößen (M_o, N_o, M_s, N_s, M_u, N_u). Mit M_o und M_u nach Bild 10.22, siehe auch Gl. (10.17), können unmittelbar die beiden Nachweise

$$\left| M_o \right| \le M_{pl,o,\tau} = \text{red } f_{y,o} \cdot t_g \cdot b^2 / 4 \tag{10.27a}$$

und

$$\left| M_u \right| \le M_{pl,u,\tau} = \text{red } f_{y,u} \cdot t_g \cdot b^2 / 4 \tag{10.27b}$$

geführt werden. Sofern die Bedingungen eingehalten sind, kann die Resttragfähigkeit der Gurte, genauer gesagt die von ihnen maximal noch aufnehmbaren Grenznormalkräfte $N_{gr,i}$ berechnet werden. Dafür setzt man $N_{gr,i}$ in die N-M-Interaktion im Grenzzustand (= 1 anstatt ≤ 1) des Rechteckquerschnitts ein und löst diese nach der Grenznormalkraft auf.

$$\left(\frac{N_{gr,i}}{N_{pl,i,\tau}}\right)^2 + \frac{|M_i|}{M_{pl,i,\tau}} = 1 \qquad \text{für: } i = o, u \tag{10.28a}$$

$$\Rightarrow \quad N_{gr,i} = N_{pl,i,\tau} \cdot \sqrt{1 - |M_i| / M_{pl,i,\tau}} \tag{10.28b}$$

$$\text{mit:} \quad N_{pl,i,\tau} = \text{red } f_{y,i} \cdot b \cdot t_g \tag{10.28c}$$

$$M_{pl,i,\tau} = N_{pl,i,\tau} \cdot b/4 \tag{10.28d}$$

Durch die unterschiedlich großen Grenznormalkräfte in den Gurten verbleibt ein einfachsymmetrischer I-förmiger Restquerschnitt, der die Schnittgrößen N und M_y aufnehmen muss (alle anderen Gleichgewichtsbedingungen sind bereits erfüllt). Die fehlende Symmetrieeigenschaft macht es erforderlich, die Vorzeichen von N und M_y zu berücksichtigen. Dies gilt im Übrigen auch für die anderen Schnittgrößen, da es von ihren Vorzeichen abhängt, ob der Ober- oder Untergurt stärker beansprucht wird.

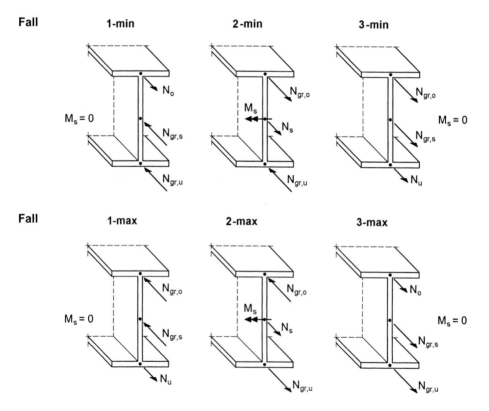

Bild 10.23   Ansatz der Grenznormalkräfte zur Ermittlung von min M_y und max M_y

Zur Bestimmung der 4 unbekannten Teilschnittgrößen N_o, N_u, N_s und M_s stehen zwei Gleichgewichtsbedingungen ($\Sigma N = 0$, $\Sigma M_y = 0$) gemäß Bild 10.22 zur Verfügung,

siehe Gln. (10.14a, b). Als Nebenbedingungen sind die Grenztragfähigkeiten der Teilquerschnitte zu überprüfen. Die Gurtnormalkräfte N_o bzw. N_u dürfen $N_{gr,o}$ bzw. $N_{gr,u}$
nicht überschreiten und für den Steg sind N_s und M_s durch die N-M-Interaktion im
Grenzzustand ($= 1$ anstatt ≤ 1) miteinander verknüpft.

$$\left(\frac{N_s}{N_{pl,s,\tau}}\right)^2 + \frac{|M_s|}{M_{pl,s,\tau}} = 1 \tag{10.29a}$$

$$\text{mit: } N_{pl,s,\tau} = \text{red } f_{y,s} \cdot h_s \cdot t_s \tag{10.29b}$$

$$M_{pl,s,\tau} = N_{pl,s,\tau} \cdot h_s/4 \tag{10.29c}$$

$$\text{für: } M_s = 0 \implies N_{gr,s} = N_{pl,s,\tau} \tag{10.29d}$$

Die beiden fehlenden Gleichungen werden dadurch ersetzt, dass man 2 der 4 Teilschnittgrößen unter Einhaltung der Nebenbedingungen wählt und die Übrigen mit den
Gleichgewichtsbedingungen ($\Sigma N = 0$, $\Sigma M_y = 0$) berechnet. Die sich hieraus ergebenden 6 Fälle sind in Bild 10.23 dargestellt. Die Wahl der Teilschnittgrößen erfolgt
so, dass sich unter Berücksichtigung der Normalkraft minimale und maximale Biegemomente M_y ergeben.

Das Konzept, das diesem Vorgehen zugrunde liegt, sieht vor, dass man im Grenzzustand der Tragfähigkeit für eine bestimmte vorgegebene Normalkraft ein minimales
und maximales Biegemoment M_y berechnet. Liegt das nachzuweisende Biegemoment
zwischen diesen Grenzen, kann der Querschnitt die Schnittgrößen aufnehmen.

$$\min M_y \leq M_y \leq \max M_y \tag{10.30}$$

Von den in Bild 10.23 gezeigten 3 Fällen für min M_y und max M_y wird jeweils in
Abhängigkeit von der Normalkraft nur je ein Fall maßgebend. Die Gültigkeitsbereiche
und Bestimmungsgleichungen für min M_y und max M_y sind Tabelle 10.8 zu entnehmen.

Die beschriebene Vorgehensweise soll am Beispiel des Falls 3-max erläutert werden.
Zur Erzielung eines maximalen Biegemomentes sind im unteren Querschnittsbereich
positive Teilschnittgrößen anzunehmen. Da 2 der 4 Teilschnittgrößen gewählt werden
müssen, setzt man im Untergurt und Steg die positiven Grenznormalkräfte $+N_{gr,u}$ und
$+N_{gr,s}$ an. Wegen der Grenztragfähigkeit des Steges (N-M-Interaktion) kann dort kein
zusätzliches Biegemoment mehr aufgenommen werden ($M_s = 0$). Über die Gleichgewichtsbedingung $\Sigma N = 0$ ergibt sich die Gurtnormalkraft N_o im Obergurt, die
$N_{gr,o}$ betragsmäßig nicht überschreiten darf (Grenztragfähigkeit des Gurtes). Damit
sind alle 4 Teilschnittgrößen bekannt. Einsetzen in die Gleichgewichtsbeziehung
$\Sigma M_y = 0$ nach Gl. (10.14b) ergibt das zugehörige maximale Biegemoment max M_y.
Die obere und untere Grenze des Gültigkeitsbereiches bestimmen sich wie folgt:

Die Normalkraft im Obergurt N_o ist gemäß Bild 10.23 unten rechts der variable
Parameter. Sie muss die Grenzbedingung $-N_{gr,o} \leq N_o < +N_{gr,o}$ einhalten. Mit
$N_o = N - N_s - N_u = N - N_{gr,s} - N_{gr,u}$ folgt nach kurzer Umformulierung die Bedingung für die Normalkraft wie in Tabelle 10.8: $N_{gr} - 2 \cdot N_{gr,o} \leq N \leq N_{gr}$.

Tabelle 10.8   Ermittlung von min M_y und max M_y für unterschiedliche Normalkräfte

Fall	Normalkraft N	min M_y =
1-min	$-N_{gr} \leq N < -N_{gr} + 2 \cdot N_{gr,o}$	$-(2 \cdot N_{gr,u} + N_{gr,s} + N) \cdot a_g / 2$
2-min	$-N_{gr} + 2 \cdot N_{gr,o} \leq N < N_{gr} - 2 \cdot N_{gr,u}$	$-(N_{gr,o} + N_{gr,u}) \cdot a_g / 2 - (N_{gr,s}^2 - N_s^2) \cdot h_s / (4 \cdot N_{gr,s})$ mit: $N_s = N - N_{gr,o} + N_{gr,u}$
3-min	$N_{gr} - 2 \cdot N_{gr,u} \leq N \leq N_{gr}$	$-(2 \cdot N_{gr,o} + N_{gr,s} - N) \cdot a_g / 2$

Fall	Normalkraft N	max M_y =
1-max	$-N_{gr} \leq N < -N_{gr} + 2 \cdot N_{gr,u}$	$(2 \cdot N_{gr,o} + N_{gr,s} + N) \cdot a_g / 2$
2-max	$-N_{gr} + 2 \cdot N_{gr,u} \leq N < N_{gr} - 2 \cdot N_{gr,o}$	$(N_{gr,o} + N_{gr,u}) \cdot a_g / 2 + (N_{gr,s}^2 - N_s^2) \cdot h_s / (4 \cdot N_{gr,s})$ mit: $N_s = N + N_{gr,o} - N_{gr,u}$
3-max	$N_{gr} - 2 \cdot N_{gr,o} \leq N \leq N_{gr}$	$(2 \cdot N_{gr,u} + N_{gr,s} - N) \cdot a_g / 2$

Vorzeichen beachten!

Rechenwerte: M_o und $M_{pl,o,\tau}$ bzw. M_u und $M_{pl,u,\tau}$ siehe Tabelle 10.9

$$N_{gr,o} = t_g \cdot b \cdot f_y \cdot \sqrt{1 - (\tau_o / \tau_R)^2} \cdot \sqrt{1 - |M_o| / M_{pl,o,\tau}} \qquad N_{gr,s} = t_s \cdot h_s \cdot f_y \cdot \sqrt{1 - (\tau_s / \tau_R)^2}$$

$$N_{gr,u} = t_g \cdot b \cdot f_y \cdot \sqrt{1 - (\tau_u / \tau_R)^2} \cdot \sqrt{1 - |M_u| / M_{pl,u,\tau}}$$

τ_o / τ_R, τ_s / τ_R und τ_u / τ_R siehe Tabelle 10.7 $N_{gr} = N_{gr,o} + N_{gr,s} + N_{gr,u}$

Ergänzend sei darauf hingewiesen, dass die Fälle zur Bestimung von min M_y und max M_y unabhängig voneinander zu untersuchen sind. D.h., wenn für max M_y der Fall 2-max maßgebend wird, kann es durchaus sein, dass für min M_y der Fall 3-min maßgebend wird.

Im Gegensatz zu den Nachweisbedingungen gemäß Tabelle 10.4 ist es mit den Tabellen 10.7 bis 10.9 auch möglich, **unterschiedliche Streckgrenzen in den Teilquerschnitten** zu berücksichtigen, wie dies z.B. bei dem Querschnitt in Bild 10.7 der Fall ist.

In Tabelle 10.9 sind alle Nachweisbedingungen für die Aufnahme der σ-Schnittgrößen N, M_y, M_z und M_ω zusammengestellt. Zur Vereinfachung der Berechnungen steht das RUBSTAHL-Programm QST-TSV-2-3 zur Verfügung. Das Programm ermöglicht die Berücksichtigung aller 8 Schnittgrößen.

Tabelle 10.9   Nachweisbedingungen für die σ-Schnittgrößen N, M_y, M_z und M_ω

Nachweisbedingungen:

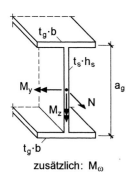

zusätzlich: M_ω

$$|M_o| \le M_{pl,o,\tau} = t_g \cdot b^2/4 \cdot f_y \cdot \sqrt{1-(\tau_o/\tau_R)^2}$$

$$\text{mit: } M_o = M_z/2 - M_\omega/a_g$$

$$|M_u| \le M_{pl,u,\tau} = t_g \cdot b^2/4 \cdot f_y \cdot \sqrt{1-(\tau_u/\tau_R)^2}$$

$$\text{mit: } M_u = M_z/2 + M_\omega/a_g$$

$$\min M_y \le M_y \le \max M_y$$

mit: min M_y und max M_y in Abhängigkeit von N
gemäß Tabelle 10.8

τ_o/τ_R und τ_u/τ_R siehe Tabelle 10.7

Vorzeichen der Schnittgrößen beachten!

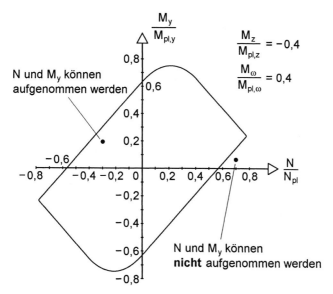

Bild 10.24   Interaktionskurve zur Erläuterung von min $M_y \le M_y \le$ max M_y

Ein Nachweis in der Form min $M_y \le M_y \le$ max M_y ist im Zusammenhang mit Interaktionsbeziehungen ungewohnt. Bei den üblichen Interaktionsbeziehungen reichen
Nachweise in der Form f (N, M_y, V_z, ...) ≤ 1 aus, wobei in der Regel die Schnittgrößen
mit ihren Beträgen (also positiv) eingesetzt werden. Im vorliegenden Fall können sich
jedoch „unsymmetrische" Interaktionsbeziehungen ergeben. In Bild 10.24 ist ein
exemplarischer Fall skizziert. Dargestellt ist die Grenzkurve für die N-M_y-Interaktion,
wenn M_z und M_ω ungleich Null sind.

Die Interaktionskurve ist nicht achsensymmetrisch, sondern punktsymmetrisch. Das aufnehmbare M_y hängt von der vorhandenen Normalkraft N ab. Da eine vorgegebene N-M_y-Schnittgrößenkombination nur aufgenommen werden kann, wenn der Bemessungspunkt auf der Interaktionskurve oder innerhalb der umschlossenen Fläche liegt, ist der Doppelnachweis mit der Bedingung min $M_y \leq M_y \leq$ max M_y erforderlich. Außerdem müssen die Vorzeichen der Schnittgrößen berücksichtigt werden.

10.5 Kreisförmige Hohlprofile

10.5.1 Allgemeines

Kreisförmige Hohlprofile stellen aufgrund ihrer Geometrie eine Besonderheit unter den Standard-Querschnitten dar. Der Querschnitt ist punktsymmetrisch und hat unendlich viele Symmetrieachsen. Das y-z-Hauptachsensystem kann daher im Schwerpunkt S, der im Übrigen mit dem Schubmittelpunkt M übereinstimmt, in beliebiger Lage angeordnet werden. Dies hat den Vorteil, dass die Beanspruchungen infolge von Biegemomenten und Querkräften mit ihren Resultierenden ermittelt werden können. Bild 10.25 zeigt die vektorielle Addition der Biegemomente und Querkräfte.

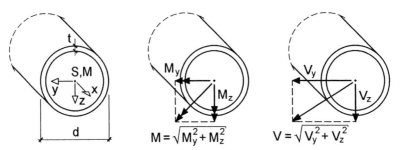

$$M = \sqrt{M_y^2 + M_z^2} \qquad V = \sqrt{V_y^2 + V_z^2}$$

Bild 10.25   Biegemomente M und Querkräfte V als Resultierende ihrer Komponente

Da die kreisförmigen ebenso wie die quadratischen Hohlprofile mit konstanter Blechdicke wölbfrei sind, ist das Wölbflächenmoment 2. Grades $I_\omega = 0$. Für das Wölbbimoment und das sekundäre Torsionsmoment gilt daher ebenfalls $M_\omega = M_{xs} = 0$ und das primäre Torsionsmoment ist gleich dem gesamten Torsionsmoment ($M_{xp} = M_x$). Somit wirken nur 4 Schnittgrößen N, M, V und M_x auf den Querschnitt. Für diese Schnittgrößen wird in den nachfolgenden Abschnitten die Grenztragfähigkeit unter Annahme von Spannungsverteilungen hergeleitet. Es ergeben sich sehr einfache Interaktionsbedingungen.

10.5.2 Querkraft und Torsionsmoment

Bild 10.26 zeigt die angenommenen Schubspannungsverläufe im Grenzzustand der Tragfähigkeit infolge der alleinigen Wirkung von M_x bzw. V. Die Schubspannungen werden wegen der vorausgesetzten Dünnwandigkeit (d/t > 10) des Querschnitts über die Blechdicke t als konstant angenommen. Für das Torsionsmoment M_x wird im Grenzzustand eine umlaufend konstante Schubspannung angenommen, die sich auch nach der Elastizitätstheorie einstellt. Die Schubspannungen infolge Querkraft V werden im Grenzzustand ebenfalls konstant, jedoch beiderseits der Schnittkraft-Wirkungslinie **in** Richtung von V angesetzt. Dies erfolgt in Analogie zum doppelt-symmetrischen I-Querschnitt, bei dem die Querkraft V_z gleichmäßig auf den Steg und V_y gleichmäßig auf beide Gurte verteilt wird, siehe auch Bild 10.15 oben.

$$M_x = \int_A r \cdot dT = 2 \cdot \pi \cdot \tau_M \cdot r^2 \cdot t \qquad (10.31a)$$

$$V = \int_A dV = 4 \cdot \tau_V \cdot r \cdot t \qquad (10.31b)$$

mit: $\quad r = (d - t) / 2 \qquad (10.31c)$

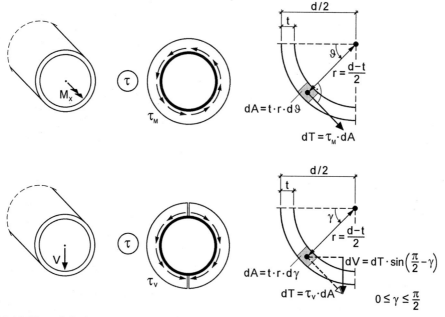

Bild 10.26 Schubspannungsverteilung infolge alleiniger Wirkung von Torsionsmoment und Querkraft

Das Torsionsmoment M_x ergibt sich aus der Integration der tangential verlaufenden Schubspannungen multipliziert mit dem konstanten Hebelarm r (Abstand des Schubmittelpunktes zur Profilmittellinie). Die Schubspannungen infolge Querkraft heben sich senkrecht zur Schnittkraft-Wirkungslinie auf (in Bild 10.26 in horizontaler Richtung). Wegen des achsensymmetrischen Verlaufs entsteht kein Torsionsmoment. Bei der Integration der Schubspannungen ist jedoch zu beachten, dass die tangential verlaufenden Schubspannungen in Abhängigkeit des betrachteten Winkels γ nur eine bestimmte Komponente dV in Richtung der Querkraft aufweisen, siehe Bild 10.26 rechts.

Zur Erfassung der alleinigen oder gleichzeitigen Wirkung von M_x und V addiert man die beiden Schubspannungsanteile und vergleicht diesen Wert mit der Grenzschubspannung τ_R.

$$\tau = \tau_M + \tau_V \leq \tau_R \tag{10.32a}$$

$$\text{mit: } \tau_M = \frac{2 \cdot |M_x|}{\pi \cdot t \cdot (d-t)^2} \tag{10.32b}$$

$$\tau_V = \frac{|V|}{2 \cdot t \cdot (d-t)} \tag{10.32c}$$

Vollkommen gleichwertig zu den Gln. (10.32a-c) kann man auch die bezogene Schubspannung bzw. Interaktionsbedingung gemäß Gl. (10.33a) anwenden. Diese ergibt sich durch das Einsetzen der Werte und den Bezug auf die Grenzschnittgrößen $M_{pl,x}$ und V_{pl}, die man erhält, wenn man in Gl. (10.31a) bzw. Gl. (10.31b) τ_M bzw. τ_V durch die Grenzschubspannung τ_R ersetzt.

$$\frac{\tau}{\tau_R} = \frac{|M_x|}{M_{pl,x}} + \frac{|V|}{V_{pl}} \leq 1 \tag{10.33a}$$

$$\text{mit: } M_{pl,x} = \tau_R \cdot \pi \cdot t \cdot (d-t)^2 / 2 \tag{10.33b}$$

$$V_{pl} = 2 \cdot \tau_R \cdot t \cdot (d-t) \tag{10.33c}$$

Konstante Schubspannungen über den gesamten Querschnitt

Wie man leicht aus Bild 10.27 erkennen kann, wird der Querschnitt bei kombinierter Beanspruchung infolge M_x und V durch die oben beschriebene Vorgehensweise nicht vollständig ausgenutzt. Im Extremfall führt das dazu, dass rein rechnerisch die eine Hälfte des Querschnitts vollständig bis zur Grenzschubspannung und die andere Hälfte überhaupt nicht beansprucht wird.

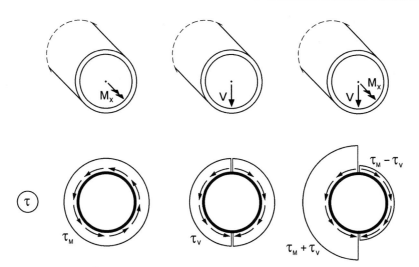

Bild 10.27 Einfache Überlagerung der Schubspannungsanteile

Deshalb wird nachfolgend aus einer über den gesamten Querschnitt betragsmäßig als konstant angenommenen Schubspannung eine Interaktionsbedingung abgeleitet. Dabei wird davon ausgegangen, dass sich die Schubspannungen infolge Querkraft in den Bereichen des Querschnitts einstellen, die die größten Komponenten in V-Richtung aufweisen, siehe Bild 10.26 und Bild 10.28. Mit den Gln. (10.31) erhält man bei Einsatz einer variablen oberen Integrationsgrenze das Torsionsmoment M_x und die Querkraft V in Abhängigkeit der Winkel ϑ und γ.

$$M_x = \tau \cdot t \cdot (d-t)^2 \cdot \vartheta / 2 \qquad \text{für: } 0 \leq \vartheta \leq \pi \tag{10.34a}$$

$$V = 2 \cdot \tau \cdot t \cdot (d-t) \cdot \sin \gamma \qquad \text{für: } 0 \leq \gamma \leq \pi/2 \tag{10.34b}$$

Außerdem erhält man aus der Geometrie die Abhängigkeit zwischen ϑ und γ.

$$2 \cdot \vartheta + 4 \cdot \gamma = 2 \cdot \pi \tag{10.35a}$$

$$\Rightarrow \quad \vartheta = \pi - 2 \cdot \gamma \tag{10.35b}$$

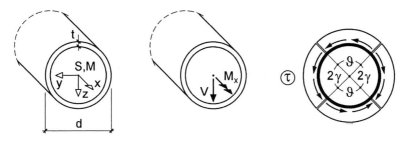

Bild 10.28 Betragsmäßig konstante Schubspannungen im gesamten Querschnitt

Durch Einsetzen von Gl. (10.35b) in Gl. (10.34a) und Bezug auf $M_{pl,x}$ erhält man die bezogene Schubspannung in Abhängigkeit von γ. Analog dazu berechnet sich die bezogene Schubspannung auch aus Gl. (10.34b), wenn man diese auf V_{pl} bezieht.

$$\frac{\tau}{\tau_R} = \frac{|M_x|}{M_{pl,x}} \cdot \frac{\pi}{\pi - 2 \cdot \gamma} \qquad (10.36a)$$

$$\frac{\tau}{\tau_R} = \frac{|V|}{V_{pl}} \cdot \frac{1}{\sin\gamma} \qquad (10.36b)$$

$$\Rightarrow \quad \frac{|V|}{V_{pl}} \cdot \left(1 - \frac{2 \cdot \gamma}{\pi}\right) - \frac{|M_x|}{M_{pl,x}} \cdot \sin\gamma = 0 \quad \text{oder} \quad 2 \cdot \gamma + \pi \cdot k \cdot \sin\gamma - \pi = 0 \qquad (10.36c)$$

$$\text{mit:} \quad k = \frac{|M_x|}{M_{pl,x}} \cdot \frac{V_{pl}}{|V|} \qquad (10.36d)$$

Das Gleichsetzen von Gl. (10.36a) und Gl. (10.36b) ergibt Gl. (10.36c), die jedoch nicht unmittelbar nach γ aufgelöst werden kann. Näherungsweise wird die Sinus-Funktion als Parabel approximiert, so dass eine quadratische Gleichung entsteht, welche sich einfach lösen lässt.

$$\gamma \cong \frac{\pi}{2 \cdot k} \cdot \left(k + \frac{1}{2} - \sqrt{k^2 + \frac{1}{4}}\right) \qquad (10.37a)$$

$$\text{für:} \quad \sin\gamma \cong 4 \cdot \left(\frac{\gamma}{\pi} - \frac{\gamma^2}{\pi^2}\right) \qquad (10.37b)$$

Das Einsetzen der Näherung für γ führt mit den Gln. (10.36a) oder (10.36b) zu einer Beziehung für τ/τ_R, die jedoch nur gilt, wenn M_x ungleich Null ist. Für $M_x = 0$ ist Gl. (10.38b) anzuwenden.

$$\frac{\tau}{\tau_R} = \frac{2 \cdot m_x^2}{\sqrt{4 \cdot m_x^2 + v^2} - v} \leq 1 \qquad \text{für:} \quad M_x \neq 0 \qquad (10.38a)$$

$$\text{mit:} \quad m_x = \frac{|M_x|}{M_{pl,x}} \quad \text{und} \quad v = \frac{|V|}{V_{pl}}$$

$$\frac{\tau}{\tau_R} = \frac{|V|}{V_{pl}} \leq 1 \qquad \text{für:} \quad M_x = 0 \qquad (10.38b)$$

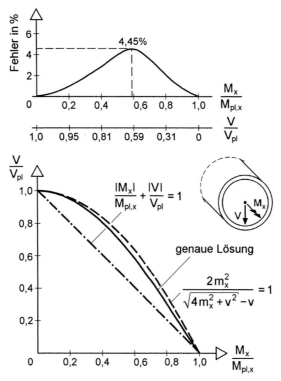

Bild 10.29 M_x-V-Interaktion (genaue Lösung und Näherungen)

Bild 10.29 zeigt deutlich die höhere Tragfähigkeit bei betragsmäßig konstanten Schubspannungen im gesamten Querschnitt gegenüber der linearen Überlagerung gemäß Gl. (10.33a). Dabei ergibt sich im günstigsten Fall eine bis zu 25% höhere Tragfähigkeit. Infolge der Annäherung der Sinus-Funktion durch eine Parabel liegt die Näherung nach Gl. (10.38a) etwas auf der unsicheren Seite. Die Unterschiede können Bild 10.29 oben entnommen werden. Bei Bedarf kann eine nachträgliche Abminderung der aufnehmbaren Schnittgrößen vorgenommen werden, die jedoch nur bei großen Verhältnissen τ/τ_R von Bedeutung ist.

10.5.3 Biegemoment und Normalkraft

Ähnlich wie beim doppeltsymmetrischen I-Querschnitt geht man davon aus, dass das Biegemoment von den Querschnittsbereichen aufgenommen wird, die den größten Abstand senkrecht zur Biegeachse und zum Schwerpunkt S aufweisen. Die anderen Querschnittsbereiche nehmen die σ_x-Spannungen infolge der Normalkraft auf, die sich in Symmetrie zur Biegeachse in Abhängigkeit des Winkels β beschreiben lassen, siehe Bild 10.30 rechts. Im Übrigen sei auf die Analogie zur Schubspannungsverteilung bei Annahme einer betragsmäßig konstanten Verteilung hingewiesen, vergleiche Bild 10.28 rechts.

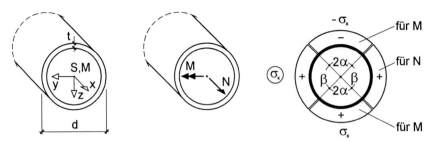

Bild 10.30   Betragsmäßig konstante Normalspannungen infolge N und M

$$N = \int_A \sigma_x \cdot dA = 2 \cdot \sigma_x \cdot t \cdot r \cdot \beta \qquad \text{für: } 0 \leq \beta \leq \pi \qquad (10.39a)$$

$$M = \int_A \sigma_x \cdot r \cdot \cos \alpha \cdot dA = 4 \cdot \sigma_x \cdot t \cdot r^2 \cdot \sin \alpha \qquad \text{für: } 0 \leq \alpha \leq \pi/2 \qquad (10.39b)$$

$$\text{mit:} \quad r = \frac{d - t}{2} \qquad (10.39c)$$

Durch Einsetzen der oberen Grenzen für α und β in die Gln. (10.39), d.h. von $\alpha = \pi / 2$ und $\beta = \pi$, sowie von $\sigma_x = f_y$ erhält man die Grenzschnittgrößen N_{pl} und M_{pl}. Sind zusätzlich τ-Schnittgrößen vom Querschnitt aufzunehmen, wird $\sigma_x = \text{red } f_y$ gemäß Gl. (10.40c) eingesetzt, d.h. es erfolgt eine Abminderung der Streckgrenze mit Hilfe der Vergleichsspannung. Die Abminderung infolge der Schubspannung wird dann durch den Index „τ" gekennzeichnet ($N_{pl,\tau}$ und $M_{pl,\tau}$).

$$N_{pl,\tau} = \text{red } f_y \cdot \pi \cdot t \cdot (d - t) \qquad (10.40a)$$

$$M_{pl,\tau} = \text{red } f_y \cdot t \cdot (d - t)^2 \qquad (10.40b)$$

$$\text{mit:} \quad \text{red } f_y = f_y \cdot \sqrt{1 - (\tau / \tau_R)^2} \qquad (10.40c)$$

Zur Erfassung der kombinierten Wirkung von Biegemoment und Normalkraft im Grenzzustand ($\sigma_x = f_y$ bzw. $\sigma_x = \text{red } f_y$) benutzt man die geometrische Abhängigkeit von α und β zur Verknüpfung der Gln. (10.39a) und (10.39b). Wie man aus Bild 10.30 rechts erkennt, gilt:

$$4 \cdot \alpha + 2 \cdot \beta = 2 \cdot \pi \qquad (10.41a)$$

$$\Rightarrow \quad \beta = \pi - 2 \cdot \alpha \qquad (10.41b)$$

Setzt man Gl. (10.41b) in Gl. (10.39a) ein und dividiert durch die Grenzschnittgröße N_{pl}, so erhält man die bezogene Normalkraft in Abhängigkeit von α, siehe Gl. (10.42a). Wegen der Symmetrie von Querschnitt und Beanspruchung ist es ausreichend, die Schnittgrößen nur betragsmäßig zu erfassen.

$$\frac{|N|}{N_{pl}} + \frac{2 \cdot \alpha}{\pi} = 1 \qquad (10.42a)$$

Dividiert man das Biegemoment nach Gl. (10.39b) durch die Grenzschnittgröße M_{pl} und löst ebenfalls nach α auf, ergibt sich:

$$\alpha = \arcsin \frac{|M|}{M_{pl}} \qquad (10.42b)$$

Abschließend wird Gl. (10.42b) in Gl. (10.42a) eingesetzt. Das Gleichheitszeichen beschreibt dabei den Grenzzustand der Querschnittstragfähigkeit, d.h. alle Schnittgrößenkombinationen, die über den gesamten Querschnitt zur Streckgrenze f_y führen. Eine ausreichende Tragfähigkeit ist aber auch dann nachgewiesen, wenn nicht überall die Streckgrenze erreicht wird, weshalb folgende Ungleichung als einzuhaltende Interaktionsbedingung formuliert werden kann.

$$\frac{|N|}{N_{pl}} + \frac{2}{\pi} \cdot \arcsin \left(\frac{|M|}{M_{pl}} \right) \leq 1 \qquad (10.43)$$

10.5.4 Gemeinsame Wirkung aller Schnittgrößen

Mit den Ergebnissen der Abschnitte 10.5.2 und 10.5.3 können die Nachweisbedingungen bei gemeinsamer Wirkung aller Schnittgrößen formuliert werden. Tabelle 10.10 enthält die entsprechende Zusammenstellung mit allen erforderlichen Angaben.

Tabelle 10.10 Nachweis ausreichender Tragfähigkeit für die Schnittgrößen N, M, V und M_x bei kreisförmigen Hohlprofilen

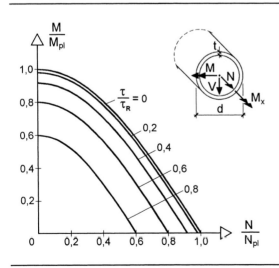

Nachweisbedingungen:

$$\frac{\tau}{\tau_R} = \frac{|V|}{V_{pl}} + \frac{|M_x|}{M_{pl,x}} \leq 1$$

$$\frac{|N|}{N_{pl,\tau}} + \frac{2}{\pi} \cdot \arcsin\left(\frac{|M|}{M_{pl,\tau}} \right) \leq 1$$

Rechenwerte:

$$V_{pl} = 2 \cdot \tau_R \cdot t \cdot (d - t)$$

$$M_{pl,x} = \pi \cdot \tau_R \cdot t \cdot (d - t)^2 / 2$$

$$N_{pl,\tau} = \pi \cdot t \cdot (d - t) \cdot f_y \cdot \sqrt{1 - (\tau / \tau_R)^2}$$

$$M_{pl,\tau} = t \cdot (d - t)^2 \cdot f_y \cdot \sqrt{1 - (\tau / \tau_R)^2}$$

Bezüglich V und M_x wird hier das Modell mit linearer Überlagerung der Schubspannungen verwendet, da es stets auf der sicheren Seite liegt. Falls die Schubspannungen ausschlaggebenden Einfluss haben, können sie auch mit dem genaueren Modell in Abschnitt 10.5.2 bestimmt werden.

Im Hinblick auf die Skizze mit den positiven Schnittgrößen ist zu bemerken, dass M und V beliebige Wirkungsrichtungen haben dürfen. Für die Streckgrenze f_y und die Grenzschubspannung τ_R sind die mit γ_M abgeminderten Bemessungswerte $f_{y,d}$ bzw. $\tau_{R,d}$ einzusetzen, sofern die Schnittgrößen nicht infolge γ_M-facher Bemessungswerte der Einwirkungen ermittelt werden. Für die Durchführung der Berechnungen steht das RUBSTAHL-Programm QST-ROHR zur Verfügung.

10.5.5 Beispiel: Kreisförmiges Hohlprofil 273·8

Auf den Querschnitt eines kreisförmigen Hohlprofils 273·8 ($f_y = 21,82$ kN/cm²) wirken die Schnittgrößen

$V_z = 116$ kN, $M_x = 40$ kNm und $M_y = 100$ kNm.

Die Tragfähigkeit wird mit Tabelle 10.10 nachgewiesen:

$$V_{pl} = 534,2 \text{ kN}$$

$$M_{pl,x} = 111,2 \text{ kNm} \qquad \Rightarrow \quad \tau/\tau_R = 0,577 \text{ und } M_{pl,\tau} = 100,12 \text{ kNm}$$

Nachweis: $\dfrac{2}{\pi} \cdot \arcsin\left(\dfrac{100}{100,12}\right) = 0,969 \leq 1$

Der Nachweis zeigt, dass das gewählte Profil ausreichende Tragfähigkeit besitzt. Bei den alternativ möglichen Spannungsnachweisen auf Grundlage der Elastizitätstheorie werden die Grenzspannungen weit überschritten.

10.6 Rechteckige Hohlprofile

10.6.1 Einleitung und Empfehlung

Die Idealisierung rechteckiger Hohlprofile erfolgt ähnlich zu doppeltsymmetrischen I-Querschnitten (Abschnitt 10.4) mit dem Linienmodell, siehe Bild 10.31. Bei nicht geschweißten Querschnitten mit Eckrundungen idealisiert man den Querschnitt näherungsweise, indem man die Blechabmessungen aus den Schnittpunkten der Blechmittellinien bestimmt ($a_s = b = B - T$ bzw. $a_g = h_s = H - T$).

Bei geschweißten Kastenquerschnitten stehen i.d.R. die Gurtbleche aus konstruktiven Gründen (Schweißnähte, siehe Bild 10.31) etwas über. In diesen Fällen beschreibt b die Breite der Gurtbleche und a_s den Abstand der Profilmittellinie der Stege, siehe Bild 10.31 rechts. Diese Werte sollten jedoch im Hinblick auf die nachfolgenden Nachweisbedingungen zur Überprüfung der plastischen Querschnittstragfähigkeit nicht zu unterschiedlich sein und sich an üblichen konstruktiven Randbedingungen orientieren.

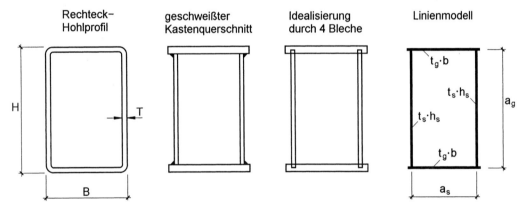

Bild 10.31   Idealisierung doppeltsymmetrischer rechteckiger Hohlprofile

Infolge der geschlossenen Querschnittsform und den daraus resultierenden Querschnittswerten sind die Rechteck-Hohlprofile, vergleichbar mit kreisförmigen Hohlprofilen (Abschnitt 10.5), **besonders für Druck- und Torsionsbeanspruchung geeignet**. Dadurch, dass alle Querschnittsteile einen Hebelarm zum Schwerpunkt aufweisen, entsteht im Vergleich zu I-Querschnitten ein relativ großes Flächenträgheitsmoment um die schwache Achse. Dies ist besonders bei Druckbeanspruchungen, für die i.d.R. das Biegeknicken um die schwache Achse maßgebend wird, ein Vorteil. Wegen der geschlossenen Querschnittsform ist der *St. Venantsche* Torsionswiderstand I_T, der mit Tabelle 5.5 berechnet werden kann, wesentlich größer als z.B. für einen flächengleichen I-Querschnitt, siehe Tabelle 10.11.

Streng genommen ist nur das quadratische Hohlprofil mit konstanter Blechdicke wölbfrei, d.h. der Wölbwiderstand I_ω ist gleich Null. Rechteckige Hohlprofile sind lediglich wölbarm, d.h. sie besitzen zwar einen Wölbwiderstand I_ω größer Null, dieser wird jedoch i.d.R. vernachlässigt. Der Grund hierfür liegt in dem Verhältnis von *St. Venantscher* Torsionssteifigkeit GI_T zur Wölbsteifigkeit EI_ω. Dieses Verhältnis ist maßgebend für die Stabkennzahl für Torsion $\varepsilon_T = \ell \cdot \sqrt{GI_T/EI_\omega}$, die Auskunft darüber gibt, zu welchen Anteilen die Torsionsbeanspruchung durch *St. Venantsche* und Wölbkrafttorsion (gemischte Torsion) abgetragen wird, vergleiche hierzu u.a. auch Bild 4.12 in Abschnitt 4.5.7.

Tabelle 10.11   Vergleich der Querschnittswerte eines rechteckigen Hohlprofils mit einem flächengleichen I-Querschnitt (Linienmodell mit Überlappung)

H·B·T [mm] 300·200·8	A cm²	I_y cm⁴	I_z cm⁴	I_ω cm⁶	I_T cm⁴	ε_T/ℓ m⁻¹
▯	77,4	9 868	5 249	21 647	10 391	43,0
I	77,4	9 868	944	201 163	46,42	0,94
▯/I	1,00	1,00	5,56	0,11	223,8	45,7

Wie Tabelle 10.11 an einem Beispiel zeigt, führen das verhältnismäßig kleine I_ω (im Nenner) und das größere I_T (im Zähler) zu sehr viel größeren Werten für die Stabkennzahl für Torsion ε_T als bei offenen Querschnitten (ohne Hohlzelle). Große ε_T-Werte ergeben sehr kleine Anteile für die Wölbkrafttorsion, so dass eine Vernachlässigung sinnvoll ist (besonders deutlich wird dies in Bild 4.12). Aus diesem Grund werden im Gegensatz zu offenen Querschnitten die zur Wölbkrafttorsion korrespondierenden Schnittgrößen M_ω und M_{xs} bei der Ermittlung der Querschnittstragfähigkeit von geschlossenen Querschnitten vernachlässigt.

Tabelle 10.12   Vollplastische Schnittgrößen S_{pl} für doppeltsymmetrische rechteckige Hohlquerschnitt (Linienmodell)

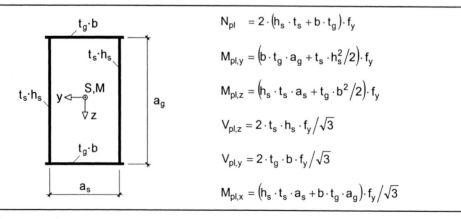

$$N_{pl} = 2 \cdot (h_s \cdot t_s + b \cdot t_g) \cdot f_y$$

$$M_{pl,y} = (b \cdot t_g \cdot a_g + t_s \cdot h_s^2/2) \cdot f_y$$

$$M_{pl,z} = (h_s \cdot t_s \cdot a_s + t_g \cdot b^2/2) \cdot f_y$$

$$V_{pl,z} = 2 \cdot t_s \cdot h_s \cdot f_y/\sqrt{3}$$

$$V_{pl,y} = 2 \cdot t_g \cdot b \cdot f_y/\sqrt{3}$$

$$M_{pl,x} = (h_s \cdot t_s \cdot a_s + b \cdot t_g \cdot a_g) \cdot f_y/\sqrt{3}$$

Vollplastische Schnittgrößen

Die in Bild 6.4 dargestellten Spannungsverteilungen nach der Elastizitätstheorie zeigen, in welchen Querschnittsbereichen noch Tragfähigkeitsreserven vorhanden sind. Durch „Auffüllen" zu Spannungsblöcken ergeben sich die Spannungsverteilungen in Bild 10.32 für die vollplastischen Schnittgrößen S_{pl} (Formeln siehe Tabelle 10.12). Im Übrigen sei auf die Erläuterungen in Abschnitt 10.4.2 verwiesen.

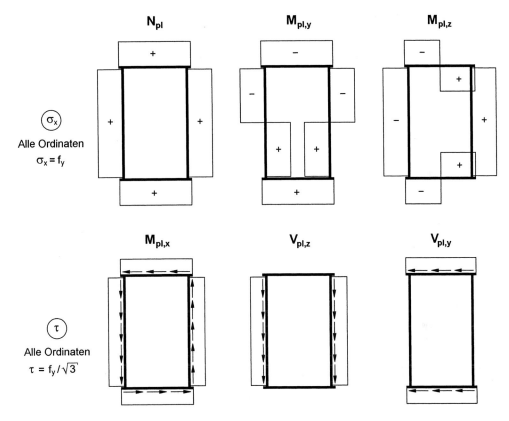

Bild 10.32 Spannungsverteilungen zur Ermittlung vollplastischer Schnittgrößen S_{pl} für doppeltsymmetrische Hohlquerschnitte (Linienmodell)

Eine Besonderheit im Vergleich zu den doppeltsymmetrischen I-Querschnitten stellt das *St. Venantsche* Torsionsmoment bzw. die hierzu korrespondierende Spannungsverteilung dar. Während bei offenen Querschnitten, wie z.B. I-, U-, T- oder L-Querschnitten, die Schubspannungen infolge *St. Venantscher* Torsion in jedem Querschnittsteil umlaufend, d.h. über die Blechdicke veränderlich sind (Bild 6.2), ist der Schubspannungsverlauf bei Hohlprofilen über die Blechdicke konstant (Bild 6.4).

Die Berechnungsformeln zur Ermittlung der vollplastischen Schnittgrößen N_{pl}, $M_{pl,y}$ und $M_{pl,z}$ unter Berücksichtigung der Eckrundungen sind in Tabelle 10.13 zusammengestellt. Sie sind sowohl für kalt- als auch für warmgefertigte Hohlprofile gültig. Für kaltgefertigte Hohlprofile gemäß DIN EN 10219-2 [9] gilt für die Radien im Eckbereich:

$$r_o = 1{,}5 \cdot T \quad \text{und} \quad r_i = 1{,}0 \cdot T \quad \text{(kaltgefertigt)}$$

Bei warmgefertigten Hohlprofilen sind andere Werte für r_o und r_i anzusetzen, siehe DIN EN 10210-2 [8] Anhang A.2.

Tabelle 10.13 Vollplastische Schnittgrößen S_{pl} für doppeltsymmetrische Hohlprofile

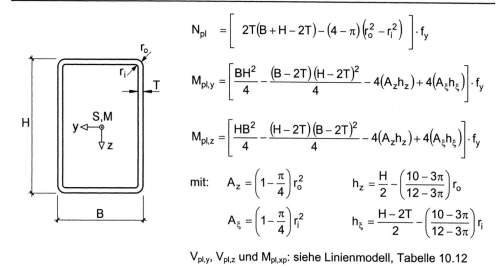

$$N_{pl} = \left[2T(B+H-2T) - (4-\pi)\left(r_o^2 - r_i^2\right) \right] \cdot f_y$$

$$M_{pl,y} = \left[\frac{BH^2}{4} - \frac{(B-2T)(H-2T)^2}{4} - 4(A_z h_z) + 4(A_\xi h_\xi) \right] \cdot f_y$$

$$M_{pl,z} = \left[\frac{HB^2}{4} - \frac{(H-2T)(B-2T)^2}{4} - 4(A_z h_z) + 4(A_\xi h_\xi) \right] \cdot f_y$$

$$\text{mit:} \quad A_z = \left(1 - \frac{\pi}{4}\right) r_o^2 \qquad h_z = \frac{H}{2} - \left(\frac{10-3\pi}{12-3\pi}\right) r_o$$

$$A_\xi = \left(1 - \frac{\pi}{4}\right) r_i^2 \qquad h_\xi = \frac{H-2T}{2} - \left(\frac{10-3\pi}{12-3\pi}\right) r_i$$

$V_{pl,y}$, $V_{pl,z}$ und $M_{pl,xp}$: siehe Linienmodell, Tabelle 10.12

Empfehlungen für einige Schnittgrößenkombinationen

Bei **einachsiger Biegung** mit oder ohne Normalkraft, Querkräften und Torsionsmoment empfiehlt es sich, das rechteckige Hohlprofil als **doppeltsymmetrischen I-Querschnitt** zu idealisieren. Dafür werden die beiden Bleche, die senkrecht zur Biegebeanspruchung verlaufen, gedanklich zu einem Steg mit der Dicke $2 \cdot t_s$ zusammengeschoben, so dass ein I-Querschnitt entsteht, der um die starke Achse beansprucht wird, siehe Bild 10.33.

Der Nachweis ausreichender Querschnittstragfähigkeit kann nun an dem doppeltsymmetrischen (fiktiven) I-Querschnitt entsprechend Tabelle 10.4 aus Abschnitt 10.4.4 durchgeführt werden. Torsionsmoment und Querkräfte können dabei gemäß Tabelle 10.14 aus Abschnitt 10.6.2 durch bezogene Schubspannungen τ_g/τ_R bzw. τ_s/τ_R in Gurten bzw. Stegen erfasst werden.

Näherung für einachsige Biegung

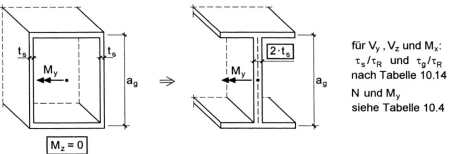

für V_y, V_z und M_x:
τ_s/τ_R und τ_g/τ_R
nach Tabelle 10.14

N und M_y
siehe Tabelle 10.4

Bild 10.33 Empfehlung für einachsige Biegung am Beispiel von M_y

Hintergrund dieser Empfehlung ist, dass die Formeln für die einachsige Biegung mit oder ohne Normalkraft des doppeltsymmetrischen I-Querschnitts einfacher anzuwenden sind als die in Abschnitt 10.6.3 hergeleiteten Interaktionsbedingungen des rechteckigen Hohlprofils, siehe Tabelle 10.15. Die Ursache hierfür liegt darin, dass bei den Formeln des rechteckigen Hohlprofils im Allgemeinen mehrere Fälle untersucht werden müssen. Beide Vorgehensweisen führen für die genannte Beanspruchung (ein Biegemoment gleich Null) zu denselben Ergebnissen.

Näherung für zweiachsige Biegung

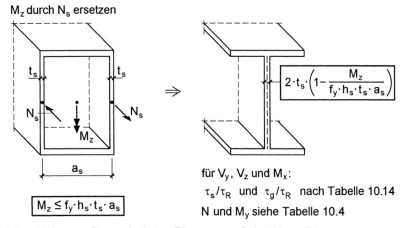

für V_y, V_z und M_x:
τ_s/τ_R und τ_g/τ_R nach Tabelle 10.14
N und M_y siehe Tabelle 10.4

Bild 10.34 Näherung für zweiachsige Biegung am Beispiel von M_z

Für den Fall **zweiachsiger Biegung** mit oder ohne Normalkraft, Querkräften und Torsionsmoment lässt sich auf Basis der oben beschriebenen Idealisierung als I-Querschnitt eine sehr einfache auf der sicheren Seite liegende Näherung ableiten. Dazu zerlegt man das vom Verhältniswert $M_y/M_{pl,y}$ bzw. $M_z/M_{pl,z}$ kleinere Biegemoment in ein Kräftepaar. Bild 10.34 zeigt dieses am Beispiel von M_z, welches durch zwei entgegengerichtete gleichgroße Stegnormalkräfte N_s ersetzt wird. Die Gültigkeitsgrenze dieser Näherung ergibt aus der Nebenbedingung, dass die Stegnormal-kräfte die Grenznormalkraft der Stege $N_{pl,s} = f_y \cdot h_s \cdot t_s$ nicht überschreiten dürfen.

Gültigkeitsgrenze: $N_s = M_z/a_s \leq N_{pl,s} = f_y \cdot h_s \cdot t_s$ (10.44)

Die Stegblechdicke wird im Verhältnis $N_s/N_{pl,s}$ reduziert. Man reserviert sozusagen einen Teil der Stegblechdicke zur Aufnahme von M_z (hier wirkt rechnerisch $\sigma_x = \pm f_y$) und bildet aus dem Rest die Ersatzstegblechdicke t_s^* für den fiktiven I-Querschnitt (Nachweis nach Tabelle 10.4). Werden die Stege durch eine Querkraft und/oder ein Torsionsmoment beansprucht, ist die Streckgrenze infolge der Schub-spannungen in der gewohnten Art und Weise zu reduzieren, vergleiche Gln. (10.26a, b).

Anmerkung: Für $M_y/M_{pl,y} < M_z/M_{pl,z}$ kann man in analoger Weise vorgehen. M_z ist dann durch M_y und t_s, h_s, a_s durch t_g, b, a_g zu ersetzen.

10.6.2 Querkräfte und Torsionsmoment

Bild 10.35 zeigt die zu den Schubspannungen korrespondierenden Schnittgrößen und Teilschnittgrößen. Eine direkte Ermittlung der 4 Teilschnittgrößen in Analogie zu dem Vorgehen bei dem **offenen Dreiblechquerschnitt** ist nicht möglich, weil nur 3 Gleichgewichtsbedingungen zur Verfügung stehen, siehe Gln. (10.45a-c). Es wird jedoch in Analogie zum offenen Dreiblechquerschnitt angenommen, dass sich das *St.Venantsche* Torsionsmoment wie nach der Elastizitätstheorie verteilt. Die elastischen Schubspannungsverteilungen infolge $M_x = M_{xp}$ (vergleiche Bild 6.4) in den Teilquerschnitten werden zu resultierenden Kräften zusammengefasst, siehe 2. Term in den Gln. (10.46a, b). Die Querkräfte V_y bzw. V_z werden jeweils zur Hälfte auf die beiden Gurte bzw. Stege aufgeteilt.

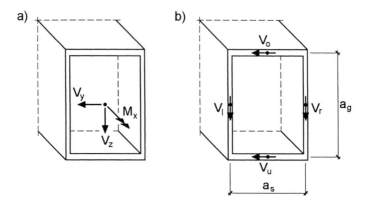

Bild 10.35   Schnittgrößen V_y, V_z und M_x und Teilschnittgrößen

$$\sum V_y = 0: \qquad V_y = V_o + V_u \qquad\qquad (10.45a)$$

$$\sum V_z = 0: \qquad V_z = V_1 + V_r \qquad\qquad (10.45b)$$

$$\sum M_x = 0: \qquad M_x = (V_1 - V_r) \cdot a_s/2 + (V_o - V_u) \cdot a_g/2 \qquad (10.45c)$$

Bei kombinierter Beanspruchung (Querkräfte und Torsionsmoment) ergeben sich durch die Wirkungsrichtung der Schubspannungen infolge M_x, siehe Bild 10.32, für Ober- und Untergurt bzw. linken und rechten Steg jeweils unterschiedlich große Kräfte ($V_o \neq V_u$ und $V_1 \neq V_r$). Dieses wird jedoch aus Vereinfachungsgründen nicht berücksichtigt. Statt dessen wird für beide Gurte und Stege der **ungünstigste Fall** angenommen, d.h. die maximale Gurt- bzw. Stegquerkraft ermittelt.

$$V_g = \frac{|V_y|}{2} + \frac{|M_x| \cdot b}{2 \cdot a_g \cdot a_s} \qquad\qquad (10.46a)$$

$$V_s = \frac{|V_z|}{2} + \frac{|M_x| \cdot h_s}{2 \cdot a_g \cdot a_s} \qquad\qquad (10.46b)$$

V_g bzw. V_s dürfen die vollplastischen Querkräfte $V_{pl,g}$ bzw. $V_{pl,s}$ in den Einzelteilen nicht überschreiten. Dies lässt sich in gewohnter Weise, siehe Abschnitte 10.4.4 oder 10.7.4, auch durch bezogene Schubspannungen τ_g/τ_R bzw. τ_s/τ_R ausdrücken. Die Nachweisbedingungen zur Aufnahme von V_y, V_z und M_x sind in Tabelle 10.14 zusammengefasst.

Tabelle 10.14 Nachweisbedingungen für die Schnittgrößen V_y, V_z und M_x

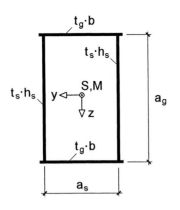

Nachweisbedingungen:

$$\frac{\tau_g}{\tau_R} = \left(V_y + \frac{M_x \cdot b}{a_g \cdot a_s} \right) \cdot \frac{1}{V_{pl,y}} \leq 1$$

mit: $V_{pl,y} = 2 \cdot b \cdot t_g \cdot f_y / \sqrt{3}$

$$\frac{\tau_s}{\tau_R} = \left(V_z + \frac{M_x \cdot h_s}{a_g \cdot a_s} \right) \cdot \frac{1}{V_{pl,z}} \leq 1$$

mit: $V_{pl,z} = 2 \cdot h_s \cdot t_s \cdot f_y / \sqrt{3}$

Alle Schnittgrößen **betragsmäßig** einsetzen!

Aufgrund der o.g. Näherung wird die Querschnittstragfähigkeit gemäß Tabelle 10.14 bei kombinierter Beanspruchung aus Querkräften und Torsionsmoment u.U. nicht vollständig ausgenutzt. Infolge der Aufteilung des Torsionsmomentes nach der Elastizitätstheorie ergibt sich ein im Vergleich zu Tabelle 10.12 etwas anderer Wert für die Grenzschnittgröße $M_{pl,x}$, wenn die Blechdicken unterschiedlich oder $h_s \neq a_g$ bzw. $b \neq a_s$ sind. Diese Vorgehensweise bietet jedoch im Hinblick auf die im Weiteren nachzuweisenden σ-Schnittgrößen den Vorteil, die **doppelte Symmetrie** infolge der jeweils gleichmäßigen Gurt- bzw. Stegbeanspruchung rein rechnerisch beizubehalten, so dass auf weitere Fallunterscheidungen unter Berücksichtigung der Vorzeichen verzichtet werden kann. **Alle Schnittgrößen** sind deshalb **in Tabelle 10.14 betragsmäßig einzusetzen**, weshalb auf das Wiederholen der Betragszeichen, siehe Gln. (10.46a, b), verzichtet wird.

10.6.3 Biegemomente und Normalkraft

Da aus den zuvor erläuterten Gründen die Schnittgrößen infolge Wölbkrafttorsion bei Hohlprofilen entweder gleich Null oder vernachlässigbar klein sind, stehen für die 3 σ-Schnittgrößen N, M_y und M_z nur die 3 Gleichgewichtsbedingungen

$\Sigma N = 0$, $\Sigma M_y = 0$ und $\Sigma M_z = 0$

zur Verfügung. Anderseits werden rechteckige Hohlprofile mit 4 Blechen idealisiert, siehe Bild 10.31, so dass 8 unbekannte Teilschnittgrößen

N_l, M_l, N_r, M_r, N_o, M_o, N_u und M_u

zu bestimmen sind.

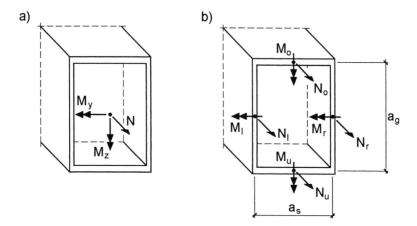

Bild 10.36   Abmessungen, Schnittgrößen N, M_y und M_z und Teilschnittgrößen

$$\sum N = 0: \qquad N = N_l + N_r + N_o + N_u \qquad\qquad (10.47a)$$

$$\sum M_y = 0: \qquad M_y = (N_u - N_o) \cdot a_g/2 + M_l + M_r \qquad (10.47b)$$

$$\sum M_z = 0: \qquad M_z = (N_r - N_l) \cdot a_s/2 + M_o + M_u \qquad (10.47c)$$

Schnittgrößen und Teilschnittgrößen sind durch die 3 Gleichgewichtsbedingungen nach den Gln. (10.47a-c) miteinander verknüpft. Diese müssen je Blech (z.B. N_o und M_o) die N-M-Interaktion für den Rechteckquerschnitt erfüllen (Nebenbedingungen), vergleiche Abschnitt 9.3.2. Insgesamt stehen für die 8 Unbekannten somit 7 Gleichungen (3 Gleichgewichtsbedingungen + 4 Nebenbedingungen) zur Verfügung. Daraus folgt, dass die Untersuchung mehrerer Fälle erforderlich ist, siehe Bild 10.37. Man nimmt in 2 bzw. 3 Blechen vollplastische Normalkräfte an (die örtlichen Biegemomente sind somit gleich Null) und bestimmt aus 2 Gleichgewichtsbedingungen 2 weitere Teilschnittgrößen. Über die Interaktionsbedingungen lassen sich die Maximalwerte der 2 noch verbleibenden Teilschnittgrößen berechnen. Durch Einsetzen in die 3. Gleichgewichtsbedingung erhält man einen Grenzwert für die korrespondierende Schnittgröße. Diese abstrakte Vorgehensweise, die nachfolgend im Detail gezeigt wird, lässt sich auch anhand der Nulllinienlage darstellen. Die Nulllinie ist wegen der Vernachlässigung der Wölbkrafttorsion stets eine Gerade, siehe Kapitel 2.

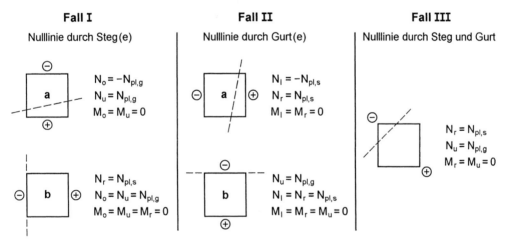

Bild 10.37 Fallunterscheidung und Nulllinienlage zur Ermittlung der N-M_y-M_z-Interaktionsbedingung nach Tabelle 10.15

Zur Herleitung der Interaktionsbedingungen nach Tabelle 10.15

Im Folgenden wird die Interaktionsbedingung für den **Fall Ia** hergeleitet. Da die Nulllinie die beiden Stege schneidet und im oberen Bereich Druck und im unteren Bereich Zug herrschen soll, werden für die Gurte folgende Teilschnittgrößen angenommen (siehe Bild 10.37 links).

Obergurt: $N_o = -N_{pl,g}$ und $M_o = 0$ (10.48a)

Untergurt: $N_u = +N_{pl,g}$ und $M_u = 0$ (10.48b)

Das Einsetzen der Gln. (10.48a, b) in die Gleichgewichtsbedingungen nach den Gl. (10.47a-c) führt zu:

$$N = N_l + N_r \qquad\qquad (10.49a)$$

$$M_y = M_l + M_r + N_{pl,g} \cdot a_g \qquad\qquad (10.49b)$$

$$M_z = (N_r - N_l) \cdot a_s / 2 \qquad\qquad (10.49c)$$

Da in Gl. (10.49a) und (10.49c) nur N_r und N_l als Unbekannte vorhanden sind, können diese durch Umformung bestimmt werden.

$$N_r = N/2 + M_z / a_s \qquad\qquad (10.50a)$$

$$N_l = N/2 - M_z / a_s \qquad\qquad (10.50b)$$

Weil die Stegnormalkräfte nicht größer als die vollplastische Stegnormalkraft sein können und aufgrund dessen, dass die Schnittgrößen nur betragsmäßig zu erfassen sind (siehe oben), ergibt sich die folgende Bedingung:

$$N/2 + M_z / a_s \leq N_{pl,s} \qquad\qquad (10.51)$$

Das Einsetzen der Stegnormalkräfte nach den Gl. (10.50a, b) in die N-M-Interaktionsbedingung im Grenzzustand (= 1 anstatt ≤ 1), siehe Gl. (9.16) in Abschnitt 9.3.2, und Auflösung nach M führt zu den noch aufnehmbaren Stegbiegemomenten.

$$M_l = M_{pl,s} \cdot \left[1 - \left(N_l / N_{pl,s}\right)^2 \right] \qquad\qquad (10.52a)$$

$$M_r = M_{pl,s} \cdot \left[1 - \left(N_r / N_{pl,s}\right)^2 \right] \qquad\qquad (10.52b)$$

Diese kann man in die Gleichgewichtsbedingung nach Gl. (10.49b) einsetzen. Man erhält eine obere Grenze für das Biegemoment M_y bzw. die Interaktionsbedingung:

$$M_y \leq N_{pl,g} \cdot a_g + \frac{h_s}{2 \cdot N_{pl,s}} \cdot \left[N_{pl,s}^2 - \frac{N^2}{4} - \left(\frac{M_z}{a_s}\right)^2 \right] \qquad\qquad (10.53)$$

Tabelle 10.15 Nachweisbedingungen zur Aufnahme der Schnittgrößen N, M_y und M_z

Fall	Gültigkeitsbereich	Nachweisbedingungen
(I) a	$\dfrac{N}{2}+\dfrac{M_z}{a_s} \leq N_{pl,s}$	$M_y \leq N_{pl,g} \cdot a_g + \dfrac{h_s}{2 \cdot N_{pl,s}} \cdot \left[N_{pl,s}^2 - \dfrac{N^2}{4} - \left(\dfrac{M_z}{a_s}\right)^2\right]$
(I) b	$N_{pl,s} < \dfrac{N}{2}+\dfrac{M_z}{a_s} \leq N_{pl,s}+N_{pl,g}$	$M_y \leq N_{pl,s} \cdot \dfrac{h_s}{4} - \dfrac{h_s}{4 \cdot N_{pl,s}} \cdot \left[N - N_{pl,s} - 2 \cdot N_{pl,g}\right]^2$

oder

Fall	Gültigkeitsbereich	Nachweisbedingungen
(II) a	$\dfrac{N}{2}+\dfrac{M_y}{a_g} \leq N_{pl,g}$	$M_z \leq N_{pl,s} \cdot a_s + \dfrac{b}{2 \cdot N_{pl,g}} \cdot \left[N_{pl,g}^2 - \dfrac{N^2}{4} - \left(\dfrac{M_y}{a_g}\right)^2\right]$
(II) b	$N_{pl,g} < \dfrac{N}{2}+\dfrac{M_y}{a_g} \leq N_{pl,g}+N_{pl,s}$	$M_z \leq N_{pl,g} \cdot \dfrac{b}{4} - \dfrac{b}{4 \cdot N_{pl,g}} \cdot \left[N - N_{pl,g} - 2 \cdot N_{pl,s}\right]^2$

oder

Fall	Gültigkeitsbereich	Nachweisbedingungen
(III)	$\dfrac{N}{2}+\dfrac{M_z}{a_s} \leq N_{gr}$ **und** $N_{pl,g} \leq N-N_o \leq 2 \cdot N_{pl,s}+N_{pl,g}$ **und** $\left\|N_o\right\| \leq N_{pl,g}$	$M_y \leq \left(N_{pl,g}-N_o\right) \cdot \dfrac{a_g}{2}$ $+ \dfrac{h_s}{4 \cdot N_{pl,s}} \cdot \left[N_{pl,s}^2 - \left(N - N_o - N_{pl,g} - N_{pl,s}\right)^2\right]$

mit:

$$N_o = N_{pl,g} \cdot \frac{a_s}{b} \cdot \left[1 - \sqrt{1 + \frac{4 \cdot b}{a_s^2 \cdot N_{pl,g}} \cdot \left(N_{pl,g} \cdot \frac{b}{4} - M_z - \left(N - 2 \cdot N_{pl,s} - N_{pl,g}\right) \cdot \frac{a_s}{2}\right)}\right]$$

$$a_s \neq b: \quad N_{gr} = N_{pl,s} + \frac{N_{pl,g}}{2} + \frac{b \cdot N_{pl,g}}{4 \cdot a_s} + \frac{a_s \cdot N_{pl,g}}{4 \cdot b}$$

$$a_s = b: \quad N_{gr} = N_{pl,s} + N_{pl,g}$$

Alle Schnittgrößen b e t r a g s m ä ß i g einsetzen!

Es muss nur e i n e Nachweisbedingung eingehalten werden!

Rechen-werte:	$N_{pl,g} = f_{y,g} \cdot b \cdot t_g \qquad N_{pl,s} = f_{y,s} \cdot h_s \cdot t_s$ Bei gleichzeitiger Wirkung von V_y, V_z oder M_x (Tabelle 10.14) ist $f_{y,g}$ bzw. $f_{y,s}$ durch red $f_{y,g} = f_{y,g} \cdot \sqrt{1-\left(\tau_g/\tau_R\right)^2}$ bzw. red $f_{y,s} = f_{y,s} \cdot \sqrt{1-\left(\tau_s/\tau_R\right)^2}$ zu ersetzen.

10.6.4 Gemeinsame Wirkung aller Schnittgrößen

Wenn man die Schnittgrößen V_y, V_z und M_x mit Tabelle 10.14 berücksichtigt, können Schubspannungen in Stegen und Gurten, und daraus reduzierte Streckgrenzen in diesen Teilen, ermittelt werden. Mit dieser Vorgehensweise kann Tabelle 10.15 für den Nachweis bei beliebigen Schnittgrößenkombinationen verwendet werden, siehe „Rechenwerte" in Tabelle 10.15. Zur Durchführung der Berechnung steht das RUBSTAHL-Programm QST-KASTEN zur Verfügung

10.6.5 Beispiel: Rechteckiges Hohlprofil 300·200·8

In Abschnitt 6.3 wird für ein rechteckiges Hohlprofil 300·200·8 aus S 355 ein Spannungsnachweis geführt. Die maximale Vergleichsspannung für die in Bild 6.3 angegebenen Schnittgrößen beträgt $\sigma_v = 31{,}32$ kN/cm² $\leq 32{,}73$ kN/cm² $= f_{y,d}$ (Elastizitätstheorie: $S_d/R_d = 0{,}957$). Im Folgenden werden 20% größere Schnittgrößen angenommen:

$$M_y = -24\,000 \text{ kNcm}, \quad V_z = 48 \text{ kN und } M_x = 2\,400 \text{ kNcm}$$

Ein Spannungsnachweis auf Grundlage der Elastizitätstheorie kann somit nicht mehr gelingen (Überschreitung der Streckgrenze: 14,8%). Durch Ausnutzung plastischer Tragfähigkeitsreserven kann die Aufnahme der o.g. Schnittgrößen dennoch nachgewiesen werden. Dazu wird der Querschnitt durch das Linienmodell mit Überlappung (Bild 10.31) idealisiert ($h_s = a_g = 29{,}2$ cm, $b = a_s = 19{,}2$ cm, $t_s = t_g = 0{,}8$ cm). Der Nachweis erfolgt in 2 Schritten.

- τ-Schnittgrößen (V_z und M_x) nach Tabelle 10.14

  $$\tau_g/\tau_R = 0{,}142 \leq 1 \quad \text{und} \quad \tau_s/\tau_R = 0{,}196 \leq 1$$

- σ-Schnittgrößen (M_y) nach Tabelle 10.15

  Weil nur M_y wirkt ist unmittelbar klar, dass die Nachweisbedingung für Fall Ia in Tabelle 10.15 (Spannungsnulllinie geht durch beide Stege) maßgebend ist. Dafür werden die Grenzschnittgrößen unter Berücksichtigung der Schubspannungen für die Gurte und Stege berechnet, siehe Rechenwerte in Tabelle 10.15. Wie üblich wird dies durch den Index „τ" gekennzeichnet.

  $$N_{pl,g,\tau} = b \cdot t_g \cdot f_y \cdot \sqrt{1 - \left(\tau_g/\tau_R\right)^2} = 497{,}6 \text{ kN}$$

  $$N_{pl,s,\tau} = h_s \cdot t_s \cdot f_y \cdot \sqrt{1 - \left(\tau_s/\tau_R\right)^2} = 749{,}7 \text{ kN}$$

Fall Ia: $\dfrac{N}{2} + \dfrac{M_z}{a_s} \leq N_{pl,s,\tau}$ wegen $N = M_z = 0$ erfüllt

$$M_y \leq N_{pl,g,\tau} \cdot a_g + \frac{h_s}{2 \cdot N_{pl,s,\tau}} \cdot \left[N_{pl,s,\tau}^2 - \frac{N^2}{4} - \left(\frac{M_z}{a_s} \right)^2 \right]$$

$\Rightarrow$ 24 000 kNcm $\leq$ 25 476 kNcm

Selbstverständlich kann man auch den Empfehlungen in Abschnitt 10.6.1 folgen und das Hohlprofil als doppeltsymmetrischen I-Querschnitt idealisieren, siehe Bild 10.33, und den Nachweis mit Hilfe von Tabelle 10.4 führen. Hierbei ist lediglich zu beachten, dass der Einfluss der Schubspannungen, wie oben gezeigt, zu berücksichtigen ist.

10.7 Drei- und Zweiblechquerschnitte

10.7.1 Beschreibung der Querschnitte

Viele gängige offene Querschnitte lassen sich durch 2 oder 3 Bleche idealisieren. Bild 10.39 zeigt einen Dreiblechquerschnitt, bei dem die beiden Gurte horizontal und der Steg vertikal liegen sollen. Die Lage der Bleche wird durch die Bezeichnung Typ HVH gekennzeichnet. In Sonderfällen, wie bei T- und L-Querschnitten, entfällt ein Querschnittsteil. Mit dem Dreiblechquerschnitt Typ HVH gemäß Bild 10.39 können u.a. die Querschnittsformen in Bild 10.38 idealisiert werden.

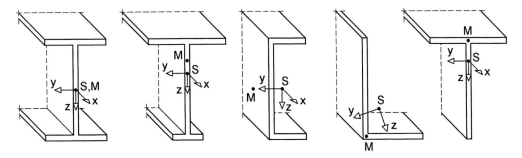

Bild 10.38   Sonderfälle von Drei- und Zweiblechquerschnitten

Als Sonderfall ist auch der doppeltsymmetrische I-Querschnitt enthalten, der bereits in Abschnitt 10.4 bezüglich seiner Grenztragfähigkeit untersucht wurde. Im Unterschied zu dem doppeltsymmetrischen I-Querschnitt, wo der Gurtabstand mit a_g gekennzeichnet wird (Bild 10.14), werden hier 2 Parameter $\bar{z}_o$ und $\bar{z}_u$ zur Definition der Gurtabstände im Bezugssystem benötigt, siehe Bild 10.39. Dies ist erfoderlich, weil der Ursprung B des Bezugssystems immer in der Mitte des Steges liegt und sich somit bei verschiedenen Gurtdicken unterschiedliche Abstände ergeben.

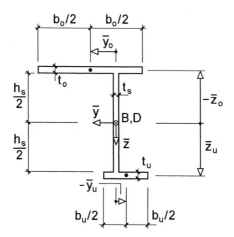

Bild 10.39   Beschreibung von Drei- und Zweiblechquerschnitten (Typ HVH)

Für die weiteren Berechnungen werden die Querschnittskennwerte des Dreiblechquerschnitt in Bild 10.39 benötigt. Sie können mit folgenden Tabellen und Bildern ermittelt werden:

- Tabellen 3.4 und 3.12: $\bar{y}_s, \bar{z}_s$ und α (Lage des Schwerpunkts und Hauptachsendrehwinkel)

- Bild 3.42: Wölbordinate $\bar{\omega}$

- Tabellen 3.16 und 3.21: $\bar{\omega}_k$, $y_M - y_D$ und $z_M - z_D$ (Transformationskonstante für die Wölbordinate, Lage des Schubmittelpunkts)

10.7.2 Transformation der Schnittgrößen

Es wird vorausgesetzt, dass die Schnittgrößen

$$N, M_y, M_z, M_\omega, V_y, V_z, M_{xp} \text{ und } M_{xs}$$

aus einer Systemberechnung bekannt sind. Sie beziehen sich auf das y-z-ω-Hauptsystem und die Bezugspunkte S und M. Mit Hilfe von Tabelle 10.16 werden die Schnittgrößen in das $\overline{y} - \overline{z} - \overline{\omega}$-Bezugssystem gemäß Bild 10.39 transformiert. Die Bezugspunkte B und D (siehe auch Kapitel 3) liegen, wie bereits erwähnt, in der Mitte des Steges.

Tabelle 10.16 Schnittgrößentransformationen vom Hauptsystem ins Bezugskoordinatensystem

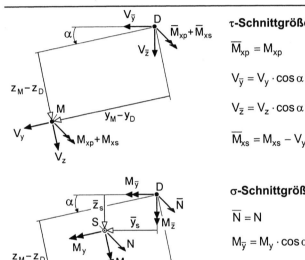

τ-Schnittgrößen:

$$\overline{M}_{xp} = M_{xp}$$

$$V_{\overline{y}} = V_y \cdot \cos\alpha - V_z \cdot \sin\alpha$$

$$V_{\overline{z}} = V_z \cdot \cos\alpha + V_y \cdot \sin\alpha$$

$$\overline{M}_{xs} = M_{xs} - V_y \cdot (z_M - z_D) + V_z \cdot (y_M - y_D)$$

σ-Schnittgrößen:

$$\overline{N} = N$$

$$M_{\overline{y}} = M_y \cdot \cos\alpha - M_z \cdot \sin\alpha + N \cdot \overline{z}_s$$

$$M_{\overline{z}} = M_z \cdot \cos\alpha + M_y \cdot \sin\alpha - N \cdot \overline{y}_s$$

$$M_{\overline{\omega}} = M_\omega + M_y \cdot (y_M - y_D) + M_z \cdot (z_M - z_D) + N \cdot \overline{\omega}_k$$

zusätzlich: M_ω in M und $M_{\overline{\omega}}$ in D

10.7.3 Gleichgewicht zwischen Schnittgrößen und Teilschnittgrößen

Wie in Abschnitt 10.4.3 für den doppeltsymmetrischen I-Querschnitt beschrieben, können die Beziehungen zwischen Schnittgrößen und Teilschnittgrößen mit Hilfe von Abschnitt 2.13 formuliert werden. Mit den Bezeichnungen und Wirkungsrichtungen in den Bildern 10.40 und 10.41 erhält man.

a) τ-Schnittgößen

$$V_{\bar{y}} = V_o + V_u \qquad\qquad (10.54a)$$

$$V_{\bar{z}} = V_s \qquad\qquad (10.54b)$$

$$\overline{M}_{xs} = -V_o \cdot \bar{z}_o - V_u \cdot \bar{z}_u \qquad\qquad (10.54c)$$

$$M_{xp} = M_{xp,o} + M_{xp,s} + M_{xp,u} \qquad\qquad (10.54d)$$

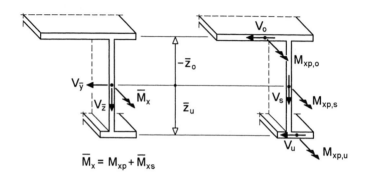

Bild 10.40   Teilschnittgrößen infolge M_{xp}, $V_{\bar{y}}$, $V_{\bar{z}}$ und $\overline{M}_{xs}$ (τ-Schnittgrößen)

b) σ-Schnittgrößen

$$N = N_o + N_s + N_u \qquad\qquad (10.55a)$$

$$M_{\bar{y}} = N_o \cdot \bar{z}_o + M_s + N_u \cdot \bar{z}_u \qquad\qquad (10.55b)$$

$$M_{\bar{z}} = M_o - N_o \cdot \bar{y}_o + M_u - N_u \cdot \bar{y}_u \qquad\qquad (10.55c)$$

$$M_{\bar{\omega}} = M_o \cdot \bar{z}_o - N_o \cdot \bar{y}_o \cdot \bar{z}_o + M_u \cdot \bar{z}_u - N_u \cdot \bar{y}_u \cdot \bar{z}_u \qquad\qquad (10.55d)$$

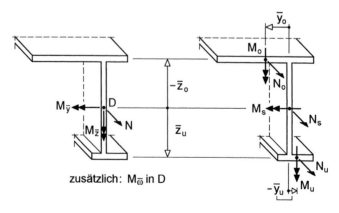

Bild 10.41   Teilschnittgrößen infolge N, $M_{\bar{y}}$, $M_{\bar{z}}$ und $M_{\bar{\omega}}$ (σ-Schnittgrößen)

10.7.4 Nachweise bei beliebigen Schnittgrößenkombinationen

In völlig analoger Vorgehensweise zu Abschnitt 10.4.3 ergeben sich infolge der τ–Schnittgrößen aus den Gln. (10.54a-d) die Teilschnittgrößen V_o, V_u, V_s, $M_{xp,s}$, $M_{xp,o}$ und $M_{xp,u}$. Diese und die zugehörigen Nachweisbedingungen für die τ-Schnittgrößen sind in Tabelle 10.17 zusammengestellt.

Tabelle 10.17 Nachweisbedingung für die τ-Schnittgrößen M_{xp}, $V_{\bar{y}}$, $V_{\bar{z}}$ und $\overline{M}_{xs}$

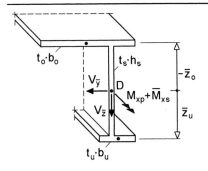

Nachweisbedingungen:

Jeweils für Steg, Ober- und Untergurt (i = s,o,u):

$$\frac{\tau_i}{\tau_R} = \frac{|M_{xp,i}|}{2 \cdot M_{pl,xp,i}} + \sqrt{\left(\frac{M_{xp,i}}{2 \cdot M_{pl,xp,i}}\right)^2 + \left(\frac{V_i}{V_{pl,i}}\right)^2} \leq 1$$

Obergurt (o): $V_o = (V_{\bar{y}} \cdot \bar{z}_u + \overline{M}_{xs})/(\bar{z}_u - \bar{z}_o)$ $M_{xp,o} = M_{xp} \cdot I_{T,o}/I_T$

Steg (s): $V_s = V_{\bar{z}}$ $M_{xp,s} = M_{xp} \cdot I_{T,s}/I_T$

Untergurt (u): $V_u = -(V_{\bar{y}} \cdot \bar{z}_o + \overline{M}_{xs})/(\bar{z}_u - \bar{z}_o)$ $M_{xp,u} = M_{xp} \cdot I_{T,u}/I_T$

Rechenwerte $I_T = I_{T,o} + I_{T,s} + I_{T,u}$ $\tau_R = f_y/\sqrt{3}$

$I_{T,o} = b_o \cdot t_o^3/3$ $I_{T,s} = h_s \cdot t_s^3/3$ $I_{T,u} = b_u \cdot t_u^3/3$

$V_{pl,o} = \tau_R \cdot b_o \cdot t_o$ $V_{pl,s} = \tau_R \cdot h_s \cdot t_s$ $V_{pl,u} = \tau_R \cdot b_u \cdot t_u$

$M_{pl,xp,o} = \tau_R \cdot t_o^2 \cdot (2 \cdot b_o - t_o)/4$ $M_{pl,xp,s} = \tau_R \cdot t_s^2 \cdot (2 \cdot h_s - t_s)/4$ $M_{pl,xp,u} = \tau_R \cdot t_u^2 \cdot (2 \cdot b_u - t_u)/4$

Auch die Erfassung der Schnittgrößen $N, M_{\bar{y}}, M_{\bar{z}}$ und $M_{\bar{\omega}}$ entspricht prinzipiell der bereits bekannten Vorgehensweise beim doppeltsymmetrischen I-Querschnitt. Zunächst erfasst man die Gurtbiegung, d.h. die Schnittgrößen $M_{\bar{z}}$ und $M_{\bar{\omega}}$, und überprüft anschließend die verbleibende $N - M_{\bar{y}}$ – Tragfähigkeit. Mit den Gln. (10.55c) und (10.55d) erhält man:

$$M_o - N_o \cdot \bar{y}_o = \frac{M_{\bar{z}} \cdot \bar{z}_u - M_{\bar{\omega}}}{\bar{z}_u - \bar{z}_o} = M_{Sa,o} \tag{10.56a}$$

$$M_u - N_u \cdot \bar{y}_u = \frac{-M_{\bar{z}} \cdot \bar{z}_o + M_{\bar{\omega}}}{\bar{z}_u - \bar{z}_o} = M_{Sa,u} \tag{10.56b}$$

$M_{Sa,o}$ und $M_{Sa,u}$ beschreiben die Gurtbiegemomente mit Wirkungslinie in der Stegachse (Index: Sa). Diese sind durch die vorgegebenen Schnittgrößen bekannt, so dass man Gl. (10.56a) bzw. (10.56b) nach M_o bzw. M_u umformen kann. Weil die nächsten Schritte für Ober- und Untergurt identisch sind, wird verallgemeinernd der Index i anstelle von o und u verwendet.

$$M_i = M_{Sa,i} + N_i \cdot \overline{y}_i \qquad\qquad \text{für: } i = o,u \qquad\qquad (10.57a)$$

Diese Beziehung setzt man nun in die Interaktion des Rechteckquerschnitts ein.

$$\left(\frac{N_i}{N_{pl,i,\tau}}\right)^2 + \frac{|M_i|}{M_{pl,i,\tau}} \leq 1 \qquad\qquad (10.57b)$$

$$\Rightarrow \left(\frac{N_i}{N_{pl,i,\tau}}\right)^2 + \left|\frac{M_{Sa,i}}{M_{pl,i,\tau}} + 2\cdot\delta_i\cdot\frac{N_i}{N_{pl,i,\tau}}\right| \leq 1 \quad \text{mit: } \delta_i = 2\cdot\frac{\overline{y}_i}{b_i} \qquad (10.57c)$$

Somit verbleibt als einzige Unbekannte in Gl. (10.57c) die Teilschnittgröße N_i. Betrachtet man den Grenzfall (= 1 anstatt $\leq$ 1), lassen sich eine minimale und maximale Grenznormalkraft berechnen. Wegen des quadratischen Ausdrucks und der betragsmäßigen Formulierung des Momententerms ist eine Fallunterscheidung erforderlich. Da die mathematische Ableitung, wann welcher Fall maßgebend wird, relativ umfangreich ist, werden hier nur die Ergebnisse dieser Untersuchungen in Tabelle 10.18 zusammengefasst. Letztlich bestimmt man für die Gurtkräfte eine untere ($N_{gr,i,min}$) und obere ($N_{gr,i,max}$) Grenze, innerhalb der sich die Gurtnormalkräfte ($N_{gr,i,min} \leq N_i \leq N_{gr,i,max}$) befinden müssen, damit sich ein Gleichgewichtszustand einstellen kann. Wie groß die Gurtkräfte explizit sind, ist dabei nicht von Interesse. Letztlich werden sie innerhalb dieser Grenzen so angenommen, dass sich unter Einhaltung der Gleichgewichtsbedingungen eine maximale Tragfähigkeit ergibt.

Tabelle 10.18 Grenznormalkräfte in den Gurten (i = o: Obergurt, i = u: Untergurt)

für:	$N_{gr,i,min} =$	für:	$N_{gr,i,max} =$
$\dfrac{M_{Sa,i}}{M_{pl,i,\tau}} \geq 2\cdot\delta_i$	$N_{pl,i,\tau}\cdot\left(-\delta_i - \sqrt{\delta_i^2 + 1 - \dfrac{M_{Sa,i}}{M_{pl,i,\tau}}}\right)$	$-\dfrac{M_{Sa,i}}{M_{pl,i,\tau}} \geq 2\cdot\delta_i$	$N_{pl,i,\tau}\cdot\left(+\delta_i + \sqrt{\delta_i^2 + 1 + \dfrac{M_{Sa,i}}{M_{pl,i,\tau}}}\right)$
$\dfrac{M_{Sa,i}}{M_{pl,i,\tau}} < 2\cdot\delta_i$	$N_{pl,i,\tau}\cdot\left(+\delta_i - \sqrt{\delta_i^2 + 1 + \dfrac{M_{Sa,i}}{M_{pl,i,\tau}}}\right)$	$-\dfrac{M_{Sa,i}}{M_{pl,i,\tau}} < 2\cdot\delta_i$	$N_{pl,i,\tau}\cdot\left(-\delta_i + \sqrt{\delta_i^2 + 1 - \dfrac{M_{Sa,i}}{M_{pl,i,\tau}}}\right)$

Aus den Wurzelausdrücken für die Grenznormalkräfte gemäß Tabelle 10.18 ergeben sich unmittelbar die Bedingungen (10.58a) und (10.58b) zum Nachweis ausreichender Gurttragfähigkeiten.

$$\frac{|M_{Sa,o}|}{M_{pl,o,\tau}} \leq 1 + \delta_o^2 \quad \text{und} \quad \frac{|M_{Sa,u}|}{M_{pl,u,\tau}} \leq 1 + \delta_u^2 \qquad\qquad (10.58a, b)$$

Wenn diese nicht eingehalten werden, können bereits die Schnittgrößen $M_{\bar{z}}$ und $M_{\overline{\omega}}$ nicht mehr vom Querschnitt aufgenommen werden und eine weitere Berechnung erübrigt sich. Anderenfalls kann man die minimalen und maximalen Grenznormalkräfte in den Gurten gemäß Tabelle 10.18 bestimmen.

Es verbleibt die Überprüfung ausreichender Querschnittstragfähigkeit für die Schnittgrößen N und $M_{\bar{y}}$. Dies erfolgt durch die Berechnung der 4 Teilschnittgrößen N_o, N_u, N_s und M_s, für die 2 Gleichgewichtsbedingungen $\Sigma N = 0$ und $\Sigma M_{\bar{y}} = 0$ nach den Gl. (10.55a, b) sowie die Nebenbedingungen (Grenztragfähigkeiten der Teilquerschnitte) zur Verfügung stehen.

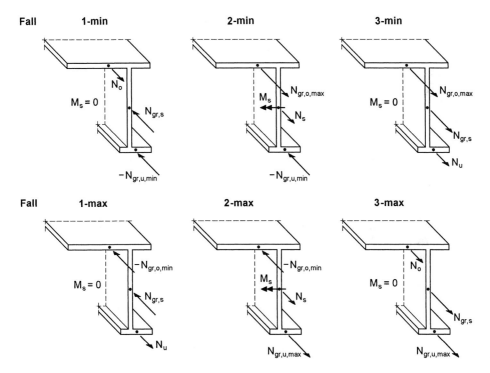

Bild 10.42   Fallunterscheidungen zur Ermittlung von min $M_{\bar{y}}$ und max $M_{\bar{y}}$

Fast völlig analog zum doppeltsymmetrischen I-Querschnitt, siehe Abschnitt 10.4.6, lässt sich auch bei dem hier untersuchten Querschnittstyp HVH die $N - M_{\bar{y}} -$Tragfähigkeit ermitteln. Der einzige Unterschied besteht darin, dass die minimalen und maximalen Grenznormalkräfte in den Gurten sich nicht nur im Vorzeichen, sondern auch vom Betrag her unterscheiden können. Dies führt zu den in Bild 10.42 gezeigten Fällen zur Bestimmung von min $M_{\bar{y}}$ und max $M_{\bar{y}}$. Zusammenfassend lässt sich als **Prinzip** festhalten, dass man zwei der vier Teilschnittgrößen wählt und die zwei übrigen mit der Gleichgewichtsbedingungen $\Sigma N = 0$ gemäß Gl. (10.55a) und der Nebenbedingung ($N_{gr,i,min} \leq N_i \leq N_{gr,i,max}$ bzw. N-M-Interaktion des Steges) berechnet. Anschließendes Einsetzen in die Gleichgewichtsbedingung $\Sigma M_{\bar{y}} = 0$ führt zu den in Tabelle 10.19 dargestellten Ausdrücken für min $M_{\bar{y}}$ und max $M_{\bar{y}}$.

Tabelle 10.19   Ermittlung von min $M_{\bar{y}}$ und max $M_{\bar{y}}$ in Abhängigkeit von N

Fall	Normalkraft N	min $M_{\bar{y}} =$
1-min	$N \geq N_{gr,o,min} + N_{gr,u,min} - N_{gr,s}$ $N < N_{gr,o,max} + N_{gr,u,min} - N_{gr,s}$	$N_{gr,u,min} \cdot (\bar{z}_u - \bar{z}_o) + (N + N_{gr,s}) \cdot \bar{z}_o$
2-min	$N \geq N_{gr,o,max} + N_{gr,u,min} - N_{gr,s}$ $N < N_{gr,o,max} + N_{gr,u,min} + N_{gr,s}$	$N_{gr,u,min} \cdot \bar{z}_u + N_{gr,o,max} \cdot \bar{z}_o - (N_{gr,s}^2 - N_s^2) \cdot h_s / (4 \cdot N_{gr,s})$ mit : $N_s = N - N_{gr,o,max} - N_{gr,u,min}$
3-min	$N \geq N_{gr,o,max} + N_{gr,u,min} + N_{gr,s}$ $N \leq N_{gr,o,max} + N_{gr,u,max} + N_{gr,s}$	$-N_{gr,o,max} \cdot (\bar{z}_u - \bar{z}_o) + (N - N_{gr,s}) \cdot \bar{z}_u$
Fall	**Normalkraft N**	**max** $M_{\bar{y}} =$
1-max	$N \geq N_{gr,o,min} + N_{gr,u,min} - N_{gr,s}$ $N < N_{gr,o,min} + N_{gr,u,max} - N_{gr,s}$	$-N_{gr,o,min} \cdot (\bar{z}_u - \bar{z}_o) + (N + N_{gr,s}) \cdot \bar{z}_u$
2-max	$N \geq N_{gr,o,min} + N_{gr,u,min} - N_{gr,s}$ $N < N_{gr,o,min} + N_{gr,u,max} + N_{gr,s}$	$N_{gr,u,max} \cdot \bar{z}_u + N_{gr,o,min} \cdot \bar{z}_o + (N_{gr,s}^2 - N_s^2) \cdot h_s / (4 \cdot N_{gr,s})$ mit : $N_s = N - N_{gr,o,min} - N_{gr,o,max}$
3-max	$N \geq N_{gr,o,min} + N_{gr,u,max} + N_{gr,s}$ $N \leq N_{gr,o,max} + N_{gr,u,max} + N_{gr,s}$	$N_{gr,u,max} \cdot (\bar{z}_u - \bar{z}_o) + (N - N_{gr,s}) \cdot \bar{z}_o$
Vorzeichen beachten!		
mit: $N_{gr,i,min}$ und $N_{gr,i,max}$ nach Tabelle 10.18 und $N_{gr,s}$ nach Tabelle 10.20		

Das Gleichgewicht für $\Sigma N = 0$ wird durch die Fallunterscheidungen hinsichtlich N in Tabelle 10.19 erfasst. Die letzte zu überprüfende Bedingung für den Nachweis ausreichender Querschnittstragfähigkeit lautet:

$$\text{min } M_{\bar{y}} \leq M_{\bar{y}} \leq \text{max } M_{\bar{y}} \tag{10.59}$$

Nur wenn alle Bedingungen, die in Tabelle 10.20 noch einmal zusammengefasst sind, erfüllt werden, ist der Nachweis zur Aufnahme der Schnittgrößen durch den Querschnitt gelungen.

Tabelle 10.20 Nachweisbedingungen für die σ-Schnittgrößen N, $M_{\bar{y}}$, $M_{\bar{z}}$ und $M_{\bar{\omega}}$

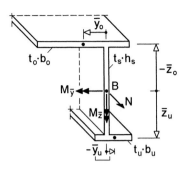

Nachweisbedingungen:

$$\frac{|M_{Sa,o}|}{M_{pl,o,\tau}} \leq 1 + \delta_o^2 \quad \text{mit:} \quad M_{Sa,o} = (M_{\bar{z}} \cdot \bar{z}_u - M_{\bar{\omega}})/(\bar{z}_u - \bar{z}_o)$$

$$\delta_o = 2 \cdot \bar{y}_o / b_o$$

$$\frac{|M_{Sa,u}|}{M_{pl,u,\tau}} \leq 1 + \delta_u^2 \quad \text{mit:} \quad M_{Sa,u} = (-M_{\bar{z}} \cdot \bar{z}_o + M_{\bar{\omega}})/(\bar{z}_u - \bar{z}_o)$$

$$\delta_u = 2 \cdot \bar{y}_u / b_u$$

zusätzlich: $M_{\bar{\omega}}$ in B

Vorzeichen beachten!

$\min M_{\bar{y}} \leq M_{\bar{y}} \leq \max M_{\bar{y}}$ siehe Tabelle 10.19

Rechenwerte: τ_o/τ_R, τ_u/τ_R und τ_s/τ_R siehe Tabelle 10.17

$$N_{pl,o,\tau} = b_o \cdot t_o \cdot f_y \cdot \sqrt{1 - (\tau_o / \tau_R)^2} \qquad\qquad M_{pl,o,\tau} = N_{pl,o,\tau} \cdot b_o / 4$$

$$N_{pl,u,\tau} = b_u \cdot t_u \cdot f_y \cdot \sqrt{1 - (\tau_u / \tau_R)^2} \qquad\qquad M_{pl,u,\tau} = N_{pl,u,\tau} \cdot b_u / 4$$

$$N_{gr,s} = N_{pl,s,\tau} = h_s \cdot t_s \cdot f_y \cdot \sqrt{1 - (\tau_s / \tau_R)^2}$$

Erläuterung der Nachweisbedingungen

Zur Verdeutlichung der beschriebenen Vorgehensweise zeigt Bild 10.43 die auf Grundlage von Tabelle 10.20 ermittelte N-M_y-Interaktionskurve eines einfachsymmetrischen I-Querschnitts. Die Punkte auf der Interaktionskurve kennzeichnen die Fallunterscheidungen gemäß Tabelle 10.19. Man sieht, in welchen Bereichen in Abhängigkeit von der Größe der Normalkraft das jeweilige Grenzbiegemoment $\min M_{\bar{y}}$ und $\max M_{\bar{y}}$ maßgebend wird. Das vorhandene Biegemoment $M_{\bar{y}}$ (Bezugssystem, vergleiche Bild 10.39) muss zur Erfüllung der Nachweisbedingung (10.59) innerhalb dieser Grenzen liegen, siehe Bild 10.43. Dabei sind die vorhandenen Schnittgrößen, die i.d.R. auf das Hauptsystem bezogen werden, zunächst gemäß Abschnitt 10.7.2 auf das dem TSV zugrunde liegende Bezugssystem in Stegmitte (Bild 10.39) zu transformieren.

Anmerkung: Die Querschnittskennwerte des einfachsymmetrischen I-Querschnitts für die N-M_y-Interaktionskurve in Bild 10.43 wurden in Abschnitt 6.5 berechnet. In Abschnitt 4.5.5 wird das Biegedrillknicken eines Trägers mit diesem Querschnitt untersucht.

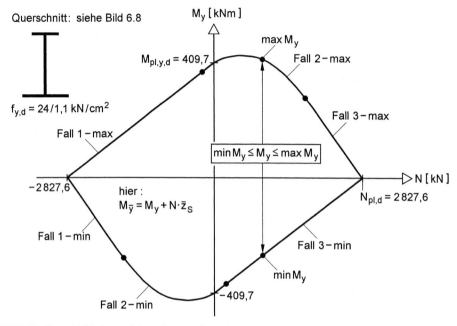

Bild 10.43 N-M_y-Interaktionskurve für einen einfachsymmetrischen I-Querschnitt und Erläuterung der Fallunterscheidungen (Tabelle 10.19) sowie der Nachweisbedingung Gl. (10.59)

Bild 10.43 macht auch die Notwendigkeit einer oberen **und** unteren Grenze für das Biegemoment deutlich, da die Interaktionskurve aufgrund der Querschnittsgeometrie (einfachsymmetrischer I-Querschnitt) nicht achsensymmetrisch ist.

Ein weiterer Effekt, der im Zusammenhang mit der plastischen Querschnittstragfähigkeit auftreten kann, wird ebenfalls am Verlauf der Interaktionskurve deutlich. Wie man sieht, ist das vollplastische Grenzbiegemoment $M_{pl,y,d}$ nicht das maximale Biegemoment. Wenn gleichzeitig eine gewisse Normalkraft vorhanden ist, kann M_y in Bezug auf $M_{pl,y,d}$ noch um 6% gesteigert werden. Derselbe Effekt tritt auch bei der in Bild 10.45 dargestellten N-M_y-Interaktionskurve eines T-Querschnitts auf. Prinzipiell ähnliche Effekte existieren auch bei anderen Querschnittsformen und/oder Schnittgrößen. Ausführliche Erläuterungen zu dieser Thematik finden sich u.a. im Abschnitt 4.7.

Empfehlung

Wegen der Schnittgrößentransformation und der hierfür erforderlichen Querschnitts-kennwerte (siehe Kapitel 3) sowie der notwendigen Fallunterscheidungen ist der Nachweis naturgemäß aufwendig. Es wird deshalb die Anwendung des **RUBSTAHL-Programms QST-TSV-2-3** empfohlen. Dort müssen nur die Querschnittsabmes-sungen und Schnittgrößen (Hauptsystem) eingegeben werden – die Querschnitts-normierung, Schnittgrößentransformation und Nachweisführung erfolgt automatisch.

10.7.5 Berücksichtigung von Blechbiegemomenten

Bei dünnen Blechen werden **Biegemomente** ΔM_i gemäß Bild 10.44 **um die schwache Achse** i.d.R. vernachlässigt. Diese Biegemomente, hier als Blechbiegemomente be-zeichnet, sind bei dünnen Blechen sehr klein, so dass die Näherung bei wirklich dünnwandigen Querschnitten ausreichend genau ist. Wenn dagegen dicke Gurte oder Stege vorhanden sind, können durchaus nennenswerte Blechbiegemomente auftreten.

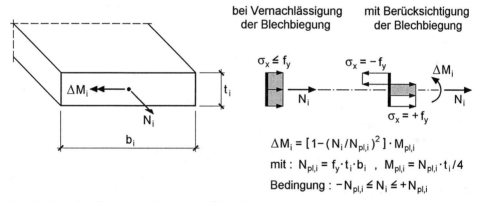

$$\Delta M_i = [\,1 - (\,N_i\,/\,N_{pl,i}\,)^2\,]\cdot M_{pl,i}$$

$$\text{mit}: \ N_{pl,i} = f_y\cdot t_i\cdot b_i \ , \ M_{pl,i} = N_{pl,i}\cdot t_i\,/\,4$$

$$\text{Bedingung}: \ -N_{pl,i} \lessgtr N_i \lessgtr +N_{pl,i}$$

Bild 10.44   Zur Berücksichtigung von Blechbiegemomenten

Bild 10.44 zeigt die prinzipielle Ermittlung von Blechbiegemomenten, wenn die Normalkraft im Blech bekannt ist. Dabei ergibt sich ΔM_i aus der Interaktionsbe-dingung für den Rechteckquerschnitt nach Gl. (9.16), wenn Biegung um die schwache Achse betrachtet wird.

Bei den Herleitungen für den Rechteckquerschnitt in Kapitel 9 werden die Blech-biegemomente vernachlässigt. Da das Teilschnittgrößenverfahren auf den in Kapitel 9 hergeleiteten Formeln basiert, betrifft die Vernachlässigung von ΔM_i u.a. auch das TSV in den Abschnitten 10.4 und 10.7. Für den allgemeinen Fall in Abschnitt 10.7 (Tabellen 10.19 und 10.20) werden hier die Blechbiegemomente ergänzt. Dabei werden jedoch nur die beiden **Gurtbleche** gemäß Bild 10.39 betrachtet, so dass sich nur für $M_{\bar{y}}$ und die Fälle 1-min, 3-min, 1-max und 3-max zusätzliche Blechbiegemomente ergeben. Im Gegensatz zu Bild 10.44 sind die minimalen und maximalen Grenznormalkräfte in den Gurten ($N_{gr,i,min}$ und $N_{gr,i,max}$ nach Tabelle 10.18) zu beachten. Die zusätzlichen Blechbiegemomente können dann wie folgt bestimmt werden:

$$\Delta M_i \cong \frac{N_{gr,i}^2 - N_i^2}{\left|N_{gr,i}\right|} \cdot \frac{t_i}{4} \geq 0 \qquad \text{für:} \quad i = o, u \qquad (10.60)$$

mit: $N_{gr,i} = N_{gr,i,min}$ für $N_i < 0$

   $N_{gr,i} = N_{gr,i,max}$ für $N_i \geq 0$

   N_i nach Tabelle 10.21

Zur Ermittlung der Blechbiegemomente nach Gl. (10.60) werden die Normalkräfte in den Gurten benötigt. Sie können mit Hilfe von Tabelle 10.21 bestimmt werden. Mit Kenntnis der Blechbiegemomente kann die Nachweisbedingung (10.59) durch Ergänzung der Grenzbiegemomente min $M_{\bar{y}}$ und max $M_{\bar{y}}$ nach Tabelle 10.19 angepasst werden. Damit erhält man folgende Nachweisbedingung:

$$\min M_{\bar{y}} - \min \Delta M_{\bar{y}} \leq M_{\bar{y}} \leq \max M_{\bar{y}} + \max \Delta M_{\bar{y}} \qquad (10.61)$$

Tabelle 10.21 Blechbiegemomente $\Delta M_{\bar{y}}$ für das TSV in Abschnitt 10.7.4

Fall	min $\Delta M_{\bar{y}}$	Fall	max $\Delta M_{\bar{y}}$
1-min	mit $N_o = N + N_{gr,s} - N_{gr,u,min}$	1-max	mit $N_u = N + N_{gr,s} - N_{gr,o,min}$
2 min	min $\Delta M_{\bar{y}} = 0$	2-max	max $\Delta M_{\bar{y}} = 0$
3-min	mit $N_u = N - N_{gr,s} - N_{gr,o,max}$	3-max	mit $N_o = N - N_{gr,s} - N_{gr,u,max}$
	min $\Delta M_{\bar{y}}$ siehe Gl. (10.60)		max $\Delta M_{\bar{y}}$ siehe Gl. (10.60)

Bild 10.45 zeigt die Unterschiede der N-M_y-Interaktion eines T-Querschnitts (Querschnittsidealisierung: Linienmodell ohne Überlappung), die sich mit und ohne Berücksichtigung des Blechbiegemomentes im Obergurt ergeben. Für reine Biegung, d.h. für die Grenzschnittgröße $M_{pl,y} = 9964$ kNcm (mit Blechbiegung) ergibt sich eine Abweichung von 3,8%. Das $M_{pl,y} = 9600$ kNcm ohne Berücksichtigung der Blechbiegung lässt sich im Übrigen auch mit Gl. (10.9) des Einführungsbeispiels bestimmen, vergleiche Methode „Spannungsverteilung wählen" und „Teilschnittgrößenverfahren" bzw. Bilder 10.6 und 10.9.

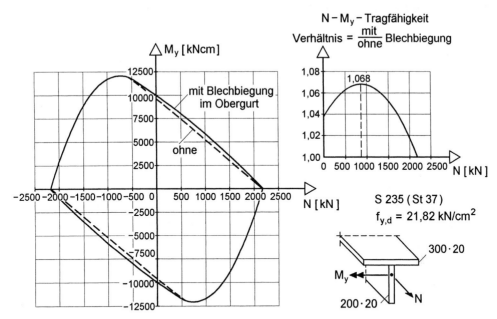

Bild 10.45   Einfluss des örtlichen Blechbiegemomentes am Beispiel der N-M_y-Interaktion eines T-Querschnitts

10.7.6 Beispiel: HVH-Sonderquerschnitt

An dem in Bild 10.46 dargestellten Querschnitt mit der dort angegebenen Beanspruchung soll die Leistungsfähigkeit des TSV im allgemeinen Fall, d.h. für einen unsymmetrischen Querschnitt unter der Beanspruchung aller 8 Schnittgrößen, gezeigt werden. Es wird vorausgesetzt, dass die angegebenen γ_M-fachen Bemessungswerte der Einwirkungen (Schnittgrößen) zuvor wie üblich an einem baustatischen System in Bezug auf das Hauptsystem berechnet worden sind.

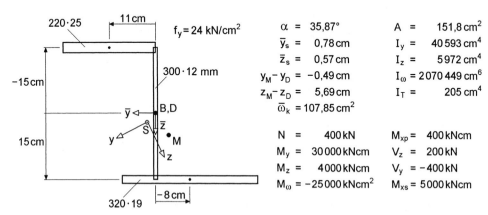

Bild 10.46   Beispiel: HVH-Sonderquerschnitt

Auf die Berechnung der Zwischenwerte wird hier nicht näher eingegangen, da sie mit dem **RUBSTAHL-Programm QST-TSV-2-3** erfolgen kann, siehe Tabelle 10.22, und dieses Beispiel auch in [84] enthalten ist. Stattdessen werden lediglich die Schnittgrößentransformationen vom Hauptsystem auf das Bezugssystem in Mitte Steg gemäß Tabelle 10.16 gezeigt:

- σ-Schnittgrößen

$$\overline{N} = N = 400 \text{ kN}$$
$$M_{\overline{y}} = M_y \cdot \cos\alpha - M_z \cdot \sin\alpha + N \cdot \overline{z}_s = 22195 \text{ kNcm}$$
$$M_{\overline{z}} = M_z \cdot \cos\alpha + M_y \cdot \sin\alpha - N \cdot \overline{y}_s = 20508 \text{ kNcm}$$
$$M_{\overline{\omega}} = M_\omega + M_y \cdot (y_M - y_D) + M_z \cdot (z_M - z_D) + N \cdot \overline{\omega}_k = 26191 \text{ kNcm}^2$$

- τ-Schnittgrößen

$$\overline{M}_{xp} = M_{xp} = 400 \text{ kNcm}$$
$$V_{\overline{y}} = V_y \cdot \cos\alpha - V_z \cdot \sin\alpha = -441,3 \text{ kN}$$
$$V_{\overline{z}} = V_z \cdot \cos\alpha + V_y \cdot \sin\alpha = -72,3 \text{ kN}$$
$$\overline{M}_{xs} = M_{xs} - V_y \cdot (z_M - z_D) + V_z \cdot (y_M - y_D) = 7179 \text{ kNcm}$$

mit: N, M_y, M_z, M_ω, M_{xp}, V_y, V_z, M_{xs} und Querschnittswerte siehe Bild 10.46.

Tabelle 10.22 Nachweis mit dem TSV für das Beispiel in Bild 10.46

Lehrstuhl für Stahl- und Verbundbau
Prof. Dr.-Ing. R. Kindmann
RUBSTAHL-Lehr- und Lernprogramme für Studium und Weiterbildung
Programm QST-TSV-2-3 erstellt von J. Frickel 22.06.01

Literatur: Kindmann, R., Frickel, J.: Grenztragfähigkeit von häufig verwendeten Stabquerschnitten für beliebige Schnittgrößen. Stahlbau 68 (1999). H. 10. S. 817-828.

Streckgrenze $f_{y,d}$ = 24,00 kN/cm² **Kommentar:** HVH-Sonderquerschnitt (Bild 10.46)

Eingabe der Schnittgrößen im Hauptsystem (alle Eingaben in kN und cm):

S_d / R_d		Hauptsystem	☐ alpha-pl begrenzen	Bezugsystem (Tab. 7 bzw. 12)	
0,999	N =	400,00		400,00	kN
	M_y =	30000,0		22195,1	kNcm
H	M_z =	4000,0		20508,2	kNcm
i	M_ω =	-25000		26191	kNcm²
n			**Nachweis**		
w	M_{xp} =	400,0	**erfüllt**	400,0	kNcm
e	V_z =	200,00		-72,33	kN
i	V_y =	-400,00		-441,33	kN
s	M_{xs} =	5000		7179,3	kNcm

Nachweisbedingungen:

Tab. 9	Obergurt	Untergurt	Steg	
V =	18,65	-459,97	-72,33	kN
V_{pl} =	762,10	842,47	498,83	kN
M_{xp} =	223,5	142,7	33,7	kNcm
$M_{pl,xp}$ =	898,5	776,6	293,3	kNcm
τ / τ_R =	0,251	0,646	0,213	-
Tab. 13	**Obergurt**	**Untergurt**	**Steg**	
$N_{pl,\tau}$ =	1277,68	1114,40		kN
$M_{pl,\tau}$ =	7027,2	8915,2		kNcm
δ =	1,000	-0,500		-
M_{SA} =	9381,0	11127,1		kNcm
$N_{gr,min}$ =	-1055,60	508,74	$N_{gr,s}$ = 844,09	kN
$N_{gr,max}$ =	-235,73	605,66		kN
Tab. 15	**Untergrenze**	**N**	**Obergrenze**	
1-min	-1390,95	≤ 400,00 <	-571,08	
2-min	-571,08	≤ 400,00 <	1117,10	massgebend
3-min	1117,10	≤ 400,00 ≤	1214,02	
1-max	-1390,95	≤ 400,00 <	-1294,03	
2-max	-1294,03	≤ 400,00 <	394,15	
3-max	394,15	≤ 400,00 ≤	1214,02	massgebend

Tab. 14					
Bed. 1:	0,251	≤	1		
Bed. 2:	0,213	≤	1		
Bed. 3:	0,646	≤	1	**Nachweis erfüllt**	
Bed. 4:	1,335	≤	2,000		
Bed. 5:	1,248	≤	1,250		
Bed. 6:	-1390,95	≤	400,00	≤	1214,02
Bed. 7:	4979,7	≤	22195,1	≤	24831,1

10.8   L-, T-, I-, U- und Z-Querschnitte

10.8.1   Übersicht

Zu den Querschnittsformen, die am häufigsten vorkommen, gehören T-, L-, I-, U- und Z-Querschnitte. Ihr gemeinsames Merkmal besteht darin, dass sie sich alle aus 2 bzw. 3 rechteckigen Blechen zusammensetzen und der Steg vertikal und die Gurte horizontal angeordnet sind. Sie sind **Sonderfälle des in Abschnitt 10.7 behandelten allgemeinen Zwei- und Dreiblechquerschnitts Typ HVH** (Bild 10.39). Die Herleitung von Nachweisbedingungen für die o.g. Querschnittsformen ist daher nicht erforderlich.

Eine Besonderheit bei **Zweiblechquerschnitten**, wie z.B. T- und L-Querschnitten, besteht darin, dass sie **wölbfrei** sind, vergleiche Kapitel 3 und 5. Dies bedeutet, dass die Torsion vollständig als *St. Venantsche* Torsion ($M_x = M_{xp}$) wirkt bzw. die zur Wölbkrafttorsion korrespondierenden Schnittgrößen nicht vorhanden sind ($M_{xs} = M_\omega = 0$). Dies kann problemlos in die Nachweisbedingungen, siehe Abschnitt 10.7, eingesetzt werden und bedarf ferner keiner besonderen Aufmerksamkeit.

In folgenden Abschnitten finden sich Beispiele zur Anwendung des Teilschnitt-größenverfahrens (TSV) bei verschiedenen Querschnittsformen:

• U-Querschnitt: Abschnitt 4.5.6

• I-Querschnitt: Abschnitte 4.5.5 und 4.5.8

• L-Querschnitt: Abschnitt 4.5.9 und 10.8.2

• T-Querschnitt: Abschnitt 10.8.3

Darüber hinaus wird das Tragverhalten von U-Querschnitten und einfachsymme-trischen I-Querschnitten ausführlich in den Abschnitten 4.8 und 4.9 erläutert.

10.8.2   Beispiel: Auswechslung (L-Querschnitt)

Bild 10.47 zeigt die Auswechslung einer Spannbetonhohlplatte durch einen gleich-schenkligen L-Querschnitt. Die Verdrehung des Querschnitts ist konstruktiv ausge-schlossen, da sich der vertikale Schenkel gegen die Platte abstützt, wobei der Zwischenraum durch Fugenmörtel oder ein Futterstück überbrückt wird. Durch die Auflage der Platte auf dem Untergurt wird dieser zusätzlich durch Blechbiegung beansprucht. Der Einfluss der Blechbiegung wird näherungsweise durch eine reduzierte Streckgrenze für den Untergurt erfasst, siehe Bild 10.47. Durch die stegparallele Belastung kann man unmittelbar das Biegemoment $M_{\bar{y}}$ im

Bezugssystem (siehe Bild 10.39) berechnen, so dass eine Schnittgrößentrans-formation überflüssig wird. Wegen der konstruktiv behinderten Verformung ist eine

Schnittgrößenberechnung nach Theorie I. Ordnung unter Vernachlässigung der Torsion ausreichend. Die Querschnittsidealisierung erfolgt mit dem Linienmodell mit Überlappung.

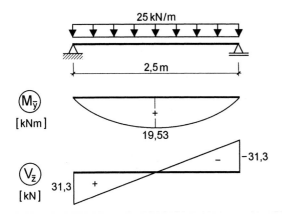

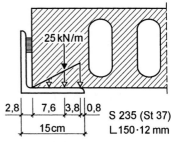

S 235 (St 37)
L 150·12 mm

Blechbiegung im Untergurt:

$m = 7,6 \cdot 25 / 100 = 1,9 \, kNcm/cm$

$m_{pl} = 21,82 \cdot 1,2^2 / 4 = 7,86 \, kNcm/cm$

reduzierte Streckgrenze
infolge Blechbiegung:

$f_y^* = f_y \sqrt{1 - m/m_{pl}} = 19 \, kN/cm^2$

Bild 10.47   Beispiel Auswechslung

- Nachweisbedingungen für τ-Schnittgrößen (**Auflager**) nach Tabelle 10.17

$$\frac{\tau_s}{\tau_R} = \frac{V_s}{V_{pl,s}} = \frac{31,3}{217,7} = 0,144 \leq 1$$

- Nachweisbedingungen für σ-Schnittgrößen (**Feld**) nach Tabelle 10.20

Alle Grenzschnittgrößen der Teilquerschnitte ($N_{pl,u}$ usw.) werden wegen der Blechbiegung (Bild 10.47) vereinfachend mit $f_y^* = 19 \, kN/cm^2$ für ermittelt.

$$\frac{\left| M_{Sa,u} \right|}{M_{pl,u,\tau}} \leq 1 + \delta_u^2 \quad \Rightarrow \quad 0 \leq 2$$

mit: $M_{Sa,u} = (-M_{\bar{z}} \cdot \bar{z}_o + M_{\bar{\omega}}) / (\bar{z}_u - \bar{z}_o) = 0 \, kNcm$

$\delta_u = 2 \cdot \bar{y}_u / b_u = -1$

$\min M_{\bar{y}} \leq M_{\bar{y}} \leq \max M_{\bar{y}} \quad \Rightarrow \quad -1\,958 \, kNcm \leq 1\,953 \, kNcm \leq 1\,958 \, kNcm$

mit: $N_{gr,u,max} = -N_{gr,u,min} = 136,0 \, kN$ (Tabelle 10.18) und

$\min M_{\bar{y}}$ (Fall 2-min) und $\max M_{\bar{y}}$ (Fall 2-max) nach Tabelle 10.19

10.8.3 Beispiel: Ausgeklinkter Träger (T-Querschnitt)

In Bild 10.48 ist der Auflagerbereich des Deckenträgers aus Abschnitt 4.5.2 dargestellt. Aufgrund konstruktiver Randbedingungen muss die Ausklinkung bis 25 cm von der Auflagerachse ausgeführt werden. Der Querschnitt besteht im Auflagerbereich somit aus einem T-Querschnitt, der durch Querkraft und Biegung infolge des Versatzmomentes beansprucht wird.

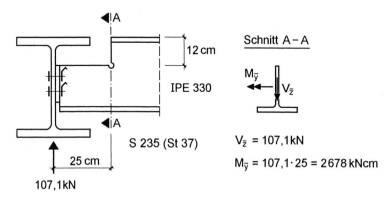

Bild 10.48   Beispiel ausgeklinkter Träger

Die Schnittgrößen werden unmittelbar für das vom TSV verwendete Bezugssystem in Mitte Steg (Bild 10.39) berechnet, so dass eine Schnittgrößentransformation überflüssig ist. Bei komplizierteren Querschnitten und/oder Beanspruchungen sollte man vorsichtshalber die Schnittgrößentransformation gemäß Tabelle 10.16 durchführen, um die Einhaltung der Gleichgewichtsbedingungen sicherzustellen. Die Querschnittsidealisierung erfolgt nach dem Linienmodell mit Überlappung.

- Nachweisbedingungen für τ-Schnittgrößen nach Tabelle 10.17

$$\frac{\tau_s}{\tau_R} = \frac{V_s}{V_{pl,s}} = \frac{107,1}{193,0} = 0,555 \leq 1$$

- Nachweisbedingungen für σ-Schnittgrößen nach Tabelle 10.20

$$\frac{|M_{Sa,u}|}{M_{pl,u}} \leq 1 + \delta_u^2 \quad \Rightarrow \quad 0 \leq 1 \quad \text{mit:} \quad M_{Sa,u} = \delta_u = 0$$

$$\min M_{\bar{y}} \leq M_{\bar{y}} \leq \max M_{\bar{y}} \quad \Rightarrow \quad -2839 \text{ kNcm} \leq 2678 \text{ kNcm} \leq 2839 \text{ kNcm}$$

$$\text{mit:} \quad N_{gr,u,max} = -N_{gr,u,min} = 401,5 \text{ kN} \quad \text{(Tabelle 10.18) und}$$

$$\min M_{\bar{y}} \text{ (Fall 3-min) und } \max M_{\bar{y}} \text{ (Fall 1-max) nach Tabelle 10.19}$$

Die mögliche Erhöhung der Tragfähigkeit nach Abschnitt 10.7.5 aufgrund der Blechbiegung im Untergurt wurde hier nicht berücksichtigt

10.9 Näherungsverfahren für beliebige Querschnittsformen (TSV-o.U.)

10.9.1 Prinzip des Näherungsverfahrens

Der Grundgedanke des nachfolgend vorgestellten Nährungsverfahrens ist es, die nach der Elastizitätstheorie berechneten Spannungen in einzelnen Querschnittsteilen zu Teilschnittgrößen zusammenzufassen und anschließend anhand bekannter Interaktionsbedingungen zu überprüfen, ob diese von den jeweiligen Teilquerschnitten aufgenommen werden können. Voraussetzung dafür ist, dass sich der Gesamtquerschnitt in Teilquerschnitte aufteilen lässt, für die Interaktions- bzw. andere Nachweisbedingungen bekannt sind.

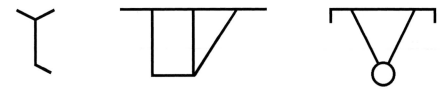

Bild 10.49　　Exemplarische Querschnittsformen für die Anwendung des Teilschnittgrößenverfahrens ohne Umlagerung (TSV-o.U.)

Bei dem hier vorgestellten Näherungsverfahren werden

- die Teilschnittgrößen in den Querschnittsteilen nach der Elastizitätstheorie berechnet

- und damit die Tragfähigkeit der Querschnittsteile nach der Plastizitätstheorie überprüft.

Das Verfahren wird **Teilschnittgrößenverfahren ohne Umlagerungen (TSV-o.U.)** genannt, weil von der möglichen Umverteilung der Teilschnittgrößen, wie beim TSV in den Abschnitten 10.4 und 10.7, kein Gebrauch gemacht wird.

Mit dem TSV-o.U. können in vielen Fällen mit relativ geringem Aufwand plastische Reserven von Querschnitten ausgenutzt werden, die, wie in Bild 10.49 skizziert, nicht zu den Standardquerschnitten (siehe Abschnitte 10.4 bis 10.8) gehören. Hinweise zu den erschließbaren Tragfähigkeitsreserven und geeigneten Anwendungsbereichen finden sich in Abschnitt 10.9.3.

10.9.2 Durchführung der Berechnungen und Nachweise

Als Teilquerschnitte sind grundsätzlich alle Querschnittsformen geeignet, für die Interaktionsbedingungen oder gleichwertige Nachweisbedingungen vorliegen. Dazu gehören der Rechteckquerschnitt (Kapitel 9) und alle Querschnitte, für die in den

Abschnitten 10.4 bis 10.8 die Grenztragfähigkeit ermittelt wird. Bild 10.50 zeigt beispielhaft die Lösungen für den Rechteckquerschnitt (Abschnitt 9.3.4) und für den kreisförmigen Hohlquerschnitt (Abschnitt 10.5.4). Man kann jedoch auch I- oder U-Querschnitte als Teilquerschnitte wählen.

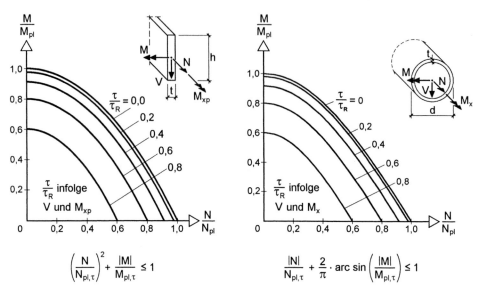

$$\left(\frac{N}{N_{pl,\tau}}\right)^2 + \frac{|M|}{M_{pl,\tau}} \leq 1 \qquad\qquad \frac{|N|}{N_{pl,\tau}} + \frac{2}{\pi} \cdot \text{arc sin}\left(\frac{|M|}{M_{pl,\tau}}\right) \leq 1$$

Bild 10.50   Grenztragfähigkeit von Rechteckquerschnitten (links) und kreisförmigen Hohlquerschnitten (rechts)

Am häufigsten setzen sich Querschnitte aus dünnwandigen rechteckigen Blechen zusammen, für die die Vorgehensweise und Formeln in Bild 10.51 zusammengefasst sind. Dort ist ein aus einem Gesamtquerschnitt herausgeschnittener Teilquerschnitt dargestellt.

Zunächst (**Schritt 1**) berechnet man am Gesamtquerschnitt die Spannungen auf Grundlage der Elastizitätstheorie gemäß Kapitel 5. Aus den Spannungen lassen sich durch Integration über den Teilquerschnitt die Teilschnittgrößen bestimmen, siehe Bild 10.51 (**Schritt 2**).

Abschließend (**Schritt 3**) muss für **jeden** Teilquerschnitt durch Anwendung der Nachweisbedingungen überprüft werden, ob die Teilschnittgrößen aufgenommen werden können. In vielen Fällen ist unmittelbar aus den Spannungsverteilungen erkennbar, dass die Vergleichsspannung im gesamten Teilquerschnitt nicht überschritten wird. Diese Teile brauchen dann natürlich nicht mit den Nachweisbedingungen (Bild 10.51, Schritt 3) überprüft werden.

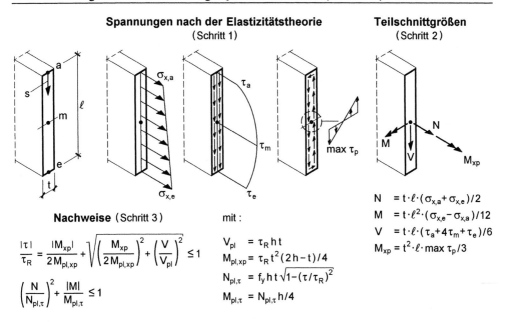

Spannungen nach der Elastizitätstheorie
(Schritt 1)

Teilschnittgrößen
(Schritt 2)

$N = t \cdot \ell \cdot (\sigma_{x,a} + \sigma_{x,e})/2$

$M = t \cdot \ell^2 \cdot (\sigma_{x,e} - \sigma_{x,a})/12$

$V = t \cdot \ell \cdot (\tau_a + 4\tau_m + \tau_e)/6$

$M_{xp} = t^2 \cdot \ell \cdot \max \tau_p /3$

Nachweise (Schritt 3)   mit :

$$\frac{|\tau|}{\tau_R} = \frac{|M_{xp}|}{2\,M_{pl,xp}} + \sqrt{\left(\frac{M_{xp}}{2\,M_{pl,xp}}\right)^2 + \left(\frac{V}{V_{pl}}\right)^2} \leq 1$$

$$\left(\frac{N}{N_{pl,\tau}}\right)^2 + \frac{|M|}{M_{pl,\tau}} \leq 1$$

$V_{pl} = \tau_R\, h\, t$

$M_{pl,xp} = \tau_R\, t^2 (2h - t)/4$

$N_{pl,\tau} = f_y\, h\, t \sqrt{1 - (\tau/\tau_R)^2}$

$M_{pl,\tau} = N_{pl,\tau}\, h/4$

Bild 10.51   Zur Vorgehensweise des Näherungsverfahrens TSV-o.U.

Hinsichtlich des Torsionsmomentes M_{xp} ist die Verwendung der in Bild 10.51 angegebenen Formel in den meisten Anwendungsfällen unzweckmäßig, da man zur Berechnung von $\max \tau_p$ das Torsionsmoment M_{xp} verwendet. Bei offenen Querschnitten kann unmittelbar mit

$$M_{xp,i} = \frac{I_{T,i}}{I_T} \cdot M_{xp} \tag{10.62}$$

gerechnet werden, d.h. das primäre Torsionsmoment M_{xp} wird im Verhältnis der Torsionsträgheitsmomente auf die Einzelteile aufgeteilt (siehe auch Abschnitt 5.4.5). Bei geschlossenen oder gemischt offen-geschlossenen Querschnitten (mit Hohlzellen) werden die Eigentorsionsträgheitsmomente i.d.R. vernachlässigt, so dass die Torsion nur auf die Teilquerschnitte wirkt, die die Hohlzellen bilden (siehe auch Bild 6.24). In diesen wirken bei dünnwandigen Querschnitten über die Blechdicke konstante Schubspannungen, die zu örtlichen Querkräften V_i in den Teilquerschnitten führen ($M_{xp,i} = 0$).

10.9.3 Hinweise und Empfehlungen

Beim TSV-o.U. wird die Möglichkeit Spannungen von einem vollständig plastizierten Teilquerschnitt in andere noch elastische Querschnittsteile **umzulagern**, nicht ausgenutzt, wie es das Teilschnittgrößenverfahren in den Abschnitten 10.4 bzw. 10.7 vorsieht.

Dieser Zusammenhang wird in Bild 10.52 an einem sehr einfachen Beispiel verdeutlicht. Ein Biegemoment $M_{pl,y}$ ergibt nach der Elastizitätstheorie im Untergurt eine Spannung von $\sigma_x = 29,85$ kN/cm². Sie führt in der Vorgehensweise des TSV-o.U. zu einer Gurtnormalkraft von $N_u = 644,9$ kN, die größer ist als die vollplastische Gurtnormalkraft $N_{pl,u} = 471,3$ kN. Obwohl die Interaktionsbedingungen für Obergurt und Steg erfüllt sind (Obergurt: $0,75 \leq 1$; Steg: $0,78 \leq 1$) kann der Nachweis mit dem TSV-o.U. hier nicht gelingen, weil voraussetzungsgemäß die Interaktionsbedingungen in **allen** Teilquerschnitten eingehalten werden müssen. Dies ist auch anschaulich sofort klar, weil im Untergurt keine elastischen Bereiche mehr vorhanden sind, über die man Spannungsspitzen ausgleichen könnte.

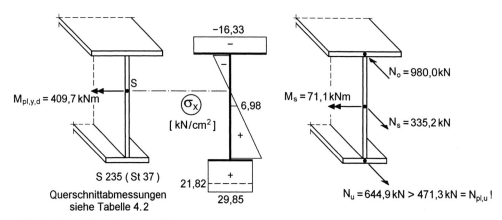

Bild 10.52   Hinweise zum Teilschnittgrößenverfahren ohne Umlagerung (TSV-o.U.)

Die Vorgehensweise des TSV (Abschnitte 10.4 und 10.7) unterscheidet sich dadurch vom TSV-o.U., dass man dort die Teilschnittgrößen nicht aus den elastischen Spannungen berechnet, sondern innerhalb der zulässigen Grenzen „wählt" bzw. direkt aus den Gleichgewichtsbedingungen bestimmt. Dadurch kann man die „überschüssigen" Spannungen des Untergurts in andere Teilquerschnitte **umlagern** und problemlos die ausreichende Tragfähigkeit für $M_{pl,y}$ nachweisen.

Besonders geeignet ist das TSV-o.U. deshalb immer dann, wenn sich stark veränderliche Spannungsverläufe über einzelne Teilquerschnitte ergeben, vergleiche Bilder 10.1 und 10.2. Während bei gleichmäßig großer Spannung (entspricht $N/N_{pl} = 1$) keine plastische Reserve mehr aktiviert werden kann, ergeben sich bei veränderlichem Spannungsverlauf (es wirken N **und** M) erhebliche Zuwächse für die Tragfähigkeit. Zur Unterstützung der Anschauung dient Bild 10.53. Es zeigt den σ_x-Spannungsverlauf für **zweiachsige Biegung** nach der Elastizitätstheorie am Beispiel des bereits zuvor diskutierten Querschnitts aus Abschnitt 4.5.8.

Wie man sieht, wird die Streckgrenze $f_{y,d} = 21,82$ kN/cm² an der linken Ecke des Obergurtes um 66% überschritten. Aufgrund des stark veränderlichen Spannungsverlaufes ist dieser Fall besonders für das TSV-o.U. geeignet. Folgt man der

Vorgehensweise in Abschnitt 10.9.2 kann ausreichende Tragsicherheit gerade noch nachgewiesen werden (Interaktionsbedingung des Obergurtes = 1). Die Tragfähigkeit des Steges bzw. Untergurtes sind dabei noch nicht erschöpft (Interaktionsbedingungen = 0,36 bzw. 0,97). Deshalb ergibt sich mit dem TSV (also mit Umlagerungen) eine zusätzliche Tragfähigkeitsreserve von 11% (1/0,90 siehe Tabelle in Bild 10.53). Dabei wird ein Teil von M_y in den Steg **umgelagert** und somit können die Gurte noch mehr M_z aufnehmen. Die deutlich höhere Tragfähigkeit von 66% (TSV-o.U.) bzw. 85% (TSV) im Vergleich zur Elastizitätstheorie ist auch nicht weiter erstaunlich, wenn man bedenkt, dass für den elastischen Spannungsnachweis die nur punktuell vorhandenen Maximalwerte ausschlaggebend sind, während große Teile des Querschnitts noch vollkommen elastisch sind, siehe Bild 10.53.

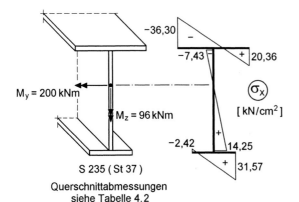

	S_d/R_d	Tragfähigkeit
TSV[1]	0,90	111%
TSV – o.U.[2]	1,00	100%
Elastizitätstheorie	1,66	60%

[1]Abschnitt 10.7
[2]Abschnitt 10.9

Bild 10.53 Zweiachsige Biegung für den Querschnitt aus Abschnitt 4.5.8

Generell zu empfehlen ist das TSV-o.U. bei einfachen Querschnittsformen **mit veränderlichen** Spannungsverläufen und bei komplexeren Querschnitten. Durch seine sehr einfache Anwendung ist es für die **Handrechnung** geeignet. Hinsichtlich der nachweisbaren Tragfähigkeit erreicht man mindestens gleich gute Ergebnisse wie nach der Elastizitätstheorie. Je nach Querschnitt und Beanspruchung lassen sich auch höhere bis deutlich höhere Tragfähigkeiten nachweisen, die in einigen Fällen auch mit dem „theoretisch exakten" Ergebnis identisch sind. Wie aus dem Prinzip des TSV-o.U. hervorgeht und umfangreiche Vergleichsrechnungen gezeigt haben, liegen die Ergebnisse stets auf der sicheren Seite.

10.9.4 Beispiel: Y-förmiger Querschnitt

Das hier vorgestellte Beispiel ist [96] entnommen und wird nachfolgend mit dem TSV-o.U. berechnet. Es sei darauf hingewiesen, dass die grenz (b/t)-Verhältnisse (Tabelle 7.5) zur Anwendung des Nachweisverfahrens Elastisch-Plastisch gemäß DIN 18800 Teil 1 [4], siehe auch Kapitel 7, hier **nicht** eingehalten sind. Dennoch wird auf das in [96] vorgestellte Beispiel zurückgegriffen, da es sich um eines der wenigen in Literatur beschriebenen Beispiele eines **unsymmetrischen Querschnitts** handelt und die Leistungsfähigkeit des TSV-o.U. besonders gut dokumentiert.

Tabelle 10.23   Knotenkoordinaten und Querschnittskennwerte für den Y-förmigen Querschnitt in Bild 10.54

Knoten	y [cm]	z [cm]	ω [cm²]	Querschnittskennwerte	
1	3,83	-5,94	2,86	$A =$	2,25 cm²
2	-0,02	-2,75	0,06	$I_y =$	48,35 cm⁴
3	-4,16	-5,56	-0,27	$I_z =$	5,54 cm⁴
4	0,46	7,24	-4,04	$I_\omega =$	20,89 cm⁶
5	-1,46	8,83	14,56	$I_T =$	$7,5 \cdot 10^{-3}$ cm⁴

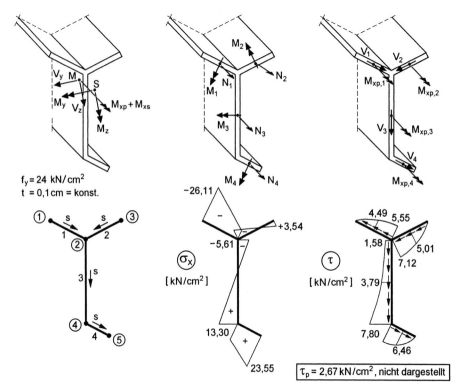

Bild 10.54   Beispiel zum TSV-o.U.

Die aus den Beanspruchungen

$$N \quad = \quad 0 \text{ kN} \qquad\qquad M_{xp} = 0,2 \text{ kNcm}$$

$$M_y \quad = 100 \text{ kNcm} \qquad\qquad V_z \quad = \quad 5 \text{ kN}$$

$$M_z \quad = 20 \text{ kNcm} \qquad\qquad V_y \quad = 2,5 \text{ kN}$$

$$M_\omega \quad = \quad 0 \text{ kNcm}^2 \qquad\qquad M_{xs} \quad = 10 \text{ kNcm}$$

resultierenden elastischen Spannungsverteilungen sind in Bild 10.54 dargestellt und können mit dem dem **RUBSTAHL-Programm QSW-OFFEN** berechnet werden. Die Querschnittsabmessungen ergeben sich mit Tabelle 10.23 und Bild 10.54.

Die Vorgehensweise gemäß Bild 10.51 wird hier am Beispiel des Blechs 4 (Untergurt) erläutert, wobei der Index 4 aus Vereinfachungsgründen weggelassen wird.

- Schritt 1: Spannungen nach der Elastizitätstheorie, siehe Bild 10.54

- Schritt 2: $N = 2{,}5 \cdot 0{,}1 \cdot (13{,}30 + 23{,}55)/2 = 4{,}61$ kN

  $M = 2{,}5^2 \cdot 0{,}1 \cdot (23{,}55 - 13{,}30)/12 = 0{,}53$ kNcm

  $V = 2{,}5 \cdot 0{,}1 \cdot (7{,}80 + 4 \cdot 6{,}46 + 0)/6 = 1{,}40$ kN

  $M_{xp} = 0{,}2 \cdot 0{,}833/7{,}5 = 0{,}0222$ kNcm

- Schritt 3: $V_{pl} = 13{,}856 \cdot 2{,}5 \cdot 0{,}1 = 3{,}464$ kN

  $M_{pl,xp} = 13{,}856 \cdot 0{,}1^2 \cdot (2 \cdot 2{,}5 - 0{,}1)/4 = 0{,}1697$ kNcm

  $$\frac{\tau}{\tau_R} = \frac{0{,}0222}{2 \cdot 0{,}1697} + \sqrt{\left(\frac{0{,}0222}{2 \cdot 0{,}1697}\right)^2 + \left(\frac{1{,}40}{3{,}464}\right)^2} = 0{,}475 \leq 1$$

  $N_{pl,\tau} = 24 \cdot 2{,}5 \cdot 0{,}1 \cdot \sqrt{1 - 0{,}475^2} = 5{,}28$ kN

  $M_{pl,\tau} = 5{,}27 \cdot 2{,}5/4 = 3{,}30$ kNcm

  $$\left(\frac{N}{N_{pl,\tau}}\right)^2 + \frac{|M|}{M_{pl,\tau}} = 0{,}924 \leq 1$$

Tabelle 10.24　TSV-o.U. für das Beispiel in Bild 10.54

Teilquerschnitt		1	2	3	4
ℓ	[cm]	5,00	5,00	10,00	**2,50**
t	[cm]	0,1	0,1	0,1	**0,1**
I_T	[cm$^4 \cdot 10^3$]	1,67	1,67	3,33	**0,833**
V	[kN]	-1,96	2,26	4,09	**1,40**
V_{pl}	[kN]	6,93	6,93	13,86	**3,46**
M_{xp}	[kNcm]	0,044	0,044	0,089	**0,022**
$M_{pl,xp}$	[kNcm]	0,343	0,343	0,689	**0,170**
τ/τ_R	[-]	0,355	0,398	0,367	**0,475**
N	[kN]	-7,93	-0,52	3,84	**4,61**
$N_{pl,\tau}$	[kN]	11,22	11,01	22,33	**5,28**
M	[kNcm]	4,27	-1,91	15,76	**0,53**
$M_{pl,\tau}$	[kNcm]	14,02	13,76	55,82	**3,30**
$\left(\dfrac{N}{N_{pl,\tau}}\right)^2 + \dfrac{|M|}{M_{pl,\tau}}$		0,805	0,141	0,313	**0,924**

In Tabelle 10.24 sind die Zwischenwerte für alle Teilquerschnitte zusammengefasst. Wie man dort erkennen kann, ist Blech 4 der Teilquerschnitt mit der größten Beanspruchung. Da alle Teilquerschnitte die Interaktionsbedingungen erfüllen, gilt eine ausreichende Tragsicherheit als nachgewiesen. Mit Kenntnis der in Abschnitt 10.9.3 gegebenen Hinweise und Empfehlungen ist auch dem weniger Geübten klar, dass lediglich die Teilquerschnitte 1 und 4 für den Nachweis maßgebend werden können, da für die anderen Bleche bereits die Spannungsnachweise erfüllt sind, siehe σ_x und τ in Bild 10.54. Die Spalten 2 und 3 in Tabelle 10.24 sind daher eigentlich überflüssig. Ausserdem erkennt man, dass das Blech 1 mit der betragsmäßig größten σ_x-Spannung nicht am stärksten ausgenutzt ist, vergleiche Tabelle 10.24 letzte Zeile. Es wird deutlich, dass durch die Anwendung des TSV-o.U. mittels weniger und sehr einfacher Formeln die Behandlung schwieriger Fragestellungen problemlos per Handrechnung oder Tabellenkalkulation möglich ist. Das TSV-o.U. kann, wie in dem Beispiel gezeigt, zu qualitativ ähnlichen Ergebnissen führen, die sonst nur mit sehr aufwendigen nummerischen Untersuchungen zu erzielen sind.

10.10 Computerorientierte Verfahren

10.10.1 Problemstellung

In den Abschnitten 10.4 bis 10.8 wird die Grenztragfähigkeit ausgewählter Querschnittsformen behandelt. Abschnitt 10.9 enthält ein Näherungsverfahren für beliebige Querschnitte. Hier soll nun der Frage nachgegangen werden, wie die ausreichende Querschnittstragfähigkeit auf Grundlage der Plastizitätstheorie für

beliebige Querschnittsformen und Schnittgrößenkombinationen

nachgewiesen werden kann. Zur Lösung wird die in Abschnitt 10.3 dargestellte Berechnungsmethode

Dehnungsiteration

verwendet. Die Grundzüge der Methode sind dort bereits beschrieben und in Bild 10.8 ist ein erstes erläuterndes Beispiel dargestellt. Hier wird die Methodik vertieft und die Anwendung anhand von Beispielen gezeigt. Dabei werden vorerst nur σ_x-Schnittgrößen und anschließend τ-Schnittgrößen sowie die gemeinsame Wirkung betrachtet. Aufgrund der erforderlichen Iteration und des nummerischen Aufwandes ist die Methode nur für die Verwendung in Computerprogrammen geeignet.

10.10.2 Dehnungsiteration für ein einfaches Beispiel

Für den doppeltsymmetrischen I-Querschnitt in Bild 10.56 soll festgestellt werden, ob das Biegemoment $M_y = 16500$ kNcm aufgenommen werden kann. Darüber hinaus soll die korrespondierende Spannungsverteilung ermittelt werden. Für das vollplastische Biegemoment erhält man mit Tabelle 10.2

$$M_{pl,y} = \left(1{,}15 \cdot 16 \cdot 31{,}85 + 0{,}75 \cdot 31{,}85^2 / 4\right) \cdot 24 / 1{,}1 = 12\,786{,}3 + 4\,149{,}9 = 16\,936{,}2 \text{ kNcm}$$

Vorab ist damit klar, dass $M_y = 16500$ kNcm vom Querschnitt aufgenommen werden kann. Zur Durchführung der Dehnungsiteration wird von den Grundgleichungen

$$\varepsilon_x = -z \cdot w''_M \quad \text{und} \quad w''_M = -\frac{M_y}{EI_y}$$

ausgegangen, siehe Abschnitt 10.3 und Tabelle 2.1 in Abschnitt 2.3. Damit erhält man für den vollständig elastischen Querschnitt

$$w''_M = -6{,}921 \cdot 10^{-5} \, \text{cm}^{-1}$$

und die maximale Dehnung ergibt sich zu

$$\max \varepsilon = 1{,}10‰ > \varepsilon_{el} = f_y / E = 1{,}04‰$$

In den Gurten ist daher die zur Streckgrenze korrespondierende Dehnung ε_{el} überschritten. Die Spannungsverteilung im Querschnitt kann nun mit dem Werkstoffgesetz in Bild 10.55 bestimmt werden. Bild 10.56 zeigt die Dehnungen und Spannungen im Querschnitt, siehe dort Iterationsschritt $i = 1$. Wie man sieht, sind beide Gurte und Endbereiche des Steges durchplastiziert. Die Höhe $h_{el,1}$ kann wegen $\varepsilon_x = -z \cdot w''_M = \varepsilon_{el}$ mit

$$h_{el,1} = 2 \cdot \left| -\varepsilon_{el} / w''_M \right| = 30{,}022 \text{ cm}$$

berechnet werden.

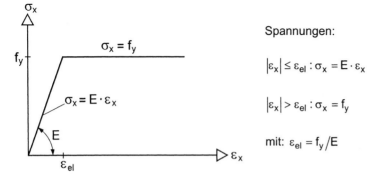

Spannungen:

$$|\varepsilon_x| \leq \varepsilon_{el} : \sigma_x = E \cdot \varepsilon_x$$

$$|\varepsilon_x| > \varepsilon_{el} : \sigma_x = f_y$$

mit: $\varepsilon_{el} = f_y / E$

Bild 10.55   Zur Spannungsermittlung mit der bilinearen Spannungs-Dehnungs-Beziehung

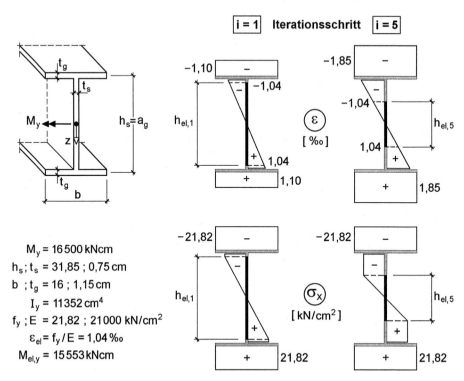

$M_y = 16500\,\text{kNcm}$

$h_s\,;\,t_s = 31{,}85\,;\,0{,}75\,\text{cm}$

$b\;;\,t_g = 16\,;\,1{,}15\,\text{cm}$

$I_y = 11352\,\text{cm}^4$

$f_y\,;\,E = 21{,}82\,;\,21000\,\text{kN/cm}^2$

$\varepsilon_{el} = f_y/E = 1{,}04\,\text{‰}$

$M_{el,y} = 15553\,\text{kNcm}$

Bild 10.56   Beispiel zur Dehnungsiteration (Verfahren der elastischen Reststeifigkeit)

Zur weiteren Durchführung der Dehnungsiteration wird der teilplastizierte Steg betrachtet und mit Hilfe von Bild 10.57 werden die Größen $I_{y,el}$, $M_{y,el}$ und $M_{y,pt}$ des Steges ermittelt. Die Indices „el" und „pt" kennzeichnen hierbei elastische und plastizierte Bereiche des Steges.

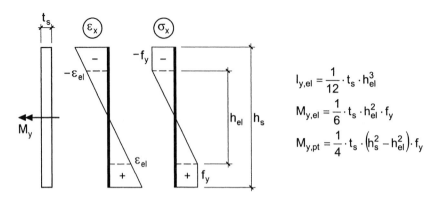

$$I_{y,el} = \frac{1}{12}\cdot t_s \cdot h_{el}^3$$

$$M_{y,el} = \frac{1}{6}\cdot t_s \cdot h_{el}^2 \cdot f_y$$

$$M_{y,pt} = \frac{1}{4}\cdot t_s \cdot \left(h_s^2 - h_{el}^2\right)\cdot f_y$$

Bild 10.57   Symmetrisch teilplastizierter Rechteckquerschnitt (Steg)

Das Trägheitsmoment des elastischen Restquerschnitts ergibt sich nun zu

$$I_{y,el,1} = \frac{1}{12} \cdot 0,75 \cdot 30,022^3 = 1\,691\,cm^4$$

und dieser Teil des Querschnitts nimmt

$$M_{y,el,1} = 1/6 \cdot 0,75 \cdot 30,022^2 \cdot 24/1,1 = 2\,458\,kNcm$$

auf. Zu den plastizierten Bereichen gehört

$$M_{y,pt,1} = 12\,786,3 + 0,75/4 \cdot \left(31,85^2 - 30,022^2\right) \cdot 24/1,1 = 13\,249\,kNcm$$

Da die Summe von $2\,458 + 13\,249 = 15\,707 < 16\,500$ ist, wird nun auf den elastischen Restquerschnitt die Differenz

$$\Delta M_{y,1} = vorh\,M_y - M_{y,pt} = 16\,500 - 13\,249 = 3\,251\,kNcm$$

als Lastmoment aufgebracht und die o.g. Rechnung iterativ weitergeführt. Die Krümmung im Iterationsschritt i ist daher

$$w''_{M,i} = -\frac{vorh\,M_y - M_{y,pt,i}}{E \cdot I_{y,el,i}}$$

Tabelle 10.25   Iterationsverlauf für das Beispiel in Bild 10.56

Schritt	w'' [1/cm²]	max ε [‰]	h_{el} [cm]	$I_{y,el}$ [cm⁴]	$M_{y,el}$ [kNcm]	$M_{y,pt}$ [kNcm]	M_y [kNcm]
1	$-6,921 \cdot 10^{-5}$	1,10	30,02	1 691	2 458	13 249	15 707
2	$-9,154 \cdot 10^{-5}$	1,46	22,70	731	1 405	14 828	16 234
3	$-1,089 \cdot 10^{-4}$	1,73	19,08	434	993	15 447	16 440
4	$-1,155 \cdot 10^{-4}$	1,84	17,99	364	883	15 612	16 495
5	$-1,162 \cdot 10^{-4}$	1,85	17,89	358	873	15 627	16 500

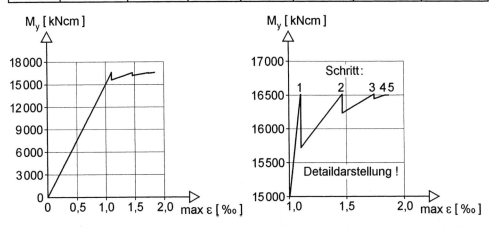

Bild 10.58   Beziehung zwischen M_y und max ε für die Iteration (Beispiel in Bild 10.56)

Mit Tabelle 10.25 kann der Ablauf der Iteration verfolgt werden. Im 5. Iterations-schritt wird der Gleichgewichtszustand zwischen dem vorhandenen Biegemoment und den Spannungen im teilplastizierten Querschnitt erreicht.

Die Ergebnisse von Tabelle 10.25 sind in Bild 10.58 dargestellt. In der Detaildar-stellung auf der rechten Seite ist die Iteration deutlich zu erkennen, wobei die Schritte 4 und 5 sehr dicht beieinander liegen. Das Bild 10.58 zeigt den Abfall von $M_y = 16500$ kNcm auf das jeweils im Iterationsschritt tatsächlich aufgenommene M_y, vergleiche Tabelle 10.25 letzte Spalte.

10.10.3 Dehnungsiteration für σ-Schnittgrößen

Es wird davon ausgegangen, dass die Schnittgrößen N, M_y, M_z und M_ω aufgrund einer Systemberechnung bekannt sind. Mit Hilfe der Methode „Dehnungsiteration" soll festgestellt werden, ob die Schnittgrößen vom Querschnitt aufgenommen werden können.

Die grundlegenden Gleichungen können aus Abschnitt 2.12.1 übernommen werden, siehe Gl. (2.103). Für einen Zustand in dem der **Querschnitt vollständig elastisch** ist, gilt:

$$
E \cdot
\begin{bmatrix}
A & 0 & 0 & 0 \\
0 & I_z & 0 & 0 \\
0 & 0 & I_y & 0 \\
0 & 0 & 0 & I_\omega
\end{bmatrix}
\cdot
\begin{bmatrix}
u'_S \\
v''_M \\
w''_M \\
\vartheta''
\end{bmatrix}
=
\begin{bmatrix}
N \\
M_z \\
-M_y \\
-M_\omega
\end{bmatrix}
\tag{10.63}
$$

oder

$$
E \cdot \quad \underline{A} \quad \cdot \underline{V} = \underline{S} \quad \Rightarrow \quad \underline{V} = (E \cdot \underline{A})^{-1} \cdot \underline{S}
$$

Da die 4 Gleichungen entkoppelt sind, können die Unbekannten u'_S, v''_M, w''_M und ϑ'' direkt bestimmt und damit auch die Dehnung

$$
\varepsilon_x = u'_S - y \cdot v''_M - z \cdot w''_M - \omega \cdot \vartheta''
\tag{10.64}
$$

in jedem Punkt des Querschnitts ermittelt werden. Mit dem Werkstoffgesetz in Bild 10.55 ergeben sich daraus die Spannungen σ_x und die Feststellung, welche Quer-schnittsteile elastisch bzw. plastisch sind. Diese Vorgehensweise ist jedoch in manchen Fällen unzweckmäßig, was aus dem Beispiel in Bild 10.56 unmittelbar hervorgeht. Wie man sieht, sind schon im ersten Iterationsschritt beide Gurte vollständig durchplastiziert, so dass der Querschnitt einen großen Teil seiner Steifigkeit verloren hat. Für den elastischen Restquerschnitt (Teil des Steges) sind $I_z = I_\omega = 0$. Dies ist für computerorientierte Berechnungen unter Verwendung der Gl. (10.63) äußerst ungünstig, weil das Gleichungssystem nicht mehr lösbar ist (Determinante von $\underline{A}$ gleich Null).

Es wird daher anstelle von Bild 10.55 das modifizierte Werkstoffgesetz in Bild 10.59 verwendet. Schon seit langem hat es sich bei Berechnungen nach der Fließzonentheorie (Abschnitt 4.6) bewährt, siehe z.B. [110], [90], und wird in ähnlicher Form auch im Eurocode 3 [10] vorgeschlagen, siehe Bild 8.1b.

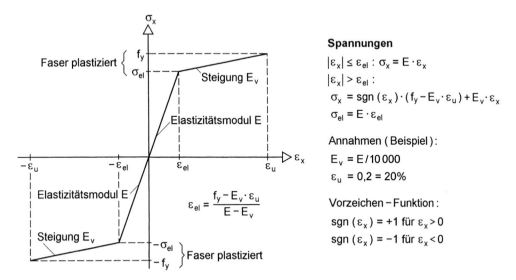

Bild 10.59   Modifiziertes Werkstoffgesetz

Der entscheidende Unterschied betrifft die in Bild 10.55 horizontal verlaufende Gerade (E = 0!), für die in Bild 10.59 eine geringe Steigung von z.B. E_v = E/10000 angenommen wird. Dadurch können die Querschnittskennwerte in Gl. (10.63) höchstens auf 1/10000 absinken, so dass nummerische Schwierigkeiten vermieden werden. Zusätzlich wird die Dehnung durch eine rechnerische Bruchdehnung ε_u von z.B. 20% begrenzt und diesem Wert die Streckgrenze f_y zugeordnet. Aufgrund dieser Zuordnung wird die Streckgrenze im Querschnitt an keiner Stelle überschritten und die Dehnungen können bei weniger duktilem Werkstoff entsprechend begrenzt werden.

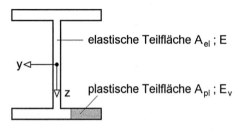

elastische Teilfläche A_{el} ; E

plastische Teilfläche A_{pl} ; E_v

Bild 10.60   Teilplastizierter Querschnitt

Zur Erläuterung der weiteren Berechnungen wird nun vorerst angenommen, dass **der Dehnungszustand im Querschnitt bekannt ist**, siehe Gl. (10.64). Der Querschnitt kann daher in elastische und plastische Teilflächen aufgeteilt werden, was in Bild 10.60 beispielhaft gezeigt wird. Aufgrund des Werkstoffgesetzes in Bild 10.59 hat die plastische Teilfläche wegen $E_v = E/10000$ eine gewisse Reststeifigkeit und liefert daher einen Beitrag zu den Querschnittskennwerten.

Mit dem als bekannt angenommenen Dehnungszustand kann berechnet werden, welche Schnittgrößen der teilplastizierte Querschnitt aufnimmt. Dazu werden die Schnittgrößendefinitionen in Tabelle 2.3 verwendet und es wird wie in Abschnitt 2.12.1 vorgegangen. Als Beispiel wird das Biegemoment M_y betrachtet und die Spannungen werden mit Hilfe von Bild 10.59 durch die Dehnungen ersetzt:

$$M_y = \int_A z \cdot \sigma_x \cdot dA \qquad (10.65)$$

$$= \int_{A_{el}} z \cdot \sigma_x \cdot dA_{el} + \int_{A_{pl}} z \cdot \sigma_x \cdot dA_{pl}$$

$$= E \cdot \int_{A_{el}} z \cdot \varepsilon_x \cdot dA_{el} + E_v \cdot \int_{A_{pl}} z \cdot \varepsilon_x \cdot dA_{pl} + M_{y,pt}$$

$$\text{mit: } M_{y,pt} = \left(f_y - E_v \cdot \varepsilon_u\right) \cdot \int_{A_{pl}} \text{sgn}(\varepsilon_x) \cdot z \cdot dA_{pl}$$

Mit $M_{y,pt}$ (**p**lastiziert) werden die konstanten Spannungsanteile in plastizierten Querschnittsteilen erfasst, wobei mit sgn (ε_x) das Vorzeichen berücksichtigt wird. Die Dehnungen können nun durch Gl. (10.64) ersetzt werden und man erhält:

$$M_y = E \cdot \left(A_z \cdot u_S' - A_{yz} \cdot v_M'' - A_{zz} \cdot w_M'' - A_{z\omega} \cdot \vartheta''\right) + M_{y,pt} \qquad (10.66)$$

Darin sind die Querschnittskennwerte wie folgt definiert:

$$A_z = \int_{A_{el}} z \cdot dA_{el} + \frac{E_v}{E} \cdot \int_{A_{pl}} z \cdot dA_{pl}$$

$$\qquad (10.67)$$

$$A_{yz} = \int_{A_{el}} y \cdot z \cdot dA_{el} + \frac{E_v}{E} \cdot \int_{A_{pl}} y \cdot z \cdot dA_{pl}$$

usw.

Die hier für das Biegemoment M_y vorgeführten Berechnungen können für N, M_z und M_ω in analoger Weise durchgeführt werden, so dass sich insgesamt 4 Gleichungen ergeben. In Matrizenschreibweise erhält man

$$\begin{bmatrix} N \\ M_z \\ -M_y \\ -M_\omega \end{bmatrix} = E \cdot \begin{bmatrix} A & -A_y & -A_z & -A_\omega \\ -A_y & A_{yy} & A_{yz} & A_{y\omega} \\ -A_z & A_{zy} & A_{zz} & A_{z\omega} \\ -A_\omega & A_{\omega y} & A_{\omega z} & A_{\omega\omega} \end{bmatrix} \cdot \begin{bmatrix} u_S' \\ v_M'' \\ w_M'' \\ \vartheta'' \end{bmatrix} + \begin{bmatrix} N_{pt} \\ M_{z,pt} \\ -M_{y,pt} \\ -M_{\omega,pt} \end{bmatrix} \qquad (10.68)$$

oder:

$$\underline{S} \qquad = E \cdot \qquad\qquad \underline{A} \qquad\qquad \cdot \underline{V} \; + \; \underline{S}_{pt}$$

Bis hierher erfolgten die Herleitungen unter der Annahme, dass der Dehnungszustand, d.h. der Vektor $\underline{V}$, bekannt ist, was in Wirklichkeit aber nicht der Fall ist. Man könnte nun versuchen, die Unbekannten im Vektor $\underline{V}$ durch Probieren so zu wählen, dass die Schnittgrößen $\underline{S}$ nach Gl. (10.68) genau gleich den gegebenen Schnittgrößen sind. Wenn dies gelänge, wäre das Problem gelöst.

Eine Lösung durch Probieren ist zwar prinzipiell im Sinne einer Optimierungsaufgabe möglich, hier wird jedoch einem iterativem Lösungsalgorithmus der Vorzug gegeben. Dazu wird der Iterationsschritt i betrachtet und angenommen, dass vom Iterationsschritt i-1 geeignete Näherungen für $\underline{A}$ und $\underline{S}_{pt}$ vorliegen. Mit dieser Annahme kann das Gleichungssystem (10.68) nach $\underline{V}$ aufgelöst werden und man erhält

$$\underline{V}_i = \left(E \cdot \underline{A}_{i-1}\right)^{-1} \cdot \left(\underline{S} - \underline{S}_{pt,i-1}\right) \qquad (10.69)$$

Da die Matrix symmetrisch ist, kann u.a. das Verfahren von *Cholesky* zur Lösung verwendet werden. Der Vektor $\underline{S}$ (ohne Index!) enthält die gegebenen Schnittgrößen, die vom Querschnitt aufgenommen werden sollen. Mit Kenntnis des Vektors $\underline{V}_i$ können

- Dehnungen, Gl. (10.64)

- Spannungen, Bild 10.59

- Querschnittskennwerte $\underline{A}_i$, Gl. (10.67), und

- Schnittgrößen in plastizierten Querschnittsteilen $\underline{S}_{pt,i}$, Gl. (10.65)

berechnet werden. Aus Gl. (10.68) wird nun

$$\underline{S}_i = E \cdot \underline{A}_i \cdot \underline{V}_i + \underline{S}_{pt,i} \qquad (10.70)$$

Der Vektor $\underline{S}_i$ enthält die Schnittgrößen, die im Iterationsschritt i **tatsächlich** vom Querschnitt aufgenommen werden. Sofern ein Gleichgewichtszustand möglich ist, konvergiert das Verfahren i.d.R. relativ schnell. Dies kann man daran erkennen, dass die Differenz zwischen den vorgegebenen und den aufgenommenen Schnittgrößen von Iterationsschritt zu Iterationsschritt kleiner wird, $\underline{S} - \underline{S}_i \to 0$. Dabei kann es durchaus vorkommen, dass die Differenz bei einzelnen Schnittgrößen zwischen-

zeitlich größer wird. Für die Beendigung der Iteration wird ein geeignetes Abbruchkriterium benötigt. Eine sinnvolle Möglichkeit ist in Gl. (10.71) definiert:

$$\delta_i = \sqrt{\left(\frac{N-N_i}{N_{el}}\right)^2 + \left(\frac{M_y - M_{y,i}}{M_{el,y}}\right)^2 + \left(\frac{M_z - M_{z,i}}{M_{el,z}}\right)^2 + \left(\frac{M_\omega - M_{\omega,i}}{M_{el,\omega}}\right)^2} \leq 10^{-6} \quad (10.71)$$

Als Bezugswerte werden die elastischen Grenzschnittgrößen (bei jeweils alleiniger
Wirkung) gewählt, da sich diese leicht in einer Vorberechnung bestimmen lassen. Mit
diesem Bezug sind alle Quotienten dimensionslos, so dass damit ein für beliebige
Querschnitte und Abmessungen vergleichbares Kriterium zur Verfügung steht. Durch
Veränderung der Fehlerschranke kann die Genauigkeit bei Bedarf erhöht oder
vermindert werden. Alternativ zu Gl. (10.71) kann auch die Veränderung der
maximalen Dehnung als Abbruchkriterium verwendet werden. In Gl. (10.72) ist eine
entsprechende Bedingung formuliert

$$\left|\frac{\max \varepsilon_i - \max \varepsilon_{i-1}}{\max \varepsilon_i}\right| \leq 10^{-6} \text{ (Beispiel)} \qquad (10.72)$$

Weiterhin ist selbstverständlich in jedem Iterationsschritt zu prüfen, ob die Dehnungen noch unterhalb der Bruchdehnung liegen. Wenn $\varepsilon > \varepsilon_u$ ist, kann die Iteration
abgebrochen werden, weil der Querschnitt offensichtlich versagt. Darüber hinaus
empfiehlt es sich, die Anzahl der Iterationsschritte zu begrenzen (z.B. max i = 100),
um bei divergierendem Rechenablauf die Berechnung beenden zu können.

Für die iterative Verbesserung des Dehnungszustandes werden in jedem Iterations-
schritt die Querschnittskennwerte $\underline{A}_i$ und die Schnittgrößen $\underline{S}_i$ sowie $\underline{S}_{pt,i}$ benötigt. Bei
computerorientierten Anwendungen ist es zweckmäßig, die Werte durch nummerische
Integration zu bestimmen. Wie in Abschnitt 3.4.8 beschrieben, wird der Querschnitt
dazu in Fasern oder Streifen eingeteilt. Da die Querschnitte sehr häufig aus ebenen
Blechen bestehen, wird in Bild 10.61 ein einzelnes Blech (Rechteckquerschnitt)
betrachtet und in gleich große Fasern aufgeteilt. Dazu werden die Bezeichnungen wie
in Bild 3.55 (Kapitel 3) gewählt und vorausgesetzt, dass die Ordinaten der Blechenden
„a" und „e" bekannt sind.

Bild 10.61 zeigt die Einteilung eines Bleches in 5 Fasern, wobei die geringe Anzahl
nur aus Gründen einer übersichtlichen Darstellung gewählt wurde. Für Berechnungen
sollte man zwischen 50 und 200 Fasern wählen (je nach angestrebter Genauigkeit). In
Bild 10.61 wird eine Faser j betrachtet und Ordinaten, Dehnung und Spannung im
Schwerpunkt dieser Faser bestimmt. Bei der Ermittlung der Schnittgrößen wird angenommen, dass die Spannung in der Faser konstant ist, was bei genügend feiner Fasereinteilung gerechtfertigt ist. Zur Ermittlung der Querschnittswerte $\underline{A}_i$ (Iterationsschritt
i) dienen die Formeln in den Tabellen 3.6 und 3.20, wobei aufgrund der feinen
Fasereinteilung nur die *Steiner*-Anteile verwendet werden. Die Berechnungen müssen
in jeder Laststufe i alle Querschnittsteile und alle Fasern der Querschnittsteile
erfassen.

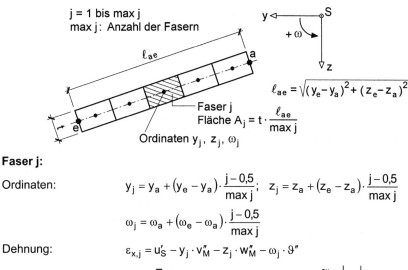

Faser j:

Ordinaten:

$$y_j = y_a + (y_e - y_a) \cdot \frac{j-0{,}5}{\max j}; \quad z_j = z_a + (z_e - z_a) \cdot \frac{j-0{,}5}{\max j}$$

$$\omega_j = \omega_a + (\omega_e - \omega_a) \cdot \frac{j-0{,}5}{\max j}$$

Dehnung:

$$\varepsilon_{x,j} = u_S' - y_j \cdot v_M'' - z_j \cdot w_M'' - \omega_j \cdot \vartheta''$$

Spannung:

$$\sigma_{x,j} = E \cdot \varepsilon_{x,j} \qquad\qquad \text{für: } |\varepsilon_{x,j}| \le \varepsilon_{el}$$

$$\sigma_{x,j} = \operatorname{sgn}(\varepsilon_{x,j}) \cdot (f_y - E_v \cdot \varepsilon_u) + E_v \cdot \varepsilon_{x,j} \quad \text{für: } |\varepsilon_{x,j}| > \varepsilon_{el}$$

Schnittgrößen:
(Beispiel)

$$M_{y,j} = z_j \cdot \sigma_{x,j} \cdot A_j$$

$$M_{y,pt,j} = 0 \qquad\qquad \text{für: } |\varepsilon_{x,j}| \le \varepsilon_{el}$$

$$M_{y,pt,j} = \operatorname{sgn}(\varepsilon_{x,j}) \cdot (f_y - E_v \cdot \varepsilon_u) \cdot z_j \cdot A_j \quad \text{für: } |\varepsilon_{x,j}| > \varepsilon_{el}$$

Querschnittswerte:
(Beispiel)

$$A_{yz,j} = y_j \cdot z_j \cdot A_j \qquad \text{für: } |\varepsilon_{x,j}| \le \varepsilon_{el}$$

$$A_{yz,j} = \frac{E_v}{E} \cdot y_j \cdot z_j \cdot A_j \qquad \text{für: } |\varepsilon_{x,j}| > \varepsilon_{el}$$

Bild 10.61   Einteilung eines Bleches in Fasern und Betrachtung der Faser j

Wölbfreie und wölbarme Querschnitte

Bei wölbfreien Querschnitten muss wegen $I_\omega = M_\omega = 0$ die vierte Gleichung in
(10.63), (10.68) und (10.69) gestrichen werden. Außerdem entfällt auch die vierte
Spalte in den Matrizen.

$$\begin{bmatrix} x & x & x & x \\ x & x & x & x \\ x & x & x & x \\ x & x & x & 0 \end{bmatrix} \cdot \begin{bmatrix} x \\ x \\ x \\ x \end{bmatrix} = \begin{bmatrix} x \\ x \\ x \\ 0 \end{bmatrix} \quad \text{oder} \quad \begin{bmatrix} x & x & x & 0 \\ x & x & x & 0 \\ x & x & x & 0 \\ 0 & 0 & 0 & 1 \end{bmatrix} \cdot \begin{bmatrix} x \\ x \\ x \\ 0 \end{bmatrix} = \begin{bmatrix} x \\ x \\ x \\ 0 \end{bmatrix}$$

Bild 10.62   Zur Reduktion bei wölbfreien oder wölbarmen Querschnitten

Für computerorientierte Berechnungen ist es jedoch oft günstiger, die Anzahl der
Gleichungen beizubehalten und die Reduktion durch die in Bild 10.62 dargestellte

Maßnahme sicherzustellen. Dabei wird auf die Hauptdiagonale der Matrix eine „1" und alle anderen betroffenen Elemente gleich Null gesetzt. Die hier beschriebene Reduktion kann auch erfolgen, wenn bei wölbarmen Querschnitten die Wölbkrafttorsion vernachlässigt werden soll.

Grenztragfähigkeit und inkrementelle Berechnungen

Das bisher beschriebene Verfahren der Dehnungsiteration ist ein **Gesamtschrittverfahren**, weil die gegebenen Schnittgrößen insgesamt in voller Höhe aufgebracht werden, siehe z.B. Gl. (10.63). Dadurch können sich in Einzelfällen Schwierigkeiten bei der Konvergenz ergeben. Im Hinblick auf das Konvergenzverhalten sind **inkrementelle Verfahren**, bei denen die Schnittgrößen schrittweise vergrößert werden, von Vorteil. Mit leichter Modifikation der bisher beschriebenen Methodik kann auch die **inkrementelle Berechnung** durchgeführt werden. Sie wird in Tabelle 10.26 zur Ermittlung der **Grenztragfähigkeit** beschrieben.

Tabelle 10.26   Inkrementelle Berechnung der Grenztragfähigkeit von Querschnitten mit dem Verfahren der Dehnungsiteration

gegeben	Schnittgrößenkombination $\underline{S}$; $\underline{S}^T = \left[N, M_z, -M_y, -M_\omega \right]$
	Querschnittsabmessungen
	Werkstoffkennwerte: f_y, E, E_v, ε_u
Start $i = 0$	Schnittgrößen in der Nähe der elastischen Grenzlast: $\underline{S}_0$
	Schnittgrößeninkrement wählen: z.B. $\underline{S}_0/100$ (1%)
	Querschnittskennwerte: $\underline{A}_0$; Matrix in Gl. (10.63)
	$\underline{S}_{pt,0} = \underline{0}$
Iterationen $i = 1, 2, ...$	$\underline{S}_i = \underline{S}_0 + i \cdot \underline{S}_0/100$
	$\underline{V}_i = \left(E \cdot \underline{A}_{i-1} \right)^{-1} \cdot \left(\underline{S}_i - \underline{S}_{pt,i-1} \right)$
	$\Rightarrow$ Dehnungen $\varepsilon_{x,i}\left(\underline{V}_i\right)$
	Spannungen $\sigma_{x,i}$
	Querschnittskennwerte $\underline{A}_i$
	Schnittgrößenanteile $\underline{S}_{pt,i}$
	Schnittgrößen $\underline{S}_{ist} = E \cdot \underline{A}_i \cdot \underline{V}_i + \underline{S}_{pt,i}$
	iterative Berechnung fortführen bis max $\varepsilon > \varepsilon_u$ ist
	letzte **aufgenommene** Laststufe wählen: $\underline{S}_j$
	Ggf. in den Laststufen iterieren bis $\underline{S}_i - \underline{S}_{ist,i} = \underline{0}$ bzw. bis Gl. (10.71) erfüllt ist. Dies hängt vom gewählten Inkrement ab.
Iterationen $k = 1, 2, ...$	neues Schnittgrößeninkrement wählen: z.B. $\underline{S}_0/1000$
	$\underline{S}_k = \underline{S}_j + k \cdot \underline{S}_0/1000$
	Iterationen sinngemäß wie für $i = 1, 2,...$ beschrieben wiederholen; Abbruch der Berechnung, wenn das Schnittgrößeninkrement genügend klein ist.

Zum Vergleich mit dem Gesamtschrittverfahren in Abschnitt 10.10.2 wird hier die inkrementelle Berechnung gemäß Tabelle 10.26 für das Beispiel in Bild 10.56 durchgeführt ($E = 21000 \text{ kN/cm}^2$, $E_v = 2,1 \text{ kN/cm}^2$, $\varepsilon_u = 20\%$). Mit Hilfe eines Tabellenkalkulationsprogrammes erhält man nach 30 Iterationen als Grenzschnittgröße $M_{pl,y} = 16\,910 \text{ kNcm}$. Dieser Wert ist ca. 0,15% kleiner als der in Abschnitt 10.10.2 berechnete Wert für $M_{pl,y}$. Die Ursache dafür liegt in dem modifizierten Werkstoffgesetz mit $E_v = E/10000$, so dass die Spannung im Steg nicht überall genau die Streckgrenze erreicht. Bild 10.63 zeigt den Verlauf des Biegemomentes M_y in Abhängigkeit von der maximalen Dehnung. Aus Gründen der Darstellung wird der Verlauf nur bis $\varepsilon = 2\%$ wiedergegeben (also nicht bis $\varepsilon_u = 20\%$).

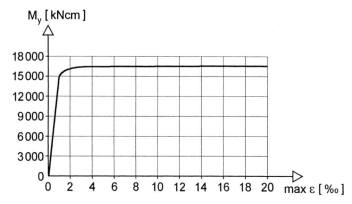

Bild 10.63 Inkrementelle Ermittlung der Grenztragfähigkeit für das Beispiel in Bild 10.56

10.10.4 Berücksichtigung von τ-Schnittgrößen

Schubspannungen entstehen in Stabquerschnitten durch die Wirkung der Schnittgrößen V_y, V_z, M_{xp} und M_{xs}. Die Prinzipien zur Ermittlung der Schubspannungen werden in Abschnitt 2.12.2 ausführlich hergeleitet, wobei das Spannungsgleichgewicht in Stablängsrichtung nach Abschnitt 2.5 die maßgebende Grundlage darstellt. Da die Schubspannungen bei der „elastischen" Stabtheorie aus dem Gleichgewicht mit den in Stablängsrichtung veränderlichen σ_x-Spannungen berechnet werden, muss die gemeinsame Wirkung mit den Schnittgrößen N, M_y, M_z und M_ω betrachtet werden.

Die Abschnitte 2.5 und 2.12.2, sowie insbesondere die Untersuchungen für den Rechteckquerschnitt in Abschnitt 9.4 zeigen, dass die genaue Lösung der Problemstellung nur unter **Einbeziehung der Stablängsrichtung** möglich ist. Derartige Berechnungen sind jedoch sehr aufwendig und lohnen sich nur in seltenen Ausnahmefällen. Für baupraktische Berechnungen wird näherungsweise ausschließlich die Querschnittsebene betrachtet. Prinzipiell existieren hierzu im wesentlichen 2 Methoden:

- „Vorrang σ_x-Spannungen"

- „Vorrang τ-Spannungen"

Bild 10.64 illustriert die prinzipiellen Unterschiede beider Methoden am Beispiel eines doppeltsymmetrischen I-Querschnitts, der durch ein Biegemoment M_y und eine Querkraft V_z beansprucht wird. Die Schnittgrößen sollen so groß sein, dass die elastischen Spannungsverteilungen zu einer deutlichen Überschreitung der Vergleichsspannung σ_v nach *von Mises* führen, siehe Abschnitt 2.8.3. Bei der Methode „Vorrang σ_x-Spannungen" wird zunächst ein Spannungszustand σ_x ermittelt, der sich mit dem gegebenen Biegemoment im Gleichgewicht befindet. Dies kann z.B. mit dem Verfahren der Dehnungsiteration gemäß Abschnitt 10.10.3 erfolgen. Wie man in Bild 10.64 erkennt, wirkt in den Gurten und Randbereichen des Steges bereits nur infolge des Biegemomentes die Streckgrenze f_y. Weitere Spannungen können in diesen Bereichen nicht mehr aufgenommen werden, so dass sich die Schubspannungen infolge V_z auf den noch elastischen Restbereich des Steges beschränken müssen. In einem zweiten Schritt muss nun ein Schubspannungsverlauf τ bestimmt werden, der mit V_z im Gleichgewicht steht.

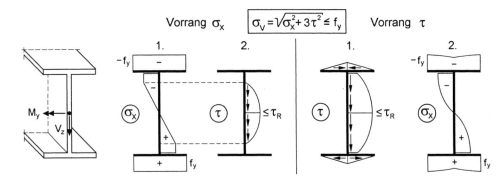

Bild 10.64   Vergleich der qualitativen Spannungsverläufe für die Methoden „Vorrang σ_x" und „Vorrang τ"

Nach der Methode „Vorrang τ-Spannungen" berechnet man zuerst den Schubspannungsverlauf. Sofern bereits nur infolge τ die Vergleichsspannung σ_v bzw. die Grenzschubspannung τ_R überschritten wird, muss der Schubspannungsverlauf iterativ bestimmt werden. Im Anschluss daran bestimmt man einen σ_x-Spannungszustand, siehe oben. Dabei steht nun jedoch nicht mehr die gesamte Streckgrenze f_y für die σ_x-Spannungen zur Verfügung, sondern je nach vorhandener Schubspannung nur noch eine reduzierte Streckgrenze. Infolge dieser Vorgehensweise ergibt sich der recht ungewöhnliche σ_x-Spannungsverlauf in Bild 10.64 rechts. Die hier grob beschriebenen Methoden werden in der Literatur häufig verwendet. Sie sind jedoch beim Auftreten beliebiger Schnittgrößenkombinationen in der praktischen Durchführung äußerst aufwendig. Darüber hinaus zeigt ein Blick in Tabelle 9.4 und Bild 9.19, dass mit konstant angenommenen Schubspannungsverläufen höhere Tragfähigkeiten erzielt werden können.

Vorschlag zur Erfassung von Schubspannungen

Da die Querschnitte fast ausschließlich aus dünnwandigen rechteckigen Blechen bestehen oder durch diese idealisiert werden können, wird auf die Tragmodelle in Kapitel 9 und das Näherungsverfahren in Abschnitt 10.9 zurückgegriffen. Das vorgeschlagene Näherungsverfahren verwendet prinzipiell die Methode „Vorrang τ-Schnittgrößen", wobei jedoch die Schubspannungsverteilung nach Abschnitt 9.3.3 zum Einsatz kommt. Mit den vorgegebenen Schnittgrößen V_y, V_z, M_{xp} und M_{xs} als Ausgangspunkt werden folgende Berechnungen durchgeführt:

① Ermittlung der Schubspannungen im Querschnitt nach der Elastizitätstheorie (Abschnitte 5.3 und 5.4)

② Berechnung der Teilschnittgrößen V und M_{xp} in jedem Querschnittsteil nach Abschnitt 10.9, insbesondere nach Bild 10.51

③ Ermittlung der konstanten Schubspannung τ nach Bild 9.15 mit

$$\frac{\tau}{\tau_R} = \frac{|M_{xp}|}{2 \cdot M_{pl,xp}} + \sqrt{\left(\frac{M_{xp}}{2 \cdot M_{pl,xp}}\right)^2 + \left(\frac{V}{V_{pl}}\right)^2}$$

mit: $M_{pl,xp} = \frac{1}{4} \cdot \tau_R \cdot t^2 \cdot (2h - t)$; $V_{pl} = \tau_R \cdot t \cdot h$

④ Wenn $\tau/\tau_R > 1$ ist, können die Schnittgrößen **nicht** aufgenommen werden. Anderenfalls kann für jeden Teilquerschnitt eine reduzierte Streckgrenze

red $f_y = f_y \cdot \sqrt{1 - (\tau/\tau_R)^2}$

nach Gl. (9.33) berechnet werden.

⑤ Die Aufnahme der σ_x-Schnittgrößen N, M_y, M_z und M_ω wird nach Abschnitt 10.10.3 untersucht, wobei in jedem Querschnittsteil die reduzierte Streckgrenze angesetzt wird. Anstelle von Bild 10.59 wird also das Werkstoffgesetz nach Bild 10.65 angesetzt.

Mit der hier beschriebenen Kombination des TSV-o.U. nach Abschnitt 10.9 für die τ-Schnittgrößen (keine Iteration) und der Dehnungsiteration nach Abschnitt 10.10.3 für die σ-Schnittgrößen (gute Konvergenz) erhält man ein sehr leistungsfähiges Verfahren, das für beliebige dünnwandige Querschnitte verwendet werden kann.

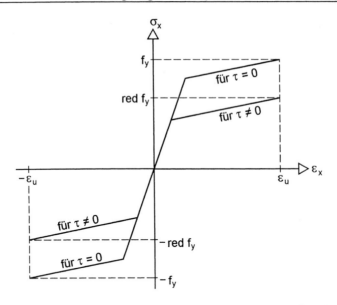

Bild 10.65   Modifiziertes Werkstoffgesetz zur Berücksichtigung von Schubspannungen τ

10.10.5 Beispiele / Benchmarks

Bild 10.66 enthält 3 Beispiele, die dem Leser zur Überprüfung eigener Berechnungen als Benchmarks dienen sollen. Die Querschnittsidealisierung beruht in allen Fällen auf dem Linienmodell mit Überlappung. Mit jeweils 500 Fasern wurden die Querschnittsteile sehr fein aufgeteilt. Als weitere Parameter wurden $E = 21000$ kN/cm^2, $E_v = 0$ und $\varepsilon_u = 0,20$ gewählt. Die Wahl von $E_v = 0$ führte bei den Beispielen in keinerlei Hinsicht zu nummerischen Problemen, siehe auch Abschnitt 10.10.3.

Der Nachweis des L-Querschnitts in Bild 10.66a (Steg: 100·10; Untergurt: 50·5) kann auch mit dem Teilschnittgrößenverfahren gemäß Abschnitt 10.7 und dem **RUBSTAHL-Programm QST-TSV-2-3** geführt werden. Mit $M_y = 740$ kNcm ist fast das vollplastische Biegemoment $M_{pl,y}$ erreicht (Ausnutzung: 99,98%). Die Spannungsverteilung zeigt, dass Querschnitte bei Wirkung von M_{pl} nicht immer vollständig plastizieren müssen. Auf das Thema „vollständiges Durchplastizieren" wird in Abschnitt 4.7 ausführlich eingegangen.

Bei dem doppeltsymmetrischen I-Querschnitt in Bild 10.66b wird die Querschnittstragfähigkeit mit 99,764% für die angegebenen Schnittgrößen fast vollständig ausgenutzt. Es handelt sich hier um das Beispiel zur N-M_y-M_z-Interaktion in Abschnitt 10.4.5 (Abmessungen siehe Bild 10.21), wo die Frage des Durchplastizierens diskutiert wird. Bild 10.66b zeigt, welche Bereiche des Querschnitts noch elastisch sind und dokumentiert erneut die Übereinstimmung zwischen dem TSV und der dehnungsbasierten Berechnung.

Für den **Y-förmigen Querschnitt** in Bild 10.66c wird die von *Maier/Weiler* in [96] angegebene Schnittgrößenkombination untersucht. Diese stellt jedoch nicht den Grenzzustand der Querschnittstragfähigkeit dar und könnte noch um 5,95% gesteigert werden. Bezüglich der Querschnittsabmessungen siehe Abschnitt 10.9.4.

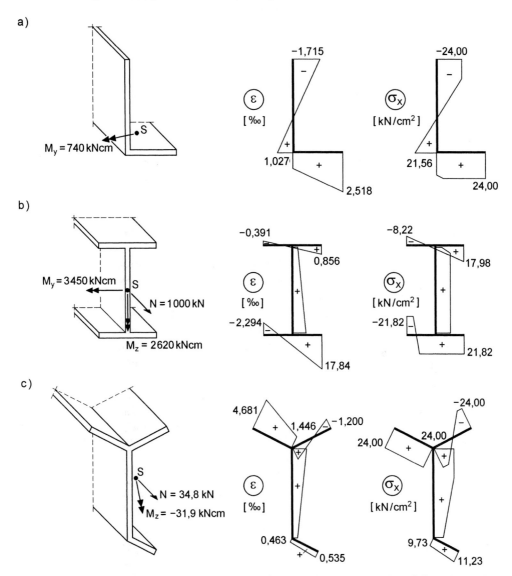

Bild 10.66 Benchmarks zur Ermittlung der Querschnittstragfähigkeit auf Grundlage der Dehnungsiteration

10.11   Begrenzung der Grenzbiegemomente auf 1,25·M_{el}

DIN 18800 [4] fordert in gewissen Fällen eine Begrenzung der Grenzbiegemomente im plastischen Zustand auf den 1,25fachen Wert des elastischen Biegemomentes. Erläuterungen zu den Hintergründen für die Begrenzung des Formbeiwerts α_{pl} sowie Hinweise dazu, in welchen Fällen diese Begrenzung zu erfolgen hat, finden sich in den Abschnitten 7.3.2 und 7.3.4. Die Begrenzung von M_{pl} ist auf die Verwendung von Interaktionsbedingungen abgestimmt, die M_{pl} als Parameter enthalten. Wenn man die Tragsicherheitsnachweise mit anderen Bedingungen oder Methoden führt (computerorientierte Berechnungen, Teilschnittgrößenverfahren, ...), stellt sich die Frage, wie die o.g. Begrenzung vorgenommen werden kann. Abschnitt 7.3.4 enthält dazu 2 Vorschläge:

$\qquad$ „α_{pl}/1,25fache Schnittgrößen" oder „0,833fache $M_{pl,i}$"

Diese Methoden werden für unterschiedliche Anwendungsfälle erläutert und am Beispiel des Winkels in Bild 10.66a konkret gezeigt.

α_{pl}/1,25fache Schnittgrößen

Der Nachweis für α_{pl}/1,25fache Schnittgrößen setzt voraus, dass man den bzw. die Formbeiwerte kennt. Dazu werden in einer Vorlaufrechnung zunächst die Grenzschnittgrößen des Gesamtquerschnitts $M_{pl,y}$ und $M_{el,y}$ sowie $M_{pl,z}$ und $M_{el,z}$ berechnet. Für **rechteckige Hohlquerschnitte** (Abschnitt 10.6) können $M_{pl,y}$ und $M_{pl,z}$ z.B. nach Tabelle 10.12 und $M_{el,y}$ und $M_{el,z}$ durch Multiplikation der Streckgrenze f_y mit den elastischen Widerstandsmomenten W_y und W_z berechnet werden (W_y und W_z siehe RUBSTAHL-Programm PROFILE oder Profiltafeln z.B. [50]). Anschließend stellt man fest, ob die Formbeiwerte $\alpha_{pl,y}$ und $\alpha_{pl,z}$ größer als 1,25 sind. Sofern dies der Fall ist, werden die α_{pl}/**1,25fachen Biegemomente für den Nachweis ausreichender Querschnittstragfähigkeit angesetzt**.

Die hier beschriebene Vorgehensweise kann bei beliebigen Querschnittsformen und Biegebeanspruchungen angewendet werden. Auch hinsichtlich der Berechnungsverfahren gilt keine Einschränkung, so dass die vergrößerten Biegemomente in Interaktionsbedingungen, Nachweisbedingungen des TSV (Abschnitte 10.4 und 10.6 bis 10.9) und bei den computerorientierten Berechnungen in Abschnitt 10.10.3 eingesetzt werden können. Bei Standardquerschnitten kann auf die Vorlaufrechnung verzichtet werden, da die Formbeiwerte α_{pl} bekannt sind, siehe z.B. Bilder 10.3 und 9.9. Bei den Nachweisen von **doppeltsymmetrischen I-Querschnitten** nach Abschnitt 10.4 (TSV) reicht es aus, ein mit dem Faktor 1,5/1,25 = 1,20 vergrößertes Biegemoment M_z anzusetzen. Mit dieser Maßnahme können die Tabellen 10.4, 10.5 und 10.9 (Nachweisbedingungen) ohne Einschränkungen angewendet werden.

Als Beispiel für die Vorlaufrechnung wird nun der Winkel in Bild 10.66a betrachtet. Die Berechnung von $M_{el,y}$ stellt keine Schwierigkeit dar und kann durch Umstellung der Spannungsgleichung erfolgen:

$$\sigma_x = \frac{M_{el,y}}{I_y} \cdot |z_{max}| = f_y \quad \Rightarrow \quad M_{el,y} = 24 \cdot 138,5 / 5,98 = 556 \text{ kNcm}$$

Mit Hilfe des RUBSTAHL-Programms QST-TSV-2-3 kann man das $M_{pl,y}$ bestimmen. Dazu gibt man als **einzige** Schnittgröße das Biegemoment $M_{el,y}$ vor. Das Programm führt den Nachweis mit dem Teilschnittgrößenverfahren gemäß Abschnitt 10.7 für dieses Biegemoment durch, was hier nicht von Interesse ist und deshalb auch in Tabelle 10.27 nicht gezeigt wird. Gleichzeitig wird jedoch auch die **Ausnutzung** S_d/R_d angegeben, siehe Tabelle 10.27 oben. Aus dem Kehrwert lässt sich der Faktor bestimmen, mit dem man die Schnittgrößenkombination noch bis zum Grenzzustand der Querschnittstragfähigkeit steigern kann. Da hier **nur** M_y vorhanden ist (alle anderen Schnittgrößen gleich Null), lässt sich daraus definitionsgemäß die **Grenzschnittgröße $M_{pl,y}$** (siehe Abschnitt 7.3.2) berechnen. Das Ergebnis ist selbstverständlich identisch, mit der in Bild 10.66a dargestellten (nummerischen) Lösung auf Grundlage der Dehnungsiteration.

$$M_{pl,y} = 556 / 0,751 = 740 \text{ kNcm} \quad \Rightarrow \quad \alpha_{pl,y} = \frac{M_{pl,y}}{M_{el,y}} = \frac{740}{556} = 1,33$$

Sofern die Begrenzung von $M_{pl,y}$ nach DIN 18800 erforderlich ist, kann dies durch den Nachweis mit der $\alpha_{pl}/1,25 = 1,064$fachen Beanspruchung erfolgen.

Beispiel: vorh $M_y = 600$ kNcm $\rightarrow$ Nachweis mit: $M_y = 1,064 \cdot 600 = 638,4$ kNcm

Tabelle 10.27   Ermittlung der Grenzschnittgröße $M_{pl,y}$ mit dem Programm QST-TSV-2-3

Lehrstuhl für Stahl- und Verbundbau
Prof. Dr.-Ing. R. Kindmann
RUBSTAHL-Lehr- und Lernprogramme für Studium und Weiterbildung
Programm QST-TSV-2-3 erstellt von J. Frickel 22.06.01

Literatur: Kindmann, R., Frickel, J.: Grenztragfähigkeit von häufig verwendeten Stabquerschnitten für beliebige Schnittgrößen. Stahlbau 68 (1999). H. 10, S. 817-828.

Streckgrenze $f_{y,d}$ =   24,00 kN/cm²   **Kommentar:** L 100 x 10 und 50 x 5

Eingabe der Schnittgrößen im Hauptsystem (alle Eingaben in kN und cm):

S_d / R_d		Hauptsystem	☐ alpha-pl begrenzen	Bezugssystem (Tab. 7 bzw. 12)	
0,751	N =	0,00		0,00	kN
	M_y =	556,0		544,5	kNcm
H	M_z =	0,0		112,7	kNcm
i	M_ω =	0		563	kNcm²
n			**Nachweis**		
w	M_{xp} =	0,0	**erfüllt**	0,0	kNcm
e	V_z =	0,00		0,00	kN
i	V_y =	0,00		0,00	kN
s	M_{xs} =	0		0,0	kNcm

0,833fache M$_{pl,i}$

Auf die Vorlaufrechnung zur Ermittlung von $\alpha_{pl,y}$ und $\alpha_{pl,z}$ bei der Methode „α_{pl}/1,25fache Schnittgrößen" kann beim Teilschnittgrößenverfahren verzichtet werden. Eine sehr einfache Möglichkeit besteht darin, die vollplastischen Grenzschnittgrößen M$_{pl,i}$ der rechteckigen Teilquerschnitte, für die der α_{pl}-Wert 1,5 beträgt (siehe Kapitel 9), mit dem Faktor 1,25/1,5 = 0,833 abzumindern. Dies bedeutet, dass jedes M$_{pl,i}$ durch ein abgemindertes

$$\text{red } M_{pl,y} = 0{,}833 \cdot M_{pl,i} \qquad (10.73)$$

ersetzt wird. Bei Nachweisen nach Abschnitt 10.7.4 sind dann M$_{pl,o,\tau}$ und M$_{pl,u,\tau}$ in Tabelle 10.20 und der letzte Term bei min M$_{\bar{y}}$ (Fall 2-min) und max M$_{\bar{y}}$ (Fall 2-max) in Tabelle 10.19 mit dem Faktor 0,833 zu multiplizieren.

Die vorgeschlagene Abminderung ist eine auf der sicheren Seite liegende Näherung und kann als Option im RUBSTAHL-Programm QST-TSV-2-3 gewählt werden. Mit der Aktivierung „alpha-pl-begrenzen", siehe Tabelle 10.27, erhält man für das obige Beispiel und M$_y$ = 556 kNcm eine Ausnutzung von 0,901. Das maximale Biegemoment ergibt sich dann zu

$$\max M_y = 556/0{,}901 = 617 \text{ kNcm}$$

Tabelle 10.28 zeigt eine Gegenüberstellung der maximalen Biegemomente nach beiden Methoden. Bei diesem Beispiel sind die Unterschiede mit ca. 11% relativ groß.

Tabelle 10.28 Exemplarischer Vergleich des maximalen Biegemoments max M$_y$ bei Begrenzung von α_{pl} nach verschiedenen Methoden

Methode	„α_{pl} /1,25fache Schnittgrößen"	„0,833fache M$_{pl,i}$"
max M$_y$	695 kNcm	617 kNcm
M$_{el,y}$ / max M$_y$	0,800	0,901
Verhältnis	100%	89%

10.12 Querschnitte mit Öffnungen / Wabenträger

Aus verschiedenen Gründen müssen vielfach Öffnungen in Träger geschnitten werden bzw. werden diese planmäßig mit Öffnungen hergestellt. Häufig müssen z.B. Versorgungsleitungen der Haustechnik durch Träger hindurchgeführt werden, da man sonst eine größere Bauhöhe benötigt. In anderen Fällen werden regelmäßige Öffnungen als architektonisches Stilmittel verwendet oder es entstehen Öffnungen durch gezielte Vergrößerung der Bauhöhe (siehe unten). Am bekanntesten sind die sogenannten Wabenträger. Der Name ergibt sich aus der sechseckigen **wabenförmigen** Öffnung, vergleiche Bilder 10.67 und 10.68.

Wegen der großen Öffnungen ist die Annahme eines schubstarren Stabes nicht mehr zutreffend, so dass es sich bei dem baustatischen System um einen sogenannten **Vierendeel-Träger** handelt (Bild 10.67a). Infolge der Querkraft, die sich sozusagen um die Öffnung (Wabe) herum im System ausbreiten muss, entstehen örtliche Zusatzbeanspruchungen in Form von den in Bild 10.67b dargestellten Biegemomenten. Diese sind selbstverständlich bei der Bemessung zu berücksichtigen.

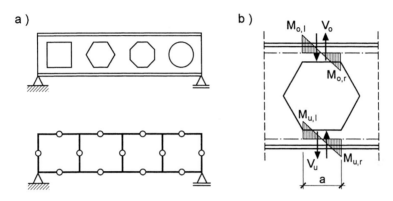

Bild 10.67   a) Träger mit Stegausschnitten und baustatisches System (Vierendeel-Träger)

b) Örtliche Biegemomente infolge Querkraft nach [87]

Wabenträger werden fast ausschließlich aus doppeltsymmetrischen I-Profilen gefertigt, indem man Walzprofile gemäß einer bestimmten Schnittführung zunächst in 2 Teile trennt und diese anschließend mit einem Versatz in Längsrichtung wieder aneinanderschweißt. Auf diese Weise gewinnt man aus einem I-förmigen Walzprofil der Höhe h einen Wabenträger mit der Höhe $H = h + c$. Betrachtet man den Querschnitt im Bereich der Öffnung mit der Abmessung a, besteht dieser aus 2 T-förmigen Gurten. Der Biegeträger wird gemäß Bild 10.68 durch die Querkraft V_z und das Biegemoment M_y beansprucht. Das Biegemoment wird durch Division mit dem Abstand a_T der Schwerpunkte der T-förmigen Teilquerschnitte in ein Kräftepaar zerlegt. Die Querkraft teilt sich bei Annahme einer symmetrisch angeordneten Öffnung jeweils zur Hälfte auf den oberen und unteren T-Querschnitt auf. Ferner sind die örtlichen Biegemomente infolge der Vierendeel-Tragwirkung, vergleiche Bild 10.67b, zu berücksichtigen. Die Schnittgrößen für einen T-Querschnitt ergeben sich damit näherungsweise zu

$$V_T = V_z/2, \quad N_T = M_y/a_T \quad \text{und} \quad M_T = V_z \cdot a/4 \,.$$

Da die Schnittgrößen für den T-förmigen Querschnitt bekannt sind, kann die Tragfähigkeit mittels des in Abschnitt 10.7 bzw. 10.8 dargestellten Teilschnittgrößenverfahrens (TSV) überprüft werden. Dort werden Zwei- und Dreiblechquerschnitte vom Typ HVH untersucht, siehe auch Bild 10.39, wobei als Sonderfall der T-Querschnitt erfasst wird. Auf eine explizite Anpassung der Formeln für diesen Fall wurde dort verzichtet. Für die hier vorliegende N-M_y-V_z-Beanspruchung des T-Querschnitts werden die Formeln noch einmal in Tabelle 10.29 zusammengefasst. Die prinzipielle Vorgehensweise in 2 Schritten (1. τ-Schnittgrößen und 2. σ-Schnittgrößen) ist natürlich völlig analog zu den vorangegangenen Abschnitten.

Hinsichtlich der Fallunterscheidung für die N-M_y-Grenztragfähigkeit kann für den speziell hier untersuchten Fall allerdings eine weitere Vereinfachung vorgenommen werden. Wie man aus Bild 10.67b erkennt, weisen die örtlichen Biegemomente ebenso wie die Normalkraft infolge von M_y wechselnde Vorzeichen auf, so dass es hier ausreicht die Schnittgrößen nur betragsmäßig zu erfassen und den insgesamt ungünstigsten Fall zu betrachten.

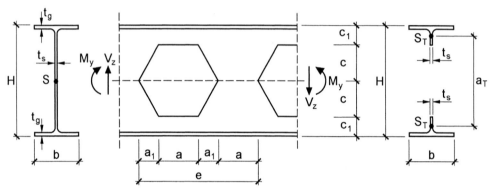

Bild 10.68   Schnittgrößen und Abmessungen bei Wabenträgern

Aus der in Bild 10.45 dargestellten N-M_y-Interaktion für einen T-Querschnitt erkennt man, das sich die geringere Tragfähigkeit für die Fälle einstellt, in denen sich die Spannungsnulllinie im Gurt befindet. Dies gilt immer, wenn die Stegfläche kleiner als die Gurtfläche ist, wovon i.d.R. ausgegangen werden kann. Damit erübrigt sich eine Fallunterscheidung und es sind lediglich die in Tabelle 10.29 angegebenen Nachweisbedingungen zu überprüfen. Hierbei wird auch das örtliche Blechbiegemoment wegen der Lage der Spannungsnulllinie im Gurt gemäß Abschnitt 10.7.5 berücksichtigt (siehe Tabelle 10.21, Fall 3-max).

Die Tragfähigkeit von Wabenträgern wurde u.a. von *Kindmann/Niebuhr/Schweppe* in [87] untersucht. Dort finden sich auch ergänzende Hinweise zur Verformungsberechnung sowie zum Biegedrillknicknachweis von Wabenträgern. Der Berechnungsaufwand mit den dort angegebenen Interaktionsbedingungen ist vergleichbar mit Tabelle 10.29. Die Vorgehensweise des Teilschnittgrößenverfahrens (Tabelle 10.29) bietet mit den Erläuterungen in den Abschnitten 10.4 und 10.7 jedoch den Vorteil einer besseren Anschaulichkeit und entspricht der Konzeption des Buches.

Tabelle 10.29 Nachweisbedingungen für die T-förmigen Teilquerschnitte von doppeltsymmetrischen Wabenträgern

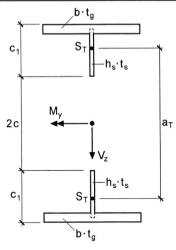

Nachweisbedingungen:

Bed. 1: $\tau/\tau_R = V_z \cdot \sqrt{3}/(2 \cdot h_s \cdot t_s \cdot f_y) \le 1$

Bed. 2: $M_y/a_T \le N_{pl,g} + N_{gr,s}$

Bed. 3: $V_z \cdot a/4 \le \max M$

Alle Schnittgrößen **betragsmäßig** einsetzen!

Rechenwerte:

$N_{pl,g} = b \cdot t_g \cdot f_y$ $N_{gr,s} = h_s \cdot t_s \cdot f_y \cdot \sqrt{1-(\tau/\tau_R)^2}$ **Voraussetzung:** $N_{pl,g} \ge N_{gr,s}$

$\max M = N_{gr,s} \cdot a_s - N_g \cdot a_o + \left(1 - (N_g/N_{pl,g})^2\right) \cdot N_{pl,g} \cdot t_g/4$ mit: $N_g = M_y/a_T - N_{gr,s}$

Linienmodell mit Überlappung[1]:

$$a_o = \frac{h_s^2 \cdot t_s}{2 \cdot (h_s \cdot t_s + b \cdot t_g)} \qquad a_s = h_s/2 - a_o \qquad a_T = 2 \cdot (c + h_s/2 + a_s)$$

[1] zur näherungsweisen Berücksichtigung der Walzausrundungen

Beispiel

Als Beispiel wird der in Bild 10.69 dargestellte Wabenträger WPE 600 untersucht. Da die Querkraft bei Wabenträgern wegen des geschwächten Stegbereichs sowie den daraus resultierenden örtlichen Biegemomenten (Bild 10.67b) von besonderer Bedeutung ist, müssen die Nachweise für den gesamten Träger geführt werden. Infolge der nichtlinearen Zusammenhänge sollte die Untersuchung nicht nur, wie bei normalen Trägern auf die Auflager- und Feldbereiche beschränkt werden (vergleiche Beispiel in Abschnitt 4.5.2), sondern für **jede** Wabe durchgeführt werden.

Es empfiehlt sich eine tabellarische Berechnung mit Hilfe eines Tabellenkalkulationsprogramms, siehe Tabelle 10.30. An der 2. Spalte erkennt man, dass Bedingung 1 überall eingehalten wird. Bei den Bedingungen 2 und 3 (Tabelle 10.29) werden in Tabelle 10.30 jeweils die bezogenen Werte angegeben (linke Seite der Bedingung dividiert durch rechte Seite). Da alle Werte kleiner als 1 sind, ist eine ausreichende Tragsicherheit nachgewiesen.

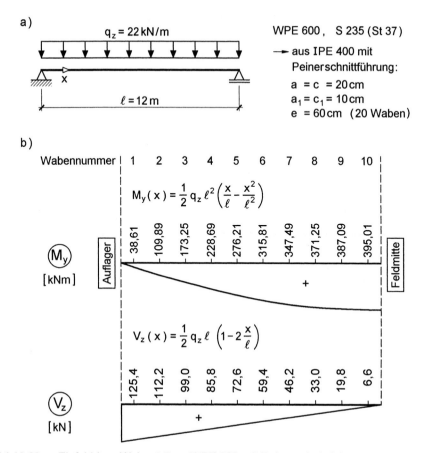

a)

$q_z = 22\,\text{kN/m}$

$\ell = 12\,\text{m}$

WPE 600 , S 235 (St 37)

→ aus IPE 400 mit
Peinerschnittführung:

$a = c = 20\,\text{cm}$
$a_1 = c_1 = 10\,\text{cm}$
$e = 60\,\text{cm}$ (20 Waben)

b)

Wabennummer   1   2   3   4   5   6   7   8   9   10

$$M_y(x) = \frac{1}{2}\,q_z\,\ell^2 \left(\frac{x}{\ell} - \frac{x^2}{\ell^2}\right)$$

(M_y) [kNm]

Auflager

38,61   109,89   173,25   228,69   276,21   315,81   347,49   371,25   387,09   395,01

Feldmitte

+

$$V_z(x) = \frac{1}{2}\,q_z\,\ell \left(1 - 2\frac{x}{\ell}\right)$$

125,4   112,2   99,0   85,8   72,6   59,4   46,2   33,0   19,8   6,6

(V_z) [kN]

+

Bild 10.69   Einfeldriger Wabenträger WPE 600 mit Peinerschnittführung

Tabelle 10.30   Nachweis für das Beispiel in Bild 10.69 mit dem Teilschnittgrößenverfahren gemäß Tabelle 10.29

Wabe	Bed. 1	Bed. 2	Bed. 3	$N_{gr,s}$	N_g
	[-]	[-]	[-]	[kN]	[kN]
1	0,621	0,101	0,807	137,19	-70,03
2	0,555	0,283	0,753	145,51	45,63
3	0,490	0,441	0,705	152,53	148,81
4	0,425	0,578	0,659	158,41	239,36
5	0,359	0,693	0,607	163,28	317,14
6	0,294	0,788	0,542	167,24	382,06
7	0,229	0,863	0,459	170,33	434,07
8	0,163	0,919	0,353	172,62	473,11
9	0,098	0,956	0,224	174,13	499,15
10	0,033	0,974	0,077	174,88	512,18

11 Verbundquerschnitte

11.1 Allgemeines

Wenn man Querschnitte aus Teilen mit unterschiedlichen Werkstoffen konstruiert und die Teile so miteinander verbindet, dass eine gemeinsame Tragwirkung entsteht, spricht man von **Verbundquerschnitten**. Hier werden die Querschnitte von

- **Verbundträgern** und

- **Verbundstützen**

behandelt, die aus Baustahl und Stahlbeton bestehen. Verbundträger werden überwiegend durch Biegung und Verbundstützen werden vorwiegend auf Druck und Biegung beansprucht.

In den letzten Jahren erfreuen sich Verbundbrücken wachsender Beliebtheit. Sie bestehen in der Regel aus Stahlbetonplatten (Obergurt) und Stahlträgern, die dann gemeinsam als **Verbundträger** wirken. Beispiele dazu zeigen die Bilder 11.1 und 1.7 (Kapitel 1).

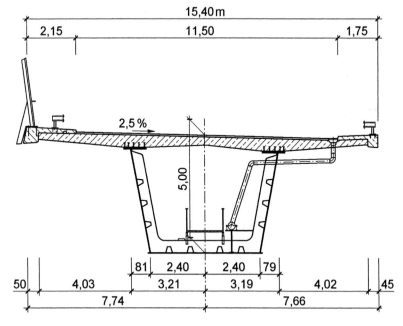

Bild 11.1   Querschnitt der Talbrücke *Wilkau-Haßlau* (Verbundbrücke)

Sehr häufig kommen Verbundträger auch im Hoch- und Industriebau vor. In Bild 11.2 ist ein typisches Beispiel dargestellt.

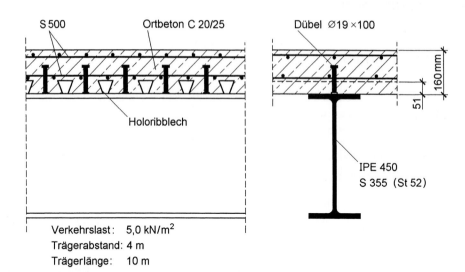

Verkehrslast: 5,0 kN/m^2
Trägerabstand: 4 m
Trägerlänge: 10 m

Bild 11.2   Typischer Verbundträger im Hochbau, [34]

Bei **Verbundstützen** werden 3 Typen unterschieden:

- volleinbetonierte Stahlprofile
- ausbetonierte Hohlprofile
- teilweise einbetonierte Stahlprofile

Bild 11.3 zeigt entsprechende Beispiele.

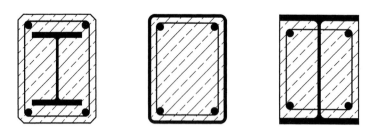

Bild 11.3   Beispiele für typische Verbundstützenquerschnitte

11.2 Vorschriften

Für die Bemessung von Verbundträgern und –stützen stehen zur Zeit verschiedene Vorschriften zur Verfügung.

Alte, aber noch gültige deutsche Vorschriften

- Verbundträger: Verbundträgerrichtlinie [20]
- Verbundstützen: DIN 18806 Teil 1, Ausgabe März 1984 [5]

Neue deutsche Vorschriften

DIN 18800 Teil 5 [4]

Europäische Vorschriften (Vornormen)

EC 4 Teil 1-1 [11]

zusätzlich für Verbundbrücken: EC 4 Teil 2 [11]

Die Regelungen in den verschiedenen Vorschriften weisen große Gemeinsamkeiten auf. In dem vorliegenden Buch wird überwiegend auf EC 4 und DIN 18800 Teil 5 Bezug genommen.

11.3 Werkstoffe und Bezeichnungen

Für die Verbundquerschnitte werden 3 verschiedene Werkstoffe verwendet

- Baustahl (Index „a" wie acier, Streckgrenze: Index „y" wie yielding)
- Betonstahl (Index „s" wie steel)
- Beton (Index „c" wie concrete)

Bild 11.4 zeigt die rechnerischen Spannungs-Dehnungslinien für die 3 Werkstoffe.

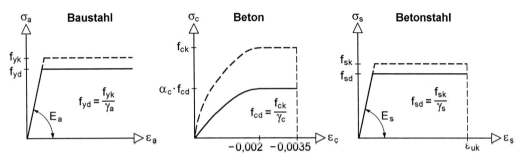

Bild 11.4   Rechnerische Spannungs-Dehnungslinien für Baustahl, Beton und Betonstahl

Baustahl

Die Werkstoffeigenschaften für Baustahl sind in den Tabellen 7.1 (DIN 18800) und 8.1 (EC 3) zusammengestellt.

Beton

Die Tabellen 11.1 und 11.2 enthalten die Werkstoffeigenschaften für den Beton nach EC 3. DIN 18800 Teil 5 verweist auf EDIN 1045 Teil 1, Ausgabe Februar 1997. Die dort angegebenen Werte entsprechen den Tabellen 11.1 und 11.2. Dies gilt auch für EDIN 1045 Teil 1, Ausgabe Dezember 1998.

Tabelle 11.1   Betonfestigkeitsklassen, charakteristische Druckfestigkeit f_{ck} (Zylinder) und Zugfestigkeiten f_{ct} des Betons (in N/mm²)

Betonfestig-keitsklasse	C20/25	C25/30	C30/37	C35/45	C40/50	C45/55	C50/60
f_{ck}	20	25	30	35	40	45	50
f_{ctm}	2,2	2,6	2,9	3,2	3,5	3,8	4,1
$f_{ctk\ 0,05}$	1,5	1,8	2,0	2,2	2,5	2,7	2,9
$f_{ctk\ 0,95}$	2,9	3,3	3,8	4,2	4,6	4,9	5,3

Tabelle 11.2   Werte für den Elastizitätsmodul als Sekantenmodul E_{cm} (in kN/cm²)

Betonfestig-keitsklasse	C20/25	C25/30	C30/37	C35/45	C40/50	C45/55	C50/60
E_{cm}	2 900	3 050	3 200	3 350	3 500	3 600	3 700

Betonstahl

Für den Betonstahl wird im EC 4 als Elastizitätsmodul $E_s = 21\ 000$ kN/cm² angegeben. Davon abweichend enthält DIN 1045 $E_s = 20\ 000$ kN/cm².

Teilsicherheitsbeiwerte

Die Teilsicherheitswerte zur Berechnung der Beanspruchbarkeiten werden in DIN 18800 Teil 5 und im EC 4 wie folgt angegeben:

- Grundkombination
  $$\gamma_a = 1,1 \qquad \gamma_s = 1,15 \qquad \gamma_c = 1,5$$
- außergewöhnliche Kombination
  $$\gamma_a = 1,0 \qquad \gamma_s = 1,0 \qquad \gamma_c = 1,3$$

11.4 Verbundträger

11.4.1 Allgemeines

Bild 11.5 zeigt einige typische Querschnitte von Verbundträgern. Während die Querschnitte auf der linken Seite dem Hoch- und Industriebau zuzuordnen sind, ist der Querschnitt rechts prinzipiell eher im Brückenbau anzutreffen. Der Kammerbeton im Bereich der Stahlträger wird in erster Linie aus Gründen des Brandschutzes angeordnet. Ansonsten wird er rechnerisch häufig nicht berücksichtigt.

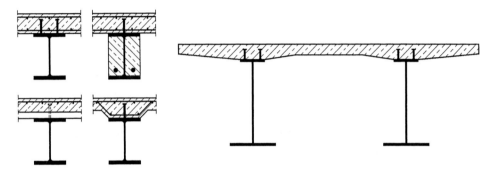

Bild 11.5   Einige typische Querschnitte von Verbundträgern

Für die Beurteilung der Tragfähigkeit von Verbundträgern muss die **Querschnitts-tragfähigkeit** ermittelt werden. Fast alle Anwendungsfälle beschränken sich auf Beanspruchungen durch einachsige Biegung. Es wird daher nur die Wirkung der Schnittgrößen M und V betrachtet, wobei jedoch positive und negative Biegemomente unterschieden werden müssen.

Querschnittskennwerte werden nur für die Ermittlung der Schnittgrößen in statisch unbestimmten Verbundträgern und zur Führung von Nachweisen zur Gebrauchs-tauglichkeit benötigt. Auf die Ermittlung von Querschnittskennwerten wird in Abschnitt 11.4.3 eingegangen.

11.4.2 Querschnittstragfähigkeit

Zur Ermittlung der Querschnittstragfähigkeit wird von der Querschnittsskizze in Bild 11.6 ausgegangen. Der einfachsymmetrische Querschnitt besteht aus einem Stahl-träger, einem Betongurt und zwei Bewehrungslagen. In diesen Einzelteilen entstehen infolge M, V und N die im Bild rechts eingetragenen Teilschnittgrößen. Dabei wird hier die Betonnormalkraft als Druckkraft positiv angesetzt. Wie allgemein üblich, wird die Querkraft V dem Stahlträgersteg zugewiesen. Für die Normalkraft und das Biegemoment können die Gleichgewichtsbeziehungen aus Bild 11.6 abgelesen

werden. Häufig ist bei Biegeträgern N = 0, so dass diese Bedingung für das Biege-
momentengleichgewicht verwendet werden kann. Die angegebenen Gleichgewichtsbeziehungen sind allgemeingültig, also weder von der Elastizitätstheorie oder
Plastizitätstheorie, noch vom Verdübelungsgrad abhängig.

In vielen Literaturstellen werden Formeln zur Berechnung von M_{pl} bei positiver und
negativer Wirkung von M angegeben, siehe z.B. [18], [49], [22], [37] und [45]. In der
Regel wird dabei der Stahlträger in 3 Teile aufgeteilt (Obergurt, Steg, Untergurt). Hier
soll der Stahlträger jedoch als **ein** Querschnittsteil behandelt und konsequent das
Teilschnittgrößenverfahren eingesetzt werden (siehe auch Abschnitte 2.13, 10.4 und
10.7). Diese Vorgehensweise hat folgende Vorteile:

- Die Methodik ist besser erkennbar.

- Man sieht, dass zwischen der Betrachtung von positiven und negativen Biegemomenten nur geringe Unterschiede bestehen.

- Das Verfahren eignet sich gut für EDV-gestützte Berechnungen (Tabellenkal-
  kulationen).

- Die Untersuchung anderer Querschnitte, z.B. auch von Verbundstützen, ist mit
  geringen Änderungen möglich.

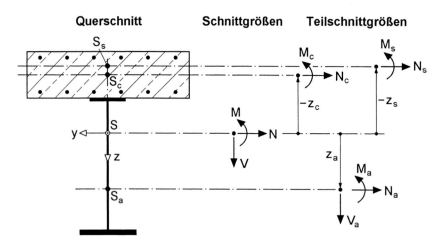

Gleichgewicht: $V = V_a$
$$N = N_a + N_c + N_s$$
$$M = M_a + M_c + M_s + N_a \cdot z_a + N_c \cdot z_c + N_s \cdot z_s$$

Bild 11.6   Gleichgewicht zwischen Schnittgrößen und Teilschnittgrößen bei Verbund-
                 trägern

Die Ermittlung des positiven und des negativen plastischen Momentes bei voller
Verbundwirkung (vollständige Verdübelung) ist in den Bildern 11.7 und 11.8 dargestellt. Bei der Wirkung eines positiven Momentes M_{pl} (max) liegt der Betongurt

teilweise oder vollständig im Druckbereich. Die dort vorhandene Bewehrung und die Mitwirkung des Betons auf Zug wird wie üblich vernachlässigt. Gegenüber Bild 11.6 wird die Normalkraft im Beton in Bild 11.7 als Druckkraft positiv angesetzt. Mit $N = N_s = 0$ folgt $N_a = N_c$ und für M_{pl} (max):

$$M_{pl} \, (max) = M_a + M_c + N_a \cdot d_{ac} \tag{11.1}$$

Wie man sieht, wird der Schwerpunkt des Verbundträgerquerschnitts nicht benötigt. Zur Bestimmung von M_{pl} (max) reicht der Abstand d_{ac} aus (Abstand Schwerpunkte Stahlträger-Betongurt.)

In der Praxis kommt fast ausschließlich der als „Normalfall" bezeichnete Fall vor. Dabei tritt die konstant angesetzte Betondruckspannung nur im oberen Teil der Betonplatte auf. Die Lage der Nulllinie und das örtliche Biegemoment M_c können mit Hilfe von Bild 11.9 bestimmt werden.

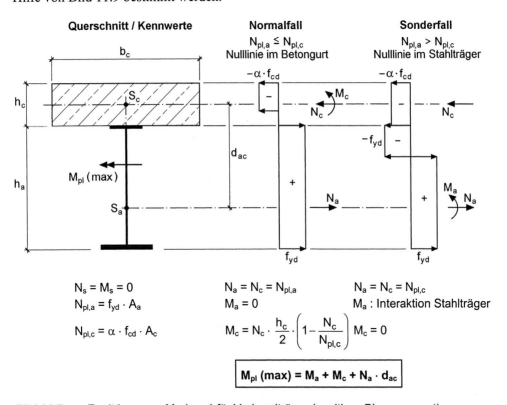

$$M_{pl} \, (max) = M_a + M_c + N_a \cdot d_{ac}$$

Bild 11.7 Ermittlung von M_{pl} (max) für Verbundträger (positives Biegemoment)

Bei der Ermittlung von M_{pl} (min), also dem negativen plastischen Grenzbiegemoment, wird gemäß Bild 11.8 angenommen, dass der Betongurt vollständig im Zugbereich liegt. Unter Vernachlässigung der Betonzugspannungen ist daher $N_c = 0$. Für die Berechnung von M_{pl} (min) werden in Bild 11.8 die Teilschnittgrößen N_s, N_a und M_a

mit den **tatsächlichen Wirkungsrichtungen** angenommen (Änderung gegenüber
Bild 11.6). Mit $N = 0$ folgt $N_a = N_s$ und der Betrag von M_{pl} (min) zu

$$\left| M_{pl}(min) \right| = M_a + N_a \cdot d_{as} \tag{11.2}$$

Darin ist d_{as} der Abstand der Schwerpunkte von Stahlträger und Betonstahl.

In der Praxis kommt häufig der Fall vor, dass eine Querkraft V zu berücksichtigen ist.
Die Methodik dazu kann Bild 10.15 entnommen werden. Im Gegensatz zu Abschnitt
10.4.4 wird hier jedoch der Abminderungsfaktor ρ nach Element (529) der DIN 18800
Teil 5 [4] verwendet. Er dient zur Ermittlung einer reduzierten Streckgrenze im Stahl-
trägersteg, siehe Bild 11.8. Hier wird im Übrigen nur der Fall „Nulllinie im
Stahlträger" betrachtet, da andere Fälle für die Baupraxis keine Bedeutung haben.

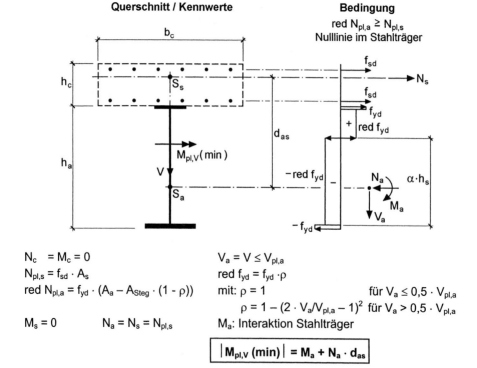

Bild 11.8   Ermittlung von min $M_{pl,V}$ für Verbundträger (negatives Biegemoment) unter
Berücksichtigung der Querkraft V

Grenzmoment des Stahlträgers M_a

In den Bildern 11.7 und 11.8 ist jeweils ein Fall vermerkt: „M_a: Interaktion Stahlträger". Dies bedeutet, dass das maximale Biegemoment zu bestimmen ist, welches
der Stahlträger unter Berücksichtigung von N_a und ggf. V_a aufnehmen kann. Die

Methoden dazu werden in Kapitel 10 ausführlich behandelt. Für doppeltsymmetrische I-Querschnitte kann M_a unmittelbar mit Hilfe von Tabelle 10.5 oben bestimmt werden. Alternativ dazu kann man auch die Interaktionsbedingung in DIN 18800 Teil 1 (Tabelle 7.7) verwenden.

Wesentlich schneller erhält man M_a jedoch unter Verwendung des RUBSTAHL-Programms QST-TSV-2-3. Der Vorteil ist darüber hinaus, dass doppelt- und einfach-symmetrische I-Querschnitte, aber auch U-Querschnitte erfasst werden können. Ausgangspunkt der Programmrechnung sind die Abmessungen der Bleche und der Bemessungswert der Streckgrenze. Danach wird als Normalkraft N das nach Bild 11.7 bzw. 11.8 ermittelte N_a des Stahlträgers eingegeben. Nun kann durch Probieren das maximale M_y bestimmt werden, indem man verschiedene Werte für M_y einsetzt bis die Ausnutzung S_d/R_d bei 1,000 liegt. Dieses M_y ist dann das zu N_a gehörige M_a. Eine ggf. vorhandene Querkraft (siehe Bild 11.8) kann ebenfalls unmittelbar mit dem Programm berücksichtigt werden. Dies erfolgt auf Grundlage von DIN 18800 Teil 1 und liegt gegenüber Teil 5 auf der sicheren Seite. Alternativ dazu kann auch der Abminderungsfaktor ρ nach Bild 11.8 bestimmt und damit eine reduzierte Stegdicke

$$\text{red } t_s = \rho \cdot t_s \tag{11.3}$$

ermittelt werden. Bei dieser Vorgehensweise wird im Programm $V = 0$ und red t_s als Blechdicke des Steges eingegeben.

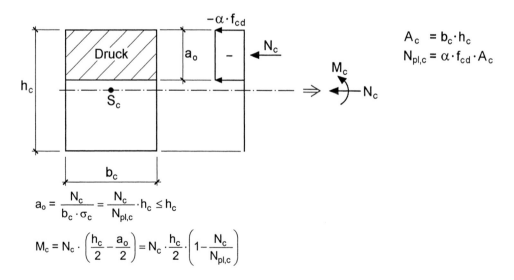

Bild 11.9 M_c und Lage der Nulllinie bei außermittiger Betondruckkraft N_c

Überprüfung der b/t-Verhältnisse gedrückter Teile

Die Ermittlung der Grenzbiegemomente mit den Bildern 11.7 und 11.8 setzt voraus, dass die Querschnitte den Klassen 1 oder 2 zugeordnet werden können. Gedrückte Querschnittsteile dürfen daher die Grenzwerte grenz (b/t) nach Tabelle 7.5 nicht überschreiten. Tabelle 7.6 enthält eine Bemessungshilfe für häufig vorkommende Anwendungsfälle und Tabelle 8.4 den Vergleich der Querschnittsklassen mit den Nachweisverfahren in DIN 18800 Teil 1 (QK1: Nachweisverfahren P-P; QK2: Nachweisverfahren E-P).

Für Tabelle 7.5 wird die Lage der Spannungsnulllinie benötigt, die durch den Parameter α beschrieben wird. Seine Ermittlung wird hier anhand von Bild 11.8 erläutert, wo der Stahlträgersteg im unteren Bereich über eine Höhe von $\alpha \cdot h_s$ Drucknormalspannungen aufweist. Mit den Bezeichnungen für die Einzelteile des Stahlträgers wie in Abschnitt 10.8 folgt

$$N_a = f_{yd} \cdot A_u - f_{yd} \cdot A_o + \text{red } f_{yd} \cdot t_s \cdot \alpha \cdot h_s - \text{red } f_{yd} \cdot t_s \cdot (1 - \alpha) \cdot h_s \qquad (11.4)$$

und

$$\alpha = \frac{1}{2} + \frac{1}{2} \cdot \frac{N_a - N_{pl,u} + N_{pl,o}}{N_{pl,s,\tau}} = \frac{1}{2} + \frac{1}{2} \cdot \frac{N_s}{N_{pl,s,\tau}} \qquad (11.5)$$

mit $N_{pl,u} = f_{yd} \cdot A_u$, $N_{pl,o} = f_{yd} \cdot A_o$ und $N_{pl,s,\tau} = \text{red } f_{yd} \cdot A_s$.

Wenn α kleiner als Null oder größer als 1 ist, liegt die Spannungsnulllinie im Untergurt oder im Obergurt. D.h. der Stahlträgersteg befindet sich dann vollständig im Zug- oder Druckbereich.

Mittragende Gurtbreite

Auf dieses Thema wird in Kapitel 12 ausführlich eingegangen. Nach DIN 18800 Teil 5 darf die mittragende Breite in Abhängigkeit von der wirksamen Stützweite wie folgt bestimmt werden:

$$b_{eff} = b_0 + \Sigma\, b_{ei} \qquad (11.6)$$

$$b_{ei} = \frac{L_e}{8} \leq b_i \qquad (11.7)$$

Darin sind b_i die vorhandenen Gurtbreiten, b_{ei} die mittragenden Gurtbreiten und b_0 die Breite zwischen den beiden Dübelachsen in Bild 11.5 rechts auf einem Stahlobergurt. Die effektive Länge L_e kann Bild 12.5 (Kapitel 12) entnommen werden. Anstelle von $L_e = 0,85 \cdot L_1$ in Randfeldern ist jedoch nach DIN 18800 Teil 5 $L_e = 0,80 \cdot L_1$ anzusetzen.

Ergänzende Hinweise

Für die Ermittlung der Grenzbiegemomente auf Grundlage der Bilder 11.7 und 11.8 steht das Programm QST-VERBUNDTRÄGER zur Verfügung. Auch wenn in den Bildern für den Fall „Nulllinie im Stahlträger" der Spannungswechsel im Bereich des Steges eingezeichnet ist, können beliebige Fälle erfasst werden. Die Nulllinie kann also auch im Stahlober- oder Stahluntergurt liegen. Voraussetzung ist jedoch, wie oben ausgeführt, dass die Querschnitte den Klassen 1 oder 2 zugeordnet werden können.

Nach DIN 18800 Teil 5 darf bei Gurten in Klasse 1 oder 2 bei negativer Momentenbeanspruchung ein Steg der Klasse 3 durch einen wirksamen Stegquerschnitt der Klasse 2 ersetzt werden. Die Vorgehensweise entspricht prinzipiell DIN 18800 Teil 2, Abschnitt 7.4 (wirksame Breiten), siehe auch Kapitel 13. Für Querschnitte der Klassen 3 oder 4 sieht DIN 18800 Teil 5 die Nachweisverfahren E-P (Beanspruchbarkeit: plastisch mit Dehnungsbegrenzung) und E-E (Beanspruchbarkeit: elastisch mit Spannungsbegrenzung) vor. Diese Nachweisverfahren sind in erster Linie für die Querschnitte von Verbundbrücken von Bedeutung, siehe auch Eurocode 4 Teil 2.

Beispiel: Ermittlung von M_{pl} (max) und $M_{pl,V}$ (min) für den Verbundträgerquerschnitt in Bild 11.10

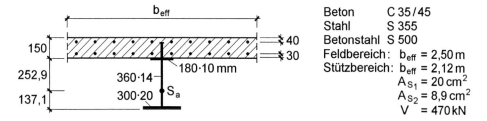

Bild 11.10   Beispiel zur Ermittlung von M_{pl} (max) und $M_{pl,V}$ (min)

Die Berechnungen erfolgen auf Grundlage von DIN 18800 Teil 5. Das Beispiel lehnt sich an Beispiel 2 in [18] „Zweifeldriger Deckenträger ohne Kammerbeton" an. Da die Stützweiten des Zweifeldträgers 17 m betragen, ergeben sich die mittragenden Breiten des Betongurts wie in Bild 11.10 angegeben zu:

- Feldbereich
  $0{,}80 \cdot 17/8 = 1{,}70$ m > vorh b = 1,25 m
  $\Rightarrow b_{eff} = 2 \cdot 1{,}25 = 2{,}50$ m

- Stützbereich
  $0{,}25 \cdot (17{+}17)/8 = 1{,}06$ m < vorh b = 1,25 m
  $\Rightarrow b_{eff} = 2 \cdot 1{,}06 = 2{,}12$ m

Als Stahlträger wird hier gegenüber [18] (HEA 400) ein einfachsymmetrischer Querschnitt verwendet. Mit dieser Wahl sollen breitere Anwendungsbereiche abgedeckt
werden.

a) M_{pl} (max) mit Bild 11.7

$A_a = 1 \cdot 18 + 1,4 \cdot 36 + 2 \cdot 30 = 128,4 \text{ cm}^2$

$N_{pl,a} = 36/1,1 \cdot 128,4 = 4202 \text{ kN}$

$N_{pl,c} = 0,85 \cdot 3,5/1,5 \cdot 15 \cdot 250 = 7438 \text{ kN}$

$\rightarrow$ Normalfall in Bild 11.7 ist maßgebend!

$N_a = N_c = 4202 \text{ kN}; \quad M_a = 0$

$M_c = 4202 \cdot 7,5 \cdot (1 - 4202/7438) = 13711 \text{ kNcm}$

$\mathbf{M_{pl}}$ **(max)** $= 13711 + 4202 \cdot (25,29 + 7,5) = 151\,495 \text{ kNcm} = \mathbf{1515 \text{ kNm}}$

b) $M_{pl,v}$ (min) mit Bild 11.8

Berücksichtigung der Querkraft $V = V_a = 470 \text{ kN}$

$V_{pl,a} = 1,4 \cdot 36,0 \cdot 36 / (1,1 \cdot \sqrt{3}) = 952 \text{ kN}$

$V_a/V_{pl,a} = 470/952 = 0,494 \le 0,5$

$\rightarrow$ Der Einfluss der Querkraft auf das Grenzmoment kann vernachlässigt werden.

$\rightarrow$ red $N_{pl,a} = N_{pl,a} = 4202 \text{ kN}$

Grenznormalkraft der Bewehrung:

$N_{pl,s} = 50/1,15 \cdot (20 + 8,9) = 1256,5 \text{ kN}$

Bedingung red $N_{pl,a} \ge N_{pl,s}$ ist erfüllt!

$\rightarrow N_a = N_s = N_{pl,s} = 1256,5 \text{ kN}$ und $M_s = 0$

Das aufnehmbare Biegemoment M_a des Stahlträgers wird mit dem RUBSTAHL-
Programm QST-TSV-2-3 ermittelt. Dazu wird $N = -1256,5 \text{ kN}$ (Druckkraft) eingegeben und durch Probieren das Biegemoment M_y (ebenfalls negativ) variiert, bis
die Ausnutzung S_d/R_d gleich 1,000 ist. Nach kurzer Iteration erhält man

$M_y = -55\,070 \text{ kNcm} \rightarrow M_a = 55\,070 \text{ kNcm}$

Mit

$d_{as} = 25,29 + 3,0 + 8,0 \cdot 20/28,9 = 33,83 \text{ cm}$

folgt nach Bild 11.8

$\left| \mathbf{M_{pl,v}(min)} \right| = 55\,070 + 1\,256,5 \cdot 33,83 = 97\,577 \text{ kNcm} = \mathbf{976 \text{ kNm}}$

Die Überprüfung der b/t-Verhältnisse der gedrückten Stahlteile ergibt, dass der Querschnitt in Klasse 1 (Nachweisverfahren P-P) eingestuft werden kann:

- Untergurt

$$\text{vorh}(b/t) = (15 - 1,4/2)/2,0 = 7,15 < 7,35 = \text{grenz}(b/t), \text{ siehe Tabelle 7.6 Fall } ①$$

- Steg

$$\text{vorh}(b/t) = 36/1,4 = 25,71 < 26,13 = \text{grenz}(b/t) \text{ siehe Tabelle 7.6 Fall } ③$$

Das b/t-Verhältnis konnte hier für den Steg unter der Annahme nachgewiesen werden, dass er vollständig im Druckbereich liegt. Als ergänzendes Beispiel wird grenz (b/t) für die hier vorhandene Spannungsverteilung ermittelt. Mit $N_{pl,u}$ = $36/1,1\cdot60 = 1964$ kN, $N_{pl,o} = 36/1,1\cdot18 = 589$ kN und $N_{pl,s} = 36/1,1\cdot50,4 = 1650$ kN führt Gl. (11.5) zu

$$\alpha = \frac{1}{2} + \frac{1}{2} \cdot \frac{1\,256,5 - 1\,964 + 589}{1\,650} = 0,464$$

und Tabelle 7.5 zu

$$\text{grenz}(b/t) = \frac{32}{0,464} \cdot \sqrt{\frac{24}{36}} = 56,31$$

Der Steg könnte also auch deutlich schlanker ausgeführt werden.

11.4.3 Querschnittskennwerte

Wenn man die Durchbiegung eines Verbundträgers berechnen möchte, wird die Biegesteifigkeit EI benötigt. Da Beton und Stahl unterschiedliche Elastizitätsmoduli haben, stellt sich die Frage wie EI zu berechnen ist. Zur Lösung wird Bild 11.11 betrachtet. Durch die Wirkung von M und N entstehen die 4 angegebenen Teilschnittgrößen, wobei N_{st} und M_{st} die Teilschnittgrößen des Querschnitts aus Baustahl und Betonstahl sind. Wie allgemein in der Stabtheorie üblich, wird für die Verformungen in Trägerlängsrichtung das Ebenbleiben des Gesamtquerschnitts vorausgesetzt. Wegen $\varepsilon = u'$ nach Gleichung (2.42a) und mit u nach Gleichung (2.25) erhält man die in Bild 11.11 eingezeichnete geradlinige Dehnungsverteilung. Bei Anwendung des *Hookeschen* Gesetzes sind die Normalspannungen ebenfalls linear veränderlich. Mit

$$\sigma_a = E_a \cdot \varepsilon \quad \text{und} \quad \sigma_c = E_c \cdot \varepsilon \tag{11.8}$$

ergeben sich jedoch unterschiedliche Neigungen und der in Bild 11.11 rechts skizzierte Sprung. Wie in Abschnitt 2.12.1 beschrieben, können die Schnittgrößen wie folgt berechnet werden. Für Baustahl und Beton ergibt sich folgender Zusammenhang:

$$N = \int_A \sigma \cdot dA = \int_{A_a} \sigma_a \cdot dA_a + \int_{A_c} \sigma_c \cdot dA_c \qquad (11.9)$$

$$M = \int_A \sigma \cdot z \cdot dA = \int_{A_a} \sigma_a \cdot z \cdot dA_a + \int_{A_c} \sigma_c \cdot z \cdot dA_c \qquad (11.10)$$

Daraus folgt mit $\varepsilon = u'_S - z \cdot w''$ und unter Beachtung, dass z eine Hauptachse des Querschnitts ist:

$$N = E_a \cdot u'_S \cdot A_a + E_c \cdot u'_S \cdot A_c = E_a \cdot u'_S \cdot \left(A_a + \frac{E_c}{E_a} \cdot A_c \right) = E_a \cdot u'_S \cdot A_i \qquad (11.11)$$

$$M = -E_a \cdot w'' \cdot \int_{A_a} z^2 \cdot dA_a - E_c \cdot w'' \cdot \int_{A_c} z^2 \cdot dA_c$$

$$= -E_a \cdot w'' \cdot \left(I_a + \frac{E_c}{E_a} \cdot I_c \right) = -E_a \cdot w'' \cdot I_i \qquad (11.12)$$

Die Gleichungen zeigen die Definitionen von der Fläche A_i und dem Trägheitsmoment I_i bei Verbundquerschnitten, wenn man mit E_a den Elastizitätsmodul von Stahl als Bezugswert wählt. **A_i und I_i sind die ideellen Querschnittswerte** bei Verbundträgern. Man kann das Ergebnis auch so deuten, dass die Betonfläche mit $n = E_a/E_c$ zu reduzieren ist. Die vorstehenden Herleitungen zeigen die prinzipielle Vorgehensweise bei Verbundquerschnitten. Da bei Verbundträgern das Kriechen und Schwinden des Betons berücksichtigt werden muss, wird im Folgenden auf verschiedene Lastarten eingegangen.

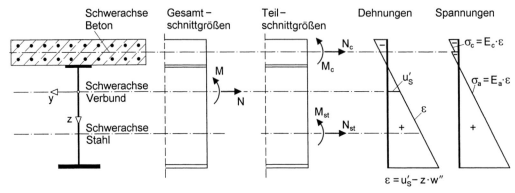

Bild 11.11   Schnittgrößen, Teilschnittgrößen, Dehnungen und Spannungen bei Verbundträgern

Kurzzeitige Einwirkungen

Bei kurzzeitigen Einwirkungen, wie z.B. Verkehrslasten, kommen die o.g. Prinzipien unmittelbar zur Anwendung. Tabelle 11.3 enthält die Zusammenstellung der erforderlichen Rechenschritte. Dabei werden Baustahl und Betonstahl zu einem Gesamtstahlquerschnitt (Index „st") zusammengefasst.

Tabelle 11.3   Querschnittswerte für kurzzeitige Einwirkungen

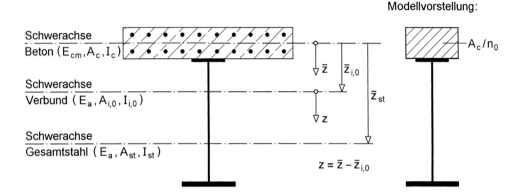

Transformierte Querschnittswerte des Betonteils:

$A_{c,0} = A_c/n_0$ $I_{c,0} = I_c/n_0$ mit $n_0 = E_a/E_{cm}$ Reduktionszahl für kurzzeitige Belastungen

Ideelle Querschnittswerte des Verbundquerschnittes:

$A_{i,0} = A_{c,0} + A_{st}$ $\bar{z}_{i,0} = A_{st} \cdot \bar{z}_{st} / A_{i,0}$ $I_{i,0} = I_{c,0} + I_{st} + \bar{z}_{st}^2 \cdot A_{st} \cdot A_{c,0} / A_{i,0}$

Berücksichtigung von Kriechen und Schwinden

Wenn man das zeitabhängige Verhalten des Betons zutreffend erfassen will, muss hinsichtlich der Wirkung einer Betonnormalkraft N_c und eines Betonbiegemomentes M_c unterschieden werden. Nach *Kindmann/Xia* [88] ist:

$$E_{c\psi N} = \frac{E_{c,0}}{1 + \psi_N \cdot \varphi(t,t_0)} \tag{11.13}$$

$$E_{c\psi M} = \frac{E_{c,0}}{1 + \psi_M \cdot \varphi(t,t_0)} \tag{11.14}$$

Hierbei ist $E_{c,0} = E_c(t_0)$ der Elastizitätsmodul des Betons zum Belastungszeitpunkt t_0 und $\varphi(t,t_0)$ die Kriechzahl des Betons zur Zeit t. ψ_N und ψ_M sind Kriechwerte für N_c bzw. M_c in einem Verbundquerschnitt. $E_{c\psi N}$ und $E_{c\psi M}$ sind die entsprechenden fiktiven Elastizitätsmoduli. Für die Berechnung der Querschnittswerte bedeutet dies, dass Betonfläche und Betonträgheitsmoment mit unterschiedlichen Reduktionszahlen abzumindern sind. Tabelle 11.4 enthält die Zusammenstellung der entsprechenden Berechnungsformeln. Dabei wird der Elastizitätsmodul E_{cm} nach Tabelle 11.2 als Bezugswert verwendet.

Tabelle 11.4   Querschnittswerte unter Berücksichtigung des Kriechens

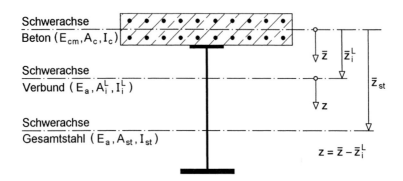

Transformierte Querschnittswerte des Betonteils:

$$A_c^L = A_c / n_F^L \qquad \text{mit} \quad n_F^L = n_0(1 + \psi_N^L \cdot \varphi_t) \quad \text{Reduktionszahl Betonfläche}$$

$$I_c^L = I_c / n_I^L \qquad\qquad n_I^L = n_0(1 + \psi_M^L \cdot \varphi_t) \quad \text{Reduktionszahl Betonträgheitsmoment}$$

Ideelle Querschnittswerte des Verbundquerschnittes:

$$A_i^L = A_c^L + A_{st} \qquad \overline{z}_i^L = A_{st} \cdot \overline{z}_{st} / A_i^L \qquad I_i^L = I_c^L + I_{st} + \overline{z}_{st}^2 \cdot A_{st} \cdot A_c^L / A_i^L$$

Anmerkung: Das hochgestellte L kennzeichnet den betrachteten Lastfall

Tabelle 11.5   Kriechbeiwerte für „übliche" Verbundträger, [88]

Beanspruchungsart			$\varphi_t=1$	$\varphi_t=2$	$\varphi_t=3$	$\varphi_t=4$	ψ_L nach DIN 18800 Teil 5
B	Zeitlich konstante Biegemomente	ψ_N	1,00	1,04	1,07	1,10	1,1
		ψ_M	1,03	1,30	1,52	1,70	
S	Betonschwinden	ψ_N	0,90	0,71	0,65	0,62	0,55
		ψ_M	0,96	0,83	0,83	0,87	
BT	Zeitlich veränderliche Biegemomente	ψ_N	0,90	0,71	0,65	0,62	0,55
		ψ_M	0,93	0,77	0,72	0,70	
A	Absenken	ψ_N	1,02	1,16	1,33	1,53	1,50
		ψ_M	1,04	1,59	2,51	4,10	
AT	Ungewollte Stützensenkung	ψ_N	0,92	0,74	0,70	0,68	
		ψ_M	0,96	0,82	0,80	0,80	

Tabelle 11.6 Reduktionszahlen für „übliche" Verbundträger, [88]

Beanspruchungsart		$\varphi_t=1$	$\varphi_t=2$	$\varphi_t=3$	$\varphi_t=4$	mit ψ_L nach DIN 18800 Teil 5
B	Zeitlich konstante Biegemomente	n_F/n_0: 2,0	3,1	4,2	5,4	5,4
		n_I/n_0: 2,0	3,6	5,6	7,8	
S	Betonschwinden	n_F/n_0: 1,9	2,4	3,0	3,5	3,2
		n_I/n_0: 2,0	2,7	3,5	4,5	
BT	Zeitlich veränderliche Biegemomente	n_F/n_0: 1,9	2,4	3,0	3,5	3,2
		n_I/n_0: 1,9	2,5	3,2	3,8	
A	Absenken	n_F/n_0: 2,0	3,3	5,0	7,1	7,0
		n_I/n_0: 2,0	4,2	8,5	17,4	
AT	Ungewollte Stützensenkung	n_F/n_0: 1,9	2,5	3,1	3,7	
		n_I/n_0: 2,0	2,6	3,4	4,2	

Die Kriechbeiwerte können nach [88] ermittelt werden. Für übliche Verbundträger-querschnitte können sie Tabelle 11.5 entnommen werden. Tabelle 11.6 enthält Vorschläge für die Reduktionszahlen n_F und n_I.

Die Angaben in der Literatur zu den Kriechbeiwerten differieren relativ stark. So definiert z.B. DIN 18800 Teil 5 nur **einen** effektiven Elastizitätsmodul.

$$E_{c,eff} = \frac{E_{cm}}{1 + \psi_L \cdot \varphi(t, t_0)} \qquad (11.15)$$

Darin sind E_{cm} der Sekantenmodul des Betons nach EDIN 1045-1: 1997-02, 6.1.3 (siehe Tabelle 11.2) und $\varphi(t,t_0)$ die Kriechzahl nach 6.1.4 oder 6.1.8. Die Kriechzahlen ψ_L sind in Tabelle 11.5 mit aufgeführt. Wie man sieht, entsprechen sie etwa den ψ_N-Werten für $\varphi_t = 4$. Die ψ_L-Werte werden sowohl für die Reduktion der Beton-flächen als auch der Betonträgheitsmomente verwendet. Dies ist in den meisten Anwendungsfällen gerechtfertigt, da die Eigenträgheitsmomente der Betonflächen in der Regel relativ geringen Einfluss haben und durchgängig die ψ_L-Werte angesetzt werden können.

11.5 Verbundstützen

11.5.1 Tragsicherheitsnachweise nach DIN 18800 Teil 5

Bild 11.12 zeigt typische Querschnitte von Verbundstützen nach DIN 18800 Teil 5 [4]. Der dortige Abschnitt 7 gilt für die Bemessung von Verbundstützen mit

• volleinbetonierten Stahlprofilen, Bild 11.12a

• teilweise einbetonierten Stahlprofilen, Bild 11.12b und c

• ausbetonierten Hohlprofilen, Bild 11.12d bis f

Da Verbundstützen definitionsgemäß durch Drucknormalkräfte beansprucht werden, ist stets das Biegeknicken zu untersuchen, d.h. die Einflüsse infolge von Imperfektionen und der Theorie II. Ordnung müssen berücksichtigt werden. In DIN 18800 Teil 5 werden zwei Bemessungsverfahren angegeben; ein **allgemeines Verfahren**, das auch für Stützen mit unsymmetrischen oder über die Stützenlänge veränderlichen Querschnitten gültig ist, und ein **vereinfachtes Verfahren für Stützen mit doppeltsymmetrischen und über die Stützenlänge konstantem Querschnitt**. Hier werden nur die wichtigsten Bemessungsregelungen des vereinfachten Verfahrens behandelt. Einzelheiten sind DIN 18800 Teil 5 zu entnehmen.

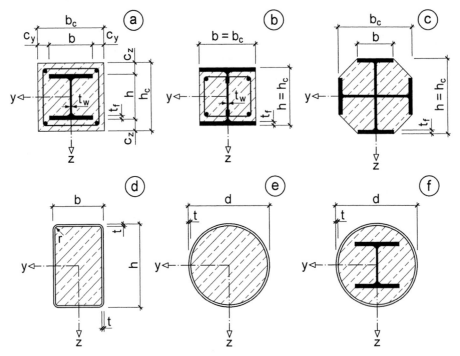

Bild 11.12   Typische Querschnitte von Verbundstützen, [4]

11.5.2 Planmäßig zentrischer Druck

Der Tragsicherheitsnachweis ist für die maßgebende Ausweichrichtung mit der Bedingung

$$\frac{N}{\kappa \cdot N_{pl,d}} \le 1,0 \tag{11.16}$$

zu führen. Dies ist ein Nachweis auf Grundlage der europäischen Knickspannungslinien, der in dieser Form in DIN 188800 Teil 2 für den Nachweis von gedrückten

Stahlstäben verwendet wird, siehe Tabelle 7.9 erste Zeile. Die Zuordnung der **Verbundquerschnitte** zu den Knickspannungslinien kann Tabelle 11.7 entnommen werden. Der Abminderungsfaktor κ ist in Abhängigkeit vom bezogenen Schlankheitsgrad $\overline{\lambda}_K$ nach DIN 18800 Teil 2, Element (304) zu ermitteln.

Tabelle 11.7 Zuordnung der Verbundquerschnitte zu den Knickspannungslinien und geometrische Ersatzimperfektionen (Stich w_0 bzw. v_0 der Vorkrümmung)

Querschnitt	Ausweichen rechtwinklig zur Achse	Knick-spannungslinie	geometrische Ersatzimperfektionen
betongefüllte Hohlprofile	y – y z - z	a	L/300 (alle Betongüten)
vollständig oder teilweise einbetonierte I-Profile	y - y	b	L/250 (C20 bis C 35) L/210 (C40 bis C 60)
	z - z	c	L/200 (C20 bis C35) L/170 (C40 bis C60)

Grenznormalkraft $N_{pl,d}$

Die Grenznormalkraft eines Verbundquerschnittes im vollplastischen Zustand ergibt sich aus der Addition der Bemessungswerte der Grenznormalkräfte der einzelnen Querschnittsteile:

$$N_{pl,d} = A_a \cdot f_{yd} + A_c \cdot \alpha \cdot f_{cd} + A_s \cdot f_{sd} \qquad (11.17)$$

Dabei sind:

A_a, A_c und A_s die Querschnittsflächen von Profilstahl, Beton und Bewehrung

f_{yd}, f_{cd} und f_{sd} die Bemessungswerte der Festigkeiten

α ein Beiwert, der in der Regel α = 0,85 beträgt. Bei betongefüllten Hohlprofilquerschnitten darf mit α = 1,0 gerechnet werden.

Bezogener Schlankheitsgrad

Der bezogene Schlankheitsgrad für die betrachtete Biegeachse ist mit

$$\overline{\lambda}_K = \sqrt{\frac{N_{pl}}{N_{Ki}}} \qquad (11.18)$$

zu berechnen. Dabei ist N_{pl} der **charakteristische Wert** der Normalkrafttragfähigkeit im vollplastischen Zustand, d.h. für $\gamma_a = \gamma_s = \gamma_c = 1,0$. N_{Ki} ist die Normalkraft unter der kleinsten Verzweigungslast, die bei Einzelstützen mit der effektiven Biegefestigkeit zu berechnen ist.

$$(EI)_w = E_a \cdot I_a + 0{,}6 \cdot E_{cm} \cdot I_c + E_s \cdot I_s \tag{11.19}$$

mit:

$E_a \cdot I_a$ Biegesteifigkeit des Baustahlquerschnittes

$E_s \cdot I_s$ Biegesteifigkeit der Bewehrung

$E_{cm} \cdot I_c$ Biegesteifigkeit des Betonteils; das Flächenmoment 2. Ordnung I_c ist für den ungerissenen Betonquerschnitt zu berechnen.

Anwendungsgrenzen

Für den bezogenen Schlankheitsgrad gilt als obere Grenze

$$\overline{\lambda}_K \le 2{,}0. \tag{11.20}$$

Der Querschnittsparameter δ muss folgende Bedingungen erfüllen

$$0{,}2 \le \delta = \frac{A_a \cdot f_{yd}}{N_{pl,d}} \le 0{,}9. \tag{11.21}$$

Beispiel: Zentrisch gedrückte Verbundstütze aus einem teilweise einbetonierten Stahlprofil

Als Beispiel wird die Stütze in Bild 11.13 untersucht, siehe auch [18]. Maßgebend ist der Nachweis für das Biegeknicken um die schwache Achse mit Knickspannungslinie c.

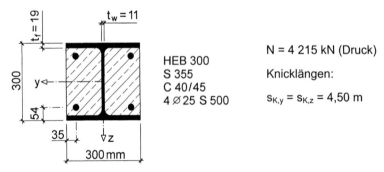

Bild 11.13   Zentrisch gedrückte Verbundstütze (Beispiel)

Querschnittskennwerte

$A_a = 149 \text{ cm}^2$ $A_s = 19{,}6 \text{ cm}^2$ $A_c = 30 \cdot 30 - 149 - 19{,}6 = 731{,}4 \text{ cm}^2$

Bewehrungsanteil: $0{,}3\% < \rho = 2{,}6\% < 6\%$

$I_a = 0,856 \text{ cm}^2\text{m}^2$

$I_s = 19,6 \cdot 0,115^2 = 0,259 \text{ cm}^2\text{m}^2$

$I_c = \dfrac{30^2 \cdot 0,30^2}{12} - 0,856 - 0,259 = 5,635 \text{ cm}^2\text{m}^2$

Festigkeiten

$f_{yd} = f_y/\gamma_a = 36/1,1 \ = 32,7 \text{ kN/cm}^2 \qquad E_a \ = E_s = 21\,000 \text{ kN/cm}^2$

$f_{sd} = f_s/\gamma_s = 50/1,15 = 43,5 \text{ kN/cm}^2$

$f_{cd} = f_c/\gamma_c = 4/1,5 \ \ = 2,67 \text{ kN/cm}^2 \qquad E_{cm} = 3\,500 \text{ kN/cm}^2$

Vollplastische Normalkraft

$N_{pl,d} = 149 \cdot 32,7 + 731,4 \cdot 0,85 \cdot 2,67 + 19,6 \cdot 43,5 = 7\,385 \text{ kN}$

Querschnittsparameter: $0,2 \le \delta = 0,66 \le 0,9$

$N_{pl} = 149 \cdot 36 + 731,4 \cdot 0,85 \cdot 4 + 19,6 \cdot 50 = 8\,831 \text{ kN}$

Wirksame Biegesteifigkeit

$(EI)_w = 21\,000 \cdot 0,856 + 0,6 \cdot 3\,500 \cdot 5,635 + 21\,000 \cdot 0,259 = 35\,249 \text{ kNm}^2$

Abminderungsfaktor

$N_{Ki} = \dfrac{\pi^2 \cdot (EI)_w}{s_{K,z}^2} = \dfrac{\pi^2 \cdot 35\,249}{4,50^2} = 17\,180 \text{ kN}$

$\overline{\lambda}_K = \sqrt{8\,831/17\,180} = 0,717 \ \rightarrow \ \kappa = 0,714 \ \text{(Knickspannungslinie c)}$

Nachweis

$\dfrac{N}{\kappa \cdot N_{pl,d}} = \dfrac{4\,215}{0,714 \cdot 7\,385} = 0,80 \le 1 \quad$ Die Nachweisbedingung ist erfüllt!

11.5.3 Druck und Biegung

Bei gedrückten und planmäßig biegebeanspruchten Verbundstützen sind gemäß DIN 18800 Teil 5 die **Schnittgrößen nach Elastizitätstheorie II. Ordnung** zu berechnen. Wie in DIN 18800 Teil 2 darf der Einfluss von geometrischen und strukturellen Imperfektionen durch **geometrische Ersatzimperfektionen** erfasst werden. Dabei sind die vom Querschnittstyp und der Betongüte abhängigen Werte nach Tabelle 11.7

zu verwenden (letzte Spalte). Bei der Ermittlung der Schnittgrößen nach Theorie II. Ordnung ist der Bemessungswert der wirksamen Biegesteifigkeit wie folgt zu berechnen:

$$(EI)_{w,d} = 0,9 \cdot (E_a \cdot I_a + 0,5\ E_{cm} \cdot I_c + E_s \cdot I_s) \tag{11.22}$$

Für die Schnittgrößenermittlung kann z.B. das auf der RUBSTAHL-CD befindliche Programm KSTAB2000 verwendet werden. Da laut Voraussetzung sowohl Querschnitt als auch die Drucknormalkraft N über die Stützenlänge konstant sind, wird für den Nachweis das maximale Biegemoment M benötigt.

Der Tragsicherheitsnachweis ist nach DIN 18800 Teil 5 für das Ausweichen in der betrachteten Momentenebene mit der Bedingung

$$\frac{M}{\mu_d \cdot M_{pl,d}} \leq 0,9 \tag{11.23}$$

zu führen. Der Beiwert μ_d ergibt sich aus der N-M-Interaktionskurve des Verbundstützenquerschnitts, siehe Bild 11.14. Er erfasst den Einfluss der vorhandenen Drucknormalkraft auf die dann noch mögliche maximale Biegemomententragfähigkeit. Alternativ kann der Tragsicherheitsnachweis auch wie folgt geschrieben werden

$$\frac{\text{vorh M}}{\text{max M (N)}} \leq 0,9 . \tag{11.24}$$

Dabei bedeutet max M (N), dass es sich um das maximale Biegemoment handelt, das der Querschnitt bei Wirkung von N noch aufnehmen kann.

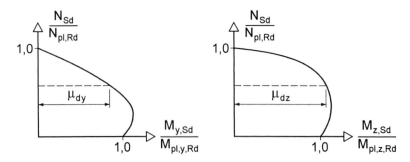

Bild 11.14   Zum Nachweis bei Druck und Biegung

Wie man sieht, wird für den Tragsicherheitsnachweis nach DIN 18800 Teil 5 die N-M-Interaktionskurve des Querschnitts benötigt. Sie darf unter der Annahme berechnet werden, dass im gesamten Baustahl- und Bewehrungsquerschnitt Zug- und/oder Druckspannungen mit dem jeweiligen Bemessungswert der Streckgrenze wirken. In den gedrückten Bereichen des Betonquerschnitts darf man für die Festigkeit des Betons ein Spannungsblock mit $\alpha \cdot f_{cd}$ annehmen. Die Zugfestigkeit des

Betons darf nicht in Rechnung gestellt werden. Zur Erläuterung der beschriebenen Vorgehensweise dienen die Bilder 11.15 und 11.16.

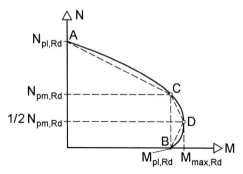

Bild 11.15   Interaktionskurve für Druck und einachsige Biegung, [4]

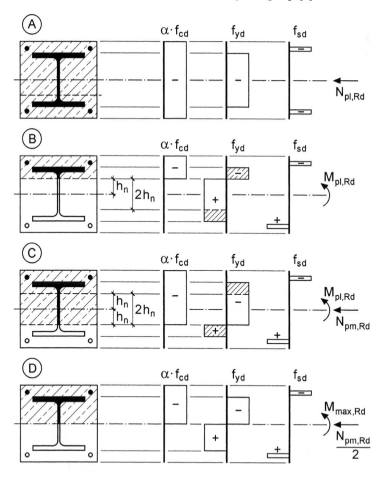

Bild 11.16   Spannungsverteilungen für die Punkte A bis D in Bild 11.15, [4]

Bei der Ermittlung von μ_d darf die Interaktionskurve durch den Polygonzug A bis D in Bild 11.15 ersetzt werden (gestrichelte Linie). Dies bedeutet, dass N und M für die Punkte A bis D ermittelt werden und dass dazwischen näherungsweise linear interpoliert wird. In Bild 11.16 sind die vollplastischen Spannungsverteilungen (Punkte A bis D) für einen vollständig einbetonierten Querschnitt exemplarisch dargestellt. Auf die Bestimmung der Querschnittstragfähigkeit wird im nächsten Abschnitt ausführlich eingegangen.

11.5.4 N-M-Querschnittstragfähigkeit

11.5.4.1 Methodik

Die Ermittlung der Querschnittstragfähigkeit für die Punkte A, B, C und D der Interaktionskurve in Bild 11.15 wird im Anhang C des EC 4 [11] ausführlich behandelt. Darüber hinaus finden sich dort auch Berechnungsformeln für die Querschnitte a, b, d und e in Bild 11.12. Als weitere Quelle für diese Berechnungsformeln (und ergänzende Erläuterungen) können die Beiträge von *Hanswille/Bergmann* in [18] und von *Kuhlmann/Frier/Günther* in [37] verwendet werden.

Die Approximation der genauen Interaktionskurve durch den oben erwähnten Polygonzug ist eine gute ingenieurmäßige Näherung, die in vielen Anwendungsfällen zu ausreichend genauen Ergebnissen führt. Der Rechenaufwand ist jedoch, was man in [11], [18] und [37] leicht feststellen kann, beträchtlich. Dies liegt nicht nur daran, dass die Untersuchungen für die Punkte A, B, C und D (und teilweise auch noch für einen fünften Punkt E) durchgeführt werden müssen, sondern insbesondere auch daran, dass für die Ermittlung von M_{pl} (Punkt B) mehrere Fälle unterschieden werden müssen.

Da die Bestimmung der polygonalen Näherungskurve hinlänglich dokumentiert ist und im Grunde genommen keine Vereinfachung darstellt, werden hier **genaue N-M-Querschnittstragfähigkeiten** bestimmt. Dabei können 2 Problemstellungen unterschieden werden:

- Bestimmung genauer Interaktionskurven

- Tragsicherheitsnachweise für N-M-Schnittgrößenkombinationen auf Grundlage der genauen Querschnittstragfähigkeit

Für die Durchführung der Berechnungen steht das Programm QST-VERBUND-STÜTZE auf der Rubstahl-CD zur Verfügung.

Gegenüber Bild 11.15 wird die Art der Darstellung geändert, damit sie mit den Kapiteln 9 und 10 übereinstimmt und unmittelbar verglichen werden kann: N wird auf der horizontalen und M auf der vertikalen Achse aufgetragen. Bild 11.17 zeigt exemplarisch die Interaktionskurve für den Querschnitt in Bild 11.13, jedoch ohne Berücksichtigung der Bewehrungen (siehe auch Abschnitt 11.5.4.2).

Als Beispiel zur Durchführung des Tragsicherheitsnachweises wird, wie in [18], die Schnittgrößenkombination

$$N = 4\,215 \text{ kN (Druck)} \quad \text{und} \quad M_y = 14\,200 \text{ kNcm}$$

betrachtet. Für $N = 4\,215$ kN wird der zugehörige Punkt auf der Interaktionskurve und das zugehörige max $M_y\,(N)$ bestimmt. Als Zahlenwert ergibt sich nach Abschnitt 11.5.4.2 max $M_y\,(N) = 31\,426$ kNcm. Damit folgt für den Tragsicherheitsnachweis

$$\frac{M_y}{\max M_y(N)} = \frac{14\,200}{31\,426} = 0{,}452 \le 0{,}9$$

Wie man sieht, ist die Nachweisbedingung auch ohne Ansatz der Bewehrung erfüllt.

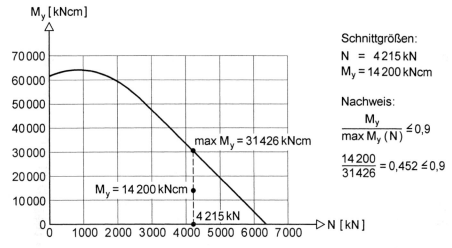

Bild 11.17   Genaue Interaktionskurve und Prinzip der Nachweisführung (Beispiel)

In den folgenden Abschnitten werden konkrete Querschnittsformen betrachtet. Dabei wird stets von der Methodik in Bild 11.18 ausgegangen, die für beliebige Verbundstützenquerschnitte anwendbar ist.

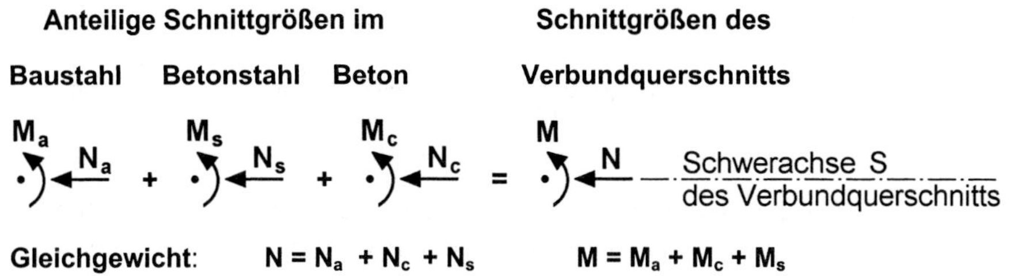

Anteilige Schnittgrößen im   **Schnittgrößen des**

Baustahl   **Betonstahl**   **Beton**   **Verbundquerschnitts**

$$M_a \qquad M_s \qquad M_c \qquad M$$

$$\underset{N_a}{\curvearrowright} \;+\; \underset{N_s}{\curvearrowright} \;+\; \underset{N_c}{\curvearrowright} \;=\; \underset{N}{\curvearrowright} \quad \frac{\text{Schwerachse S}}{\text{des Verbundquerschnitts}}$$

Gleichgewicht: $N = N_a + N_c + N_s$ $M = M_a + M_c + M_s$

Bild 11.18   Schnittgrößen in den Querschnittsteilen und Schnittgrößen des Verbundquerschnitts

Das Bild soll ausdrücken, dass für die einzelnen Querschnittsteile Baustahl, Beton und Bewehrung die anteiligen Druckkräfte und Biegemomente ermittelt und damit N und M des Gesamtquerschnitts berechnet werden. Der Zusammenhang ist im Grunde genommen trivial, erleichtert aber die Durchführung der Berechnungen, insbesondere im Hinblick auf schwierige Querschnittsformen und die Ergänzung von Querschnittsteilen. Es handelt sich im Übrigen um die konsequente Anwendung des Teilschnittgrößenverfahren (TSV), das in dem vorliegenden Buch häufig verwendet wird, siehe z.B. Kapitel 10.

11.5.4.2 Teilweise einbetonierte Stahlprofile

In diesem Abschnitt wird der Querschnitt in Bild 11.12b für Druck und Biegung um die starke Achse untersucht. Dabei wird die Bewehrung vorerst nicht berücksichtigt ($A_s = 0$).

Die Tragfähigkeit des Baustahlquerschnitts ist aus Abschnitt 10.4.4 bekannt. Tabelle 10.5 enthält die entsprechenden Interaktionsbeziehungen, siehe auch Bild 10.16. Bei der Ergänzung des Betonquerschnitts müssen 3 mögliche Lagen der Spannungsnulllinie unterschieden werden. Der Fall „Spannungsnulllinie im Obergurt" ist hier nicht von Interesse, da sich dafür **Zugnormalkräfte** ergeben, vereinbarungsgemäß aber nur Drucknormalkräfte vorhanden sein sollen. Es verbleiben 2 Fälle, die zur Ermittlung der N-M-Interaktionskurve untersucht werden müssen:

- Fall 1: Nulllinie im Steg

- Fall 2: Nulllinie im Untergurt

Tabelle 11.8 enthält alle erforderlichen Bezeichnungen und Rechenwerte. Unter Verwendung von Bild 11.18 können

$$N = N_a + N_c \text{ und } M = M_a + M_c \tag{11.25}$$

berechnet werden. Der in den Größen enthaltene Parameter z_n (Lage der Nulllinie) ermöglicht unmittelbar die Ermittlung der Interaktionskurve. Zur Bestimmung von max M_y (N) für eine gegebene Drucknormalkraft (Druck positiv!) kann aus

$$N = N_a (z_n) + N_c (z_n) \tag{11.26}$$

der Parameter z_n bestimmt und anschließend in

$$M = M_a (z_n) + M_c (z_n) \tag{11.27}$$

eingesetzt werden. Für z_n mit N_a und N_c aus Tabelle 11.8 folgt:

$$\text{Fall 1:} \quad z_n = \frac{N - \alpha \cdot f_{rd} \cdot b_r \cdot h_r / 2}{2 \cdot f_{yd} \cdot t_w + \alpha \cdot f_{rd} \cdot b_r} \tag{11.28a}$$

$$\text{Fall 2:} \quad z_n = \frac{N - N_{12} + f_{yd} \cdot b \cdot h_r}{2 \cdot f_{yd} \cdot b} \tag{11.28b}$$

Tabelle 11.8 Zur Querschnittstragfähigkeit von teilweise einbetonierten Stahlprofilen

	Fall 1 (N klein)	**Fall 2 (N groß)**
Querschnitt	$-h_r/2 \le z_n \le + h_r/2$ oder: $N \le N_{12}$	$h_r/2 \le z_n \le h/2$ oder: $N \ge N_{12}$

$N = N_a + N_c$

$M = M_a + M_c$

$h_r = h - 2 \cdot t_f$

$b_r = b - t_w$

$N_{12} = f_{yd} \cdot t_w \cdot h_r + \alpha \cdot f_{cd} \cdot b_r \cdot h_r$

Fall 1 (N klein):

$N_a = f_{yd} \cdot t_w \cdot 2 \cdot z_n$

$N_c = \alpha \cdot f_{cd} \cdot b_r \cdot (z_n + h_r/2)$

$M_a = f_{yd} \cdot t_f \cdot b \cdot (h - t_f)$ $+ f_{yd} \cdot t_w \cdot \left(h_r^2/4 - z_n^2\right)$

$M_c = N_c \cdot (h_r/2 - z_n)/2$

Fall 2 (N groß):

$N_a = f_{yd} \cdot t_w \cdot h_r$ $+ f_{yd} \cdot b \cdot (2 \cdot z_n - h_r)$

$N_c = \alpha \cdot f_{cd} \cdot b_r \cdot h_r$

$M_a = f_{yd} \cdot b \cdot \left(h^2/4 - z_n^2\right)$

$M_c = 0$

Beispiel

Für den Querschnitt in Bild 11.13 soll nachgewiesen werden, ob die Schnittgrößen N = 4 215 kN (Druck) und M = 14 200 kNcm aufgenommen werden können. Die Bewehrung wird vorerst nicht berücksichtigt und es wird zum Teil auf die Rechenwerte in Abschnitt 11.5.2 zurückgegriffen. Das Walzprofil wird mit h = 30 cm, b = 30 cm, $t_f = 1,9$ cm und $t_w = 1,1$ cm, wie in Tabelle 11.8 skizziert, erfasst.

$N_{12} = 36/1,1 \cdot 1,1 \cdot 26,2 + 0,85 \cdot 4/1,5 \cdot 28,9 \cdot 26,2 = 943,2 + 1\,716,3 = 2\,659,5$ kN

Wegen N = 4 215 kN > N_{12} ist Fall 2 maßgebend.

$$z_n = \frac{4\,215 - 2\,659,2 + 36/1,1 \cdot 30 \cdot 26,2}{2 \cdot 36/1,1 \cdot 30} = 13,892 \text{ cm}$$

$M_a = 36/1,1 \cdot 30 \cdot (30^2/4 - 13,892^2) = 31\,426$ kNcm

$M_c = 0$

max M (N) = M = $M_a + M_c$ = 31426 kNcm

Nachweis (siehe auch Abschnitt 11.5.4.1):

$$\frac{M}{\max M\,(N)} = \frac{14\,200}{31\,426} = 0,452 \le 0,9$$

Mit Hilfe von Tabelle 11.8 kann die vollständige Interaktionskurve ermittelt werden. Bild 11.19 enthält das Ergebnis für den Querschnitt des Beispiels, wobei zum Vergleich auch der reine Baustahlquerschnitt eingetragen wurde. Die Punkte auf den Kurven kennzeichnen den Übergang von Fall 1 zu Fall 2 (Nulllinie im Steg bzw. im Untergurt). Bei der dritten Kurve in Bild 11.19 wird zusätzlich auch der Betonstahl berücksichtigt.

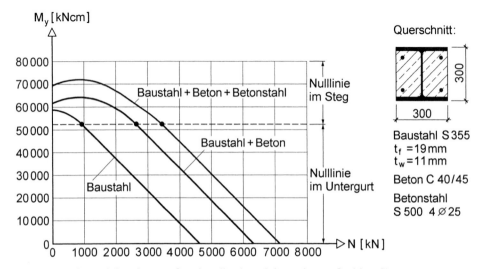

Bild 11.19 Interaktionskurven für ein teilweise einbetoniertes Stahlprofil

Ergänzung der Bewehrung

Für das Beispiel konnte auch ohne die Bewehrung eine ausreichende Tragsicherheit nachgewiesen werden. Wenn man die Bewehrung berücksichtigen möchte, bedeutet dies natürlich einen höheren Rechenaufwand, weil nicht nur weitere Querschnittsteile zu erfassen, sondern auch zusätzliche Fallunterscheidungen nötig sind. An dieser Stelle wird der Einfluss der Bewehrung ausführlich untersucht, da sie auch für andere Querschnittsformen von Bedeutung ist.

Tabelle 11.9 zeigt anschaulich, welche Werte die Schnittgrößen N_s und M_s (infolge Bewehrung) in Abhängigkeit von der Lage der Nulllinie annehmen. Dabei werden bei dem vereinfachten Modell (rechts) punktförmig konzentrierte Bewehrungsstäbe unterstellt. Es ergeben sich dabei jedoch sprunghafte Veränderungen der Schnittgrößen. Für Handrechnungen reicht dieses Modell fast immer aus. Gleitende Übergänge werden auf der linken Seite von Tabelle 11.9 erzielt, indem der Durchmesser der Bewehrungsstäbe berücksichtigt wird. Diese Vorgehensweise empfiehlt sich für automatisierte Berechnungen mit Computern. Die linear veränderlichen Übergänge sind Näherungen, da die Bewehrungsstäbe prinzipiell wie flächengleiche dünne Bleche mit der Dicke d_s und konstantem σ_x behandelt werden, siehe auch Abschnitt 10.7.5.

Tabelle 11.9   Schnittgrößen N_s und M_s infolge symmetrisch angeordneter Bewehrung

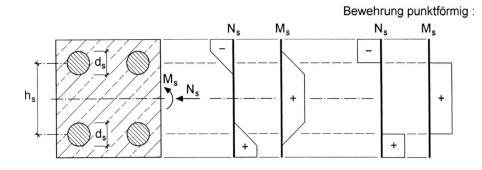

Bewehrung punktförmig:

$z_n \leq -h_s/2 - d_s/2$
$N_s = -\text{red } N_{pl,s}$ (Zug!) $\mathbf{M_s} = 0$

$-h_s/2 - d_s/2 \leq z_n \leq -h_s/2 + d_s/2$
$N_s = -\text{red } N_{pl,s} \cdot \alpha_1$ $\mathbf{M_s} = \text{red } N_{pl,s} \cdot \alpha_3 \cdot h_s/2$

$-h_s/2 + d_s/2 \leq z_n \leq h_s/2 - d_s/2$
$N_s = 0$ $\mathbf{M_s} = \text{red } N_{pl,s} \cdot h_s/2$

$h_s/2 - d_s/2 \leq z_n \leq h_s/2 + d_s/2$
$N_s = +\text{red } N_{pl,s} \cdot \alpha_2$ $\mathbf{M_s} = \text{red } N_{pl,s} \cdot \alpha_4 \cdot h_s/2$

$z_n \geq h_s/2 + d_s/2$
$N_s = +\text{red } N_{pl,s}$ $\mathbf{M_s} = 0$

Bewehrung punktförmig:

$z_n \leq -h_s/2$
$N_s = -\text{red } N_{pl,s}$ $\mathbf{M_s} = 0$

$-h_s/2 \leq z_n \leq h_s/2$
$N_s = 0$ $\mathbf{M_s} = N_{pl,s} \cdot h_s/2$

$z_n \geq h_s/2$
$N_s = +\text{red } N_{pl,s}$ $\mathbf{M_s} = 0$

A_s: gesamte Fläche des Betonstahls; z_n: Lage der Nulllinie

red $f_{sd} = f_{sd} - \alpha \cdot f_{cd}$ (Minderung durch Entfall des Betons);   red $N_{pl,s} = $ red $f_{sd} \cdot A_s$

$$\alpha_1 = \frac{d_s - h_s - 2z_n}{2d_s} \; ; \; \alpha_2 = \frac{d_s - h_s + 2z_n}{2d_s} \; ; \; \alpha_3 = \frac{d_s + h_s + 2z_n}{2d_s} \; ; \; \alpha_4 = \frac{d_s + h_s - 2z_n}{2d_s}$$

Für den Betonstahl wird in Tabelle 11.9 eine reduzierte Streckgrenze

$$\text{red } f_{sd} = f_{sd} - \alpha \cdot f_{cd} \tag{11.29}$$

angesetzt. Damit wird berücksichtigt, dass vorher mit der **vollen** Betonquerschnitts-fläche gerechnet wurde.

Wenn man zu dem Querschnitt in Tabelle 11.8 (Baustahl und Beton) die Bewehrung hinzufügen möchte, sind die Fallunterscheidungen gemäß Tabelle 11.9 zu beachten. Aus $N = N_a + N_c + N_s$ ergibt sich die Lage der Nulllinie, wobei bei baupraktischen Anwendungen die Nulllinie häufig unterhalb der unteren Bewehrung liegt, so dass

$$N_s = \text{red } N_{pl,s} \quad \text{und} \quad M_s = 0 \tag{11.30}$$

sind. Dies gilt auch für das obige Beispiel:

$$N_s = (50/1{,}15 - 0{,}85 \cdot 4/1{,}5) \cdot 19{,}6 = 807{,}8 \text{ kN}$$

$$z_n = 13{,}892 - \frac{807{,}8}{2 \cdot 36/1{,}1 \cdot 30} = 13{,}48 \text{ cm} > 13{,}1 \text{ cm}$$

$$\max M\,(N) = M_a = 36/1{,}1 \cdot 30 \cdot (30^2/4 - 13{,}48^2) = 42\,503 \text{ kNcm}$$

Mit $M = 14\,200$ kNcm erhält man nun für den Nachweis $0{,}334 \le 0{,}9$. Damit vergleichbar ist das Ergebnis in [18]: $0{,}355 \le 0{,}9$.

Die komplette Interaktionskurve ist, wie bereits erwähnt, in Bild 11.19 dargestellt. Zum Vergleich mit der polygonalen Näherung in Bild 11.15 wurde der Punkt C eingezeichnet. Für eigene Berechnungen steht das Programm QST-VERBUNDSTÜTZE, Arbeitsblatt „I-Profil-teil" zur Verfügung.

11.5.4.3 Volleinbetonierte Stahlprofile

Wenn die Querschnittstragfähigkeit von volleinbetonierten Stahlprofilen nach Bild 11.12a untersucht werden soll, müssen prinzipiell 9 Fälle für die Lage der Nulllinie unterschieden werden.

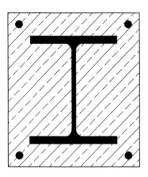

Nulllinie im:

Beton, oberhalb der oberen Bewehrung
Betonstahl, obere Bewehrung
Beton, zwischen oberer Bewehrung und Stahlobergurt
Stahlobergurt
Stahlsteg
Stahluntergurt
Beton, zwischen unterer Bewehrung und Stahluntergurt
Betonstahl, untere Bewehrung
Beton, unterhalb der unteren Bewehrung

Bild 11.20   Mögliche Nulllinienlagen bei volleinbetonierten Stahlprofilen

Von diesen in Bild 11.20 aufgeführten Fällen sind für die baupraktische Anwendung nicht alle von Interesse, da bei weit oben liegender Nulllinie Zugnormalkräfte oder nur geringe Drucknormalkräfte vom Querschnitt aufgenommen werden.

Hier werden daher nur Fälle untersucht, bei denen die Nulllinie im Stahlsteg oder tiefer liegt. Wie in Abschnitt 11.5.4.2 wird die Bewehrung erst später berücksichtigt, so dass 3 Fallunterscheidungen verbleiben. Tabelle 11.10 enthält die zugehörigen Teilschnittgrößen, mit denen die Schnittgrößen in Abhängigkeit von der Null-linien-lage bestimmt werden können. Die weitere Vorgehensweise zur Ermittlung von Interaktionskurven oder für den Nachweis bei gegebener Schnittgrößenkombination N und M stimmt mit Abschnitt 11.5.4.2 völlig überein, so dass hier auf weitere Erläuterungen verzichtet werden kann. Auch die Bewehrung kann, wie dort beschrieben, erfasst werden (siehe Tabelle 11.9). Im Übrigen erhält man mit Tabelle 11.10 für $b_c = b$ und für $h_c = h$ auch die Lösungen für teilweise einbetonierte Stahlprofile. Tabelle 11.8 wird daher nicht unbedingt benötigt. Sie wurde hier mit aufgenommen, um an einem möglichst einfachen Fall die Methodik zeigen zu können.

Tabelle 11.10 Zur Querschnittstragfähigkeit von volleinbetonierten Stahlprofilen

Querschnitt

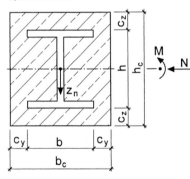

$N = N_a + N_c$
$M = M_a + M_c$

$N_{pl,a} = f_{yd} \cdot A_a$
$N_{pl,c} = \alpha \cdot f_{cd} \cdot A_c$

$h_r = h - 2t_f$
$b_r = b_c - t_w$
$a_g = h - t_f$
$A_a = 2b \cdot t_f + t_w \cdot h_r$
$A_c = b_c \cdot h_c - A_a$

Fall 1 (N klein): Nulllinie im Steg
$-h_r/2 \le z_n \le h_r/2$

$N_a = f_{yd} \cdot t_w \cdot 2z_n$
$N_c = \alpha \cdot f_{cd} \cdot [b_c \cdot (h_c/2 + z_n) - t_f \cdot b - t_w \cdot (h_r/2 + z_n)]$

$M_a = f_{yd} \cdot \left[t_f \cdot b \cdot a_g + t_w \cdot \left(h_r^2/4 - z_n^2 \right) \right]$

$M_c = \alpha \cdot f_{cd} \left[b_c \left(h_c^2/4 - z_n^2 \right) - b \cdot t_f \cdot a_g - t_w \left(h_r^2/4 - z_n^2 \right) \right]/2$

Fall 2 (N mittel): Nulllinie im Untergurt
$h_r/2 \le z_n \le h/2$

$N_a = N_{pl,a} - f_{yd} \cdot b \cdot (h - 2z_n)$
$N_c = N_{pl,c} - \alpha \cdot f_{cd} \cdot [b_c \cdot (h_c/2 - z_n) - b \cdot (h/2 - z_n)]$

$M_a = f_{yd} \cdot b \cdot \left(h^2/4 - z_n^2 \right)$

$M_c = \alpha \cdot f_{cd} \cdot \left[b_c \cdot \left(h_c^2/4 - z_n^2 \right) - b \cdot \left(h^2/4 - z_n^2 \right) \right]/2$

Fall 3 (N groß): Nulllinie unten im Beton
$h/2 \le z_n \le h_c/2$

$N_a = N_{pl,a}$
$N_c = N_{pl,c} - \alpha \cdot f_{cd} \cdot b_c \cdot (h_c/2 - z_n)$

$M_a = 0$

$M_c = \alpha \cdot f_{cd} \cdot b_c \cdot \left(h_c^2/4 - z_n^2 \right)/2$

Für die Ermittlung von Interaktionskurven und Tragsicherheitsnachweisen steht das RUBSTAHL-Programm QST-VERBUNDSTÜTZE mit dem Arbeitsblatt „I-Profil-voll" zur Verfügung, das auf Tabelle 11.10 basiert. Ein Anwendungsbeispiel ist in Bild 11.21 dargestellt. Es enthält die Interaktionskurven für den

- Baustahlquerschnitt allein

- Baustahl + Beton

- Baustahl + Beton + Bewehrung

Das Bild zeigt deutlich den großen Tragfähigkeitszuwachs durch die Berücksichtigung des Betons und der Bewehrung. Wie man sieht, reichen die oberen Kurven nicht ganz bis an die vertikale Achse heran. Dies ergibt sich in diesem Beispiel, weil die Nulllinie für N = 0 im Stahlobergurt liegt. Die Punkte auf den Kurven kennzeichnen die Übergänge zwischen den Fällen 1 und 2 bzw. 2 und 3 gemäß Tabelle 11.10.

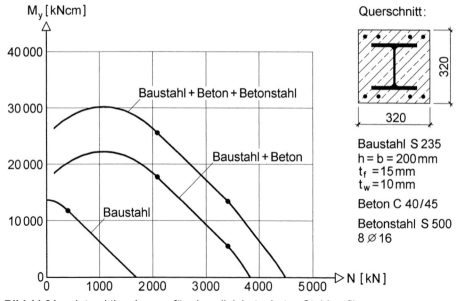

Bild 11.21   Interaktionskurven für ein volleinbetoniertes Stahlprofil

Tabelle 11.10 ist in erster Linie für die Ermittlung von Interaktionskurven vorgesehen. Wenn man nur den Tragsicherheitsnachweis für eine gegebene N-M-Schnittgrößenkombination führen möchte, ist es zweckmäßig, zuerst mit Hilfe von Bild 11.22 festzustellen, welcher Fall maßgebend ist. Liegt die gegebene Normalkraft N z.B. zwischen N_{12} und N_{23}, so ist Fall 2 nach Tabelle 11.10 maßgebend. Für diesen Fall wird dann mit $N = N_a + N_c$ die Lage der Nulllinie z_n bestimmt, so dass M_a und M_c berechnet werden können. Bei großen Drucknormalkräften ist es sinnvoll mit N_{pl} zu beginnen und die übrigen Normalkräfte in Bild 11.22 von unten nach oben zu berechnen, bis ein Wert kleiner als das gegebene N ist.

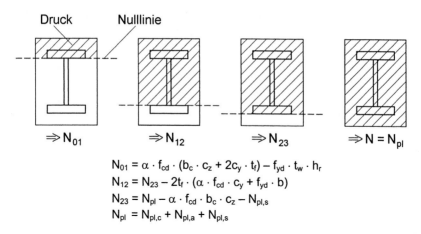

$$N_{01} = \alpha \cdot f_{cd} \cdot (b_c \cdot c_z + 2c_y \cdot t_f) - f_{yd} \cdot t_w \cdot h_r$$
$$N_{12} = N_{23} - 2t_f \cdot (\alpha \cdot f_{cd} \cdot c_y + f_{yd} \cdot b)$$
$$N_{23} = N_{pl} - \alpha \cdot f_{cd} \cdot b_c \cdot c_z - N_{pl,s}$$
$$N_{pl} = N_{pl,c} + N_{pl,a} + N_{pl,s}$$

Bild 11.22   Ausgewählte Nulllinienlagen und zugehörige Drucknormalkräfte

11.5.4.4 Ausbetonierte Hohlprofile

Rechteckige Hohlprofile

Die plastische Grenztragfähigkeit von rechteckigen Hohlprofilen aus Baustahl wird in Abschnitt 10.6 ausführlich behandelt. Dort wird auch ausgeführt, dass für die Beanspruchungen infolge N und M ersatzweise ein doppeltsymmetrischer I-Querschnitt untersucht werden kann. Dies gilt natürlich auch für einen Verbundquerschnitt, so dass der ausbetonierte Hohlquerschnitt in Bild 11.12d nach Abschnitt 11.5.4.2 untersucht werden kann. Bei der Verwendung von Tabelle 11.8 ist

$$t_f = t \quad \text{und } t_w = 2 \cdot t$$

zu setzen, wenn man näherungsweise die Eckausrundungen vernachlässigt. An den anderen Größen ändert sich nichts.

Kreisförmige Hohlprofile

Bei den kreisförmigen Hohlprofilen (Rohre) kann auf Abschnitt 10.5 zurückgegriffen werden. Dort wird mit Gl. (10.43) die N-M-Interaktion für Rohre aus Baustahl angegeben. Die Lage der Spannungsnulllinie, die in Bild 10.30 durch einen Winkel beschrieben wird, ergibt sich unmittelbar aus Gl. (10.42b).

Tabelle 11.11 enthält eine Zusammenstellung, mit der die N-M-Querschnittstragfähigkeit von ausbetonierten Rohren ermittelt werden kann. Eine ggf. vorhandene Bewehrung wird später berücksichtigt. Zur Beschreibung der Nulllinienlage, Parameter z_n, werden die Winkel α für das Rohr und γ für die Betonfüllung verwendet. Der Winkel α bezieht sich auf die **Mittellinie** des Rohres, da dünne Bleche mit $t \ll d$

vorausgesetzt werden. Da die Nulllinie die Umfangslinie des Betons (= Rohr innen) an einer anderen Stelle schneidet, wird der Winkel γ auf diese Schnittpunkte bezogen. Mit diesen Festlegungen können die aus Rohr und Beton resultierenden Schnittgrößen bestimmt werden. N_a und M_a ergeben sich direkt aus den Gln. (10.42a, b). Bei N_c in Tabelle 11.11 beschreibt die runde Klammer, welcher Teil der Fläche gedrückt wird. M_c ist gleich $N_c \cdot z_{s,c}$, also Betondruckkraft mal Abstand des Schwerpunkts der gedrückten Betonfläche.

Tabelle 11.11 Zur Querschnittstragfähigkeit von ausbetonierten Rohren

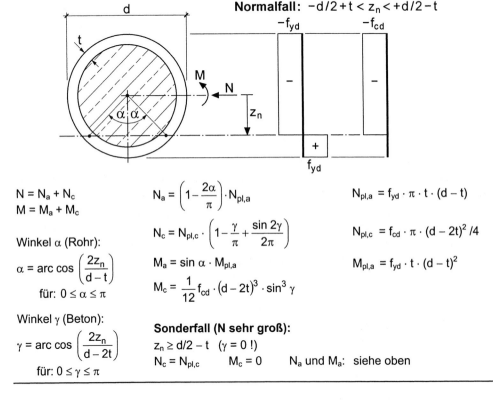

$$N = N_a + N_c$$
$$M = M_a + M_c$$

Winkel α (Rohr):

$$\alpha = \arccos\left(\frac{2z_n}{d-t}\right)$$
$$\text{für: } 0 \le \alpha \le \pi$$

Winkel γ (Beton):

$$\gamma = \arccos\left(\frac{2z_n}{d-2t}\right)$$
$$\text{für: } 0 \le \gamma \le \pi$$

$$N_a = \left(1 - \frac{2\alpha}{\pi}\right) \cdot N_{pl,a}$$

$$N_c = N_{pl,c} \cdot \left(1 - \frac{\gamma}{\pi} + \frac{\sin 2\gamma}{2\pi}\right)$$

$$M_a = \sin\alpha \cdot M_{pl,a}$$

$$M_c = \frac{1}{12} f_{cd} \cdot (d - 2t)^3 \cdot \sin^3\gamma$$

$$N_{pl,a} = f_{yd} \cdot \pi \cdot t \cdot (d - t)$$

$$N_{pl,c} = f_{cd} \cdot \pi \cdot (d - 2t)^2 / 4$$

$$M_{pl,a} = f_{yd} \cdot t \cdot (d - t)^2$$

Sonderfall (N sehr groß):
$$z_n \ge d/2 - t \quad (\gamma = 0 !)$$
$$N_c = N_{pl,c} \qquad M_c = 0 \qquad N_a \text{ und } M_a: \text{ siehe oben}$$

An und für sich müssten 3 Fälle für die Lage der Nulllinie unterschieden werden. Davon ist der Fall „Nulllinie in der Rohrwandung oben" hier nicht von Interesse, da dann Zugnormalkräfte auftreten. Die beiden anderen Fälle sind in Tabelle 11.11 enthalten.

Als Beispiel enthält Bild 11.23 die N-M-Interaktionskurve für den dort skizzierten Querschnitt. Die Erstellung der Interaktionskurve ist mit einfachen Mitteln möglich, was leicht an dem RUBSTAHL-Programm QST-VERBUNDSTÜTZE, Arbeitsblatt „Rohr", zu erkennen ist. Wie man sieht, ist der Tragfähigkeitsunterschied zwischen dem Verbundquerschnitt und dem Rohr allein beträchtlich. Der Vergleich mit Bild 11.15 zeigt, dass hier der Bereich mit den Punkten B, C und D besonders ausgeprägt ist.

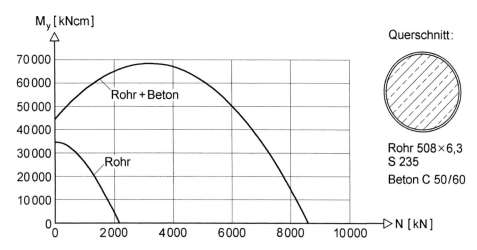

Bild 11.23   N-M-Interaktionskurve für ein ausbetoniertes Rohr

Wenn man für eine **vorgegebene Schnittgrößenkombination**, z.B. N = 5 000 kN und M = 54 000 kNcm, ausreichende Tragfähigkeit nachweisen möchte, so stößt man auf eine grundsätzliche Schwierigkeit. In $N = N_a(\alpha) + N_c(\gamma)$ können die Winkel nicht unmittelbar bestimmt werden. Bei den Berechnungsformeln in [11], [18] und [37] wurden daher bereichsweise gerade Außenwandungen angenommen. Im Gegensatz dazu wird hier eine kurze Iteration durchgeführt. Dazu können z.B. die Daten für die Interaktionskurve im Programm QST-VERBUNDSTÜTZE verwendet werden. Man sieht sofort, dass z_n zwischen 7,5 und 10 cm liegen muss, wenn N = 5 000 kN sein soll. Durch Einsetzen von Zwischenwerten (Probieren) erhält man sehr schnell $z_n = 8,20$ cm und das zugehörige Biegemoment max M (N) = 61 073 kNcm. Das Ergebnis der Programmrechnung kann mit Tabelle 11.11 kontrolliert werden. Für $z_n = 8,20$ cm erhält man (Normalfall):

$\alpha = 1,238$ $\gamma = 1,233$

$N_a = 459$ kN $N_c = 4\,541$ kN

$M_a = 32\,697$ kNcm $M_c = 28\,376$ kNcm

$\Rightarrow$ N = 459 + 4 541 = 5 000 kN

max M (N) = 32 697 + 28 376 = 61 073 kNcm

Wegen 54000 / 61070 = 0,884 ≤ 0,9, siehe Gl. (11.24), ist die o.g. Schnittgrößenkombination aufnehmbar. Im Übrigen sind bei dieser Interaktionskurve die Unterschiede zur polygonalen Näherung nach Bild 11.13 relativ groß.

Ergänzung von Bewehrung

Bezüglich der Anordnung des Betonstahls werden hier 2 Fälle betrachtet. Die in Bild 11.24a dargestellten vier Bewehrungsstäbe können, wie in Abschnitt 11.5.4.2 erläutert, mit Hilfe von Tabelle 11.9 berücksichtigt werden.

Wenn relativ viele Stäbe auf einem Kreis mit dem Durchmesser D_s angeordnet werden, empfiehlt es sich, die Bewehrung rechnerisch wie ein zusätzliches Rohr zu behandeln. Mit A_s als Gesamtfläche der Bewehrung ergibt sich die Blechdicke des fiktiven Rohres zu

$$t = \frac{A_s}{\pi \cdot D_s} \tag{11.31}$$

Wenn man nun zur Festlegung der Nulllinienlage den Winkel β benutzt, können die Berechnungsformeln für N_a und M_a in Tabelle 11.11 in analoger Weise zur Ermittlung von N_s und M_s verwendet werden. Dabei muss natürlich wie in Tabelle 11.9 unterschieden werden, ob die Nulllinie den Kreis schneidet oder oberhalb bzw. unterhalb liegt.

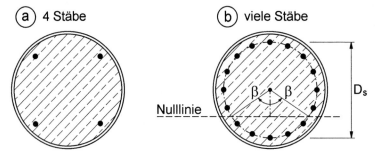

Bild 11.24   Zur Ergänzung des Betonstahls bei ausbetonierten Rohren

12 Querschnitte mit breiten Gurten

12.1 Problemstellung

Auf Grundlage der Stabtheorie werden die Normalspannungen in Biegeträgern mit

$$\sigma_x = \frac{M_y}{I_y} \cdot z \tag{12.1}$$

berechnet. Damit ergibt sich für das Beispiel in Bild 12.1a, dass die Spannungen in den Gurten konstant und im Steg linear veränderlich sind. Bei der Herleitung der theoretischen Grundlagen in Kapitel 2 wurden die Arbeitsanteile infolge von Querkraft-Schubspannungen vernachlässigt (siehe Abschnitt 2.9). Dies entspricht der üblichen Stabtheorie und führt zu der in Bild 12.1b dargestellten Spannungsverteilung. Dort eingetragen sind auch die Schubspannungen, die gemäß Abschnitt 2.12.2 aus dem Spannungsgleichgewicht, d.h. aus den in Längsrichtung veränderlichen σ-Spannungen berechnet werden. Anschaulich ausgedrückt kann man sich den Zusammenhang so vorstellen, dass die Schubspannungen die σ-Spannungen in die Randbereiche der Gurte „transportieren" müssen.

Dieser „Transport" gelingt nicht bei allen baustatischen Systemen so wie in Bild 12.1b dargestellt. Anstelle von konstanten Gurtspannungen ergeben sich bei entsprechender Schubweichheit des Obergurtes in Querrichtung veränderliche Normalspannungen. Die Prinzipskizze in Bild 12.1c zeigt, dass der Maximalwert im Anschluss des Obergurtes an den Steg auftritt und die Spannungen zu den Gurträndern hin abfallen.

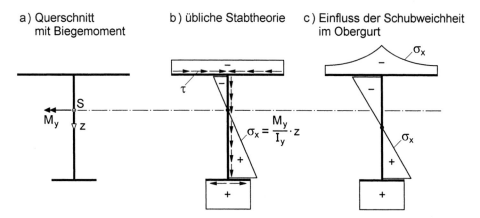

Bild 12.1   Zur Spannungsverteilung in breiten Gurten

Der beschriebene Effekt tritt bei Querschnitten mit **breiten Gurten** auf. „Breit" bedeutet in diesem Zusammenhang, dass die vom Hauptträgersteg gemessenen Gurte breit im Verhältnis zur Stützweite in Stablängsrichtung sind. Die Spannungsverteilung in den Gurten hängt also von

- der Querschnittsgeometrie,
- dem baustatischen System und
- der Art der Belastung

ab.

Querschnitte mit breiten Gurten treten sehr häufig im Brückenbau auf. Bild 1.5 in Kapitel 1 zeigt dazu mit der *Levensauer* Hochbrücke in *Kiel* ein typisches Beispiel. Neben dem Brückenbau ist die Thematik aber auch für Konstruktionen des Stahl-wasserbaus, Hoch- und Industriebaus von Bedeutung, siehe Bild 12.2.

a) Stahlbrücke

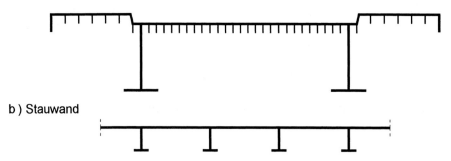

b) Stauwand

c) Decke mit Verbundträgern

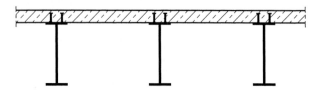

Bild 12.2   Querschnitte mit breiten Gurten (Prinzipskizzen)

In der Bemessungspraxis wird die Schubweichheit breiter Gurte durch das Modell der mittragenden Gurtbreite (Abschnitt 12.2) berücksichtigt, was zu entsprechend ver-kleinerten Gurtflächen führt. Für den auf diese Weise reduzierten Querschnitt können dann die Querschnittskennwerte (Kapitel 3) und die Spannungen nach der Elastizitäts-theorie (Kapitel 5 und 6) berechnet werden.

12.2 Modell der mittragenden Gurtbreite

Die Ermittlung von Spannungsverteilungen in den Gurten, die in Querrichtung veränderlich sind, ist mit einem relativ großen Aufwand verbunden. Im Rahmen der Stabtheorie ist dies nicht möglich, da die Scheibenwirkung der Querschnittsteile erfasst werden muss. Wenn man genaue Berechnungen durchführen will, was aber eher der Ausnahmefall ist, wendet man in der Regel die Methode der Finiten Elemente (FEM) an. Man benutzt dann EDV-Programme, wie z.B. ABAQUS oder ANSYS, und modelliert das baustatische System mit Scheibenelementen. Diese Modellierung kann bei Querschnitten mit Längsaussteifungen sehr aufwendig sein.

Zur Vermeidung des genannten Aufwandes ist das **Modell der mittragenden Gurtbreite** entwickelt worden. Dabei war das Ziel, weiterhin eine Spannungs-ermittlung nach der bewährten und allseits bekannten Stabtheorie zu ermöglichen. Das Prinzip des Modells ist in Bild 12.3 skizziert. Wie man sieht, wird der veränderliche Spannungsverlauf im Obergurt durch konstante Spannungen ersetzt. Da es vorrangig darum geht, die maximale Spannung zu ermitteln, wird ein gleiches max σ_x in beiden Fällen gefordert. Da außerdem die Kräfte im Obergurt für beide Fälle gleich sein müssen, werden die vorhandenen Gurtbreiten auf die mittragenden Gurtbreiten b_m reduziert. Die Berechnung der Querschnittskennwerte erfolgt also unter Verwendung von b_m. Aufgrund dieser Vorgehensweise kann man nach wie vor die Stabtheorie anwenden. Regeln, wie die Reduktion von b auf b_m zu erfolgen hat, werden in den folgenden Abschnitten behandelt. Mit Bild 12.4 wird die Ermittlung der mitwirkenden Obergurtbereiche für einen Brückenquerschnitt (vereinfacht) erläutert.

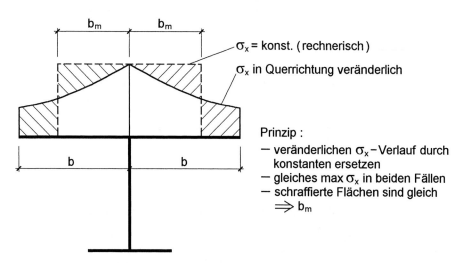

Bild 12.3   Zum Modell der mittragenden Gurtbreite

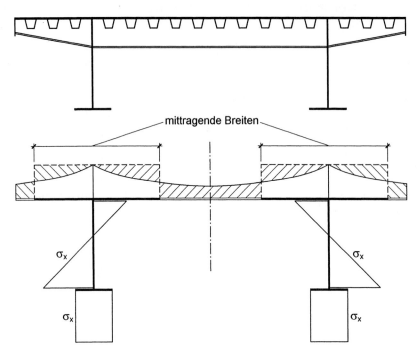

Bild 12.4   Brückenquerschnitt (oben) und mittragende Obergurtbereiche (unten)

12.3 Mittragende Gurtbreiten nach EC 3 Teil 1-5

Im EC 3 Teil 1-5 [10] werden für I-förmige Blechträger und Hohlkästen Modelle angegeben, die die Auswirkungen von Schubverzerrungen (→ mittragende Gurtbreiten) und Plattenbeulen berücksichtigen. Die Regeln sind in erster Linie für Stahlbrücken vorgesehen, jedoch auch für andere Bereiche des Stahlbaus relevant.

In diesem Abschnitt wird nur auf die Auswirkungen von Schubverzerrungen eingegangen, siehe auch Abschnitt 8.5.1 und Bild 8.2. Angaben zum Plattenbeulen finden sich in Kapitel 13.

Modellierung für eine elastische Schnittgrößenberechnung

- Die Einflüsse aus Schubverzerrungen und lokalem Plattenbeulen auf die Steifigkeit müssen berücksichtigt werden, falls diese die Schnittgrößen signifikant beeinflussen.

- Die Auswirkungen von Schubverzerrungen in Flanschen dürfen bei einer elastischen Schnittgrößenermittlung durch mittragende Breiten berücksichtigt werden. Vereinfacht darf diese mittragende Breite gleichförmig über die Trägerlänge angenommen werden.

- Für jedes Feld eines Trägers sollte die mittragende Breite von Flanschen aus dem Minimum der gesamten Breite und L/8 je Seite des Flansches angenommen werden. L ist hierbei die Spannweite bzw. bei Kragarmen der zweifache Abstand vom Auflager zum freien Ende.

- Bei der Schnittgrößenermittlung von üblichen Blechfeldern dürfen die Auswirkungen von Plattenbeulen auf die Steifigkeit vernachlässigt werden.

- Ist die wirksame Querschnittsfläche eines Elements unter Druck kleiner als 50% der Bruttoquerschnittsfläche, sollte eine Abminderung der Steifigkeit infolge Plattenbeulen berücksichtigt werden.

Querschnittsnachweise

Die Spannungen werden mit effektiven Querschnittsflächen A_{eff} und Widerstandsmomenten W_{eff} berechnet, d.h. unter Berücksichtigung mittragender Breiten b_{eff}. Einzelheiten sind Abschnitt 2.2 (EC 3 1-5) zu entnehmen.

Spannungsnachweis für den Grenzzustand der Gebrauchstauglichkeit und für die Werkstoffermüdung

- Sowohl für den Grenzzustand der Gebrauchstauglichkeit als auch für die Werkstoffermüdung werden die Spannungsnachweise von Querschnittsteilen mit effektiven Querschnittswerten geführt, die den Einfluss der elastischen Schubverzerrungen berücksichtigen. Die Auswirkungen aus Plattenbeulen dürfen vernachlässigt werden.

- Bei zweiaxialen Spannungszuständen wird die effektive Spannung σ_e zum Nachweis gegen Fließen wie folgt bestimmt:

$$\sigma_{e,Ed} = \sqrt{\sigma_{x,Ed}^2 + \sigma_{z,Ed}^2 - \sigma_{x,Ed}\,\sigma_{z,Ed} + 3 \cdot \tau_{Ed}^2} \qquad (12.2)$$

Die Spannungen werden mit Vorzeichen eingesetzt.

- Die effektive Spannung $\sigma_{e,Ed}$ sollte folgende Bedingung erfüllen:

$$\sigma_{e,Ed} \leq \frac{f_y}{\gamma_{M,ser}} \qquad (12.3)$$

Hierbei ist $\gamma_{M,ser}$ der in den entsprechenden Eurocodes auf der Widerstandsseite für den Grenzzustand der Gebrauchstauglichkeit angegebene Teilsicherheitswert.

Allgemeines zur Berücksichtigung der Schubverzerrungen

- In Gurten darf der Einfluss der Schubverzerrungen vernachlässigt werden, wenn die Bedingung $b_0 < L_e / 20$ erfüllt ist. Für einseitig gestützte Flanschteile entspricht die Flanschbreite b_0 der vorhandenen Flanschbreite, bei zweiseitig gestützten Flanschteilen ist b_0 gleich der Hälfte der vorhandenen Flanschbreite. Die Länge L_e ergibt sich aus dem Abstand der Momentennullpunkte, siehe Bild 12.5.

- Wird die oben angegebene Bedingung überschritten, müssen sowohl bei den Nachweisen im Gebrauchstauglichkeitszustand als auch bei den Nachweisen für die Werkstoffermüdung die sich auf die Gurte auswirkenden Einflüsse der Schubverzerrungen berücksichtigt werden. Hierzu wird die mittragende Breite, wie unten aufgeführt, bestimmt und die Spannungsverteilung nach Bild 12.8 angenommen. Für Nachweise im Grenzzustand der Tragfähigkeit dürfen effektive Breiten eingesetzt werden, die am Ende von Abschnitt 12.3 bestimmt werden.

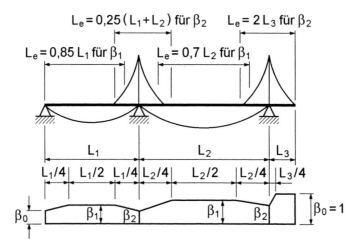

Bild 12.5   Effektive Länge L_e für Durchlaufträger und Verteilung der mittragenden Breiten

Grenzzustand der Gebrauchstauglichkeit und bei Werkstoffermüdung

- Zur Berücksichtigung elastischer Schubverzerrungen wird die mittragende Breite b_{eff} wie folgt ermittelt:

$$b_{eff} = \beta \cdot b_0 \tag{12.4}$$

- Der Abminderungsfaktor β für die mittragende Breite wird nach Tabelle 12.1 mit folgenden Werten für κ ermittelt:

$$\kappa = \alpha_0 \cdot b_0 / L_e \quad \text{mit} \quad \alpha_0 = \sqrt{1 + \frac{A_{sl}}{b_0 \cdot t}} \tag{12.5}$$

Hierbei ist A_{sl} die Querschnittsfläche aller Längssteifen innerhalb der Breite b_0. Die weiteren Bezeichnungen sind in Bild 12.6 definiert. Die Abminderungsfaktoren β_1 und β_2 können auch aus Bild 12.7 abgelesen werden.

- Sind alle Spannweiten kleiner als das 1,5fache einer benachbarten Spannweite und die Kragarme kürzer als die halbe Länge des benachbarten Feldes, so darf die effektive Länge L_e nach Bild 12.5 angenommen werden. In anderen Fällen wird L_e als der Abstand zwischen zwei Momentennullpunkten abgeschätzt.

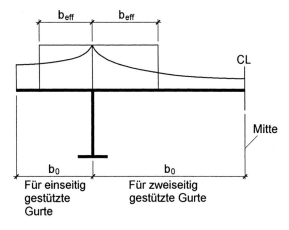

Bild 12.6   Definitionen und Bezeichnungen

Tabelle 12.1 Faktor β für die mittragende Breite

$\kappa = \dfrac{\alpha_0\, b_0}{L_e}$	Nachweisort	β - Wert
$\leq 0,02$		$\beta = 1,0$
0,02 bis 0,70	Feldmoment	$\beta = \beta_1 = \dfrac{1}{1+6,4\,\kappa^2}$
	Stützmoment	$\beta = \beta_2 = \dfrac{1}{1+6,0\left(\kappa - \dfrac{1}{2500\,\kappa}\right)+1,6\,\kappa^2}$
> 0,70	Feldmoment	$\beta = \beta_1 = \dfrac{1}{5,9\,\kappa}$
	Stützmoment	$\beta = \beta_2 = \dfrac{1}{8,6\,\kappa}$
alle κ	Endauflager	$\beta_0 = (0,55 + 0,025\,/\,\kappa)\,\beta_1$, jedoch $\beta_0 < \beta_1$
alle κ	Kragarm	$\beta = \beta_2$ am Auflager, $\beta_0 = 1,0$ am Ende

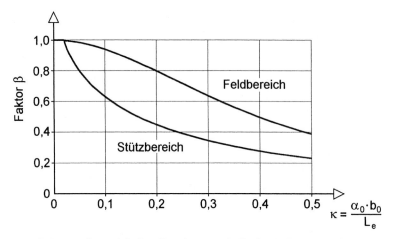

Bild 12.7   Faktoren β_1 und β_2 für die mittragende Breite in Feld- und Stützbereichen

Spannungsverteilung unter Berücksichtigung der Schubverzerrungen

Zur Berücksichtigung der Schubverzerrungen sind die in Bild 12.8 dargestellten Verteilungen der Längsspannungen über die Platte anzusetzen. Da man mit dem Modell der mittragenden Gurtbreite stets zuerst die maximale Spannung ($= \sigma_1$) berechnet, können mit Bild 12.8 die Längsspannungen an anderen Stellen der Gurte ermittelt werden. Diese Spannungen (kleiner als σ_1!) werden dann z.B. bei Beul- oder Ermüdungsnachweisen angesetzt.

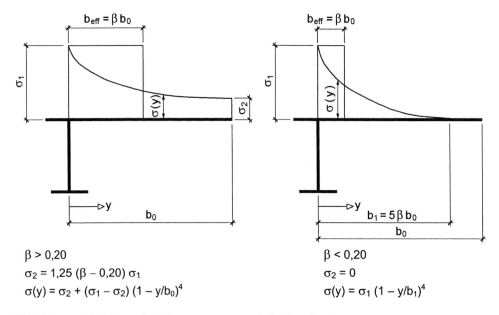

Bild 12.8   Verteilung der Längsspannungen in breiten Gurten

Grenzzustand der Tragfähigkeit

- Im Grenzzustand der Tragfähigkeit werden die kombinierten Effekte aus Schubverzerrungen und Plattenbeulen durch eine effektive Fläche A_{eff} wie folgt berücksichtigt:

$$A_{eff} = A_{c,eff} \; \beta^\kappa \qquad \text{jedoch} \qquad A_{eff} \geq \beta \, A_{c,eff} \qquad\qquad (12.6)$$

Hierbei ist:

$A_{c,eff}$ die wirksame Querschnittsfläche eines Druckgurtes unter Berücksichtigung von Plattenbeulen;

β der Abminderungsfaktor zur Berücksichtigung der Schubverzerrungen für die mittragende Breite im elastischen Bereich;

κ der Verhältniswert nach Tabelle 12.1;

- Die obige Gleichung ist auch für Flansche unter Zug anwendbar. Hierbei sollte $A_{c,eff}$ durch die Bruttoquerschnittsfläche des Zuggurtes ersetzt werden.

12.4 Mittragende Gurtbreiten nach DIN 18809

Stählerne Straßen- und Wegbrücken werden z.Zt. in Deutschland noch nach DIN 18809 [6] bemessen. Für die Ermittlung der mittragenden Gurtbreite, auch Gurtwirkungsgrad genannt, gelten bei Biegeträgern folgende Grundsätze:
Sofern kein genauerer Nachweis geführt wird, darf die mittragende Gurtbreite mit dem nachfolgenden Verfahren für die **Bemessung nach der Elastizitätstheorie** bestimmt werden. Bei der Berechnung von Formänderungsgrößen zur **Schnittgrößenermittlung** in statisch unbestimmten Biegeträgern genügt es, von der vorhandenen Gurtbreite auszugehen, solange das Verhältnis von Stützweite ℓ zu einer der beiden Teilgurtbreiten b eines Steges nach Bild 12.9 größer als 8 ist. Andernfalls ist als mittragende Breite $\ell/8$ einzusetzen, wobei ℓ die Stützweite und bei Kragarmen die doppelte Kragarmlänge ist.
Für die **Ermittlung der Spannungen und Verformungen** bei Querlasten ist die mittragende Breite b_m wie folgt zu ermitteln:

$$b_m = \lambda \cdot b \qquad\qquad (12.7)$$

Hierbei gelten die λ-Werte nach Tabelle 1 in DIN 18809 mit

b Breite eines Teilgurtes an der Stelle des größten Biegemomentes, siehe Bild 12.9

ℓ_M Abstand der Momentennullpunkte. Bei Durchlaufträgern mit Momentensummenlinien ähnlich Bild 12.5 darf vereinfachend ℓ_M durch die effektive Länge ℓ_e ersetzt werden, sofern eine Einzelspannweite nicht größer als das 1,5fache der angrenzenden Spannweite und die Kragarmlänge nicht größer als die Hälfte der angrenzenden Spannweite ist.

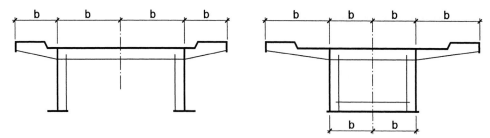

Bild 12.9   Zur Definition der Gurtbreite b

Abgesehen von den unterschiedlichen Bezeichnungen ($b_m \rightarrow b_{eff}$, $\lambda \rightarrow \beta$) sind die Regelungen in den beiden Vorschriften weitgehend deckungsgleich. Völlige Übereinstimmung findet sich bei der Festlegung der effektiven Längen, siehe Bild 12.5. Die Unterschiede bei den Faktoren für die mittragende Breite, siehe Tabelle 12.1, sind gering. Es wird daher hier auf eine entsprechende Tabelle aus DIN 18809 ebenso wie auf die Darstellung der Spannungen in Querrichtung verzichtet.

DIN 18809 enthält ergänzende Angaben zur mitragenden Gurtbreite für

- normalkraftbeanspruchte Träger und

- Längsrippen in orthotropen Platten.

12.5   Weiterführende Literatur

Dem interessierten Leser, der sich vertieft mit der Thematik beschäftigen möchte, seien folgende Literaturstellen empfohlen:

- *Schmidt/Peil* [48]: Grundlagen und umfangreiche Tabellen

- *Schmidt/Peil/Born* [121]: Verbesserungsvorschlag für die Berechnungsvorschrift von Straßenbrücken

- *Sedlacek/Bild* [122]: Grundlagen und Vorschläge

- *Peil* [105]: Biegeträger mit gekrümmten Gurten

- *Peil/Siems* [103]: Gekrümmte Träger

- *Peil* [104] und [106]: Mittragende Plattenbreite und Traglast

Hinweis: Es ist zu erwarten, dass die Regelungen im EC 3 Teil 1-5 noch etwas geändert werden, da zur Zeit Erfahrungen mit der Anwendung in der Baupraxis gemacht werden. Dies erfolgt u.a. mit den angekündigten DIN-Fachberichten 103 (Stahlbrücken) und 104 (Verbundbrücken), die bei Abschluss des Buchmanuskriptes noch nicht vorliegen. Bitte informieren Sie sich im Bedarfsfall über die aktuelle Vorschriftenlage.

13 Beulgefährdete Querschnitte

13.1 Problemstellung

Wenn Querschnittsteile durch

- Druckspannungen
- oder Schubspannungen

beansprucht werden, sind sie **beulgefährdet** und es müssen entsprechende Nachweise geführt werden.

a) Fußgängerbrücke

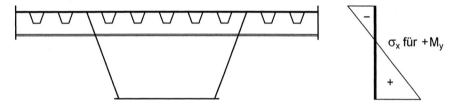

- Obergurt: Feldbereiche von Einfeld- und Durchlaufträgern (pos. M_y)
- Stege: Endauflager (Querkraft), Feldbereiche (pos. M_y), Stützbereiche von Durchlaufträgern (neg. M_y und Querkraft)
- Untergurt: Stützbereiche von Durchlaufträgern (neg. M_y)

b) Walzprofil   c) geschweißter Querschnitt   d) Hohlprofil

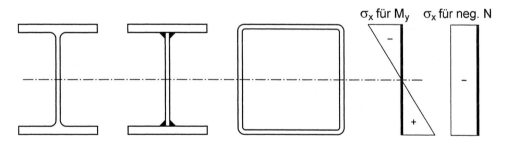

e) dünnwandige Kaltprofile

- meist Einsatz als Biegeträger
- Blechdicken häufig zwischen 1,5 und 2,5 mm

Bild 13.1   Beispiele für beulgefährdete Querschnitte

Bild 13.1 enthält Beispiele für häufig vorkommende Anwendungsfälle. Brücken werden überwiegend durch Biegemomente beansprucht. In den Feldbereichen wird daher der Obergurt und in den Stützbereichen von Durchlaufträgern der Untergurt gedrückt. Da die Querkräfte an den Auflagern am größten sind, müssen dort insbesondere die schubbeanspruchten Stege nachgewiesen werden. Häufig wird jedoch auch für die Stege die gemeinsame Wirkung von Biegemoment und Querkraft maßgebend (Stützbereiche!). Bei Brücken, die in der Regel als längs- und querausgesteifte Blechkonstruktionen ausgeführt werden, müssen bei den Beulnachweisen Einzel-, Teil- und Gesamtfelder unterschieden werden. Ein Blick auf Bild 1.5 (Kapitel 1) vermittelt unmittelbar, wie aufwendig die Beulnachweise für eine Großbrücke sind.

Die Querschnitte b bis d in Bild 13.1 werden überwiegend im Hoch- und Industriebau eingesetzt und häufig durch Biegemomente und/oder Drucknormalkräfte beansprucht. Walzprofile aus S 235 oder S 355 sind meistens nicht oder nur geringfügig beulgefährdet. Dagegen nimmt beim Einsatz höherfester Stähle (z.B. S 460) die Beulgefährdung zu und kann maßgebend werden. Hohlprofile (Bild 13.1d) sind insbesondere bei großen Außenabmessungen, kleinen Blechdicken und reiner Druckkraftbeanspruchung gefährdet. Bei geschweißten Querschnitten hängt die Beulgefahr vorrangig von den Blechdicken ab. Teilweise werden sehr dünne Bleche gewählt, die dann entsprechend stark beulgefährdet sind.

Zu einer anderen Kategorie von Querschnitten gehören die dünnwandigen Kaltprofile in Bild 13.1e. Ihre Blechdicken liegen häufig nur bei etwa 2 mm. Aufgrund großer Abmessungen und hoher Streckgrenzen sind sie fast immer beulgefährdet. Ihre Tragfähigkeit kann man mit den üblichen Beulsicherheitsnachweisen nur unzureichend beurteilen.

13.2 Methoden und Vorschriften

Bei den Untersuchungen zum Beulen werden die Konstruktionen in einzelne Bauteile, in der Regel versteifte und unversteifte ebene Rechteckplatten, aufgeteilt. Im Gegensatz zum Schalenbeulen bei gekrümmten Blechen spricht man vom **Plattenbeulen**. Dabei kennzeichnet der Begriff „Platte", dass Verformungen **senkrecht zum Blech** auftreten, wobei die Vorstellung einer vorverformten (imperfekten) Platte hilfreich ist. Durch die vorhandenen Druck- und Schubspannungen, die als Scheibenbeanspruchungen einzustufen sind, werden die Vorverformungen (senkrecht zur Platte) vergrößert. Das Plattenbeulen ähnelt dem Biegeknicken von Stäben, so dass auch viele Parallelen hinsichtlich der Nachweisführung vorhanden sind. Da Platten Flächentragwerke sind, ist das Tragverhalten natürlich unterschiedlich und es sind verschiedene Nachweismethoden entwickelt worden. Tabelle 13.1 gibt dazu eine Übersicht. Welche Methode zweckmäßigerweise angewendet werden sollte, hängt vom jeweiligen Anwendungsfall ab. Teilweise erfordert jedoch auch die Vorschriftenlage die Verwendung einer bestimmten Nachweismethode.

Tabelle 13.1 zeigt, dass das Thema „Beulen" hinsichtlich der Methoden und Vorschriften sehr umfangreich ist. Hier kann daher nur auf wichtige Grundsätze und Zusammenhänge eingegangen werden.

Tabelle 13.1 Vorschriften und Methoden für den Nachweis beulgefährdeter Konstruktionen

	Vorschrift	Methode	Bemerkungen
1	DIN 18800 Teil 1 Tabellen 12, 13, und 14	Beulnachweis mit b/t-Verhältnissen	Grenzwerte b/t für Einzelbleche oder auch max. Druckspannungen, siehe Tabelle 7.4; nach DIN 18800 Teil 3 können sich höhere Beanspruchbarkeiten ergeben
2	DIN 18800 Teil 3	Beulnachweis	ausgesteifte und unausgesteifte Rechteckplatten unter Druck- und Schubbeanspruchungen
3	DIN 18800 Teil 2 Abschnitt 7	wirksame Breiten	Einfluss des Beulens auf das Knicken; Ermittlung wirksamer Breiten bei Druckbeanspruchungen (Einzelbleche)
4	EC 3 Teil 1 – 1 Tabelle 5.3.1	Beulnachweis mit b/t-Verhältnissen	maximale b/t-Verhältnisse für druckbeanspruchte Querschnitte; vergleichbar mit DIN 18800 Teil 1; siehe Tabellen 8.2 und 8.3
5	EC 3 Teil 1 – 1 Abschnitt 5.3.5	wirksame Querschnitte	wirksame Breiten druckbeanspruchter Querschnittsteile (Einzelbleche)
6	EC 3 Teil 1 – 1 Abschnitt 5.6.4	Zugfeldmethode	Nachweise gegen Schubbeulen (Stegbleche); siehe auch Abschnitte 5.6.1 bis 5.6.3, 5.6.5 und 5.6.6 in [10]
7	EC 3 Teil 1 – 5 Abschnitt 4	wirksame Querschnitte	druckbeanspruchte Querschnitte mit und ohne Längssteifen; Schubbeulen
8	DASt-Ri 012	Beulnachweis	wie DIN 18800 Teil 3, aber auf Gebrauchslastniveau
9	DASt-Ri 015	Zugfeldtheorie wirksame Querschnitte	für Träger mit schlanken Stegen
10	DASt-Ri 016	wirksame Querschnitte	für dünnwandige kaltgeformte Bauteile

Beulnachweis mit b/t-Verhältnissen

In einem ersten Schritt sollte man stets die b/t-Verhältnisse der Querschnittsteile überprüfen. Der zugehörige Nachweis lautet:

$$\text{vorh } (b/t) \leq \text{grenz } (b/t) \tag{13.1}$$

Der Nachweis wird ohnehin für die Wahl eines Nachweisverfahrens (DIN 18800) bzw. für die Einstufung in die Querschnittsklassen (EC 3) benötigt, siehe auch Zeilen 1 und 4 in Tabelle 13.1 (siehe auch Tabellen 7.4, 7.5, 8.2 und 8.3). Auf die Untersuchung des Schubbeulens kann gemäß Abschnitt 8.5.1 verzichtet werden, wenn gilt:

$$d/t_w \leq 69 \, \varepsilon \text{ (nicht ausgesteifte Stegbleche)} \tag{13.2}$$

Gegenüber dem EC 3 bietet DIN 18800 den Vorteil, dass die Grenzwerte (b/t) als Parameter den Größtwert der Druckspannungen enthalten. Da in vielen Anwendungsfällen die maximalen Druckspannungen kleiner als die Streckgrenze sind ($\sigma_x < f_{y,d}$), kann der Nachweis mit den b/t-Verhältnissen der DIN oft noch gelingen.

Tabelle 13.2 Maximale Druckspannung σ_1 nach DIN 18800 Teil 1 in Querschnittsteilen (Verfahren Elastisch–Elastisch)

Fall	max σ_1 in kN/cm²
σ_1 $\psi = 1$ (b, t; einseitig gelagert)	$3\,636{,}4 \cdot (t/b)^2 \leq f_{y,d}$
σ_1 $\psi = 1$ (t; beidseitig gelagert)	$31\,222 \cdot (t/b)^2 \leq f_{y,d}$
σ_1 $\psi = 0$	$125\,480 \cdot (t/b)^2 \leq f_{y,d}$
σ_1 $\psi = -1$	$384\,000 \cdot (t/b)^2 \leq f_{y,d}$

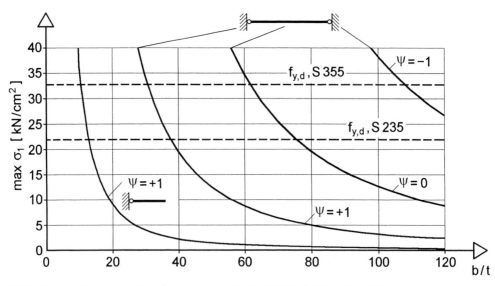

Bild 13.2 Maximale Druckspannungen für die 4 Fälle in Tabelle 13.2

Wenn die o.g. Bedingung nicht erfüllt ist, muss das nicht unbedingt bedeuten, dass die vorhandenen Beanspruchungen nicht aufgenommen werden können. Der Beulnachweis mit den b/t-Verhältnis ist lediglich eine Näherung auf der sicheren Seite, so dass mit genaueren Methoden durchaus in vielen Fällen eine ausreichende Trag-sicherheit nachgewiesen werden kann.

Als Bemessungshilfe ist in Tabelle 13.2 und Bild 13.2 die Ermittlung maximaler Druckspannungen für 4 häufig vorkommende Fälle zusammengestellt. Es handelt sich dabei um eine Auswertung von Tabelle 7.4, die die Grenzwerte grenz (b/t) nach DIN 18800 Teil 1 enthält. Max σ_1 nach Tabelle 13.2 ist von der Stahlsorte unabhängig. Die Kurven in Bild 13.2 gelten daher nicht nur für S 235 und S 355, sondern auch z.B. für höherfeste Stähle. Als Grenzwert darf natürlich die Streckgrenze nicht überschritten werden. Die Näherung nach DIN 18800 Teil 1 ist sehr einfach in der Anwendung. Welche Reserven noch vorhanden sind, kann mit den Bildern 13.8 und 13.9 beurteilt werden.

Beulnachweis

Beulnachweise, wie z.B. nach DIN 18800 Teil 3, werden in der Regel auf Grundlage der linearisierten Beultheorie geführt. Dazu müssen zunächst die Beanspruchungen, d.h. die Normal- und Schubspannungen, in den Querschnittsteilen nach der Elastizitätstheorie berechnet werden. Unter der Annahme, dass ausschließlich Normalspannungen σ_x auftreten, lässt sich die Methode wie folgt zusammenfassen:

- ideale Beulspannung $\sigma_{xPi} = k_{\sigma_x} \cdot \sigma_e$ ermitteln; $\quad \sigma_e = \dfrac{\pi^2 \cdot E}{12 \cdot (1 - \mu^2)} \cdot \left(\dfrac{t}{b}\right)^2$

- bezogenen Plattenschlankheitsgrad $\overline{\lambda}_P = \sqrt{f_{y,k} / \sigma_{xPi}}$ berechnen

- Abminderungsfaktor $\kappa\left(\overline{\lambda}_P\right)$ und Grenzbeulspannung $\sigma_{P,R,d} = \kappa \cdot f_{y,k} / \gamma_M$ bestimmen

- Nachweis mit $\dfrac{\sigma_x}{\sigma_{P,R,d}} \leq 1$ führen

Wie man sieht, entspricht der Nachweis in der Vorgehensweise einem Biegeknicknachweis nach dem Ersatzstabverfahren, siehe Beispiel in Abschnitt 4.5.4. Auf den Beulnachweis nach DIN 18800 Teil 3, d.h. unter Verwendung der Abminderungsfaktoren κ, wird in Abschnitt 13.3 näher eingegangen.

Beulnachweise mit Abminderung der vorhandenen Spannungen sind die langjährig bewährten, **klassischen Beulnachweise.** Diese Methodik ist nicht nur in DIN 18800 Teil 3 und DASt-Ri 012 enthalten, sondern war auch Grundlage der weltweit bekannten DIN 4114.

Methode der wirksamen Querschnitte

Bei der Methode der wirksamen Querschnitte werden druckbeanspruchte Querschnittsteile bereichsweise aufgrund ihrer Beulgefahr reduziert. Die Spannungen werden am wirksamen Querschnitt, d.h. nach Durchführung der Reduktionen, nach der Elastizitätstheorie berechnet, also unter Berücksichtigung wirksamer Querschnittswerte. Die Bilder 13.3 und 13.4 zeigen Beispiele für wirksame Querschnitte bei Druck- und Biegebeanspruchung.

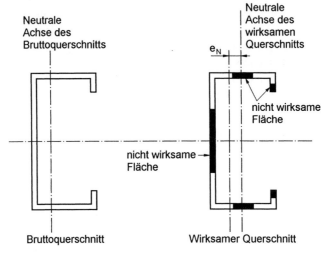

Bild 13.3   Wirksamer Querschnitt bei **Druck**beanspruchung nach EC 3

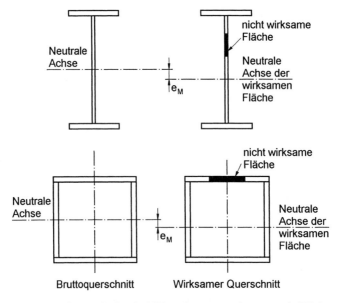

Bild 13.4   Wirksame Querschnitte bei **Biege**beanspruchung nach EC 3

Das Prinzip der Methode wird anhand von Bild 13.5 erläutert (Grundlage: EC 3). Es wird angenommen, dass der Querschnitt durch ein Biegemoment M_y beansprucht wird und Obergurt sowie Steg beulgefährdet sind (Querschnittsklasse 4). Im ersten Schritt wird die wirksame Breite des Obergurtes ermittelt (für konstante Druckspannungen). Nach Reduktion des Obergurtes ergibt sich die in Bild 13.5b dargestellte Spannungsverteilung. Sie dient zur Reduktion der Stegfläche, so dass sich dann der wirksame Querschnitt in Bild 13.5c ergibt. Er ist Ausgangspunkt für die Spannungsermittlung und die anschließenden Spannungsnachweise.

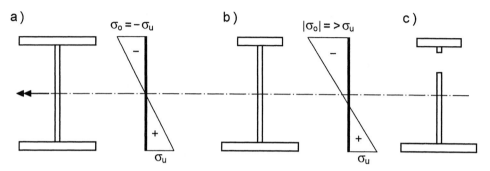

Bild 13.5   a) Bruttoquerschnitt und Spannungsverteilung

                b) Abminderung des Obergurtes und Spannungsverteilung

                c) Wirksamer Querschnitt (Obergurt und Steg abgemindert)

Wie die Übersicht in Tabelle 13.1 ausweist, findet sich die Methode der wirksamen Querschnitte in mehreren Vorschriften: DIN 18800 Teil 2, EC 3 Teil 1-1, EC 3 Teil 1-5, und DASt-Ri 016. Bisher lag der Anwendungsbereich der Methode bei relativ einfachen Querschnittsformen, wie z.B. den Querschnitten in Bild 13.1b-e. Dagegen wurde für Brückenquerschnitte in der Regel der klassische Beulnachweis verwendet. Diesen sieht der EC 3 jedoch nicht vor. Stattdessen sind im EC 3 Teil 1-5 auch Regeln für Querschnitte mit Längssteifen enthalten, so daß auch Brückenquerschnitte mit der Methode der wirksamen Querschnitte nachgewiesen werden können. Ob sich diese gravierende Änderung in der Nachweismethodik für Brücken bewährt, wird die Zukunft zeigen. In Abschnitt 13.4 wird auf Nachweise mit wirksamen Querschnitten nach dem EC 3 näher eingegangen.

Methode der wirksamen Breite für das Verfahren Elastisch-Plastisch

Die bisher vorgestellten Methoden sind prinzipiell dem Nachweisverfahren „Elastisch-Elastisch mit Beuleinfluss" zuzuordnen, da in die Nachweise Spannungen eingehen, die nach der **Elastizitätstheorie** ermittelt werden. Abschnitt 7.4 der DIN 18800 Teil 2 enthält eine Methode, die für das Nachweisverfahren **Elastisch-Plastisch** (mit Beuleinfluss) vorgesehen ist. Dabei werden druckbeanspruchte Querschnittsteile auf wirksame Breiten soweit reduziert, dass die Grenzwerte (b/t) für das

Nachweisverfahren Elastisch-Plastisch eingehalten werden, siehe Tabellen 7.5 und 7.6. Die Methode ist gut überschaubar und relativ einfach in der Anwendung. Teilweise ergeben sich jedoch geringere Tragfähigkeiten als mit den vorgenannten Methoden auf Grundlage der Elastizitätstheorie.

Zugfeldmethode

Das Beulen schubbeanspruchter Bleche kann mit Hilfe der Zugfeldmethode untersucht werden. Bei dieser Tragwirkung werden die Querkräfte durch Zugspannungen abgetragen, was in der Regel relativ große Verformungen erfordert.

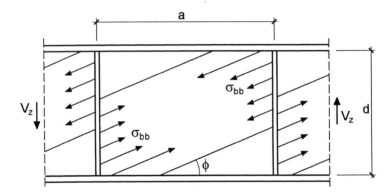

Bild 13.6   Zugfeldspannungen in Stegblechen infolge V_z

Die Zugfeldmethode wird fast ausschließlich für den Nachweis schubbeanspruchter **Stegbleche** verwendet. Bild 13.6 zeigt die entsprechenden Zugspannungen. Wie man sieht, ähnelt das Lastabtragungsmodell bügelbewehrten Stahlbetonbalken, bei denen sich diagonal zwischen den Bügeln Betondruckstreben ausbilden. Die Anwendung der Zugfeldmethode ist im EC 3 Teil 1-1 für folgende Quersteifenabstände vorgesehen

$$d \le a \le 3\,d \tag{13.3}$$

Die Methode wird hier nicht weiter vertieft, siehe EC 3 Teil 1-1 und DASt-Ri 015.

13.3 Beulnachweise nach DIN 18800 Teil 3

Wie in Abschnitt 13.2 unter dem Stichwort Beulnachweis erläutert, wird die Grenzbeulspannung mit Hilfe von Abminderungsfaktoren $\kappa\left(\bar{\lambda}_P\right)$ bestimmt. Die erforderlichen Berechnungsformeln finden sich in Tabelle 1 der DIN 18800 Teil 3. Bild 13.7 zeigt eine Auswertung für Teil- und Gesamtfelder. Dargestellt sind folgende Fälle:

① **allseitige** Lagerung   **Normalspannung** $\psi = 1$

②   "   " $\psi \leq 0$

③ **dreiseitige** Lagerung   "

④   "   "   **konstante Randverschiebung u**

⑤ **allseitige** Lagerung   **ohne** Längssteifen   **Schubspannungen**

⑥   "   **mit**   "   "

⑦ *Euler*-Hyperbel

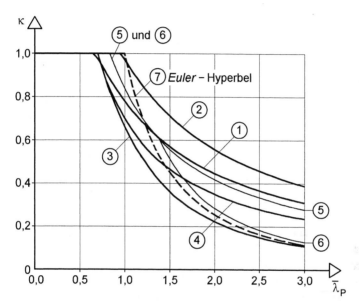

Bild 13.7   Abminderungsfaktoren κ nach DIN 18800 Teil 3 für Teil- und Gesamtfelder

Der Vergleich mit der *Euler*-Hyperbel zeigt, dass in allen Fällen bis auf Fall ③ bei großen bezogenen Schlankheitsgraden überkritische Tragreserven ausgenutzt werden. Sie sind bei der Beanspruchung durch Normalspannungen und **allseitiger Lagerung** sehr hoch (siehe Kurven ① und ②). Da dieser Fall für Bemessungsaufgaben herausragende Bedeutung hat, wird in Bild 13.8 eine Auswertung zur Verfügung gestellt, aus der die maximalen Druckspannungen in Abhängigkeit vom vorhandenen b/t-Verhältnis abgelesen werden können. Die Werte können auch mit

$$\max \sigma = c \cdot \left(131{,}36 \cdot \sqrt{k_\sigma \cdot f_{y,d}} \cdot \frac{t}{b} - 3\,796 \cdot k_\sigma \cdot \left(\frac{t}{b} \right)^2 \right) \leq f_{y,d} \text{ in kN/cm}^2 \qquad (13.4)$$

mit: $c = 1{,}25 - 0{,}25 \cdot \psi \leq 1{,}25$

berechnet werden (äquivalente Umformung der DIN-Formeln). Durch Variation der Streckgrenze und des Randspannungsverhältnisses ψ ($\rightarrow$ Beulwert k_σ) können verschiedene Fälle untersucht werden. In Bild 13.8 wird max σ für die Randspannungsverhältnisse

- $\psi = 1$, $k_\sigma = 4$ (konst. Druck)

- $\psi = 0$, $k_\sigma = 7{,}81$

- $\psi = -1$, $k_\sigma = 23{,}9$ (reine Biegung)

und die Streckgrenzen

- $f_{y,d} = 24 / 1{,}1 = 21{,}82$ kN/cm^2 (S 235)

- $f_{y,d} = 36 / 1{,}1 = 32{,}73$ kN/cm^2 (S 355)

angegeben. Der Vergleich mit Bild 13.2 zeigt, dass gegenüber der Näherung in DIN 18800 Teil 1 deutlich größere Druckspannungen zugelassen werden können.

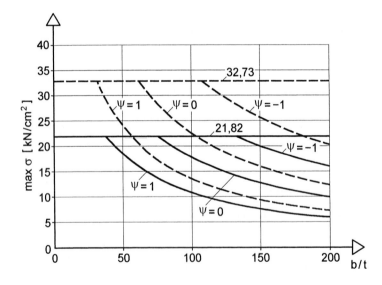

Bild 13.8   Maximale Druckspannungen in **allseitig** gelagerten Blechen nach
DIN 18800 Teil 3

Die Kurven ③ und ④ in Bild 13.7 betreffen **dreiseitig** gelagerte Beulfelder mit einer Beanspruchung durch Normalspannungen. Wenn man **konstante** Druckspannungen betrachtet, ist $\psi = 1$ und $k_\sigma = 0{,}43$. Analog wie oben erhält man dann folgende Berechnungsformeln:

- Fall ③ : $\max \sigma = \dfrac{f_{y,d}}{\dfrac{f_{y,d}}{7\,420}\cdot\left(\dfrac{b}{t}\right)^2 + 0,51} \le f_{y,d}$ in kN/cm^2 (13.5)

- Fall ④: $\max \sigma = 60,3 \cdot \sqrt{f_{y,d}} \cdot \dfrac{t}{b} \le f_{y,d}$ in kN/cm^2 (13.6)

Die Auswertung dieser Formeln ist in Bild 13.9 dargestellt. Der Zusammenhang mit DIN 18800 Teil 1 ist ebenfalls erkennbar, siehe auch Bild 13.2.

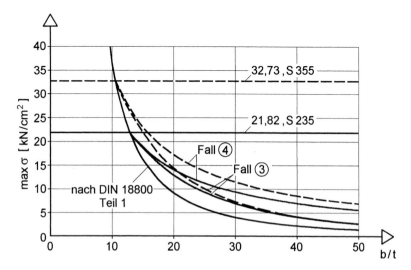

Bild 13.9   Maximale Druckspannungen in **dreiseitig** gelagerten Blechen nach DIN 18800 Teil 3

Beispiel: Beulnachweis für den I-Querschnitt in Bild 13.10 für die Wirkung von $M_y = 337$ kNm

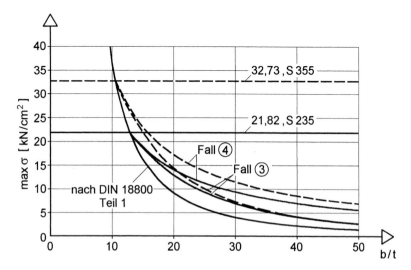

$f_{y,d} = 36/1,1 = 32,73$ kN/cm²

$M_y = 337$ kNm

$I_y = 29\,333$ cm⁴

$\sigma_o = -\sigma_u = -22,98$ kN/cm²

Bild 13.10   Beulgefährdeter I-Querschnitt bei Wirkung von M_y

Die Spannungen und die b/t-Verhältnisse werden hier näherungsweise mit dem Linienmodell ermittelt.

Obergurt: b/t = 15/1 = 15

Steg: b/t = 40/1 = 40

Aus Bild 13.8 ergibt sich für den Steg mit $\psi = -1$ max $\sigma_o = -f_{y,d}$. Der Steg ist also nicht beulgefährdet. Für den Nachweis des Obergurtes reicht die Genauigkeit von Bild 13.9 nicht aus. Aufgrund des symmetrischen Obergurtes darf die max. Druckspannung für Fall ④ angesetzt werden (siehe DIN 18800 Teil 3, Element (601), Anmerkung 3). Mit Gl. (13.4) erhält man

$$\max \sigma = 60,3 \cdot \sqrt{32,73} \cdot \frac{1}{15} = 23,0 > 22,98 \text{ kN}/\text{cm}^2 = \text{vorh } \sigma_o$$

Der Nachweis ist also knapp erfüllt.

In den Erläuterungen zur DIN 18800 [19] finden sich zahlreiche Berechnungsbeispiele. Da in diesem Kapitel die unterschiedlichen Methoden im Vordergrund stehen, wird hier auf weitere Beispiele verzichtet.

13.4 Nachweis mit wirksamen Querschnitten nach EC 3

Gemäß EC 3 Teil 1-1 sind die wirksamen Querschnittswerte von Querschnitten der Klasse 4 mit der wirksamen Breite der druckbeanspruchten Querschnittsteile zu bestimmen. Die wirksamen Breiten für beidseitig und einseitig gestützte Querschnittsteile können den Tabellen 13.3 und 13.4 entnommen werden.

Nährungsweise darf der Abminderungsfaktor ρ wie folgt bestimmt werden:

- für $\overline{\lambda}_P \leq 0,673$: $\rho = 1$ (13.7a)

- für $\overline{\lambda}_P > 0,673$: $\rho = 1/\overline{\lambda}_P - 0,22/\overline{\lambda}_P^2$ (13.7b)

wobei die Plattenschlankheit $\overline{\lambda}_P$ bestimmt wird mit:

$$\overline{\lambda}_P = \sqrt{\frac{f_y}{\sigma_{cr}}} = \frac{\overline{b}/t}{28,4\,\varepsilon\sqrt{k_\sigma}}$$ (13.8)

Hierbei ist:

t   = maßgebende Dicke

σ_{cr} = kritische Plattenbeulspannung

k_σ = Beulwert entsprechend dem Spannungsverhältnis ψ gemäß Tabelle 13.3 oder
        13.4 sofern maßgebend

$$\varepsilon = \sqrt{23{,}5/f_y} \quad \text{mit } f_y \text{ in kN/cm}^2$$

und $\overline{b}$ ist die Bezugsbreite (siehe Tabellen 8.2 und 8.3), und zwar:

$\overline{b} = d$ für Stege
$\overline{b} = b$ für beidseitig gestützte Flansche (außer RHP)
$\overline{b} = b - 3t$ für Flansche von RHP (Rechteckhohlprofilen)
$\overline{b} = c$ für einseitig gestützte Flansche
$\overline{b} = (b + h)/2$ für gleichschenklige Winkel
$\overline{b} = h$ oder $(b + h)/2$ für ungleichschenklige Winkel

Tabelle 13.3 Wirksame Breiten für beidseitig gestützte Teile

Spannungsverteilung (Druck positiv)	wirksame Breite b_{eff}
	$\psi = +1$: $b_{eff} = \rho\,\overline{b}$ $b_{e1} = 0{,}5\,b_{eff}$ $b_{e2} = 0{,}5\,b_{eff}$
	$1 > \psi \geq 0$: $b_{eff} = \rho\,\overline{b}$ $b_{e1} = 2\,b_{eff}/(5 - \psi)$ $b_{e2} = b_{eff} - b_{e1}$
	$\psi < 0$: $b_{eff} = \rho\,b_c = \rho\,\overline{b}/(1 - \psi)$ $b_{e1} = 0{,}4\,b_{eff}$ $b_{e2} = 0{,}6\,b_{eff}$

$\psi = \sigma_2/\sigma_1$	1	$1 > \psi > 0$	0	$0 > \psi > -1$	-1	$-1 > \psi > -2$
Beulwert k_σ	4,0	$8{,}2/(1{,}05 + \psi)$	7,81	$7{,}81 - 6{,}29\psi + 9{,}78\psi^2$	23,9	$5{,}98\,(1-\psi)^2$

Alternativ für $1 \geq \psi \geq -1$:

$$k_\sigma = \frac{16}{\sqrt{(1+\psi)^2 + 0{,}112\,(1-\psi)^2} + (1+\psi)}$$

Tabelle 13.4 Wirksame Breiten für einseitig gestützte Teile

Spannungsverteilung (Druck positiv)	wirksame Breite b_{eff}
	$1 > \psi \geq 0$: $$b_{eff} = \rho\, c$$
	$\psi < 0$: $$b_{eff} = \rho\, b_c = \rho\, c /(1 - \psi)$$

$\psi = \sigma_2 / \sigma_1$	1	0	−1	$1 \geq \psi \geq -1$
Beulwert k_σ	0,43	0,57	0,85	$0,57 - 0,21\,\psi + 0,07\,\psi^2$

Spannungsverteilung (Druck positiv)	wirksame Breite b_{eff}
	$1 > \psi \geq 0$: $$b_{eff} = \rho\, c$$
	$\psi < 0$: $$b_{eff} = \rho\, b_c = \rho\, c /(1 - \psi)$$

$\psi = \sigma_2 / \sigma_1$	1	$1 > \psi > 0$	0	$0 > \psi > -1$	−1
Beulwert k_σ	0,43	$0,578 / (\psi + 0,34)$	1,7	$1,7 - 5\,\psi + 17,1\,\psi^2$	23,8

Beim Vergleich von EC 3 Teil 1-5 mit dem EC 3 Teil 1-1 stellt man fest, daß die Regelungen für die wirksamen Breiten und den Abminderungsfaktor ρ übereinstimmen. Außerdem ist ρ mit dem Abminderungsfaktor κ nach DIN 18800 Teil 3 für folgenden Fall identisch:

allseitige Lagerung, Normalspannungen, Parameter c = 1 (entspricht ψ = 1).

Der Abminderungsfaktor ρ kann daher aus Bild 13.7, Kurve ①, abgelesen werden. Rechnerisch kann er in Abhängigkeit von den b/t-Verhältnissen wie folgt bestimmt werden:

$$\rho = 1 \qquad \text{für} \qquad \frac{b}{t} \le 88{,}34 \cdot \sqrt{k_\sigma / f_{y,d}} \quad \text{sonst} \qquad\qquad (13.9a)$$

$$\rho = 131{,}27 \cdot \sqrt{k_\sigma / f_{y,d}} \cdot \frac{t}{b} - 3791 \cdot k_\sigma / f_{y,d} \cdot \left(\frac{t}{b}\right)^2 \qquad \text{mit: } f_{y,d} \text{ in kN/cm}^2 \quad (13.9b)$$

Bild 13.11 enthält eine Auswertung für k_σ = 0,43, 4, 7,81 und 23,9, also für die Fälle, die auch in Abschnitt 13.3 behandelt werden. Zu jedem Fall gehören 2 Linien: unten/links S 355, oben/rechts S 235.

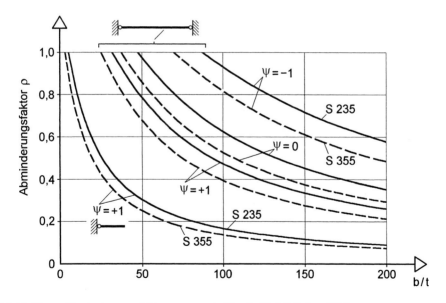

Bild 13.11   Abminderungsfaktoren ρ nach Abschnitt 5.3.5 des EC 3

Beispiel: Für das Beispiel in Bild 13.10 (Abschnitt 13.3) wird der Nachweis nach Abschnitt 5.3.5 des EC 3 geführt. Der Bemessungswert der Streckgrenze ist nun $f_{y,d} = 35{,}5 / 1{,}1 = 32{,}27$ kN/cm^2. Mit $k_\sigma = 0{,}43$ und $b/t = 15$ ergibt sich der Abminderungsfaktor zu

$$\rho = 131{,}27 \cdot \sqrt{0{,}43 / 32{,}27} / 15 - 3791 \cdot 0{,}43 / 32{,}27 / 15^2 = 0{,}786$$

Die wirksame Breite des Obergurtes ist dann

$$b_{eff} = 0{,}786 \cdot 30 = 23{,}58 \text{ cm}$$

Damit erhält man

$$I_{y,eff} = 26\ 589 \text{ cm}^4 \, , \, z_o = -21{,}372 \text{ cm}$$

und

$$\sigma_o = \frac{33\ 700}{26\ 589} \cdot (-21{,}372) = -27{,}09 \text{ kN} / \text{cm}^2 < 32{,}27 \text{ kN} / \text{cm}^2 = f_{y,d}$$

Der Nachweis ist klar erfüllt. Die im Vergleich zum Beulnachweis nach DIN 18800 Teil 3 vorhandenen Reserven, ergeben sich u.a. daraus, daß für die Ermittlung von ρ eine günstigere Beulkurve als für κ verwendet wird. Die Kurven ① und ④ in Bild 13.7 ermöglichen den unmittelbaren Vergleich. Auf die Frage, wie die normbedingten Unterschiede zu beurteilen sind, kann hier nicht näher eingegangen werden. Im übrigen erhält man mit der Methode der wirksamen Querschnitte in der Regel auch dann höhere zulässige Beanspruchungen als mit dem Beulnachweis, wenn bei beiden Methoden die **gleiche Beulkurve** verwendet wird.

Anhang

Die Querschnittskennwerte der nachstehenden Profile sind auf den folgenden Seiten zusammengestellt:

- I PE – Profile
- HEA – Profile
- HEB – Profile
- HEM – Profile
- UAP – Profile
- UPE – Profile
- Kreisförmige Hohlprofile (RO)

Weitere Profilreihen finden sich auf der RUBSTAHL-CD. Neben den oben genannten sind dies im Einzelnen:

- HD – Profile
- HEAA – Profile
- HL – Profile
- HP – Profile
- I PEa – Profile
- I PEo – Profile
- I PEv – Profile
- U – Profile
- L gl – Profile (gleichschenklige Winkel)
- L ungl – Profile (ungleichschenklige Winkel)
- QROw – Profile (quadratische Hohlprofile, warmgefertigt)
- QROk – Profile (quadratische Hohlprofile, kaltgefertigt)
- RROw – Profile (rechteckige Hohlprofile, warmgefertigt)
- RROk – Profile (rechteckige Hohlprofile, kaltgefertigt)

Querschnittswerte für IPE-Profile

Normallängen bei   h < 300 mm: 8 – 16 m
                       h ≥ 300 mm: 8 – 18 m

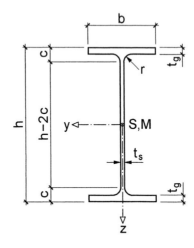

(1 kg/m = 0,01 kN/m)

Kurz-zeichen IPE	Profilmaße in mm						A_{Steg} cm^2	A cm^2	G kg/m
	h	b	t_s	t_g	r	h-2c			
80	80	46	3.8	5.2	5	60	2.842	7.643	6.000
100	100	55	4,1	5,7	7	75	3,866	10,32	8,104
120	120	64	4,4	6,3	7	93	5,003	13,21	10,37
140	140	73	4,7	6,9	7	112	6,256	16,43	12,89
160	160	82	5,0	7,4	9	127	7,630	20,09	15,77
180	180	91	5,3	8,0	9	146	9,116	23,95	18,80
200	200	100	5,6	8,5	12	159	10,72	28,48	22,36
220	220	110	5,9	9,2	12	178	12,44	33,37	26,20
240	240	120	6,2	9,8	15	190	14,27	39,12	30,71
270	270	135	6,6	10,2	15	220	17,15	45,95	36,07
300	300	150	7,1	10,7	15	249	20,54	53,81	42,24
330	330	160	7,5	11,5	18	271	23,89	62,61	49,15
360	360	170	8,0	12,7	18	299	27,78	72,73	57,09
400	400	180	8,6	13,5	21	331	33,24	84,46	66,30
450	450	190	9,4	14,6	21	379	40,93	98,82	77,57
500	500	200	10,2	16,0	21	426	49,37	115,5	90,68
550	550	210	11,1	17,2	24	468	59,14	134,4	105,5
600	600	220	12,0	19,0	24	514	69,72	156,0	122,4

Kurz-zeichen	Biegung starke Achse				Biegung schwache Achse			Torsion			
	I_y	W_y	i_y	max S_y	I_z	W_z	i_z	I_T	I_ω	max ω	$i_{z,g}$
IPE	cm⁴	cm³	cm	cm³	cm⁴	cm³	cm	cm⁴	cm⁶	cm²	cm
80	80,14	20,03	3,238	11,61	8,489	3,691	1,054	0,6977	118,0	8,602	1,18
100	171,0	34,20	4,070	19,70	15,92	5,789	1,242	1,202	351,4	12,97	1,40
120	317,8	52,96	4,904	30,36	27,67	8,646	1,447	1,735	889,6	18,19	1,63
140	541,2	77,32	5,740	44,17	44,92	12,31	1,654	2,447	1.981	24,29	1,87
160	869,3	108,7	6,578	61,93	68,31	16,66	1,844	3,604	3.959	31,28	2,08
180	1.317	146,3	7,416	83,21	100,9	22,16	2,052	4,790	7.431	39,13	2,32
200	1.943	194,3	8,260	110,3	142,4	28,47	2,236	6,980	12.988	47,88	2,52
220	2.772	252,0	9,114	142,7	204,9	37,25	2,478	9,066	22.672	57,97	2,79
240	3.892	324,3	9,974	183,3	283,6	47,27	2,693	12,88	37.391	69,06	3,03
270	5.790	428,9	11,23	242,0	419,9	62,20	3,023	15,94	70.578	87,68	3,41
300	8.356	557,1	12,46	314,2	603,8	80,50	3,350	20,12	125.934	108,5	3,79
330	11.767	713,1	13,71	402,2	788,1	98,52	3,548	28,15	199.097	127,4	4,02
360	16.266	903,6	14,95	509,6	1.043	122,8	3,788	37,32	313.580	147,6	4,29
400	23.128	1.156	16,55	653,6	1.318	146,4	3,950	51,08	490.048	173,9	4,49
450	33.743	1.500	18,48	850,9	1.676	176,4	4,118	66,87	791.005	206,8	4,72
500	48.199	1.928	20,43	1.097	2.142	214,2	4,306	89,29	1.249.365	242,0	4,96
550	67.116	2.441	22,35	1.394	2.668	254,1	4,455	123,2	1.884.098	279,7	5,16
600	92.083	3.069	24,30	1.756	3.387	307,9	4,660	165,4	2.845.527	319,6	5,41

Kurz-zeichen	Plastische Grenzschnittgrößen für S 235, $f_{y,d}$ = 24/1,1 = 21,82 kN/cm²							
	$N_{pl,d}$	$V_{pl,z,d}$	$M_{pl,y,d}$	$V_{pl,y,d}$	$M_{pl,z,d}$	$M_{pl,xp,d}$	$M_{pl,xs,d}$	$M_{pl,\omega,d}$
IPE	kN	kN	kNcm	kN	kNcm	kNcm	kNcm	kNcm²
80	166.8	35.80	506.6	60.26	126.9	19.47	225.4	448.9
100	225,2	48,70	859,8	78,98	199,5	28,15	372,4	886,9
120	288,2	63,02	1.325	101,6	296,3	39,63	577,5	1.600
140	358,4	78,80	1.928	126,9	419,9	53,73	844,5	2.670
160	438,4	96,11	2.702	152,9	569,5	69,51	1.166	4.142
180	522,5	114,8	3.631	183,4	754,9	89,41	1.577	6.215
200	621,5	135,1	4.814	214,1	973,4	111,0	2.050	8.879
220	728,1	156,7	6.227	255,0	1.268	140,8	2.687	12.800
240	853,4	179,8	8.000	296,3	1.613	173,1	3.410	17.720
270	1.002	216,0	10.560	346,9	2.115	214,6	4.506	26.343
300	1.174	258,7	13.710	404,4	2.732	267,4	5.849	37.990
330	1.366	300,9	17.549	463,6	3.353	327,9	7.382	51.145
360	1.587	350,0	22.236	543,9	4.169	417,4	9.445	69.529
400	1.843	418,7	28.520	612,2	4.996	508,1	11.831	92.212
450	2.156	515,6	37.130	698,9	6.030	640,6	15.214	125.172
500	2.520	621,9	47.872	806,2	7.328	813,3	19.510	168.960
550	2.933	745,0	60.807	910,0	8.739	1.006	24.242	220.440
600	3.403	878,2	76.634	1.053	10.596	1.276	30.592	291.430

Querschnittswerte für HEA-Profile

Normallängen bei   h < 300 mm: 8 – 16 m
h ≥ 300 mm: 8 – 18 m

(1 kg/m = 0,01 kN/m)

Kurzzeichen HEA	Profilmaße in mm						A_{Steg} cm²	A cm²	G kg/m
	h	b	t_s	t_g	r	h-2c			
100	96	100	5.0	8.0	12	56	4.400	21.24	16.67
120	114	120	5,0	8,0	12	74	5,300	25,34	19,89
140	133	140	5,5	8,5	12	92	6,848	31,42	24,66
160	152	160	6,0	9,0	15	104	8,580	38,77	30,44
180	171	180	6,0	9,5	15	122	9,690	45,25	35,52
200	190	200	6,5	10,0	18	134	11,70	53,83	42,26
220	210	220	7,0	11,0	18	152	13,93	64,34	50,51
240	230	240	7,5	12,0	21	164	16,35	76,84	60,32
260	250	260	7,5	12,5	24	177	17,81	86,82	68,15
280	270	280	8,0	13,0	24	196	20,56	97,26	76,35
300	290	300	8,5	14,0	27	208	23,46	112,5	88,33
320	310	300	9,0	15,5	27	225	26,51	124,4	97,63
340	330	300	9,5	16,5	27	243	29,78	133,5	104,8
360	350	300	10,0	17,5	27	261	33,25	142,8	112,1
400	390	300	11,0	19,0	27	298	40,81	159,0	124,8
450	440	300	11,5	21,0	27	344	48,19	178,0	139,8
500	490	300	12,0	23,0	27	390	56,04	197,5	155,1
550	540	300	12,5	24,0	27	438	64,50	211,8	166,2
600	590	300	13,0	25,0	27	486	73,45	226,5	177,8
650	640	300	13,5	26,0	27	534	82,89	241,6	189,7
700	690	300	14,5	27,0	27	582	96,14	260,5	204,5
800	790	300	15,0	28,0	30	674	114,3	285,8	224,4
900	890	300	16,0	30,0	30	770	137,6	320,5	251,6
1000	990	300	16,5	31,0	30	868	158,2	346,8	272,3

Kurz-zeichen	Biegung starke Achse				Biegung schwache Achse			Torsion			
	I_y	W_y	i_y	$max\,S_y$	I_z	W_z	i_z	I_T	I_ω	$max\,\omega$	$i_{z,g}$
HEA	cm^4	cm^3	cm	cm^3	cm^4	cm^3	cm	cm^4	cm^6	cm^2	cm
100	349,2	72,76	4,055	41,51	133,8	26,76	2,510	5,237	2 581	22,00	2,66
120	606,2	106,3	4,891	59,75	230,9	38,48	3,019	5,994	6 472	31,80	3,21
140	1 033	155,4	5,735	86,75	389,3	55,62	3,520	8,130	15 064	43,58	3,76
160	1 673	220,1	6,569	122,6	615,6	76,95	3,985	12,19	31 410	57,20	4,26
180	2 510	293,6	7,448	162,4	924,6	102,7	4,520	14,80	60 211	72,68	4,82
200	3 692	388,6	8,282	214,7	1 336	133,6	4,981	20,98	108 000	90,00	5,32
220	5 410	515,2	9,169	284,2	1 955	177,7	5,512	28,46	193 266	109,5	5,88
240	7 763	675,1	10,05	372,3	2 769	230,7	6,003	41,55	328 486	130,8	6,40
260	10 455	836,4	10,97	459,9	3 668	282,1	6,500	52,37	516 352	154,4	6,91
280	13 673	1 013	11,86	556,1	4 763	340,2	6,998	62,10	785 367	179,9	7,46
300	18 263	1 260	12,74	691,6	6 310	420,6	7,488	85,17	1 199 772	207,0	7,98
320	22 929	1 479	13,58	814,0	6 985	465,7	7,494	108,0	1 512 359	220,9	7,99
340	27 693	1 678	14,40	925,2	7 436	495,7	7,464	127,2	1 824 364	235,1	7,99
360	33 090	1 891	15,22	1 044	7 887	525,8	7,433	148,8	2 176 576	249,4	7,98
400	45 069	2 311	16,84	1 281	8 564	570,9	7,339	189,0	2 942 076	278,3	7,94
450	63 722	2 896	18,92	1 608	9 465	631,0	7,292	243,8	4 147 629	314,3	7,93
500	86 975	3 550	20,98	1 974	10 367	691,1	7,244	309,3	5 643 053	350,3	7,91
550	111 932	4 146	22,99	2 311	10 819	721,3	7,148	351,5	7 188 912	387,0	7,86
600	141 208	4 787	24,97	2 675	11 271	751,4	7,055	397,8	8 978 203	423,8	7,82
650	175 178	5 474	26,93	3 068	11 724	781,6	6,966	448,3	11 027 133	460,5	7,77
700	215 301	6 241	28,75	3 516	12 179	811,9	6,838	513,9	13 351 908	497,3	7,70
800	303 443	7 682	32,58	4 350	12 639	842,6	6,650	596,9	18 290 286	571,5	7,58
900	422 075	9 485	36,29	5 406	13 547	903,2	6,501	736,8	24 961 500	645,0	7,50
1000	553 846	11 189	39,96	6 412	14 004	933,6	6,354	822,4	32 073 875	719,3	7,41

Kurz-zeichen	Plastische Grenzschnittgrößen für S 235, $f_{y,d}$ = 24/1,1 = 21,82 kN/cm^2							
	$N_{pl,d}$	$V_{pl,z,d}$	$M_{pl,y,d}$	$V_{pl,y,d}$	$M_{pl,z,d}$	$M_{pl,xp,d}$	$M_{pl,xs,d}$	$M_{pl,\omega,d}$
HEA	kN	kN	kNcm	kN	kNcm	kNcm	kNcm	kNcm^2
100	463.3	55,43	1811	201,5	897,6	85,71	886,8	3840
120	552,8	66,76	2607	241,9	1284	103,6	1282	6661
140	685,4	86,26	3785	299,8	1851	138,4	1866	11 314
160	845,9	108,1	5349	362,8	2567	179,7	2594	17 971
180	987,3	122,1	7088	430,8	3414	221,8	3479	27 114
200	1 174	147,4	9371	503,9	4447	276,0	4535	39 273
220	1 404	175,5	12 403	609,7	5904	365,0	6066	57 790
240	1 676	206,0	16 246	725,6	7673	471,5	7909	82 190
260	1 894	224,4	20 068	818,8	9386	548,7	9723	109 466
280	2 122	259,0	24 267	917,0	11 305	644,5	11 784	142 873
300	2 455	295,5	30 180	1 058	13 989	797,9	14 602	189 687
320	2 713	333,9	35 522	1 171	15 485	969,4	17 250	224 088
340	2 912	375,2	40 374	1 247	16 493	1 100	19 548	253 935
360	3 115	418,8	45 567	1 323	17 504	1 240	21 989	285 648
400	3 469	514,1	55 894	1 436	19 044	1 480	26 638	346 042
450	3 884	607,0	70 164	1 587	21 066	1 793	33 252	431 951
500	4 310	705,9	86 157	1 738	23 095	2 135	40 590	527 285
550	4 620	812,5	100 840	1 814	24 151	2 344	46 799	607 942
600	4 941	925,2	116 736	1 890	25 214	2 563	53 379	693 409
650	5 272	1 044	133 883	1 965	26 286	2 794	60 328	783 687
700	5 683	1 211	153 422	2 041	27 420	3 081	67 648	878 776
800	6 230	1 440	189 007	2 110	28 031	3 370	80 029	1 047 404
900	6 993	1 733	235 877	2 267	30 861	3 934	97 499	1 266 545
1000	7 568	1 993	279 805	2 343	32 066	4 274	112 346	1 459 424

Querschnittswerte für HEB-Profile

Normallängen bei   h < 300 mm: 8 – 16 m
                         h ≥ 300 mm: 8 – 18 m

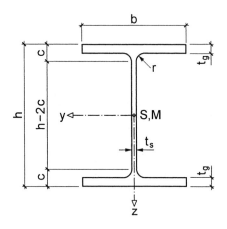

(1 kg/m = 0,01 kN/m)

Kurz-zeichen HEB	Profilmaße in mm						A_{Steg} cm²	A cm²	G kg/m
	h	b	t_s	t_g	r	h-2c			
100	100	100	6.0	10.0	12	56	5.400	26.04	20.44
120	120	120	6,5	11,0	12	74	7,085	34,01	26,69
140	140	140	7,0	12,0	12	92	8,960	42,96	33,72
160	160	160	8,0	13,0	15	104	11,76	54,25	42,59
180	180	180	8,5	14,0	15	122	14,11	65,25	51,22
200	200	200	9,0	15,0	18	134	16,65	78,08	61,29
220	220	220	9,5	16,0	18	152	19,38	91,04	71,47
240	240	240	10,0	17,0	21	164	22,30	106,0	83,20
260	260	260	10,0	17,5	24	177	24,25	118,4	92,98
280	280	280	10,5	18,0	24	196	27,51	131,4	103,1
300	300	300	11,0	19,0	27	208	30,91	149,1	117,0
320	320	300	11,5	20,5	27	225	34,44	161,3	126,7
340	340	300	12,0	21,5	27	243	38,22	170,9	134,2
360	360	300	12,5	22,5	27	261	42,19	180,6	141,8
400	400	300	13,5	24,0	27	298	50,76	197,8	155,3
450	450	300	14,0	26,0	27	344	59,36	218,0	171,1
500	500	300	14,5	28,0	27	390	68,44	238,6	187,3
550	550	300	15,0	29,0	27	438	78,15	254,1	199,4
600	600	300	15,5	30,0	27	486	88,35	270,0	211,9
650	650	300	16,0	31,0	27	534	99,04	286,3	224,8
700	700	300	17,0	32,0	27	582	113,6	306,4	240,5
800	800	300	17,5	33,0	30	674	134,2	334,2	262,3
900	900	300	18,5	35,0	30	770	160,0	371,3	291,5
1000	1000	300	19,0	36,0	30	868	183,2	400,0	314,0

Kurz-zeichen	Biegung starke Achse				Biegung schwache Achse			Torsion			
	I_y	W_y	i_y	$max\,S_y$	I_z	W_z	i_z	I_T	I_ω	$max\,\omega$	$i_{z,g}$
HEB	cm^4	cm^3	cm	cm^3	cm^4	cm^3	cm	cm^4	cm^6	cm^2	cm
100	449,5	89,91	4,155	52,11	167,3	33,45	2,535	9,248	3 375	22,50	2,69
120	864,4	144,1	5,042	82,61	317,5	52,92	3,056	13,84	9 410	32,70	3,24
140	1 509	215,6	5,927	122,7	549,7	78,52	3,577	20,06	22 479	44,80	3,80
160	2 492	311,5	6,777	177,0	889,2	111,2	4,049	31,24	47 943	58,80	4,31
180	3 831	425,7	7,662	240,7	1 363	151,4	4,570	42,16	93 746	74,70	4,87
200	5 696	569,6	8,541	321,3	2 003	200,3	5,065	59,28	171 125	92,50	5,39
220	8 091	735,5	9,427	413,5	2 843	258,5	5,588	76,57	295 418	112,2	5,95
240	11 259	938,3	10,31	526,6	3 923	326,9	6,084	102,7	486 946	133,8	6,47
260	14 919	1 148	11,22	641,5	5 135	395,0	6,584	123,8	753 651	157,6	6,99
280	19 270	1 376	12,11	767,2	6 595	471,0	7,085	143,7	1 130 155	183,4	7,54
300	25 166	1 678	12,99	934,3	8 563	570,9	7,579	185,0	1 687 791	210,8	8,06
320	30 824	1 926	13,82	1 075	9 239	615,9	7,567	225,1	2 068 712	224,6	8,06
340	36 656	2 156	14,65	1 204	9 690	646,0	7,530	257,2	2 453 634	238,9	8,05
360	43 193	2 400	15,46	1 341	10 141	676,1	7,493	292,5	2 883 252	253,1	8,04
400	57 680	2 884	17,08	1 616	10 819	721,3	7,396	355,7	3 817 152	282,0	7,99
450	79 888	3 551	19,14	1 991	11 721	781,4	7,333	440,5	5 258 448	318,0	7,97
500	107 176	4 287	21,19	2 407	12 624	841,6	7,273	538,4	7 017 696	354,0	7,94
550	136 691	4 971	23,20	2 795	13 077	871,8	7,174	600,3	8 855 763	390,8	7,89
600	171 041	5 701	25,17	3 213	13 530	902,0	7,080	667,2	10 965 375	427,5	7,84
650	210 616	6 480	27,12	3 660	13 984	932,3	6,988	739,2	13 362 740	464,3	7,80
700	256 888	7 340	28,96	4 164	14 441	962,7	6,865	830,9	16 064 064	501,0	7,73
800	359 083	8 977	32,78	5 114	14 904	993,6	6,678	946,0	21 840 229	575,3	7,61
900	494 065	10 979	36,48	6 292	15 816	1 054	6,527	1 137	29 461 359	648,8	7,52
1000	644 748	12 895	40,15	7 428	16 276	1 085	6,378	1 254	37 636 488	723,0	7,43

Kurz-zeichen	Plastische Grenzschnittgrößen für S 235, $f_{y,d}$ = 24/1,1 = 21,82 kN/cm^2							
	$N_{pl,d}$	$V_{pl,z,d}$	$M_{pl,y,d}$	$V_{pl,y,d}$	$M_{pl,z,d}$	$M_{pl,xp,d}$	$M_{pl,xs,d}$	$M_{pl,\omega,d}$
HEB	kN	kN	kNcm	kN	kNcm	kNcm	kNcm	kNcm^2
100	568.1	68.02	2 274	251.9	1 122	131.3	1 134	4 909
120	742,0	89,25	3 605	332,6	1 767	190,9	1 812	9 418
140	937,2	112,9	5 355	423,3	2 613	265,1	2 709	16 421
160	1 184	148,1	7 723	524,0	3 708	361,8	3 852	26 685
180	1 424	177,7	10 504	634,9	5 040	471,2	5 269	41 071
200	1 704	209,7	14 019	755,8	6 672	600,1	6 991	60 545
220	1 986	244,1	18 045	886,8	8 594	750,0	9 045	86 170
240	2 312	280,9	22 978	1 028	10 875	922,5	11 461	119 106
260	2 584	305,5	27 991	1 146	13 140	1 054	13 899	156 479
280	2 866	346,5	33 479	1 270	15 656	1 209	16 634	201 673
300	3 253	389,4	40 771	1 436	18 985	1 441	20 176	262 096
320	3 520	433,9	46 892	1 549	20 489	1 669	23 202	301 406
340	3 729	481,4	52 540	1 625	21 507	1 840	25 878	336 162
360	3 941	531,4	58 538	1 701	22 527	2 019	28 697	372 784
400	4 315	639,4	70 511	1 814	24 088	2 323	34 102	442 996
450	4 756	747,7	86 888	1 965	26 131	2 714	41 660	541 178
500	5 207	862,1	105 045	2 116	28 181	3 133	49 944	648 785
550	5 543	984,4	121 977	2 192	29 261	3 388	57 097	741 715
600	5 890	1 113	140 185	2 267	30 350	3 654	64 621	839 455
650	6 247	1 248	159 706	2 343	31 449	3 933	72 516	942 005
700	6 685	1 430	181 683	2 419	32 619	4 275	80 780	1 049 367
800	7 291	1 691	223 172	2 494	33 887	4 630	95 651	1 242 540
900	8 101	2 016	274 562	2 645	36 182	5 287	114 410	1 486 227
1000	8 728	2 307	324 112	2 721	37 446	5 691	131 147	1 703 651

Querschnittswerte für HEM-Profile

Normallängen bei   h < 300 mm: 8 – 16 m
                     h ≥ 300 mm: 8 – 18 m

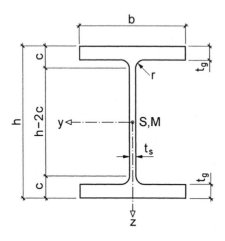

(1 kg/m = 0,01 kN/m)

Kurz-zeichen HEM	Profilmaße in mm						A_{Steg} cm²	A cm²	G kg/m
	h	b	t_s	t_g	r	h-2c			
100	120	106	12.0	20.0	12	56	12.00	53.24	41.79
120	140	126	12,5	21,0	12	74	14,88	66,41	52,13
140	160	146	13,0	22,0	12	92	17,94	80,56	63,24
160	180	166	14,0	23,0	15	104	21,98	97,05	76,19
180	200	186	14,5	24,0	15	122	25,52	113,3	88,90
200	220	206	15,0	25,0	18	134	29,25	131,3	103,1
220	240	226	15,5	26,0	18	152	33,17	149,4	117,3
240	270	248	18,0	32,0	21	164	42,84	199,6	156,7
260	290	268	18,0	32,5	24	177	46,35	219,6	172,4
280	310	288	18,5	33,0	24	196	51,25	240,2	188,5
300	340	310	21,0	39,0	27	208	63,21	303,1	237,9
320	359	309	21,0	40,0	27	225	66,99	312,0	245,0
340	377	309	21,0	40,0	27	243	70,77	315,8	247,9
360	395	308	21,0	40,0	27	261	74,55	318,8	250,3
400	432	307	21,0	40,0	27	298	82,32	325,8	255,7
450	478	307	21,0	40,0	27	344	91,98	335,4	263,3
500	524	306	21,0	40,0	27	390	101,6	344,3	270,3
550	572	306	21,0	40,0	27	438	111,7	354,4	278,2
600	620	305	21,0	40,0	27	486	121,8	363,7	285,5
650	668	305	21,0	40,0	27	534	131,9	373,7	293,4
700	716	304	21,0	40,0	27	582	142,0	383,0	300,7
800	814	303	21,0	40,0	30	674	162,5	404,3	317,3
900	910	302	21,0	40,0	30	770	182,7	423,6	332,5
1000	1008	302	21,0	40,0	30	868	203,3	444,2	348,7

Kurz-zeichen	Biegung starke Achse				Biegung schwache Achse			Torsion			
	I_y	W_y	i_y	$max\, S_y$	I_z	W_z	i_z	I_T	I_ω	$max\, \omega$	$i_{z,g}$
HEM	cm^4	cm^3	cm	cm^3	cm^4	cm^3	cm	cm^4	cm^6	cm^2	cm
100	1 143	190,4	4,633	117,9	399,2	75,31	2,738	68,21	9 925	26,50	2,90
120	2 018	288,2	5,512	175,3	702,8	111,6	3,253	91,66	24 786	37,49	3,45
140	3 291	411,4	6,392	246,9	1 144	156,8	3,769	120,0	54 329	50,37	4,00
160	5 098	566,5	7,248	337,3	1 759	211,9	4,257	162,4	108 054	65,16	4,53
180	7 483	748,3	8,129	441,7	2 580	277,4	4,773	203,3	199 326	81,84	5,08
200	10 642	967,4	9,003	567,6	3 651	354,5	5,274	259,4	346 258	100,4	5,61
220	14 605	1 217	9,886	709,7	5 012	443,5	5,791	315,3	572 684	120,9	6,16
240	24 289	1 799	11,03	1 058	8 153	657,5	6,391	627,9	1 151 987	147,6	6,78
260	31 307	2 159	11,94	1 262	10 449	779,7	6,897	719,0	1 728 347	172,5	7,31
280	39 547	2 551	12,83	1 483	13 163	914,1	7,403	807,3	2 520 227	199,4	7,86
300	59 201	3 482	13,98	2 039	19 403	1 252	8,001	1 408	4 386 028	233,3	8,47
320	68 135	3 796	14,78	2 218	19 709	1 276	7,947	1 501	5 003 865	246,4	8,43
340	76 372	4 052	15,55	2 359	19 711	1 276	7,900	1 506	5 584 496	260,3	8,41
360	84 867	4 297	16,32	2 495	19 522	1 268	7,825	1 507	6 137 021	273,4	8,36
400	104 119	4 820	17,88	2 785	19 336	1 260	7,704	1 515	7 410 304	300,9	8,29
450	131 484	5 501	19,80	3 166	19 339	1 260	7,593	1 529	9 251 499	336,2	8,23
500	161 929	6 180	21,69	3 547	19 155	1 252	7,459	1 539	11 186 745	370,3	8,15
550	197 984	6 923	23,64	3 966	19 158	1 252	7,353	1 554	13 515 630	407,0	8,09
600	237 447	7 660	25,55	4 386	18 975	1 244	7,224	1 564	15 907 585	442,3	8,01
650	281 668	8 433	27,45	4 828	18 979	1 245	7,126	1 579	18 649 516	478,9	7,95
700	329 278	9 198	29,32	5 269	18 797	1 237	7,006	1 589	21 397 493	513,8	7,87
800	442 598	10 875	33,09	6 244	18 627	1 230	6,788	1 646	27 775 287	586,3	7,72
900	570 434	12 537	36,70	7 221	18 452	1 222	6,600	1 671	34 746 261	656,9	7,60
1000	722 299	14 331	40,32	8 284	18 459	1 222	6,446	1 701	43 015 036	730,8	7,50

Kurz-zeichen	Plastische Grenzschnittgrößen für S 235, $f_{y,d}$ = 24/1,1 = 21,82 kN/cm^2							
	$N_{pl,d}$	$V_{pl,z,d}$	$M_{pl,y,d}$	$V_{pl,y,d}$	$M_{pl,z,d}$	$M_{pl,xp,d}$	$M_{pl,xs,d}$	$M_{pl,\omega,d}$
HEM	kN	kN	kNcm	kN	kNcm	kNcm	kNcm	kNcm^2
100	1 162	151.2	5 145	534.1	2 538	533.0	2 671	12 257
120	1 449	187,4	7 650	666,6	3 745	705,5	3 966	21 640
140	1 758	226,0	10 774	809,2	5 248	903,3	5 584	35 299
160	2 117	276,9	14 718	961,9	7 101	1 139	7 551	54 275
180	2 471	321,5	19 275	1 125	9 277	1 394	9 897	79 709
200	2 864	368,5	24 767	1 297	11 852	1 679	12 650	112 841
220	3 261	417,8	30 970	1 480	14 805	1 996	15 840	155 011
240	4 355	539,6	46 188	1 999	21 948	3 248	23 792	255 499
260	4 792	583,9	55 061	2 194	26 017	3 623	28 252	327 860
280	5 240	645,5	64 705	2 394	30 473	4 040	33 162	413 559
300	6 613	796,2	88 967	3 046	41 742	5 988	45 841	615 337
320	6 808	843,9	96 764	3 114	42 561	6 260	49 667	664 548
340	6 891	891,5	102 929	3 114	42 605	6 284	52 469	702 046
360	6 956	939,1	108 858	3 104	42 379	6 289	55 093	734 765
400	7 108	1 037	121 541	3 094	42 199	6 319	60 638	806 086
450	7 319	1 159	138 131	3 094	42 310	6 382	67 753	900 678
500	7 512	1 280	154 784	3 084	42 153	6 424	74 625	988 796
550	7 732	1 407	173 077	3 084	42 269	6 489	82 026	1 086 859
600	7 934	1 534	191 391	3 074	42 117	6 534	89 134	1 177 189
650	8 154	1 661	210 697	3 074	42 233	6 600	96 511	1 274 612
700	8 357	1 788	229 942	3 064	42 083	6 645	103 547	1 363 052
800	8 820	2 047	272 459	3 053	42 118	6 758	118 168	1 550 101
900	9 243	2 301	315 093	3 043	42 085	6 868	132 387	1 731 218
1000	9 692	2 561	361 482	3 043	42 320	7 002	147 299	1 926 228

Querschnittswerte für UPE-Profile und UAP-Profile

mit parallelen inneren Flanschflächen

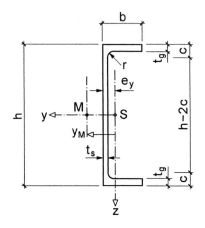

Trägheitsradius: $i = \sqrt{\dfrac{I}{A}}$ (1 kg/m = 0,01 kN/m)

Kurz-zeichen	Profilmaße in mm						A_{Steg}	A	e_y	G
	h	b	t_s	t_g	r	$h\text{-}2c$	cm²	cm²	cm	kg/m
UPE 80	80	50	4,0	7,0	10	46	2,920	10,07	1,817	7,904
100	100	55	4,5	7,5	10	65	4,163	12,50	1,906	9,816
120	120	60	5,0	8,0	12	80	5,600	15,42	1,983	12,10
140	140	65	5,0	9,0	12	98	6,550	18,42	2,173	14,46
160	160	70	5,5	9,5	12	117	8,278	21,67	2,270	17,01
180	180	75	5,5	10,5	12	135	9,323	25,11	2,468	19,71
200	200	80	6,0	11,0	13	152	11,34	29,01	2,560	22,77
220	220	85	6,5	12,0	13	170	13,52	33,87	2,703	26,58
240	240	90	7,0	12,5	15	185	15,93	38,52	2,792	30,23
270	270	95	7,5	13,5	15	213	19,24	44,84	2,893	35,20
300	300	100	9,5	15,0	15	240	27,08	56,62	2,887	44,44
330	330	105	11,0	16,0	18	262	34,54	67,77	2,900	53,20
360	360	110	12,0	17,0	18	290	41,16	77,91	2,970	61,16
400	400	115	13,5	18,0	18	328	51,57	91,93	2,977	72,17
UAP 80	80	45	5,0	8,0	8,0	48	3,600	10,67	1,610	8,380
100	100	50	5,5	8,5	8,5	66	5,033	13,38	1,700	10,50
130	130	55	6,0	9,5	9,5	92	7,230	17,50	1,775	13,74
150	150	65	7,0	10,25	10,25	109	9,783	22,84	2,053	17,93
175	175	70	7,5	10,75	10,75	132	12,32	27,06	2,124	21,24
200	200	75	8,0	11,5	11,5	154	15,08	31,98	2,219	25,10
220	220	80	8,0	12,5	12,5	170	16,60	36,27	2,398	28,47
250	250	85	9,0	13,5	13,5	196	21,29	43,80	2,454	34,38
300	300	100	9,5	16,0	16,0	236	26,98	58,56	2,963	45,97

Kurz-zeichen	Biegeachse y-y			Biegeachse z-z			Torsion			
	I_y	W_y	$max\ S_y$	I_z	W_z	$max\ S_z$	I_T	I_ω	$max\ \omega$	y_M
	cm⁴	cm³	cm³	cm⁴	cm³	cm³	cm⁴	cm⁶	cm²	cm
UPE 80	107,2	26,80	15,61	25,41	7,984	7,092	1,436	237,1	9,868	3,713
100	206,9	41,37	24,01	38,21	10,63	9,686	1,995	568,1	14,02	3,925
120	363,5	60,58	35,16	55,40	13,79	12,91	2,843	1 197	18,82	4,123
140	599,5	85,64	49,42	78,70	18,19	16,85	3,991	2 337	23,80	4,540
160	911,1	113,9	65,81	106,8	22,58	21,26	5,171	4 180	29,80	4,760
180	1 353	150,4	86,50	143,7	28,56	26,59	7,001	7 158	35,82	5,191
200	1 909	190,9	110,0	187,3	34,43	32,55	8,876	11 565	43,02	5,408
220	2 682	243,9	140,7	246,4	42,51	40,33	12,12	18 441	50,45	5,702
240	3 599	299,9	173,4	310,9	50,08	48,18	15,11	27 762	58,89	5,914
270	5 255	389,2	225,5	401,0	60,69	58,93	20,00	45 540	70,60	6,138
300	7 823	521,5	306,7	537,7	75,58	75,90	31,95	75 459	84,16	6,031
330	11 008	667,1	395,9	681,5	89,66	92,42	45,65	116 336	98,85	6,004
360	14 825	823,6	491,2	843,7	105,1	109,6	59,31	172 354	114,1	6,116
400	20 981	1 049	631,3	1 045	122,6	130,8	80,54	266 306	135,0	6,058
UAP 80	107,1	26,78	15,93	21,33	7,380	6,682	1,937	192,3	8,798	3,166
100	209,5	41,90	24,79	32,83	9,947	9,258	2,698	474,9	12,68	3,379
130	459,6	70,70	41,76	51,34	13,78	13,18	4,219	1 284	18,74	3,565
150	796,1	106,1	62,64	93,25	20,97	20,27	6,623	3 136	25,90	4,146
175	1 270	145,1	85,73	126,4	25,92	25,55	8,570	5 873	33,29	4,321
200	1 946	194,6	115,1	169,7	32,13	32,07	11,42	10 397	41,33	4,533
220	2 710	246,4	145,0	222,3	39,68	39,23	14,61	16 505	48,32	4,941
250	4 136	330,9	195,9	295,4	48,87	49,34	20,69	28 530	59,31	5,039
300	8 170	544,7	319,7	562,1	79,88	79,22	36,79	78 226	83,04	6,166

Kurz-zeichen	Plastische Grenzschnittgrößen für S 235, $f_{y,d}$ = 24/1,1 = 21,82 kN/cm²								
	$N_{pl,d}$	$V_{pl,z,d}$	$M_{pl,y,d}$	$max\ M_{y,d}$	$V_{pl,y,d}$	$M_{pl,z,d}$	$M_{pl,xp,d}$	$M_{pl,xs,d}$	$M_{pl,\omega,d}$
	kN	kN	kNcm	kNcm	kN	kNcm	kNcm	kNcm	kNcm²
UPE 80	219.7	36.78	647.7	675.2	84.65	304.3	32.61	309.0	890.9
100	272,8	52,43	986,5	1 041	99,67	412,0	42,91	461,0	1 534
120	336,4	70,54	1 433	1 524	115,9	541,0	55,43	649,0	2 450
140	401,8	82,51	2 018	2 146	141,7	710,9	72,40	928,2	3 762
160	472,9	104,3	2 669	2 861	161,0	888,5	89,65	1 211	5 442
180	547,9	117,4	3 518	3 764	191,1	1 119	112,6	1 620	7 703
200	632,8	142,8	4 452	4 789	213,4	1 357	135,3	2 017	10 471
220	738,9	170,3	5 683	6 129	247,1	1 677	171,2	2 570	14 288
240	840,3	200,6	6 973	7 549	272,4	1 981	201,4	3 099	18 579
270	978,3	242,3	9 030	9 822	310,4	2 404	249,5	3 980	25 610
300	1 235	341,1	12 116	13 363	360,0	2 983	357,1	5 129	36 452
330	1 479	435,1	15 490	17 244	401,1	3 529	464,8	6 297	48 580
360	1 700	518,5	19 102	21 400	445,4	4 129	572,1	7 639	62 791
400	2 006	649,6	24 285	27 516	490,9	4 818	735,8	9 376	82 867
UAP 80	232.9	45.35	657.1	692.1	85.66	284.7	39.51	308.4	828.2
100	291,8	63,39	1 012	1 078	101,2	389,1	51,96	462,9	1 448
130	381,8	91,07	1 686	1 817	124,5	543,8	72,89	749,8	2 698
150	498,3	123,2	2 518	2 727	158,8	828,9	106,4	1 110	4 803
175	590,4	155,2	3 417	3 734	179,4	1 025	131,6	1 474	7 093
200	697,1	190,0	4 562	5 012	205,7	1 269	164,2	1 939	10 194
220	791,4	209,1	5 768	6 314	239,3	1 570	194,5	2 483	13 752
250	955,7	268,1	7 729	8 533	273,8	1 927	253,7	3 238	19 631
300	1 278	339,9	12 700	13 925	383,9	3 160	384,9	5 452	37 987

Querschnittswerte für kreisförmige Hohlprofile (RO)

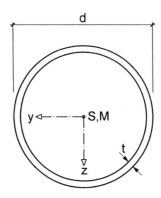

Trägheitsradius: $i = \sqrt{\dfrac{I}{A}}$ (1 kg/m = 0,01 kN/m)

Profilmaße in mm		A	I $= I_T / 2$	W	$max\ S$	\multicolumn{4}{c}{Plastische Grenzschnittgrößen für S 235, $f_{y,d} = 24/1,1 = 21,82$ kN/cm²}	G
d	t					$N_{pl,d}$	$V_{pl,d}$	$M_{pl,d}$	$M_{pl,x,d}$	
		cm²	cm⁴	cm³	cm³	kN	kN	kNcm	kNcm	kg/m
33,7	2,6	2,540	3,093	1,835	1,260	55,42	20,37	55,00	49,76	1,994
	3,2	3,066	3,605	2,139	1,494	66,90	24,59	65,19	58,90	2,407
	4	3,732	4,190	2,487	1,775	81,43	29,93	77,45	69,82	2,930
42,4	2,6	3,251	6,464	3,049	2,062	70,93	26,07	89,99	81,49	2,552
	3,2	3,941	7,620	3,594	2,464	85,98	31,60	107,5	97,30	3,094
	4	4,825	8,991	4,241	2,960	105,3	38,70	129,2	116,7	3,788
48,3	2,6	3,733	9,777	4,048	2,718	81,44	29,93	118,6	107,4	2,930
	3,2	4,534	11,59	4,797	3,260	98,92	36,36	142,2	128,8	3,559
	4	5,567	13,77	5,701	3,936	121,5	44,64	171,7	155,3	4,370
60,3	3,2	5,740	23,47	7,784	5,222	125,2	46,03	227,9	206,4	4,506
	4	7,075	28,17	9,344	6,350	154,4	56,74	277,1	250,9	5,554
	5	8,687	33,48	11,10	7,666	189,5	69,66	334,5	302,6	6,819
76,1	3,2	7,329	48,78	12,82	8,509	159,9	58,77	371,3	336,5	5,753
	4	9,060	59,06	15,52	10,41	197,7	72,66	454,1	411,4	7,112
	5	11,17	70,92	18,64	12,66	243,7	89,56	552,4	500,1	8,767
88,9	3,2	8,616	79,21	17,82	11,76	188,0	69,09	513,0	465,0	6,763
	4	10,67	96,34	21,67	14,43	232,8	85,56	629,5	570,5	8,375
	5	13,18	116,4	26,18	17,62	287,5	105,7	768,8	696,4	10,35
	6,3	16,35	140,2	31,55	21,53	356,7	131,1	939,6	850,5	12,83
101,6	4	12,26	146,3	28,80	19,06	267,6	98,36	831,8	753,9	9,628
	5	15,17	177,5	34,93	23,35	331,1	121,7	1 019	923,2	11,91
	6,3	18,86	215,1	42,34	28,65	411,5	151,3	1 250	1 132	14,81
114,3	5	17,17	256,9	44,96	29,89	374,6	137,7	1 304	1 182	13,48
	6,3	21,38	312,7	54,72	36,78	466,4	171,4	1 605	1 454	16,78
	8	26,72	379,5	66,40	45,28	582,9	214,2	1 976	1 789	20,97

Profilmaße in mm		A	I $= I_T / 2$	W	max S	Plastische Grenzschnittgrößen für S 235, $f_{y,d} = 24/1,1 = 21,82$ kN/cm^2				G
d	t					$N_{pl,d}$	$V_{pl,d}$	$M_{pl,d}$	$M_{pl,x,d}$	
		cm^2	cm^4	cm^3	cm^3	kN	kN	kNcm	kNcm	kg/m
139,7	5	21,16	480,5	68,80	45,38	461,6	169,7	1 980	1 795	16,61
	6,3	26,40	588,6	84,27	56,10	576,1	211,7	2 448	2 218	20,73
	8	33,10	720,3	103,1	69,46	722,2	265,4	3 031	2 746	25,98
168,3	5	25,65	855,9	101,7	66,69	559,7	205,7	2 910	2 638	20,14
	8	40,29	1 297	154,2	102,9	879,0	323,1	4 489	4 068	31,63
	12,5	61,18	1 868	222,0	152,0	1 335	490,6	6 634	6 004	48,03
177,8	6,3	33,94	1 250	140,6	92,69	740,6	272,2	4 045	3 666	26,65
	10	52,72	1 862	209,4	141,0	1 150	422,7	6 151	5 571	41,38
	12,5	64,91	2 230	250,8	171,1	1 416	520,6	7 466	6 758	50,96
193,7	6,3	37,09	1 630	168,3	110,7	809,2	297,4	4 829	4 378	29,12
	10	57,71	2 442	252,1	168,9	1 259	462,8	7 370	6 677	45,30
	16	89,32	3 554	367,0	253,3	1 949	716,3	11 053	9 997	70,12
219,1	6,3	42,12	2 386	217,8	142,7	918,9	337,8	6 226	5 645	33,06
	10	65,69	3 598	328,5	218,8	1 433	526,8	9 547	8 651	51,57
	20	125,1	6 261	571,5	397,7	2 729	1 003	17 356	15 687	98,20
244,5	8	59,44	4 160	340,3	223,8	1 297	476,7	9 766	8 854	46,66
	12,5	91,11	6 147	502,9	336,7	1 988	730,6	14 693	13 313	71,52
	20	141,1	8 957	732,7	505,3	3 078	1 131	22 051	19 945	110,7
273	8	66,60	5 852	428,7	281,0	1 453	534,1	12 261	11 116	52,28
	12,5	102,3	8 697	637,2	424,5	2 232	820,4	18 522	16 784	80,30
	20	159,0	12 798	937,6	641,4	3 468	1 275	27 989	25 331	124,8
323,9	8	79,39	9 910	611,9	399,3	1 732	636,7	17 422	15 797	62,32
	12,5	122,3	14 847	916,7	606,4	2 668	980,7	26 461	23 984	95,99
	20	190,9	22 139	1 367	924,9	4 166	1 531	40 359	36 548	149,9
355,6	8	87,36	13 201	742,5	483,4	1 906	700,6	21 093	19 126	68,58
	12,5	134,7	19 852	1 117	736,1	2 940	1 080	32 119	29 116	105,8
	20	210,9	29 792	1 676	1 128	4 601	1 691	49 205	44 571	165,5
406,4	12,5	154,7	30 031	1 478	970,1	3 375	1 240	42 330	38 376	121,4
	20	242,8	45 432	2 236	1 494	5 297	1 947	65 209	59 086	190,6
	30	354,7	63 224	3 111	2 130	7 740	2 845	92 930	84 100	278,5
457	12,5	174,6	43 145	1 888	1 235	3 808	1 400	53 900	48 869	137,0
	20	274,6	65 681	2 874	1 911	5 991	2 202	83 390	75 574	215,5
	30	402,4	92 173	4 034	2 739	8 780	3 227	119 539	108 232	315,9
508	12,5	194,6	59 755	2 353	1 535	4 245	1 560	66 974	60 726	152,7
	25	379,3	110 918	4 367	2 919	8 277	3 042	127 362	115 402	297,8
	40	588,1	162 188	6 385	4 391	12 831	4 716	191 614	173 352	461,7
610	16	298,6	131 781	4 321	2 823	6 514	2 394	123 202	111 705	234,4
	25	459,5	196 906	6 456	4 280	10 025	3 685	186 782	169 289	360,7
	40	716,3	292 333	9 585	6 509	15 628	5 744	284 015	257 151	562,3
711	16	349,3	211 040	5 936	3 865	7 622	2 802	168 649	152 921	274,2
	40	843,2	476 242	13 396	9 015	18 397	6 762	393 403	356 355	661,9
762	16	375,0	260 973	6 850	4 453	8 181	3 007	194 304	176 188	294,4
	40	907,3	593 011	15 565	10 436	19 795	7 276	455 404	412 584	712,2
813	16	400,6	318 222	7 828	5 082	8 741	3 213	221 775	201 101	314,5
	25	618,9	480 856	11 829	7 764	13 503	4 963	338 810	307 164	485,8
914	16	451,4	455 142	9 959	6 452	9 848	3 620	281 538	255 300	354,3
	30	833,2	814 775	17 829	11 726	18 178	6 681	511 695	463 878	654,0
1016	16	502,7	628 479	12 372	8 001	10 967	4 031	349 121	316 590	394,6
1067	16	528,3	729 606	13 676	8 837	11 526	4 237	385 636	349 706	414,7
1168	16	579,1	960 774	16 452	10 618	12 634	4 644	463 310	420 148	454,6
1219	16	604,7	1 094 091	17 951	11 578	13 193	4 849	505 237	458 173	474,7

Literaturverzeichnis

Normen, Vorschriften und Richtlinien

[1] DIN 1025: Warmgewalzte I-Träger

Teil 1 (05.95): Schmale I-Träger, I-Reihe. Maße, Masse, statische Werte

Teil 2 (11.95): I-Träger, IPB-Reihe. Maße, Masse, statische Werte

Teil 3 (03.94): Breite I-Träger, leichte Ausführung, IPBl-Reihe. Maße, Masse, statische Werte

Teil 4 (03.94): Breite I-Träger, verstärkte Ausführung, IPBv-Reihe. Maße, Masse, statische Werte

Teil 5 (03.94): Mittelbreite I-Träger, IPE-Reihe. Maße, Masse, statische Werte

[2] DIN 1028 (03.94): Warmgewalzter gleichschenkliger rundkantiger Winkelstahl. Maße, Masse, statische Werte

[3] DIN 1029 (03.94): Warmgewalzter ungleichschenkliger rundkantiger Winkelstahl. Maße, Masse, statische Werte

[4] DIN 18800 (11.90): Stahlbauten

Teil 1: Bemessung und Konstruktion
Teil 2: Stabilitätsfälle, Knicken von Stäben und Stabwerken
Teil 3: Stabilitätsfälle, Plattenbeulen
mit Änderung A1 (02.96) für Teile 1 bis 3

Teil 5: Verbundtragwerke aus Stahl und Beton (Entwurf 01.99)

[5] DIN 18806 (03.84): Verbundkonstruktionen, Teil 1: Verbundstützen

[6] DIN 18809: Stählerne Straßen- und Wegbrücken. Ausgabe September 1987

[7] DIN 4132 (02.81): Kranbahnen, Stahltragwerke. Grundsätze für Berechnung, bauliche Durchbildung und Ausführung

[8] DIN EN 10210-2 (11.97): Warmgefertigte Hohlprofile für den Stahlbau aus unlegierten Baustählen und aus Feinkornbaustählen

Teil 2: Grenzabmaße, Maße und statische Werte. Deutsche Fassung EN 10210-2: 1997

[9] DIN EN 10219-2 (11.97): Kaltgefertigte geschweißte Hohlprofile für den Stahlbau aus unlegierten Baustählen und aus Feinkornbaustählen

Teil 2: Grenzabmaße, Maße und statische Werte. Deutsche Fassung EN 10219-2: 1997

[10] DIN V ENV 1993, Eurocode 3: Bemessung und Konstruktion von Stahlbauten

Teil 1-1 (04.92): Allgemeine Bemessungsregeln, Bemessungsregeln für den Hochbau

Teil 1-2 (05.97): Allgemeine Regeln, Tragwerksbemessung für den Brandfall

Teil 1-5 (02.01): Allgemeine Bemessungsregeln, Ergänzende Regeln zu ebenen Blechfeldern ohne Querbelastung

Teil 2 (02.01): Stahlbrücken

[11]   DIN V ENV 1994, Eurocode 4: Bemessung und Konstruktion von Verbund-tragwerken aus Stahl und Beton

Teil 1-1 (02.94): Allgemeine Bemessungsregeln, Bemessungsregeln für den Hochbau

Teil 1-2 (05.97): Allgemeine Regeln – Tragwerksbemessung für den Brandfall
Teil 2 (06.00): Verbundbrücken

[12]   DASt-Ri 012 (10.78): Beulsicherheitsnachweise für Platten

[13]   DASt-Ri 015 (07.90): Träger mit schlanken Stegen

[14]   DASt-Ri 016 (06.88): Bemessung und konstruktive Gestaltung von Tragwerken aus dünnwandigen kaltgeformten Bauteilen

[15]   Brune, B.: Erläuterungen und Beispiele zu DIN 18800 Teil 3. Stahlbau Kalender 2000, Ernst & Sohn Berlin

[16]   Eggert, H.: Kommentierte Stahlbauregelwerke. Stahlbau Kalender 2000, Ernst & Sohn Berlin

[17]   Falke, J.: Ingenieurhochbau; Tragwerke aus Stahl nach Eurocode 3; Normen, Erläuterungen, Beispiele. Beuth Verlag, Berlin 1996

[18]   Hanswille, G., Bergmann, R.: Neue Verbundbaunorm E DIN 18800-5 mit Kommentar und Beispielen. Stahlbau-Kalender 2000, Ernst & Sohn Berlin

[19]   Lindner, J., Scheer, Schmidt, H.: Erläuterungen zur DIN 18800 Teil 1 bis Teil 4. Beuth Kommentare, Verlag Ernst & Sohn, Berlin 1998

[20]   Richtlinien für die Bemessung und Ausführung von Stahlverbundträgern (03.81) und ergänzende Bestimmungen (03.84) sowie (06.90)

Bücher

[21]   Androi, B., Dujmovi, D., Deba, I.: Beispiele nach EC 3; Bemessung und Konstruktion von Stahlbauten. Werner –Verlag Düsseldorf 1996

[22]   Bode, H.: Euro-Verbundbau, Konstruktion und Berechnung. Werner-Verlag, Düsseldorf 1998

[23]   Bruhns, O.; Lehmann, Th.: Elemente der Mechanik II, Elastostatik. Vieweg-Verlag, Braunschweig 1994

[24]   Burth, K., Brocks, W. : Plastizität – Grundlagen und Anwendungen für Ingenieure. Vieweg Verlag, Braunschweig/Wiesbaden 1992

[25]   Chen, W.-F., Atsuta, T.: Theory of Beam-Columns, Volume 2: Space Behavior and Design. McGraw-Hill International Book Company, New York 1977

[26] Deutscher Stahlbau-Verband: Stahlbau Handbuch, Band 2: Stahlkonstruktionen 2. Auflage 1985, Stahlbau-Verlagsgesellschaft, Köln

[27] Dubas, P., Gehri, E.: Stahlhochbau, Grundlagen, Konstruktionsarten und Konstruktionselemente von Hallen- und Skelettbauten. 1. Auflage 1988, Springer-Verlag, Berlin, Heidelberg

[28] Duddeck, H., Ahrens, H.: Statik der Stabtragwerke. Betonkalender 1991, Teil 1, Verlag Ernst & Sohn, Berlin 1991

[29] Friemann, H.: Schub und Torsion in geraden Stäben. Werner-Verlag, 2. Auflage, Düsseldorf 1993

[30] Gladischefski, H. und andere: Stahl im Hochbau, Band 1. 15. Auflage 1995, Verlag Stahleisen, Düsseldorf

[31] Grimm, F.: Stahlbau im Detail. Loseblattsammlung, 1. Auflage 1994 und Ergänzungen, WEKA-Baufachverlage, Augsburg

[32] Hirt, M.-A., Bez, R.: Stahlbau. Grundbegriffe und Bemessungsverfahren, 1. Auflage 1998, Verlag Ernst & Sohn, Berlin

[33] Kahlmeyer, E.: Stahlbau nach DIN 18800 (11.90), Bemessung und Konstruktion, Träger – Stützen – Verbindungen. 3. Auflage 1998, Werner-Verlag, Düsseldorf

[34] Kindmann, R., Krahwinkel, M.: Stahl- und Verbundkonstruktionen. Teubner-Verlag, Stuttgart 1999

[35] Kollbrunner, C.F., Hajdin, N.: Dünnwandige Stäbe, Band 2. 1. Auflage 1975, Springer Verlag

[36] Krätzig, W.B., Basar, Y.: Tragwerke 3, Theorie und Anwendung der Methode der Finiten Elemente. Springer-Verlag, Berlin 1997

[37] Kuhlmann, U., Frier, J., Günther, H.-P.: Beispiele aus dem Verbundhochbau. Stahlbau Kalender 1999, Verlag Ernst & Sohn, Berlin

[38] Meskouris, K., Hake, E.: Statik der Stabtragwerke. Springer Verlag, Berlin 1999

[39] Meskouris, K.: Baudynamik. 1. Auflage 1999, Verlag Ernst & Sohn Berlin

[40] Neal, B. G.: Die Verfahren der plastischen Berechnung biegesteifer Stahlstabwerke. Springer-Verlag, Berlin/Göttingen/Heidelberg 1958

[41] Papula, L.: Mathematische Formelsammlung für Ingenieure und Naturwissenschaftler. Vieweg-Verlag, Braunschweig 1994

[42] Petersen, C.: Stahlbau. 3. Auflage 1994, Vieweg-Verlag, Braunschweig

[43] Pörschmann, H.: Bautechnische Berechnungstafeln für Ingenieure. Teubner Verlag, Stuttgart 1993

[44] Reckling, K.-A.: Plastizitätstheorie und ihre Anwendung auf Festigkeitsprobleme. Springer-Verlag, Berlin/Heidelberg/New York 1967

[45]   Roik, K., Bergmann, R., Haensel, J., Hanswille, G.: Verbundkonstruktionen, Bemessung auf Grundlage des Eurocodes 4 Teil 1. Betonkalender 1999, Verlag Ernst & Sohn, Berlin

[46]   Roik, K., Carl, J., Lindner, J.: Biegetorsionsprobleme gerader dünnwandiger Stäbe. Verlag Wilhelm Ernst & Sohn, 1972

[47]   Roik, K.: Vorlesungen über Stahlbau. 2. Auflage 1983, Verlag Ernst & Sohn, Berlin

[48]   Schmidt, H., Peil, U.: Berechnung von Balken mit breiten Gurten. Springer Verlag, Berlin 1976

[49]   Schneider, K.-J.: Bautabellen für Ingenieure. 13. Auflage 1998, Werner-Verlag, Düsseldorf

[50]   Schneider-Bürger, M.: Stahlbau-Profile. 21. Auflage 1996, Verlag Stahleisen, Düsseldorf

[51]   Schnell, W., Gross, D., Hauger, W.: Technische Mechanik, Band 2: Elasto-statik. Springer-Verlag, 4. Auflage, Berlin/Heidelberg/New York 1992

[52]   Thiele, A., Lohse, W.: Stahlbau.
       Teil 1, 23. Auflage 1997,
       Teil 2, 18. Auflage 1997, Teubner-Verlag, Stuttgart

[53]   Vayas, I., Ermopoulos, J., Ioannidis, G.: Anwendungsbeispiele zum Eurocode 3. 1. Auflage 1998, Verlag Ernst & Sohn, Berlin

[54]   Vayas, I., Ermopoulos, J., Ioannidis, G.: Anwendungsbeispiele zum Eurocode 3. Ernst & Sohn, Berlin 1998

[55]   Wendehorst, R.: Bautechnische Zahlentafeln. 28. Auflage 1998, Teubner-Verlag, Stuttgart

[56]   Wittenburg, J.: Mechanik fester Körper in Hütte – Die Grundlagen der Ingenieurwissenschaften. Springer Verlag, Berlin 1989

Zeitschriftenaufsätze und Berichte

[57]   Anderson, C. A., Shield, R. T.: A Class of Complete Solutions for Bending of Perfectly-Plastic Beams. International Journal Solid Structures 1967, Vol. 3, pp. 935-950

[58]   Backes, W.: Zweiachsige Biegung mit Längskraft bei Querschnitten aus hoch-festem Beton. Bautechnik 75 (1998), H. 4, S. 213-222

[59]   Bäcklund, J., Akesson, B.: Plastisches Saint-Venantsches Torsionswiderstands-moment offener Walzprofile. Stahlbau 41 (1972), H. 10, S. 302-306

[60] Burth, K., Immenkötter, K., Reckling, K.-A.: Experimentelle Untersuchungen über den Einfluß von Querkräften auf die Traglast kurzer Balken. Stahlbau 49 (1980), H. 3, S. 77-85

[61] Chen, W. P., Shoemaker, E. M.: Collapse Loads of Cantilever Beams under End Shear. Acta Mechanica 13 (1972), pp. 191-203

[62] Cywinski, Z.: Bimoment Distribution Method for Thin-Walled Beams. Stahlbau 47 (1978), H. 4, S. 106-113 und H. 5, S. 152-157

[63] Drucker, D. C., Prager, W., Greenberg, H. J.: Extended Limit Design Theorems for Continuous Media. Quarterly Applied Mathematics, Vol. IX, No. 4, 1952, pp. 381-389

[64] Drucker, D. C.: The Effect of Shear on the Plastic Bending of Beams. Journal of Applied Mechanics, December 1956, pp. 509-514

[65] Duy, W.: Festigkeitsnachweis biegebeanspruchter vorverformter Träger: Biege-torsion. Stahlbau 57 (1988), H. 9, S. 263-268

[66] Examples to Eurocode 3. Report Nr. 71 der European Convention for Constructional Steelwork, Brüssel 1993

[67] FEM-Programmsystem ABAQUS, Version 5.8-1. Hibbitt, Karlsson and Sorensen Inc., Pawtucket, R.I., USA

[68] Fleßner, H.: Ein Beitrag zur Ermittlung von Querschnittskennwerten mit Hilfe elektronischer Rechenanlagen. Bauingenieur 37 (1962), Nr. 4, S. 146-149

[69] Gebbeken, N.: Eine Fließgelenktheorie höherer Ordnung für räumliche Stab-tragwerke. Stahlbau 57 (1988), H. 12, S. 365-372

[70] Green, A. P.: A Theory of the Plastic Yielding due to Bending of Cantilevers and Fixed-Ended Beams. Journal of the Mechanics and Physics of Solids 1954, Vol. 3, Part I, pp. 1-15 and Part II, pp. 143-155

[71] Gruttmann, F., Wagner, W., Sauer, R.: Zur Berechnung der Schubspannungen aus Querkräften in Querschnitten prismatischer Stäbe mit der Methode der finiten Elemente. Bauingenieur 73 (1998), S. 485-490

[72] Gruttmann, F., Wagner, W., Sauer, R.: Zur Berechnung der Wölbfunktion und Torsionskennwerten beliebiger Stabquerschnitte mit der Methode der finiten Elemente. Bauingenieur 73 (1998), S. 138-143

[73] Gruttmann, F., Wagner, W.: Ein Weggrößenverfahren zur Berechnung von Querkraftschubspannungen in dünnwandigen Querschnitten. Bauingenieur 76 (2001), S. 474-480

[74] Gruttmann, F., Wagner, W.: St. Venantsche Torsion prismatischer Stäbe mit elastoplastischem Werkstoffverhalten. Bauingenieur 75 (2000), S. 53-59

[75] Heyman, J., Dutton, V. L.: Plastic Design of Plate Griders with Unstiffened Webs. Welding & Metal Fabrication, July 1954, pp. 265-272

[76] Hodge, P. G.: Interaction Curves for Shear and Bending of Plastic Beams. Journal of Applied Mechanics, ASME (24), September 1957, pp. 453-456

[77] Horne, M. R.: The Plastic Theory of Bending of Mild Steel Beams with Particular Reference to the Effect of Shear Forces. Proceedings of the Royal Society of London (A 207) 1951, pp. 216-228

[78] Hornung, U., Kühn, C., Saal, H.:Plastic load carrying capacity of rectangular hollow sections under the action of arbitrary section forces. Tubular Structures IX (2001), pp. 311-321

[79] Höss, P., Heil, W., Vogel, U.: Bemessung von Einfeld- und Durchlaufträgern aus rundkantigem U-Stahl (DIN 1026) nach dem Traglastverfahren. Forschungsbericht P 174, Studiengesellschaft Stahlanwendungen e.V., Düsseldorf 1991

[80] Jiang, Sh., Becker, A.: Traglastberechnungen räumlicher Rahmen mit Einbeziehung von Torsion unter Verwendung von Fließgelenken. Stahlbau 57 (1988), H. 12, S. 359-364

[81] Katz, C.: Fließzonentheorie mit Interaktion aller Stabschnittgrößen bei Stahltragwerken. Stahlbau 66 (1997), H. 4, S. 205-213

[82] Kindmann, R., Ding, K.: Alternativer Biegedrillknicknachweis für Träger aus I-Querschnitten. Stahlbau 66 (1997), H. 8, S. 488-497

[83] Kindmann, R., Frickel, J.: Grenztragfähigkeit kreisförmiger Hohlprofile. Festschrift G. Valtinat, Technische Universität Hamburg-Harburg 2001, S. 159-166

[84] Kindmann, R., Frickel, J.: Grenztragfähigkeit von häufig verwendeten Stabquerschnitten für beliebige Schnittgrößen. Stahlbau 68 (1999), H. 10, S. 817-828

Zuschriften: Stahlbau 68 (1999), H. 10, S. 852-854 und Stahlbau 69 (2000), H. 3, S. 206-210

[85] Kindmann, R., Frickel, J.: Grenztragfähigkeit von I-Querschnitten für beliebige Schnittgrößen. Stahlbau 68 (1999), H. 4, S. 290-301

[86] Kindmann, R., Krahwinkel, M.: Bemessung stabilisierender Verbände und Schubfelder. Stahlbau 70 (2001), H. 11, S. 885-899

[87] Kindmann, R., Niebuhr, H. J., Schweppe, H.: Bemessung von Wabenträgern mit Peiner Schnittführung. Preussag Stahl AG, Salzgitter 1995

[88] Kindmann, R., Xia, G.: Erweiterung der Berechnungsverfahren für Verbundträger. Stahlbau 69 (2000), S.170-183

[89] Kindmann, R.: Biegedrillknicken von Trägern mit offenen, dünnwandigen Querschnitten – Tragverhalten und Tragfähigkeit. Festschrift W. B. Krätzig, Ruhr-Universität Bochum 1992, S. B83-B89

[90] Kindmann, R.: Traglastermittlung ebener Stabwerke mit räumlicher Beanspruchung. Dissertation, TWM-81-3, Ruhr-Universität Bochum 1981

[91] Klöppel, K., Yamadá, M.: Fließpolyeder des Rechteck- und I-Querschnittes unter der Wirkung von Biegemoment, Normalkraft und Querkraft – Ein Beitrag zum allgemeinen Traglastverfahren für ebene Rahmen. Stahlbau 27 (1958), H. 11, S. 284-290

[92]   Krahwinkel, M.: Zur Beanspruchung stabilisierender Konstruktionen im Stahl-
        bau. Dissertation, VDI-Verlag Düsseldorf 2001, Reihe 4, Nr. 166

[93]   La Poutré, D. B., Snijder, H. H., Hoenderkamp, J. C. D., Bakker, M. C. M.,
        Bijlaard, F. S. K., Steenbergen, H. M. G. M.: Strength and stability of channel
        sections used as beam. Forschungsbericht Dezember 1999, Technische
        Universiteit Eindhoven

[94]   La Poutré, D. B., Snijder, H. H., Hoenderkamp, J. C. D.: Lateral torsional
        buckling of channel shaped beams – Experimental Research. Proceedings of the
        Third International Conference on Coupled Instabilities in Metal Structures
        CIMS 2000, Portugal, Lissabon, 21.-23. September 2000

[95]   Lindner, J.: Der Einfluß von Eigenspannungen auf die Traglast von I-Trägern.
        Stahlbau 43 (1974), H. 2, S. 39-45 und H. 3, S. 86-91

[96]   Maier, W., Weiler, P.: Bemessungshilfen für den Nachweis von Stabquer-
        schnitten im plastischen Zustand nach DIN 18800, November 1990.
        Forschungsbericht 2/1997, Deutscher Ausschuß für Stahlbau

[97]   Maier, W., Weiler, P.: Grenzschnittgrößen im plastischen Zustand. Stahlbau 66
        (1997), H. 3, S. 143-151

[98]   Meister, J.: Berechnung der Traglast von auf Biegung und Torsion bean-
        spruchten, gabelgelagerten Durchlaufträgern. Stahlbau 48 (1979), H. 8,
        S. 250-253

[99]   Neal, B. G.: Effect of Shear Force on the Fully Plastic Moment of an I-Beam.
        Journal Mechanical Engineering Science, Vol. 3, No. 3, 1961, pp. 258-266

[100] Oberegge, O., Hockelmann, H.-P., Dorsch, L.: Bemessungshilfen für profil-
        orientiertes Konstruieren. 3. Auflage 1997, Stahlbau-Verlagsgesellschaft mbH
        Köln

[101] Onat, E. T., Shield, R. T.: The Influence of Shearing Forces on the Plastic
        Bending of Wide Beams. National Congress of Applied Mechanics 1954, pp.
        535-537

[102] Osterrieder, P., Werner, F., Kretzschmar, J.: Biegedrillknicknachweis Elastisch-
        Plastisch für gewalzte I-Querschnitte. Stahlbau 67 (1998), H. 10, S. 794-801

[103] Peil, U., Siems, M.: Kreiszylindrisch gekrümmte Träger mit breiten Gurten.
        Festschrift G. Valtinat, Technische Universität Hamburg-Harburg 2001,
        S. 189-200

[104] Peil, U.: Balken mit breiten Gurten im elasto-plastischen Beanspruchungs-
        zustand - Mitwirkende Plattenbreite und Traglast. Stahlbau 51 (1982), H. 12,
        S. 353-360

[105] Peil, U.: Mitwirkende Gurtfläche von Biegeträgern mit gekrümmten Gurten.
        Bauingenieur 63 (1988), S. 213-219

[106] Peil, U.: Mitwirkende Plattenbreite – Eine Richtigstellung. Beton- und Stahl-
        betonbau 10/1979, S. 213-216

[107]   Pohlmann, D.: Experimentelle und theoretische Untersuchung der Querschnitts-
        tragfähigkeit an Fließgelenken von I- und Kastenträgern, die durch Längskraft,
        Biege- und Torsionsmoment beansprucht werden – unter besonderer Bedeutung
        lokaler Instabilitäten bei der Fließgelenkbildung. Dissertation, Technische
        Hochschule Darmstadt 1983

[108]   Reckling, K.-A.: Beitrag zum Traglastverfahren, speziell für die Balkenbiegung
        mit Querkräften. Stahlbau 44 (1975), H. 12, S. 353-361

[109]   Reckling, K.-A.: Der ebene Spannungszustand bei der plastischen Balken-
        biegung. Festschrift I. Szabó, Wilhelm Ernst & Sohn 1971, S. 39-46

[110]   Roik, K., Kindmann, R.: Berechnung stabilitätsgefährdeter Stabwerke mit
        Berücksichtigung von Entlastungsbereichen. Stahlbau 51 (1982), H. 10,
        S. 310-318

[111]   Roik, K.; Kindmann, R,: Das Ersatzstabverfahren – Eine Nachweisform für den
        einfeldrigen Stab bei einachsiger Biegung mit Druckkraft. Stahlbau 50 (1981),
        H. 12, S. 353-358

[112]   Roik, K.; Kindmann, R,: Das Ersatzstabverfahren – Tragsicherheitsnachweise
        für Stabwerke bei einachsiger Biegung und Normalkraft, Stahlbau 51 (1982),
        H. 5, S. 137-145

[113]   Rubin, H.: Baustatik ebener Stabwerke. Stahlbau Handbuch Band 1 Teil A,
        Stahlbau-Verlags-GmbH, Köln 1993

[114]   Rubin, H.: Das Tragverhalten von I-Trägern unter N-, M_y- und M_z-Bean-
        spruchung nach Fließzonentheorie I. und II. Ordnung unter Berücksichtigung
        der Torsionseinflüsse. Stahlbau 70 (2001), H. 11, S. 846-856

[115]   Rubin, H.: Grundlage für N-M_y-M_z-Interaktionsbeziehungen von I-Quer-
        schnitten – Bernoulli oder $M_\omega = 0$? Stahlbau 69 (2000), H. 10, S. 807-812
        Zuschriften: Stahlbau 70 (2001), H. 4, S. 298-302

[116]   Rubin, H.: Interaktionsbeziehungen für doppeltsymmetrische I- und Kasten-
        Querschnitte bei zweiachsiger Biegung und Normalkraft. Stahlbau 47 (1978),
        H. 5, S. 145-151 und H. 6, S. 174-181

[117]   Rubin, H.: Interaktionsbeziehungen zwischen Biegemoment, Querkraft und
        Normalkraft für einfachsymmetrische I- und Kasten-Querschnitte bei Biegung
        um die starke und für doppeltsymmetrische I-Querschnitte bei Biegung um die
        schwache Achse. Stahlbau 47 (1978), H. 3, S. 76-85

[118]   Rusch, A., Lindner, J.: Überprüfung der grenz (b/t)-Werte für das Verfahren
        Elastisch-Plastisch. Stahlbau 70 (2001), H. 11, S. 857-868

[119]   Saal, H., Hornung, U.: Plastische Grenztragfähigkeit des Rechteckquerschnittes
        unter zweiachsiger Biegung und Normalkraft. Stahlbau 67 (1998), H. 2,
        S. 108-110

[120]   Scheer, J., Bahr, G.: Interaktionsdiagramme für die Querschnittstraglasten
        außermittig längsbelasteter, dünnwandiger Winkelprofile. Bauingenieur 56
        (1981), S. 459-466

[121] Schmidt, H., Peil, U., Born, W.: Scheibenwirkung breiter Straßenbrückengurte – Verbesserungsvorschlag für Berechnungsvorschriften (mitwirkende Gurtbreite). Bauingenieur 54 (1979), S. 131-138

[122] Sedlacek, G., Bild, S.: Vorgehensweise bei der Ermittlung der mittragenden Breite. Bauingenieur 65 (1990), S. 551-562

[123] Steinmann, R.: Zur plastischen Querschnittstragfähigkeit von Walzprofilen. Stahlbau 70 (2001), H. 9, S. 730-731

[124] Uhlmann, W.: Traglastversuche an gewalzten Breitflanschträgern – Nachrechnung der Lastverformungskurven. Stahlbau 48 (1979), H. 8, S. 239-247

[125] Unger, B.: Einige Überlegungen zur Zuschärfung der Traglastberechnung von normalkraft-, biege- und torsionsbeanspruchten Trägern mit Hilfe der Spannungstheorie II. Ordnung. Stahlbau 44 (1975), H. 11, S. 330-335

[126] van Langendonck, T.: Einfluß der Querkraft auf die Größe des Biegemomentes, das die plastischen Gelenke erzeugt. Bautechnik 33 (1956), H. 3, S. 84-87

[127] Vayas, I.: Interaktion der plastischen Grenzschnittgrößen doppeltsymmetrischer I-Querschnitte. Stahlbau 69 (2000), H. 9, S. 693-706

Zuschriften/Ergänzung: Stahlbau 70 (2001), H. 3, S. 217-219

[128] Vayas, I.: Interaktion der plastischen Grenzschnittgrößen doppeltsymmetrischer Kastenquerschnitte. Stahlbau 70 (2001), H. 11, S. 869-884

[129] Vogel, U., Heil, W.: Traglast-Tabellen, 3. Auflage, Verlag Stahleisen

[130] Vogel, U., Heil, W.: Traglast-Tabellen. Tabellen für die Bemessung durchlaufender I-Träger mit und ohne Normalkraft nach dem Traglastverfahren (DIN 18800 Teil 2). 3. Auflage 1993, Verlag Stahleisen

[131] Wagner, W., Heil, W., Höß, P.: Bemessung von Einfeld- und Durchlaufträgern aus rundkantigem U-Stahl (DIN 1026) nach dem Traglastverfahren unter Berücksichtigung einer Drehbettung und einer Normalkraftbelastung. Forschungsbericht P 251, Studiengesellschaft Stahlanwendungen e.V., Düsseldorf 1997

[132] Wagner, W., Sauer, R., Gruttmann, F.: Tafeln der Torsionskenngrößen von Walzprofilen unter Verwendung von FE-Diskretisierungen. Stahlbau 68 (1999), H. 2, S. 102-111

[133] Werner, G.: Experimentelle und theoretische Untersuchungen zur Ermittlung des Tragverhaltens biege- und verdrehbeanspruchter Stäbe mit I-Querschnitt. Dissertation, Universität Stuttgart 1974

[134] Wimmer, H.: Zur Berechnung der Verwölbungen und Schubspannungen aus Querkräften in dünnwandigen Profilen. Stahlbau 69 (2000), H. 9, S. 688-692

[135] Windels, R.: Traglasten von Balkenquerschnitten bei Angriff von Biegemoment, Längs- und Querkraft. Stahlbau 39 (1970), H. 1, S. 10-16

[136] Yang, Y.-B., Chern, S.-M., Fan, H.-T.: Yield surfaces for I-sections with bimoments. Journal of Strucural Engineering, ASCE, Vol. 115, No. 12, 1989, pp. 3044-3058

Skripte des Lehrstuhls für Stahl- und Verbundbau, Fakultät für Bauingenieurwesen, Ruhr-Universität Bochum

[137] Schriftenreihe des Lehrstuhls für Stahl- und Verbundbau, Band 8, Geschweißte und geschraubte Verbindungen, 1999

[138] Schriftenreihe des Lehrstuhls für Stahl- und Verbundbau, Band 9, Theorie II. Ordnung und Stabilität, Biegeknicken, Biegdrillknicken, Plattenbeulen, 1999

[139] Schriftenreihe des Lehrstuhls für Stahl- und Verbundbau, Band 10, Verbundträger, Schwingungsverhalten, Ermüdung/Betriebsfestigkeit, 1999

[140] Schriftenreihe des Lehrstuhls für Stahl- und Verbundbau, Band 11, Grundlagen der Bemessung im Stahlbau, 1999

Sachverzeichnis